동역학

제5판

원리와 응용

송철기 / 홍장표 지음

1st book 퍼스트북

저자약력

송철기

- 서울대학교 대학원 기계설계학과, 공학박사
- 미국 U.C. Berkeley 기계공학과 교환교수
- 현) 경상국립대학교 기계공학부 명예교수

홍장표

- 서울대학교 대학원 기계설계학과, 공학박사
- 미국 University of Virginia 우주항공기계공학과 교환교수
- 현) 인재대학교 기계자동차공학부 명예교수

동역학 – 원리와 응용 5판

발 행 일 2024년 9월 7일 1쇄
지 은 이 송철기·홍장표
발 행 인 손영만
발 행 처 퍼스트북(Frist Book)
주 소 서울시 서대문구 연희동 193-7 영화빌딩 502호
전 화 02-3141-2953-4
팩 스 02-3141-2955
e-mail first_book@naver.com
등록번호 제312-2009-000053호
I S N B 979-11-85475-80-6

정가 **34,000**원

머리말

동역학(Dynamics)은 역학(Mechanics)의 원리와 개념을 확립하는 기본과목으로서 기계, 자동차, 항공, 조선 등 기계관련학과를 전공하는 학생에게 꼭 필요한 과정이다.

1976년 서울대학교 기계항공공학부에서 Engineering Mechanics (Higdon 외 4명)을 교재로 하여 국내 최초로 동역학이 교과목으로 도입되었다. 그 이후 좋은 내용의 외국의 동역학 서적들이 많이 출판되어 동역학을 보다 쉽게 이해할 수 있도록 발전되어 왔고, 현재까지 주류를 이루고 있다.

우수한 외국서적들과 그의 번역서들도 많이 출판되었지만, 외국어 전공서적에 익숙하지 않는 일부 학생들은 내용을 확실하게 이해하지 못하기도 하고, 번역서 중 일부는 모호하게 번역됨으로써 글의 의미를 제대로 전달받지 못하기도 하였다.

대부분의 외국서적들이 그렇듯이 본문의 설명이 너무 장황하여 초점을 흐리는 경우가 있어, 정리된 입시서적으로 공부하던 우리나라 학생에게 생소한 느낌을 주기도 하였다. 또한 외국서적들은 연습문제가 너무 많고 난이도의 폭도 넓어서, 정확한 개념을 정리하기 힘든 경우가 발생하기도 하였다.

본서에서는 이러한 문제점들을 보완함으로써, 국내 대학교의 교육실정을 반영한 동역학 교재가 될 수 있도록 노력하였다.

본서의 특징은 다음과 같이 요약된다.

첫째, 본문은 원리와 개념위주로 설명을 간단하고 명료하게 설명하였다.

둘째, 기초 사항이라도 개념이 확실해지도록 필요시 보충 설명을 추가하였다. 동역학에 필요한 기초 수학과 물리 개념을 제1장에 추가하였다.

셋째, 예제와 연습문제로 분류하였으며, 연습문제를 예제 유형별로 정리하였다. 또한 개념 정리를 위하여 필요시 별해를 추가하였다.

넷째, 계산이 지나치게 복잡하거나 복잡한 운동을 수반하는 문제는 가급적 피하고, 식의 의미를 정확히 파악하여 개념을 정리할 수 있는 문제들을 중심으로 편성하였다.

다섯째, 회전운동을 하는 물체의 경우 질량중심을 기준으로 설명하였다.

여섯째, 국제단위계(SI unit)를 사용하였다.

일곱째, 우주역학 단원과 회전좌표계 단원을 *으로 별도 분류하여 설명하였다.

동역학을 공부하고자 할 때에는 반드시 확실한 개념의 정리와 원리의 이해를 바탕으로 문제를 풀어 원리에 담긴 뜻을 습득하도록 하여야 한다. 또한 개념이 확립되지 않는다면, 동역학을 너무 어려운 과목으로 생각하게 되거나, 배운 후에도 정리가 잘 안될 것이다.

동역학을 공부하는 방법을 다음과 같이 정리하여 보았다.

첫째, 수식의 유도과정을 이해하여야 수식의 의미를 파악할 수 있고, 원리를 확실히 이해할 수 있다.

둘째, 개념과 원리를 확실히 이해할 수 있는 문제를 선택한다.

셋째, 문제를 직접 손으로 풀어 본다. '역학문제는 이해를 바탕으로 손으로 풀어야 한다.'는 명언을 받아들여야 하며, 눈으로 문제풀이를 암기하려고 하여서는 안된다. 눈으로 문제를 푸는 방법은 시간을 효율적으로 사용하기 위한 편법인지는 몰라도 가장 비효율적인 공부방법이다.

넷째, 문제를 푼 후 어떤 원리가 적용되었고, 어떻게 문제가 변형될 수 있는지 음미하여야 한다.

아무쪼록 이 책으로 공부하는 공학도들에 많은 도움이 되었으면 하는 바램이다. 그리고 본서를 제작하는데 수고하신 출판 관계자에게 심심한 감사를 드린다.

2024. 9
5판을 내면서
저자 송철기, 홍장표

E D

목 차

CHAPTER 01 동역학의 기초

CHAPTER 02 질점의 운동학

CHAPTER 03 질점의 운동역학 I(힘과 가속도)

CHAPTER 04 질점의 운동역학 II(일과 에너지)

CHAPTER 05

질점의 운동역학 III(운동량과 충격량)

CHAPTER 06

강체의 운동학

CHAPTER 07 강체 운동역학 I(힘모멘트와 각가속도)

CHAPTER 08 강체의 운동역학 II(일과 에너지)

CHAPTER 09 강체의 운동역학 III(각운동량과 각충격량)

부록

01 chapter 동역학의 기초

1.1 개요

동역학(dynamics)은 운동 중인 물체를 해석하기 위한 학문으로서, 물체의 운동과 물체에 작용하는 힘과의 관계를 다루는 역학(力學, mechanics)의 한 분야이다.

역사적으로 볼 때 움직이는 물체에 대한 관심은 원시 시대부터 있어 왔다고 볼 수 있다. 기록상으로 보면 BC 4세기경 아리스토텔레스(Aristotle) 학파에서 주장한 운동이론들은 갈릴레오 시대까지 계속 이어진다. 이 학파의 운동이론들 중 한 가지를 예로 들면 무거운 물체는 가벼운 물체보다 빨리 떨어진다는 이론이 있었다. 이 낙하이론은 갈릴레오(Galileo Galolei, 1564~1642)가 1604년 피사(Pisa)의 사탑에 올라가 최초로 자유낙하실험을 함으로써 사실이 아님이 판명되었다. 이와 같이 갈릴레오는 과학적 방법으로 운동이론을 최초로 입증하였다. 동역학 이론에 대한 최초의 실험이라 볼 수 있다.

그 후 뉴튼(Isaac Newton, 1643~1727)은, 그림 1.1에 나타난 바와 같이 1686년 발간한 저서 'Philosophiæ Naturalis Principia Mathematica'에서 만유인력의 법칙과 운동에 관한 3가지 법칙을 발표하였다. 이것은 오늘날 과학발전의 기본이 되고 있다.

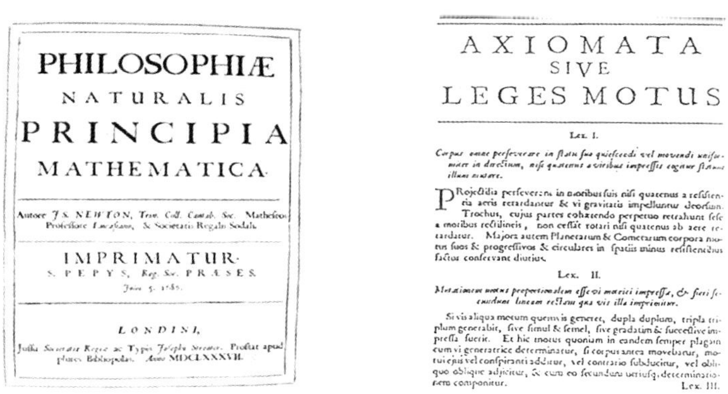
PHILOSOPHIÆ
NATURALIS
PRINCIPIA
MATHEMATICA.
Autore JS. NEWTON, Trin. Coll. Cantab. Soc. Matheseos Professore Lucasiano, & Societatis Regalis Sodali.
IMPRIMATUR.
S. PEPYS, Reg. Soc. PRÆSES.
Julii 5. 1686.
LONDINI,
Jussu Societatis Regiæ ac Typis Josephi Streater. Prostat apud plures Bibliopolas. Anno MDCLXXXVII.

AXIOMATA
SIVE
LEGES MOTUS

Lex. I.

Corpus omne perseverare in statu suo quiescendi vel movendi uniformiter in directum, nisi quatenus a viribus impressis cogitur statum illum mutare.

Projectilia perseverant in motibus suis nisi quatenus a resistentia aeris retardantur & vi gravitatis impelluntur deorsum. Trochus, cujus partes cohærendo perpetuo retrahunt sese a motibus rectilineis, non cessat rotari nisi quatenus ab aere retardatur. Majora autem Planetarum & Cometarum corpora motus suos & progressivos & circulares in spatiis minus resistentibus factos conservant diutius.

Lex. II.

Mutationem motus proportionalem esse vi motrici impressæ, & fieri secundum lineam rectam qua vis illa imprimitur.

Si vis aliqua motum quemvis generet, dupla duplum, tripla triplum generabit, sive simul & semel, sive gradatim & successive impressa fuerit. Et hic motus quoniam in eandem semper plagam cum vi generatrice determinatur, si corpus antea movebatur, motui ejus vel conspiranti additur, vel contrario subducitur, vel oblique oblique adjicitur, & cum eo secundum utriusq; determinationem componitur.

Lex. III.

(a) 'Principia'의 표지, (b) 'Principia' 중 운동 제1법칙이 수록된 장

그림 1.1 뉴튼의 저서

동역학은 운동을 발생시키는 원인인 힘(force)과 힘모멘트(moment of force)를 다루느냐의 여부에 따라 두 분야로 구분한다. 즉, 운동의 기하학을 연구하는 운동학(기구학, kinematics)과 물체에 작용하는 힘 또는 힘모멘트, 물체의 질량, 그리고 물체의 운동 간의 연관성을 연구하는 운동역학(kinetics)으로 구분된다.

(a) **운동학(kinematics)** 변위, 속도, 가속도 그리고 시간과의 관계를 나타내며, 운동을 야기시키는 힘 또는 힘모멘트를 고려하지 않고 물체의 운동을 기하학적 관점에서만 다룬다. 기구학으로 번역되기도 한다.

(b) **운동역학(kinetics)** 물체에 작용하는 힘과 가속도의 관계 또는 힘모멘트와 각가속도의 관계를 나타내며, 힘과 힘모멘트가 물체의 운동에 미치는 영향을 다룬다.

또한 '물체의 크기를 고려하느냐'에 따라 물체를 질점 또는 강체로 모형화(modeling)한다. 질점에서는 회전운동을 고려하지 않으며, 강체에서는 회전운동을 고려한다. 이와 같이 물체의 크기를 고려하는지 여부에 따라 질점 동역학과 강체 동역학으로 분류하고, 물체의 회전운동을 고려하여야 하는지 결정된다.

(a) **질점 동역학(dynamics of particles)** 질점(particle)이라 함은 물체의 크기를 무시하고 질량만을 고려한 물체를 뜻한다. 원래 점이란 크기가 없다고 가정한 것이다. 물체가 회전하지 않는 경우로서 물체의 회전을 무시한 경우를 일컫는다.

(b) **강체 동역학(dynamics of rigid bodies)** 강체(rigid body)라 함은 아무리 힘을 주어도 변형되지도 않고, 부서지지 않는 물체를 말한다. 즉, 물체의 이동거리에 비하여 힘에 의한 변형이 작아서 무시될 수 있는 물체이다. 이 경우 물체의 크기를 고려하며, 운동 중 회전운동을 수반할 수도 있다.

참고

변형체(deformable body)란 힘이나 모멘트의 작용에 따라 변형하는 물체이다.

1.2 자유도

자유도(degree of freedom)란 물체의 움직임을 표현하기 위하여 도입한 개념으로서 물체가 이동하는 방향의 개수와 회전할 수 있는 방향의 개수의 합을 나타낸다.

그림 1.2에서 보는 바와 같이, 강체의 공간운동(3차원)에서의 자유도는 이동을 나타내는 방향 3개(longitudinal, lateral, vertical)와 회전을 나타내는 방향 3개(roll, pitch, yaw)를 합쳐서 모두 6개이다. 질점은 크기가 없으므로 회전운동을 하지 않는 것으로 취급하므로 질점의 공간운동에서의 자유도는 3개이다. 그림 1.3에서 보는 바와 같이, 강체의 평면운동(2차원)에서의 자유도는 이동방향 2개(좌우, 상하)와 회전하는 방향 1개를 합쳐서 모두 3개이다. 질점의 평면운동은 회전을 제외한 것이므로 자유도는 2개이다. 직선운동은 1개 방향으로만 이동을 하므로 자유도가 1개이다.

표 1.1 운동의 종류에 따른 자유도의 수

물체의 모형 / 운동의 종류	강체	질점
공간운동	이동방향 3개와 회전방향 3개	이동방향 3개
평면운동	이동방향 2개와 회전방향 1개	이동방향 2개
직선운동	이동방향 1개	이동방향 1개

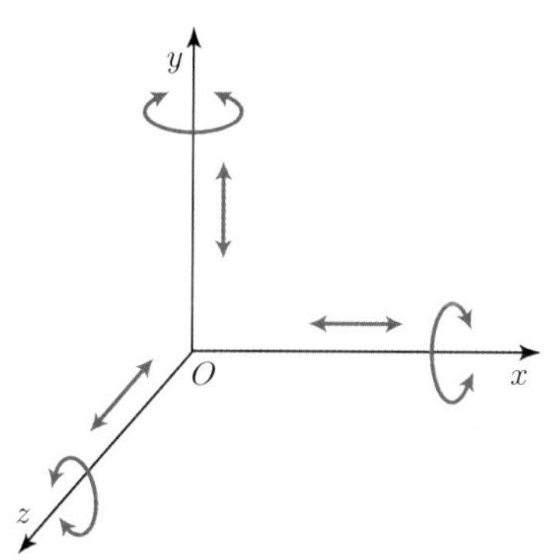

그림 1.2 공간운동의 자유도

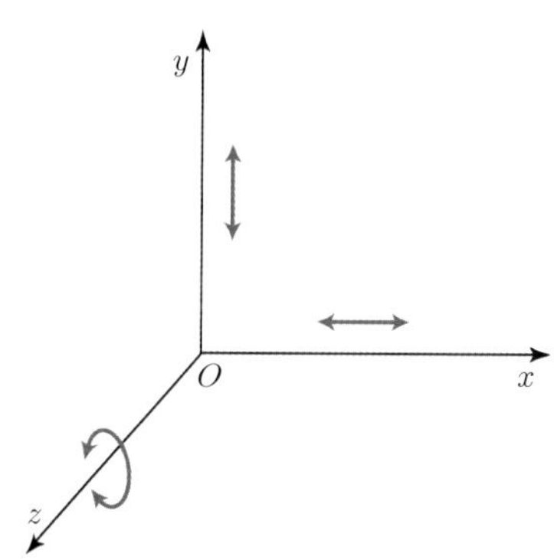

그림 1.3 평면운동의 자유도(xy 평면에서)

1.3 수학의 기초

1.3.1 벡터의 연산

스칼라(scalar)는 크기만을 나타내고, 방향을 나타내지 못하며, 질량, 길이, 주파수, 저항, 볼트 등을 나타내는 데 사용한다. 스칼라가 얼마나 크냐, 얼마나 작으냐를 나타내는 스칼라의 크기가 바로 스칼라양이다.

한편, 벡터(vector)는 크기와 방향을 모두 가지는 양을 수학적으로 표기하는 수단으로서 힘, 위치, 속도, 가속도, 모멘트, 각속도, 각가속도 등을 수식으로 표현할 때 편리하게 사용한다. 벡터가 얼마나 크고, 어떤 방향인가를 나타내는 것, 즉, 벡터의 크기와 방향이 바로 벡터량이다. 벡터에서 방향이 같고 크기가 같으면 동일한 벡터이다. 따라서, 벡터를 같은 방향으로 이동하거나 평행이동하여도 같은 벡터이다. 벡터에 반대부호를 붙이면, 크기가 같고 반대방향인 벡터가 된다.

벡터의 표기법은 영문자를 볼드체로 표기하거나 글자의 위나 아래에 화살표를 덧붙이기도 한다. 벡터의 크기는 벡터 표시한 것에 절대값 기호를 하거나 같은 문자의 이탤릭체로 표기한다.[1)]

벡터의 표기 예 : $\mathbf{F}$, $\overrightarrow{\mathrm{A}}$, $\underline{\mathbf{F}}$, $\mathbf{a}$

벡터의 크기 표기 예 : $|\mathbf{F}|$, $|\overrightarrow{\mathrm{A}}|$, $|\underline{\mathbf{F}}|$, F, a

(1) 단위벡터(unit vector)[2)]

단위벡터는 크기가 1이고 특정한 방향을 나타내는 벡터로서 운동방향을 나타내는 것과 회전방향을 나타내는 것이 있다.

이동방향을 나타내는 단위벡터

직각좌표계에서 이동방향을 나타내는 단위벡터는 다음과 같이 정의한다. (그림 1.4 참조)

$\mathbf{i}$: x축 방향을 가리키는 단위벡터

$\mathbf{j}$: y축 방향을 가리키는 단위벡터

$\mathbf{k}$: z축 방향을 가리키는 단위벡터

1) 이 책에서는 벡터는 굵은 고딕체로, 스칼라는 가는 이탤릭체로 나타내기로 한다. 예를 들어, $\mathbf{A}$는 벡터를 의미하며, A는 스칼라를 의미한다.

2) 직교좌표계의 단위벡터 $\mathbf{i}$, $\mathbf{j}$, $\mathbf{k}$는 시간에 따라 그 크기와 방향이 변하지 않고 항상 일정하게 유지된다. 같은 $\mathbf{i}$라 할지라도 이동을 나타내는 경우가 있고, 회전을 나타내는 경우도 있다. $\mathbf{j}$와 $\mathbf{k}$도 마찬가지이다.

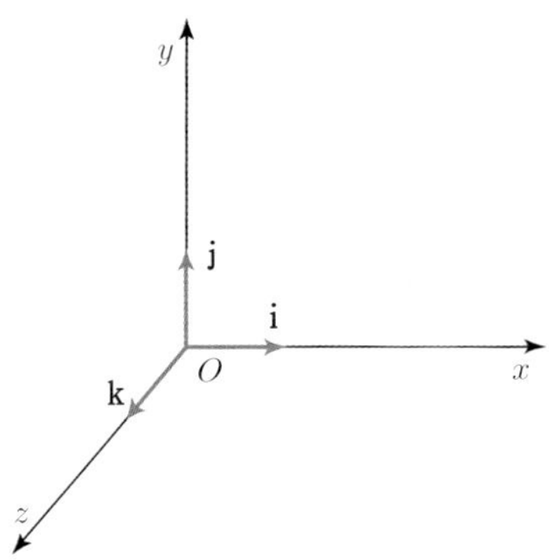

그림 1.4 이동방향을 나타내는 단위벡터

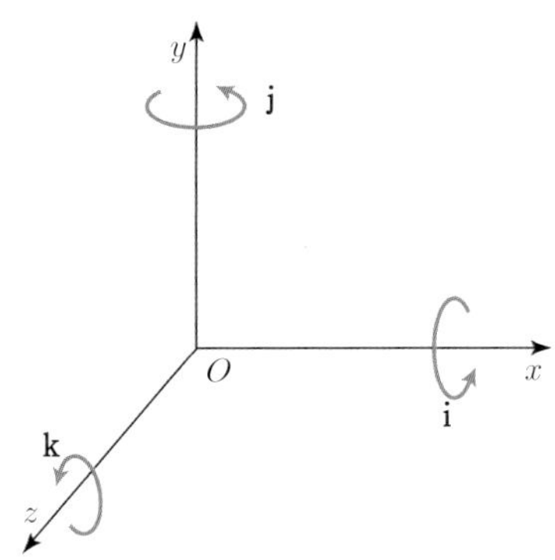

그림 1.5 회전방향을 나타내는 단위벡터

회전방향을 나타내는 단위벡터

직각좌표계에서 회전방향을 나타내는 단위벡터는 오른손 법칙에 따라 다음과 같이 정의한다.

i : x축에서 화살표가 나오는 방향에서 보았을 때 반시계 방향의 회전을 나타내는 단위벡터
j : y축에서 화살표가 나오는 방향에서 보았을 때 반시계 방향의 회전을 나타내는 단위벡터
k : z축에서 화살표가 나오는 방향에서 보았을 때 반시계 방향의 회전을 나타내는 단위벡터

(2) 단위벡터를 이용한 벡터의 표시방법

공간상의 임의의 벡터는 크기를 나타내는 스칼라와 각 방향에 대한 단위벡터와의 선형결합(linear sum)으로 표현할 수 있다.

$$\mathbf{r} = x\mathbf{i} + y\mathbf{j} + z\mathbf{k} \tag{1.1}$$

여기서 x, y, z는 벡터 $\mathbf{r}$의 방향성분(components)이다.

(3) 벡터의 크기

벡터 $\mathbf{A}$의 크기(norm)는 A 또는 $|\mathbf{A}|$ 등으로 표시하며 스칼라양이다. 벡터의 좌표성분이 $\mathbf{A} = (A_x, A_y, A_z)$일 때, 벡터 $\mathbf{A}$의 크기는 그림 1.6에서 보는 바와 같이 각 좌표축이 서로 수직하므로 피타고라스 정리에 따라 다음과 같이 나타낼 수 있다.

$$|\mathbf{A}| = A = \sqrt{A_x^2 + A_y^2 + A_z^2} \tag{1.2}$$

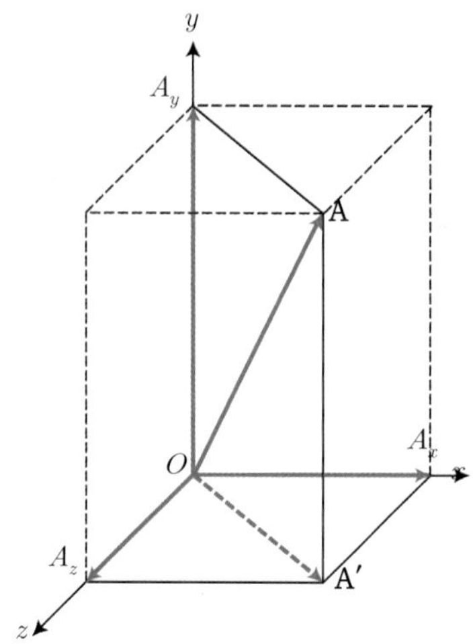

그림 1.6 벡터의 크기

(4) 벡터의 가감(加減, plus/minus)

벡터는 방향성이 있기 때문에 같은 방향 성분간에는 스칼라 형식의 계산이 가능하나 다른 방향성분은 스칼라 형식의 계산이 적용되지 않는다. 벡터들을 더하거나 뺄 때는 방법에는 도식적인 방법과 각 벡터의 성분을 서로 수직인 방향의 성분으로 나누어 같은 방향의 성분끼리 계산한 후 다시 합성하는 수식적 방법이 있다.

도식적 연산방법

도식적인 방법으로 같은 방향의 벡터(같은 방향의 벡터들로만 구성된 경우)들을 덧셈 및 뺄셈을 하고자 할 때에는 스칼라의 연산방법으로 계산하고 방향을 그대로 유지하면 된다. 반면, 방향이 서로 다른 벡터들을 도식적으로 덧셈을 할 때 삼각형법이나 평행사변형법을 이용한다.

$$\text{덧셈 } \mathbf{A} + \mathbf{B} = \mathbf{P} \text{ (삼각형 덧셈 또는 평행사변형 덧셈)} \tag{1.3}$$

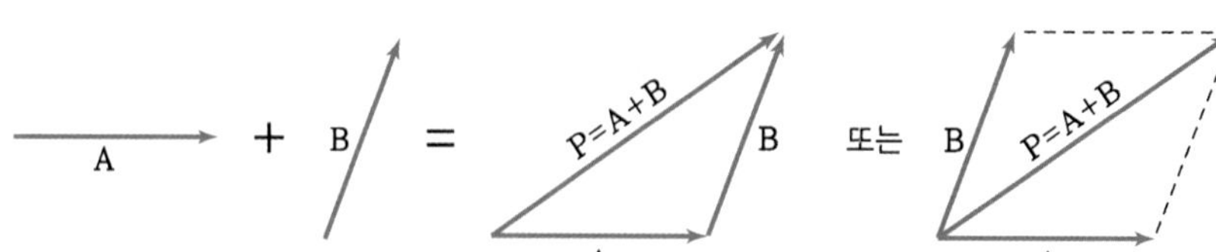

그림 1.7 벡터의 덧셈

뺄셈을 할 때에는 그림 1.8과 같이 빼고자 하는 벡터와 크기가 같고 방향이 반대인 벡터를 더한다. 어떤 벡터에 대한 음(-)의 벡터는 크기가 같고 방향이 반대인 벡터을 의미한다. 벡터 B의 음의 벡터는 $-\mathrm{B}$로 표시한다. 즉 뺄셈을 하고자 할 때에는 음의 벡터를 더하면 된다.

$$\text{뺄셈 } \mathrm{A} - \mathrm{B} = \mathrm{A} + (-\mathrm{B}) = \mathrm{Q} \tag{1.4}$$

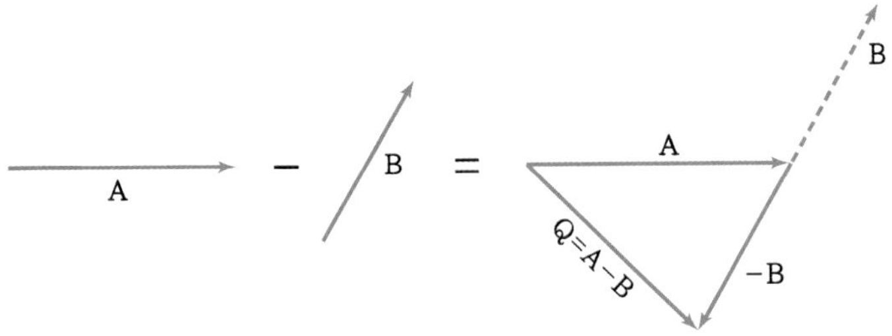

그림 1.8 벡터의 뺄셈

수식적 연산방법

수식적인 방법으로 두 벡터를 덧셈(또는 뺄셈)을 할 때에는 같은 방향의 성분끼리만 스칼라의 연산방법으로 계산한다.

예를 들어 덧셈 또는 뺄셈을 수행하고자 하는 두 벡터의 성분이 다음과 같다고 하자.

$$\mathbf{a} = a_x\mathbf{i} + a_y\mathbf{j} + a_z\mathbf{k}$$
$$\mathbf{b} = b_x\mathbf{i} + b_y\mathbf{j} + b_z\mathbf{k}$$

벡터의 덧셈 또는 뺄셈 연산은 같은 방향의 성분끼리만 스칼라의 연산방법으로 계산하며 다음과 같다.

$$\text{(덧셈) } \mathbf{a} + \mathbf{b} = (a_x + b_x)\mathbf{i} + (a_y + b_y)\mathbf{j} + (a_z + b_z)\mathbf{k}$$
$$\text{(뺄셈) } \mathbf{a} - \mathbf{b} = (a_x - b_x)\mathbf{i} + (a_y - b_y)\mathbf{j} + (a_z - b_z)\mathbf{k}$$

덧셈 또는 뺄셈의 연산법칙

벡터의 덧셈 또는 뺄셈에 적용할 수 있는 연산법칙으로 교환법칙 및 결합법칙이 있다.

$$\text{(교환법칙) } \mathrm{A} + \mathrm{B} = \mathrm{B} + \mathrm{A} \tag{1.5}$$

$$\text{(결합법칙) } \mathrm{A} + (\mathrm{B} + \mathrm{C}) = (\mathrm{A} + \mathrm{B}) + \mathrm{C} \tag{1.6}$$

예제 1.1

다음 그림에 작용하는 두 힘의 합력을 다음의 방법으로 구하라. 단, $\mathbf{F}_1$, $\mathbf{F}_2$의 크기는 각각 500 N, 1200 N이다.

(a) 삼각형법
(b) 좌표계를 사용하는 방법

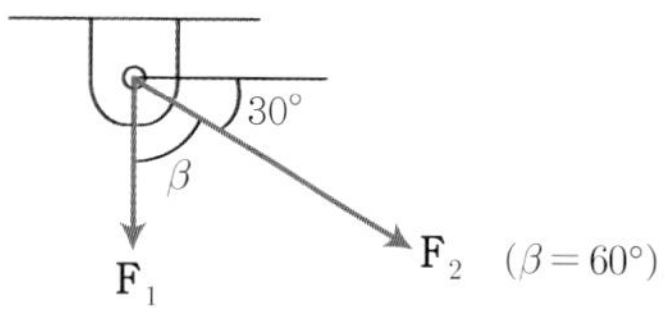

적용원리

- 도식적인 방법으로 벡터의 합을 계산할 때 합력의 크기는 코사인법칙을 사용하여 구하고, 합력의 방향은 사인법칙을 사용하여 구한다.
- 좌표계를 사용하는 방법에서는 서로 수직인 방향의 좌표계를 설정하고 같은 방향끼리는 스칼라식의 연산을 수행하고, 연산된 결과에 대하여 크기 및 방향을 표시한다.

풀이

(a) 삼각형법

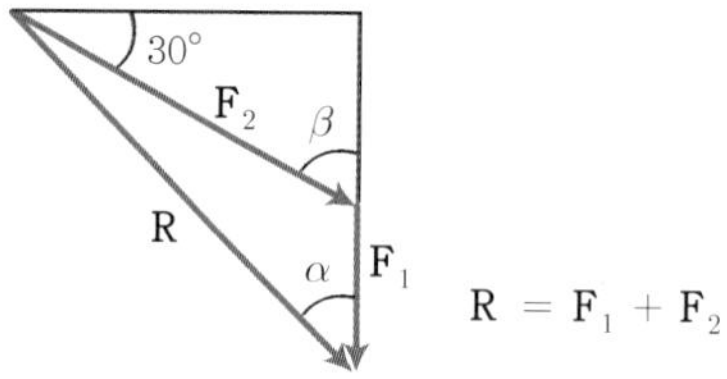

합력의 크기는 코사인 법칙으로 구한다.

$$R^2 = F_1^2 + F_2^2 - 2F_1 F_2 \cos 120°$$

숫자를 대입하면

$$R^2 = 500^2 + 1200^2 - 2 \cdot 500 \cdot 1200 \cdot \cos 120°, \qquad \therefore R = 1513 \text{ N}$$

합력이 작용하는 각도는 사인법칙으로 구한다.

$$\frac{R}{\sin 120°} = \frac{F_2}{\sin\alpha}$$

숫자를 대입하면

$$\frac{1513}{\sin 120°} = \frac{1200}{\sin\alpha}, \qquad \therefore \alpha = 43.4°$$

답 $\mathbf{R} = 1513\ \mathrm{N}$ 43.4°

(b) 좌표계를 사용하는 방법[3)]

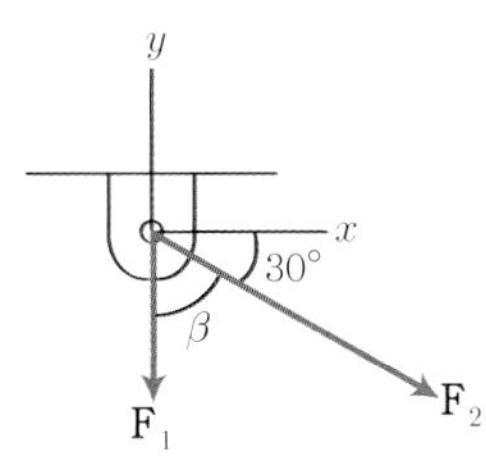

벡터의 합 $\mathbf{R} = \mathbf{F_1} + \mathbf{F_2}$에서

$$\begin{aligned}\mathbf{R} &= 500\,(-\mathbf{j}) + 1200\,(\cos 30°\,\mathbf{i} - \sin 30°\,\mathbf{j}) \\ &= 1039\,\mathbf{i} - 1100\,\mathbf{j}\end{aligned}$$

합력의 크기는

$$R = \sqrt{1039^2 + 1100^2} = 1513\ \mathrm{N}$$

합력의 방향은

$$\theta = \tan^{-1}(1100/1039) = 46.6°$$

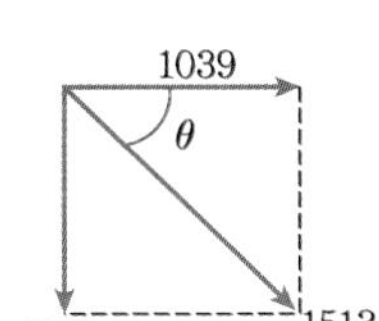

답 $\mathbf{R} = 1513\ \mathrm{N}$ 46.6°

---

3) 이 책에서는 주로 좌표계를 사용하여 합력과 방향을 구하도록 하며, 수평을 기준으로 각도 표시하도록 한다.

(5) 벡터와 스칼라의 곱

벡터 $\mathbf{a}$와 스칼라 n의 곱은 $n\,\mathbf{a}$로 표기하며 방향은 벡터 $\mathbf{a}$와 동일하고 크기는 $n|\mathbf{a}|$이다. 즉, 벡터 $\mathbf{a}$의 성분이 다음과 같다고 하자.

$$\mathbf{a} = a_x\mathbf{i} + a_y\mathbf{j} + a_z\mathbf{k}$$

스칼라 n과 벡터 $\mathbf{a}$의 곱셈결과는 다음과 같으며 스칼라를 벡터의 각 방향 요소에 곱한 값이 된다.

$$n\mathbf{a} = na_x\mathbf{i} + na_y\mathbf{j} + na_z\mathbf{k}$$

그리고 벡터와 스칼라의 곱에서는 다음과 같은 연산법칙이 성립한다.

$$\text{(분배법칙)} \quad n(\mathrm{A} + \mathrm{B}) = n\mathrm{A} + n\mathrm{B} \ \ (n\text{은 스칼라}) \tag{1.7}$$

(6) 벡터의 내적(內積, dot product 또는 inner product)

벡터 A와 벡터 B의 내적은 벡터 A·B로 표현하며 계산 결과는 스칼라이다. 그림 1.8에서 보는 바와 같이, 내적값은 한 벡터를 다른 벡터 방향으로 투영시킨 크기와 다른 벡터의 크기를 곱한 값이다. 즉, 두 벡터의 내적을 계산하는 경우 두 벡터 성분 중 서로 같은 방향의 성분만 유효하다. 두 벡터가 이루는 사잇각을 θ라고 하면 다음과 같으며, 곱하는 순서를 바꾸어도 결과는 같다. 서로 직각인 두 벡터의 내적은 0이 된다.

$$\mathrm{A}\cdot\mathrm{B} = (A\cos\theta)B \tag{1.8a}$$

$$\mathrm{A}\cdot\mathrm{B} = A(B\cos\theta) \tag{1.8b}$$

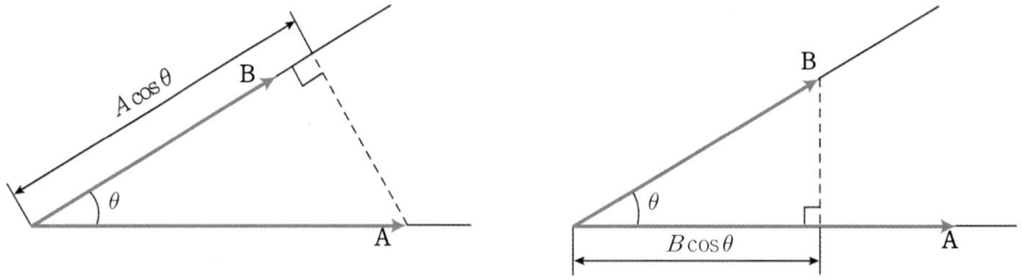

(a) 벡터 A를 B 방향으로 투영시킨 경우　(b) 벡터 B를 A 방향으로 투영시킨 경우

그림 1.8 벡터의 내적

직각좌표계에서 단위벡터 내적연산

단위벡터끼리 내적의 결과를 알아보기 위하여 내적연산의 정의 식 (1.8)에 대입하여 보자. 같은 방향의 단위벡터끼리의 곱은 두 벡터의 방향이 같으므로 다음과 같은 방식으로 계산된다.

$$\mathbf{i}\cdot\mathbf{i} = 1\cdot 1\cos 0° = 1$$

서로 다른 방향의 단위벡터는 직각을 이루므로 서로 다른 방향의 단위벡터끼리의 곱은 다음과 같은 방식으로 계산된다.

$$\mathbf{i}\cdot\mathbf{j} = 1\cdot 1\cos 90° = 0$$

위에서 보는 바와 같이 단위벡터끼리 내적의 결과는 스칼라이며, 연산을 할 때에는 서로 직교하는 두 단위벡터의 내적은 0이 되고, 서로 같은 방향의 단위벡터의 내적은 1이 된다. 즉, 서로 직교하는 단위벡터 $\mathbf{i}$, $\mathbf{j}$, $\mathbf{k}$의 내적연산 결과는 다음과 같다.

$$\mathbf{i}\cdot\mathbf{i} = 1, \qquad \mathbf{j}\cdot\mathbf{j} = 1, \qquad \mathbf{k}\cdot\mathbf{k} = 1$$
$$\mathbf{i}\cdot\mathbf{j} = \mathbf{j}\cdot\mathbf{i} = 0, \qquad \mathbf{j}\cdot\mathbf{k} = \mathbf{k}\cdot\mathbf{j} = 0, \qquad \mathbf{i}\cdot\mathbf{k} = \mathbf{k}\cdot\mathbf{i} = 0$$

직각좌표계에서 내적의 연산방법

내적을 수행하고자 하는 두 벡터의 성분이 다음과 같다고 하자.

$$\mathbf{a} = a_x\mathbf{i} + a_y\mathbf{j} + a_z\mathbf{k}$$
$$\mathbf{b} = b_r\mathbf{i} + b_y\mathbf{j} + b_z\mathbf{k}$$

두 벡터의 내적은 다음과 같이 표현할 수 있다.

$$\mathbf{a}\cdot\mathbf{b} = (a_x\mathbf{i} + a_y\mathbf{j} + a_z\mathbf{k})\cdot(b_x\mathbf{i} + b_y\mathbf{j} + b_z\mathbf{k})$$

두 벡터의 요소들을 전개하면 다음과 같다.

$$\begin{aligned}\mathbf{a}\cdot\mathbf{b} = \; & a_x b_x\,\mathbf{i}\cdot\mathbf{i} + a_x b_y\,\mathbf{i}\cdot\mathbf{j} + a_x b_z\,\mathbf{i}\cdot\mathbf{k} \\ & + a_y b_x\,\mathbf{j}\cdot\mathbf{i} + a_y b_y\,\mathbf{j}\cdot\mathbf{j} + a_y b_z\,\mathbf{j}\cdot\mathbf{k} \\ & + a_z b_x\,\mathbf{k}\cdot\mathbf{i} + a_z b_y\,\mathbf{k}\cdot\mathbf{j} + a_z b_z\,\mathbf{k}\cdot\mathbf{k}\end{aligned}$$

단위벡터의 내적연산 법칙을 적용하면 다음과 같다.

$$\begin{aligned}\mathbf{a}\cdot\mathbf{b} = \; & a_x b_x \cdot 1 + a_x b_y \cdot 0 + a_x b_z \cdot 0 \\ & + a_y b_x \cdot 0 + a_y b_y \cdot 1 + a_y b_z \cdot 0 \\ & + a_z b_x \cdot 0 + a_z b_y \cdot 0 + a_z b_z \cdot 1\end{aligned}$$

정리하면 두 벡터의 내적은 다음과 같다.

$$\mathbf{a}\cdot\mathbf{b} = a_x b_x + a_y b_y + a_z b_z \tag{1.9}$$

위의 결과에서 알 수 있는 바와 같이 서로 수직한 방향의 벡터 성분의 내적은 0이므로 서로 같은 방향의 벡터의 내적 성분만 유효하다. 즉, 같은 방향 성분끼리 곱해서 합산한다.

만약 같은 벡터끼리의 내적연산을 수행하면 같은 방향의 성분만 유효하므로 결과는 다음과 같다.

$$\mathbf{a}\cdot\mathbf{a} = a_x^2 + a_y^2 + a_z^2 \tag{1.10}$$

벡터의 내적연산을 할 때 성립하는 연산법칙은 다음과 같다.

내적의 연산법칙

벡터의 내적의 연산법칙으로 교환법칙 및 분배법칙이 성립한다.

$$(\text{교환법칙}) \quad \mathbf{A}\cdot\mathbf{B} = \mathbf{B}\cdot\mathbf{A} \tag{1.11}$$

$$(\text{분배법칙}) \quad \mathbf{A}\cdot(\mathbf{B}+\mathbf{C}) = \mathbf{A}\cdot\mathbf{B} + \mathbf{A}\cdot\mathbf{C} \tag{1.12}$$

내적의 적용 예

일(work)은 변위벡터 $\mathbf{r}$과 힘벡터 $\mathbf{F}$의 내적으로서, 유효한 일은 $W = \mathbf{r}\cdot\mathbf{F}$로 나타난다. 즉, 일은 힘벡터와 변위벡터의 내적으로서 힘의 방향과 변위 방향이 같은 벡터 성분만 유효하다. 즉, 이동방향을 따라 작용한 힘만이 일에 기여한 것으로 취급한 것이다. 만약 벡터 $\mathbf{r}$과 벡터 $\mathbf{F}$의 사잇각이 θ라고 하면, 일은 스칼라로서 다음과 같이 표현된다.

$$W = \mathbf{r}\cdot\mathbf{F} \tag{1.13}$$

$$W = rF\cos\theta$$

여기서 θ는 두 벡터가 이루는 각 중 작은 것으로 하며, $0°$에서 $180°$ 사이의 값이다.

보기 1 다음을 계산하라.

(a) $\mathbf{a} = 2\mathbf{i} - 3\mathbf{j}$, $\mathbf{b} = \mathbf{i} + 2\mathbf{j}$에서 두 벡터의 내적 $\mathbf{a}\cdot\mathbf{b}$는?

(b) 두 벡터 $\mathbf{a} = 3\mathbf{i} - 4\mathbf{j}$, $\mathbf{b} = \mathbf{i} - 2\mathbf{j}$가 이루는 사잇각은?

풀이

(1) $\mathbf{a}\cdot\mathbf{b} = (2\mathbf{i} - 3\mathbf{j})\cdot(1\mathbf{i} + 2\mathbf{j}) = 2\cdot 1 + (-3)\cdot 2 = -4$

답 -4

(2) $\mathbf{a}\cdot\mathbf{b} = a\,b\cos\theta$에서

$$(3\mathbf{i} - 4\mathbf{j})\cdot(1\mathbf{i} - 2\mathbf{j}) = \sqrt{3^2 + (-4)^2}\cdot\sqrt{1^2 + (-2)^2}\cos\theta$$

$$3\cdot 1 + (-4)\cdot(-2) = 5\cdot\sqrt{5}\cos\theta$$

답 $\theta = 10.3°$

보기 2 마찰을 무시할 수 있는 미끄러운 바닥면에 놓여진 물체를 수평면과 θ각을 이루는 힘 $\mathbf{F}$로 잡아당겨 바닥면을 따라 거리 s만큼 이동시켰다면 힘 $\mathbf{F}$가 한 일을 구하라.

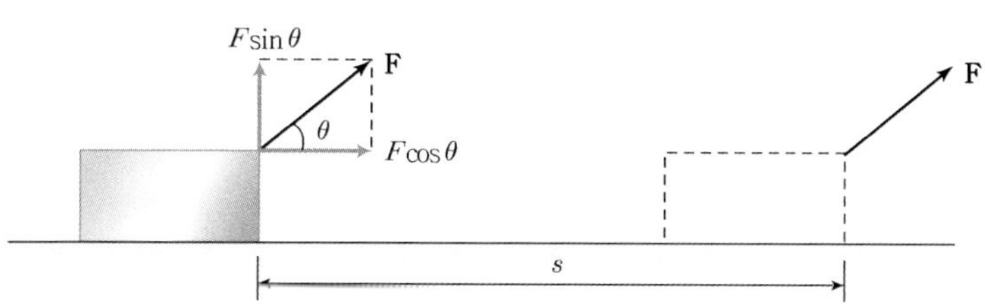

풀이

$\mathbf{F}\cdot\mathbf{s} = F\cos\theta\cdot s = F\cdot s\cos\theta$

답 $F s \cos\theta$

---

(7) 벡터의 외적(外積, cross product 또는 outer product)

벡터 외적의 크기

벡터 A와 벡터 B의 외적은 벡터 A × B로 표현되며 그 연산결과는 벡터이다. 벡터 A와 벡터 B가 이루는 사잇각이 θ라면 두 벡터의 외적의 크기는 다음과 같이 정의한다.

$$|\mathbf{A} \times \mathbf{B}| = AB\sin\theta \tag{1.14}$$

여기서 θ는 두 벡터가 이루는 각 중 작은 것으로 하며, 0°에서 180° 사이의 값이다.

그림 1.10의 (a)에서 보는 바와 같이 벡터 A × B의 크기는 벡터 A의 크기와 벡터 A에 수직 방향으로의 벡터 B의 성분 $B\sin\theta$의 곱이 된다. 또는 그림 1.10의 (b)에서 보는 바와 같이 벡터 A × B의 크기는 벡터 B에 수직 방향으로의 벡터 A의 성분 $A\sin\theta$와 벡터 B의 크기의 곱이 된다. 따라서, 벡터 A × B의 크기는 벡터 A와 B가 이루는 평형사변형의 면적과 같다.

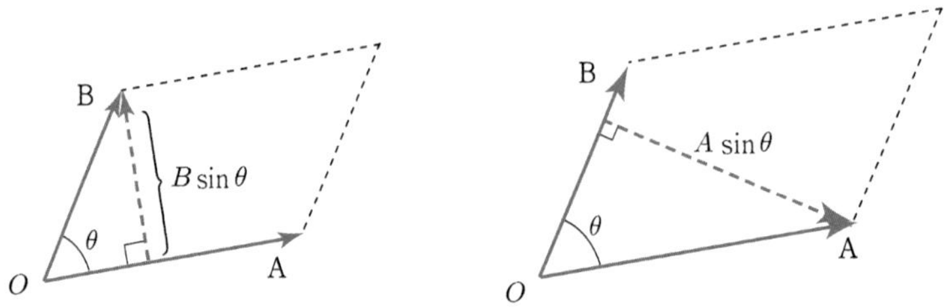

(a) 벡터 A에 수직한 벡터 B의 성분 (b) 벡터 B에 수직한 벡터 A의 성분

그림 1.10 벡터의 외적 크기

벡터 외적의 방향(오른손 법칙)

두 벡터의 외적 A × B의 방향은 벡터 A의 방향과 벡터 B의 방향이 일치하도록 벡터 A를 회전시킬 때 벡터 A가 회전하는 방향이다. 두 벡터 A와 B의 외적C = A × B에서 벡터 C의 방향은 그림 1.11에서 보는 바와 같이 오른손 법칙에 따라 정하여진다.

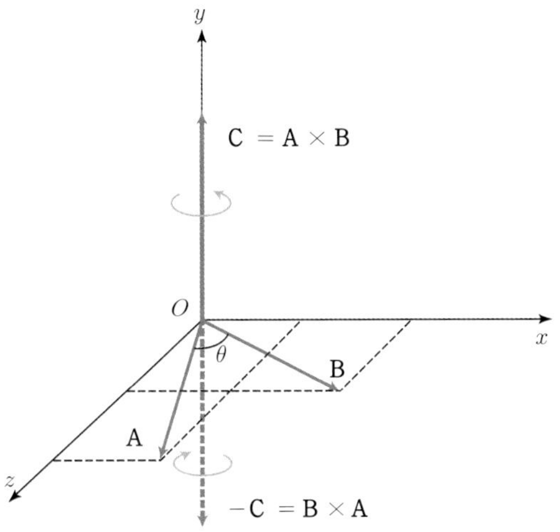

그림 1.11 벡터 외적

직각좌표계에서 단위벡터의 외적 연산

단위벡터끼리 외적의 결과를 알아보기 위하여 외적연산의 크기 계산식 (1.13)과 오른손 법칙을 사용하여 보자. 서로 다른 방향의 단위벡터는 직각을 이루므로 서로 다른 방향의 단위벡터끼리의 곱은 다음과 같은 방식으로 계산된다.

$$|\mathbf{i} \times \mathbf{j}| = 1 \cdot 1 \sin 90° = 1$$

x축($\mathbf{i}$ 방향)을 y축($\mathbf{j}$ 방향)에 일치시키기 위하여 회전하여야 할 방향은 z축의 회전방향, 즉, $\mathbf{k}$ 방향이다.

같은 방향의 단위벡터끼리의 곱은 다음과 같은 방식으로 계산된다.

$$|\mathbf{i} \times \mathbf{i}| = 1 \cdot 1 \sin 0° = 0$$

위에서 보는 바와 같이 단위벡터끼리의 외적연산을 할 때 서로 같은 방향의 두 단위벡터의 외적은 0이 되며, 서로 다른 방향의 두 단위벡터의 외적은 크기가 1이고, 방향은 오른손(right-handed) 법칙에 따라 결정된다. 서로 직교하는 단위벡터 $\mathbf{i}$, $\mathbf{j}$, $\mathbf{k}$에 대한 단위벡터의 연산 결과는 다음과 같다.

$$\mathbf{i} \times \mathbf{j} = \mathbf{k}, \qquad \mathbf{j} \times \mathbf{k} = \mathbf{i}, \qquad \mathbf{k} \times \mathbf{i} = \mathbf{j},$$
$$\mathbf{j} \times \mathbf{i} = -\mathbf{k}, \qquad \mathbf{k} \times \mathbf{j} = -\mathbf{i}, \qquad \mathbf{i} \times \mathbf{k} = -\mathbf{j},$$
$$\mathbf{i} \times \mathbf{i} = 0, \qquad \mathbf{j} \times \mathbf{j} = 0, \qquad \mathbf{k} \times \mathbf{k} = 0$$

윗 식을 유도하는 데 외적연산을 하는 두 벡터는 이동방향을 나타내는 단위벡터이고 결과 벡터는 회전방향을 나타내는 단위벡터로서 나타내었다.

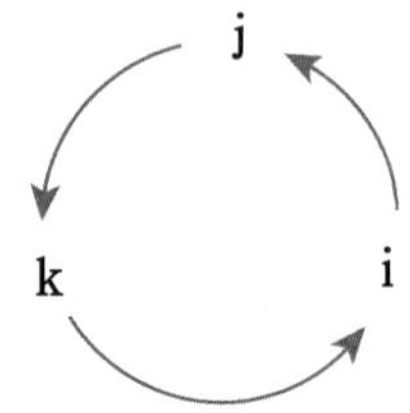

그림 1.12 외적의 방향부호

그림 1.12는 외적의 부호를 알려주는 그림으로, 그림에 나타나 있는 화살표 방향으로 두 벡터를 외적하면 결과의 부호는 양이 되며 그 반대방향으로 외적하면 결과의 부호는 음이 된다.

직각좌표계에서 두 벡터의 외적 연산방법

외적을 수행하고자 하는 두 벡터의 성분이 다음과 같다고 하자.

$$\mathbf{a} = a_x\mathbf{i} + a_y\mathbf{j} + a_z\mathbf{k}$$
$$\mathbf{b} = b_x\mathbf{i} + b_y\mathbf{j} + b_z\mathbf{k}$$

두 벡터의 외적은 다음과 같이 표현할 수 있다.

$$\mathbf{a}\times\mathbf{b} = (a_x\mathbf{i} + a_y\mathbf{j} + a_z\mathbf{k})\times(b_x\mathbf{i} + b_y\mathbf{j} + b_z\mathbf{k})$$

두 벡터의 요소들을 전개하면 다음과 같다.

$$\begin{aligned}\mathbf{a}\times\mathbf{b} =\ & a_x b_x\, \mathbf{i}\times\mathbf{i} + a_x b_y\, \mathbf{i}\times\mathbf{j} + a_x b_z\, \mathbf{i}\times\mathbf{k} \\ & + a_y b_x\, \mathbf{j}\times\mathbf{i} + a_y b_y\, \mathbf{j}\times\mathbf{j} + a_y b_z\, \mathbf{j}\times\mathbf{k} \\ & + a_z b_x\, \mathbf{k}\times\mathbf{i} + a_z b_y\, \mathbf{k}\times\mathbf{j} + a_z b_z\, \mathbf{k}\times\mathbf{k}\end{aligned}$$

단위벡터의 외적연산법칙을 적용하면 같은 방향의 벡터성분끼리의 곱은 0이 되며 다음과 같다.

$$\begin{aligned}\mathbf{a}\times\mathbf{b} =\ & a_x b_x \cdot 0 + a_x b_y\, \mathbf{k} + a_x b_z\, (-\mathbf{j}) \\ & + a_y b_x\, (-\mathbf{k}) + a_y b_y \cdot 0 + a_y b_z\, \mathbf{i} \\ & + a_z b_x\, \mathbf{j} + a_z b_y\, (-\mathbf{i}) + a_z b_z \cdot 0\end{aligned}$$

정리하면 두 벡터의 외적은 다음과 같다.

$$\mathbf{a} \times \mathbf{b} = (a_y b_z - a_z b_y)\,\mathbf{i} + (a_z b_x - a_x b_z)\,\mathbf{j} + (a_x b_y - a_y b_x)\,\mathbf{k} \quad (1.15)$$

위와 같은 결과를 다음과 같은 행렬식으로 표현할 수도 있다.

$$\mathbf{a} \times \mathbf{b} = \begin{vmatrix} \mathbf{i} & \mathbf{j} & \mathbf{k} \\ a_x & a_y & a_z \\ b_x & b_y & b_z \end{vmatrix} \quad (1.16)$$

$$= \mathbf{i} \begin{vmatrix} a_y & a_z \\ b_y & b_z \end{vmatrix} - \mathbf{j} \begin{vmatrix} a_x & a_z \\ b_x & b_z \end{vmatrix} + \mathbf{k} \begin{vmatrix} a_x & a_y \\ b_x & b_y \end{vmatrix}$$

외적의 연산법칙

외적연산의 순서를 바꾸면 결과가 달라진다. 즉, 곱(외적)하는 순서를 반대로 하면 크기는 같지만 방향이 반대로 된다. 또한 벡터와 스칼라의 곱은 곱하는 순서와 관계없이 분배법칙이 성립한다. 반면 벡터와 벡터의 외적에서는 곱(외적)하는 순서를 지켜야만 분배법칙이 성립한다.

$$\mathrm{A} \times \mathrm{B} = -\mathrm{B} \times \mathrm{A} \quad (1.17)$$

$$\mathrm{A} \times (\mathrm{B} + \mathrm{C}) = \mathrm{A} \times \mathrm{B} + \mathrm{A} \times \mathrm{C} \quad (1.18)$$

$$m(\mathrm{A} \times \mathrm{B}) = (m\mathrm{A}) \times \mathrm{B} = \mathrm{A} \times (m\mathrm{B}) = (\mathrm{A} \times \mathrm{B})m \quad (1.19)$$

외적 연산의 적용 예

역학에서는 힘모멘트를 계산할 때 외적연산이 쓰이며 거리와 힘이 서로 수직한 성분만 유효한 성분으로서 작용한다. 임의의 점 A에서 힘모멘트는 다음과 같다.

$$\mathbf{M}_A = \mathbf{r} \times \mathbf{F} \quad (1.20)$$

여기서 $\mathbf{r}$은 점 A에서 힘이 작용하는 점까지의 변위벡터이며, $\mathbf{F}$는 작용하는 힘벡터이다.

외적연산은 원주속도를 계산할 때에도 사용된다. 원주상의 질점의 속도를 $\mathbf{v}$라고 할 때 접선방향 원주속도는 다음과 같다.

$$\mathbf{v} = \boldsymbol{\omega} \times \mathbf{r} \quad (1.21)$$

여기서 $\boldsymbol{\omega}$는 회전각속도이고 $\mathbf{r}$은 중심에서 질점까지의 변위벡터이다.

보기 3 두 벡터 $\mathbf{a} = 3\mathbf{i} - 4\mathbf{j}$, $\mathbf{b} = \mathbf{i} + 2\mathbf{j}$일 때, 두 벡터의 외적 $\mathbf{a} \times \mathbf{b}$을 구하고, 두 벡터가 이루는 평행사변형의 면적은?

풀이

$$\mathbf{a} \times \mathbf{b} = (3\mathbf{i} - 4\mathbf{j}) \times (1\mathbf{i} + 2\mathbf{j})$$
$$= \begin{vmatrix} \mathbf{i} & \mathbf{j} & \mathbf{k} \\ 3 & -4 & 0 \\ 1 & 2 & 0 \end{vmatrix} = \begin{vmatrix} 3 & -4 \\ 1 & 2 \end{vmatrix} \mathbf{k} = 10\,\mathbf{k}$$

면적은 두 벡터 외적의 크기이므로 10이다.

답 $10\,\mathbf{k}$, 10

보기 4 다음의 구조물에 130 N의 힘이 작용하는 경우 점 O에 대한 힘모멘트를 구하라.

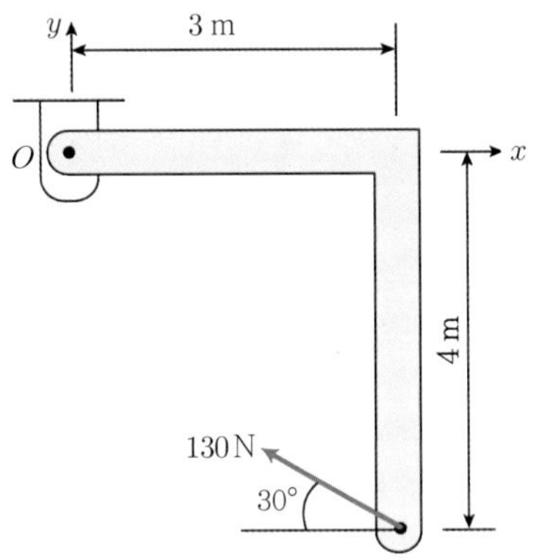

적용원리

- 힘모멘트를 구하는 식 $\mathbf{M}_O = \mathbf{r} \times \mathbf{F}$에 따라 외적연산을 수행한다.

풀이

점 O에 대한 힘모멘트는 다음과 같다.

$$\Sigma \mathbf{M}_O = \mathbf{r} \times \mathbf{F}$$
$$= (3\mathbf{i} - 4\mathbf{j}) \times 130(-\cos 30°\,\mathbf{i} + \sin 30°\,\mathbf{j}) = -255.3\mathbf{k}$$

답 255.3 N · m ↻

보기 5 원운동을 하는 물체의 원주속도 $\mathbf{v}$는 다음과 같이 표현된다.

$$\mathbf{v} = \boldsymbol{\omega} \times \mathbf{r}$$

여기서 $\boldsymbol{\omega}$은 회전각속도, $\mathbf{r}$은 회전중심으로부터 물체까지의 변위이다.
위의 식을 이용하여 문제를 풀어라. 시계방향으로 3 rad/s의 각속도로 회전하는 막대에서 중심 O로부터 우측으로 2 m 만큼 떨어진 점 A의 속도를 구하라.

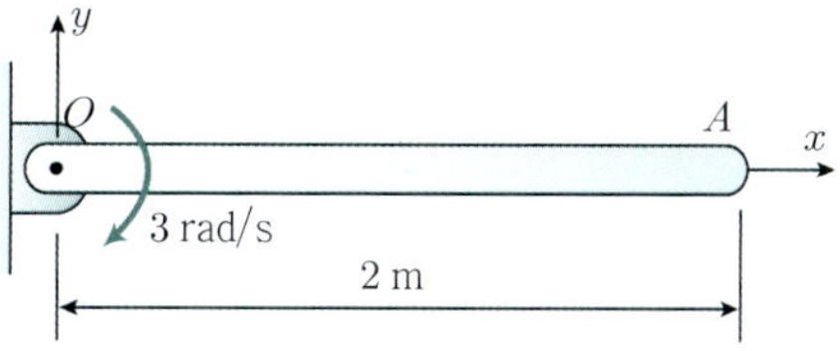

적용원리

벡터의 외적연산을 한다.

풀이

$$\begin{aligned}\mathbf{v} &= \boldsymbol{\omega} \times \mathbf{r} \\ &= (-3\mathbf{k}) \times (2\mathbf{i}) = -6\mathbf{j}\end{aligned}$$

답 $\mathbf{v} = 6\ \text{m/s}\ \downarrow$

보기 6 공간 상의 두 벡터 $\mathbf{a} = \mathbf{i} - 2\mathbf{j} + 3\mathbf{k}$, $\mathbf{b} = 2\mathbf{i} + \mathbf{j} - \mathbf{k}$가 이루는 평행사변형의 면적을 구하고, 이 평행사변형에 수직인 단위벡터를 구하라.

적용원리

두 벡터의 외적을 구한다.

풀이

$$\text{외적 } \mathbf{a} \times \mathbf{b} = \begin{vmatrix} \mathbf{i} & \mathbf{j} & \mathbf{k} \\ 1 & -2 & 3 \\ 2 & 1 & -1 \end{vmatrix}$$

$$= \mathbf{i}\begin{vmatrix} -2 & 3 \\ 1 & -1 \end{vmatrix} - \mathbf{j}\begin{vmatrix} 1 & 3 \\ 2 & -1 \end{vmatrix} + \mathbf{k}\begin{vmatrix} 1 & -2 \\ 2 & 1 \end{vmatrix}$$

$$= -\mathbf{i} + 7\mathbf{j} + 5\mathbf{k}$$

외적의 크기는 $\sqrt{(-1)^2 + 7^2 + 5^2} = \sqrt{75} = 5\sqrt{3}$ 이므로, 평행사변형의 넓이는 $5\sqrt{3}$ 이다.

또한, 평행사변형에 수직인 단위 벡터는 $\dfrac{\pm 1}{5\sqrt{3}}(-\mathbf{i} + 7\mathbf{j} + 5\mathbf{k})$ 이다.

답 $5\sqrt{3}$, $\dfrac{\pm 1}{5\sqrt{3}}(-\mathbf{i} + 7\mathbf{j} + 5\mathbf{k})$

보기 7 $\mathbf{r} = r_x\mathbf{i} + r_y\mathbf{j}$ 이고, $\boldsymbol{\omega} = \omega\mathbf{k}$ 에서 $\boldsymbol{\omega} \times (\boldsymbol{\omega} \times \mathbf{r})$ 를 계산하라.

적용원리

괄호 안의 외적을 먼저 계산하고 다른 계산을 한다.

풀이

먼저 $\boldsymbol{\omega} \times \mathbf{r}$ 을 계산해보자.

$$\boldsymbol{\omega} \times \mathbf{r} = \begin{vmatrix} \mathbf{i} & \mathbf{j} & \mathbf{k} \\ 0 & 0 & \omega \\ r_x & r_y & 0 \end{vmatrix} = (-\omega r_y)\mathbf{i} + (\omega r_x)\mathbf{j}$$

이므로, $\boldsymbol{\omega} \times (\boldsymbol{\omega} \times \mathbf{r})$ 를 계산하면

$$\boldsymbol{\omega} \times (\boldsymbol{\omega} \times \mathbf{r}) = \begin{vmatrix} \mathbf{i} & \mathbf{j} & \mathbf{k} \\ 0 & 0 & \omega \\ -\omega r_y & \omega r_x & 0 \end{vmatrix} = -\omega^2(r_x\mathbf{i} + r_y\mathbf{j}) = -\omega^2\mathbf{r}$$

답 $-\omega^2\mathbf{r}$

참고

1. 벡터를 내적(스칼라곱)한 결과는 스칼라이고, 벡터를 곱하는 순서와 관계없이 계산결과는 같다.

$$\mathrm{A} \cdot \mathrm{B} = \mathrm{B} \cdot \mathrm{A}$$

2. 벡터를 외적한 결과는 벡터이고, 벡터를 곱하는 순서에 따라 결과가 달라진다.

$$\mathrm{A} \times \mathrm{B} = -\mathrm{B} \times \mathrm{A}$$

1.3.2 스칼라의 미분과 적분

(1) 연쇄법칙(chain rule)

$u = f(y)$이고 $y = g(x)$일 때 다음의 관계가 성립한다. 중간에 새로운 변수로 치환하여 계산하는 방법이다.

$$\frac{du}{dx} = \frac{du}{dy} \cdot \frac{dy}{dx} \tag{1.22}$$

보기 8 $y = \sin(ax)$에서 y'를 계산하라.

풀이

$t = ax$라 하면 $y = \sin t$가 된다.

$$\frac{dy}{dx} = \frac{dy}{dt} \cdot \frac{dt}{dx} = \cos(ax) \cdot a = a\cos(ax)$$

답 $a\cos(ax)$

보기 9 $y = (x^2 - 3x + 5)^8$에서 y'를 계산하라.

풀이

$t = x^2 - 3x + 5$라 놓으면, $y = t^8$, $\frac{dt}{dx} = 2x - 3$이 된다.

$$\frac{dy}{dx} = \frac{dy}{dt} \cdot \frac{dt}{dx} = 8(x^2 - 3x + 5)^7 \cdot (2x - 3)$$

답 $8(x^2 - 3x + 5)^7 \cdot (2x - 3)$

보기 10 $f(x) = \sin^3(-2x + 3)$에서 $f'(x)$를 계산하라.

풀이

$v = -2x + 3$, $u = \sin v$, $f = u^3$라고 하자.

$$\frac{df}{dx} = \frac{df}{du} \cdot \frac{du}{dv} \cdot \frac{dv}{dx}$$

$$= 3u^2 \cdot \cos v \cdot (-2)$$

$$= -6 \cdot \sin^2(-2x + 3) \cdot \cos(-2x + 3)$$

답 $-6 \cdot \sin^2(-2x + 3) \cdot \cos(-2x + 3)$

(2) $\frac{du}{dx}$(일반미분)와 $\frac{\partial u}{\partial x}$(편미분)의 차이

전자는 함수 u가 x만을 변수로 갖는 함수 $u = f(x)$의 x에 대한 일반미분이고, 후자는 함수 u는 x 뿐만 아니라 또다른 독립변수(예를 들면 y)를 변수로 갖는 함수 $u = f(x, y, \ldots)$의 x에 대한 편미분이다. 편미분 $\frac{\partial u}{\partial x}$에서는 x가 아닌 다른 변수들은 상수인 것처럼 취급하여 미분하고, 편미분 $\frac{\partial u}{\partial y}$에서는 y가 아닌 다른 변수들은 상수인 것처럼 취급하여 미분한다.

보기 11 $f(x) = x^2 + xy + y^2$에서 $\frac{df}{dx}$를 계산하라.

적용원리

$f(x)$는 x만의 함수를 의미하므로, y를 상수로 취급하여야 한다.

풀이

여기서 y는 변수가 아니라 상수이다.

$$\frac{df}{dx} = 2x + y$$

답 $2x + y$

보기 12 $f(x,y) = x^2 + xy + y^2$에서 $\frac{\partial f}{\partial x} \cdot \frac{\partial f}{\partial y}$와 $\frac{\partial^2 f}{\partial x \, \partial y}$를 각각 계산하라.

적용원리

어떤 것을 변수로, 어떤 것을 상수로 취급하여야 하는지 개념을 알아야 한다.

풀이

$$\frac{\partial f}{\partial x} \cdot \frac{\partial f}{\partial y} = (2x + y) \cdot (x + 2y) = 2x^2 + 5xy + 2y^2$$

$$\frac{\partial^2 f}{\partial x \, \partial y} = \frac{\partial}{\partial x}\left(\frac{\partial f}{\partial y}\right) = \frac{\partial}{\partial x}(x + 2y) = 1$$

답 $2x^2 + 5xy + 2y^2$, 1

---

(3) y'와 $\dot{y}$의 차이

y'는 미분하는 변수를 특별히 지정하지 않았으나, 주로 사용하던 변수(예를 들면 x)에 대한 미분을 나타낸다. 즉, $y' = \frac{dy}{dx}$이고, $y'' = \frac{d^2y}{dx^2}$이다.

또한, $\dot{y}$는 시간 t에 대한 미분을 의미한다. 즉, $\dot{y} = \frac{dy}{dt}$이고, $\ddot{y} = \frac{d^2y}{dt^2}$이다.

따라서, 시간에 대한 미분인 경우에만 변수 위에 점(.)을 찍고, 시간에 대한 미분이 아니면 변수의 우측 상단에 (′) 또는 (″)로 미분을 나타낸다.

(4) 일반적인 미분규칙

많이 쓰이는 미분규칙에는 다음과 같은 것들이 있다.

곱함수의 미분은 다음과 같다.

$$[f(x) \cdot g(x)]' = f'(x)g(x) + f(x)g'(x) \tag{1.23}$$

분수함수의 미분은 다음과 같다.

$$\left[\frac{f(x)}{g(x)}\right]' = \frac{f'(x)g(x) - f(x)g'(x)}{g(x)^2} \tag{1.24}$$

보기 13 함수 $y = x\sin x$ 에서 $\frac{dy}{dx}$를 계산하라.

풀이

곱함수의 미분 $(f \cdot g)' = f'g + fg'$로부터

$$\frac{dy}{dx} = (x)'\sin x + x(\sin x)' = \sin x + x\cos x$$

답 $\frac{dy}{dx} = \sin x + x\cos x$

보기 14 다음 함수에서 $\frac{dy}{dx}$를 계산하라.

$$y = \frac{x}{2x^2 + 3}$$

적용원리

복잡한 계산식은 다른 변수로 치환하여 계산한다.

풀이

분수함수의 미분 $\left(\frac{f}{g}\right)' = \frac{f'g - fg'}{g^2}$로부터

$f = x$, $g = 2x^2 + 3$으로 치환하자.

$$\frac{d}{dx}\left[\frac{x}{2x^2 + 3}\right] = \frac{1 \cdot (2x^2 + 3) - x \cdot 4x}{(2x^2 + 3)^2} = \frac{-2x^2 + 3}{(2x^2 + 3)^2}$$

답 $\frac{-2x^2 + 3}{(2x^2 + 3)^2}$

---

(5) 일반적인 적분규칙

많이 쓰이는 적분에는 다음과 같은 것들이 있다.

① 일반함수의 적분

$$\int x^n dx = \frac{1}{n+1}x^{n+1} + C \ (n \neq 1,\ C\text{는 적분상수}) \tag{1.25}$$

$$\int \frac{1}{x}dx = \ln|x| + C \tag{1.26}$$

② 치환적분

다음의 형태는 $g(x) = t$로 치환하여 적분한다.

$$\int f\{g(x)\} \cdot g'(x)\, dx = \int f(t) \cdot \frac{dt}{dx}\, dx = \int f(t)\, dt \tag{1.27}$$

$$\int [f(x)]^n f'(x)dx = \frac{[f(x)]^{n+1}}{n+1} + C \ (n \neq -1) \tag{1.28}$$

또한 분수함수의 형태가 아래와 같은 경우에는 $f(x) = t$로 치환하여 계산한다.

$$\int \frac{f'(x)}{f(x)}dx = \ln|f(x)| + C \tag{1.29}$$

③ 부분적분법

$$\int f(x)g(x)dx = f(x)\int g(x)dx - \int f'(x) \int g(x)dx\mathrm{d}x \tag{1.30}$$

보기 15 다음을 계산하라.

(a) $\displaystyle\int \frac{1}{(3x+2)^2}dx$

(b) $\displaystyle\int \frac{1}{3x+2}dx$

(c) $\displaystyle\int \frac{\ln x}{x}dx$

풀이

(a) $t = 3x + 2$라 놓으면 $dt = 3dx$

$$\int \frac{1}{t^2}\frac{dt}{3} = \int \frac{1}{3}t^{-2}dt = -\frac{1}{3}t^{-1} + C$$

따라서 $\displaystyle\int \frac{1}{(3x+2)^2}dx = -\frac{1}{3(x+2)} + C$

답 $-\dfrac{1}{3(3x+2)} + C$

(b) $\displaystyle\int \frac{1}{3x+2}dx = \frac{1}{3}\ln|3x+2| + C$

답 $\dfrac{1}{3}\ln|3x+2| + C$

(c) $t = \ln x$라 놓으면 $dt = \dfrac{1}{x}dx$

$$\int \frac{\ln x}{x}dx = \int t\,dt = \frac{1}{2}t^2 + C = \frac{1}{2}(\ln x)^2 + C$$

답 $\dfrac{1}{2}(\ln x)^2 + C$

보기 16 다음을 계산하라.

(a) $\displaystyle\int \ln x\,dx$

(b) $\displaystyle\int x\cos x\,dx$

풀이

부분적분법

(a) $\displaystyle\int 1 \cdot \ln x\,dx = x\ln x - \int x(\ln x)'dx = x\ln x - x + C$

답 $x\ln x - x + C$

(b) $\int x\cos x\,dx = x\sin x - \int 1\cdot\sin x\,dx = x\sin x + \cos x + C$

답 $x\sin x + \cos x + C$

1.3.3 벡터(vector)의 미분과 적분

벡터 A의 시간 t에 대한 미분의 정의는 다음과 같다.

$$\frac{d\mathbf{A}}{dt} = \lim_{\Delta t \to 0} \frac{\mathbf{A}(t+\Delta t) - \mathbf{A}(t)}{\Delta t} \tag{1.31}$$

① A = B + C이면 덧셈의 미분은 다음과 같다.

$$\frac{d}{dt}\mathbf{A} = \frac{d}{dt}(\mathbf{B}+\mathbf{C}) = \frac{d}{dt}(\mathbf{B}) + \frac{d}{dt}(\mathbf{C}) \tag{1.32}$$

② 내적의 미분은 다음과 같다.

$$\frac{d}{dt}(\mathbf{B}\cdot\mathbf{C}) = \left(\frac{d\mathbf{B}}{dt}\right)\cdot\mathbf{C} + \mathbf{B}\cdot\left(\frac{d\mathbf{C}}{dt}\right) = \dot{\mathbf{B}}\cdot\mathbf{C} + \mathbf{B}\cdot\dot{\mathbf{C}} \tag{1.33}$$

③ 외적의 미분은 다음과 같다.

$$\frac{d}{dt}(\mathbf{B}\times\mathbf{C}) = \left(\frac{d\mathbf{B}}{dt}\right)\times\mathbf{C} + \mathbf{B}\times\left(\frac{d\mathbf{C}}{dt}\right) = \dot{\mathbf{B}}\times\mathbf{C} + \mathbf{B}\times\dot{\mathbf{C}} \tag{1.34}$$

④ $\mathbf{A} = \frac{d\mathbf{B}}{dt}$이면 다음의 적분이 성립한다.

$$\mathbf{B} = \int \mathbf{A}\,dt + \mathbf{C} \tag{1.35}$$

여기서 C는 적분상수벡터이다.

1.3.4 곡률반경(radius of curvature)

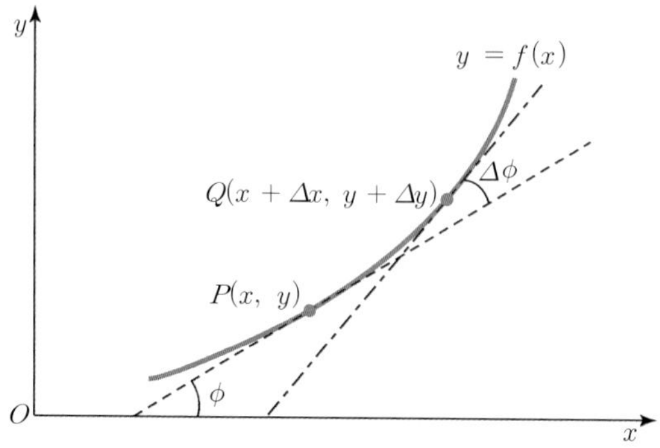

그림 1.13 곡률과 곡률반경

그림 1.3에서 보는 바와 같이, 곡률반경은 평면곡선 $y = f(x)$ 상의 임의의 점 $P(x,\ y)$와 그 근처의 점 $Q(x+\Delta x,\ y+\Delta y)$과의 관계에서 점 P에서의 접선과 점 Q에서의 접선이 이루는 각을 $\Delta\phi$라 하고, 곡선의 길이 $PQ = \Delta s$라고 할 때 곡률(curvature)은 다음과 같다.

$$\kappa = \lim_{\Delta s \to 0} \frac{\Delta\phi}{\Delta s}$$

따라서, 곡률은 다음과 같이 정의된다.

$$\kappa \equiv \frac{d\phi}{ds} \tag{1.36}$$

여기서 ϕ는 접선각, s는 호의 길이이다.
곡률반경(radius of curvature)은 곡률 크기의 역수로 정의한다.

$$\rho = \frac{1}{|\kappa|} \tag{1.37}$$

여기서 κ는 곡률이다.

2차원에서 곡선의 형태가 직각좌표 $y = f(x)$형태로 주어진 경우의 곡률은 다음과 같이 변형할 수 있다.

$$\kappa = \frac{d\phi}{dx} \cdot \frac{dx}{ds}$$

원호의 길이는 다음과 같다.

$$ds = \sqrt{(dx)^2 + (dy)^2}$$

윗 식을 변형하면

$$\frac{dx}{ds} = \frac{1}{\sqrt{1 + (dy/dx)^2}}$$

한편, 접선의 기울기는 다음과 같다.

$$\tan\phi = \frac{dy}{dx}$$

양변을 x에 대하여 미분하면 다음과 같다.

$$\frac{d}{dx}(\tan\phi) = \frac{d^2y}{dx^2}$$

미분공식을 적용하면

$$\sec^2\phi\frac{d\phi}{dx} = \frac{d^2y}{dx^2}$$

윗 식에서 $\sec^2\phi = 1 + \tan^2\phi$이고 $\tan\phi = dy/dx$이므로

$$\frac{d\phi}{dx} = \frac{d^2y/dx^2}{1 + (dy/dx)^2}$$

따라서 곡률은 다음과 같다.

$$\kappa = \frac{d^2y/dx^2}{[1 + (dy/dx)^2]^{3/2}} \tag{1.38}$$

곡률 반경은 곡률 크기의 역수 $\rho = \dfrac{1}{|\kappa|}$로서 다음과 같다.

$$\rho = \frac{[1 + (dy/dx)^2]^{3/2}}{|d^2y/dx^2|} \tag{1.39}$$

보기 17 직각좌표계로 나타낸 $y = x^3$의 곡선 위의 점 (1, 1)에서의 곡률 반경을 구하라.

풀이

$$\frac{dy}{dx} = 3x^2 \Big|_{x=1} = 3$$

$$\frac{d^2y}{dx^2} = 6x \Big|_{x=1} = 6$$

곡률반경 식 $\rho = \dfrac{[1 + (dy/dx)^2]^{3/2}}{|d^2y/dx^2|}$에서

$$\rho = \frac{[1 + 3^2]^{3/2}}{6} = 5.27$$

답 5.27

1.4 역학의 기초

1.4.1 뉴튼(Newton)의 법칙

물체들 사이의 운동 법칙 및 만유인력 법칙을 발견한 뉴튼(Isaac Newton, 1643~ 1727)은 1686년 발간한 저서 “Philosophiæ Naturalis Principia Mathematica”에서 3가지 법칙을 발표하였는데 오늘날 다음과 같이 요약하여 표현하고 있다.

- **뉴튼의 제 1 법칙** : 외력의 작용이 없을 때 원래 정지해있던 물체는 계속 정지해 있고, 움직이던 물체는 계속 같은 속도로 운동한다.
- **뉴튼의 제 2 법칙** : 질점에 외력이 작용하게 되면 질점은 힘의 작용방향으로 가속도가 발생한다. 이 때 가속도의 크기는 힘의 크기에 비례하고 질점의 질량의 크기에 반비례한다.
- **뉴튼의 제 3 법칙** : 반작용의 힘은 작용한 힘에 대하여 크기가 같고 방향이 반대이다. 즉, 접촉하고 있는 두 물체에 작용하는 두 힘은 크기가 같고 동일직선 상에 있으며 방향이 서로 반대이다.

1.4.2 뉴튼의 만유인력 법칙(The law of universal gravitation)

뉴튼은 3개의 운동법칙 이외에 다음의 만유인력 법칙을 제안하였다. 질량이 각각 m_1과 m_2인 두 물체가 r(두 질점 간의 질량중심거리)만큼 떨어진 거리에 위치할 때, 두 물체 간에 작용하는 인력은 다음과 같다.

$$F = G\frac{m_1 m_2}{r^2} \tag{1.40}$$

여기서 G는 만유인력 상수로서 $(6.673 \pm 0.03) \times 10^{-11}(\mathrm{m^3kg^{-1}s^{-2}})$이다.

이 법칙은 행성운동에 관한 케플러(Kepler)법칙에 적용되어 우주선과 행성의 궤도추적에 사용될 수 있다. 그리고 중력가속도를 계산하는 데에도 이용된다.

보기 18 나는 65 kg의 학생이다. 옆자리에 앉아 있는 45 kg의 학생과 작용하는 인력을 알고 싶다. 얼마일까? 단, 두 학생의 질량중심간 거리는 0.5 m이다.

적용원리

만유인력의 법칙을 적용한다.

풀이

만유인력에 대한 식 $F = G\dfrac{m_1 m_2}{r^2}$에서

$$F = (6.673 \times 10^{-11}) \cdot \frac{65 \cdot 45}{0.5^2} = 7.808 \times 10^{-7}\,\mathrm{N}$$

답 약 $7.8 \times 10^{-7}\,\mathrm{N}$

1.4.3 중력가속도

뉴튼의 만유인력 법칙을 지구와 지구상표면에 가깝게 위치하고 있는 물체와의 관계에 대하여 적용하여 보자. 지표면에 있는 물체의 중심과 지구 중심과의 거리는 약 지구의 평균반경 R으로 어림잡을 수 있다. 왜냐하면 지구 반지름의 크기에 비해 지표면과 물체 중심 사이의 거리는 무시할 수

있기 때문이다. 지구의 질량이 M으로 가정하면 질량이 m인 물체와 지구간의 만유인력 즉, 중력은 다음과 같다.

$$F = m\frac{GM}{R^2} \tag{1.41}$$

여기서 만유인력상수 G, 지구질량 M과 반경 R에 의하여 일정하게 정해지는 상수인 $\frac{GM}{R^2}$를 중력가속도 g라고 정의한다. 이는 일정한 값이므로 미리 계산하여 필요할 때마다 사용하면 중복된 계산을 피할 수 있다. 특히 질량(mass)이 지구중력에 의하여 발생하는 인력(引力, gravitation)을 무게(weight)라고 하며 지구의 중심을 향한다. 질량과 무게와의 관계를 스칼라양으로 표현하면 다음과 같다.

$$W = mg \tag{1.42}$$

지구의 평균 반경 $R = 6.37 \times 10^6$ m과 지구의 질량 $M = 5.97 \times 10^{24}$ kg을 적용하면 중력가속도는 다음과 같다.

$$g = \frac{GM}{R^2} = \frac{(6.67 \times 10^{-11}) \cdot (5.97 \times 10^{24})}{(6.37 \times 10^6)^2} \fallingdotseq 9.81 \text{ m/s}^2$$

이것은 물체의 무게가 지표면 근처에서 일정하다는 것을 의미한다. 그러나 이 중력가속도 값은 질점의 위치가 지구표면 근방에서 있다고 전제한 값이며, 지구반경의 불균일성과 지구자전에 의한 원심력으로 적도지방에서는 $g = 9.781 \text{ m/s}^2$ 이고, 양극지방에서는 $g = 9.833 \text{ m/s}^2$이 된다.

물리학에서는 간혹 광입자처럼 물체가 빠른 속도로 움직이면 물체의 질량이 변화한다는 이론을 적용하나, 기계공학에서는 그와 같이 빠른 물체를 취급하지 않으므로 물체의 질량이 일정한 것으로 취급한다.

1.4.4 마찰력

마찰을 상대운동에 따라 분류하면 미끄럼 마찰과 구름 마찰로 구분한다. 두 물체의 접촉점(또는 접촉면)에서 상대운동이 발생하면 미끄럼 마찰이고, 그렇지 않으면 구름 마찰이다.

(1) 미끄럼 마찰

마찰은 두 면 사이의 상대속도에 따라 분류된다. 정지하고 있는 물체에 당기는 힘을 서서히 증가시키는 경우를 생각해 보자.

물체에 가한 힘이 작은 범위에서는 어느 한도까지 증가되어도 물체가 움직이지 않는다. 이것은 접촉면에서 물체에 가한 힘에 대항하는 마찰력이 생겼기 때문이다. 즉, 물체에 가한 힘과 마찰력이 힘의 정적 평형을 이루어 물체가 움직이지 않는다. 정적평형을 이룬다는 것은 마찰력의 크기와 물체에 가한 힘의 크기와 같고, 방향이 반대인 것을 의미한다. 이 때 마찰력을 정지마찰력이라 한다.

상대운동을 시작하는 순간에 마찰력의 크기가 최대로 되는데 이를 최대정지마찰력이라 하며, 마찰력의 크기는 정마찰계수(μ_s)와 수직력과의 곱이다. 일단 상대운동을 시작하면 마찰력의 크기가 약간 작아지는데, 마찰력의 크기는 동마찰계수(μ_k)와 수직력과의 곱이다. 마찰력이 일어나는 면은 접촉면의 접선방향이고 운동을 방해하는 방향이다. 이와 같은 원리를 쿨롱의 마찰법칙(Coulomb's law of dry friction)이라고 한다.

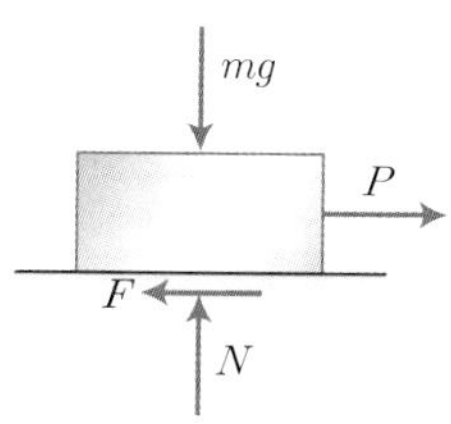

그림 1.14 마찰력

① 물체가 움직이지 않을 때 적용되는 식과 성립조건

물체에 작용하는 힘이 최대정지마찰력 $F_{\max}$보다 작은 범위에서는 물체에 작용하는 힘 P과 마찰력 F은 평형을 이루어 물체가 움직이지 않는다. 수식으로 표현하면 다음과 같다.

$$P = F$$

위 식은 물체에 작용하는 힘이 최대정지마찰력 $F_{\max}$보다 작거나 같아야 성립한다.

$$P \leq F_{\max} \tag{1.43}$$

최대정지마찰력 $F_{\max}$은 정지 상태로부터 물체가 움직이기 시작하는 힘을 의미하며 다음과 같다.

$$F_{\max} = \mu_s N \tag{1.44}$$

즉, 만약 문제풀이 과정에서 물체가 움직이지 않는다고 가정을 하였다면 그 풀이가 옳다는 것을 보이려면 윗 식이 성립함을 증명하여야 한다. 윗 식이 성립하지 않는다면 물체가 움직이지 않는다고 한 가정은 참이 아니다.

② 정지상태로부터 물체가 움직이기 시작하는 순간에 적용되는 식

물체가 움직이는 순간에 마찰력으로서 최대정지마찰력이 작용한다.

$$F = F_{\max}$$

$$F_{\max} = \mu_s N$$

③ 물체가 움직이는 동안 적용되는 식

물체가 움직이는 동안에는 동마찰력이 작용한다.

$$F = \mu_k N \tag{1.45}$$

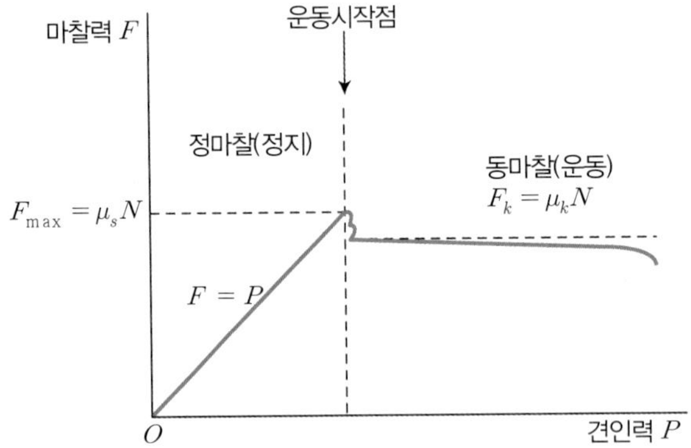

운동의 분류	마찰력의 크기	조건
움직이기 전	$F = P$	$P < \mu_s N$
움직이려는 순간	$F_{\max} = \mu_s N$	
움직인 후	$F = \mu_k N$	$\mu_k N < \mu_s N$

그림 1.15 마찰력의 크기

(2) 구름 마찰

구름 마찰은 두 물체의 접촉점에서 미끄러짐이 발생하지 않고 굴러갈 때 발생하는 마찰을 의미하며, 구름 마찰력의 크기는 미끄럼 마찰력의 크기를 초과하지 않는다. 그러나, 두 물체의 접촉점사이에 상대운동이 발생하여 미끄러지면서 굴러가는 경우에는 구름 마찰이 아닌 미끄럼 마찰로 분류하며, 마찰력의 크기는 동마찰계수와 수직력의 곱이다.

1.4.5 스프링

스프링은 하중을 가하면 변형하고 하중을 제거하면 원래의 형태로 돌아가는 성질을 가진 탄성체이다. 스프링의 특성을 구성하는 요인들로 스프링의 종류, 재질, 형상 정보 등에 따라 달라지며, 일반적으로 스프링 자체의 관성(질량)은 무시한다.

변형 성질로 구분하면 힘에 대한 변형량이 일정한 선형(linear) 스프링과 일정하지 않은 비선형(nonlinear) 스프링으로 분류한다.

스프링은 변형된 상태에서 원래 형태로 돌아가려는 힘(복원력)을 가진 물체이다. 스프링이 인장된 상태라면 줄어들려는 방향의 힘이 발생하고, 압축되었다면 늘어나려는 방향으로 힘이 발생한다. 어떤 경우든 변형된 스프링은 원래 형태로 돌아가면서 일을 할 수 있는 잠재적 에너지(potential energy)를 가지고 있다.

선형 스프링에서 하중-변형 곡선의 기울기를 스프링 상수(spring constant) k로 표시하며, 단위는 N/m이다. 하중 F와 변형량 x과의 관계는 다음과 같다.

$$k = \frac{F}{x} \tag{1.46}$$

비선형 스프링의 경우 사용하는 범위내의 특성을 나타내는 스프링 상수로 선형화하여 사용하기도 한다.

$$k = \frac{dF}{dx} \tag{1.47}$$

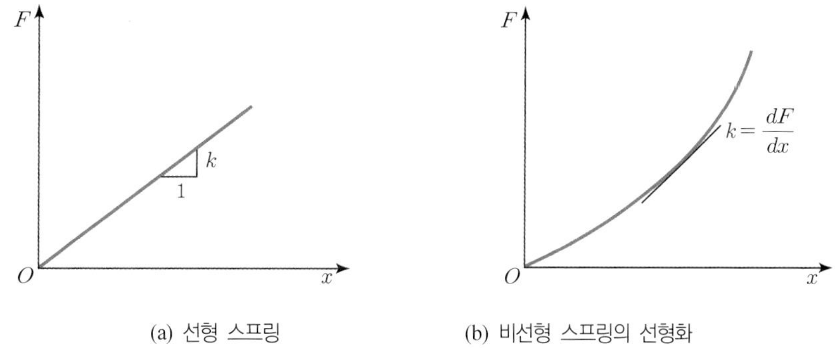

그림 1.16 스프링상수

보기 19 만약 스프링에 가해진 힘 $f(x)$와 그로 인해 변형된 길이 x에 대한 관계식이 $f(x) = x + x^3$이라 하면, 변형길이 $x = 3$일 때 선형화된 스프링상수와 변형길이가 $x = 2$와 $x = 4$ 사이의 평균 스프링상수를 구하라.

적용원리

순간 변형률 $\frac{df}{dx}$과 평균 변화율 $\frac{\Delta f}{\Delta x}$을 구분한다.

풀이

변형길이가 $x = 3$일 때 선형화된 스프링상수

$$\left.\frac{df}{dx}\right|_{x=3} = \left.(1 + 3x^2)\right|_{x=3} = 28$$

변형길이가 $x = 2$와 $x = 4$ 사이의 평균 스프링상수

$$\frac{\Delta f}{\Delta x} = \frac{f(4) - f(2)}{4 - 2} = 29$$

답 $\left.\frac{df}{dx}\right|_{x=3} = 28,\ \frac{\Delta f}{\Delta x} = 29$

표 1.2 자주 사용되는 힘

힘의 종류	크기	방향
중력 W	• $W = mg$ • 질량과 중력가속도의 곱	• 지구중심방향
수직반력 N	• 접촉 물체에 대하여 크기가 같고 방향이 반대인 반작용력	• 접촉면에 수직(접선방향)
마찰력 F	• 정지시 $F \leqq \mu_s N$, P(끄는 힘) $= F$ • 운동시 $F = \mu_k N$	• 운동을 방해하는 방향 • 접촉면에 평행(접선방향)
스프링힘 F_s	• $F_s = kx$ (x는 늘어난 길이)	• 원래 위치로 돌아가려는 방향 • 복원력

1.5 동역학 문제의 문제 풀이 순서

역학 문제를 처음 접할 때 무엇부터 해야 할지 몰라 당황하는 경우가 있을 수 있다. 이 때 다음과 같이 생각을 정리하여 체계적으로 문제풀이를 하면 많은 도움이 될 것이다.

① 주어진 정보와 요구하는 결과로부터 적절한 자유물체도를 그린다.
② 적용되는 원리에 부합하는 좌표계를 설정한다.
③ 평형방정식과 다른 관계식(기구학적 조건 등)을 적용한다.
④ 미지수의 개수와 방정식의 수가 일치하는지 확인한다.

만약, 미지수의 수에 비하여 방정식의 수가 부족하면 제약조건을 검토하여 관계식을 추가한다.
⑤ 단위에 맞추어 숫자를 대입한다.
⑥ 계산 실수가 없는지 확인하고, 결과가 합리적인지 검산한다.

보기 20 질량 5 kg의 물체에 지면과 30° 각도로 20 N의 힘을 가할 때, 지면으로부터의 수직 반력을 구하라. 또한, 지면과의 마찰을 무시한다면 이 물체의 가속도는 얼마일까?

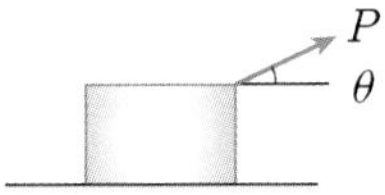

풀이

수직반력을 N이라 하고, 자유물체도를 그리면 다음과 같다.

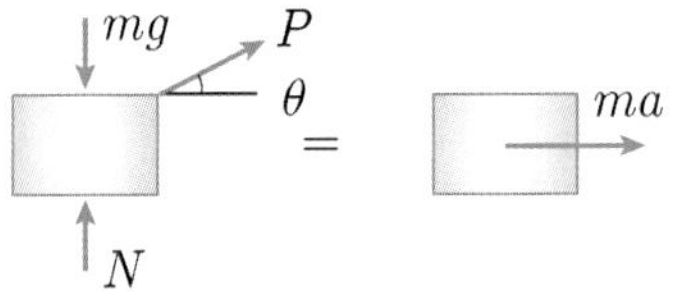

직각좌표계에 따른 운동방정식은 다음과 같다.

$$+\uparrow \;:\; N - mg + P\sin\theta = 0$$

$$N - 5\cdot 9.81 + 20\sin 30° = 0, \qquad \therefore\; N = 39.05\ \text{N}$$

$\xrightarrow{+}$: $P\cos\theta = ma$

$20\cos 30° = 5a$ $\qquad\qquad \therefore \ a = 3.464\ \mathrm{m/s^2}$

답 $N = 39.05\ \mathrm{N}$, $\mathbf{a} = 3.464\ \mathrm{m/s^2} \rightarrow$

연습문제

1.1 다음 물음에 답하라.

(a) $\mathbf{a} = 2\mathbf{i} - 3\mathbf{j} + 4\mathbf{k}$, $\mathbf{b} = 3\mathbf{i} - 2\mathbf{k}$에서 두 벡터의 내적 $\mathbf{a} \cdot \mathbf{b}$은?

(b) 두 벡터 $\mathbf{a} = 2\mathbf{i} - 3\mathbf{j} + 2\mathbf{k}$, $\mathbf{b} = \mathbf{i} - 2\mathbf{j} + \mathbf{k}$의 사잇각은?

1.2 두 벡터 $\mathbf{a} = \mathbf{i} + 2\mathbf{j}$, $\mathbf{b} = 3\mathbf{i} + \mathbf{j}$에 대하여 물음에 답하라.

(a) 두 벡터의 사잇각은?

(b) 두 벡터가 이루는 평행사변형의 면적은?

(c) 두 벡터가 이루는 평행사변형에 수직인 단위벡터는?

1.3 두 벡터 $\mathbf{a} = 3\mathbf{i} - 4\mathbf{j} + \mathbf{k}$, $\mathbf{b} = \mathbf{i} + 2\mathbf{j} - 3\mathbf{k}$에 대하여 물음에 답하라.

(a) 두 벡터의 사잇각은?

(b) 두 벡터가 이루는 평행사변형의 면적은?

(c) 두 벡터가 이루는 평행사변형에 수직인 단위벡터는?

1.4 그림과 같은 길이 0.3 m인 막대 끝에 20 N의 힘을 가할 때, 점 O에 대한 힘모멘트(moment of force)를 구하라.

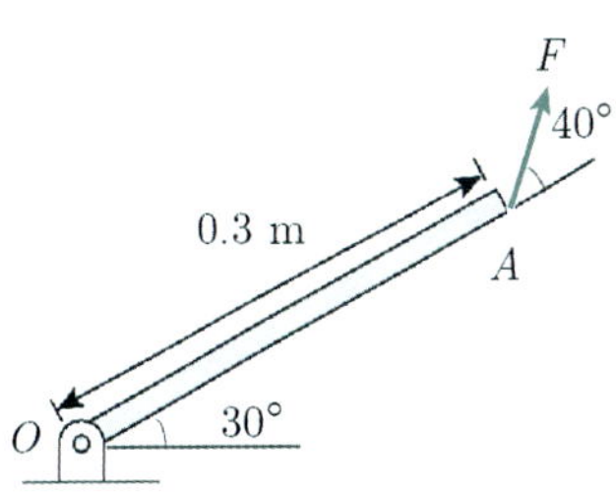

1.5 반시계방향으로 각속도 $\omega = 2\,\text{rad/s}$로 회전하는 막대의 끝점의 속도를 구하라. 여기서 막대의 회전중심으로부터 막대의 끝점의 위치는 $0.3\mathbf{i} + 0.4\mathbf{j}$(m)이다.

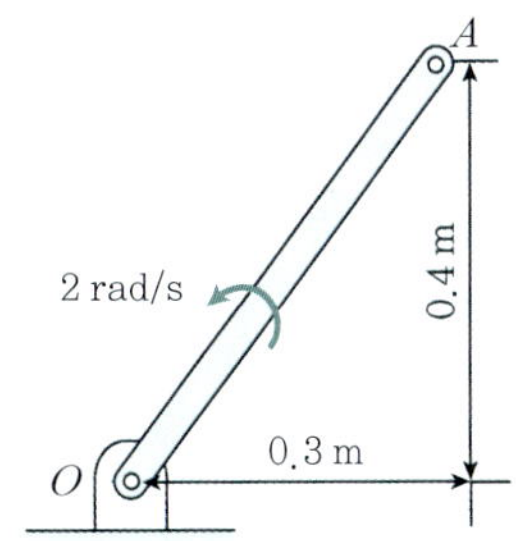

1.6 수평면 위에 놓인 질량 20 kg의 물체가 움직이기 직전에 작용하는 최대 정지 마찰력의 크기는 얼마인가? 단, 수평면과 물체 사이의 정마찰계수는 0.3이다.

1.7 질량 5 kg의 물체에 지면과 30° 각도로 20 N의 힘을 가할 때, 물체는 지면에 미끄러지고 있다. 지면과의 동마찰계수가 0.2라 할 때, 이 물체의 가속도를 구하라.

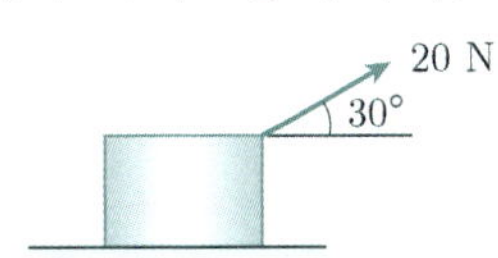

연습문제 해답

1.1 (a) -2

(b) $\theta = 8.05°$

1.2 (a) $45°$

(b) 5

(c) $\pm \mathbf{k}$

1.3 (a) $115°$

(b) $10\sqrt{3}$

(c) $\pm(\mathbf{i} + \mathbf{j} + \mathbf{k})/\sqrt{3}$

1.4 3.857 Nm ↺

1.5 1 m/s 36.9°

1.6 $F_{\max} = 58.9$ N

1.7 $\mathbf{a} = 1.90\ \mathrm{m/s^2} \rightarrow$

02 chapter 질점의 운동학

2.1 개요

이 장에서는 질점의 움직임을 표현하는 방법인 질점의 운동학을 학습한다. 힘의 작용에 의하여 질점이 움직이게 되는데, 움직임의 원인이 되는 힘은 고려하지 않는다. 질점의 해석에서는 물체가 회전하지 않는다고 가정한 것으로 위치, 속도, 가속도에 의한 움직임을 표현하는 방법을 배운다. 질점의 움직임을 가장 잘 표현할 수 있는 좌표계의 종류와 그 쓰임에 대한 공부를 한다.

2.2 위치, 속도 및 가속도에 대한 기본 개념

물체의 이동을 나타내기 위한 변수로서 위치, 속도 및 가속도가 있으며 다음과 같다.

2.2.1 위치(position)

물체의 위치를 나타내고자 하면 기준위치(기준점 또는 원점 O)가 필요하다. 기준점으로부터의 물체의 위치를 나타내기 위한 좌표를 위치 좌표(position coordinate)라고 한다. 위치 벡터 $\mathbf{r}$은 임의의 순간에 물체의 위치를 나타내는데 쓰이며, 움직이는 물체의 위치 벡터는 시간 t의 함수이다.

그림 2.1에서 보는 바와 같이 각 방향의 크기를 각각 x, y, z라 할 때, 위치 벡터 $\mathbf{r}$은 다음과 같이 표기된다.

$$\mathbf{r} = \mathbf{r}(t), \quad x = x(t), \quad y = y(t), \quad z = z(t) \tag{2.1}$$

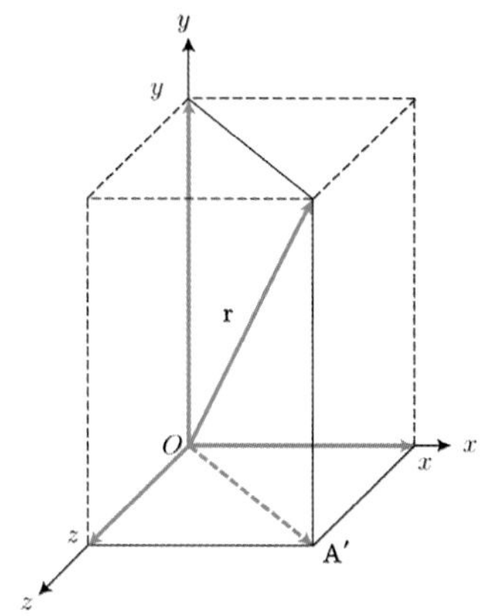

그림 2.1 위치 벡터 $\mathbf{r}$

2.2.2 변위(displacement)

그림 2.2에서 보는 바와 같이, 임의의 시간 구간 Δt 동안에 질점의 위치변화 $\Delta\mathbf{r}$를 변위(displacement)라고 한다. 최초 위치가 $\mathbf{r}(t)$이고 최종 위치가 $\mathbf{r}(t+\Delta t)$이라면, 변위는 다음과 같이 표현된다.

$$\Delta\mathbf{r} = \mathbf{r}(t+\Delta t) - \mathbf{r}(t) \tag{2.2}$$

그림 2.3에서 보는 바와 같이, Δt 시간 동안 질점의 위치가 $\Delta\mathbf{r}$만큼 변화했다면 질점의 평균 속도(average velocity)는 다음과 같다.

2.2.3 속도(velocity)

$$\mathbf{v}_{\mathbf{av}} = \frac{\Delta\mathbf{r}}{\Delta t} = \frac{\mathbf{r}(t+\Delta t) - \mathbf{r}(t)}{\Delta t} \tag{2.3}$$

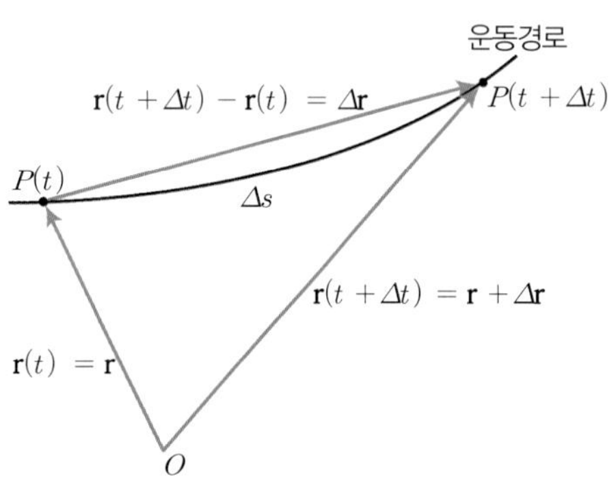

그림 2.2 Δt 동안의 위치 변화

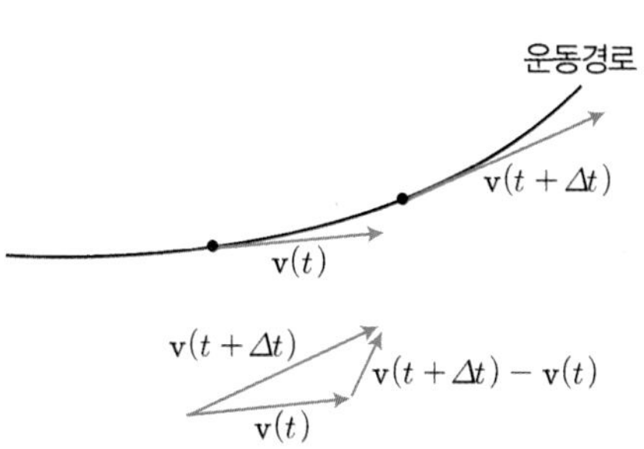

그림 2.3 Δt 동안의 속도 변화

그림 2.4 위치, 속도, 가속도의 관계

시간 t에서의 질점의 순간 속도(instantaneous velocity)는 일반적으로 속도라 하고 시간 t에서의 시간 변화에 따른 위치 변화율로 정의된다. 어떤 지점에서의 속도는 벡터이며, 움직이는 경로에 대한 접선 방향이다.

$$\mathbf{v} = \frac{d\mathbf{r}}{dt} = \dot{\mathbf{r}} \tag{2.4}$$

여기서 위치벡터 $\mathbf{r}$ 위의 점(˙)는 시간 t에 대한 한번 미분을 의미한다.

속도 $\mathbf{v}$는 크기와 방향이 있는 벡터이다. 속도의 크기는 질점의 빠르기로서 $|\mathbf{v}|$로 나타내며, 속력(speed)이라 한다. 속력은 스칼라로서 방향을 나타내지 않는다. 속도의 단위는 거리를 시간으로 나눈 값으로 m/s이다.

2.2.4 가속도(acceleration)

시간 t에서 질점의 속도가 $\mathbf{v}(t)$이고, 시간 $t + \Delta t$에서 속도가 $\mathbf{v}(t + \Delta t)$인 경우 시간구간 Δt 동안 속도 변화율 $\Delta \mathbf{v}$를 평균 가속도(average acceleration)라 한다.

$$\mathbf{a}_{\mathrm{av}} = \frac{\Delta \mathbf{v}}{\Delta t} = \frac{\mathbf{v}(t + \Delta t) - \mathbf{v}(t)}{\Delta t} \tag{2.5}$$

시간 t에서의 질점의 순간 가속도(instantaneous acceleration)는 시간 변화에 따른 속도 변화율로 정의된다.

$$\mathbf{a} = \frac{d\mathbf{v}}{dt} = \dot{\mathbf{v}} \tag{2.6}$$

또한 식 (2.4)의 $\mathbf{v} = d\mathbf{r}/dt$를 식 (2.6)에 대입하면 다음과 같다.

$$\mathbf{a} = \frac{d\mathbf{v}}{dt} = \frac{d}{dt}\left(\frac{d\mathbf{r}}{dt}\right) = \frac{d^2\mathbf{r}}{dt^2} = \ddot{\mathbf{r}} \tag{2.7}$$

변수 위에 점은 시간에 대한 미분을 나타낸다. $\dot{\mathbf{v}}$는 $\mathbf{v}$를 시간 t에 대하여 한번 미분한 것을 나타내고, $\ddot{\mathbf{r}}$는 $\mathbf{r}$을 시간 t에 대하여 두 번 미분한 것을 나타낸다. 가속도의 단위는 거리를 시간 제곱으로 나눈 값이며 $\mathrm{m/s^2}$이다.

2.3 각도, 각속도 및 각가속도에 대한 기본 개념

물체의 회전을 나타내기 위한 변수로서 각도, 각속도, 각가속도가 있으며, 다음과 같다.

(1) 각도의 환산

일상생활에서 각도는 흔히 °(도)로서 표현하지만 역학계산에서는 주로 rad로 표시한다. 1회전(rev)인 경우 360°이고, 2π rad이다.

$$1\,\mathrm{rev} = 360° = 2\pi\,\mathrm{rad}$$

$$1° = \frac{\pi}{180}\,\mathrm{rad}$$

(2) 각도, 각속도 및 각가속도의 방향

각도, 각속도와 각가속도는 회전방향에 따라 3방향으로 구분된다. 직각좌표계를 사용하는 경우 다음과 같이 표현하며 각 방향의 회전에 대하여 독립적으로 연산할 수 있다.

$$\boldsymbol{\theta} = \theta_x\mathbf{i} + \theta_y\mathbf{j} + \theta_z\mathbf{k}$$

$$\boldsymbol{\omega} = \omega_x\mathbf{i} + \omega_y\mathbf{j} + \omega_z\mathbf{k}$$

$$\boldsymbol{\alpha} = \alpha_x\mathbf{i} + \alpha_y\mathbf{j} + \alpha_z\mathbf{k}$$

(3) 각도, 각속도 및 각가속도의 관계

① 각속도는 시간에 대한 각도의 변화율이고 단위는 rad/s이다.

$$\boldsymbol{\omega} = \frac{d\boldsymbol{\theta}}{dt} = \dot{\boldsymbol{\theta}} \tag{2.8}$$

② 각가속도는 시간에 대한 각속도의 변화율이고 단위는 $\mathrm{rad/s^2}$다.

$$\boldsymbol{\alpha} = \frac{d\boldsymbol{\omega}}{dt} = \dot{\boldsymbol{\omega}} = \ddot{\boldsymbol{\theta}} \tag{2.9}$$

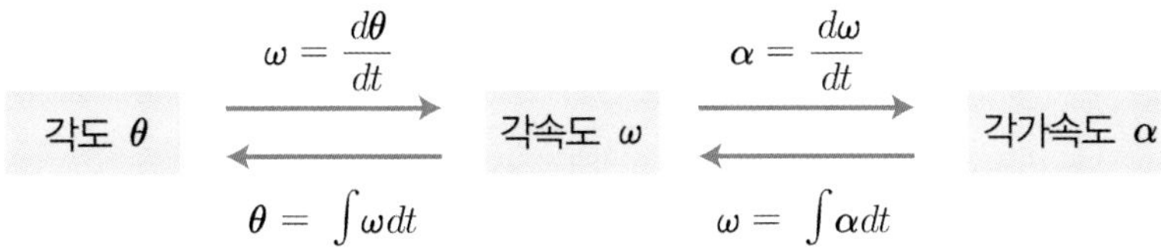

그림 2.5 각도, 각속도, 각가속도의 관계

2.4 직선운동

직선운동(straight-line motion)이란 질점이 움직이는 경로가 일직선(straight- line path)인 운동을 말한다.

2.4.1 직선운동에서의 위치, 속도 및 가속도

(1) 위치(position)

일직선 경로를 이동하는 질점의 위치를 표시할 때 벡터 $\mathbf{r}$ 대신 원점에서의 위치좌표 s(스칼라)로 나타내면 간단히 할 수 있다. 직각좌표계에서 x축 위를 움직이는 경우 다음과 같이 표현할 수 있다.

$$\mathbf{r} = s\,\mathbf{i}$$

여기서 $\mathbf{i}$는 방향을 나타내기 위한 단위벡터이며, 직선운동의 경우에는 이를 생략하고 양수, 음수의 부호로써 충분히 운동 방향을 나타낼 수 있다.

(2) 변위(displacement)

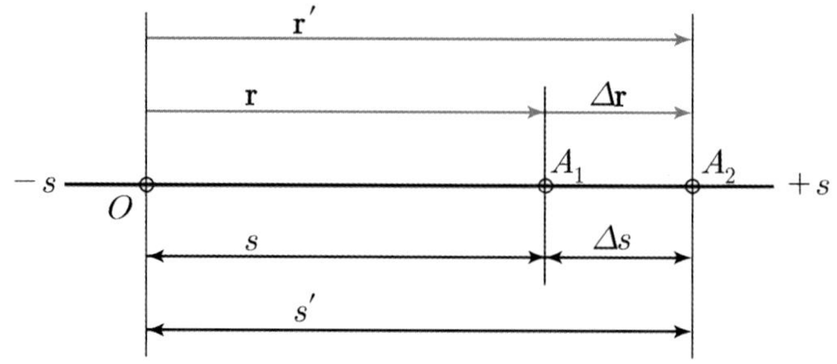

그림 2.6 직선 운동에서의 변위

움직이는 물체에서 위치의 변화를 변위라고 한다. 그림 2.6에서 보는 바와 같이, 처음의 위치를 $s(t)$라 하고, 임의의 시간구간 Δt 후의 위치를 $s(t+\Delta t)$라고 하면 변위는 다음과 같이 표현할 수 있다.

$$\text{벡터로 표현한 경우 } \Delta \mathbf{r} = (s(t+\Delta t) - s(t))\,\mathbf{i}$$
$$\text{스칼라로 표현한 경우 } \Delta s = s(t+\Delta t) - s(t)$$

(3) 속도(velocity)

시간 t에서의 질점의 순간속도(instantaneous velocity)는 일반적으로 속도라 하고 시간 t에서의 시간에 대한 위치변화율로 정의된다.

$$\text{벡터로 표현한 경우 } \mathbf{v} = \frac{d\mathbf{r}}{dt} = \dot{s}\,\mathbf{i}$$
$$\text{스칼라로 표현한 경우 } v = \frac{ds}{dt} = \dot{s} \qquad (2.10)$$

여기서 점(˙)는 시간 t에 대하여 한 번 미분한 것을 나타낸다.

(4) 가속도(acceleration)

시간 t에서의 질점의 순간가속도(instantaneous acceleration)는 시간변화에 따른 속도변화율로 정의된다.

$$\text{벡터로 표현한 경우} \quad \mathbf{a} = \frac{d\mathbf{v}}{dt} = \dot{v}\,\mathbf{i} = \ddot{s}\,\mathbf{i}$$

$$\text{스칼라로 표현한 경우} \quad a = \frac{dv}{dt} = \dot{v} = \ddot{s} \tag{2.11}$$

(5) 시간함수가 아닌 경우의 위치, 속도 및 가속도

시간이 포함되지 않은 경우 자주 사용하는 위치, 속도 및 가속도의 관계식은 연쇄법칙을 이용하여 다음과 같이 표현된다.

$$a = \frac{dv}{dt} = \frac{dv}{ds}\frac{ds}{dt} = \frac{dv}{ds}\,v$$

또는

$$a = v\,\frac{dv}{ds} \tag{2.12}$$

식 (2.10)은 다음의 형태로도 많이 사용된다.

$$\int a\,ds = \int v\,dv$$

2.4.2 직선운동의 해석

[1] 속도 또는 가속도가 일정한 경우

(1) 등속도 운동(uniform motion)

질점의 속도 $\mathbf{v}$의 크기가 $v = v_c$로 일정한 경우를 말한다. 이 때 속도의 변화가 없으므로 가속도는 0이 된다.

위치

식 $v = \frac{ds}{dt}$에서 s와 t를 분리하여 속도를 적분하고, 시간 $t = 0$에서 초기위치 $s = s_0$를 대입한다.

$$\int_{s_0}^{s} ds = \int_{0}^{t} v_c dt$$

시간 t에서 질점의 위치 s는 다음과 같다.

$$s = s_0 + v_c t \tag{2.13}$$

만약, 임의의 시간 t_1에서의 위치가 s_1이라는 조건이 주어지면 적분구간이 달라진다.

$$\int_{s_1}^{s} ds = \int_{t_1}^{t} v_c dt$$

시간 t에서 질점의 위치 s는 다음과 같다.

$$s = s_1 + v_c(t - t_1) \tag{2.14}$$

가속도

등속도 운동하는 질점은 속도의 변화가 없다는 것을 의미하므로 가속도는 0이 된다.

$$a = \frac{dv_c}{dt} = 0$$

(2) 등가속도 운동(uniformly accelerated motion)

질점의 가속도 **a**의 크기가 $a = a_c$로서 일정한 경우이다.

속도

식 $a = \frac{dv}{dt}$에서 v와 t를 분리하여 가속도 a를 시간에 대해 적분하고 $t = 0$에서의 초기조건 $v = v_0$를 대입한다.

$$\int_{v_0}^{v} dv = \int_0^t a_c \, dt$$

임의의 시간 t에서 질점의 속도는 다음과 같다.

$$v = v_0 + a_c t \tag{2.15}$$

위치

식 $v = \frac{ds}{dt}$에서 s와 t를 분리하여 속도 v를 시간에 대해 적분하고, $t = 0$에서의 초기조건 $s = s_0$을 대입한다.

$$\int_{s_0}^{s} ds = \int_0^t v \, dt = \int_0^t (v_0 + a_c t) \, dt$$

임의의 시간 t에서 질점의 위치는 다음과 같다.

$$s = s_0 + v_0 t + \frac{1}{2} a_c t^2 \tag{2.16}$$

위치와 속도와의 관계식

식 $a = v\frac{dv}{ds}$에서 v와 s를 분리하여 적분하고 초기 위치 s_0와 초기 속도 v_0을 대입한다.

$$\int_{s_0}^{s} a_c \, ds = \int_{v_0}^{v} v \, dv$$

$$a_c(s - s_0) = \frac{1}{2}(v^2 - v_0^2)$$

속도와 위치와의 관계식은 다음과 같다.

$$v^2 = v_0^2 + 2a_c(s - s_0) \tag{2.17}$$

[2] 속도 또는 가속도가 일정하지 않은 경우

속도 또는 가속도를 정의하는 다음 식으로부터 미분 또는 적분함으로써 위치, 속도, 가속도를 얻을 수 있다.

$$v = \frac{ds}{dt} \qquad (2.10\ 반복)$$

$$a = \frac{dv}{dt} \qquad (2.11\ 반복)$$

$$a = v\frac{dv}{ds} \qquad (2.12\ 반복)$$

(1) 속도가 시간함수로 주어진 경우 ($v = v(t)$인 경우)

위치

식 $a = \dfrac{dv}{dt}$에서 변수 v와 t를 분리하여 속도를 적분하고, 시간 $t = 0$에서 초기위치 s_0를 대입한다.

$$\int_{s_0}^{s} ds = \int_0^t v(t)\,dt$$

위치가 주어지면 그때의 시간을 알 수 있다.

시간 t에서 질점의 위치는 다음과 같다.

$$s = s_0 + \int_0^t v(t)dt \tag{2.18}$$

가속도

속도를 시간에 대하여 미분한다.

$$a = \frac{dv(t)}{dt} \tag{2.19}$$

(2) 속도가 위치함수로 주어진 경우 ($v = v(s)$인 경우)

시간 t와 위치 s 사이의 관계식

식 $v = \frac{ds}{dt}$에서 변수 s와 t를 분리하여 양변을 적분하고 $t = 0$에서 초기조건 $s = s_0$을 대입한다.

$$\int_0^t dt = \int_{s_0}^s \frac{1}{v(s)} ds$$

위치가 주어지면 그때의 시간을 알 수 있다.

$$t = \int_{s_0}^s \frac{1}{v(s)} ds \tag{2.20}$$

시간이 주어지고 위치를 알고 싶은 경우 윗 식의 결과에서 s를 t의 함수로 다시 풀어야 한다.

가속도

식 $a = v\frac{dv}{ds}$에서 $v = v(s)$를 대입한다.

$$a = v\frac{dv}{ds} = v(s)\frac{dv(s)}{ds} \tag{2.21}$$

가속도를 t의 항으로 표현하고자 할 때는 식 (2.20)을 s에 대하여 푼 후 시간에 대하여 두 번 미분하여 얻을 수도 있고, 윗 식에 대입하여 얻을 수도 있다.

(3) 가속도가 시간함수로 주어진 경우 ($a = a(t)$일 때)

속도

식 $a = \dfrac{dv}{dt}$에 v와 t를 분리하여 $a = a(t)$를 대입하여 적분하고, 초기속도를 대입한다.

$$\int_{v_0}^{v} dv = \int_0^t a(t)\,dt$$

$$v = v_0 + \int_0^t a(t)\,dt \tag{2.22}$$

위치

윗 식에서 얻어진 v값을 식 $v = \dfrac{ds}{dt}$에 대입하여 적분한다.

$$s = s_0 + \int_0^t v\,dt \tag{2.23}$$

(4) 가속도가 위치함수로 표시될 때 ($a = a(s)$인 경우)

속도

식 $a = v\dfrac{dv}{ds}$에서 v와 s를 분리하여 적분하고 초기 위치 s_0와 초기 속도 v_0을 대입한다.

$$\int_{v_0}^{v} v\,dv = \int_{s_0}^{s} a(s)\,ds$$

$$v^2 = v_0^2 + 2\int_{s_0}^{s} a(s)\,ds \tag{2.24}$$

위치 s와 시간 t 사이의 관계식

식 $v = \dfrac{ds}{dt}$에서 s와 t를 분리하여 적분하고 초기 위치 s_0를 대입한다.

$$\int_0^t dt = \int_{s_0}^s \frac{ds}{v}$$

$$t = \int_{s_0}^s \frac{ds}{v} \tag{2.25}$$

시간에 대한 위치를 알고자 하면, 위에서 구한 s를 시간 t에 대해 다시 풀어야 한다.

(5) 가속도가 속도의 함수로 주어진 경우 (즉, $\boldsymbol{a} = \boldsymbol{a}(\boldsymbol{v})$일 때)

속도

식 $a = \dfrac{dv}{dt}$에서 변수 v와 t를 먼저 분리한 후에 적분하고 초기 속도 v_0을 대입한다.

$$\int_0^t dt = \int_{v_0}^v \frac{1}{a(v)} dv$$

$$t = \int_{v_0}^v \frac{1}{a(v)} dv \tag{2.26}$$

위치

윗 식에서 v를 t에 대하여 푼 후 식 $v = \dfrac{ds}{dt}$를 적분하여 얻는다.

시간 t에 의존하지 않는 v와 s 사이의 관계식

식 $a = v\dfrac{dv}{ds}$에서 v와 s의 항을 분리하여 적분하고 초기 위치 s_0와 초기 속도 v_0을 대입한다.

$$\int_{s_0}^s ds = \int_{v_0}^v v\frac{dv}{a(v)}$$

$$s = s_0 + \int_{v_0}^v \frac{v}{a(v)} dv \tag{2.27}$$

표 2.1 속도 또는 가속도의 특성에 따른 직선운동 관계식

운동특성	관계식
속도 일정 $v=v_c$	속도를 시간미분하면$\left(a=\dfrac{dv}{dt}\right)$, 가속도 $a=0$이고, 속도 $v=v_c$를 시간적분하면 위치 $s=s_0+v_c t$ 이다.
가속도 일정 $a=a_c$	가속도 $a=a_c$를 시간적분하면 속도 $v=v_0+a_c t$ 이고, 속도 $v=v_0+a_c t$를 시간적분하면 위치 $s=s_0+v_0 t+\dfrac{1}{2}a_c t^2$ 이다. 또한, 가속도 $a=v\dfrac{dv}{ds}$로부터 $v^2=v_0^2+2a_c(s-s_0)$를 얻는다.
$a=a(t)$	가속도 $a=a(t)$를 시간적분하면 속도 $v=v_0+\int_0^t a\,dt$이고, 속도 v를 시간적분하면 위치 $s=s_0+\int_0^t v\,dt$이다.
$v=v(t)$	속도를 시간미분하여, 가속도 $a=\dfrac{dv}{dt}$를 얻는다. 속도 v를 시간적분하면, 위치 $s=s_0+\int_0^t v\,dt$이다.
$v=v(s)$	가속도 $a=v\dfrac{dv}{ds}$로부터, 위치에 따른 가속도 $a(s)=v(s)\dfrac{dv(s)}{ds}$를 얻으며, 속도 $v=\dfrac{ds}{dt}$에서 $dt=\dfrac{ds}{v}$이므로, 거리도달시간 $t=\int_{s_0}^{s}\dfrac{1}{v(s)}ds$이다.
$a=a(s)$	가속도 $a=v\dfrac{dv}{ds}$에서 $v\,dv=a\,ds$이므로, $v^2=v_0^2+2\int_0^s a(s)\,ds$이다. 속도 $v=\dfrac{ds}{dt}$에서 $dt=\dfrac{ds}{v}$이므로, 거리도달시간 $t=\int_{s_0}^{s}\dfrac{1}{v(s)}ds$이다.
$a=a(v)$	가속도 $a=\dfrac{dv}{dt}$에서 $dt=\dfrac{dv}{a}$이므로, 거리도달시간 $t=\int_{v_0}^{v}\dfrac{1}{a(v)}dv$이다. 이 결과로부터 속도를 구한 후, 속도를 시간적분하여 위치를 구한다. 또한, 가속도 $a=v\dfrac{dv}{ds}$에서 $ds=\dfrac{v}{a(v)}dv$이므로, $s=s_0+\int_{v_0}^{v}\dfrac{v}{a(v)}dv$이다.

예제 2.1

직선상을 달리는 자동차의 속도와 시간과의 관계가 $v = t^2 + 0.6$로 정의된다. 여기서 t와 v의 단위는 각각 s(초)와 m/s이다. $t = 0$일 때 $s = 0$라면, $t = 3$초일 때 자동차의 위치 s와 가속도 a를 구하라.

적용원리

속도가 시간의 함수 $v = v(t)$로 표시된 경우이다. 따라서, 속도를 시간에 대하여 적분하여 위치를 계산하고, 속도를 미분하여 가속도를 계산한다.

풀이

위치와 속도와의 관계식 $v = \dfrac{ds}{dt}$에서

$$\frac{ds}{dt} = t^2 + 0.6$$

양변을 시간과 변위에 대하여 적분하면

$$\int_0^s ds = \int_0^t (t^2 + 0.6)dt$$

$$s = \frac{t^3}{3} + 0.6t$$

윗 식에서 $t = 3\,\text{s}$일 때 위치는

$$s = \frac{3^3}{3} + 0.6 \cdot 3 = 10.8\ \text{m}$$

답 $s = 10.8\ \text{m}$

한편, 가속도는 속도를 시간에 대하여 미분하여 얻는다. 즉, $a = \dfrac{dv}{dt}$에서

$$a = 2t$$

윗 식에서 $t = 3$초일 때 가속도는

$$a = 2 \cdot 3 = 6\ \text{m/s}^2$$

답 $a = 6\ \text{m/s}^2$

예제 2.2

질점이 정지상태로부터 원점을 출발하여 움직일 때, 가속도 a와 위치 x와의 관계가 $a = k/(x+2)^2$이다. 여기서 a와 x의 단위는 각각 m/s^{2}와 m이며, k는 상수이다. $x = 4$ m에서 질점의 속도가 2 m/s일 때 다음을 구하라.

(a) 상수 k

(b) $v = 2.25$ m/s일 때의 질점의 위치

적용원리

- 가속도가 시간의 함수 $a = a(t)$가 아니라, 위치의 함수 $a = a(x)$로 표현된 경우이다. 가속도, 속도, 위치와의 관계를 나타내는 식 $a = v\dfrac{dv}{dx}$를 이용하여 적분한다.
- 주어진 식 $a = k/(x+2)^2$에서 가속도의 단위는 $\mathrm{m/s^2}$이고 위치의 단위는 m이므로 k의 단위는 $\mathrm{m^3/s^2}$이 된다. 여기서 k는 가속도와 위치의 관계를 나타내는 숫자로 취급하면 된다.

풀이

(a) 가속도, 속도, 위치의 관계 $a = v\dfrac{dv}{dx}$에서

$$v\frac{dv}{dx} = \frac{k}{(x+2)^2}$$

양변을 속도와 변위에 대하여 적분하면

$$\int_0^v v\,dv = \int_0^x \frac{k}{(x+2)^2}\,dx$$

$$\left.\frac{v^2}{2}\right|_0^v = \left.\frac{-k}{x+2}\right|_0^x$$

적분 결과는

$$\frac{v^2}{2} = k\left(\frac{1}{2} - \frac{1}{x+2}\right) \tag{1}$$

$$\frac{2^2}{2} = k\left(\frac{1}{2} - \frac{1}{4+2}\right), \qquad \therefore\ k = 6\ \mathrm{m^3/s^2}$$

답 $k = 6 \text{ m}^3/\text{s}^2$

(b) $v = 2.25 \text{ m/s}$일 때의 질점의 위치는 식 ①로부터

$$\frac{2.25^2}{2} = 6\left(\frac{1}{2} - \frac{1}{x+2}\right), \qquad \therefore \ x = 10.8 \text{ m}$$

답 $x = 10.8 \text{ m}$

예제 2.3

비행기가 이륙할 때, 정지상태로부터 출발하여 가속도 $a = a_o - kv^2$로 활주한다. 여기서 a_o는 엔진추력에 의한 등가속도로서 $a_o = 2 \text{ m/s}^2$ 이고, $k\,v^2$은 공기저항에 의한 감속도를 의미한다. 상수 $k = 0.00004 \text{ m}^{-1}$이고, 속도 v의 단위는 m/s이다. 비행기의 이륙속도가 250 km/h라고 할 때 다음을 각각 구하라.

(a) 공기저항을 고려하는 경우의 최소 이륙거리
(b) 공기저항을 무시하는 경우의 최소 이륙거리

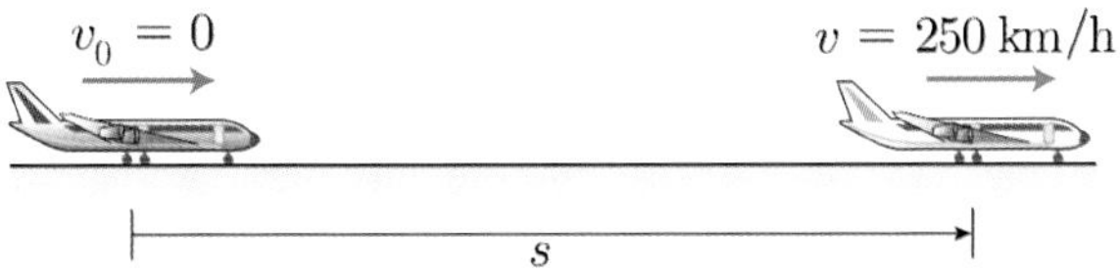

적용원리

- 가속도가 시간의 함수 $a = a(t)$가 아니라, 속도의 함수 $a = a(v)$로 표현된 경우이다. 가속도, 속도, 위치와의 관계를 나타내는 식 $a = v\dfrac{dv}{dx}$를 이용하여 적분한다.
- 위치, 속도, 가속도, 시간의 단위를 m, m/s, m/s^2, s로 정하여 계산하면 단위에 따른 혼선은 없어진다.
- 적분식 $\displaystyle\int \frac{f'(x)}{f(x)}dx = \ln|f(x)| + C$ (C는 적분상수)

풀이

이륙속도의 단위를 m/s로 환산하면

$$v = 250\ \text{km/h} = \frac{250(\text{km/h}) \cdot 1000(\text{m/km})}{3600(\text{s/h})} = 69.44\ \text{m/s}$$

(a) 가속도, 속도, 위치의 관계 $a = v\dfrac{dv}{dx}$에서 공기저항을 고려하는 경우 관계식은

$$v\frac{dv}{ds} = a_0 - kv^2$$

같은 변수끼리 모으면

$$ds = \frac{v\,dv}{a_0 - kv^2}$$

양변을 속도과 변위에 대하여 적분하면

$$\int_0^s ds = \int_0^v \frac{v}{a_0 - kv^2}\,dv$$

$$s = -\frac{1}{2k}\ln(a_0 - kv^2)\Big|_0^v = \frac{1}{2k}\ln\left(\frac{a_0}{a_0 - kv^2}\right)$$

숫자를 대입하면 최소이륙거리는

$$s = \frac{1}{2 \cdot 4 \times 10^{-5}}\ln\left(\frac{2}{2 - 4 \times 10^{-5} \cdot (69.44)^2}\right) = 1268\ \text{m}$$

답 $s = 1268\ \text{m}$

(b) 만약 공기저항을 무시하면 $k = 0$이 되며 관계식은

$$v\frac{dv}{ds} = a_0$$

같은 변수끼리 모으면

$$v\,dv = a_0\,ds$$

적분하면

$$\int_0^v v\,dv = \int_0^s a_0\,ds, \qquad \frac{v^2}{2} = a_0 s$$

숫자를 대입하면 최소이륙거리는

$$\frac{(69.44)^2}{2} = 2\,s, \qquad \therefore\ s = 1205\ \mathrm{m}$$

답 $s = 1205\ \mathrm{m}$

2.5 곡선운동

곡선운동이란 운동의 경로가 곡선인 경우를 말한다. 이 운동은 평면운동(2차원운동)이 될 수도 있고, 공간운동(3차원 운동)이 될 수도 있다.

곡선운동을 나타내기 위한 좌표계로 흔히 직각좌표계, 접선 및 법선 좌표계, 극좌표계, 원통좌표계를 사용한다. 어떤 종류의 좌표계이든 각 좌표축은 다른 좌표축에 대하여 각각 독립적(independent)이다. 독립적이란 뜻은 종속적이지 않다는 의미로서 서로 영향(간섭)을 받지 않는다는 뜻이다. 이것을 좌표축의 독립성이라 한다. 이 조건을 만족하려면 각 좌표축은 다른 좌표축에 대하여 서로 수직을 이루어야 한다. 물체의 운동을 해석할 때 매우 중요한 의미를 갖는다. 예를 들어, 직각 좌표계에서 x축, y축 및 z축은 서로 직각을 이루며 x좌표축의 값에 의하여 y좌표축의 값 또는 z좌표축의 값이 영향을 받지 않는다.

2.5.1 직각좌표계(rectangular cartesian coordinates)[1]

[1] 위치, 속도, 가속도

위치(position)

위치는 기준점으로부터의 거리와 방향을 나타내는 벡터이다. 기준점이 원점인 경우 위치는 다음과 같이 표현한다.

$$\mathbf{r} = x\,\mathbf{i} + y\,\mathbf{j} + z\,\mathbf{k} \tag{2.28}$$

여기서 x, y, z는 각 방향의 위치를 나타낸다.

1) 고정된 직각좌표계에서 각 좌표축의 방향을 나타내는 단위벡터들은 질점의 운동에 관계없이 항상 일정하다. 따라서 단위벡터들의 시간에 대한 미분 값은 0이다.

각 방향의 위치벡터는 서로 직각을 이루므로, **r**의 크기는 다음과 같이 표현된다.

$$|\mathbf{r}| = r = \sqrt{x^2 + y^2 + z^2} \tag{2.29}$$

속도(velocity)[2)]

시간에 대한 변위의 변화율이다.

$$\mathbf{v} = \frac{d\mathbf{r}}{dt} = \dot{\mathbf{r}} = \dot{x}\,\mathbf{i} + \dot{y}\,\mathbf{j} + \dot{z}\,\mathbf{k} \tag{2.30}$$

여기서 미분항들은 속도를 의미한다. 즉,

$$v_x = \dot{x},\ v_y = \dot{y},\ v_z = \dot{z}$$

각 방향의 속도벡터는 서로 직각을 이루므로 속도의 크기는 다음과 같다.

$$|\mathbf{v}| = v = \sqrt{v_x^2 + v_y^2 + v_z^2} \tag{2.31}$$

가속도(acceleration)

시간에 대한 속도의 변화율이다.

$$\mathbf{a} = \frac{d\mathbf{v}}{dt} = \ddot{\mathbf{r}} = \ddot{x}\,\mathbf{i} + \ddot{y}\,\mathbf{j} + \ddot{z}\,\mathbf{k} \tag{2.32}$$

여기서 2차 미분항들은 가속도를 의미한다. 즉,

$$a_x = \dot{v}_x = \ddot{x} \qquad a_y = \dot{v}_y = \ddot{y} \qquad a_z = \dot{v}_z = \ddot{z}$$

---

2) 수학적 배경

(1) $\dfrac{d\mathbf{r}}{dt} = \dfrac{d(x\,\mathbf{i} + y\,\mathbf{j} + z\,\mathbf{k})}{dt} = \dfrac{d(x\,\mathbf{i})}{dt} + \dfrac{d(y\,\mathbf{j})}{dt} + \dfrac{d(z\,\mathbf{k})}{dt}$

(2) $\dfrac{d(x\mathbf{i})}{dt} = \dfrac{dx}{dt}\mathbf{i} + x\dfrac{d\mathbf{i}}{dt} = \dfrac{dx}{dt}\mathbf{i}$ (**i**는 고정좌표계의 방향이므로 $\dfrac{d\mathbf{i}}{dt} = 0$이 된다.)

또한, 다른 방향에 대해서도 동일한 방법이 적용된다. 즉,

$\dfrac{d(y\mathbf{j})}{dt} = \dfrac{dy}{dt}\mathbf{j},\ \dfrac{d(z\mathbf{k})}{dt} = \dfrac{dz}{dt}\mathbf{k}$

각 방향의 가속도벡터는 서로 직각을 이루므로 가속도의 크기는 다음과 같다.

$$|\mathbf{a}| = a = \sqrt{a_x^2 + a_y^2 + a_z^2} \tag{2.33}$$

[2] 직각좌표계로 표현한 곡선운동

각 좌표축은 서로 독립적이므로 각 방향의 운동을 따로 계산할 수 있다. 그림 2.7은 곡선운동을 직각좌표계로 표현한 그림이다. 곡선운동의 대표적인 예로 발사체 운동(projectile motion)을 들 수 있으며 포물선 운동(parabolic motion)이라고 한다.

우선 공기저항이 무시된다면 수평방향은 등속도 운동을 하고 수직방향은 중력의 작용으로 인하여 등가속도 운동을 한다.

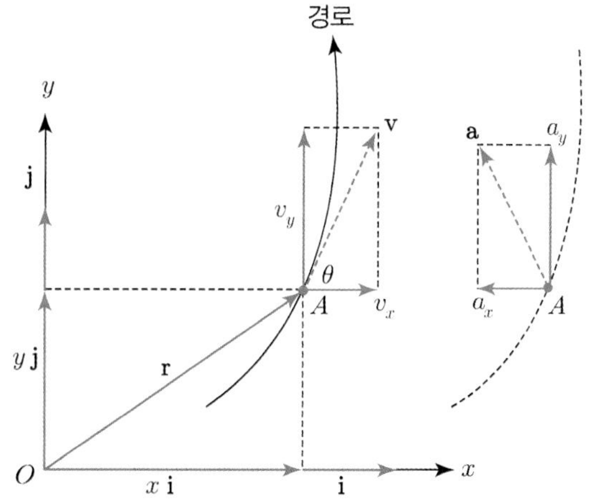

그림 2.7 직각좌표계로 표현한 곡선운동

초기조건

수평방향을 x축으로, 수직방향을 y축으로 하였을 때 초기조건이 다음과 같이 주어졌다고 가정하자.

초기위치 $\mathbf{r}_0 = x_0\mathbf{i} + y_0\mathbf{j}$

초기속도 $\mathbf{v}_0 = v_{x0}\mathbf{i} + v_{y0}\mathbf{j}$

수평방향에서 가속도, 속도, 위치

수평방향으로 등속도 운동을 하는 물체에서 수평방향의 가속도, 속도, 위치는 다음과 같다.

$$a_x = 0 \tag{2.34}$$

$$v_x = v_{x0} \tag{2.35}$$

$$x = x_0 + v_{x0}t \tag{2.36}$$

수직방향에서 가속도, 속도, 위치

수직방향으로 등가속도 운동을 하는 물체에서 윗 방향을 양의 방향으로 잡았을 때 수직방향의 가속도, 속도, 위치는 다음과 같다.

$$a_y = -g \tag{2.37}$$

$$v_y = v_{y0} - gt \tag{2.38}$$

$$y = y_0 + v_{y0}t - \frac{1}{2}gt^2 \tag{2.39}$$

벡터식

수평방향과 수직방향으로 각각 표시된 가속도, 속도, 위치를 벡터로 표시하면 다음과 같다.

$$\mathbf{a} = a_x\mathbf{i} + a_y\mathbf{j} = -g\mathbf{j} \tag{2.40}$$

$$\mathbf{v} = v_{x0}\mathbf{i} + (v_{y0} - gt)\mathbf{j} \tag{2.41}$$

$$\mathbf{r} = (x_0 + v_{x0}t)\mathbf{i} + \left(y_0 + v_{y0}t - \frac{1}{2}gt^2\right)\mathbf{j} \tag{2.42}$$

경로방정식

경로방정식 혹은 발사체의 궤적(trajectory)은 식 (2.36)과 (2.39)로 나타난 x 및 y의 식에서 시간 t를 소거하여 다음과 같은 식을 얻을 수 있다.

$$y = y_0 + \frac{v_{y0}}{v_{x0}}(x - x_0) - \frac{g}{2v_{x0}^2}(x - x_0)^2 \tag{2.43}$$

식 (2.43)은 발사체의 궤적이 포물선 형태가 됨을 의미한다.

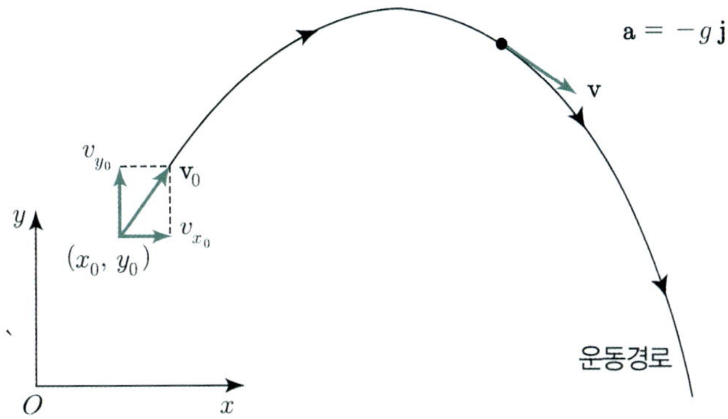

그림 2.8 발사체의 궤적 (포물선 형태)

참고

지구표면 근처의 허공에서 움직이는 물체들은 수평방향으로 등속도 운동을 하고, 수직방향으로 중력의 작용에 의하여 등가속도 운동을 한다. 즉, 예측되는 운동의 종류에 따라 수평방향과 수직방향으로 좌표축을 정한다. 기준점(원점)은 보통 출발점, 도착점 또는 지표면 등으로 정하는데 다른 점으로 정하여도 된다.

예제 2.4

지면(기준면)으로부터의 높이가 200 m인 절벽에 설치되어 있는 대포가 초기속도 250 m/s로, 수평면과 30°의 각도로 포탄을 발사하였다. 공기의 저항과 바람의 영향을 무시할 때 다음을 구하라.

(a) 포탄이 지면에 도달할 때까지 걸린 시간 및 발사지점으로부터 수평도달거리

(b) 포탄이 지면으로부터 상승할 수 있는 최고점의 높이와 그 때의 시간

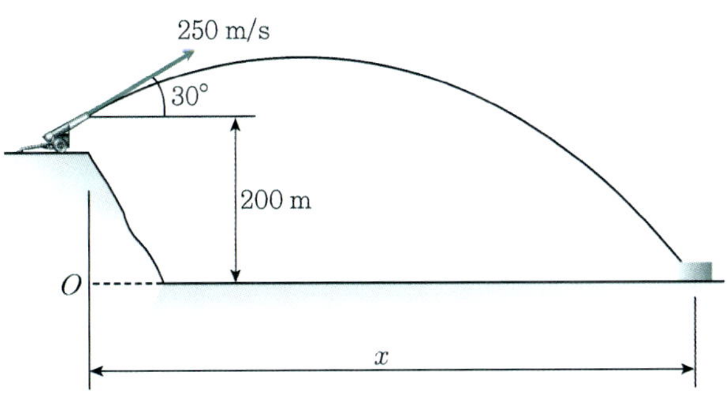

적용원리

- 수평방향으로 등속도 운동, 수직방향으로 등가속도 운동을 하므로 좌표축을 수직방향과 수평방향으로 정한다.
- 초기속도를 수평방향과 수직방향으로 나눈다.
- 최고높이에 도달하는 곳은 수직방향으로 운동방향이 바뀌는 지점이다. 즉, 최고점에서의 수직방향의 속도는 0이다.
- 물체가 문제에서 제시된 높이(수직 이동거리)에 도달한 시간을 계산하고 이로부터 수평 도달거리를 계산한다.

풀이

포탄이 최초로 발사된 위치를 수평방향의 기준으로 하고, 지표면을 수직방향의 기준으로 정하자. 점 O를 기준으로 수평방향 운동과 수직방향 운동으로 분리한다.

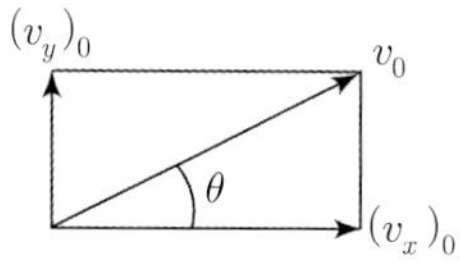

초기 속도를 수평방향과 수직방향으로 분리하면 다음과 같다.

$$v_{0x} = v_0 \cos\theta = 250\cos 30° = 216.5 \text{ m/s}$$

$$v_{0y} = v_0 \sin\theta = 250\sin 30° = 125 \text{ m/s}$$

i) x방향으로 등속도 운동을 한다.

오른쪽 방향(→)을 양의 방향으로 정한 경우, x방향 이동 거리는 $x = x_0 + v_{0x}t$에서

$$x = 0 + 216.5t \qquad ①$$

ii) y방향으로 중력에 의한 등가속도 운동을 한다.

윗 방향(↑)을 양의 방향으로 정한 경우, y방향 가속도는

$$a_y = -g$$

y방향 속도는 $v_y = v_{0y} - gt$에서

$$v_y = 125 - 9.81t \qquad ②$$

y방향 이동거리는 $y = y_0 + v_{0y}t - \frac{1}{2}gt^2$에서

$$y = 200 + 125t - 4.905t^2 \qquad ③$$

(a) 포탄이 지면에 도달하면 $y = 0$이 되므로, 식 ③으로부터

$$200 + 125t - 4.905t^2 = 0, \qquad \therefore\ t = 26.99\ \text{s}$$

수평도달거리는 식 ①로부터

$$x = 216.5 \cdot 26.99 = 5844\ \text{m}$$

답 $t = 26.99\ \text{s},\ x = 5844\ \text{m}$

(b) 최고점은 수직방향으로 운동방향이 바뀌는 곳으로서 $v_y = 0$이 되므로, 식 ②로부터

$$v_y = 125 - 9.81t = 0, \qquad \therefore\ t = 12.74\ \text{s}$$

최고점의 높이는 식 ③으로부터

$$y = 200 + 125 \cdot 12.74 - 4.905 \cdot (12.74)^2 = 996.4\ \text{m}$$

답 $t = 12.74\ \text{s},\ y = 996.4\ \text{m}$

예제 2.5

경사각 30°의 경사면에 위치한 점 A에서 공이 $v_0 = 20\ \text{m/s}$의 속도로 경사면에 대하여 수직방향으로 튕겨진다. 경사면에 닿는 점 B까지의 거리 R을 계산하라.

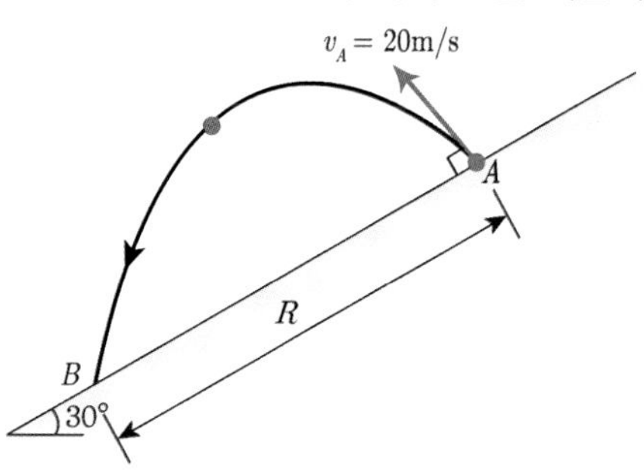

적용원리

- 수평방향으로 등속도 운동, 수직방향으로 등가속도 운동을 하므로 좌표축을 수직방향과 수평방향으로 정한다.
- 초기속도를 수평방향과 수직방향으로 나눈다.
- 수직방향의 양의 방향을 아래쪽으로 정하면 수직이동거리가 하강한 높이로 나오므로, 수직방향의 양의 방향을 아래쪽으로 정해보자.
- 경사면상의 이동거리는 수평이동거리와 수직이동거리의 벡터 합의 크기이다.

풀이

최초의 위치를 기준점으로 정하자.
점 O를 기준으로 수평방향 운동과 수직방향 운동을 분리하여 생각한다.

초기 속도를 왼쪽 방향(←)과 아랫 방향(↓)으로 분리하면 다음과 같다.

$$v_{0x} = v_0 \cos\theta = 20\cos 60° = 10 \text{ m/s}$$

$$v_{0y} = -v_0 \sin\theta = -20\sin 60° = -17.3 \text{ m/s}$$

i) x방향으로 등속 운동을 한다.
왼쪽 방향(←)을 양의 방향으로 정한 경우, x방향 이동거리는 $x = x_0 + v_{0x}t$에서

$$x = 0 + 10t \quad ①$$

ii) y방향으로 중력에 의한 등가속도 운동을 한다.
아랫 방향(↓)을 양의 방향으로 정한 경우, y방향 가속도는

$$a_y = g$$

y방향 속도는 $v_y = v_{0y} + gt$에서

$$v_y = -17.3 + 9.81t$$

y방향 이동거리는 $y = y_0 + v_{0y}t + \frac{1}{2}gt^2$에서

$$y = 0 - 17.3t + 4.905t^2 \quad ②$$

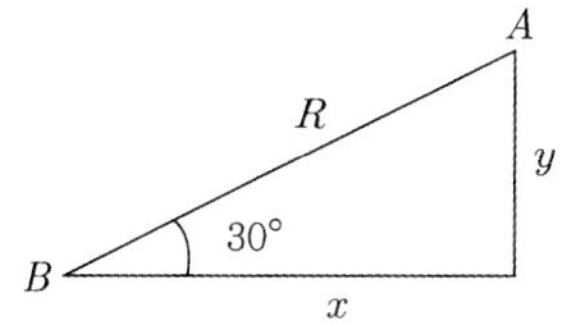

경사면은 수평방향과 30°의 각도를 이루고 있으므로 수평이동거리 x와 하강높이 y는 다음의 관계가 성립한다.

$$y = x \cdot \tan 30° \qquad ③$$

식 ①, ②를 식 ③에 대입하면

$$-17.3t + 4.905t^2 = 10t \cdot \tan 30°$$

$$\therefore\ t = 4.704\ \text{s}$$

식 ①, ②에서

$$x = 10 \cdot 4.704 = 47.04\ \text{m}$$

$$y = -17.3 \cdot 4.704 + 4.905 \cdot 4.704^2 = 27.16\ \text{m}$$

따라서 도달거리는

$$R = \sqrt{x^2 + y^2} = \sqrt{47.04^2 + 27.16^2} = 54.32\ \text{m}$$

답 $R = 54.32$ m

2.5.2 접선 및 법선 좌표계(tangential and normal coordinates : $\boldsymbol{t-n}$)

곡선을 따라 움직이는 질점의 운동을 직각좌표계로 간단히 표현될 수 없거나 표현할 수는 있더라도 대단히 복잡한 경우가 있다. 곡선운동을 수식으로 간단하게 표현할 수 있는 방법 중의 하나가 접선 및 법선 좌표계이다. 접선 및 법선 좌표계에서는 운동방향으로 향하고 운동경로에 대한 접선방향과 운동경로에 수직인 법선방향(순간회전중심으로 향함)으로 운동을 표현한다. 즉, 접선방향과 법선방향은 서로 수직을 유지하므로 독립적인 좌표축을 형성한다.

또한, 질점은 운동경로를 따라 이동방향을 바꾸면서 움직인다. 그러므로 접선 및 법선 좌표계에서는 고정된 기준점이 없고, 접선방향과 법선방향이 계속 변화한다. 어떤 특정한 순간에 대하여 접선방향, 법선방향이 정해진다.

그림 2.9와 같이 질점이 곡선경로를 따라 움직이는 경우 속도와 가속도를 표현하는 접선 및 법선 좌표계를 생각해보자. 운동경로의 곡률에 따라 경로에 수직한 방향으로 곡률중심이 형성된다.

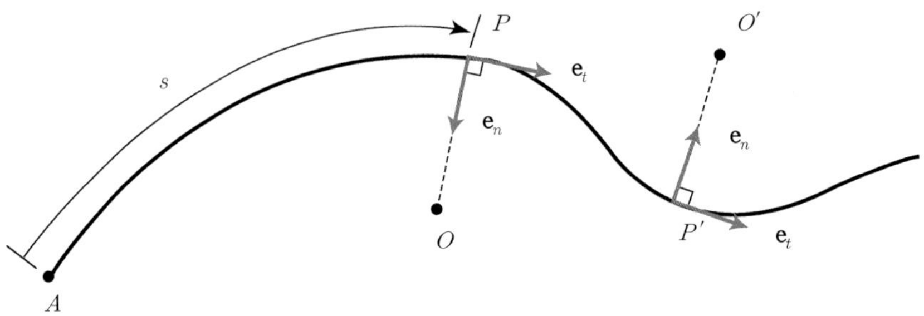

그림 2.9 접선 및 법선 좌표계로 표현된 곡선운동

(1) 단위벡터

단위벡터 $\mathbf{e}_t$은 질점의 경로에 접하고 운동방향의 단위벡터이고, 단위벡터 $\mathbf{e}_n$은 질점의 경로에 수직하고, 곡선의 곡률중심을 향하는 단위벡터이다. 단위벡터의 방향은 질점의 이동경로에 따라 변화하지만 단위벡터의 크기는 항상 1로서 일정하게 유지된다.

단위벡터 $\mathbf{e}_t$, $\mathbf{e}_n$은 질점이 이동함에 따라 단위벡터의 방향이 변하기 때문에 미분값은 0이 되지 않는다. 즉, 단위벡터를 미분하면 방향은 변하고 크기는 항상 1로 유지된다.

(2) 질점의 속도벡터

질점의 속도 벡터는 항상 경로에 접하는 방향이다. 즉, 접선방향의 속도성분만 있고, 법선방향의 속도성분은 없다.

$$\mathbf{v} = v\mathbf{e}_t = \dot{s}\mathbf{e}_t \tag{2.44}$$

속도 $\mathbf{v}$가 양이면 질점이 양의 s방향으로 움직이고 있음을 의미하고, 반대로 음이면 음의 s방향으로 움직이고 있음을 나타낸다.

(3) 질점의 가속도벡터

질점의 가속도는 속도를 t에 대하여 미분한다.

$$\mathbf{a} = \dot{\mathbf{v}} = \dot{v}\mathbf{e}_t + v\dot{\mathbf{e}}_t = \ddot{s}\mathbf{e}_t + \dot{s}\dot{\mathbf{e}}_t \tag{2.45}$$

여기서 미분식 $\dot{\mathbf{e}}_t = d\mathbf{e}_t/dt$는 다음과 같이 표현된다.

$$\dot{\mathbf{e}}_t = \frac{d\mathbf{e}_t}{dt} = \frac{d\mathbf{e}_t}{d\theta}\frac{d\theta}{ds}\frac{ds}{dt} \tag{2.46}$$

그림 2.10과 그림 2.10a에서 보는 바와 같이 미분값 $\frac{d\mathbf{e}_t}{d\theta}$의 크기는 1이고 방향은 $\mathbf{e}_n$이므로 $\frac{d\mathbf{e}_t}{d\theta} = \mathbf{e}_n$이고, 곡률반경이 ρ일 때 미소 원호각 $d\theta$에 대한 원호의 길이는 $ds = \rho\, d\theta$이므로 식 (2.46)은 다음과 같이 변형할 수 있다.

$$\dot{\mathbf{e}}_t = \frac{d\mathbf{e}_t}{dt} = \mathbf{e}_n \frac{1}{\rho}\dot{s}$$

따라서 가속도는 다음과 같다.

$$\mathbf{a} = \dot{v}\mathbf{e}_t + \frac{v^2}{\rho}\mathbf{e}_n = \ddot{s}\mathbf{e}_t + \frac{\dot{s}^2}{\rho}\mathbf{e}_n \tag{2.47}$$

가속도의 접선 및 법선 성분은 다음과 같다.

$$a_t = \dot{v} = \ddot{s} \tag{2.48a}$$

$$a_n = \frac{v^2}{\rho} = \frac{\dot{s}^2}{\rho} \tag{2.48b}$$

가속도 벡터의 크기는 다음과 같다.

$$|\mathbf{a}| = a = \sqrt{a_t^2 + a_n^2} \tag{2.49}$$

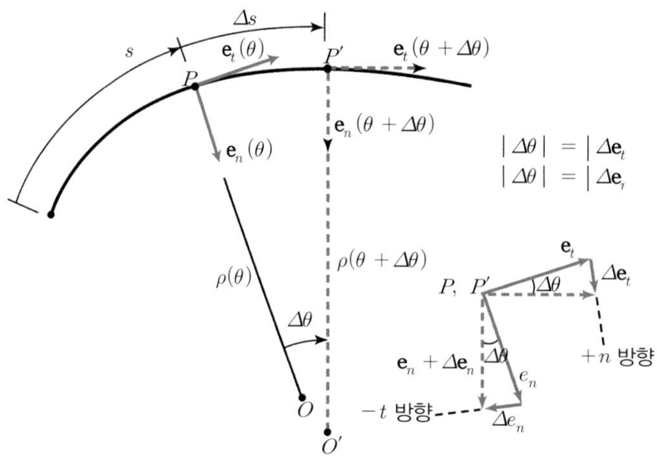

그림 2.10 단위벡터의 미분 (접선 및 법선 좌표계)

참고

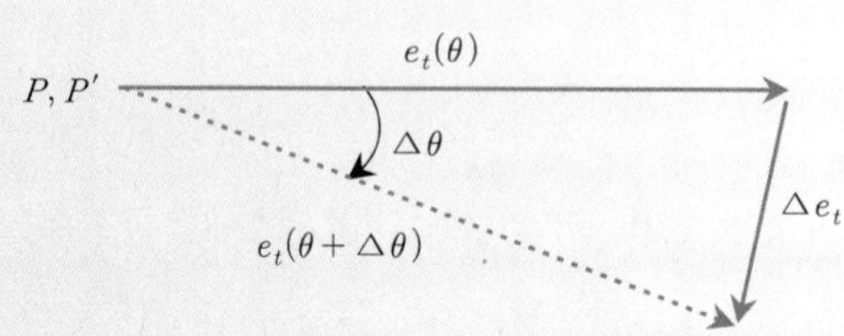

그림 2.10a 단위벡터의 변화 방향 (접선 및 법선 좌표계)

참고

어느 순간 임의의 점에서 질점의 운동경로에 대한 접선방향의 단위벡터가 $\mathbf{e}_t = \mathbf{e}_t(\theta)$이고, 다음 순간 운동경로의 방향이 $\Delta\theta$만큼 변화하였다면 접선방향의 단위벡터는 $\mathbf{e}_t(\theta+\Delta\theta)$로 변화된다.

위의 두 순간에서 각 단위벡터를 같은 원점으로 옮기면, 두 단위벡터가 이루는 각은 $\Delta\theta$이 된다. 운동경로가 $\Delta\theta$ 만큼 변화하는 동안 접선방향의 단위벡터의 변화는 $\Delta\mathbf{e}_t = \mathbf{e}_t(\theta+\Delta\theta) - \mathbf{e}_t(\theta)$이 된다. 접선방향의 단위벡터의 변화의 방향은 $\mathbf{e}_t$ 방향에 수직하고 곡률의 중심을 향하는 방향, 즉 $\mathbf{e}_n$방향이다.

한편, 접선방향의 단위벡터의 변화량은 $|\Delta\mathbf{e}_t| = |\mathbf{e}_t(\theta+\Delta\theta) - \mathbf{e}_t(\theta)|$로서 $\Delta\theta$가 작은 경우 단위 원(반지름이 1인 원)에서 원호의 중심각 $\Delta\theta$에 대한 원호의 길이로 대체할 수 있으며 그 길이는 $1\cdot\Delta\theta$이 된다. 결과적으로 $\Delta\mathbf{e}_t$의 방향은 $\mathbf{e}_n$방향이고, 그 크기는 $\Delta\theta$이다.

따라서 접선방향의 단위벡터 $\mathbf{e}_t$를 중심각 θ에 대하여 미분하면 크기는 1이고 방향은 법선방향인 단위벡터 $\mathbf{e}_n$가 된다.[3)]

$$\frac{d\mathbf{e}_t}{d\theta} = \lim_{\Delta\theta\to 0}\frac{\mathbf{e}_t(\theta+\Delta\theta) - \mathbf{e}_t(\theta)}{\Delta\theta} = \mathbf{e}_n$$

참고

질점의 운동경로 또는 궤적이 곡선인 경우 직각좌표계(xy 평면)에서 곡률반경은 다음과 같다.

$$\rho = \frac{\left\{1 + \left(\frac{dy}{dx}\right)^2\right\}^{1.5}}{\left|\frac{d^2y}{dx^2}\right|} \tag{2.50}$$

(4) 가속도의 접선성분과 법선성분

가속도의 접선성분 a_t은 속도의 변화율 때문에 발생하고, 양수인 경우 질점의 속도가 증가하고 있음을, 음수인 경우 속도가 감소하고 있음을 나타낸다. 가속도의 법선성분 a_n의 크기는 속도의 크기와 운동경로에 대한 곡률반경으로 나타내며, 방향은 항상 경로의 곡률중심을 향한다.

각 원운동하는 질점의 경우, 접선방향의 가속도성분은 영(0)이지만, 법선방향의 가속도성분은 $a_n = v^2/\rho$로서 영(0)이 아니다.

넓은 의미에서 직선운동은 곡선운동에 포함된다. 직선운동은 곡률반경 ρ가 무한히 큰 곡선운동 경우로서 법선방향 가속도 $a_n = v^2/\rho$는 0이 되는 특별한 경우이다.

참고

동역학 문제를 접할 때 문장 중에 숨겨진 뜻을 알아야 한다.

(1) 정지상태로부터(with no initial velocity) 움직였다면 초기속도는? $\mathbf{v}_0 = 0$

(2) 일정한 속도로(constant velocity) 움직이고 있다면 가속도와 속도는?
$\mathbf{a} = 0$, $\mathbf{v} = const.$

---

3) 접선 및 법선 좌표계는 3차원 공간상의 곡선경로를 따라 움직이는 공간운동에도 적용할 수 있다. 다만 좌표계를 선정할 때 좌표계의 정의를 엄격하게 적용하여야 한다. 우선 3차원 경로 상의 임의의 점에서 곡선에 접하는 직선을 구한다. 이 접선에 수직한 직선은 무수히 많이 있으나 곡률중심을 지나는 직선은 하나이며 이 직선이 법선이다. 해석하고자 하는 공간경로의 한 점에서 법선에 수직한 평면을 접촉면(osculating plane)이라 한다.

예제 2.6

어떤 자동차가 반경 200 m의 커브길을 따라 정지상태로부터 출발하여 일정한 접선방향 가속도 1.2 m/s^{2}로 달리고 있다. 자동차가 원심력에 의해 옆으로 미끄러지지 않으려면 법선방향 가속도가 0.3 g (g는 중력가속도) 이하이어야 한다고 한다. 다음을 구하라.

(a) 안전속도의 최대값
(b) 최대 안전속력에 도달하는 시간
(c) 최대 안전속력에 도달할 때까지 움직인 거리

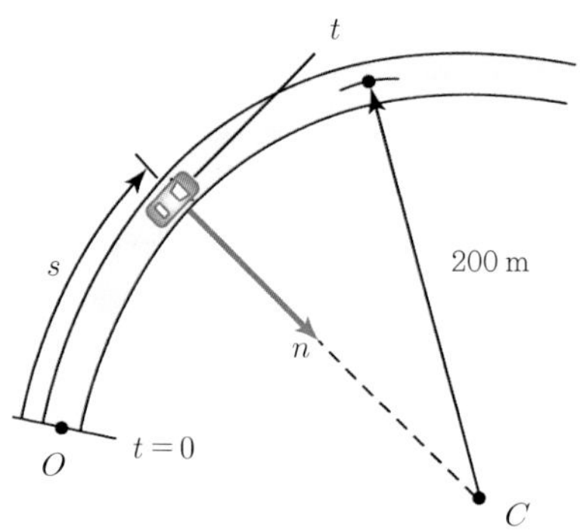

적용원리

- 정지상태에서 출발하였다는 뜻은 초기속도가 0이라는 뜻이다.
- 곡선운동에서 법선방향의 가속도는 $a_n = \dfrac{v^2}{\rho}$ 이다.
- 속도와 시간의 관계식 $v = v_0 + a_t t$
- 이동거리와 시간과의 관계식 $s = v_0 t + \dfrac{1}{2} a_t t^2$

풀이

주어진 자료에서 접선방향의 가속도는 $a_t = 1.2\,\mathrm{m/s^2}$ 이다.

(a) 안전속력을 유지할 수 있는 법선방향의 가속도 a_n은 0.3 g보다 작을 때로서 안전속도의 최대값은 $a_n = \dfrac{v^2}{\rho}$ 에서 $a_n = 0.3\,g$인 경우이며

$$\frac{v^2}{\rho} \leq 0.3\,g$$

$$\frac{v^2}{200} \leqq 0.3 \cdot 9.81, \qquad \therefore \ v_{max} = 24.3 \text{ m/s}$$

답 $v_{max} = 24.3$ m/s 또는 $v_{max} = 87.3$ km/h

(b) 속도와 시간의 관계식 $v = v_0 + a_t t$ 에서

$$24.3 = 0 + 1.2t, \qquad \therefore \ t = 20.3 \text{ s}$$

답 $t = 20.3$ s

(c) 이동거리와 시간과의 관계식 $s = v_0 t + \frac{1}{2} a_t t^2$ 에서

$$s = 0 + \frac{1}{2} \cdot 1.2 \cdot 20.3^2 = 247.3 \text{ m}$$

답 $s = 247.3$ m

예제 2.7

어느 스키선수가 $y = 0.1x^2$ 의 포물선 형태의 경사로를 따라 미끄러지고 있다. 이 선수가 위치 A를 통과하는 순간의 속력은 6 m/s이고, 접선방향의 가속도는 1 m/s^{2}으로 측정되었다. 이 순간의 곡률반경, 법선방향 가속도, 가속도의 크기를 각각 구하라. 단, 공기저항은 무시한다.

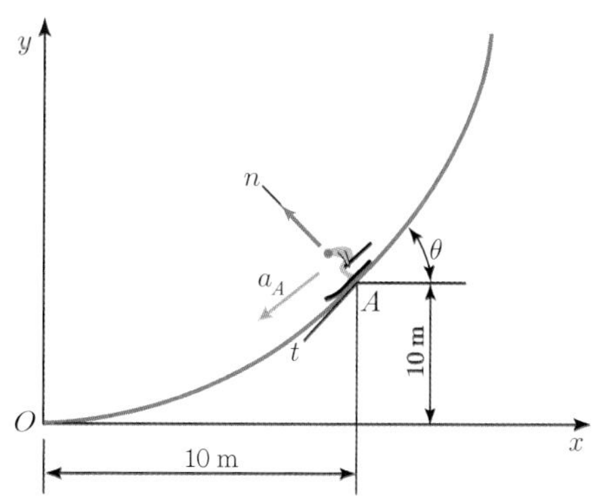

적용원리

직각좌표계에서 곡률반경은 $\rho = \dfrac{\left\{1+\left(\dfrac{dy}{dx}\right)^2\right\}^{1.5}}{\left|\dfrac{d^2y}{dx^2}\right|}$ 이다.

법선방향 가속도는 $a_n = \dfrac{v^2}{\rho}$

가속도의 크기는 $a = \sqrt{a_t^2 + a_n^2}$

풀이

포물선 방정식 $y = 0.1\,x^2$을 미분하여 측정지점 $x = 10\text{ m}$, $y = 10\text{ m}$를 대입하면

$$\frac{dy}{dx} = 0.2x\Big|_{x=10} = 2,$$

$$\frac{d^2y}{dx^2} = 0.2$$

곡률반경은 $\rho = \dfrac{\left\{1+\left(\dfrac{dy}{dx}\right)^2\right\}^{1.5}}{\left|\dfrac{d^2y}{dx^2}\right|}$ 으로부터

$$\rho = \frac{(1+2^2)^{1.5}}{0.2} = 55.9\text{ m}$$

문제에서 접선방향 가속도 $a_t = 1\text{ m/s}^2$으로 주어져 있고,

법선방향 가속도 $a_n = \dfrac{v^2}{\rho}$ 에서

$$a_n = \frac{6^2}{55.9} = 0.644\text{ m/s}^2$$

가속도의 크기는 $a = \sqrt{a_t^2 + a_n^2}$ 이다.

$$a = \sqrt{1^2 + 0.644^2} = 1.19\text{ m/s}^2$$

답 $\rho = 55.9\,\mathrm{m}$, $a_n = 0.644\,\mathrm{m/s^2}$, $a = 1.19\,\mathrm{m/s^2}$

2.5.3 극좌표계(polar coordinates)

극좌표계는 평면운동을 하는 곡선운동을 표현하기 위한 것으로서, 접선 및 법선 좌표계와 달리 기준점(원점)이 존재한다. 질점이 축에 대하여 회전운동을 할 때 보통 극좌표(polar coordinates)를 이용하여 해석하는 것이 편리할 때가 있다.

곡선경로를 따라 운동하는 질점 P의 위치는 기준점(원점) O로부터의 거리 r과 고정된 기준선과 선 OP가 이루는 각 θ로 나타낼 수 있다.

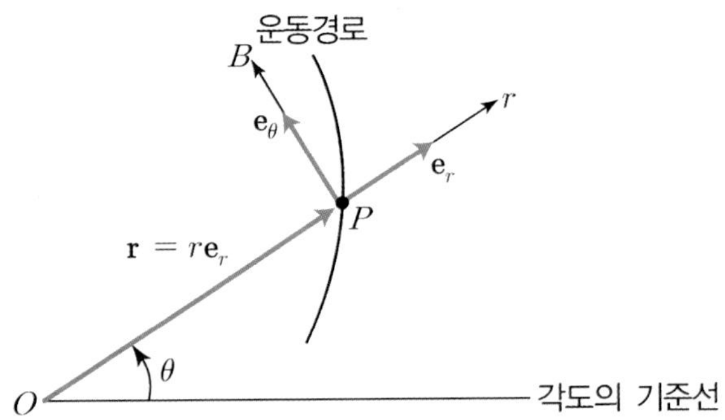

그림 2.11 극좌표계

(1) 단위벡터

반경방향(radial dircction)의 단위벡터 $\mathbf{e}_r$은 크기가 1이고, 원점으로부터 질점으로 향하는 방향이 양(+)의 방향이다. 즉, 단위벡터 $\mathbf{e}_r$은 $\boldsymbol{\theta}$가 일정하고, $\boldsymbol{r}$이 증가할 때 질점이 움직이는 방향의 단위벡터이다.

회전방향(transverse direction)의 단위벡터 $\mathbf{e}_\theta$은 크기가 1이고, 반경방향(즉, $\mathbf{e}_r$ 방향)에 수직이고, 각도 θ가 증가하는 방향이 양(+) 방향이다. 즉, $\mathbf{r}$이 일정하고, $\boldsymbol{\theta}$가 증가할 때 질점이 움직이는 방향의 단위벡터이다.

반경방향의 단위벡터 $\mathbf{e}_r$와 회전방향의 단위벡터 $\mathbf{e}_\theta$는 수직이다. 질점의 이동에 따라 단위벡터의 방향은 변화하지만 크기는 항상 1로 유지된다.

(2) 위치벡터

임의의 시간 t에서의 질점의 위치벡터 $\mathbf{r}$은 다음과 같다.

$$\mathbf{r} = r\mathbf{e}_r \tag{2.51}$$

질점이 움직이면 위치벡터 $\mathbf{r}$의 크기와 방향이 변화한다.

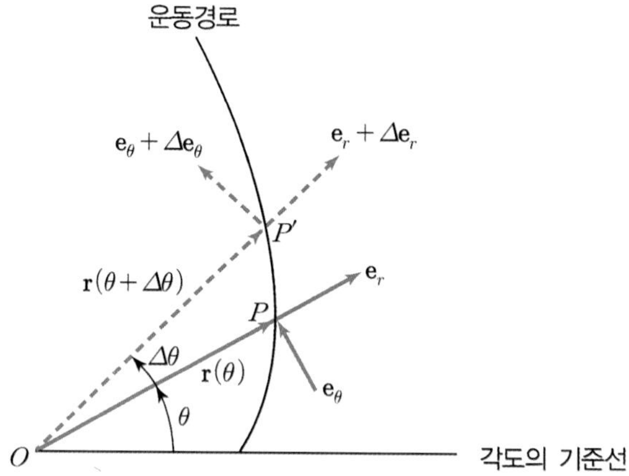

그림 2.12 단위벡터의 미분 (극좌표계)

(3) 질점의 속도벡터

속도 벡터 $\mathbf{v}$는 위치벡터 $\mathbf{r}$를 시간 t에 대하여 미분한다.

$$\mathbf{v} = \dot{\mathbf{r}} = \dot{r}\mathbf{e}_r + r\dot{\mathbf{e}}_r \tag{2.52}$$

여기서 $\dot{\mathbf{e}}_r$는 다시 다음과 같이 표현된다.

$$\dot{\mathbf{e}}_r = \frac{d\mathbf{e}_r}{dt} = \frac{d\mathbf{e}_r}{d\theta}\frac{d\theta}{dt} = \frac{d\mathbf{e}_r}{d\theta}\dot{\theta} \tag{2.53}$$

위 식 (2.52)에 대입하면 다음과 같다.

$$\mathbf{v} = \dot{\mathbf{r}} = \dot{r}\mathbf{e}_r + r\dot{\theta}\frac{d\mathbf{e}_r}{d\theta} \tag{2.54}$$

그림 2.12와 그림 2.12a에서 접선 및 법선 좌표계에서 사용하였던 원리를 적용하면 다음과 같이 유도된다.

$$\frac{d\mathbf{e}_r}{d\theta} = \mathbf{e}_\theta \tag{2.55}$$

$$\frac{d\mathbf{e}_\theta}{d\theta} = -\mathbf{e}_r \tag{2.56}$$

속도는 다음과 같이 표현된다.

$$\mathbf{v} = \dot{r}\mathbf{e}_r + r\dot{\theta}\mathbf{e}_\theta \tag{2.57}$$

참고

$\dot{\mathbf{e}}_r = \dot{\theta}\mathbf{e}_\theta$과 $\dot{\mathbf{e}}_{\boldsymbol{\theta}} = -\dot{\theta}\mathbf{e}_r$의 증명

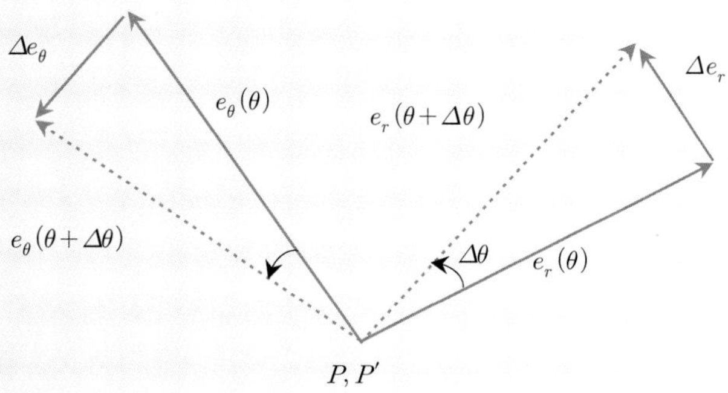

그림 2.12a 단위벡터의 변환방향 (극좌표계)

$\Delta\mathbf{e}_r$의 방향이 $\mathbf{e}_\theta$의 방향과 같고, $\Delta\mathbf{e}_r$의 크기는 $\Delta\theta$와 같으므로 다음이 성립한다.

$$\frac{d\mathbf{e}_r}{d\theta} = \lim_{\Delta\theta\to 0}\frac{\Delta\mathbf{e}_r}{\Delta\theta} = \mathbf{e}_\theta$$

윗 식을 이용하여 반경방향 단위벡터의 시간변화율을 구하면 다음과 같다.

$$\dot{\mathbf{e}}_r = \frac{d\mathbf{e}_r}{dt} = \frac{d\mathbf{e}_r}{d\theta}\cdot\frac{d\theta}{dt} = \dot{\theta}\,\mathbf{e}_\theta$$

또한, 그림 2.12에서 보는 바와 같이 $\Delta\mathbf{e}_\theta$의 방향은 $\mathbf{e}_r$의 방향과 반대이며, $\Delta\mathbf{e}_\theta$의 크기는 $\Delta\theta$와 같으므로 다음이 성립한다.

$$\frac{d\mathbf{e}_\theta}{d\theta} = \lim_{\Delta\theta\to 0}\frac{\Delta\mathbf{e}_\theta}{\Delta\theta} = -\mathbf{e}_r$$

윗 식을 이용하여 회전방향 단위벡터의 시간 변화율을 구하면 다음과 같다.

$$\dot{\mathbf{e}}_\theta = \frac{d\mathbf{e}_\theta}{dt} = \frac{d\mathbf{e}_\theta}{d\theta}\frac{d\theta}{dt} = -\dot{\theta}\,\mathbf{e}_r$$

속도의 반경방향 성분 및 회전방향 성분들은 다음과 같이 나타난다.

$$v_r = \dot{r}, \qquad v_\theta = r\dot{\theta} \tag{2.58}$$

여기서 $\dot{\theta}$는 각 θ의 시간변화율로서 단위는 rad/s이며, v_r과 v_θ의 단위는 m/s이다.

또한, 속도 벡터의 크기는 다음과 같다.

$$v = \sqrt{v_r^2 + v_\theta^2} \tag{2.59}$$

(4) 질점의 가속도벡터

가속도는 속도식 (2.57)을 시간에 대하여 미분하여 얻는다.

$$\mathbf{a} = \dot{\mathbf{v}} = \ddot{r}\mathbf{e}_r + \dot{r}\dot{\mathbf{e}}_r + \dot{r}\dot{\theta}\mathbf{e}_\theta + r\ddot{\theta}\mathbf{e}_\theta + r\dot{\theta}\dot{\mathbf{e}}_\theta \tag{2.60}$$

식 (2.55)와 (2.56)을 이용하여 $\dot{\mathbf{e}}_r$와 $\dot{\mathbf{e}}_\theta$를 다시 쓰면 다음과 같다.

$$\left.\begin{aligned} \dot{\mathbf{e}}_r &= \frac{d\mathbf{e}_r}{dt} = \frac{d\mathbf{e}_r}{d\theta}\cdot\dot{\theta} = \dot{\theta}\,\mathbf{e}_\theta \\ \dot{\mathbf{e}}_\theta &= \frac{d\mathbf{e}_\theta}{dt} = \frac{d\mathbf{e}_\theta}{d\theta}\cdot\dot{\theta} = -\dot{\theta}\,\mathbf{e}_r \end{aligned}\right\} \tag{2.61}$$

윗 식의 관계를 식 (2.60)에 대입하면 가속도의 각 성분들을 구할 수 있다. 즉,

$$\mathbf{a} = (\ddot{r} - r\dot{\theta}^2)\mathbf{e}_r + (2\dot{r}\dot{\theta} + r\ddot{\theta})\mathbf{e}_\theta \tag{2.62}$$

따라서 가속도 벡터의 반경방향 및 회전방향 성분들은 다음과 같다.

$$a_r = \ddot{r} - r\dot{\theta}^2 \tag{2.63a}$$

$$a_\theta = 2\dot{r}\dot{\theta} + r\ddot{\theta} \tag{2.63b}$$

여기서 각가속도 $\ddot{\theta}$의 단위는 rad/s²이며, a_r, a_θ의 단위는 m/s²이다. 윗 식에서 회전하는 물체의 구심력으로 인한 중심방향의 가속도 성분이 $-r\dot{\theta}^2$이다. 회전하는 좌표계에 대하여 이동하는 물체에 작용하는 관성력, 즉 코리올리 힘(coriolis force)으로 인한 가속도는 $2\dot{r}\dot{\theta}$이다.

그리고 가속도 벡터의 크기는 다음과 같다.

$$a = \sqrt{a_r^2 + a_\theta^2} \tag{2.64}$$

(5) 원운동

평면 곡선운동의 특수한 예로 원운동을 들 수 있다. 그림 2.13에서 보는 바와 같이, 중심이 O이고 반경이 r로 일정한 경우 $\dot{r} = 0$, $\ddot{r} = 0$이 되어 속도와 가속도는 다음과 같다.

$$\mathbf{v} = r\dot{\theta}\mathbf{e}_\theta \tag{2.65}$$

$$\mathbf{a} = -r\dot{\theta}^2\mathbf{e}_r + r\ddot{\theta}\mathbf{e}_\theta \tag{2.66}$$

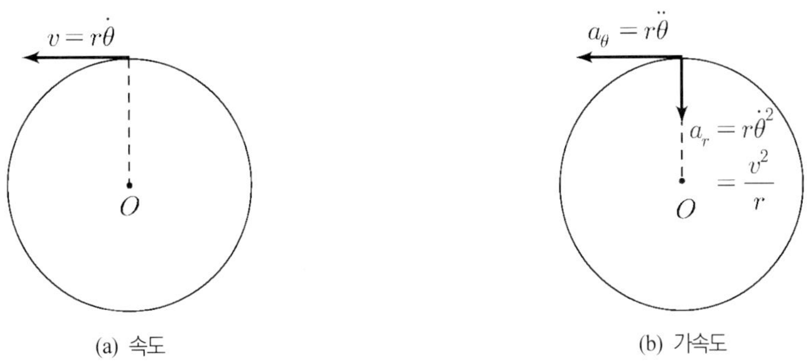

그림 2.13 원운동

예제 2.8

암 OA는 O를 중심으로 $\theta = 0.5t^2 + 0.1t^3$ (rad) 으로 회전한다. 칼러 B는 O점으로부터 거리 $r = 2 + 4t - 0.6t^2$ (m)으로 암을 따라서 미끄러진다. 여기서 t의 단위는 초이다. $t = 1.0$ s일 때 다음을 구하라.

(a) 칼러 B의 속도

(b) 칼러 B의 가속도

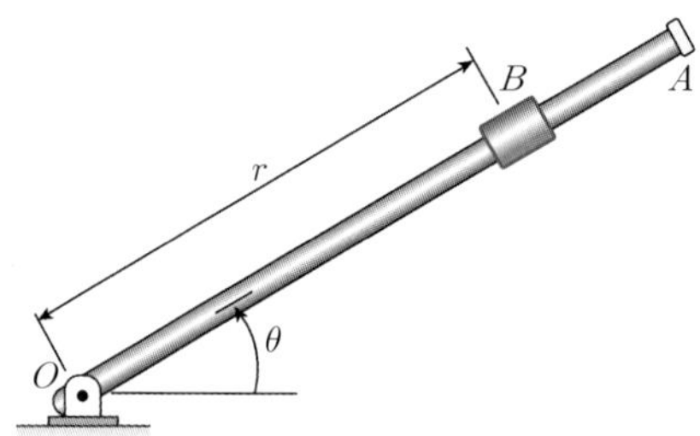

적용원리

- 극좌표계를 사용하여 속도, 가속도를 계산한다.

$$\mathbf{v} = \dot{r}\mathbf{e}_r + r\dot{\theta}\mathbf{e}_\theta$$

$$\mathbf{a} = (\ddot{r} - r\dot{\theta}^2)\mathbf{e}_r + (2\dot{r}\dot{\theta} + r\ddot{\theta})\mathbf{e}_\theta$$

풀이

r과 θ의 식과 이들의 첫 번째, 두 번째 미분식은 다음과 같다.

$$r = 2 + 4t - 0.6t^2 \qquad \theta = 0.5t^2 + 0.1t^3$$

$$\dot{r} = 4 - 1.2t \qquad \dot{\theta} = t + 0.3t^2$$

$$\ddot{r} = -1.2 \qquad \ddot{\theta} = 1 + 0.6t$$

윗 식에 $t = 1.0$ s을 대입하면

$$r = 5.40 \text{ m}, \qquad \theta = 0.60 \text{ rad} (= 34.4°)$$

$$\dot{r} = 2.80 \text{ m/s}, \qquad \dot{\theta} = 1.30 \text{ rad/s}$$

$$\ddot{r} = -1.20 \text{ m/s}^2, \qquad \ddot{\theta} = 1.60 \text{ rad/s}^2$$

(a) 칼러 B의 속도는 $\mathbf{v}_B = \dot{r}\mathbf{e}_r + r\dot{\theta}\mathbf{e}_\theta$에서

$$v_r = \dot{r} = 2.80 \text{ m/s}$$

$$v_\theta = r\dot{\theta} = 5.40 \cdot 1.30 = 7.02 \text{ m/s}$$

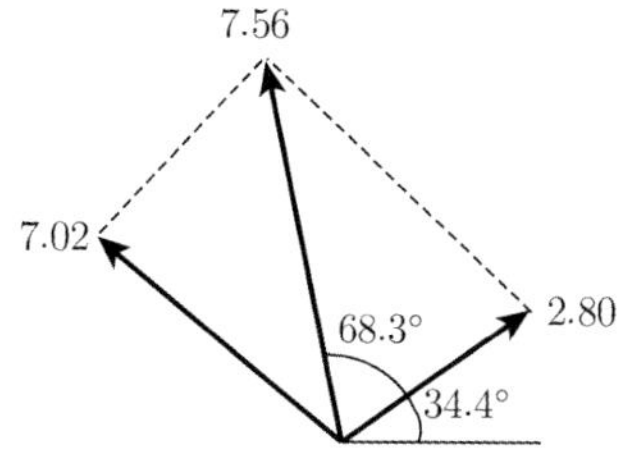

답 $\mathbf{v}_B = 7.56 \text{ m/s}$ 102.7°

(b) 칼러 B의 가속도 $\mathbf{a}_B = (\ddot{r} - r\dot{\theta}^2)\mathbf{e}_r + (2\dot{r}\dot{\theta} + r\ddot{\theta})\mathbf{e}_\theta$에서

$$a_r = \ddot{r} - r\dot{\theta}^2 = -1.20 - 5.40 \cdot 1.30^2 = -10.33 \text{ m/s}^2$$

$$a_\theta = 2\dot{r}\dot{\theta} + r\ddot{\theta} = 2 \cdot 2.80 \cdot 1.30 + 5.40 \cdot 1.60 = 15.92 \text{ m/s}^2$$

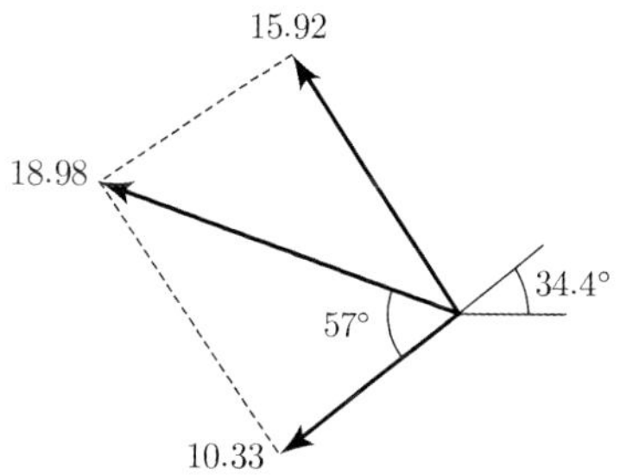

답 $\mathbf{a}_B = 18.98 \text{ m/s}^2$ 22.6°

예제 2.9

비행기가 고도 $h = 9$ km 상공에서 일정한 속도로 수평 비행을 하고 있을 때, 비행기의 아래 점 O에 있는 레이더가 비행기의 위치를 추적하고 있다. $\theta = 60°$일 때, 각 θ는 0.018 rad/s의 비율로 감소하는 것으로 관측되었다. 이 순간에서 비행기의 속도 $\mathbf{v}$를 구하고, $\ddot{r}$의 값과 $\ddot{\theta}$의 값을 구하라. 단, 비행경로는 레이더와 같은 평면에 있다.

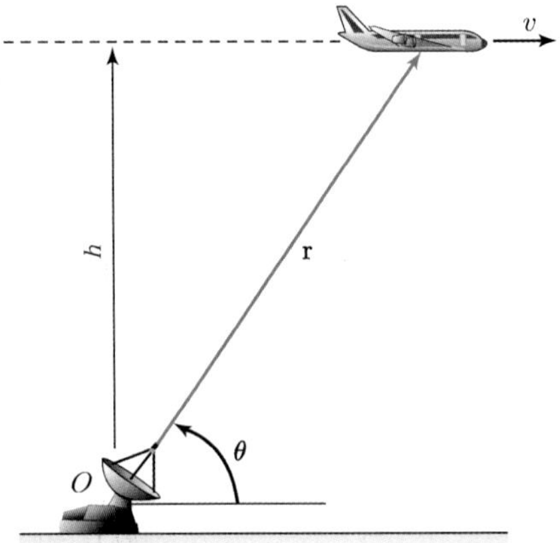

적용원리

- 극좌표계를 사용하여 속도, 가속도를 계산한다.

$$\mathbf{v} = \dot{r}\mathbf{e}_r + r\dot{\theta}\mathbf{e}_\theta$$

$$\mathbf{a} = (\ddot{r} - r\dot{\theta}^2)\mathbf{e}_r + (2\dot{r}\dot{\theta} + r\ddot{\theta})\mathbf{e}_\theta$$

풀이

높이와 거리와의 관계는

$$h = r\sin\theta \qquad ①$$

$$9000 = r\sin 60°, \qquad \therefore\ r = 10392\ \text{m}$$

식 ①을 시간에 대하여 미분하면

$$0 = \dot{r}\sin\theta + r\dot{\theta}\cos\theta$$

$$0 = \dot{r}\sin 60° + 10392\cdot(-0.018)\cdot\cos 60°, \qquad \therefore\ \dot{r} = 108.0\ \text{m/s}$$

한편, 극좌표계의 속도 $\mathbf{v} = \dot{r}\mathbf{e}_r + r\dot{\theta}\mathbf{e}_\theta$에서

$$v_r = \dot{r} = 108.0\ \mathrm{m/s}$$

$$v_\theta = r\dot{\theta} = 1092 \cdot (-0.018) = -187.1\ \mathrm{m/s}$$

속도의 크기는 $v = \sqrt{v_r^2 + v_\theta^2}$ 에서

$$v = \sqrt{(108.0^2 + (-187.1)^2} = 216.0\ \mathrm{m/s}$$

속도의 방향은 $\theta = \tan^{-1}\left(\dfrac{v_\theta}{v_r}\right)$에서

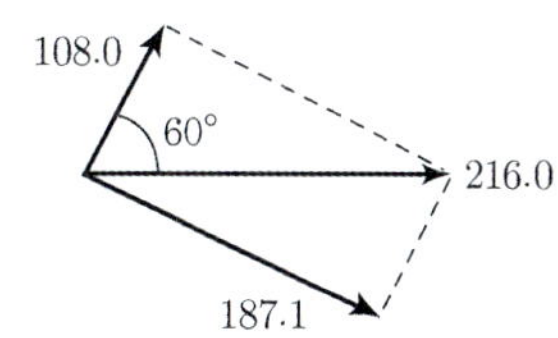

$$\theta = \tan^{-1}\left(\frac{187.1}{108.0}\right) = 60.0°$$

속도의 방향은 수평으로 주어졌으므로 속도는

$$\mathbf{v} = 216.0\ \mathrm{m/s} \rightarrow$$

한편, 비행기가 등속 비행하므로 $a = 0$이 되어, $a_r = 0$, $a_\theta = 0$의 관계가 성립한다.

극좌표계의 가속도 $\mathbf{a} = (\ddot{r} - r\dot{\theta}^2)\mathbf{e}_r + (2\dot{r}\dot{\theta} + r\ddot{\theta})\mathbf{e}_\theta$에서

반경방향 가속도 관계식 $a_r = \ddot{r} - r\dot{\theta}^2$에서 $a_r = 0$이므로

$$0 = \ddot{r} - 10392 \cdot (-0.018)^2, \qquad \therefore\ \ddot{r} = 3.367\ \mathrm{m/s^2}$$

회전방향 가속도 관계식 $a_\theta = 2\dot{r}\dot{\theta} + r\ddot{\theta}$에서 $a_\theta = 0$이므로

$$0 = 2 \cdot 108.0 \cdot (-0.018) + 10392\,\ddot{\theta}, \qquad \therefore\ \ddot{\theta} = 3.74 \times 10^{-4}\ \mathrm{rad/s^2}$$

답 $\mathbf{v} = 216.0\ \mathrm{m/s} \rightarrow$, $\ddot{r} = 3.367\ \mathrm{m/s^2}$, $\ddot{\theta} = 3.74 \times 10^{-4}\ \mathrm{rad/s^2}$

별해

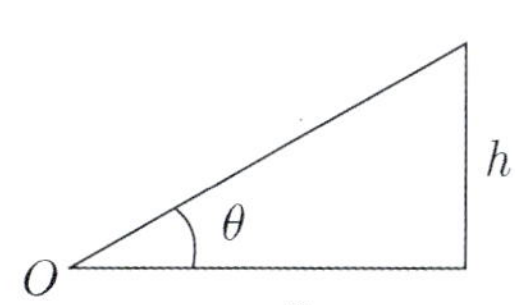

비행기의 수평방향거리는

$$x = h\cot\theta \qquad ①$$

식 ①을 미분하여 구한, 비행기의 속도는

$$v = \dot{x} = -h\dot{\theta}\operatorname{cosec}^2\theta \qquad ②$$

$$v = -9000\cdot(-0.018)\cdot\operatorname{cosec}^2 60° = 216.0\ \mathrm{m/s}$$

식 ②를 미분하여 구한, 비행기의 가속도는

$$a = -h\ddot{\theta}\operatorname{cosec}^2\theta - h\dot{\theta}^2\cdot(2\operatorname{cosec}\theta)\cdot(-\operatorname{cosec}\theta\cdot\cot\theta)$$

$$a = -h\operatorname{cosec}^2\theta\cdot(\ddot{\theta} - 2\dot{\theta}^2\cot\theta)$$

등속도 운동이므로 가속도는 0이며, $\ddot{\theta}$에 대하여 정리하면

$$\ddot{\theta} = 2\dot{\theta}^2\cot\theta$$

$$\ddot{\theta} = 2\cdot(-0.018)^2\cdot\cot 60° = 3.74\times10^{-4}\ \mathrm{rad/s^2}$$

예제 2.10

수직하게 위로 발사된 로켓을 발사대로부터 수평으로 1.5 km 떨어진 곳에 있는 레이더가 추적하고 있다. $\theta = 40°$ 위치에서 $\dot{\theta} = 0.2$ rad/s와 $\ddot{\theta} = 0.05$ rad/s^{2}일 때, 다음을 구하라.

(a) 로켓의 속도

(b) 로켓의 가속도

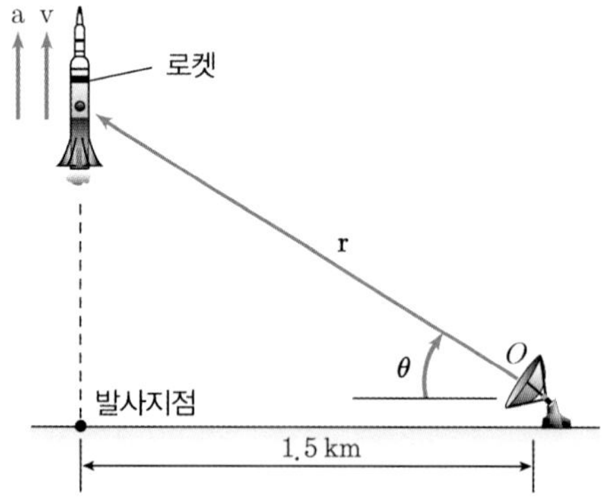

적용원리

- 극좌표계를 사용하여 속도, 가속도를 계산한다.

$$\mathbf{v} = \dot{r}\mathbf{e}_r + r\dot{\theta}\mathbf{e}_\theta$$

$$\mathbf{a} = (\ddot{r} - r\dot{\theta}^2)\mathbf{e}_r + (2\dot{r}\dot{\theta} + r\ddot{\theta})\mathbf{e}_\theta$$

풀이

레이더와 로켓 사이의 거리 r과 레이더와 발사지점 사이의 거리 x와의 관계식은

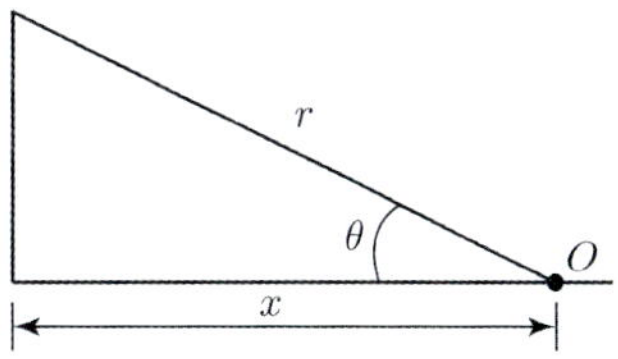

$$x = r\cos\theta \text{ (일정)} \qquad ①$$

$$1500 = r\cos 40°, \qquad \therefore\ r = 1958\text{ m}$$

식 ①을 미분하면

$$0 = \dot{r}\cos\theta - r\dot{\theta}\sin\theta \qquad ②$$

$$0 = \dot{r}\cos 40^\circ - 1958 \cdot 0.2 \cdot \sin 40^\circ, \qquad \therefore\ \dot{r} = 328.6\text{ m/s}$$

식 ②를 미분하면

$$0 = \ddot{r}\cos\theta - 2\dot{r}\dot{\theta}\sin\theta - r\ddot{\theta}\sin\theta - r\dot{\theta}^2\cos\theta \qquad ③$$

$$0 = \ddot{r}\cos 40^\circ - 2 \cdot 328.6 \cdot 0.2\sin 40^\circ - 1958 \cdot 0.05\sin 40^\circ - 1958 \cdot 0.2^2\cos 40^\circ$$

$$\therefore\ \ddot{r} = 270.8\text{ m/s}^2$$

(a) 극좌표계에서 속도 $\mathbf{v} = \dot{r}\mathbf{e}_r + r\dot{\theta}\mathbf{e}_\theta$에서

$$v_r = \dot{r} = 328.6\text{ m/s}$$

$$v_\theta = r\dot{\theta} = 1958 \cdot 0.2 = 391.6\text{ m/s}$$

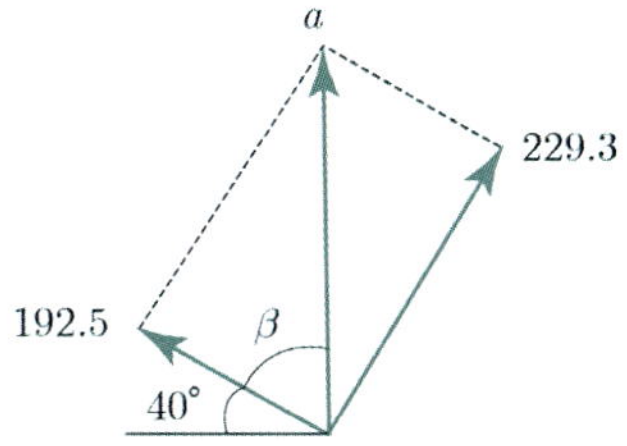

속도의 크기는 $v = \sqrt{v_r^2 + v_\theta^2}$ 에서

$$v = \sqrt{328.6^2 + 391.6^2} = 511.2 \text{ m/s}$$

속도의 방향은 $\alpha = \tan^{-1}\left(\dfrac{v_\theta}{v_r}\right)$에서

$$\alpha = \tan^{-1}\left(\frac{391.6}{328.6}\right) = 50.0°$$

따라서, $\mathbf{v} = 511.2 \text{ m/s} \uparrow$

답 로켓의 속도 $\mathbf{v} = 511.2 \text{ m/s} \uparrow$

검토

문제에서 로켓이 수직 방향으로 비행하므로, r방향 속도 v_r와 θ방향 속도 v_θ에 대하여 정리하면

$$v_r = v\sin\theta \quad ④$$

$$v_\theta = v\cos\theta \quad ⑤$$

식 ④, ⑤에 숫자를 대입하면

$$328.6 = v\sin 40°$$

$$391.6 = v\cos 40°, \qquad \therefore\ v = 511.2 \text{ m/s}$$

(b) 극좌표계의 가속도

$\mathbf{a} = (\ddot{r} - r\dot{\theta}^2)\mathbf{e}_r + (2\dot{r}\dot{\theta} + r\ddot{\theta})\mathbf{e}_\theta$ 에서

$$a_r = \ddot{r} - r\dot{\theta}^2 = 270.8 - 1958 \cdot 0.2^2 = 192.5 \text{ m/s}^2$$

$$a_\theta = 2\dot{r}\dot{\theta} + r\ddot{\theta} = 2 \cdot 328.6 \cdot 0.2 + 1958 \cdot 0.05 = 229.3 \text{ m/s}^2$$

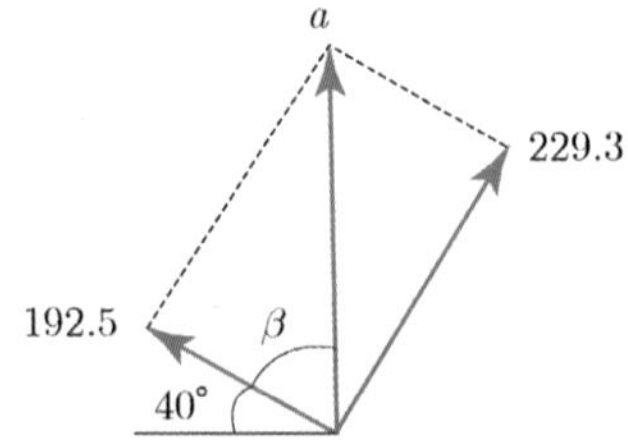

가속도의 크기는 $a = \sqrt{a_r^2 + a_\theta^2}$ 에서

$$a = \sqrt{192.5^2 + 229.3^2} = 299.4 \text{ m/s}$$

가속도의 방향은 $\beta = \tan^{-1}\left(\dfrac{a_\theta}{a_r}\right)$에서

$$\beta = \tan^{-1}\left(\frac{229.3}{192.5}\right) = 50.0°$$

따라서, $\mathbf{a} = 299.4 \text{ m/s} \uparrow$

답 로켓의 가속도 $\mathbf{a} = 299.4 \text{ m/s} \uparrow$

검토

로켓이 수직방향으로 비행하므로 r방향 가속도와 θ방향 가속도에 대하여 정리하면

$$a_r = a\sin\theta$$

$$a_\theta = a\cos\theta$$

즉, $192.5 = a\sin 40°$

$$229.3 = a\cos 40°, \qquad \therefore\ a = 299.4 \text{ m/s}^2$$

별해

로켓의 수직높이는

$$h = x\tan\theta,\ x\text{는 수평거리 } 1500 \text{ m (일정)}$$

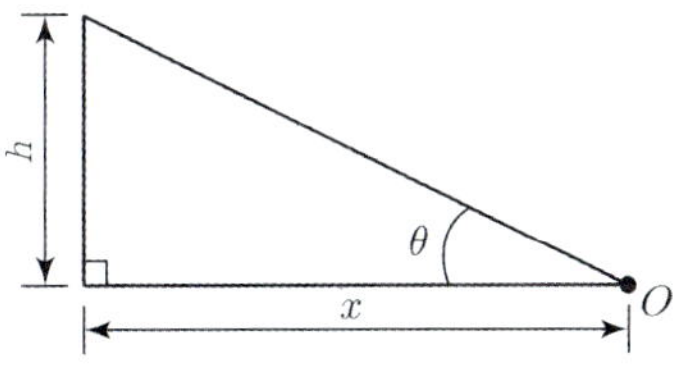

속도는

$$v = x\dot{\theta}\sec^2\theta$$

$$= 1500 \cdot 0.2 \cdot \sec^2 40° = 511.2 \text{ m/s}$$

가속도는

$$a = x\ddot{\theta}\sec^2\theta + x\dot{\theta}^2 \cdot (2\sec\theta) \cdot (\sec\theta\tan\theta)$$

$$a = x\sec^2\theta \cdot (\ddot{\theta} + 2\dot{\theta}^2 \tan\theta)$$

$$= 1500\sec^2 40° (0.05 + 2 \cdot 0.2^2 \tan 40°) = 299.4\ \mathrm{m/s^2}$$

2.5.4 원통좌표계(cylindrical coordinates)

질점이 3차원 공간상의 곡선경로를 따라 운동하는 경우 공간을 표현할 수 있는 원통좌표(cylindrical coordinates)를 사용하는 경우가 많다. 좌표축으로 극좌표계에서 쓰던 R과 θ를 쓰고, 이 평면에 수직한 z축을 도입한다. z축의 양의 방향은 단위벡터 $\mathbf{k}$로 지정된다.

(1) 위치벡터

그림 2.14에서 보는 바와 같이, 임의의 시간 t에서의 질점의 위치벡터 $\mathbf{r}$은 다음과 같다.

$$\mathbf{r} = R\mathbf{e}_R + z\mathbf{k} \tag{2.67}$$

질점이 이동하더라도 단위벡터 $\mathbf{k}$의 크기와 방향은 일정하게 유지되므로 단위벡터 $\mathbf{k}$의 시간에 대한 미분값은 0이다.

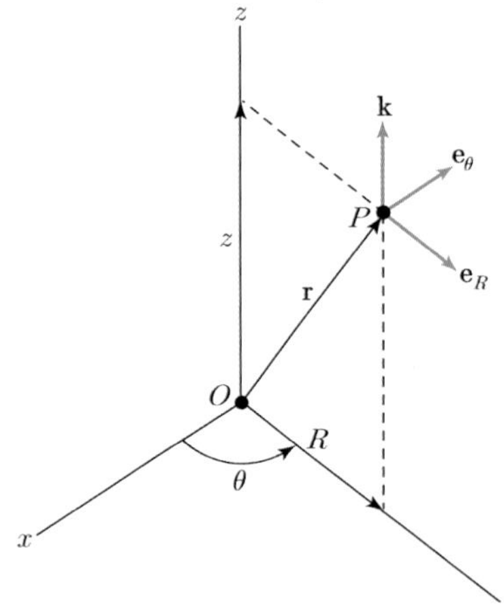

그림 2.14 원통좌표계

(2) 속도벡터와 가속도벡터

원통좌표계에서는 접선 및 법선 좌표계에서 사용하던 식에 있는 r을 R로 대치하고 z좌표의 1차 및 2차 미분값을 더한다.

$$\mathbf{v} = \dot{R}\,\mathbf{e}_R + R\,\dot{\theta}\,\mathbf{e}_\theta + \dot{z}\mathbf{k} \tag{2.68}$$

$$\mathbf{a} = (\ddot{R} - R\dot{\theta}^2)\mathbf{e}_R + (2\dot{R}\dot{\theta} + R\ddot{\theta})\mathbf{e}_\theta + \ddot{z}\mathbf{k} \tag{2.69}$$

참고 각 좌표계의 비교

어떤 좌표계를 사용하든지 좌표계에서 각 좌표축은 서로 직각을 이룬다. 이 조건은 각 좌표가 서로 독립적이기 위한 필요충분조건이다.

① 직각 좌표계(rectangular cartesian coordinates)
기준점 : 있음(원점)
단위벡터 : $\mathbf{i}$, $\mathbf{j}$, $\mathbf{k}$ (방향은 운동에 관계없이 일정, 시간에 따른 미분값은 0)
각 방향의 위치, 속도, 가속도성분 : $(x,\ y,\ z)$, $(v_x,\ v_y,\ v_z)$, $(a_x,\ a_y,\ a_z)$

② 접선 및 법선 좌표계(tangential and normal coordinates)
기준점 : 없음
단위벡터 : $\mathbf{e}_t$, $\mathbf{e}_n$ (방향은 운동경로에 따라 변화, 시간에 따른 미분값은 0이 아님)
각 방향의 속도, 가속도성분 : $(v_t,\ v_n)$, $(a_t,\ a_n)$
기준식 : $\mathbf{v} = v\mathbf{e}_t$

③ 극좌표계(polar coordinates)
기준 : 기준점 있음, 기준선 있음
단위벡터 : $\mathbf{e}_r$, $\mathbf{e}_\theta$ (방향은 위치에 따라 변화, 시간에 따른 미분값은 0이 아님)
각 방향의 위치, 속도, 가속도성분 : $(r,\ \theta)$, $(v_r,\ v_\theta)$, $(a_r,\ a_\theta)$
기준식 : $\mathbf{r} = r\mathbf{e}_r$

④ 원통 좌표계(cylindrical coordinates)
기준점 : (기준점, 기준선 있음) (극좌표계를 3차원으로 확장한 것)
단위벡터 : $\mathbf{e}_R$, $\mathbf{e}_\theta$, $\mathbf{k}$
($\mathbf{e}_R$, $\mathbf{e}_\theta$의 방향은 운동에 따라 변화하며 시간에 따른 미분값은 0이 아님)
($\mathbf{k}$의 방향은 운동에 관계없이 일정, 시간에 따른 미분값은 0임)
각 방향의 위치, 속도, 가속도성분 : $(R,\ \theta,\ z)$, $(v_R,\ v_\theta,\ v_z)$, $(a_R,\ a_\theta,\ a_z)$
기준식 : $\mathbf{r} = R\mathbf{e}_R + z\mathbf{k}$

예제 2.11

원통 표면에서의 입자 운동은 $r = 2,\ \theta = \pi t,\ z = t^2$으로 정의될 때, 임의의 시간 t에서 입자의 속도와 가속도의 크기를 구하라.

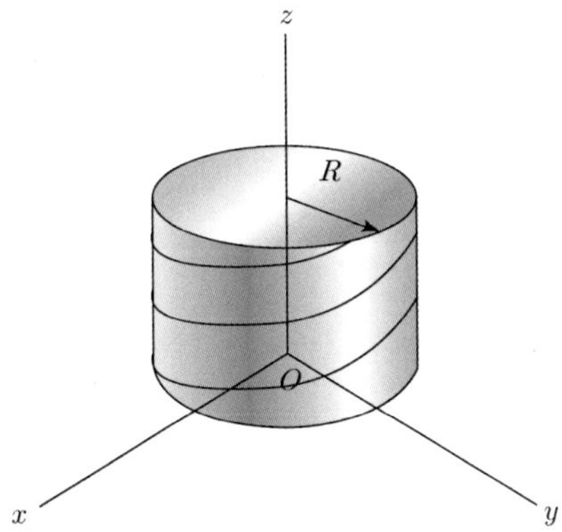

적용원리

- 원통좌표계에서 속도 및 가속도를 계산한다.

$$\mathbf{v} = \dot{R}\mathbf{e}_R + R\dot{\theta}\mathbf{e}_\theta + \dot{z}\mathbf{k}$$

$$\mathbf{a} = (\ddot{R} - R\dot{\theta}^2)\mathbf{e}_R + (2\dot{R}\dot{\theta} + R\ddot{\theta})\mathbf{e}_\theta + \ddot{z}\mathbf{k}$$

풀이

주어진 변수들을 미분하면 다음과 같다.

$$R = 2,\quad \dot{R} = 0,\quad \ddot{R} = 0$$

$$\theta = \pi t,\quad \dot{\theta} = \pi,\quad \ddot{\theta} = 0$$

$$z = t^2,\quad \dot{z} = 2t,\quad \ddot{z} = 2$$

속도는 $\mathbf{v} = \dot{R}\mathbf{e}_R + R\dot{\theta}\mathbf{e}_\theta + \dot{z}\mathbf{e}_z$에서

$$v_R = \dot{R} = 0$$

$$v_\theta = R\dot{\theta} = 2\pi$$

$$v_z = \dot{z} = 2t$$

속도의 크기는 $v = \sqrt{v_R^2 + v_\theta^2 + v_z^2}$에서

$$|\mathbf{v}| = \sqrt{0^2 + (2\pi)^2 + (2t)^2}$$

답 $|\mathbf{v}| = 2\sqrt{\pi^2 + t^2}$

가속도는 $\mathbf{a} = (\ddot{R} - R\dot{\theta}^2)\mathbf{e}_R + (2\dot{R}\dot{\theta} + R\ddot{\theta})\mathbf{e}_\theta + \ddot{z}\mathbf{k}$ 에서

$$a_R = \ddot{R} - R\dot{\theta}^2 = 0 - 2 \cdot \pi^2 = -2\pi^2$$

$$a_\theta = 2\dot{R}\dot{\theta} + R\ddot{\theta} = 0$$

$$a_z = \ddot{z} = 2$$

가속도의 크기는 $a = \sqrt{a_R^2 + a_\theta^2 + a_z^2}$ 에서

$$|\mathbf{a}| = \sqrt{(-2\pi^2)^2 + 0^2 + 2^2} = 2\sqrt{\pi^4 + 1}$$

답 $|\mathbf{a}| = 2\sqrt{\pi^4 + 1}$

2.6 상대운동(relative motion)

질점의 운동이 고정된 기준점에 대하여 표현할 때 이 운동을 질점의 절대운동(absolute motion)이라 한다. 일반적으로 물체의 운동을 고정점에 대하여 표현할 수 있으나 그렇지 않은 경우도 있다.

그런데 움직이는 물체 위에서 움직이는 물체의 운동을 해석하고자 하는 경우 또는 움직이는 어떤 물체에서 다른 물체의 움직임을 상대적으로 관찰하여 다른 물체의 절대운동을 해석하고자 하는 경우에는 상대위치, 상대속도 및 상대가속도의 개념을 활용하게 된다. 어떤 질점 B의 운동을 다른 질점 A의 움직임에 대하여 상대적으로 기술할 때 이를 A에 대한 B의 상대운동(relative motion)이라 한다.[4)]

2.6.1 상대위치(relative position)

점 A의 위치를 기준점으로 점 B의 상대위치를 나타낼 때 상대변위 벡터 $\mathbf{r}_{B/A}$로 정의한다. 즉, 점 A에 대한 점 B의 상대변위 벡터 $\mathbf{r}_{B/A}$는 점 B의 변위벡터 $\mathbf{r}_B$에서 점 A의 변위벡터 $\mathbf{r}_A$(기준

4) 고정좌표계는 기준점(원점)의 이동이 없고, 좌표축의 회전도 없는 경우이다.

이 되는 값)를 뺀 값이 된다. 또한 점 B의 절대변위 벡터 $\mathbf{r}_B$는 점 A의 절대변위 벡터 $\mathbf{r}_A$에 상대변위 벡터 $\mathbf{r}_{B/A}$를 더하여 구할 수 있다.[5)]

$$\mathbf{r}_{B/A} = \mathbf{r}_B - \mathbf{r}_A$$

또는

$$\mathbf{r}_B = \mathbf{r}_A + \mathbf{r}_{B/A} \tag{2.70}$$

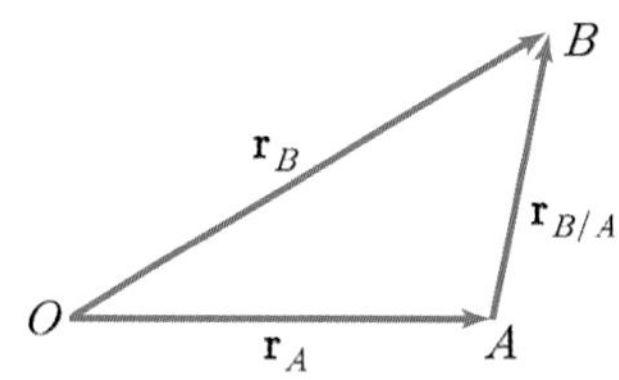

그림 2.15 절대위치와 상대위치

2.6.2 상대속도(relative velocity)

상대속도의 관계식은 상대위치 관계식을 시간에 대하여 미분하여 얻는다. 질점 A에 대한 질점 B의 상대속도 벡터 $\mathbf{v}_{B/A}$는 다음과 같다.

$$\mathbf{v}_{B/A} = \mathbf{v}_B - \mathbf{v}_A$$

또는

$$\mathbf{v}_B = \mathbf{v}_A + \mathbf{v}_{B/A} \tag{2.71}$$

2.6.3 상대가속도(relative acceleration)

상대가속도의 관계식은 상대속도 관계식을 시간에 대하여 미분하여 얻는다. 질점 A에 대한 질점 B의 상대가속도 벡터 $\mathbf{a}_{B/A}$는 다음과 같다.

$$\mathbf{a}_{B/A} = \mathbf{a}_B - \mathbf{a}_A$$

5) 절대위치는 고정좌표계의 원점(기준점)에 대한 상대위치라고 생각하면 된다.

또는

$$\mathbf{a}_B = \mathbf{a}_A + \mathbf{a}_{B/A} \tag{2.72}$$

참고

지구상의 모든 물체의 운동은 지구의 운동에 대한 상대운동이다. 보통 지구의 자전과 공전에 의해 발생되는 지구상의 운동 오차가 아주 작기 때문에 그 영향을 무시하고 지구상에 고정좌표계를 설정할 수 있다. 별도의 언급이 없는 한 지구의 운동에 대한 상대운동을 절대운동이라고 취급한다.

예제 2.12

그림과 같이 차 A는 직선 도로를 따라 $v = 22$ m/s의 속력으로 주행하며, 이 때 속력은 3 m/s^{2}의 일정한 비율로 증가한다. 차 B는 차 A와 직각방향으로 $v = 13$m/s의 속력으로 주행하며, 이 때 속력은 2 m/s^{2}의 일정한 비율로 감소한다. 다음을 구하라.

(a) 차 A에 대한 차 B의 최초 상대속도
(b) 차 A에 대한 차 B의 상대가속도
(c) 차 A에 대한 차 B의 3초 후의 상대속도

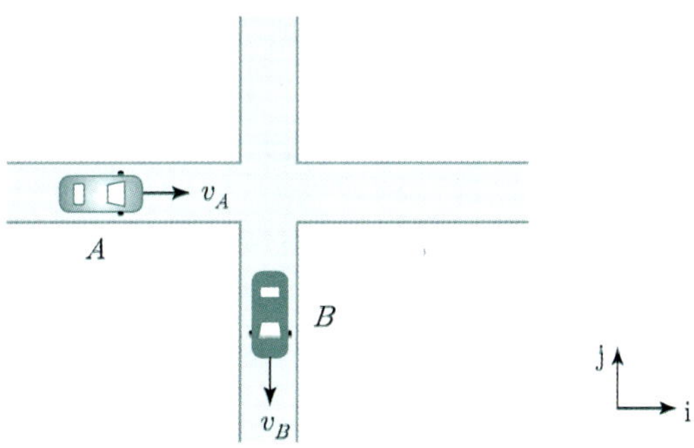

적용원리

- 상대속도와 상대가속도에 대한 크기와 방향의 개념을 적용한다.

풀이

주어진 자료는

$$\mathbf{v}_A = 22\mathbf{i}, \quad \mathbf{a}_A = 3\mathbf{i}, \quad \mathbf{v}_B = -13\mathbf{j}, \quad \mathbf{a}_B = 2\mathbf{j}$$

(a) 차 A에 대한 차 B의 상대속도는 $\mathbf{v}_{B/A} = \mathbf{v}_B - \mathbf{v}_A$에서

$$\mathbf{v}_{B/A} = \mathbf{v}_B - \mathbf{v}_A = (-13\mathbf{j}) - 22\mathbf{i}$$

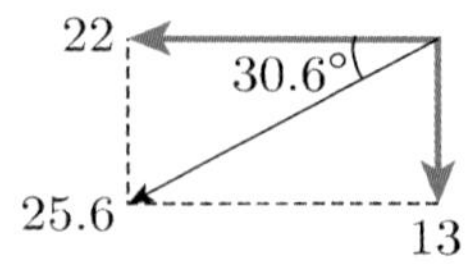

답 $\mathbf{v}_{B/A} = 25.6\ \text{m/s}$ 30.6°

(b) 차 A에 대한 차 B의 상대가속도는 $\mathbf{a}_{B/A} = \mathbf{a}_B - \mathbf{a}_A$에서

$$\mathbf{a}_{B/A} = \mathbf{a}_B - \mathbf{a}_A = 2\mathbf{j} - 3\mathbf{i}$$

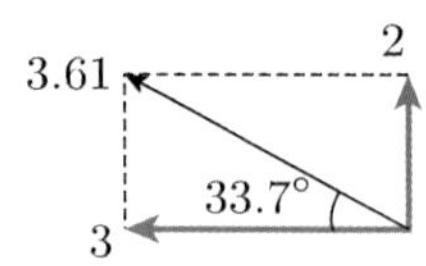

답 $\mathbf{a}_{B/A} = 3.61\ \text{m/s}^2$ 33.7°

(c) 상대가속도 $\mathbf{a}_{B/A} = -3\mathbf{i} + 2\mathbf{j}$ 이고, 초기 상대속도 $\mathbf{v}_{B/A} = -22\mathbf{i} - 13\mathbf{j}$ 이므로,

t 초 후의 상대속도 $\mathbf{v}_{B/A} = -22\mathbf{i} - 13\mathbf{j} + t(-3\mathbf{i} + 2\mathbf{j})$ 이다.

따라서, 3초 후의 상대속도 $(\mathbf{v}_{B/A})_{t=3} = -31\mathbf{i} - 7\mathbf{j}$

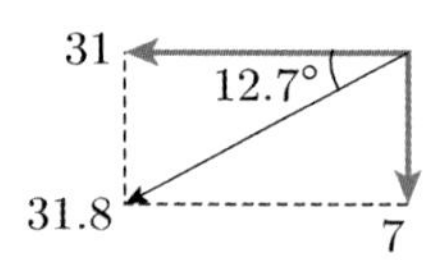

답 $\mathbf{v}_{B/A} = 31.8\,\text{m/s}$ 12.7°

2.7 종속운동(constrained motion or dependent motion)

어떤 질점의 움직이면 다른 질점이 따라 움직이는 경우이다. 즉, 질점의 위치가 한 개 또는 그 이상의 다른 질점들의 위치에 따라 연계되어 변화하는 경우이다. 예를 들어 2개 이상의 질점들이 변형되지 않는다고 가정된 줄, 로프, 막대 등으로 서로 연결되어 있을 때 각 질점의 운동은 다른

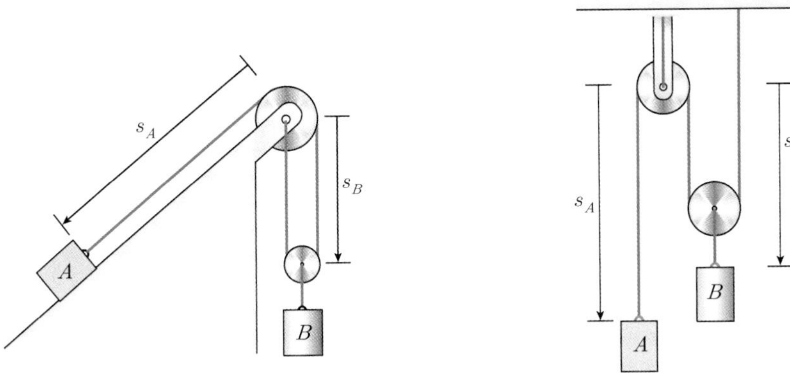

(a) (b)

그림 2.16 도르래로 연결된 계에서 종속운동

질점의 운동과 연계되어 움직인다. 이와 같은 운동을 종속운동(dependent motion)이라 한다. 종속이란 의미는 상하 지배관계에 있다는 뜻이 아니고 서로 연관되어 있다는 뜻이다.

이 때, 질점이 운동을 하더라도 줄의 총 길이가 변함없이 일정하다는 조건이 계속 유지된다. 줄의 각 부분의 길이는 각 질점들의 위치에 무관하게 일정하며, 각 질점의 위치좌표를 이용하여 표시할 수 있다. 줄의 각 부분의 길이의 합은 줄의 총 길이가 된다는 사실을 이용한다. 이로부터 각 질점의 위치에 대한 관계식을 얻을 수 있다. 질점의 속도 및 가속도에 관한 식은 위치에 관한 식을 시간에 대하여 미분하여 얻을 수 있다.

그림 2-16에 나타낸 계는 같은 식으로 표현될 수 있는 계로서 두 물체는 도르래를 매개로 하여 줄로 연결되어 있다.

두 물체의 움직임에도 불구하고 줄의 총 길이가 변화하지 않는다고 가정하면 두 눌제 A, B의 변위 s_A와 s_B는 다음과 같은 관계로 나타낼 수 있다.

$$s_A + 2s_B = \text{일정}$$

윗 식을 시간에 대해 한 번 미분하면 물체 A, B의 속도 관계를 알 수 있다.

$$v_A + 2v_B = 0$$

윗 식을 시간에 대해 또 한 번 미분하면 물체 A, B의 가속도 관계를 알 수 있다.

$$a_A + 2a_B = 0$$

참고 기준점을 달리하는 경우를 정리하여 보자.

그림 (a)는 도르래를 기준으로 각 물체를 같은 방향으로 나타낸 그림이며, 그림 (b)는 물체 A는 바닥을 기준으로 하는 방향을 가지며, 물체 B는 도르래를 기준으로 하는 방향을 갖는다.

(*: 3장에서 배울 내용임)

<table>
<tr><td>모델링</td><td>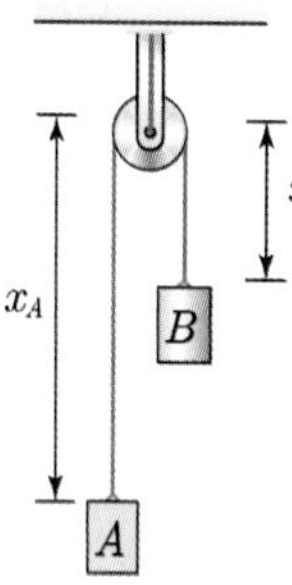

(a)</td><td>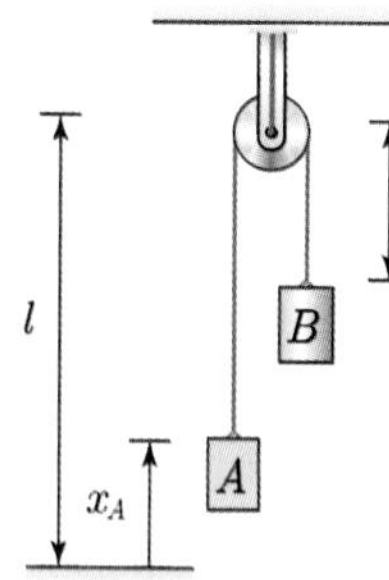

(b)</td></tr>
<tr><td>종속 조건</td><td>줄의 길이가 일정하다.
$x_A + x_B = \text{contant}$
$v_A + v_B = 0$
$a_A + a_B = 0$</td><td>줄의 길이가 일정하다.
$(l - x_A) + x_B = \text{contant}$
$-v_A + v_B = 0$
$-a_A + a_B = 0$</td></tr>
<tr><td rowspan="2">*운동 방정식</td><td>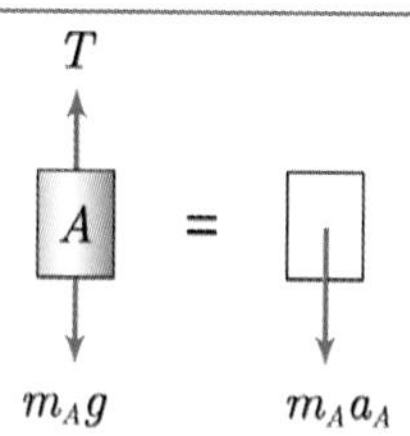

$+\downarrow$: $m_A g - T = m_A a_A$</td><td>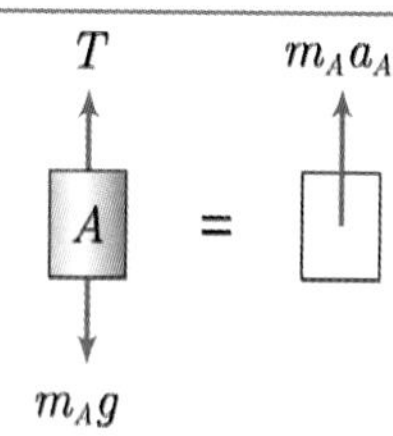

$+\uparrow$: $T - m_A g = m_A a_A$</td></tr>
<tr><td>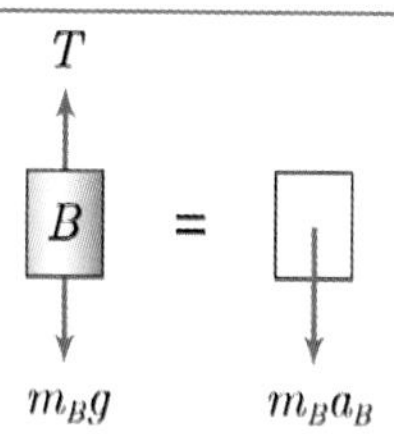

$+\downarrow$: $m_B g - T = m_B a_B$</td><td>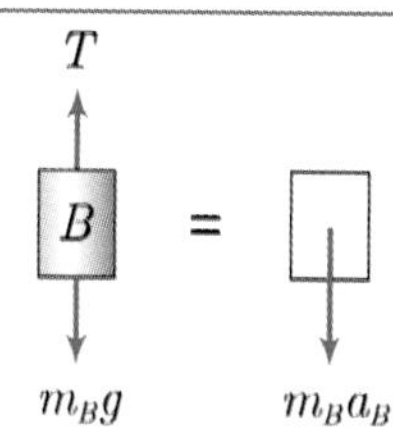

$+\downarrow$: $m_B g - T = m_B a_B$</td></tr>
<tr><td>주의)</td><td colspan="2">자유물체도에서 a_A, a_B의 방향은 기준으로 잡은 x_A, x_B의 방향과 같도록 하여야 한다.</td></tr>
</table>

예제 2.13

물체 A가 왼쪽 방향으로 0.1 m/s의 속도와 오른쪽 방향으로 0.2 m/s^{2}의 가속도로 움직일 때, 물체 B의 속도와 가속도를 구하라.

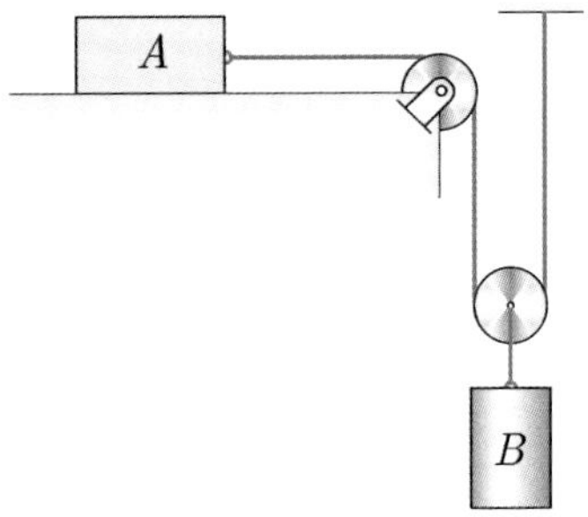

적용원리

- 줄의 길이의 합은 변함이 없이 일정하다.
- 기준점은 물체가 움직이더라도 변동되지 않는 점으로 정하여야 한다. 기준점은 물체의 운동을 쉽게 나타낼 수 있어야 하며, 여러 곳에 잡을 수도 있다.
- 줄의 길이는 물체의 움직임에 따라 변동되는 부분의 길이가 있고 도르레에 감긴 부분의 길이처럼 변동하지 않는 부분의 길이가 있다.
- 풀이 결과가 속도 또는 가속도가 양수이면 가정하였던 방향과 동일하고, 음수이면 가정하였던 방향과 반대이다.

풀이

먼저 물체 A에 적용할 기준점 O를 정하여 이 점으로부터 물체 A까지의 거리를 x_A (오른쪽 방향을 +)라 하고, 물체 B에 적용할 기준점을 그림과 같이 정하여 기준점에서 물체 B까지의 거리를 x_B (아랫 방향을 +)라고 정하자.

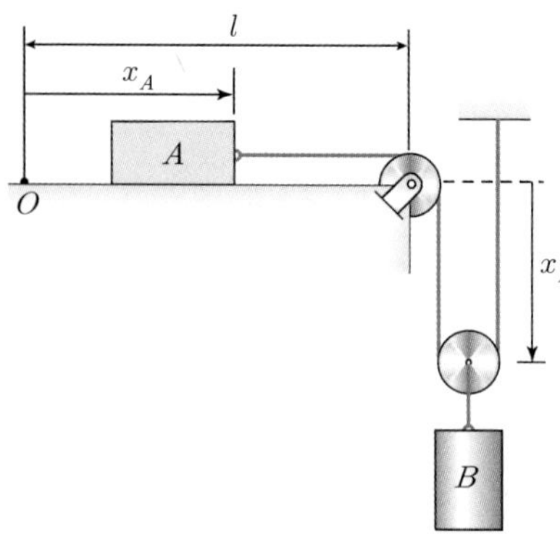

줄의 길이는 일정하므로

$$(l - x_A) + 2x_B = \text{일정}$$

즉, 변위 관계식은

$$-x_A + 2x_B = \text{일정} \qquad ①$$

속도의 관계식은 식 ①을 시간에 대하여 미분하여 얻는다.

$$-v_A + 2v_B = 0 \qquad ②$$

주어진 자료 $v_A = -0.1$ m/s(기준으로 잡은 x_A의 방향과 반대로 움직이므로 음수)를 대입하면 물체 B의 속도는

$$-(-0.1) + 2v_B = 0, \qquad \therefore\ v_B = -0.05 \text{ m/s}$$

음수 v_B는 기준 방향과 반대 방향을 의미한다. 즉, 물체 B는 윗 방향으로 움직인다.
한편, 가속도의 관계식은 식 ②를 시간에 대하여 미분하여 얻는다.

$$-a_A + 2a_B = 0 \qquad ③$$

주어진 자료 $a_A = +0.2 \text{ m/s}^2$를 대입하면 물체 B의 가속도는

$$-0.2 + 2a_B = 0, \qquad \therefore\ a_B = 0.1 \text{ m/s}^2$$

양수 a_A는 기준 방향과 같은 방향을 의미한다.

답 $\mathbf{v}_B = 0.05 \text{ m/s} \uparrow$, $\mathbf{a}_B = 0.1 \text{ m/s}^2 \downarrow$

별해

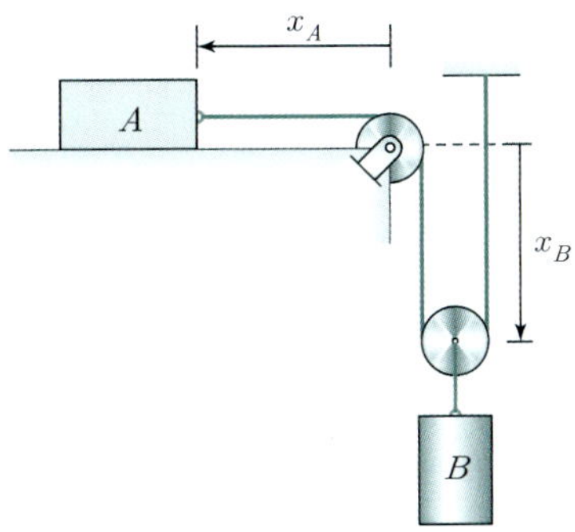

기준점을 위의 풀이와 다르게 정하여 풀어보자. 고정도르래를 기준으로 하여 물체 A까지의 거리를 x_A (왼편 방향을 +)라 하고, 고정도르래에서 물체 B까지의 거리를 x_B (아랫 방향을 +)라고 하자.

줄의 길이는 일정하므로

$$x_A + 2x_B = \text{일정} \quad ①'$$

속도의 관계식은 식 ①'을 시간에 대한 미분하여 얻는다.

$$v_A + 2v_B = 0 \quad ②'$$

주어진 자료 $v_A = 0.1\ \text{m/s}$(기준으로 잡은 x_A의 방향과 같은 방향을 가지므로 양수)를 대입하면 물체 B의 속도는

$$0.1 + 2v_B = 0, \qquad \therefore\ v_B = -0.05\ \text{m/s}$$

가속도의 관계식은 식 ②'를 시간에 대하여 미분하여 얻는다.

$$a_A + 2a_B = 0 \quad ③'$$

주어진 자료 $a_A = -0.2\ \text{m/s}^2$(위의 풀이와 반대 부호)를 대입하면 물체 B의 가속도는

$$-0.2 + 2a_B = 0, \qquad \therefore\ a_B = 0.1\ \text{m/s}^2$$

답 $\mathbf{v}_B = 0.05\ \text{m/s} \uparrow,\ \mathbf{a}_B = 0.1\ \text{m/s}^2 \downarrow$

예제 2.14

물체 B가 일정한 속도 0.21 m/s로 오른쪽으로 미끄러진다. 다음을 구하라.

(a) 물체 A의 속도

(b) 줄의 C 부분의 속도

(c) 줄의 D 부분의 속도

(d) 물체 A에 대한 줄 C 부분의 상대속도

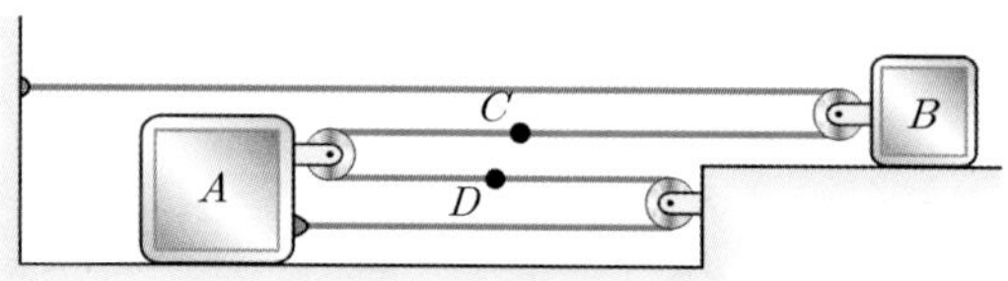

적용원리

- 줄의 길이의 합은 변함이 없다.
- 줄의 길이는 물체의 움직임에 따라 변동되는 부분의 길이가 있고 도르레에 감긴 부분의 길이처럼 변동하지 않는 부분의 길이가 있다.
- 풀이 결과가 속도 또는 가속도가 양수이면 가정하였던 방향과 동일하고, 음수이면 가정하였던 방향과 반대이다.

풀이

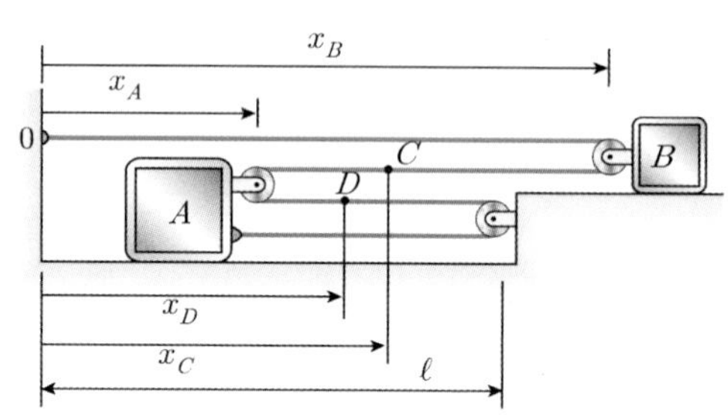

(a) 전체 줄의 길이는 일정하므로 $x_B + (x_B - x_A) + 2(\ell - x_A) =$ 일정,

즉, 변위식 $2x_B - 3x_A =$ 일정이 성립한다.

미분하면 속도식 $2v_B - 3v_A = 0$

$$2 \cdot 0.21 - 3v_A = 0, \qquad \therefore\ \mathbf{v}_A = 0.14\,\mathrm{m/s}$$

답 $\mathbf{v}_A = 0.14\,\mathrm{m/s}$ →

(b) 점 O – 물체 B – 점 C까지의 줄의 길이가 일정하므로

변위식 $x_B + (x_B - x_C) =$ 일정

미분하면 속도식 $2v_B - v_C = 0$

$2 \cdot 0.21 - v_C = 0, \qquad \therefore\ v_C = 0.42\,\mathrm{m/s}$

답 $\mathbf{v}_C = 0.42\,\mathrm{m/s}$ →

(c) 점 O – 물체 B – 물체 A – 점 D 까지의 줄길이가 일정하므로

$x_B + (x_B - x_A) + (x_D - x_A) =$ 일정,

즉, 변위식 $2x_B - 2x_A + x_D =$ 일정

미분하면 속도식 $2v_B - 2v_A + v_D = 0$,

$2 \cdot 0.21 - 2 \cdot 0.14 + v_D = 0, \qquad \therefore\ v_D = -0.14\,\mathrm{m/s}$

답 $\mathbf{v}_D = 0.14\,\mathrm{m/s}$ ←

(d) 슬라이더 물체 A에 대한 줄 C 부분의 상대속도는

$$v_{C/A} = v_C - v_A$$
$$= 0.42 - 0.14 = 0.28\,\mathrm{m/s}$$

답 $\mathbf{v}_{C/A} = 0.28\,\mathrm{m/s}$ →

2.8 요약

이 장에서 배운 것을 요약하면 다음과 같다.

(1) 질점의 속도 및 가속도는 다음과 같이 정의된다.
질점의 속도 벡터 $\mathbf{v}$는 위치벡터의 변화(변위 벡터)에 대한 시간변화율로 정의된다.

$$\mathbf{v} = \dot{\mathbf{r}} \tag{2.4}$$

그리고 가속도 벡터 $\mathbf{a}$는 속도 벡터의 변화에 대한 시간변화율로 정의된다.

$$\mathbf{a} = \dot{\mathbf{v}} = \ddot{\mathbf{r}} \tag{2.6}$$

(2) 질점이 직선경로를 따라 움직이는 운동을 직선운동(rectilinear motion)이라 하며 스칼라로 표현할 수 있다.
질점의 속도 v는 위치변화(변위)의 시간변화율로 정의된다.

$$v = \dot{s} \tag{2.10}$$

그리고 가속도 a는 속도변화의 시간변화율로 정의된다.

$$a = \dot{v} = \ddot{s} \tag{2.11}$$

다음의 식은 위치, 속도 및 가속도와 관련있는 또다른 유용한 미분관계식이다.

$$a = v\frac{dv}{ds} \tag{2.12}$$

(3) 직각좌표계를 사용할 때, 곡선운동을 하는 질점의 속도 및 가속도는 다음과 같다.

$$\mathbf{v} = \dot{x}\mathbf{i} + \dot{y}\mathbf{j} + \dot{z}\mathbf{k} \tag{2.30}$$

$$\mathbf{a} = \ddot{x}\mathbf{i} + \ddot{y}\mathbf{j} + \ddot{z}\mathbf{k} \tag{2.32}$$

(4) 접선 및 법선 좌표계를 사용할 때, 질점의 속도 및 가속도는 다음과 같다.

$$\mathbf{v} = v\mathbf{e}_t = \dot{s}\mathbf{e}_t \tag{2.44}$$

$$\mathbf{a} = \dot{v}\mathbf{e}_t + \frac{v^2}{\rho}\mathbf{e}_n = \ddot{s}\mathbf{e}_t + \frac{\dot{s}^2}{\rho}\mathbf{e}_n \tag{2.47}$$

(5) 극좌표계(반경 및 회전방향)를 사용할 때, 질점의 속도 및 가속도는 다음과 같다.

$$\mathbf{v} = \dot{r}\mathbf{e}_r + r\dot{\theta}\mathbf{e}_\theta \tag{2.57}$$

$$\mathbf{a} = (\ddot{r} - r\dot{\theta}^2)\mathbf{e}_r + (2\dot{r}\dot{\theta} + r\ddot{\theta})\mathbf{e}_\theta \tag{2.62}$$

(6) 공간상의 곡선경로를 따라 운동하는 질점의 속도 및 가속도는 원통좌표 R, θ 그리고 z를 이용하여 표현할 수 있다.

$$\mathbf{v} = \dot{R}\mathbf{e}_R + R\dot{\theta}\mathbf{e}_\theta + \dot{z}\mathbf{k} \tag{2.68}$$

$$\mathbf{a} = (\ddot{R} - R\dot{\theta}^2)\mathbf{e}_R + (2\dot{R}\dot{\theta} + R\ddot{\theta})\mathbf{e}_\theta + \ddot{z}\mathbf{k} \tag{2.69}$$

(7) 질점 A에 대한 질점 B의 상대운동은 다음의 식들을 이용하여 결정한다.

$$\mathbf{r}_B = \mathbf{r}_A + \mathbf{r}_{B/A} \tag{2.70}$$

$$\mathbf{v}_B = \mathbf{v}_A + \mathbf{v}_{B/A} \tag{2.71}$$

$$\mathbf{a}_B = \mathbf{a}_A + \mathbf{a}_{B/A} \tag{2.72}$$

(8) 늘어나지 않는 매체(끈, 줄 등)로 연결된 질점들 사이의 위치좌표에 대한 관계식은 질점의 운동 중에 줄의 길이가 일정하게 유지된다는 조건을 이용한다. 따라서 속도 및 가속도식은 위치 식을 시간에 대하여 연속적으로 미분하여 구한다.

연습문제

2.1 (예제 2.2의 연습)

물체의 가속도는 $a = -20x^{-1.5}$로 정의되며, a와 x는 각각 $\mathrm{m/s^2}$, m로 표현된다. 물체가 $x = 4\,\mathrm{m}$에서 초기 정지 상태에서 출발한다. 다음을 구하라.

(a) $x = 1\,\mathrm{m}$에서의 속도

(b) $x = 0.01\,\mathrm{m}$에서의 속도

2.2 (예제 2.3의 연습 1/2)

도로로부터의 노면 진동을 감소시키기 위한 자동차의 충격흡수기(shock absorber)가 그림과 같이 설계되어 있다. 피스톤이 움직일 때 실린더 내의 기름이 작은 기름 구멍(orifice)을 통과하는데 시간이 많이 소요되도록 하여 외부의 충격을 완화시키며, 피스톤은 $a = -kv$의 관계를 가지면서 감속한다고 한다. 피스톤의 초기속도를 v_0라고 할 때, 다음을 구하라.

(a) 시간에 따른 피스톤의 속도식 $v(t)$

(b) 시간에 따른 피스톤의 변위식 $x(t)$

(c) 피스톤 변위에 따른 속도식 $v(x)$

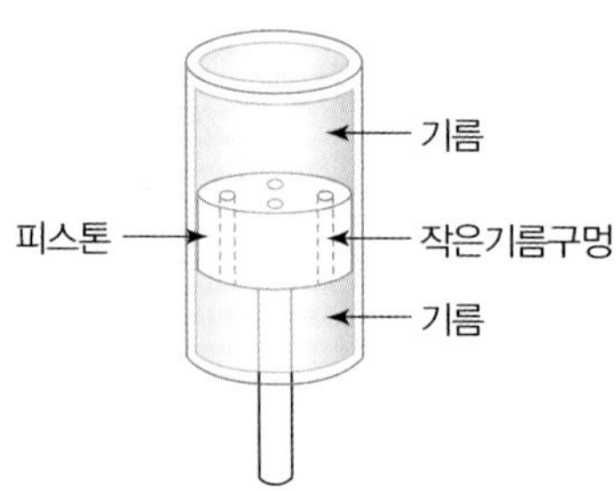

2.3 (예제 2.3의 연습 2/2)

직선운동을 하는 질점이 초기위치 $x = 0$에서 속도 v_0, 가속도 $a = -3/(2v_0 - v)$이다. 여기서 가속도 a와 속도 v의 단위는 각각 $\mathrm{m/s^2}$, m/s이다. $t = 2\mathrm{s}$에서 $v = 0.4v_0$일 때, 다음을 구하라.

(a) 질점의 초기속도 v_0

(b) 질점이 정지할 때까지 걸리는 시간

(c) 속도가 1 m/s가 되는 위치

2.4 (예제 2.4의 연습 1/6)

600 m 높이의 미사일 진지에서 스스로 추진할 수 있는 미사일(self-propelled rocket)을 수평으로 1050 km/h의 속도로 발사하였다. 미사일은 수평방향으로 $1.2\,\mathrm{m/s^2}$의 등가속도 운동을 하며, 중력방향으로 $9.81\,\mathrm{m/s^2}$의 등가속도 운동을 한다. 미사일이 발사된 지점에서 목표물까지의 수평거리를 구하라.

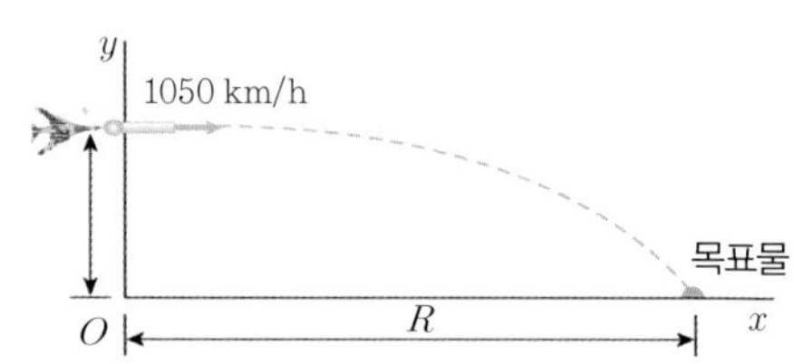

2.5 **(예제 2.4의 연습 2/6)**

그림과 같이 지면으로부터 높이 10 m에서 수평방향으로 속도 20 m/s로 던져진 돌들이 중력에 의하여 떨어지고 있다. 돌이 지면에 도달하는데 걸리는 시간과 수평방향 이동거리를 구하라.

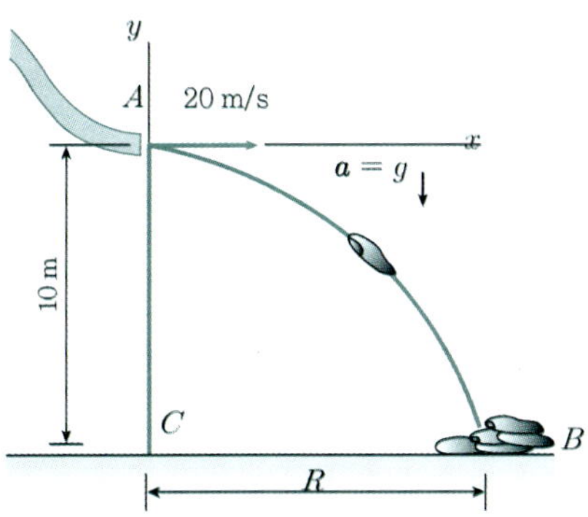

2.6 **(예제 2.4의 연습 3/6)**

지면으로부터 100 m 위에 설치되어 있는 발사체에서 속력 120 m/s, 각도 30°로 포탄을 발사하였다. 공기의 저항을 무시할 때, 다음을 구하라.

(a) 포탄이 지면에 도달할 때까지 걸린 시간

(b) 포탄이 지면에 도달할 때까지 수평방향으로 이동한 거리

(c) 포탄이 도달할 수 있는 최대 높이

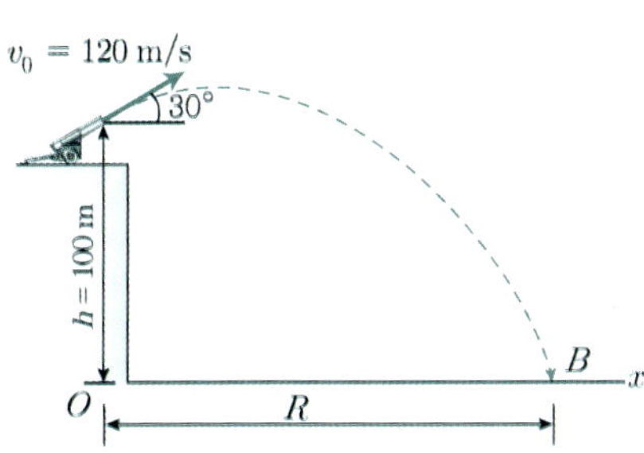

2.7 **(예제 2.4의 연습 4/6)**

농구장에서 한 선수가 자유던지기(free throw)를 하고 있다. 공을 던지는 각도가 수평으로부터 50°일 때, 공이 골의 림(rim) 중앙을 통과하도록 하는 공의 초기속력 v_0를 구하라. 공의 초기높이는 2.0 m이고, 공으로부터 골대까지의 수평거리는 4.2 m, 골대의 높이는 3.0 m이다.

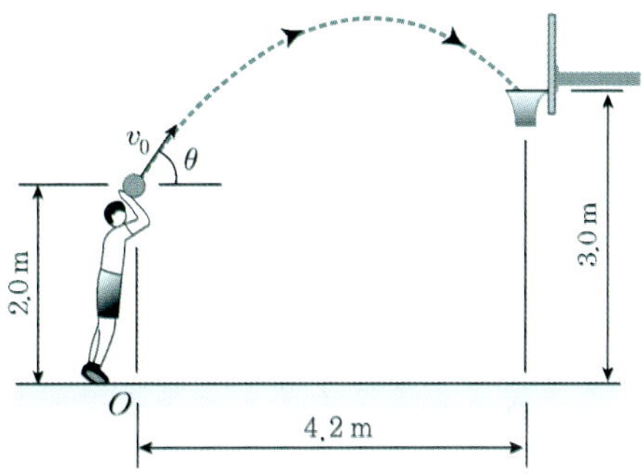

2.8 **(예제 2.4의 연습 5/6)**

지면으로부터 1.2 m 높이에서 공을 30°의 각도로 던져 2.5 m 떨어진 용기 내에 넣기 위한 최대속력과 최소속력을 구하라.

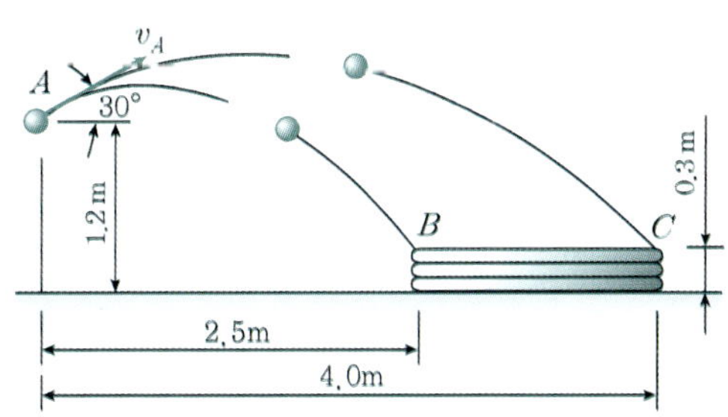

2.9 (예제 2.4의 연습 6/6)

발사대 A로부터 수평거리 4000 m, 수직거리 500 m 위치의 표적을 맞추기 위하여 초속도 250 m/s로 포탄을 발사한다. 공기의 저항과 바람의 영향을 무시한다고 할 때, 발사각 θ의 값을 구하라.

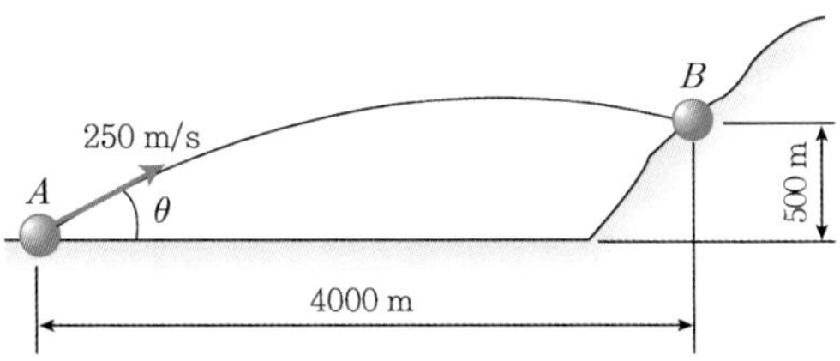

2.10 (예제 2.5의 연습 1/4)

그림과 같이, 수평면과 30°을 이루는 내리막 경사면에서, 수평면과의 상승 경사각 45° 방향으로 투사체를 초기 속력 8 m/s로 발사하였을 때, 도달거리 R을 구하라.

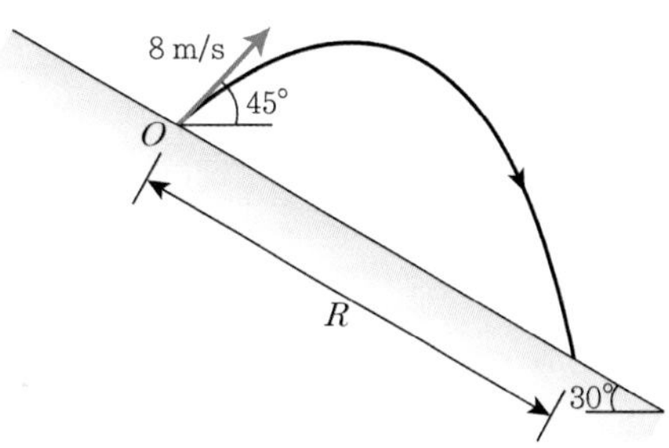

2.11 (예제 2.5의 연습 2/4)

그림과 같은 내리막길에서 위쪽으로 돌을 던졌다. 돌은 최초 지점에서 수직으로 15 m 만큼 상승한 후, 경사면을 따라 60 m 아래의 위치에 떨어졌다. 돌의 초기속력 v와 돌을 던진 각도 θ를 구하라.

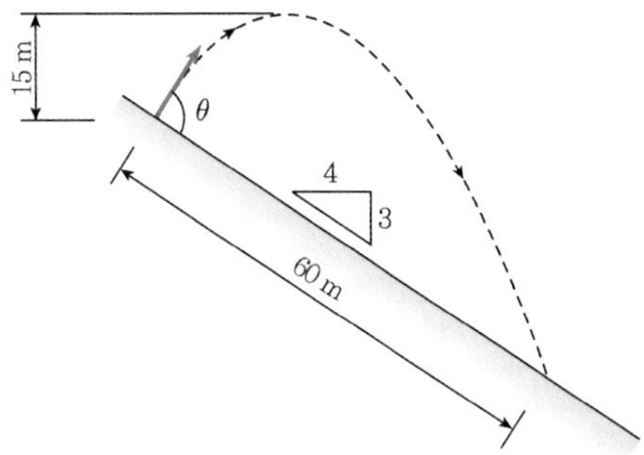

2.12 (예제 2.5의 연습 3/4)

한 스키 선수가 20° 경사로를 따라 15 m/s의 속력으로 내려오다가 그림과 같은 낭떠러지를 지나 45° 경사로에 떨어진다.

(a) 45° 경사로에 다시 도달할 때까지 움직인 거리 d를 구하라.

(b) 45° 경사로에 도달할 때의 속도를 경사로에 평행한 성분과 수직한 성분으로 나타내라.

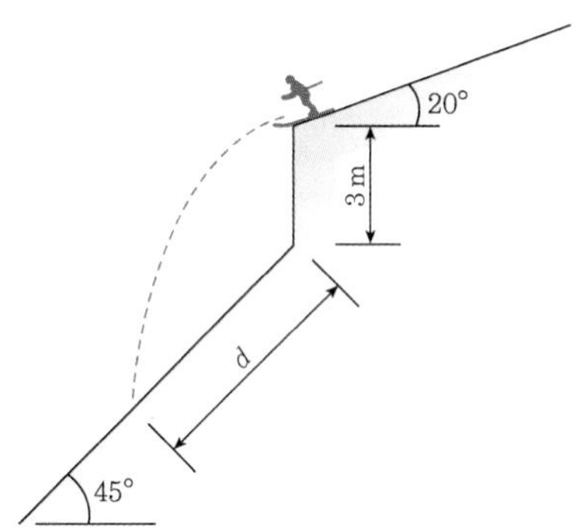

2.13 (예제 2.5의 연습 4/4)

발사체가 수평면과 15°의 각으로 기울어진 경사면의 A점에서 발사되었다. 경사면에 대한 발사각이 $\alpha = 50°$일 때 발사체가 목표물 B에 도달할 수 있는 초기속력 v_0를 구하라. 단, 공기의 저항은 무시한다.

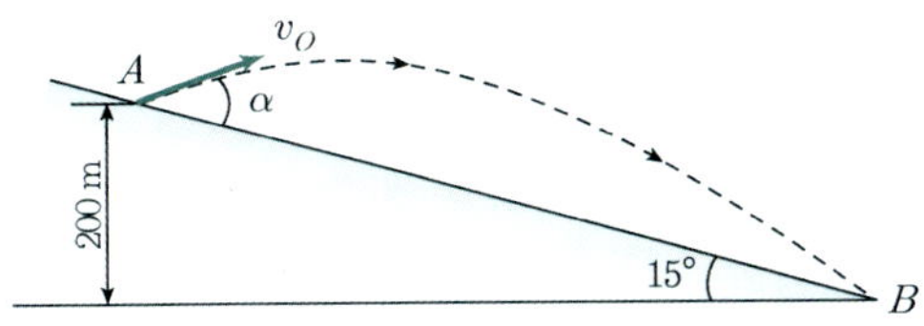

2.14 **(예제 2.6의 연습)**

자동차가 반경 200 m의 곡선경로를 따라 달리고 있다. 만일 5초 동안에 속력이 15 m/s에서 40 m/s으로 균일하게 증가되었다면, 속력이 20 m/s가 되는 순간에는 가속도는 얼마이었는가?

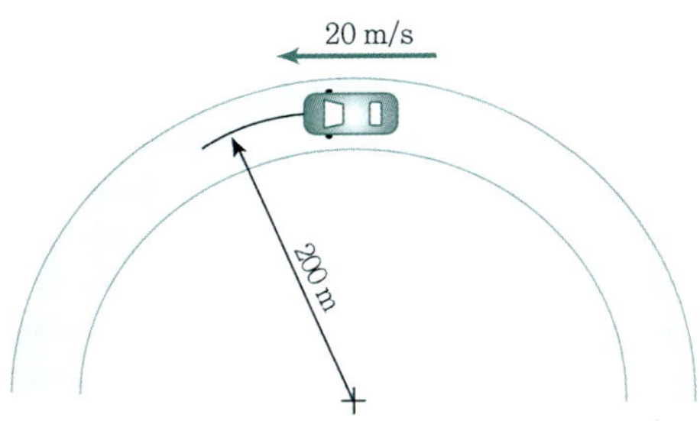

2.15 **(예제 2.8의 연습)**

그림과 같이 링(ring)이 회전하는 막대 OB를 따라서 미끄러진다. 현재 위치는 반지름 방향의 거리 $r = 0.3$ m, 막대의 기울기 $\tan\theta = 4/3$이다. 반지름 방향의의 속도 $\dot{r}$는 0.5 m/s로 증가하고, 가속도 $\ddot{r}$는 0.6 m/s^{2}로 감소한다. 막대 OB는 각속도 2 rad/s(시계방향)으로, 각가속도 5 rad/s^2(시계방향)으로 회전한다. 위치 A에서의 반경방향 가속도와 회전방향 가속도를 구하라.

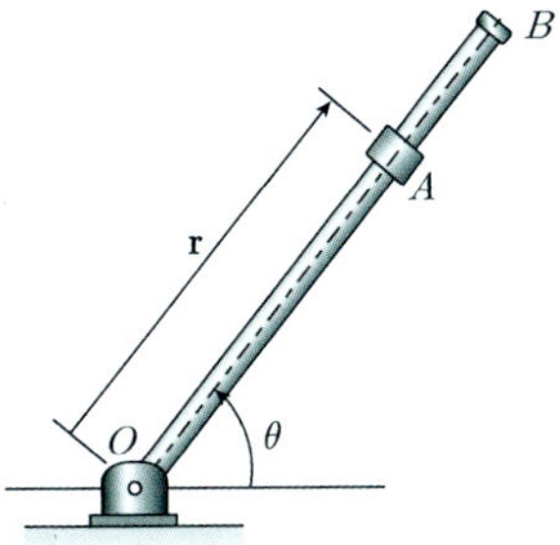

2.16 **(예제 2.9의 연습)**

다음 그림과 같이 비행기가 고도 $h = 10$ km 상공에서 일정한 속도로 직선비행을 하고 있을 때, 비행기의 아래 점 O에 있는 레이더가 비행기의 위치를 추적하고 있다. $\theta = 60°$일 때, 각 θ는 0.01 rad/s의 비율로 증가하는 것으로 관측되었다. 다음 물음에 답하시오. 단, 비행경로는 레이더와 같은 수직 평면 상에 위치한다. (2010년 시행 행정고등고시(기술직) 제2차시험문제)

(a) 이 순간에서 비행기의 속도 v를 구하라.

(b) 레이더에서 관측한 비행기의 각가속도 $\dfrac{d^2r}{dt^2}$의 값을 구하라.

(c) 레이더의 각가속도 $\dfrac{d^2\theta}{dt^2}$의 값을 구하라.

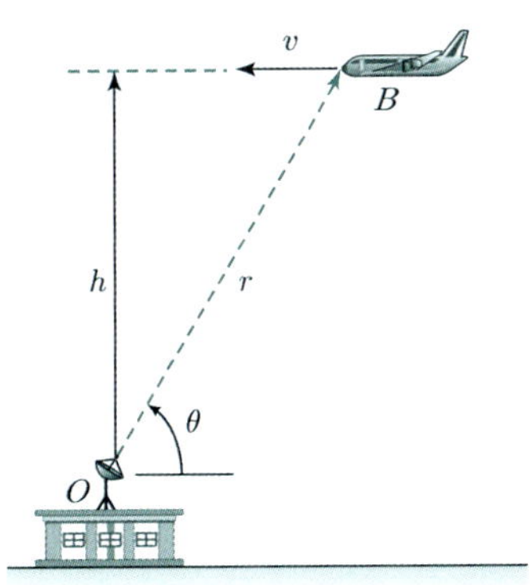

2.17 (예제 2.10의 연습)

자동차 주행시험장에서 점 A에 설치한 고속 동영상 카메라로 직선로 BC를 달리는 것을 기록한다. 자동차의 속도와 가속도의 크기를 b, θ, $\dot{\theta}$, $\ddot{\theta}$로 나타내라.

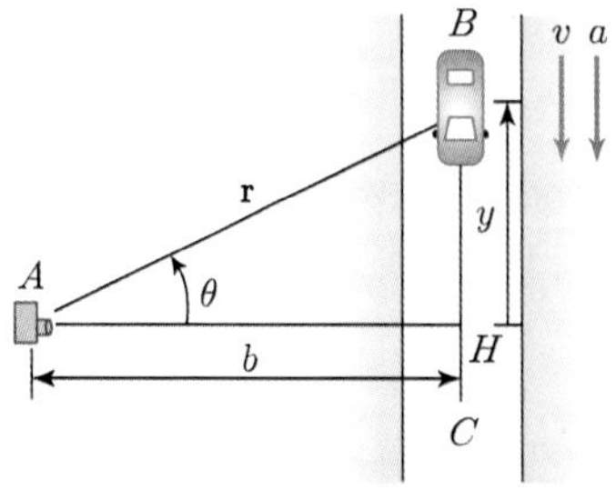

2.18 (예제 2.12의 연습 1/2)

두 대의 자동차 A, B가 교차로를 향하여 접근한다. 자동차 A는 20 m/s의 속도와 $-2\ m/s^2$의 가속도로 움직이고 있으며, 자동차 B는 10 m/s의 속도와 $-3\ m/s^2$의 가속도로 움직이고 있다. 교차로는 상하 굴곡이 없어 평면으로 취급할 수 있다. 자동차 A에 대한 B의 상대속도와 상대가속도를 구하라.

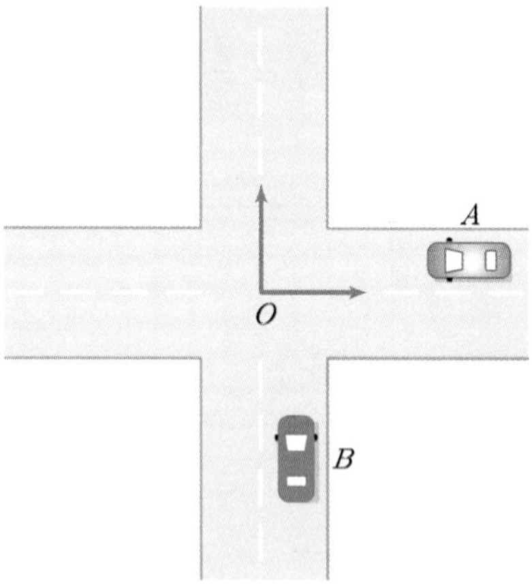

2.19 (예제 2.12의 연습 2/2)

기차와 자동차가 그림과 같이 철길과 자동차 도로가 45°로 교차하는 지점 근처를 지나가고 있다. 기차는 120 km/h의 속력으로 운행하며, 자동차 A는 90 km/h로 주행할 때, 자동차에 대한 기차의 상대속도를 km/h 단위로 구하라.

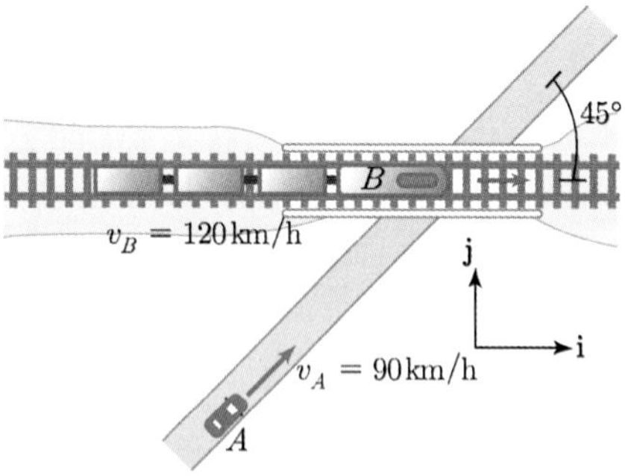

2.20 (예제 2.13의 연습 1/3)

그림에서 물체 A가 일정한 속도 9 m/s로 왼쪽으로 움직일 때, 다음을 구하라.

(a) 물체 B의 속도,

(b) 줄 D 부분의 속도,

(c) D 부분에 대한 줄 C 부분의 상대속도

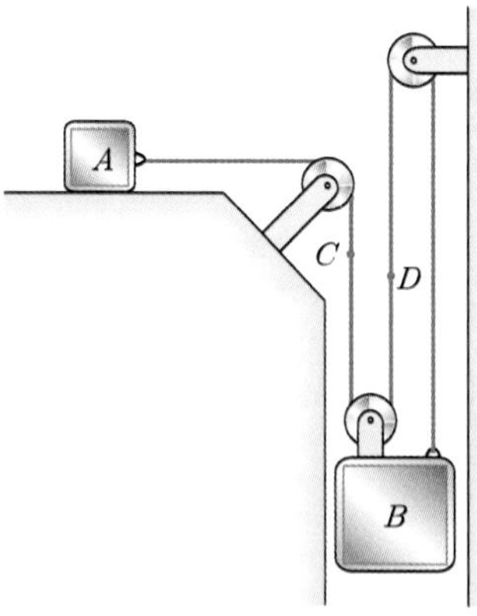

2.21 (예제 2.13의 연습 2/3)

그림과 같은 풀리 시스템에서 물체 A의 속도가 아랫 방향으로 0.3 m/s이고 가속도가 윗 방향으로 0.06 m/s^{2}일 때, 물체 B의 속도와 가속도를 구하라.

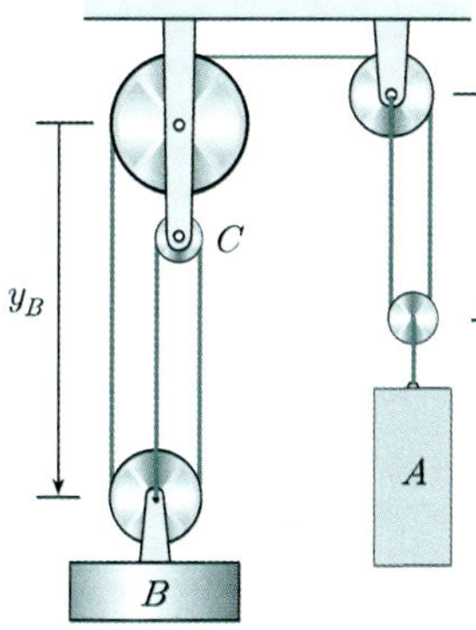

2.22 (예제 2.13의 연습 3/3)

물체 B의 속도가 아래 방향으로 0.5 m/s이고, 가속도는 윗 방향으로 0.2 m/s^{2}이다. 물체 A의 속도와 가속도를 구하라.

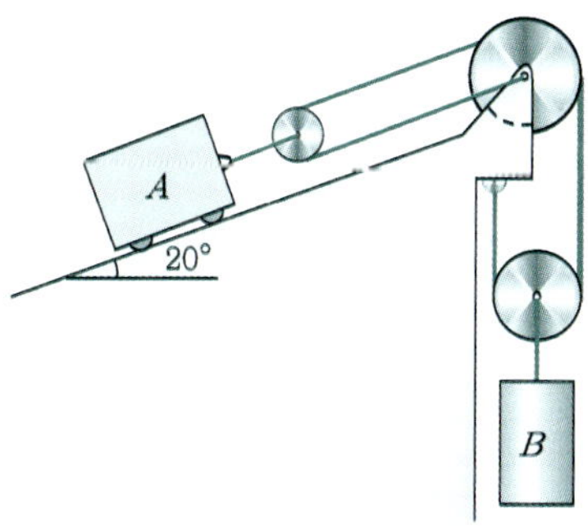

2.23 (예제 2.14의 연습 1/6)

그림과 같이 칼러 A와 물체 B가 세 개의 도르래 C, D, E와 연결되어 있으며, 도르래 C와 E는 고정되어 있다. 도르래 D는 일정한 속도 0.06 m/s로 아랫 방향으로 내려가고 있다. 현 위치에서 칼러 A가 $t = 0$에서 정지상태로 있으며, 등가속도 운동으로 위로 움직이기 시작한다. 칼러 A가 0.3 m 위로 올라갔을 때 속도가 0.60 m/s(윗 방향)라고 할 때, 다음을 구하라.

(a) 물체 B의 높이변화

(b) 물체 B의 속도 및 가속도

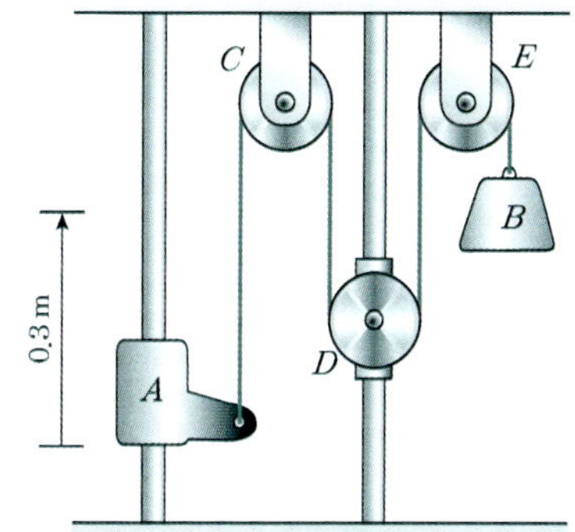

2.24 (예제 2.14의 연습 2/6)

물체 A에 대한 물체 B의 상대가속도가 오른쪽 방향으로 0.3 m/s^{2}이라고 할 때, 물체 A의 가속도를 구하라.

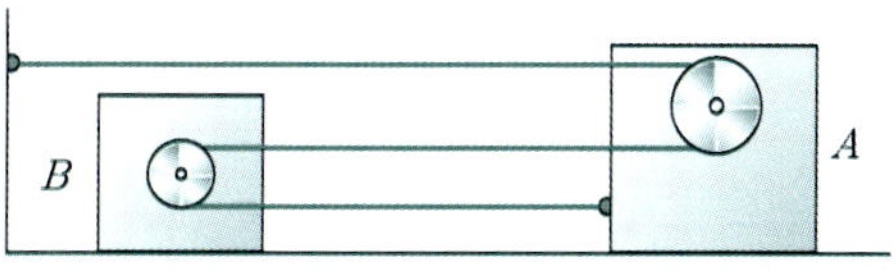

2.25 (예제 2.14의 연습 3/6)

그림의 위치에서 칼러(collar) B는 왼쪽으로 일정 속도 0.2 m/s로 움직일 때, 다음을 구하라.

(a) 칼러 A의 속도

(b) 줄 C 부분의 속도

(c) 칼러 B에 대한 줄 C 부분의 상대속도

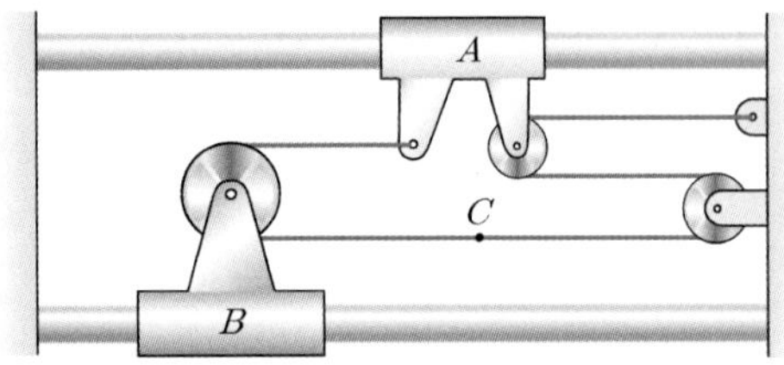

2.26 (예제 2.14의 연습 4/6)

그림과 같은 도르래에서, 물체 B가 0.5 m/s의 속도로 상승할 때, 물체 A의 속도를 구하라.

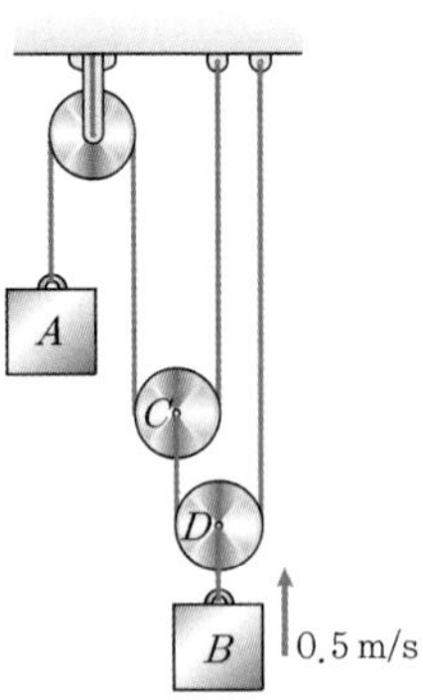

2.27 (예제 2.14의 연습 5/6)

그림의 세 개의 물체는 일정한 속도로 움직이고 있다. 물체 A의 물체 C에 대한 상대속도가 윗 방향으로 0.3 m/s, 물체 B의 물체 A에 대한 상대속도가 아랫 방향으로 0.2 m/s일 때 각 물체의 속도를 구하라.

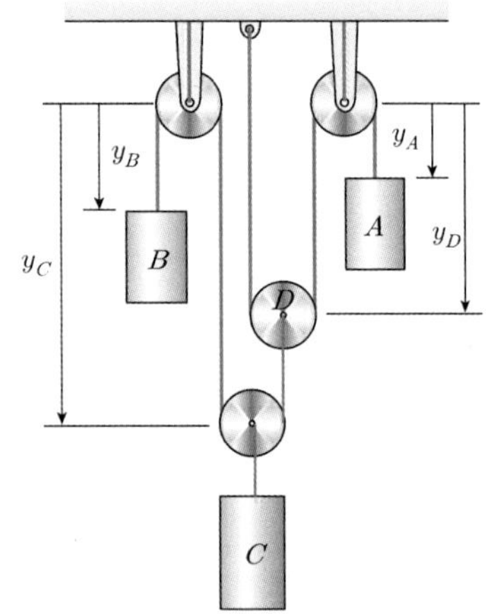

2.28 (예제 2.14의 연습 6/6)

그림과 같은 시스템에서 각각의 구성요소들이 정지상태로부터 일정한 가속도로 움직인다. 칼러 B에 대한 물체 C의 상대 가속도가 위쪽으로 0.03 m/s^{2}이고, 물체 A에 대한 물체 D의 상대 가속도는 아래쪽으로 0.055 m/s^{2}일 때, 다음을 구하라.

(a) 2초 후 각 물체 C, D의 속도

(b) 4초 후 물체 D의 위치의 변화량

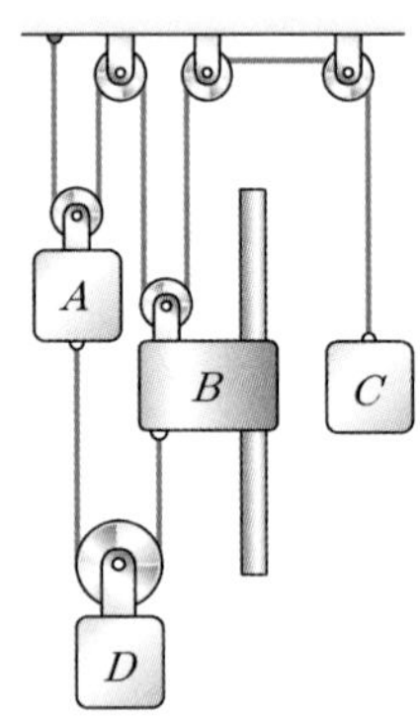

연습문제 해답

2.1 (a) 6.32 m/s

(b) 27.6 m/s

2.2 (a) $v(t) = v_0 e^{-kt}$

(b) $x(t) = \dfrac{v_0}{k}(1 - e^{-kt})$

(c) $v(x) = v_0 - kx$

2.3 (a) $v_0 = 2.774$ m/s

(b) $t = 3.848$ s (수정)

(c) $s = 3.930$ m (수정)

2.4 3300 m

2.5 $t = 1.428$ s,

$x = 28.56$ m

2.6 (a) $t = 13.72$ s

(b) $R = 1426$ m

(c) $y = 283.5$ m

2.7 $v_0 = 7.231$ m/s

2.8 최대속력 $(v_A)_{max} = 5.71$ m/s

최소속력 $(v_A)_{min} = 4.18$ m/s

2.9 $\theta = 69.4°$ 또는 $\theta = 27.7°$

2.10 $R = 11.88$ m

2.11 $\theta = 97.51°$

2.12 (a) $d = 42.19$ m

(b) $\mathbf{v}_x' = 28.28$ m/s 45°

$\mathbf{v}_y' = 8.34$ m/s 45°

2.13 $v_0 = 75.07$ m/s

2.14 $\mathbf{a} = 5.385$ m/s^2 21.8°

2.15 $\mathbf{a}_r = 1.8$ m/s^2 53.1°

$\mathbf{a}_\theta = 3.5$ m/s^2

2.16 (a) $\mathbf{v}_0 = 133.3$ m/s ←

(b) $\dfrac{d^2r}{dt^2} = 1.155$ m/s^2

(c) $\dfrac{d^2\theta}{dt^2} = 1.155 \times 10^{-4}$ rad/s^2

2.17 $v = -b\sec^2\theta \cdot \dot{\theta}$

$a = -b\sec^2\theta \cdot \left(2\tan\theta \cdot \dot{\theta}^2 + \ddot{\theta}\right)$

2.18 $\mathbf{v}_{B/A} = 22.36$ m/s 26.6°

$\mathbf{a}_{B/A} = 3.61$ m/s^2 56.3°

2.19 $\mathbf{v}_{B/A} = 85.0$ km/h 48.5°

2.20 (a) $\mathbf{v}_B = 3$ m/s ↑

(b) $\mathbf{v}_D = 3$ m/s ↓

(c) $\mathbf{v}_{C/D} = 12$ m/s ↑

2.21 $\mathbf{v}_B = 0.2$ m/s ↑

$\mathbf{a}_B = 0.04$ m/s^2 ↓

2.22 $\mathbf{v}_A = 0.5$ m/s 20°

$\mathbf{a}_A = 0.2$ m/s^2 20°

2.23 $\Delta \mathbf{x}_B = 0.18$ m ↓

$\mathbf{v}_B = 0.48$ m/s^2 ↓

$\mathbf{a}_B = 0.6$ m/s^2 ↓

2.24 $\mathbf{a}_A = 0.6$ m/s^2 →

2.25 (a) $\mathbf{v}_A = 0.4$ m/s →

(b) $\mathbf{v}_C = 0.8$ m/s ←

(c) $\mathbf{v}_{C/B} = 0.6$ m/s ←

2.26 $\mathbf{v}_A = 2$ m/s ↓

2.27 $\mathbf{v}_A = 0.229$ m/s ↑ ,

$\mathbf{v}_B = 0.029\,\mathrm{m/s}\uparrow$,

$\mathbf{v}_C = 0.071\,\mathrm{m/s}\downarrow$

2.28 (a) $\mathbf{v}_C = 0.04\ \mathrm{m/s}\ \downarrow$,

$\mathbf{v}_D = 0.01\ \mathrm{m/s^2}\ \uparrow$

(b) 0.04 m 상승

chapter 03

질점의 운동역학 I (힘과 가속도)

3.1 개요

앞 장에서 질점의 운동에 따라 발생하는 위치, 속도, 가속도의 관계를 살펴 보았다. 즉, 운동의 원인이 되는 힘들을 전혀 고려하지 않고, 질점의 운동에 대한 기하학적인 측면을 고려하여 학습하였다.

이 장에서는 질점에 작용하는 힘이 질점의 움직임에 미치는 영향을 살펴본다. 즉, 뉴튼(Newton)의 제2법칙을 적용하여 질점에 작용하는 힘과 질점의 움직임과의 관계를 알아본다. 운동방정식(equation of motion)에 사용되는 좌표계에는 직각좌표계, 접선 및 법선 좌표계, 극좌표계 그리고 원통좌표계 등이 있다.

3.2 뉴튼의 제2법칙(Newton's second law)

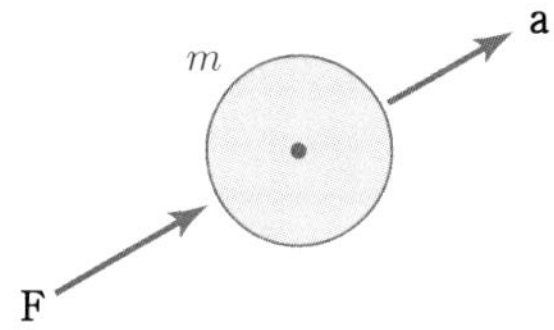

그림 3.1 힘의 방향과 가속도의 방향

뉴튼의 제2법칙은 역학에서 가장 중요한 의미를 갖고 있는 식이다. 합력이 0(영)이 아닌 힘을 받고 있는 질점은 합력의 방향으로 합력의 크기에 비례하는 가속도로 움직인다.

어느 물체에 $\mathbf{F}_1$의 힘을 가하였을 때 $\mathbf{a}_1$이라는 가속도가 발생하였고, $\mathbf{F}_2$의 힘이 가해졌을 때 $\mathbf{a}_2$이라는 가속도가 발생하였다면 가속도에 대한 힘의 비율은 일정한 스칼라양이며 이것은 힘의 방향과 가속도의 방향이 같기 때문이다.

$$\frac{\mathbf{F}_1}{\mathbf{a}_1} = \frac{\mathbf{F}_2}{\mathbf{a}_2} = \cdots = c$$

여기서 가속도에 대한 힘의 비율로 얻어지는 상수 c는 질점의 질량(mass) 또는 관성(inertia)이라 부르는 일종의 특성값이다.

질량은 힘의 작용으로 인하여 발생하는 속도의 변화에 대하여 저항하는 특성을 갖는 양이다. 질량은 전기에서 전류의 흐름을 방해하는 저항으로 비유할 수 있다. 또한 움직이는 물체 또는 정지한 물체들이 관성을 갖는 것(뉴튼의 제1법칙)도 물체가 갖고 있는 질량 때문이다.

그리고 같은 크기의 힘을 작용시킨 경우라도 질량의 크기에 따라 가속도의 크기가 달라진다. 즉, 작용시킨 힘이 같은 경우 질량이 작은 질점은 가속도가 클 것이고, 질량이 작은 물체는 가속도가 작을 것이다.

뉴튼의 제2법칙의 수학적으로 표현하면 다음과 같다.

$$\mathbf{F} = m\mathbf{a} \tag{3.1}$$

여기서 $\mathbf{F}$는 질량 m인 질점에 작용하는 0이 아닌 힘이고, $\mathbf{a}$는 그 결과로 나타나는 질점의 가속도이다. 그런데, $\mathbf{F}$와 $\mathbf{a}$는 벡터이고 m은 스칼라이므로 힘 $\mathbf{F}$와 가속도 $\mathbf{a}$는 같은 방향이다. 회전하는 물체인 경우 물체 내부의 서로 다른 점에서 가속도는 동일하지 않으며, 이런 경우 $\mathbf{a}$는 물체의 질량 중심 G에서의 가속도 $\mathbf{a}_G$을 의미한다.

뉴튼의 제1법칙은 제2법칙의 특수한 경우이다. 제2법칙에서 질점에 작용하는 힘의 합력이 0인 경우 질점의 가속도는 0이 된다. 이 내용을 문장으로 서술한 것이 제1법칙이다. 즉, 힘이 0인 경우 정지상태에 있던 질점은 계속 정지해 있고, 운동상태에 있었던 질점은 일정한 속도로 직선을 따라 그 운동상태를 계속 유지한다.

참고

뉴튼의 운동법칙은 고정좌표계(inertial frame of reference)에 적용한다. 즉, 힘의 작용에 의하여 발생하는 가속도는 절대 가속도이어야 한다. 즉, 뉴튼의 제2법칙은 절대운동(absolute motion)에 대하여 적용한다. 그런데 지구는 자전과 공전을 하며, 지구상의 모든 물체의 운동은 지구운동에 대한 상대운동이다. 지구의 운동으로 인하여 지구상에 고정된 점이 고정좌표계의 중심이 될 수 없으나 그 오차가 작아 무시할 만하다. 별도의 언급이 없는 한 대부분의 공학 문제에서 지구 표면에 부착된 좌표계는 고정좌표계로 간주하며, 지구에 대한 상대운동을 절대운동으로 취급한다.

단 위

식 $\mathbf{F} = m\mathbf{a}$를 적용할 때 힘, 질량 및 가속도의 단위가 일관성이 있어야 한다. 식 $\mathbf{F} = m\mathbf{a}$에서 질량과 가속도의 단위로 kg과 $\mathrm{m/s^2}$을 사용하면 힘의 단위는 N(뉴튼)이 된다.

$$1\,\mathrm{N} = 1\,\mathrm{kg} \cdot 1\,\mathrm{m/s^2} = 1\,\mathrm{kg\,m/s^2}$$

따라서 1 N은 1 kg의 질량에 $1\,\mathrm{m/s^2}$의 가속도를 발생시키는 데 필요한 힘으로 정의한다.

질량에 중력가속도가 작용하여 발생하는 힘을 중력(무게라고 사용하여도 무방하나 이 경우 무게는 스칼라 양을 의미한다.)이라 하며, 벡터로서 지구의 중심을 향한다.

$$\mathbf{F} = m\mathbf{g}$$

여기서 m은 물체의 질량이고, $\mathbf{g}$는 중력가속도이다. $\mathbf{g}$의 크기는 지구 표면에서의 위치에 따라 다소 변하지만 일반적인 공학 계산에서는 이의 표준값 $g = 9.81\,\mathrm{m/s^2}$이 흔히 사용된다. 중력의 크기를 무게(W, weight)라 하며, 윗 식을 스칼라로 쓰면 다음과 같다.

$$W = mg \tag{3.2}$$

무게는 질량에 중력가속도의 크기를 곱한 값으로서 스칼라양이다. 따라서 질량이 1 kg인 물체의 무게는 다음과 같다.

$$W = 1\,\mathrm{kg} \cdot 9.81\,\mathrm{m/s^2} = 9.81\,\mathrm{kg\,m/s^2} = 9.81\,\mathrm{N}$$

질량의 단위와 무게의 단위를 혼동하는 경우가 있으며, 특히 lb-ft 단위에서는 더욱 그러하니 주의가 필요하다.

참고

질량 1 kg인 물체에 중력이 작용하면 9.81 N (= 1 $\mathrm{kg_f}$)의 힘(무게)이 작용한다.
질량 1 $\mathrm{lb_m}$인 물체에 중력이 작용하면 1 $\mathrm{lb_f}$의 힘(무게)이 작용한다.
질량 1 slug인 물체에 중력이 작용하면 32.2 $\mathrm{lb_f}$의 힘(무게)이 작용한다.
질량 1 slug는 32.2 $\mathrm{lb_m}$이다.

3.3 운동방정식(equation of motion)의 해석

질량이 m인 질점에 여러 힘 $\mathbf{F}_1$, $\mathbf{F}_2$, $\mathbf{F}_3$, ⋯ 가 작용하는 경우 각각의 힘들을 하나의 합력 $\mathbf{R} = \Sigma\mathbf{F}$으로 대체하여도 같은 결과를 얻을 수 있다. 질점은 합력(알짜 힘)의 방향으로 합력의 크기에 비례하는 가속도를 갖는다.

$$\mathbf{R} = m\mathbf{a}$$

또는

$$\Sigma\mathbf{F} = m\mathbf{a} \tag{3.3}$$

이 운동방정식은 운동역학을 해석할 때 가장 많이 쓰이는 기본식이다. 이 식은 벡터 식으로서 좌표계를 이용하여 스칼라 식의 형태로 구체적 표현을 할 수 있다. 위 식은 회전을 하는 강체에도 적용할 수 있으며 이 경우 가속도는 질량중심의 가속도를 의미한다.

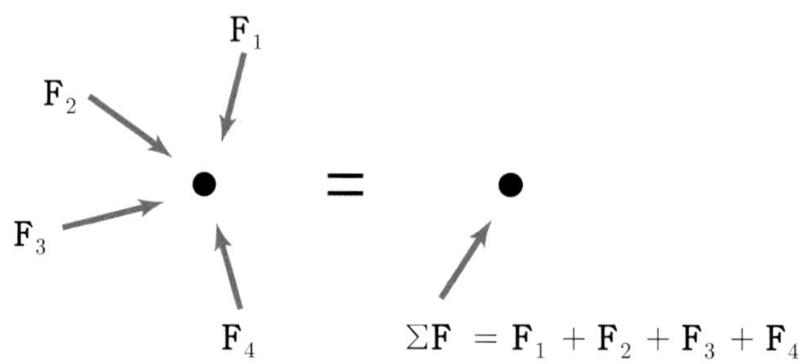

그림 3.2 질점에 작용하는 힘의 합력 (알짜 힘)

3.3.1 해석 절차

뉴튼의 제2법칙을 질점의 운동역학에 적용하여 문제를 푸는 데 다음과 같은 단계별 절차를 따르면 더욱 효과적이다. 이러한 단계별 절차는 강체의 운동역학 문제를 푸는 데에도 같은 원칙이 적용된다.

(1) 운동의 예측

생활 경험 등을 토대로 질점의 운동을 예측한다.

(2) 움직임에 대한 가정

물체의 움직임에 대한 예측이 불가능한 경우는 운동방향을 가정한다. 또한 물체의 움직임이 여러 가지로 예상되면 각 상황에 따라 해석하여야 한다. 즉, 물체의 운동을 가정하여 문제를 풀고, 그 결과가 가정에 대하여 모순이 없는지 검증하여야 한다.

(3) 좌표계의 종류 선정

물체의 운동을 가장 잘 표현할 수 있는 좌표계를 선정한다. 어떤 좌표계를 선택하든 모든 좌표축은 서로 직각을 이룬다. 일반적으로 문제의 조건, 주어진 자료의 형태, 그리고 요구되는 해의 종류에 따라 좌표계를 선택한다. 예를 들어, 곡선경로를 따라 운동하는 물체에는 접선 및 법선 좌표계를 사용하는 것이 편리한 경우가 많고, 물체의 운동이 평면상에서 반지름과 회전 방향으로 지정될 때에는 극좌표계를 사용하는 것이 유용하다. 곡선운동이라도 물체가 포물선운동을 하면 직각좌표계를 사용하면 편리하다.

(4) 좌표축의 방향 결정

어느 방향을 좌표축의 방향으로 설정하느냐 하는 문제를 결정하기 위하여 우선 운동의 방향을 예측하여야 한다. 운동의 형태가 다른 두 방향(직각을 이루는 두 방향)으로 좌표축을 선정한다. 움직이는 방향으로는 힘의 합력에 비례하고 질량에 반비례하는 가속도가 발생하고, 움직이지 않는 방향으로는 정적인 힘의 평형식이 성립한다.

(5) 자유물체도(free-body diagram) 작성

① 해석하고자 하는 물체를 선정하고 물체를 분리(isolate)시켜 그 외형을 그린 후 물체에 작용하는 모든 힘과 모멘트를 나타낸다.
② 2개 이상의 물체가 서로 종속운동하는 경우 각 물체에 대한 자유물체도를 따로 그린다.
③ 여러 개의 물체가 접촉되어 있거나 연결되어 있을 때에는 접촉면 또는 연결되어 있는 줄을 기준으로 각각의 물체로 분리한다.
④ 2개 이상의 물체라도 1개의 물체로 취급하여 풀이하는 것이 편리한 경우도 가끔 있다.

(6) 운동방정식 작성

① 힘의 방향과 가속도의 방향이 일치하도록 운동방정식을 세우고 미지수의 갯수와 방정식의 갯수를 확인한다. 만약 동일한 갯수이면 방정식을 풀어 미지수를 구한다.
② 운동방정식의 수에 비하여 미지수의 갯수가 많으면 또 다른 운동 방정식은 없는지 또는 다른 운동학적 관계가 없는지 찾아본다. 주로 운동학의 관점(기구학적 조건)에서 상대운동이나 종속운동 등에서 찾는 경우가 많다.

③ 가속도 이외에 추가로 시간, 위치 또는 속도 등을 물어 보는 경우 운동학적인 관계를 이용한다.

(7) 결과에 대한 해석

힘 또는 가속도를 운동 방정식에 적용할 때 이미 알고 있는 값도 있고 구하려는 미지수(모르는 값)일 수도 있다. 이 때 미지수의 방향을 가정하고, 힘의 방향과 가속도의 방향이 일치하도록 운동 방정식을 세운다. 해석결과 가정된 방향이 옳았다면 가정된 미지수가 양수로, 가정된 방향이 틀렸었다면 가정된 미지수가 음수로 계산된다.

(8) 결과에 대한 검증

방정식을 풀어 얻은 답이 물리적 의미에 합당한가 검토한다. 특히 어떤 가정 하에 문제를 풀이한 경우 반드시 가정에 대한 모순이 없는지 검증(모순성검사)하여야 한다.

3.3.2 자유물체도

해석하고자 하는 물체를 분리시켜 외부형태를 그린 후 물체에 작용하는 모든 힘과 모멘트를 표시한다.

① 이미 방향과 크기를 알고 있는 힘인 경우 단위 [N]에 맞추어 기입한다.

② 지구상의 모든 물체에는 지구 중심방향으로 중력 mg가 작용한다.

③ 다른 물체와의 접촉지점 및 지지점에는 작용-반작용의 법칙을 적용한다. 접촉하고 있는 두 물체는 접촉평면에 수직한 방향으로 같은 크기의 반력을 주고 받는다.

④ 줄이나 막대로 연결되어 팽팽하게 잡아당겨지는 두 물체는 같은 크기의 장력을 주고 받는다.

⑤ 상대운동을 하고 있는(또는 하려는) 물체의 접촉면 방향(접선 방향)으로 발생하는 마찰력은 물체의 움직임을 방해하려는 방향으로 작용한다. 그 크기는 운동의 상태에 따라 달라진다. 접촉한 두 물체가 서로 상대운동을 시작하려는 순간 두 물체 사이에 작용하는 마찰력은 최대가 된다. 이 때 크기는 $F_{\max} = \mu_s N$이다.

서로 상대운동을 하고 있는 두 물체 사이에는 반드시 동마찰력 $F = \mu_k N$이 작용한다.

⑥ 스프링이 변형되면 원상태로 돌아가려는 복원력이 발생한다. 늘어난 스프링은 줄어들려는 방향으로 힘이 발생하고, 줄어든 스프링은 늘어나려는 방향으로 힘이 발생한다.

⑦ 힘의 작용방향을 모르는 경우 힘의 방향을 임의로 가정할 수도 있다. 보통 미지의 힘의 방향

은 좌표계의 양의 방향으로 가정하는 경우가 많으나 가속도의 방향으로 가정하는 경우도 있다. 미지의 힘의 크기는 적당한 문자기호를 사용하여 표기한다. 이 힘들의 실제 작용방향은 운동방정식을 풀어 미지수의 부호로서 판단할 수 있다. 즉, 힘의 부호가 양이면 가정된 방향이 옳음을 나타내고, 음의 값이면 가정된 방향과 반대 방향임을 의미한다.

⑧ 도르래의 질량이 아주 작아 무시할 만하고, 미끄럼 마찰이 없는 경우(구름마찰만 있는 경우) 도르래에 감겨있는 줄은 단지 힘의 방향을 전환하는 역할만을 하며, 힘의 크기에는 변함이 없다. 이런 가정을 할 수 없는 경우 도르래의 질량관성모멘트로 인한 손실을 고려하여야 하며 강체해석에서 다룬다.

참고

물체를 움직이려고 하는 힘의 총합(마찰력 제외) F_c와 최대정지마찰력 $F_{\max} = \mu_s N$의 크기를 비교하여야 물체의 움직임을 판단할 수 있다.

즉, $|F_c| > F_{\max} (= \mu_s N)$이면 물체가 움직이며 관계식은 $|F_c| - \mu_k N = ma$이고, $|F_c| \leqq F_{\max} (= \mu_s N)$이면 물체는 움직이지 않으며 가속도는 $a = 0$이다.

여기서 $|F_c|$의 방향과 $\mu_k N$의 방향은 물체의 움직임 방향과 항상 반대이다.

3.4 직각좌표계

3.4.1 평면운동

평면운동하는 질점의 운동을 직각좌표계(rectangular coordinates)로 나타내고자할 때 힘과 가속도를 두 좌표 성분으로 나누어 표시한다. 두 좌표축은 서로 직각을 이룬다.

즉, 뉴튼의 운동방정식 $\Sigma \mathbf{F} = m\mathbf{a}$는 다음과 같이 쓸 수 있다.

$$\Sigma F_x \mathbf{i} + \Sigma F_y \mathbf{j} = m(a_x \mathbf{i} + a_y \mathbf{j})$$

위의 운동방정식은 다음과 같이 두 개의 스칼라 식으로 나타낼 수 있다.

$$\Sigma F_x = ma_x = m\ddot{x} \tag{3.4a}$$

$$\Sigma F_y = ma_y = m\ddot{y} \tag{3.4b}$$

3.4.2 공간운동

질점이 3차원 공간상에서 곡선운동을 할 때 운동방정식 $\Sigma \mathbf{F} = m\mathbf{a}$는 직각성분의 스칼라 형태로 표시할 수 있다.

$$\Sigma F_x = ma_x = m\ddot{x} \tag{3.5a}$$

$$\Sigma F_y = ma_y = m\ddot{y} \tag{3.5b}$$

$$\Sigma F_z = ma_z = m\ddot{z} \tag{3.5c}$$

보기 2 얼음 위에 놓인 질량 10 kg의 물체에 북쪽으로 8 N, 서쪽으로 6 N의 힘으로 당기고 있을 때 물체의 가속도를 구하라. 얼음과 물체 사이의 마찰력은 무시한다.

풀이

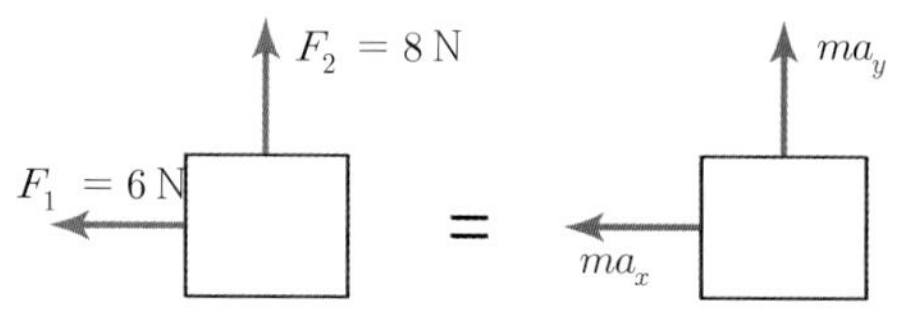

x 방향의 운동방정식은

$\overset{+}{\leftarrow}$: $F_1 = ma_x$에서

$6 = 10\,a_x$, $\quad\therefore\ a_x = 0.6\ \text{m/s}^2$

y 방향의 운동방정식은

$+\uparrow$: $F_2 = ma_y$에서

$8 = 10\,a_y$, $\quad\therefore\ a_y = 0.8\ \text{m/s}^2$

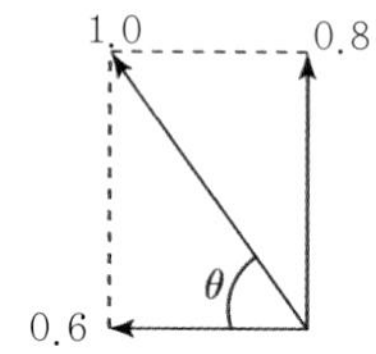

답 $\mathbf{a} = 1.0\ \text{m/s}^2$ 53.1°

예제 3.1

그림과 같이 연결되어 있는 세 물체 A, B 그리고 C의 질량이 각각 15 kg, 20 kg 그리고 12 kg이다. 최초 줄이 팽팽하게 당겨져 있고 세 물체는 정지상태에 놓여져 있다. 접촉면은 충분히 매끄러우며 도르래에 의한 손실은 무시할 때 다음을 구하라.

(a) 물체 C의 가속도
(b) 물체 B와 C 사이 줄의 장력
(c) 물체 A와 B 사이 줄의 장력

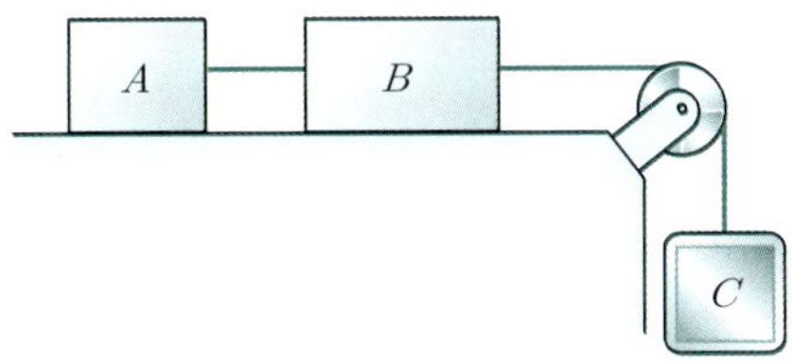

적용원리

- 각 물체에 대하여 자유물체도를 작성한다.
- 접촉면이 매끄럽다는 뜻은 마찰을 무시하라는 뜻이다.
- 도르래에 의한 손실이 무시하는 경우 도르래 양쪽에 작용하는 줄의 장력의 크기는 동일하다.
- 줄로 연결되어 팽팽하게 잡아당겨지는 두 물체는 같은 크기의 장력을 주고 받는다.
- 늘어나는 줄이 아닌 경우 각 물체의 가속도 크기는 동일하다.
- 전체를 하나의 계로 보고 가속도를 계산할 수도 있다.

풀이

[운동학]

각 물체의 가속도의 크기는 동일하다. 운동의 방향을 물체 A와 물체 B는 우측방향으로, 물체 C는 아래 방향으로 잡는 것이 모순이 없고 일관성이 있다.

$$a_A = a_B = a_C = a$$

[운동역학] : 자유물체도와 운동방정식

위에서 정한 가속도의 방향과 힘의 작용방향이 일치하도록 운동방정식을 세운다.
물체 A와 물체 B 사이의 장력을 T_{AB}, 물체 B와 물체 C 사이의 장력을 T_{BC}라 놓자.
물체 A의 자유물체도에서

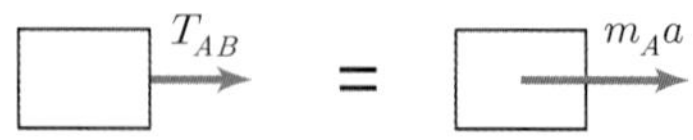

$$\overset{+}{\longrightarrow} : \ T_{AB} = m_A a$$

$$T_{AB} = 15a \qquad ①$$

물체 B의 자유물체도에서

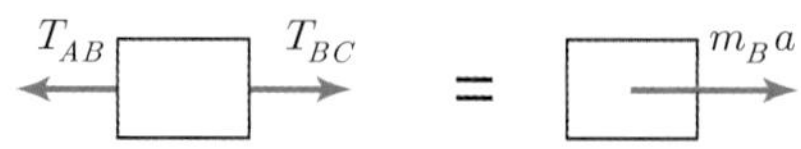

$$\overset{+}{\longrightarrow} : \ T_{BC} - T_{AB} = m_B a$$

$$T_{BC} - T_{AB} = 20a \qquad ②$$

물체 C의 자유물체도에서

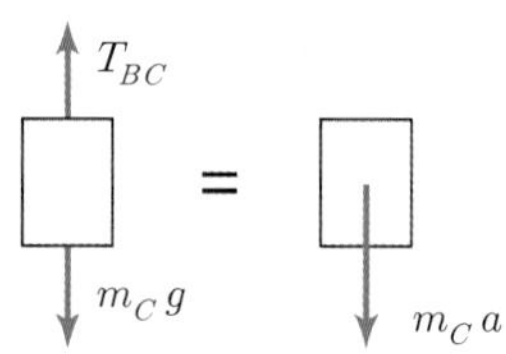

$$+\downarrow : \ m_C g - T_{BC} = m_C a$$

$$12g - T_{BC} = 12a \qquad ③$$

식 ①, ②, ③으로부터

$$a = 2.505 \text{ m/s}^2, \ T_{AB} = 37.6 \text{ N}, \ T_{BC} = 87.7 \text{ N}$$

답 (a) $\mathbf{a} = 2.505 \text{ m/s}^2 \downarrow$, (b) $T_{AB} = 37.6 \text{ N}$, (c) $T_{BC} = 87.7 \text{ N}$

별해

전체를 하나의 계로 보고 가속도를 구해보자.

$\Sigma\mathbf{F} = m\mathbf{a}$에서 물체의 이동에 관계하는 중력에 의한 힘은 $m_C g$뿐이다.

또한, 각 물체가 모두 같은 가속도로 움직이므로 $\Sigma F = \Sigma m_i a_i$에서

$$m_C g = (m_A + m_B + m_C)a$$

$$12 \cdot 9.81 = (15 + 20 + 12)a, \qquad \therefore \ a = 2.505 \text{ m/s}^2$$

답 $a = 2.505 \text{ m/s}^2$

예제 3.2

그림과 같이 정지 상태에 있는 질량 5 kg인 물체를 수평과 30°의 각도로 20 N의 힘으로 끌 때, 물체의 가속도와 바닥으로부터의 수직반력을 구하라. 단, 수평면과 물체 사이의 정마찰계수는 0.4, 동마찰계수는 0.2로 한다.

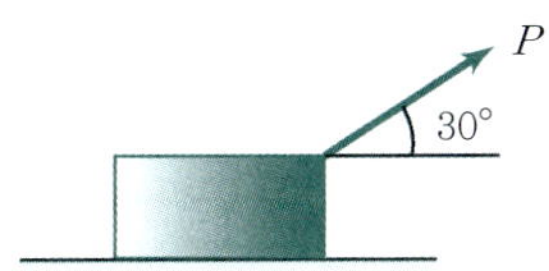

적용원리

- 수직반력이 양수이면 물체는 수직 방향으로 움직이지 않는다.
- 마찰력은 움직이려는 힘의 반대방향으로 작용한다.
- 물체가 수평 방향으로 움직이기 시작하려면 수평 방향으로 끄는 힘이 최대 정지마찰력보다 커야 한다.
- 물체가 움직일 때에는 동마찰력이 작용한다.

풀이

[운동역학]

〈자유물체도〉 수직반력을 N, 마찰력을 F 라 할 때, 자유물체도를 그리면 다음과 같다.

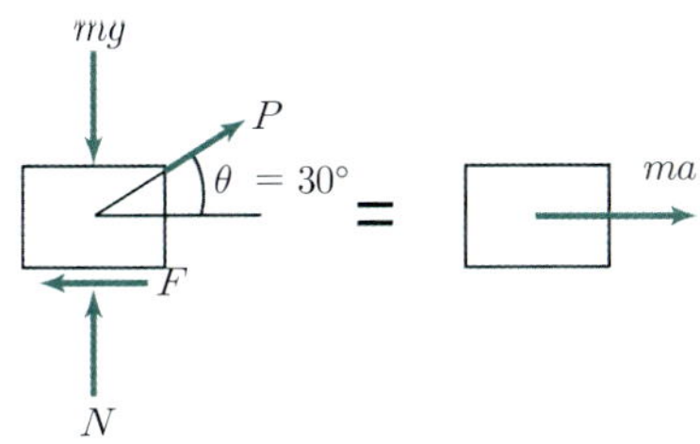

[수직 방향]

물체가 수직 방향(y 방향)으로 움직이지 않는다고 가정하면, 수직 방향(y 방향)의 운동방정식은 $\Sigma F_y = 0$ ($\Sigma F_y = m a_y$에서 $a_y = 0$)에서

$+\uparrow$: $P\sin\theta + N - mg = 0$

$$20\sin30° + N - 5 \cdot 9.81 = 0, \qquad \therefore\ N = 39.05\ \text{N}$$

수직반력이 양수가 되므로 위의 가정이 참이다. (만약, 수직반력이 음수이면 물체가 윗 방향으로 들릴 것이다.)

[수평 방향]

수평 방향(x 방향)의 운동방정식은 $\Sigma F_x = ma$에서

$\xrightarrow{+}$: $P\cos\theta - F = ma$

$$20\cos30° - F = 5a \qquad ①$$

식 ①에는 식 하나에 미지수가 2개(F, a)있다.

따라서, 추가 조건을 이용하여 해를 구해야 할 것이다.

(i) 수평 방향으로 움직임 없이 정지한다고 가정한다. (즉, $a = 0$)

이 경우, 정지조건은 다음과 같다.

$$|F| \leq F_{\max}\,(= \mu_s N = 0.4 \cdot 39.05 = 15.62\ \text{N})$$

식 ①에서

$$20\cos30° - F = 0, \qquad \therefore\ F = 17.32\ \text{N}$$

정지조건 ②를 만족하지 못하므로 (i)의 가정은 모순된다. 따라서 물체는 움직인다.

(ii) 물체가 움직이면 동마찰력이 적용된다.

$$F = \mu_k N = 0.2 \cdot 39.05 = 7.81\ \text{N} \qquad ②$$

식 ②를 식 ①에 대입하면

$$20\cos30° - 7.81 = 5a, \qquad \therefore\ a = 1.902\ \text{m/s}^2$$

답 $\mathbf{a} = 1.902\ \text{m/s}^2 \rightarrow$, $\mathbf{N} = 39.05\ \text{N}\ \uparrow$

예제 3.3

경사각이 30°인 경사면 위에 정지해 있는 50 kg의 상자에 수평 방향의 힘 500 N이 가해진다. 상자와 경사면 사이의 정마찰계수는 $\mu_s = 0.2$, 동마찰계수는 $\mu_k = 0.1$이다. 처음 2초 동안 상자는 최초위치로부터 움직인 거리를 구하라.

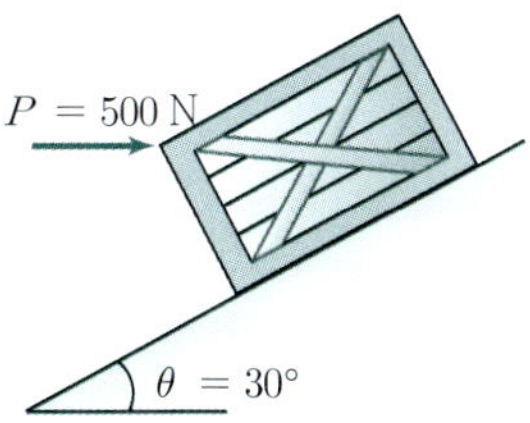

적용원리

- 중력, 수직반력, 마찰력, 작용 하중을 고려하여야 한다.
- 상자는 경사면을 따라 운동할 것이 예상되므로 경사면 방향(움직이는 방향)과 경사면에 수직한 방향(움직이지 않는 방향)으로 좌표축을 설정하고 힘을 분해한다.
- 경우에 따라 물체는 정지해 있을 수도 있고, 움직일 수도 있다. 움직인다고 하더라도 물체는 경사면을 따라 위로 갈 수도 있고 아래로 갈 수도 있다.
- 정지조건 $|F| \leq F_{\max}(=\mu_s N)$
- 경사면 방향으로 물체가 움직이는 경우, 물체를 움직이려고 하는 힘의 총합(마찰력 제외)의 방향으로 등가속도 운동을 한다.
- '정지해 있는'의 뜻은 초기속도가 0이라는 뜻이다.

풀이

[운동역학]

〈자유물체도〉 수직반력을 N, 마찰력을 F라 할 때, 자유물체도를 그리면 다음과 같다.

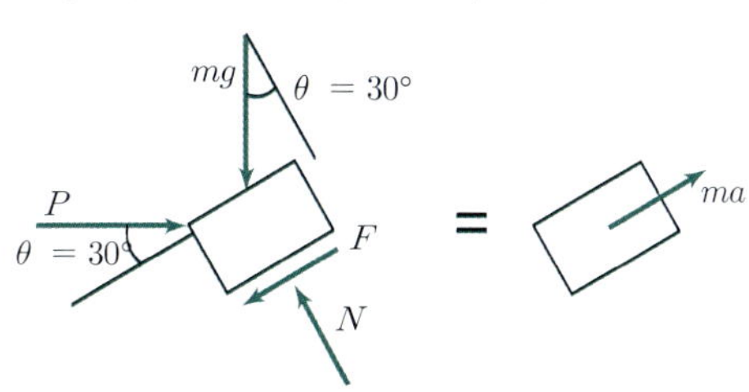

〈운동방정식〉

[경사면에 수직 방향]

경사면에 수직 방향의 운동방정식은

$$\nwarrow^{+} \quad N - P\sin\theta - mg\cos\theta = 0$$

$$N - 500\sin30° - 50 \cdot 9.81\cos30° = 0 \qquad \therefore\ N = 674.8\ \text{N}$$

[경사면 방향]

경사면에 윗 방향의 운동방정식은

$$^{+}\nearrow\ : \ P\cos\theta - mg\sin\theta - F = ma$$

$$500\cos30° - 50 \cdot 9.81\sin30° - F = 50a \qquad ①$$

식 ①에는 식 하나에 미지수가 2개(F, a)있다.

따라서, 추가 조건을 이용하여 해를 구해야 할 것이다.

(i) 경사면 방향으로 운동이 없이 정지한다고 가정한다. (즉, $a = 0$)
이 경우, 정지조건은 다음과 같다.

$$|F| \leq F_{\max}(= \mu_s N = 0.2 \cdot 674.8 = 135.0\ \text{N})$$

식 ①에서

$$500\cos30° - 50 \cdot 9.81\sin30° - F = 0, \qquad \therefore\ F = 187.8\ \text{N}$$

정지조건을 만족하지 못하므로 (i)의 가정은 모순된다. 따라서 물체는 움직인다.
또한, 마찰력 F의 부호가 양수이므로 최초 가정한 방향(경사면의 윗 방향)으로 움직인다.
(ii) 물체가 움직이면 동마찰력이 적용된다.

$$F = \mu_k N = 0.1 \cdot 674.8 = 67.48\ \text{N} \qquad ②$$

식 ②를 식 ①에 대입하면

$$500\cos30° - 50 \cdot 9.81\sin30° - 67.48 = 50a$$

$$\therefore\ a = 2.41\ \text{m/s}^2$$

[운동학]

경사면을 따라 위쪽으로 이동한 거리는 $s = v_0 t + \frac{1}{2} a t^2$에서

$$s = 0 + \frac{1}{2} \cdot 2.41 \cdot 2^2 = 4.82 \text{ m}$$

답 $s = 4.82$ m

예제 3.4

그림과 같이 줄로 연결된 물체 A와 물체 B의 운동을 알아보고자 한다. 물체 A의 질량은 50 kg이고, 물체 B의 질량은 20 kg이며, 경사면과 물체 A 사이의 정마찰계수는 $\mu_s = 0.25$이고, 동마찰계수는 $\mu_k = 0.15$이다. 각 물체의 가속도와 물체 A에 연결된 줄에 작용하는 장력 T를 구하라. 단, 줄은 팽팽하게 당겨져 있으며, 도르래에 의한 손실은 무시한다.

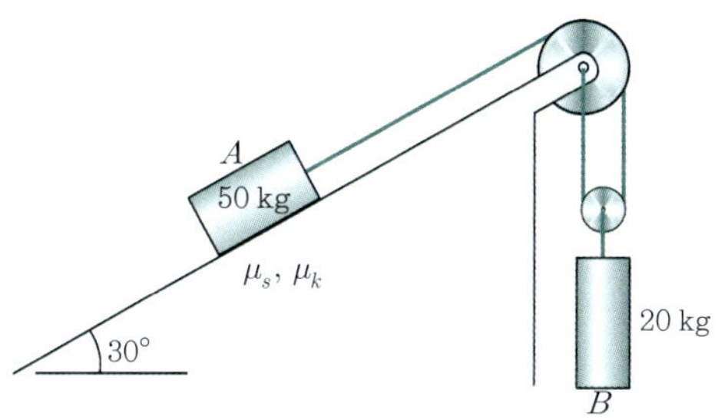

적용원리

- 물체 A와 물체 B는 종속운동을 한다.
- 도르래의 손실을 무시하는 경우 도르래 양편에 작용하는 줄은 장력은 동일하다.
- 물체 A는 경사면 방향과 경사면에 수직한 방향으로 좌표축을 선정하고, 물체 B는 수직 방향으로 좌표축을 선정하고 힘을 분해한다.
- 뉴튼의 제2법칙 $\mathbf{F} = m\mathbf{a}$에서 힘의 방향과 가속도 방향은 일치시켜야 한다.

풀이

[운동학]

먼저 점 O를 기준으로 하여, 기준점으로부터 물체 A까지의 거리를 x_A (경사면의 윗 방향을 +), 도르래에서 물체 B까지의 거리를 x_B (경사면의 아랫 방향을 +)라고 하자.

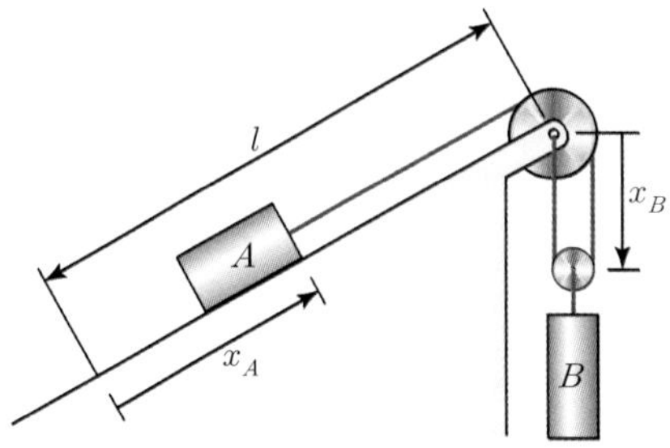

줄의 길이가 일정하므로 다음의 관계가 성립한다.

$$(l - x_A) + 2x_B = \text{일정}$$

$$-v_A + 2v_B = 0$$

$$a_A = 2a_B \qquad ①$$

이 식은 물체 B가 내려가고 물체 A가 올라가는 경우에도 적용할 수 있고, 이 식은 물체 B가 올라가고 물체 A가 내려가는 경우에도 적용할 수 있다.

[운동역학]

물체 A에 연결되어 있는 줄의 장력을 T라고 하면, 물체 B에 작용하는 장력은 $2T$가 된다. 또한 물체 A의 수직반력을 N, 마찰력을 F라 하자.

〈자유물체도〉

각 가속도의 방향은 [운동학]에서 정했던 각 변위의 방향과 같아야 한다.

물체 A에 대하여

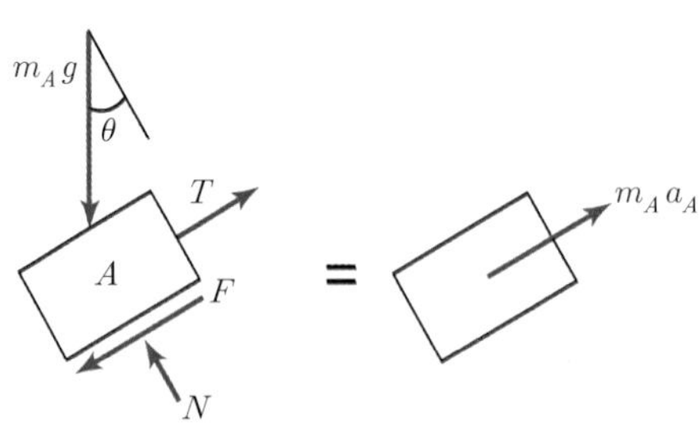

경사면에 수직 방향의 운동방정식은

$$\nwarrow^{+} : N - m_A g\cos\theta = 0$$

$$N - 50 \cdot 9.81 \cdot \cos 30° = 0, \qquad \therefore N = 424.8\ \mathrm{N}$$

경사면에 윗 방향의 운동방정식은

$$^{+}\nearrow : T - m_A g\sin\theta - F = m_A a_A$$

$$T - 50 \cdot 9.81 \sin 30° - F = 50\, a_A \qquad ②$$

물체 B에 대하여

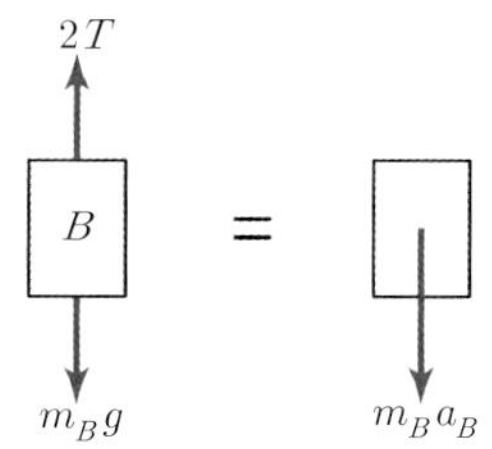

아랫 방향의 운동방정식은

$$+\downarrow : m_B g - 2T = m_B a_B$$

$$20 \cdot 9.81 - 2T = 20\, a_B \qquad ③$$

식 ①, ②, ③(식의 수는 3개)에서 미지수는 a_A, a_B, T, F로서 총 4개이다.

따라서, 추가 조건을 이용하여 해를 구해야 할 것이다.

(i) 경사면 방향으로 운동이 없이 정지한다고 가정한다 (즉, $a_A = 0$, $a_B = 0$)

이 경우, 정지조건은 다음과 같다.

$$|F| \leq F_{\max} (= \mu_s N = 0.25 \cdot 424.8 = 106.2\ \mathrm{N})$$

식 ②, ③에 $a_A = 0$, $a_B = 0$을 적용하면

$$T - 50 \cdot 9.81 \sin 30° - F = 0$$

$$20 \cdot 9.81 - 2T = 0$$

$$\therefore\ T = 98.1\ \mathrm{N},\ F = -147.2\ \mathrm{N}$$

정지조건 $|-147.2| \leq 106.2$)을 만족하지 않는다. 즉, (i)의 가정은 모순된다.

그러나, 마찰력 F의 부호가 음수이므로, 물체 A는 경사면을 따라 아래로 내려간다.

(ii) 물체는 움직이므로, 동마찰력이 적용된다.

$$F = \mu_k N$$

물체 A는 경사면을 따라 내려가는 방향을 양(+)으로 정하고, 물체 B는 올라가는 방향을 양(+)으로 정하자. 가속도 관계식은 식 ①과 같다. 즉,

$$a_A = 2a_B \qquad ①$$

또한, 물체 A에 대한 마찰력의 방향은 경사면의 윗 방향으로 작용한다. 이 조건에 부합하는 새로운 자유물체도를 다시 그리면 다음과 같다.

물체 A에 대하여

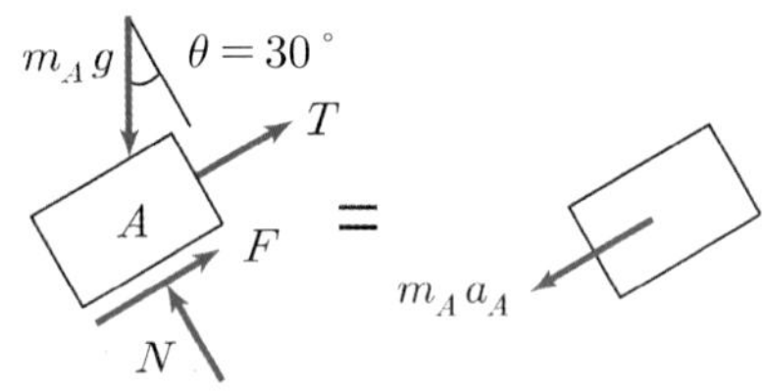

경사면에 수직한 방향의 힘의 평형은

$$\nwarrow^{+} : N - m_A g\cos\theta = 0$$

$$N - 50 \cdot 9.81 \cdot \cos 30° = 0, \qquad \therefore N = 424.8\text{ N}$$

경사면 아랫 방향의 운동방정식은

$$\swarrow^{+} : m_A g\sin\theta - T - \mu_k N = m_A a_A$$

$$50 \cdot 9.81\sin 30° - T - 0.15 \cdot 424.8 = 50 a_A \qquad ④$$

물체 B에 대하여

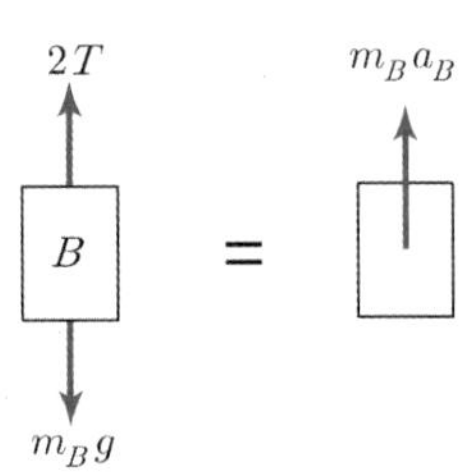

윗 방향의 운동방정식은

$$+\uparrow : 2T - m_B g = m_B a_B$$

$$2T - 20 \cdot 9.81 = 20a_B \qquad ⑤$$

식 ①, ④, ⑤로부터 a_A, a_B, T를 구하면

$$\therefore\ N = 424.8\,\text{N},\ a_A = 1.517\,\text{m/s}^2,\ a_B = 0.758\,\text{m/s}^2,\ T = 105.7\,\text{N}$$

답 $\mathbf{a}_A = 1.517\,\text{m/s}^2\ 30^\circ\nearrow$, $\mathbf{a}_B = 0.758\,\text{m/s}^2\ \uparrow$, $T = 105.7\,\text{N}$

별해

[운동학]

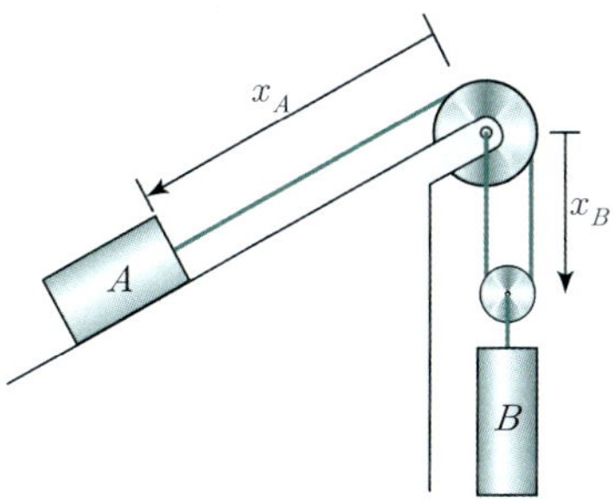

도르래를 기준으로 하여, 물체 A까지의 거리를 x_A (경사면의 아랫 방향을 +), 도르래에서 물체 B까지의 거리를 x_B (아랫 방향을 +)라고 한다. 줄의 길이가 일정하므로

$$x_A + 2x_B = \text{일정}$$

$$a_A = -2a_B \qquad ⑥$$

[운동역학]

움직인다는 결론을 얻는 부분은 앞의 풀이와 중복되므로 생략하고, 바로 뉴튼의 제2법칙을 적용하자. 뉴튼의 운동방정식에서 힘의 방향과 가속도의 방향이 반드시 일치하여야 한다. 여기서 별해에서 제시한 가속도 방향으로 운동방정식을 적용한다.

물체 A의 자유물체도는 물체 A, B에 대한 자유물체도를 그리면 다음과 같다. 이 때, 각 가속도의 방향은 [운동학]에서 정했던 각 변위의 방향과 같도록 한다.

물체 A에 대하여

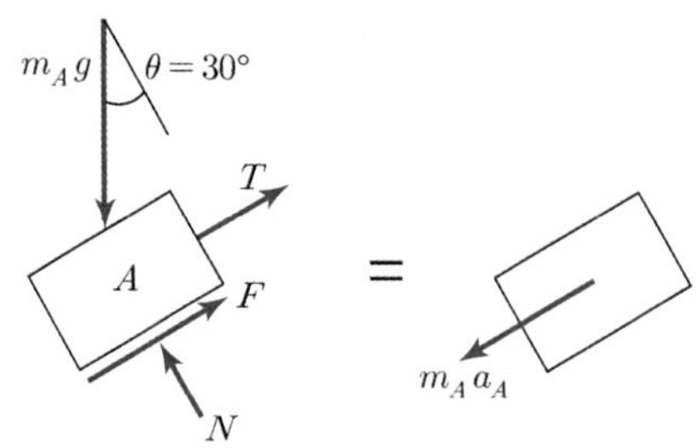

경사면에 수직 방향의 운동방정식은

$$\nwarrow + : N - m_A g\cos\theta = 0$$

$$N - 50 \cdot 9.81 \cdot \cos 30° = 0 \qquad \therefore N = 424.8\text{ N}$$

경사면 아랫 방향의 운동방정식은

$$\swarrow + : m_A g\sin\theta - T - \mu_k N = m_A a_A$$

$$50 \cdot 9.81\sin 30° - T - 0.15 \cdot 424.8 = 50\, a_A \qquad ⑦$$

물체 B에 대하여

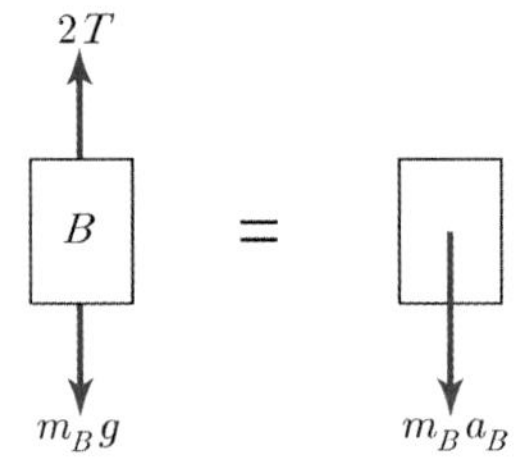

아랫 방향의 운동방정식은

$$+\downarrow : m_B g - 2T = m_B a_B$$

$$20 \cdot 9.81 - 2T = 20\, a_B \qquad ⑧$$

식 ⑥, ⑦, ⑧로부터

$$a_A = 1.517\text{ m/s}^2,\ a_B = -0.758\text{ m/s}^2,\ T = 105.7\text{ N}$$

답 $\mathbf{a}_A = 1.517\text{ m/s}^2$ 30°↗, $\mathbf{a}_B = 0.758\text{ m/s}^2 \uparrow$, $T = 105.7\text{ N}$

예제 3.5

그림과 같이 질량 20 kg의 물체 A가 질량 30 kg의 물체 B위에 놓여져 있다. 두 물체는 처음에 정지하고 있다. 그림과 같이 물체 B에 힘 $P = 300$ N이 물체 B에 작용할 때, 각 물체의 가속도를 계산하라. 모든 마찰면 사이의 정마찰계수는 $\mu_s = 0.4$, 동마찰계수는 $\mu_k = 0.2$이다.

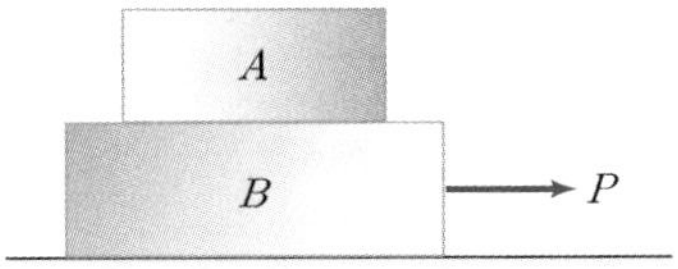

적용원리

- 물체의 움직임을 알 수 없는 경우 가능한 여러 가지 경우를 가정하여 풀고, 그 결과가 가정에 모순되는지 검토하여야 한다.
- 접촉하고 있는 두 물체 사이에 상대운동이 발생하지 않는 경우 마찰력의 크기는 최대 정지마찰력의 크기를 초과할 수 없다.

$$\text{정지조건} \ \ |F| \leq F_{\max} (= \mu_s N)$$

- 접촉하여 상대운동을 하는 두 물체 사이에는 동마찰력이 작용한다.

$$\text{움직임 조건} \ \ F = \mu_k N$$

풀이

물체 A와 B에 작용하는 수직반력을 각각 N_A, N_B라 하고, 마찰력을 각각 F_A, F_B라 하자.

물체 A에 대하여

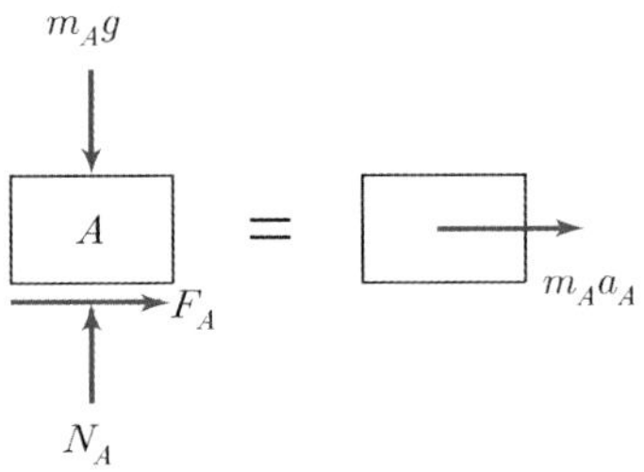

수직 방향의 운동방정식은

$$+\uparrow \ : \ N_A - m_A g = 0$$

$$N_A - 20 \cdot 9.81 = 0, \qquad \therefore\ N_A = 196.2\ \text{N}$$

수평 방향의 운동방정식은

$$\xrightarrow{+} :\ F_A = m_A a_A$$

$$F_A = 20\,a_A \qquad ①$$

물체 B에 대하여

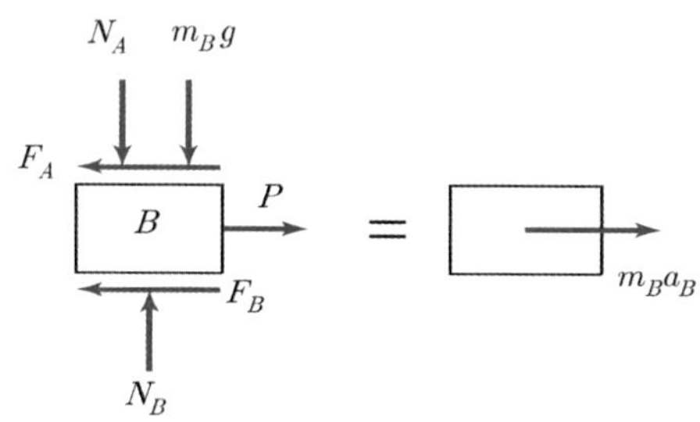

수직 방향의 운동방정식은

$$+\uparrow\ :\ N_B - N_A - m_B g = 0$$

$$N_B - 196.2 - 30 \cdot 9.81 = 0, \qquad \therefore\ N_B = 490.5\ \text{N}$$

수평 방향의 운동방정식은

$$\xrightarrow{+} :\ P - F_A - F_B = m_B a_B$$

$$300 - F_A - F_B = 30\,a_B \qquad ②$$

위의 식 ①, ② (식의 수는 2개)에서 미지수는 a_A, a_B, F_A, F_B로서 총 4 개다.

따라서, 추가 조건을 이용하여 해를 구해야 할 것이다.

(i) 경사면 방향으로 운동이 없이 정지한다고 가정한다. (즉, $a_A = 0$, $a_B = 0$)

이 경우, 정지조건은 다음과 같다.

$$|F_A| \leq (F_A)_{\max} (= \mu_s N_A)$$

$$|F_B| \leq (F_B)_{\max} (= \mu_s N_B)$$

최대정지마찰력 $(F_A)_{\max} = \mu_s N_A$, $(F_B)_{\max} = \mu_s N_B$에서

$$(F_A)_{\max} = 0.4 \cdot 196.2 = 78.5\ \text{N}$$

$$(F_B)_{\max} = 0.4 \cdot 490.5 = 196.2\ \text{N}$$

식 ①, ②에 $a_A = 0$, $a_B = 0$을 적용하면

$$F_A = 10 \cdot 0, \qquad \therefore\ F_A = 0\ \text{N}$$

$$300 - F_A - F_B = 30 \cdot 0, \qquad \therefore\ F_B = 300\ \text{N}$$

가정에 따라 정지조건 $F_A \leqq (F_A)_{\max}$는 만족하나, 정지조건 $F_B \leqq (F_B)_{\max}$는 만족하지 않는다. 즉, (i)의 가정은 모순된다. 따라서 물체는 움직인다.

ii) (가정과 추가되는 관계식) 물체 A와 B가 한 몸체가 되어 움직인다고 가정하자. 이 가정에 따라 두 물체의 속도와 가속도는 각각 같게 되며, 물체 A는 물체 B 위에서 정지조건을 유지하고, 물체 B는 바닥면에 대하여 미끄러지므로 물체 B와 바닥면 사이에 동마찰력이 작용한다.

$$|F_A| \leqq (F_A)_{\max}(= 78.5\ \text{N})$$

$$F_B = \mu_k N_B = 0.2 \cdot 490.5 = 98.1\ \text{N}$$

즉, 다음과 같은 두 개의 관계식이 추가된다.

$$a_A = a_B = a(> 0) \qquad ③$$

식 ③을 식 ①, ②에 대입하면

$$F_A = 20a \qquad ①$$

$$300 - F_A - 98.1 = 30a \qquad ②$$

두 식으로부터

$$a = 4.04\ \text{m/s}^2,\ F_A = 80.8\ \text{N}$$

정지조건 식을 만족하지 않음을 확인할 수 있다. 즉, (ii)의 가정도 모순된다.

iii) 위의 두 가정이 모두 옳지 않음을 확인하였다. 위의 두 가정이 참이 아니면 물체 A와 B는 각각 독립적인 운동을 한다. 즉, 두 물체가 각각 다른 속도로 움직인다. 이로 인하여 모든 접촉면에는 동마찰력이 작용한다. 즉, 다음의 두 관계식이 추가된다.

$$F_A = \mu_k N_A = 0.2 \cdot 196.2 = 39.2\ \text{N}$$

$$F_B = \mu_k N_B = 0.2 \cdot 490.5 = 98.1\ \text{N}$$

위의 값을 식 ①, ②에 대입하여 풀면

$$39.2 = 20\,a_A \qquad \therefore\ a_A = 1.96\ \mathrm{m/s^2}$$

$$300 - 39.2 - 98.1 = 30\,a_B \qquad \therefore\ a_B = 5.42\ \mathrm{m/s^2}$$

답 $\mathbf{a}_A = 1.96\ \mathrm{m/s^2} \rightarrow,\ \mathbf{a}_B = 5.42\ \mathrm{m/s^2} \rightarrow$

예제 3.6

그림에서 보는 바와 같이 질량이 4 kg인 물체 B가 질량이 10 kg인 물체 A 위에서 정지상태로부터 미끄러진다. 물체 A는 수평면에 놓여있다. 모든 면의 마찰력은 무시될 수 있다. 다음을 구하라.

(a) 물체 A의 가속도

(b) 물체 A에 대한 물체 B의 상대가속도

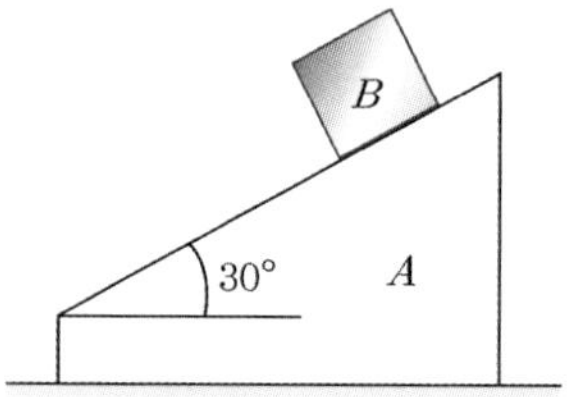

적용원리

- 뉴튼의 제2법칙에서 가속도는 절대가속도를 의미한다.
- 각 물체가 움직이는 방향과 움직이지 않는 방향으로 좌표축을 설정한다.

풀이

[운동학]

물체 A는 수평면을 따라 우측 방향으로, 물체 B는 물체 A의 경사면을 따라 내려올 것으로 판단할 수 있다.

물체 B의 절대 가속도는

$$\mathbf{a}_B = \mathbf{a}_A + \mathbf{a}_{B/A}$$

$= \underrightarrow{a_A} + $ 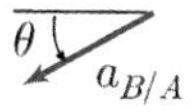

[운동역학]

물체 A와 물체 B의 수직반력을 각각 N_A, N_B라 놓자.

물체 A에 대하여

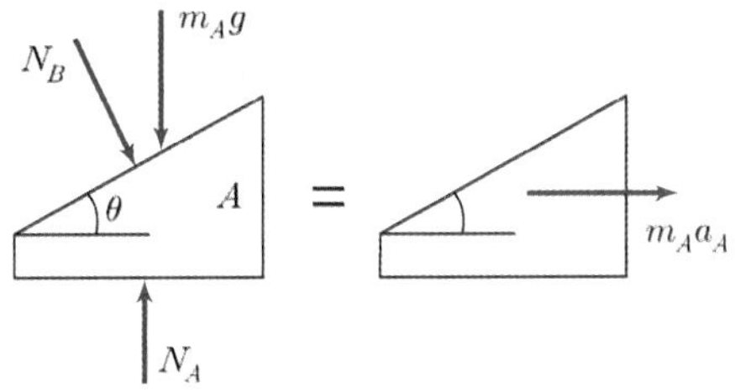

수직 방향의 운동방정식은

$+\uparrow$: $N_A - m_A g - N_B\cos\theta = 0$

$N_A - 10 \cdot 9.81 - N_B\cos 30^\circ = 0$ ①

수평 방향의 운동방정식은

$\xrightarrow{+}$: $N_B\sin\theta = m_A a_A$

$N_B\sin 30^\circ = 10\, a_A$ ②

물체 B에 대하여

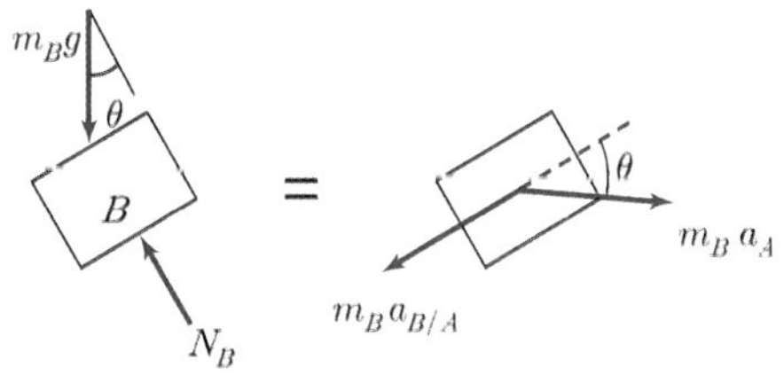

경사면에 수직 방향의 운동방정식은

$\nwarrow +$: $m_B g\cos\theta - N_B = m_B a_A \sin\theta$

$4 \cdot 9.81\cos 30^\circ - N_B = 4\, a_A \sin 30^\circ$ ③

경사면에 아랫 방향의 운동방정식은

$+\swarrow$: $m_B g\sin\theta = m_B(a_{B/A} - a_A\cos\theta)$

$4 \cdot 9.81\sin 30^\circ = 4\,(a_{B/A} - a_A\cos 30^\circ)$ ④

식 ①, ②, ③, ④로부터

$$a_A = 1.54\ \mathrm{m/s^2},\ N_A = 124.8\ \mathrm{N},\ N_B = 30.8\ \mathrm{N},\ a_{B/A} = 6.24\ \mathrm{m/s^2}$$

답 (a) $\mathbf{a}_A = 1.54\ \mathrm{m/s^2} \rightarrow$, (b) $\mathbf{a}_{B/A} = 6.24\ \mathrm{m/s^2}$ 30°

3.5 접선 및 법선 좌표계

곡선경로를 따라 이동하는 질점의 운동을 접선 및 법선 좌표계(tangential and normal coordinates)로 나타내고자 할 때 힘과 가속도를 곡선경로에 접하는 성분과 수직하는 성분으로 나누어 표시한다.

즉, 뉴튼의 운동방정식 $\Sigma\mathbf{F} = m\mathbf{a}$는 다음과 같이 쓸 수 있다.

$$\Sigma F_t \mathbf{e}_t + \Sigma F_n \mathbf{e}_n = m\,(a_t \mathbf{e}_t + a_n \mathbf{e}_n)$$

위의 운동방정식은 다음과 같이 두 개의 스칼라 식으로 나타낼 수 있다.

$$\Sigma F_t = m\, a_t \tag{3.6a}$$

$$\Sigma F_n = m\, a_n \tag{3.6b}$$

여기서 a_t와 a_n는 접선 및 법선 방향의 가속도의 성분으로서 앞 장에서 서술한 바와 같다. 접선력 F_t의 방향은 접선 방향 가속도 a_t의 방향과 일치하고, 법선력 F_n의 방향은 곡률중심 방향인 법선 방향 가속도 a_n의 방향과 일치한다. 이 때 이 법선력을 구심력(centripetal force)이라고도 한다.

$$a_t = \dot{v} = \ddot{s} \tag{2.48a}$$

$$a_n = \frac{v^2}{\rho} = \frac{\dot{s}^2}{\rho} \tag{2.48b}$$

여기서 ρ는 곡률반경이며, v는 원주속도이다.

예제 3.7

질량 m인 구가 길이 L인 줄에 연결되어 고정점에 매달려 있다. 줄이 수평을 이루는 곳에서 줄을 팽팽하게 당겨 구를 정지상태로부터 살며시 놓았다. 공이 낙하하여 줄과 수평면과 사이각이 θ로 되는 순간의 속도를 v라고 할 때 그 순간에서 줄의 장력은 얼마인가?(단, 회전중심으로부터 공의 중심까지의 거리를 L로 취급한다)

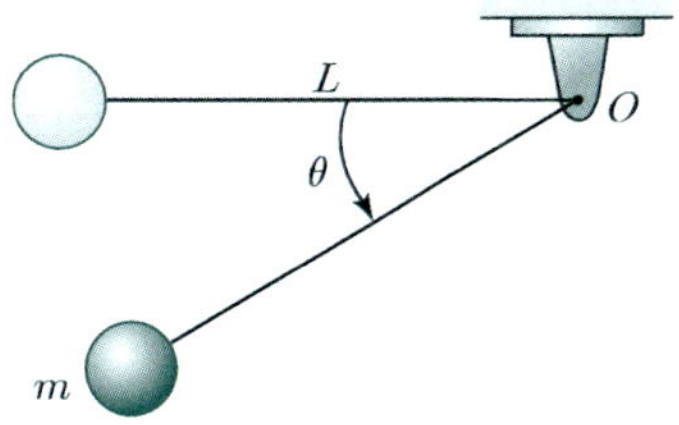

적용원리

- 원운동을 하는 물체에서 법선 방향의 운동방정식을 적용한다.

풀이

줄의 장력을 T라 할 때, 자유물체도를 그리면 다음과 같다.

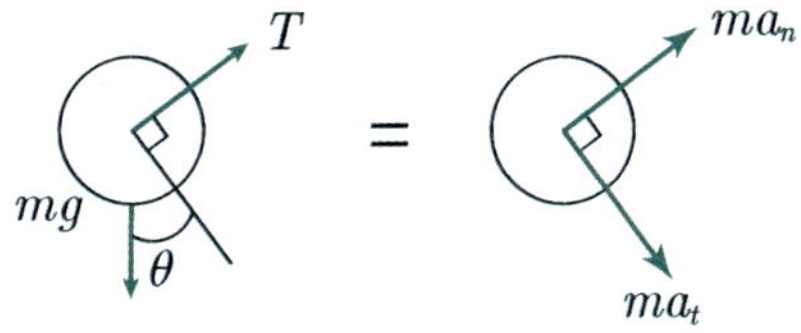

줄이 수평선과 이루는 각이 θ인 곳에서 법선 방향의 운동방정식은

$$: T - mg\sin\theta = ma_n$$

한편 법선 방향으로의 가속도는

$$a_n = \frac{v^2}{L}$$

위의 두 식으로부터 장력은 다음과 같이 계산된다.

$$T = m\frac{v^2}{L} + mg\sin\theta$$

답 $T = m\frac{v^2}{L} + mg\sin\theta$

예제 3.8

자동차가 회전반경이 R인 고속도로의 진입로를 지나가고 있다. 커브길의 반경 방향 단면이 회전중심 방향으로 θ만큼 낮게 경사져 있으며 도로와 바퀴 사이의 정마찰계수는 μ_s이다. 회전 차로에서 자동차가 커브길의 바깥쪽으로 미끄러지지 않고 주행할 수 있는 최대 속력은 아래와 같다. 이 식을 유도하라.

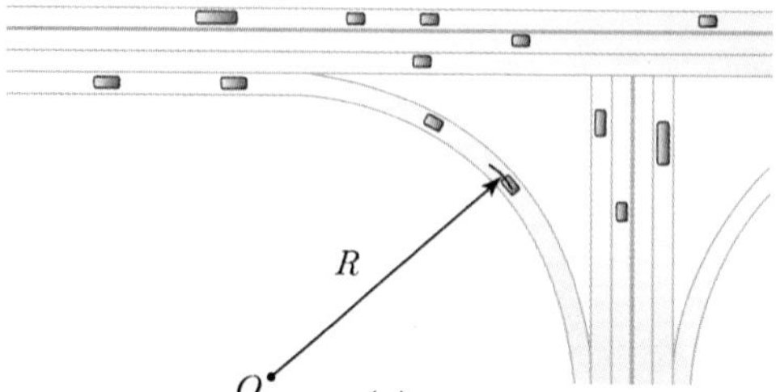

(a)

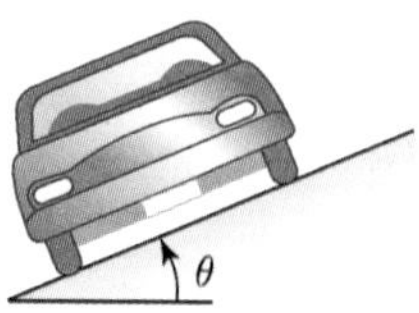

(b)

$$v_{\max} = \sqrt{gR\left(\frac{\sin\theta + \mu_s \cos\theta}{\cos\theta - \mu_s \sin\theta}\right)}$$

적용원리

- 자동차가 커브길을 따라 주행할 때 바깥쪽으로 원심력이 발생하는데 경사면을 따라 커브길의 안쪽으로 미끄럼 마찰력이 작용하여 이를 상쇄시킨다.

풀이

〈자유물체도〉

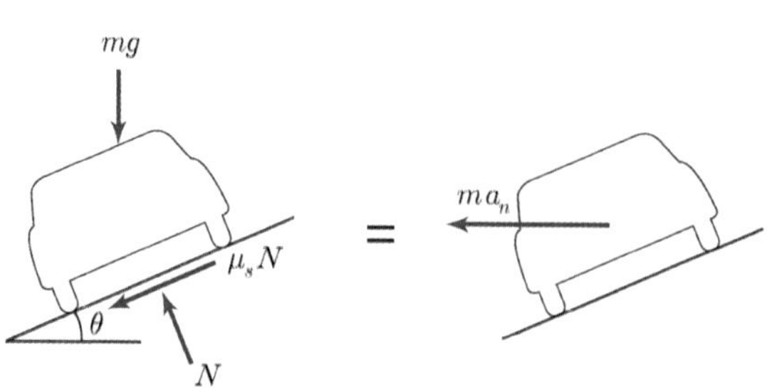

자동차가 최대속력으로 커브길을 주행할 때, 마찰력은 경사면을 따라 회전중심방향으로 작용한다.

$$+\uparrow \ : \ N\cos\theta - \mu_s N\sin\theta - mg = 0 \quad ①$$

$$\overset{+}{\leftarrow} \ : \ N\sin\theta + \mu_s N\cos\theta = m a_n \quad ②$$

회전중심방향으로 발생하는 가속도는

$$a_n = \frac{v_{\max}^2}{R} \quad ③$$

식 ①, ②, ③으로부터

$$\therefore \ v_{\max} = \sqrt{gR\left(\frac{\sin\theta + \mu_s\cos\theta}{\cos\theta - \mu_s\sin\theta}\right)}$$

답 $v_{\max} = \sqrt{gR\left(\frac{\sin\theta + \mu_s\cos\theta}{\cos\theta - \mu_s\sin\theta}\right)}$

예제 3.9

장난감 자동차가 루프(loop)의 반경이 1.2 m인 원 형태의 회전궤도를 따라 돌아가고 있다. 다음 물음에 답하라. 단, 장난감 자동차의 크기와 궤도면에서의 마찰력은 무시한다.

(a) 회전궤도에 진입하기 직전의 속력을 v_0라고 할 때 임의의 각 θ 위치에서의 속력을 구하라.

(b) 장난감 자동차가 궤도를 이탈하지 않고 완전 원운동으로 주행할 수 있는 최소의 진입속력을 구하라.

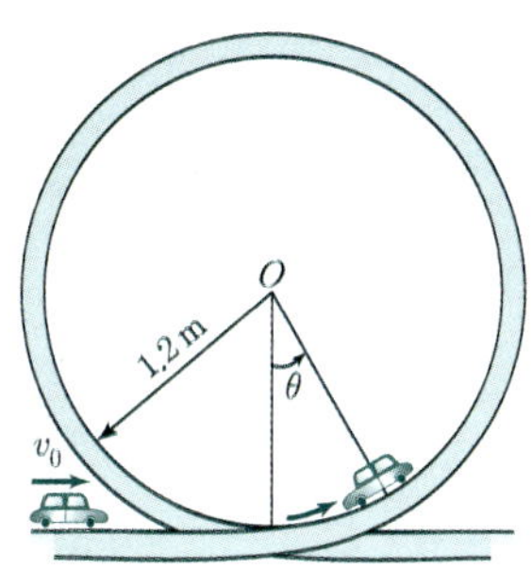

적용원리

- 장난감 자동차가 궤도를 이탈하지 않으려면 어느 지점에서도 궤도면으로부터의 반력이 항상 양수이어야 한다. 이 조건이 만족되면 원심력의 작용으로 위쪽면의 궤도에서도 물체

가 아래쪽으로 떨어지지 않는다.

풀이

[운동학]

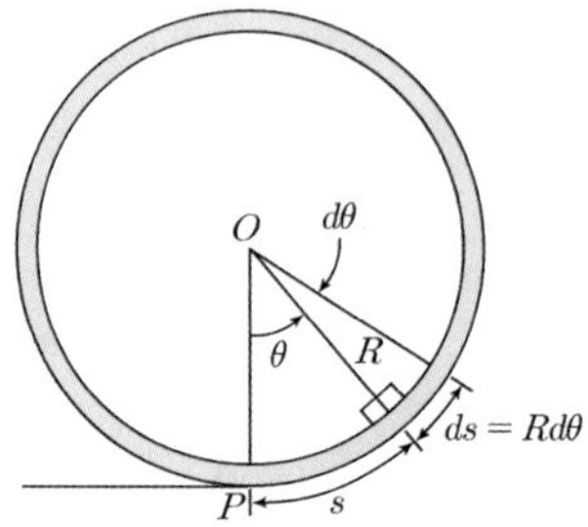

접선 방향의 가속도 a_t는

$$a_t = v\frac{dv}{ds}$$

반경이 R인 원에서 미소각 $d\theta$에 대한 원호의 길이 ds는

$$ds = Rd\theta$$

위의 두 식에서 ds를 소거하면

$$v\,dv = R\,a_t\,d\theta \qquad ①$$

[운동역학]

임의의 각 θ 위치에서의 궤도면에 수직하게 작용하는 반력을 N이라 할 때, 자유물체도를 그리면 다음과 같다.

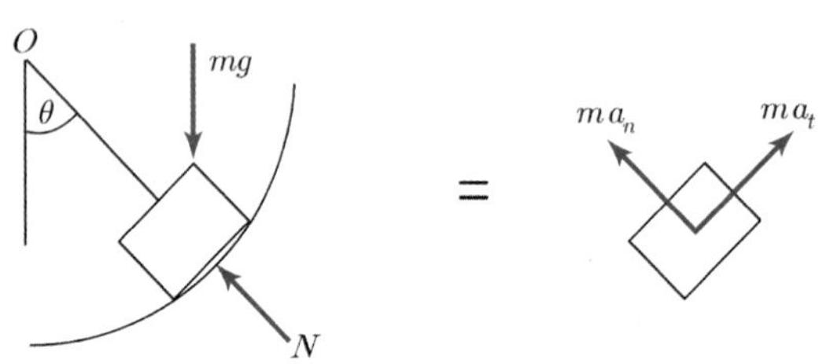

접선 방향의 운동방정식은 $\Sigma F_t = ma_t$에서

$$+\nearrow : -mg\sin\theta = m\,a_t$$

계산하면 $a_t = -g\sin\theta \qquad ②$

법선 방향의 운동방정식은 $\Sigma F_n = ma_n$ 에서

$$\nwarrow^{+} : N - mg\cos\theta = m\frac{v^2}{R} \qquad ③$$

(a) 식 ②를 식 ①에 넣어 적분하면

$$\int_{v_0}^{v} v\,dv = \int_0^{\theta} R(-g\sin\theta)\,d\theta$$

$$\frac{1}{2}v^2\Big|_{v_0}^{v} = Rg\cos\theta\Big|_0^{\theta}, \qquad \therefore\ v = \sqrt{v_0^2 - 2Rg(1-\cos\theta)}$$

답 $v = \sqrt{v_0^2 - 2Rg(1-\cos\theta)}$

(b) 장난감 자동차가 궤도를 이탈하지 않을 조건은 수직반력이 항상 양수이어야 한다.

$$N \geq 0$$

(a)에서 구한 v를 식 ③에 대입하면

$$N - mg\cos\theta = m\frac{v_0^2 - 2Rg(1-\cos\theta)}{R}$$

$$\therefore\ N = m\left(\frac{v_0^2}{R} - 2g + 3g\cos\theta\right)$$

$N \geq 0$ 조건이 항상 만족되는 최소 초기속도는 최고점($\theta = \pi$)에서 수직반력 $N = 0$일 때이다. 윗 식에서

$$0 = m\left(\frac{v_0^2}{R} - 2g + 3g\cos\pi\right)$$

정리하면

$$v_0 = \sqrt{5Rg}$$

$$= \sqrt{5\cdot 1.2\cdot 9.81} = 7.67\ \text{m/s}$$

답 $v_0 = 7.67\ \text{m/s}$

3.6 극좌표계 : 평면운동

평면운동하는 질점의 운동을 극좌표계(polar coordinates)로 나타내고자 할 때 힘과 가속도를 반경 방향과 회전 방향 성분으로 나누어 표시한다.

즉, 뉴튼의 운동방정식 $\Sigma\mathbf{F} = m\mathbf{a}$는 다음과 같이 쓸 수 있다.

질점의 힘과 가속도가 극좌표로 표현될 때 운동방정식 $\Sigma\mathbf{F} = m\mathbf{a}$은 다음과 같다.

$$\Sigma F_r\mathbf{e}_r + \Sigma F_\theta\mathbf{e}_\theta = m(a_r\mathbf{e}_r + a_\theta\mathbf{e}_\theta)$$

위 식을 스칼라 형태로 표시하면 다음과 같다.

$$\Sigma F_r = ma_r = m(\ddot{r} - r\dot{\theta}^2) \tag{3.7a}$$

$$\Sigma F_\theta = ma_\theta = m(2\dot{r}\dot{\theta} + r\ddot{\theta}) \tag{3.7b}$$

여기서 a_r와 a_θ는 각각 반경 방향 및 회전 방향 가속도성분으로서 앞 장에서 서술한 바와 같다.

$$a_r = \ddot{r} - r\dot{\theta}^2 \tag{2.63a}$$

$$a_\theta = 2\dot{r}\dot{\theta} + r\ddot{\theta} \tag{2.63b}$$

3.7 원통 좌표계 : 공간운동

질점이 3차원의 공간곡선을 따라 운동할 때 운동방정식 $\Sigma\mathbf{F} = m\mathbf{a}$는 원통 좌표계(cylinderical coordinates)의 각 성분들로 다음과 같이 표현할 수 있다.

$$\Sigma F_R = ma_R = m(\ddot{R} - R\dot{\theta}^2) \tag{3.8a}$$

$$\Sigma F_\theta = ma_\theta = m(2\dot{R}\dot{\theta} + R\ddot{\theta}) \tag{3.8b}$$

$$\Sigma F_z = ma_z = m\ddot{z} \tag{3.8c}$$

예제 3.10

안내막대 OB가 점 O에 대하여 회전할 때 안내면 속에 있는 0.5 kg의 핀 A는 고정된 수평 안내면을 따라 미끄러진다. $\theta = 40°$에서 $\dot{\theta} = -2\ \mathrm{rad/s}$와 $\ddot{\theta} = 0.3\ \mathrm{rad/s^2}$일 때, 수평 안내면과 안내막대 OB가 핀에 가하는 힘을 계산하라. 단, 모든 마찰력은 무시한다.

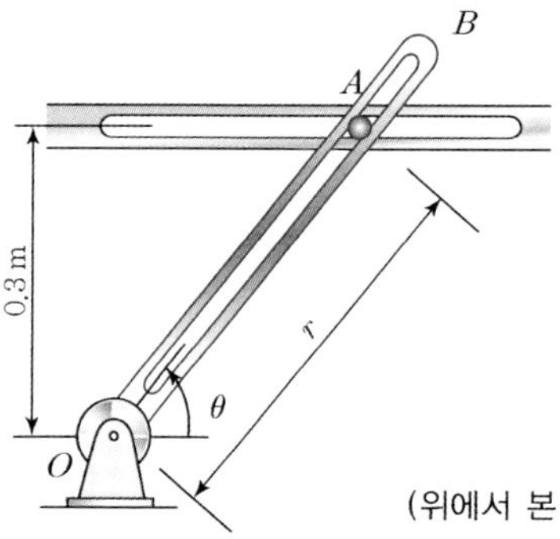

(위에서 본 그림)

적용원리

- 반력은 접촉면에 수직한 방향으로 작용하며, 풀이 결과가 음수이면 반대방향으로 같은 크기의 반력이 작용한다.
- 회전막대의 중심으로부터 수평막대의 홈까지의 수직거리는 일정하다.
- 극좌표계를 이용한다.

풀이

[운동학]

위의 그림에서 기구학적 관계는 다음과 같다.

$$r\sin\theta = 0.3 \qquad ①$$

$$r\sin 40° = 0.3, \qquad \therefore\ r = 0.467\ \mathrm{m}$$

식 ①을 미분하면, 속도 관계식

$$\dot{r}\sin\theta + r\dot{\theta}\cos\theta = 0 \qquad ②$$

$$\dot{r}\sin 40° + 0.467 \cdot (-2)\cos 40° = 0, \quad \therefore\ \dot{r} = 1.113\ \mathrm{m/s}$$

식 ②를 미분하면, 가속도 관계식

$$\ddot{r}\sin\theta + 2\dot{r}\dot{\theta}\cos\theta + r\ddot{\theta}\cos\theta - r\dot{\theta}^2\sin\theta = 0 \quad ③$$

$$\ddot{r}\sin 40° + 2 \cdot 1.113 \cdot (-2)\cos 40° + 0.467 \cdot 0.3\cos 40° - 0.467 \cdot (-2)^2\sin 40° = 0$$

$$\therefore\ \ddot{r} = 7.006\ \mathrm{m/s^2}$$

반경 방향의 가속도는 $a_r = \ddot{r} - r\dot{\theta}^2$에서

$$a_r = 7.006 - 0.467 \cdot (-2)^2 = 5.138\ \mathrm{m/s^2}$$

회전 방향의 가속도는 $a_\theta = 2\dot{r}\dot{\theta} + r\ddot{\theta}$에서

$$a_\theta = 2 \cdot 1.113 \cdot (-2) + 0.467 \cdot 0.3 = -4.312\ \mathrm{m/s^2}$$

[운동역학]

수평 홈으로부터의 반력을 F, 회전하는 안내막대 OB로부터의 반력을 N라고 할 때, 자유물체도를 그리면 다음과 같다. 위에서 본 그림이므로 중력을 고려하지 않는다.

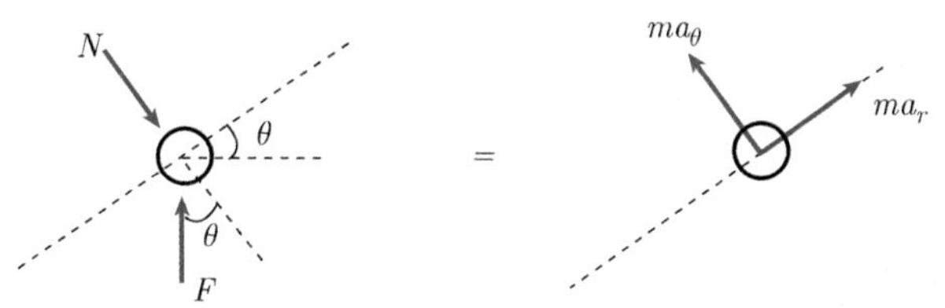

반경 방향의 운동방정식 $\sum F_r = m a_r$에서

$$+\nearrow:\ F\sin\theta = m a_r \quad ①$$

$$F\sin 40° = 0.5 \cdot 5.139, \qquad \therefore\ F = 3.997\ \mathrm{N}$$

회전 방향의 운동방정식 $\sum F_\theta = m a_\theta$에서

$$\nwarrow +:\ F\cos\theta - N = m a_\theta \quad ②$$

$$3.997\cos 40° - N = 0.5 \cdot (-4.312), \qquad \therefore\ N = 5.218\ \mathrm{N}$$

답 팔 OB가 가하는 힘 $\mathbf{N} = 5.218\ \mathrm{N}$, 수평 안내면이 가하는 힘 $\mathbf{F} = 3.997\ \mathrm{N}\ \uparrow$

예제 3.11

가운데 구멍이 파져 있는 물체 B가 회전하는 막대 OA에 끼워져 자유로이 미끄러진다. 물체 B의 질량은 m이고 막대 OA는 수평 평면에서 일정한 각속도 ω로 회전하고 있다. 물체 B가 점 O로부터 r_0만큼 떨어진 곳에서 정지상태로부터 움직이기 시작한다고 할 때, 다음을 r의 함수로 나타내어라. 단, 물체 B와 막대 OA 사이의 마찰력은 무시한다.

(a) 물체 B의 반경 방향(OA 방향) 속도성분 v_r

(b) 막대 OA에 의해서 물체 B에 가해지는 반력 N

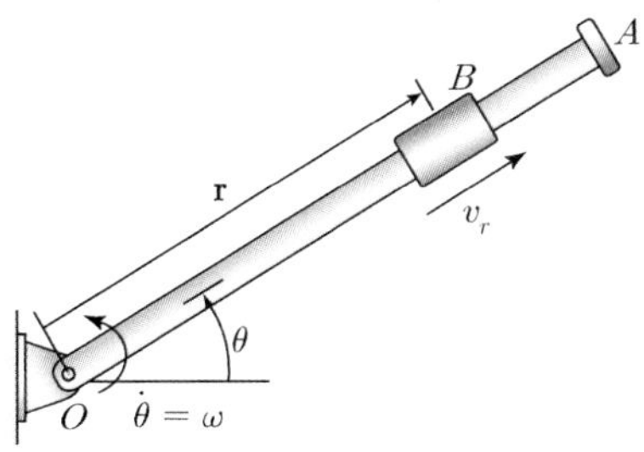

(위에서 본 그림)

적용원리

- '물체 B가 정지상태로부터'는 초기속도가 0이라는 뜻이다.
- 수평평면에서의 운동은 중력을 고려하지 않는다.
- 일정한 각속도로 회전하는 경우 각가속도는 0이다.
- 극좌표계를 이용한다.

풀이

물체 B의 수직반력을 N이라 할 때, 자유물체도를 그리면 다음과 같다. 위에서 본 그림이므로 중력을 고려하지 않는다.

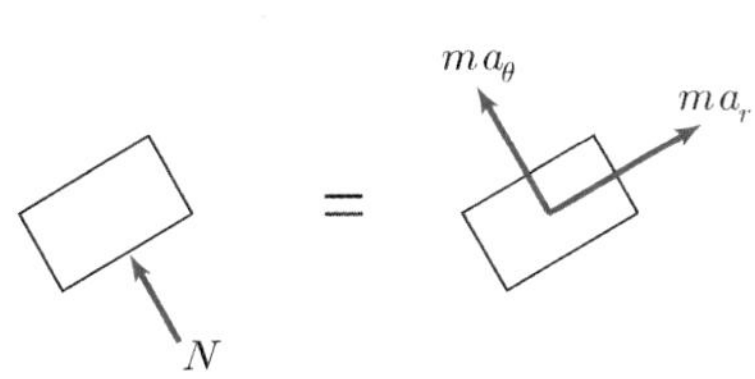

회전 방향의 운동방정식 $\sum F_\theta = m a_\theta$에서

$$\nwarrow + : N = m(2\dot{r}\dot{\theta} + r\ddot{\theta}) \qquad ①$$

반경 방향의 운동방정식 $\sum F_r = m a_r$에서

$$\overset{+}{\nearrow} : 0 = m(\ddot{r} - r\dot{\theta}^2)$$

$$\ddot{r} = r\omega^2 \qquad ②$$

(a) $\ddot{r}$는 다음과 같은 형태로 변형할 수 있다.

$$\ddot{r} = \frac{dv_r}{dt} = \frac{dv_r}{dr} \cdot \frac{dr}{dt} = v_r \frac{dv_r}{dr}$$

윗 식과 식 ②로부터

$$v_r \frac{dv_r}{dr} = r\omega^2$$

$$\int_0^{v_r} v_r \, dv_r = \int_{r_0}^{r} r\omega^2 \, dr$$

$$\therefore \frac{v_r^2}{2} = \omega^2 \frac{r^2 - r_0^2}{2}$$

답 $\mathbf{v}_r = \omega \sqrt{r^2 - r_0^2}$ ∠θ

(b) 각속도 $\dot{\theta} = \omega =$ 일정이므로 각가속도 $\ddot{\theta} = 0$이 되며, 식 ①에 대입하면

$$N = m(2 \cdot \omega \sqrt{r^2 - r_0^2} \cdot \omega + r \cdot 0), \qquad \therefore N = 2m\omega^2 \sqrt{r^2 - r_0^2}$$

답 $\mathbf{N} = 2m\omega^2 \sqrt{r^2 - r_0^2}$ ∠θ

3.8 요약

이 장에서 학습한 내용은 다음과 같다.

1. 운동에 관한 뉴튼의 제2법칙은 수학적으로 다음과 같이 표현할 수 있다.

$$\Sigma \mathbf{F} = m\mathbf{a} \tag{3.3}$$

여기서 $\Sigma \mathbf{F}$는 질량이 m인 질점에 작용하는 모든 힘들의 합이고, $\mathbf{a}$는 절대 좌표계에서 측정된 질점의 절대 가속도이다.

2. 식 (3.3)을 적용할 때 일관된 단위를 사용하는 것이 필수적이다. 힘, 질량 및 가속도의 단위는 국제단위계에서 N, kg 및 $\mathrm{m/s^2}$이다.

3. 운동방정식의 스칼라 형태는 각각 다음과 같다.

a. 직각 좌표계

$$\Sigma F_x = ma_x = m\ddot{x} \tag{3.4a}$$

$$\Sigma F_y = ma_y = m\ddot{y} \tag{3.4b}$$

b. 접선 및 법선 좌표계

$$\Sigma F_t = ma_t = m\dot{v} = m\ddot{s} \tag{3.6a}$$

$$\Sigma F_n = ma_n = m\frac{v^2}{\rho} = m\frac{\dot{s}^2}{\rho} \tag{3.6b}$$

c. 극좌표계

$$\Sigma F_r = ma_r = m(\ddot{r} - r\dot{\theta}^2) \tag{3.7a}$$

$$\Sigma F_\theta = ma_\theta = m(2\dot{r}\dot{\theta} + r\ddot{\theta}) \tag{3.7b}$$

4. 미지의 힘이나 가속도 성분을 구하기 위해서는 운동방정식의 스칼라 식들로 변형하여 풀어야 한다. 만약 질점의 속도 및 위치 등을 알고자 하면 2장의 운동학적 관계식을 이용하여 가속도를 적분하여 구한다.

연습문제

3.1 (예제 3.1의 연습 1/2)

도르래의 양쪽에 질량 $m_1 = 20\,\text{kg}$인 물체와 질량 $m_2 = 50\,\text{kg}$인 물체가 정지 상태로부터 놓여져 있다. 각 물체의 가속도와 줄의 장력을 구하라. 단, 도르래에 의한 마찰 손실은 무시한다.

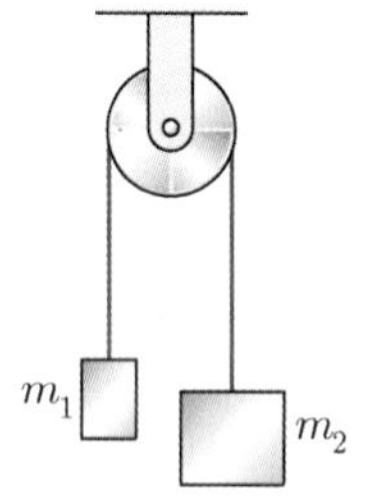

(옆에서 본 그림)

3.2 (예제 3.1의 연습 2/2)

도르래의 한쪽에 달려있는 질량 $m_1 = 20\,\text{kg}$인 물체가 수직으로 연결되어 있고, 도르래의 다른 쪽에는 질량 $m_2 = 50\,\text{kg}$인 물체가 경사각 30°인 경사면에 정지 상태로부터 놓여져 있다. 각 물체의 가속도와 줄의 장력을 구하라. 단, 도르래에 의한 마찰 손실 및 경사면과 물체 사이의 마찰은 무시한다.

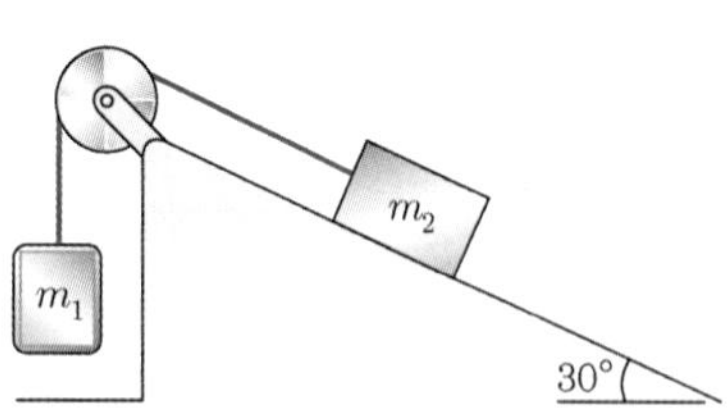

(옆에서 본 그림)

3.3 (예제 3.2의 연습 1/2)

물체에 300 N의 힘이 작용하여 40 kg 물체가 오른쪽으로 가속도 3 m/s^2로 움직이도록 하고자 한다. 힘의 작용하는 방향각 θ를 구하라. 단, 물체와 바닥 사이의 동마찰계수는 0.3이다.

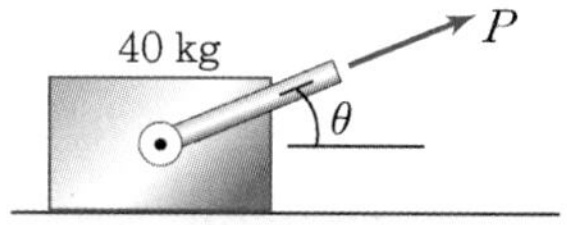

(옆에서 본 그림)

3.4 (예제 3.2의 연습 2/2)

경사각 30°인 경사로에 있는 50 kg의 물체를 줄을 이용하여 가속도 1.5 m/s^2로 일정하게 유지하면서 끌어올리고 있다. 줄에 작용하는 장력 P를 구하라. 단, 물체와 경사로 사이의 동마찰계수는 0.3이다. 단, 도르래에서의 손실은 없다고 가정한다.

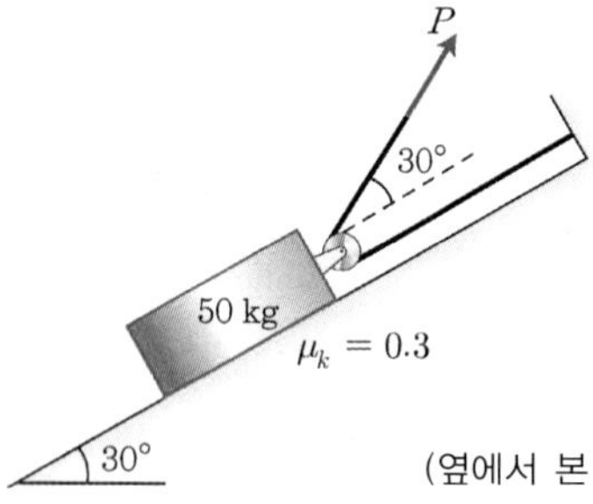

(옆에서 본 그림)

3.5 (예제 3.3의 연습 1/2)

400 N의 힘 P가 80 kg의 물체에 그림과 같이 작용하고 있다. 물체는 정지 상태로부터 움직이기 시작하여 4초 동안 24 m를 움직인다. 물체와 바닥면 사이의 동마찰계수 μ_k는 얼마인가?

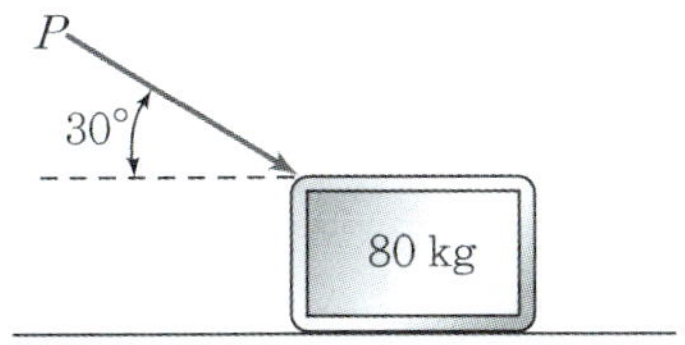

(옆에서 본 그림)

3.6 (예제 3.3의 연습 2/2)

경사각 20°인 경사로에 정지하고 있는 30 kg의 물체에 수평면과 30°의 각도를 이루는 힘 P를 작용시켰다. 상자가 경사로를 따라 6 m 올라가는데 10초가 소요된다고 할 때, 힘 P의 크기를 구하라. 상자와 경사로 사이의 동마찰계수는 0.25이다.

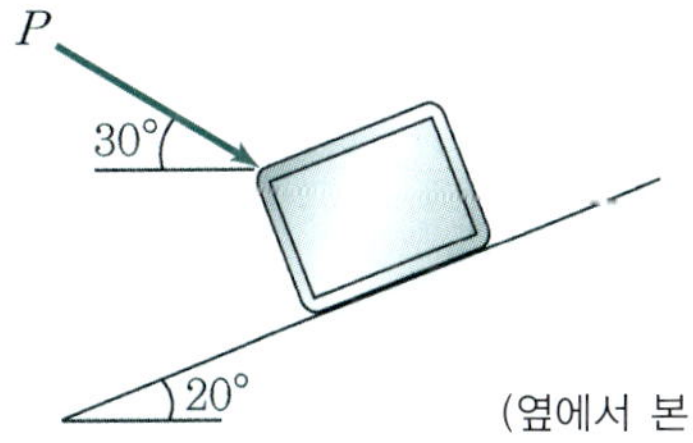

(옆에서 본 그림)

3.7 (예제 3.4의 연습 1/4)

질량이 각각 15 kg, 20 kg, 8 kg인 세 물체 A, B, C는 늘어나지 않는 줄로 연결되어 정지 상태로부터 놓여졌다. 각 물체들이 움직일 것인가를 판단하고, 각 줄의 장력과 물체의 가속도를 구하라. 단, 물체 B와 평면 사이의 정마찰계수는 $\mu_s = 0.30$, 동마찰계수는 $\mu_k = 0.10$이다. 도르래에 의한 손실은 무시한다.

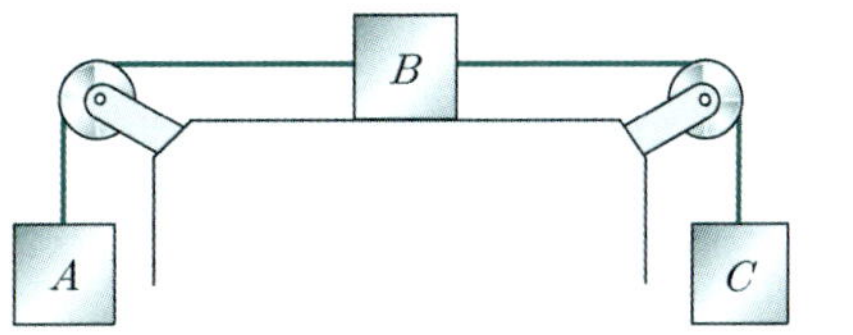

(옆에서 본 그림)

3.8 (예제 3.4의 연습 2/4)

30 kg의 물체 A와 40 kg의 물체 B가 정지상태로부터 놓여졌다. 풀리의 질량과 풀리에서의 마찰손실을 무시하고 다음 물음에 답하라.

(a) 물체 A와 평면 사이의 마찰을 무시할 때, 각각의 물체의 가속도와 줄의 장력을 구하라.

(b) 물체 A와 평면 사이의 정마찰계수를 $\mu_s = 0.4$, 동마찰계수를 $\mu_k = 0.2$라 가정할 때, 각각의 물체의 가속도와 줄의 장력을 구하라.

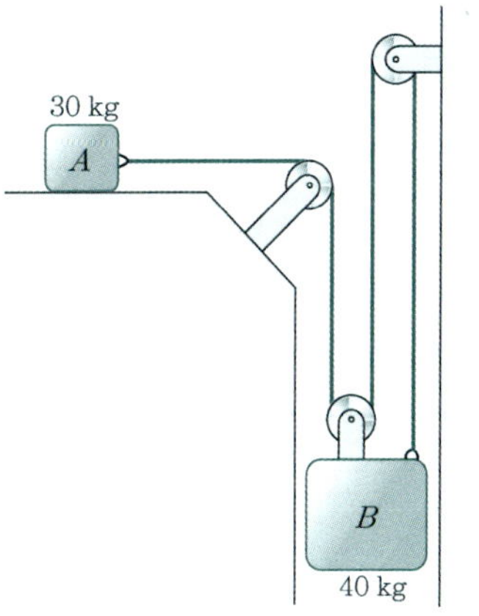

(옆에서 본 그림)

3.9 (예제 3.4의 연습 3/4)

질량이 $m_A = 40\,\mathrm{kg}$, $m_B = 10\,\mathrm{kg}$인 두 상자가 줄로 연결되어 정지상태로부터 놓여진다. 상자 A와 경사면 사이의 정마찰계수는 $\mu_s = 0.6$, $\mu_k = 0.3$이다. 각 상자의 가속도는 얼마인가? 단, 줄의 길이는 일정하며, 도르래에서의 손실은 무시한다.

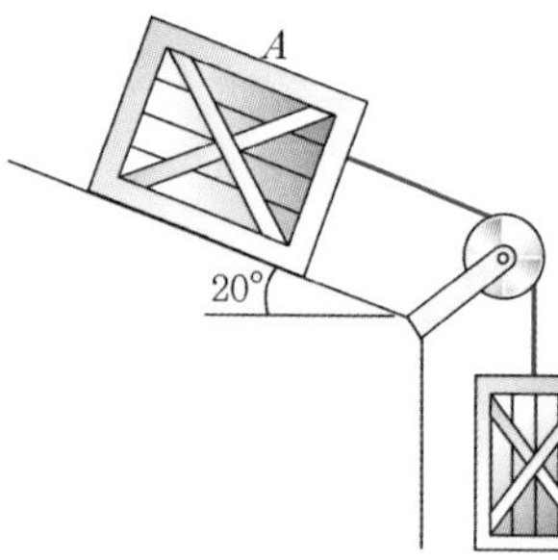

(옆에서 본 그림)

3.10 (예제 3.4의 연습 4/4)

활주차 A와 B가 길이 $l = 0.5\,\mathrm{m}$인 가벼운 강체연결봉에 의해 연결되어 그림과 같이 안내면 위에 홈을 따라 움직인다. $x_A = 0.4\,\mathrm{m}$일 때, 물체 A의 속도는 우측방향으로 $v_A = 0.9\,\mathrm{m/s}$이다. 이 순간에 물체 A에 힘 $P = 40\,\mathrm{N}$이 작용할 때, 각 활주차의 가속도와 봉에 작용하는 장력을 구하라. 단, 연결봉의 질량은 활주차 A, B에 비하여 무시할 만하며, 마찰력은 무시한다.

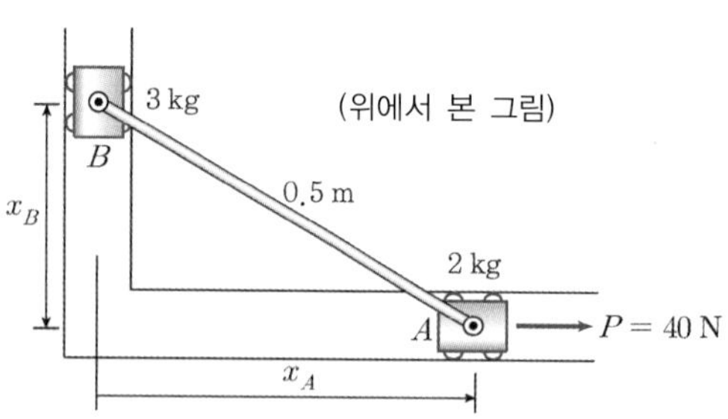

(위에서 본 그림)

3.11 (예제 3.5의 연습 1/5)

접촉하고 있는 두 물체의 질량은 $m_A = 10\,\mathrm{kg}$, $m_B = 20\,\mathrm{kg}$이고, 모든 접촉면에서의 마찰계수는 $\mu_s = 0.4$, $\mu_k = 0.35$이다.

(a) 물체 A가 물체 B 위에서 미끄러지지 않을 힘 F의 최대값을 구하라.

(b) 그 순간에 물체 A와 물체 B의 가속도를 각각 구하라.

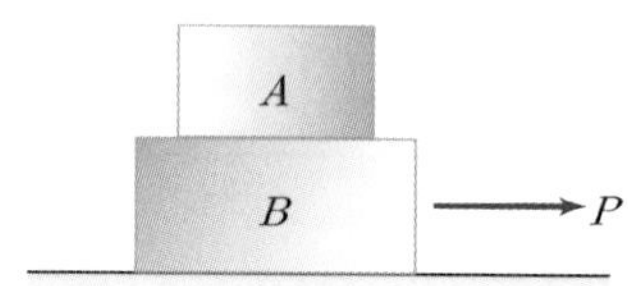

(옆에서 본 그림)

3.12 (예제 3.5의 연습 2/5)

물체 A와 B는 그림과 같은 $30°$의 경사면에 정지상태로부터 놓아졌다. 물체 B의 질량은 물체 A의 두 배이고, 모든 면에서의 정마찰계수는 0.4, 동마찰계수는 0.3이다. 물체 A의 가속도를 구하라.

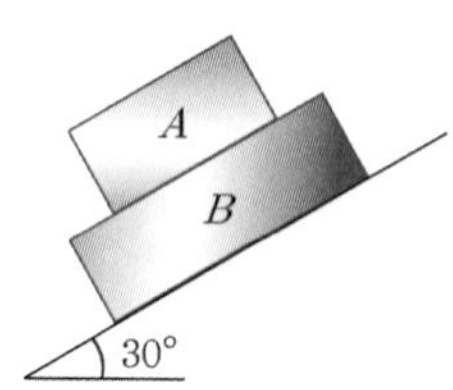

(옆에서 본 그림)

3.13 (예제 3.5의 연습 3/5)

물체 A와 B의 질량이 각각 $2\,\mathrm{kg}$과 $4\,\mathrm{kg}$이다. 물체 A와 B 사이의 마찰계수 μ_A는 0.4이고, 물체 B와 바닥평면 사이의 마찰계수 μ_B는 0.2이다. 도르래 C의 질량과 마찰에 의한 손실을 무시할 때 다음을 구하라. 단,

동마찰계수와 정마찰계수는 동일하다고 가정한다.

(a) 아무런 움직임도 일으키지 않고 가할 수 있는 힘 P의 최대값

(b) 물체 A가 물체 B 위에서 미끄러지게 하기 위한 힘 P의 최소값

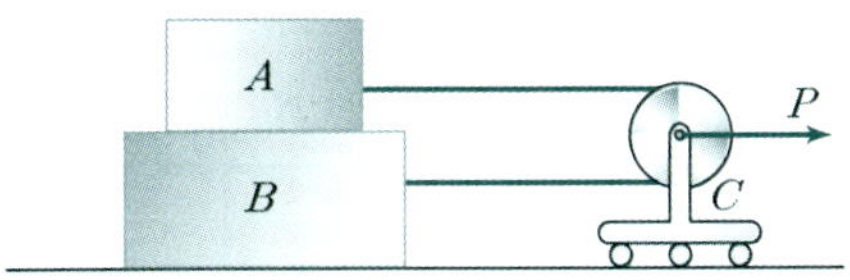

(옆에서 본 그림)

3.14 **(예제 3.5의 연습 4/5)**

물체 A의 질량이 40 kg이고, 물체 B의 질량은 20 kg이다. 모든 면과의 정마찰계수는 $\mu_s = 0.15$이며, 동마찰계수는 $\mu_k = 0.10$이다. 경사각 $\theta = 30°$이고, 물체 A에 작용하는 힘 $P = 200$ N일 때, 다음을 구하라.

(a) 물체 A의 가속도

(b) 줄의 장력 T의 크기(또는 범위)

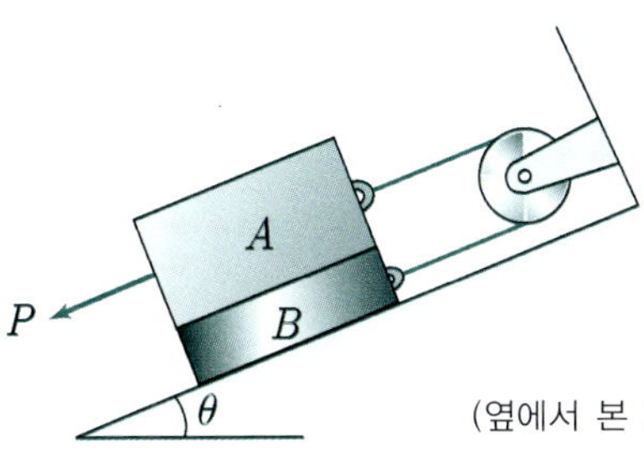

(옆에서 본 그림)

3.15 **(예제 3.5의 연습 5/5)**

물체 A의 질량이 40 kg이고, 물체 B의 질량은 60 kg이다. 모든 면과의 정마찰계수는 $\mu_s = 0.2$이며, 동마찰계수는 $\mu_k = 0.1$이다. 경사각 $\theta = 40°$이고, 물체 B에 작용하는 힘 $P = 100$ N일 때, 다음을 구하라.

(a) 물체 A의 가속도

(b) 줄의 장력 T의 크기(또는 범위)

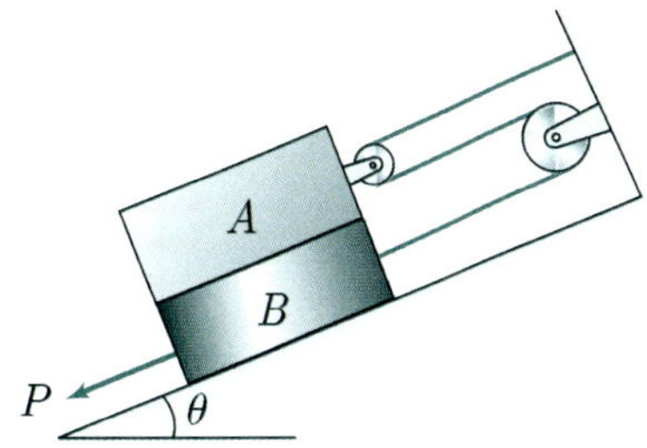

(옆에서 본 그림)

3.16 **(예제 3.6의 연습 1/2)**

질량 30 kg의 물체 B가 그림과 같이 수평면에 있는 질량 60 kg의 물체 A에 정지상태로 놓여졌다. 모든 접촉면의 마찰을 무시할 때, 각 물체의 가속도를 구하라. 단, $\theta = 40°$이다.

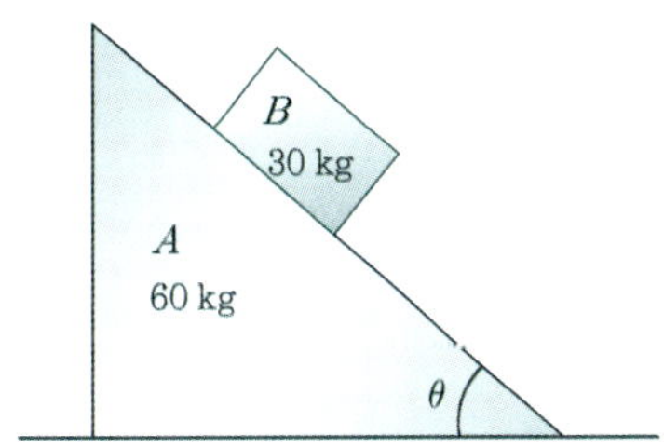

(옆에서 본 그림)

3.17 **(예제 3.6의 연습 2/2)**

질량 30 kg인 수레 A에 질량 20 kg인 물체 B가 길이 2 m인 줄에 의해 매달려 있다. 물체 B가 수직으로 매달려 정지 상태로부터 움직이기 시작할 때, 수레 A의 가속도와 줄의 장력을 구하시오. (단, 운동 중 발생하는

마찰은 무시한다) [2007년 행정고등고시(기술직)]

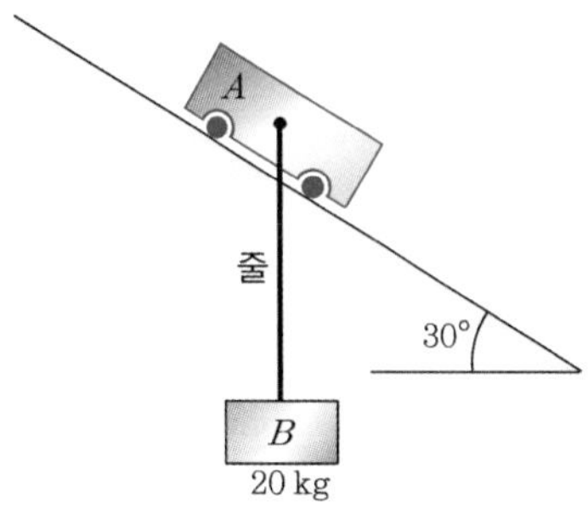

(옆에서 본 그림)

3.18 (예제 3.7의 연습)

길이가 1.2 m인 단진자에서 추가 수직면 내에서 원호를 그리며 운동한다. 그림과 같이 30°를 이루는 위치에서 줄의 장력이 추 무게의 1.5배가 된다면 이 위치에서의 속력과 가속도는 얼마인가?

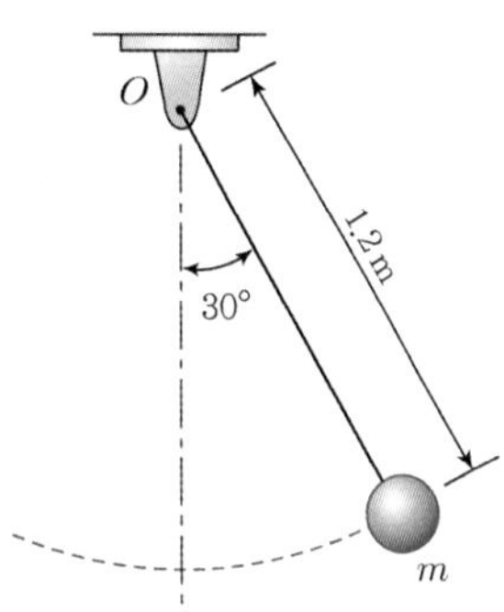

(옆에서 본 그림)

3.19 (예제 3.8의 연습 1/2)

곡률 반경 200 m이고, 좌우 및 전후의 경사가 없는 평탄한 곡선도로를 미끄러짐없이 달릴 수 있는 최대안전속력을 구하라. 단, 타이어와 도로 표면과의 정마찰계수는 0.6으로 가정한다.

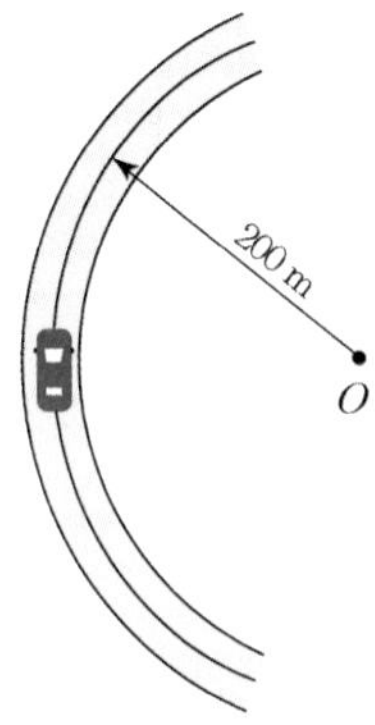

(위에서 본 그림)

3.20 (예제 3.8의 연습 2/2)

곡률반경 200 m인 곡선도로 위를 자동차가 달리고 있다. 곡선도로의 경우 바깥쪽이 안쪽보다 높게 시공되는 것이 일반적이다. 도로가 비에 젖어 있어서 자동차 바퀴와 도로의 마찰계수를 0.2로 가정한다. 다음에 답하라.[2002년 제38회 기술고등고시]

(a) 5°의 경사각을 갖고 바깥쪽이 높은 경우, 자동차가 옆으로 미끄러지지 않고 일정한 속도로 주행할 수 있는 최고주행속도(m/s)를 구하라.

(b) 반대로 5°의 경사각을 갖고 안쪽이 높은 경우, 자동차가 옆으로 미끄러지지 않고 일정한 속도로 주행할 수 있는 최고주행속도(m/s)를 구하라.

3.21 (예제 3.9의 연습)

장비를 포함한 질량이 60 kg인 스키선수가 그림과 같이 포물선 $y = \frac{1}{70}x^2 - 70$의 형태를 이루는 스키점프대를 따라 내려올 때, 점프대 끝단 A 위치에서의 수직반력 N_A와 가속도를 구하라. 단, 점 A를 통과할 때, 순간 속력은 5 m/s이었다. 단, 곡선함수식을 이용하여 곡률반경을 나타내는 식은 $\rho = \dfrac{[1 + (dy/dx)^2]^{1.5}}{d^2y/dx^2}$이다.

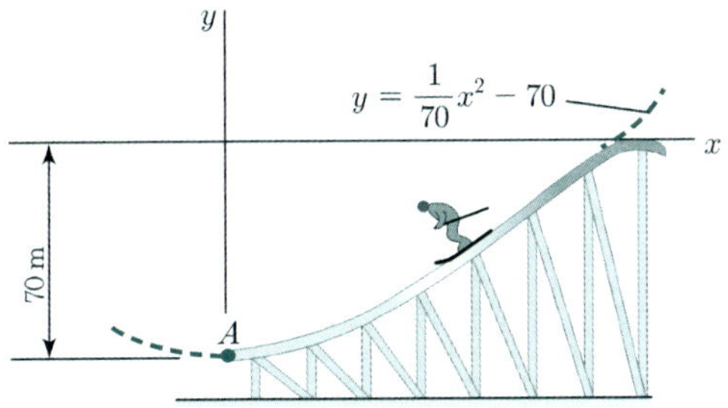

(옆에서 본 그림)

3.22 (예제 3.10의 연습 1/2)

질량이 0.8 kg인 핀 A가 두 안내 막대의 홈을 따라 미끄러진다. 핀 A는 회전하는 안내막대 OB가 점 O를 따라 회전함에 따라 고정된 수직안내막대의 홈을 따라 움직인다. 회전하는 안내막대 OB가 $\theta = 30°$에서 $\dot{\theta} = 0.9$ rad/s 및 $\ddot{\theta} = -0.4$ rad/s^{2}일 때 수직안내막대의 홈으로부터 핀 A에 가해지는 반력 N_A와 회전하는 안내막대 OB의 홈으로부터 핀 B에 가해지는 반력 N_B를 각각 구하라. 단, 홈과 핀 사이의 마찰력은 무시한다.

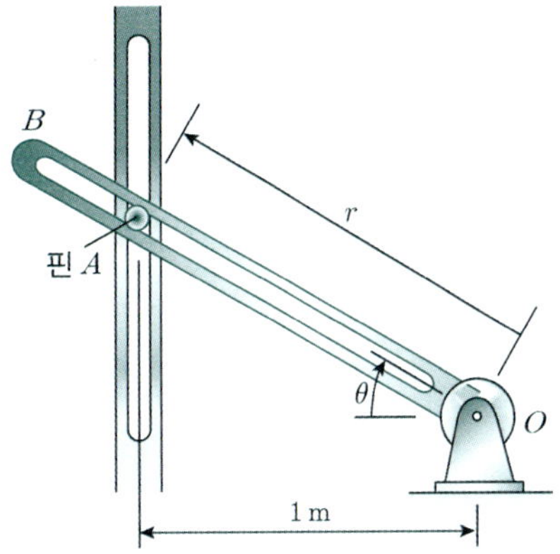

(옆에서 본 그림)

3.23 (예제 3.10의 연습 2/2)

크랭크 CP가 회전함에 따라 링크 OA가 회전을 한다. 크랭크 CP가 $\beta = \pi/4$ rad일 때 일정한 각속도 $\dot{\beta} = 5$ rad/s로 회전하고 있다.

(a) 이 위치에서 핀 P의 반경 방향 성분과 회전 방향 성분의 가속도를 각각 구하고 $\dot{r}$, $\ddot{r}$의 값을 구하라.

(b) 또한 핀 P의 질량이 0.2 kg일 때, 핀이 링크 OA로부터 받는 반력을 구하라.

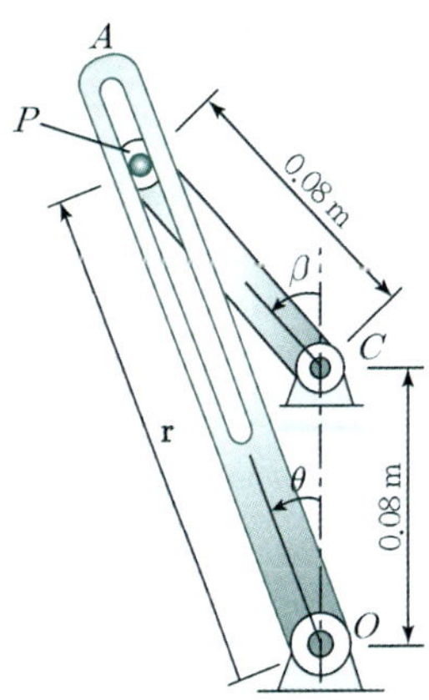

(위에서 본 그림)

3.24 (예제 3.11의 연습 1/2)

막대 OA가 수평면상에서 점 O를 중심으로 회전하고 있다. 또, 막대에 끼워져 있는 질량

0.3 kg의 칼러(collar)가 $r = 0.25 + 0.15\sin\pi t$, $\theta = \pi(4t^2 - 6t)$로 정의되는 궤적을 그리며 움직이고 있다. 단, r은 m, t는 s, θ는 rad 단위이다.

(a) $t = 0$ s일 때 칼러에 가해지는 반경 방향과 회전 방향 힘을 각각 구하라.

(b) $t = 0.5$ s일 때 칼러에 가해지는 반경 방향과 회전 방향 힘을 구하라.

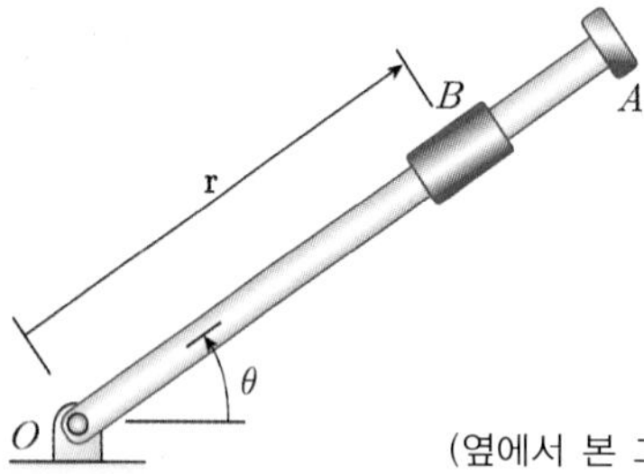

(옆에서 본 그림)

3.25 (예제 3.11의 연습 2/2)

질량 2 kg의 고리 B는 수직 평면을 따라 회전하는 막대 OA를 따라 미끄러진다. 그림과 같은 순간에 막대 OA의 각속도는 반시계 방향으로 4 rad/s이고, 각가속도는 시계 방향으로 3 rad/s^{2}이다. 그리고, 거리 r은 0.3 m이고, 0.6 m/s의 속도로 증가하고 있다. 고리와 막대 사이의 마찰계수는 0.2일 때, 막대에 대한 고리의 가속도를 구하라.

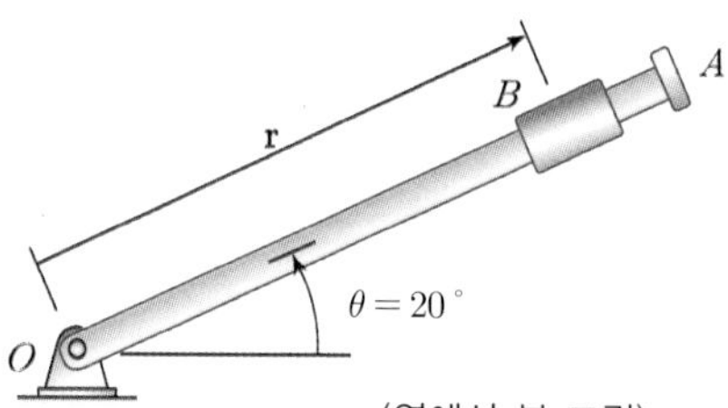

(옆에서 본 그림)

연습문제 해답

3.1 $a = 4.204\ \text{m/s}^2,\ T = 280.3\ \text{N}$

3.2 $a = 0.701\ \text{m/s}^2,\ T = 210.2\ \text{N}$

3.3 $\theta = 57.3°$

3.4 $P = 222\ \text{N}$

3.5 $\mu_k = 0.108$

3.6 $P = 384.5\ \text{N}$

3.7 $a = 1.14\ \text{m/s}^2$

$T_{AB} = 130.0\ \text{N}$

$T_{BC} = 87.6\ \text{N}$

3.8 (a) $T = 114\ \text{N}$

$\mathbf{a}_A = 3.80\ \text{m/s}^2 \rightarrow$

$\mathbf{a}_B = 1.27\ \text{m/s}^2 \downarrow$

(b) $T = 122\ \text{N}$

$\mathbf{a}_A = 2.09\ \text{m/s}^2 \rightarrow$

$\mathbf{a}_B = 0.70\ \text{m/s}^2 \downarrow$

3.9 $a = 2.43\ \text{m/s}^2$

3.10 $T = 46.6\ \text{N}$

$\mathbf{a}_A = 1.36\ \text{m/s}^2 \rightarrow$

$\mathbf{a}_B = 9.32\ \text{m/s}^2 \downarrow$

3.11 (a) $P = 220.6\ \text{N}$

(b) $\mathbf{a} = 3.92\ \text{m/s}^2 \rightarrow$

3.12 $2.356\ \text{m/s}^2$ 30°

3.13 (a) $P = 11.8\ \text{N}$

(b) $a = 1.97\ \text{m/s}^2$,

$P = 23.6\ \text{N}$

3.14 (a) $\mathbf{a} = 2.987\ \text{m/s}^2$ 30°

(b) $T = 242.8\ \text{N}$

3.15 (a) $\mathbf{a}_A = 1.66\ \text{m/s}^2 \nearrow$,

(b) $T = 174.3\ \text{N}$

3.16 $\mathbf{a}_A = 2.001\ \text{m/s}^2 \leftarrow$

$\mathbf{a}_B = 6.436\ \text{m/s}^2$ 51.5°

3.17 $T = 126.1\ \text{N}$

$\mathbf{a}_A = 7.0\ \text{m/s}^2$ 30°

3.18 $\mathbf{a} = 7.92\ \text{m/s}^2$

$v = 2.73\ \text{m/s}$

3.19 $v = 34.3\ \text{m/s}$

3.20 (a) $v_{\max} = 23.96\ \text{m/s}$

(b) $v'_{\max} = 14.73\ \text{m/s}$

3.21 $\mathbf{N}_A = 631\ \text{N} \uparrow$

$\mathbf{a} = 0.714\ \text{m/s}^2 \uparrow$

3.22 $\mathbf{N}_A = 4.86\ \text{N} \leftarrow$,

$\mathbf{N}_B = 9.72\ \text{N} \nearrow$

3.23 (a) $a_r = -1.848\ \text{m/s}^2$

$a_\theta = -0.765\ \text{m/s}^2$

$\dot{r} = -0.153\ \text{m/s}$

$\ddot{r} = -0.924\ \text{m/s}^2$

(b) $N = 0.153\ \text{N}$

3.24 (a) $\mathbf{F}_r = 26.65\ \text{N} \leftarrow$

$\mathbf{F}_\theta = 3.44\ \text{N} \downarrow$

(b) $\mathbf{F}_r = 5.18\ \text{N} \leftarrow$

$\mathbf{F}_\theta = 3.02\ \text{N} \uparrow$

3.25 $\mathbf{a}_{B/OA} = 1.18\ \text{m/s}^2$ 20°

04 chapter 질점의 운동역학 II (일과 에너지)

4.1 개요

앞 장에서 뉴튼의 제2법칙 $\mathbf{F} = m\mathbf{a}$을 이용하여 질점에 작용하는 힘으로 인하여 발생하는 질점의 가속도를 해석하였다. 운동학의 법칙에 따라 위치, 속도, 가속도는 시간에 대한 미분관계로 연관되어 있다. 가속도를 시간에 대하여 적분하면 주어진 시간에 질점의 속도를 알 수 있고 속도를 시간에 대하여 적분하면 주어진 시간에 질점의 위치를 알 수 있다.

그런데 속도 또는 변위에 관계된 값(예를 들면, 일, 에너지 등)을 구하고자 할 때, 뉴튼의 제2법칙의 식을 사용하여 가속도를 구한 후 그 때마다 운동학의 법칙에 따라 다시 적분하여 속도 또는 변위를 구한다면 번거로울 것이다. 이러한 반복되는 수고를 덜기 위하여 미리 뉴튼의 운동방정식을 미리 적분한 형태로 바꾸고, 변형된 형태의 식을 적용하면 간편하다. 뉴튼의 운동방정식에서 힘을 움직인 경로에 따라 적분하고, 가속도를 시간에 대하여 적분하면 일과 에너지의 원리(principle of work and energy)를 나타내는 식을 얻을 수 있다.

4.2 일

4.2.1 일의 정의

일(work)은 물체가 이동한 거리(변위)에 움직인 방향의 힘 성분을 곱한 것이다. 또는 같은 의미로, 힘의 작용방향으로 움직이는 물체의 변위에 힘을 곱한 것이다. 주어진 순간에 질점은 위치벡터 $\mathbf{r}$인 위치에서 힘 $\mathbf{F}$의 작용을 받고 있다. 힘 $\mathbf{F}$가 질점 P에 작용하여 미소변위 $d\mathbf{r}$만큼 이동하였다면 미소 일 dU는 다음과 같이 내적(scalar product)으로 표현된다.

$$dU = \mathbf{F} \cdot d\mathbf{r}$$

여기서 $d\mathbf{r}$은 미소한 변위벡터이다.

그림 4.1에서 보는 바와 같이, 힘 $\mathbf{F}$가 질점 P에 작용하여 질점이 경로 $A_1 - A_2$를 따라 점 $A_1(\mathbf{r} = \mathbf{r}_1)$에서 점 $A_2(\mathbf{r} = \mathbf{r}_2)$까지 움직일 때 전체 일 $U_{1\to 2}$은 다음과 같다.

$$U_{1\to 2} = \int_{\mathbf{r}_1}^{\mathbf{r}_2} \mathbf{F} \cdot d\mathbf{r} \tag{4.1}$$

질점이 임의의 경로를 따라 위치 $\mathbf{r}$에서 $\mathbf{r} + d\mathbf{r}$로 움직일 때 힘 $\mathbf{F}$가 한 미소일 dU은 질점의 운동경로에 대한 접선방향 힘(접선력)과 질점의 운동 경로를 따라 움직인 미소거리와의 곱과 같다. 두 벡터의 내적은 각 벡터의 크기의 곱에 두 벡터의 사잇각에 대한 코사인 값을 곱하는 것이다.

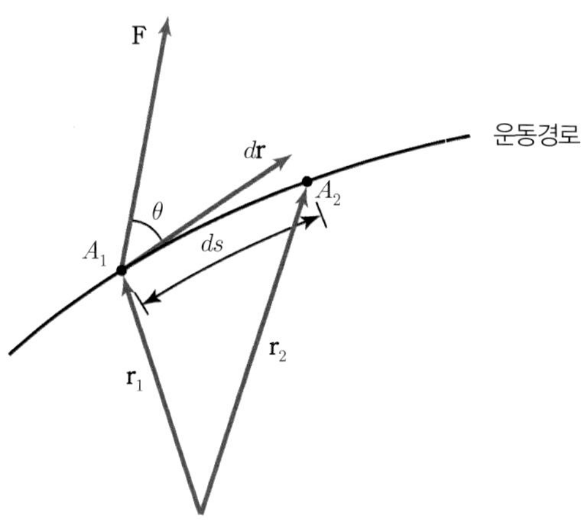

그림 4.1 힘과 변위의 내적

4.2.2 유효한 성분의 일

유효한 일은 힘과 변위의 내적 $\mathbf{F} \cdot d\mathbf{r}$로서 나타낸다. 내적은 같은 방향의 성분만 유효하므로 유효한 일은 힘 $\mathbf{F}$의 변위벡터 $d\mathbf{r}$ 방향의 성분인 $F_t = F\cos\theta$에 움직인 거리 ds를 곱하여 얻는다. 또는 변위벡터 $d\mathbf{r}$에서 힘 $\mathbf{F}$의 작용방향 성분인 $ds\,\cos\theta$에 힘의 크기 $\mathbf{F}$가 곱해진 것으로도 생각할 수 있다. 두 경우 결과는 서로 같다.

$$U_{1\to 2} = \int_{s_1}^{s_2} F_t \, ds = \int_{s_1}^{s_2} F\cos\theta \, ds \tag{4.2}$$

여기서 θ는 힘 $\mathbf{F}$와 변위벡터 $d\mathbf{r}$의 사이각이다.

변위벡터와 같은 방향의 힘의 성분만이 유효한 일을 수행한다. 힘과 변위벡터 사이의 각이 예각일 경우에는 변위벡터 방향의 힘 성분이 변위벡터와 같은 방향이 되어 양의 일을 수행하고, 둔각일 경우에는 하는 일이 음이 된다. 이것은 코사인 값의 부호에 달려 있다. 즉, 힘의 방향과 가속도의 방향이 일치하면 양의 일을 하고 반대 방향일 경우는 음의 일을 한다.

4.2.3 직각좌표계에서 유효한 성분의 일

두 벡터의 내적은 서로 평행한 방향의 성분만 유효하다. 힘이 변위와 직각일 경우 힘이 한 일은 0이다. 즉, 경로에 수직한 방향의 힘 성분은 유효한 일을 하지 않는다.

힘과 변위 성분이 다음과 같이 직각 좌표계로 주어진 경우를 생각해 보자.

$$\mathbf{F} = F_x\mathbf{i} + F_y\mathbf{j} + F_z\mathbf{k}$$

$$\mathbf{r} = r_x\mathbf{i} + r_y\mathbf{j} + r_z\mathbf{k}$$

따라서 내적(스칼라 곱)의 정의로부터 일정한 힘 $\mathbf{F}$가 한 일을 직각 좌표계로 표현하면 다음과 같다.

$$U_{1\to 2} = F_x(r_{x_2} - r_{x_1}) + F_y(r_{y_2} - r_{y_1}) + F_z(r_{z_2} - r_{z_1}) \tag{4.3}$$

여기서 일정한 힘이 수행한 일의 양은 질점이 이동한 시작점과 끝점의 위치에 따라 달라지며, 질점이 이동한 경로에는 관계없다는 것을 알 수 있다.

4.2.4 일의 단위

일의 단위는 힘과 거리의 곱으로 국제단위계에서 일의 단위는 뉴튼-미터[N · m]가 되며 주울[joule: J]로 표시한다.

4.2.5 크기와 방향이 일정한 힘이 한 일

그림 4.2에서 보는 바와 같이, 점 $A_1(\mathbf{r} = \mathbf{r}_1)$에서 점 $A_2(\mathbf{r} = \mathbf{r}_2)$까지의 임의의 경로를 따라 움직이는 질점 P에 크기와 방향이 일정한 힘 $\mathbf{F}$가 작용한다면, 이 힘은 일정한 크기와 방향을 가지고 있기 때문에, 일을 계산할 때 적분기호의 밖으로 이동할 수 있어 오직 미소 변위 벡터 $d\mathbf{r}$만이 적분된다. $d\mathbf{r}$의 적분은 A_2의 위치 벡터 $\mathbf{r_2}$에 A_1의 위치 벡터 $\mathbf{r_1}$를 뺀 위치 벡터이다. 질점에 작용하는 일정한 힘이 수행한 일은 힘 벡터 $\mathbf{F}$와 변위 벡터 $d\mathbf{r} = \mathbf{r}_2 - \mathbf{r}_1$의 내적(스칼라 곱)이다. 즉, 일은 질점의 초기위치 $A_1(\mathbf{r} = \mathbf{r}_1)$에서 최종 위치 $A_2(\mathbf{r} = \mathbf{r}_2)$에 달려 있고, 질점이 움직인 경로와 무관하다.

$$U_{1\rightarrow 2} = \mathbf{F}\cdot\int_{r_1}^{r_2} d\mathbf{r} = \mathbf{F}\cdot(\mathbf{r}_2 - \mathbf{r}_1) \tag{4.4}$$

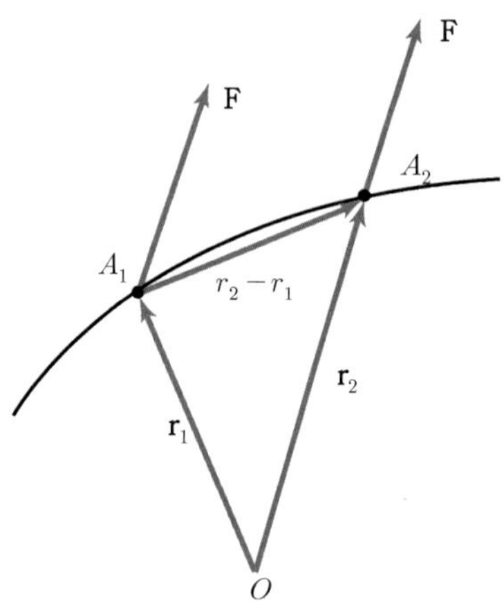

그림 4.2 일정한 힘과 변위의 내적

4.2.6 중력이 한 일

물체의 질량에 중력가속도가 작용하여 발생한 힘(중력)의 크기(무게)는 지표면(지구표면 근방)에서 항상 일정하며, 방향은 아래(지구의 중심방향)로 향한다.

중력을 나타내는 힘 벡터 $\mathbf{F}$를 다음과 같이 표시할 수 있다.

$$\mathbf{F} = -mg\mathbf{j}$$

여기서 mg는 물체의 중력의 크기(무게)이고, $\mathbf{j}$는 연직방향(지구의 중심방향의 반대방향)이 양의 방향이 되는 단위벡터이다. 변위벡터 $d\mathbf{r}$을 $dx\,\mathbf{i}+dy\,\mathbf{j}+dz\,\mathbf{k}$와 같이 3개의 직각좌표 성분으로 나타낼 수 있기 때문에, 그림 4.3에서 보는 바와 같이 임의 경로상의 위치 A_1에서 위치 A_2까지 운동할 때 질점이 한 일은 다음과 같다.

$$U_{1\to 2} = \int_{r_1}^{r_2} \mathbf{F} \cdot d\mathbf{r} = \int_{r_1}^{r_2} (-mg\mathbf{j}) \cdot (dx\mathbf{i} + dy\mathbf{j} + dz\mathbf{k}) \tag{4.5}$$

벡터의 내적은 서로 평행한 것만 유효하다. 윗 식에서 내적이 0이 되지 않는 항은 오직 $\mathbf{j} \cdot \mathbf{j}$항 뿐이므로 중력이 한 일은 다음과 같다.

$$U_{1\to 2} = \int_{y_1}^{y_2} (-mg\mathbf{j}) \cdot dy\mathbf{j}$$

$$U_{1\to 2} = -mg(y_2 - y_1) \tag{4.6}$$

여기서 y_1은 최초 위치에서의 높이이고, y_2는 최종 위치에서의 높이이다.

질점이 아래로 이동(최초 위치가 최종 위치보다 높은 경우)하였다면 양의 일을 수행한 것이고, 질점이 위로 이동(최초 위치가 최종 위치보다 낮은 경우)하였다면 음의 일을 수행한 것이다. 일의 크기는 중력의 크기(무게)와 연직 방향의 변위를 곱한 값이다. 중력은 지구의 중심방향을 향하는 벡터이므로 중력이 수행한 일은 오직 최초 위치와 최종 위치에 대한 높이 변화에 달라지며 수평 방향의 이동이나 이동경로에는 무관하다. 따라서 중력이 한 일의 크기는 중력의 크기(무게)와 질점의 높이 변화를 곱한 것이다.

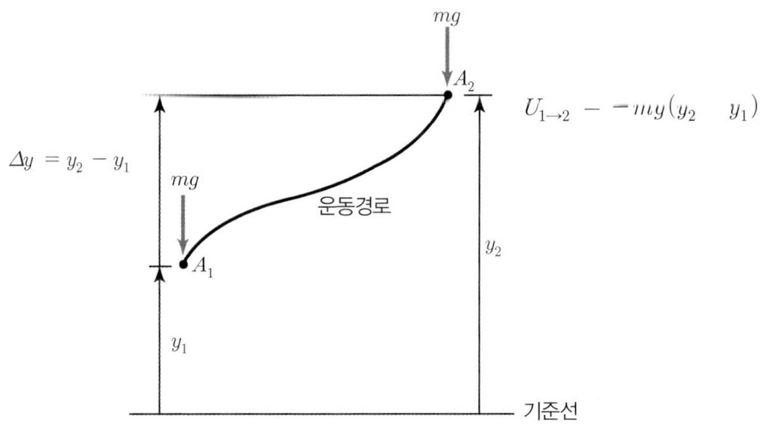

그림 4.3 중력이 한 일

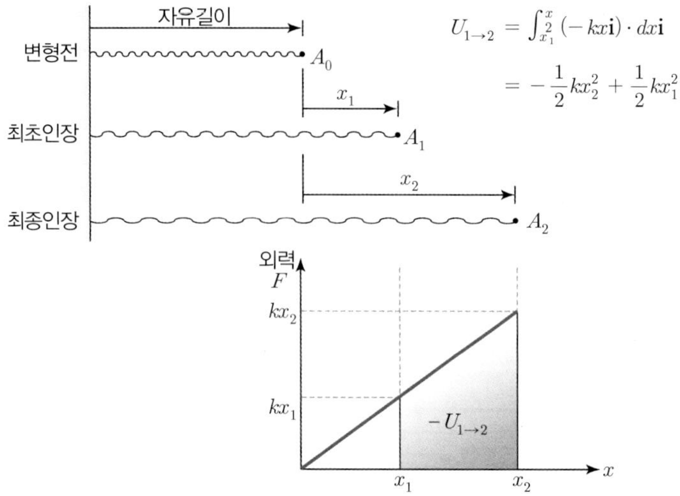

그림 4.4 스프링의 변형과 하는 일(I)

4.2.7 스프링 힘이 한 일

이 절에서는 힘과 변형량이 비례하는 선형 스프링만 고려하며, 스프링의 관성(질량)은 무시한다. 우선 힘의 작용으로 발생하는 스프링의 변형에 대하여 생각하여 보자. 스프링에 인장력(외력)이 작용하면 스프링은 늘어나므로 외력과 변위는 같은 방향이다. 인장력(외력)에 대항하여 스프링 내부에서 원래 길이(자유길이)로 돌아가려는 반력이 발생하므로 스프링 반력과 변위는 서로 반대방향이다. 스프링은 원래의 길이보다 늘어나 있는 경우 현재의 길이가 줄어들어 원래의 길이로 돌아가는 방향으로 힘(반력)이 발생하고, 반대로 스프링이 압축 변형되어 원래의 길이보다 줄어든 경우 현재의 길이가 늘어나 원래의 길이로 돌아가는 방향으로 힘이 발생한다. 즉 원래의 길이로부터 변형된 변위와 변형된 스프링에서 발생하는 힘(반력)의 방향은 서로 반대이다. 이와 같이 스프링에 발생하는 힘은 원래상태로 돌아가려는 복원력이다.

우선, 그림 4.4는 스프링의 한쪽 끝에 작용하는 힘이 스프링 축을 따라 평행하게 작용하는 경우이다.

만약 스프링이 $+x\mathbf{i}$만큼 변형되었다면 $-kx\mathbf{i}$의 힘이 발생하고, $-x\mathbf{i}$만큼 변형되었다면 $+kx\mathbf{i}$의 힘이 발생한다.

스프링에 가해지는 힘과 한 쪽 끝의 변위가 주어졌을 때 수행한 일의 양은 내적 $\mathbf{F}\cdot d\mathbf{r}$은 스칼라인 $-(kx\mathbf{i})\cdot dx\mathbf{i} = -(kx)dx$이 된다. 스프링을 늘여서 그 끝점을 $A_1(x = x_1)$에서

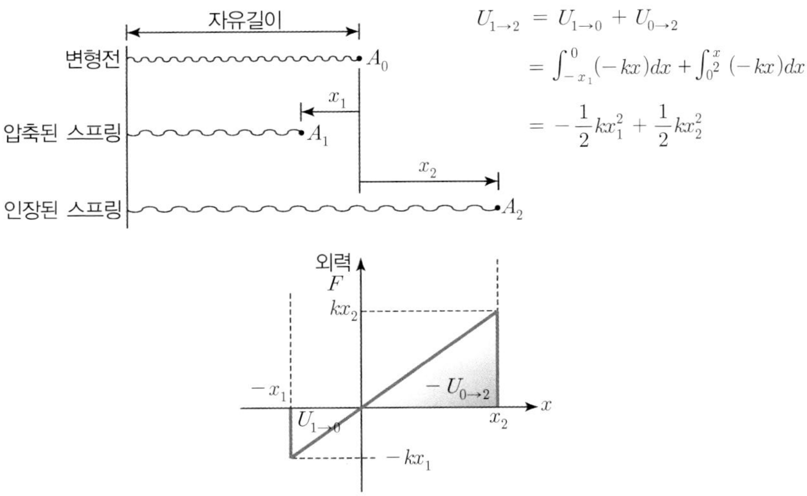

그림 4.5 스프링의 변형과 하는 일(II)

$A_2(x = x_2)$까지 움직이는 동안 스프링이 수행한 일은 $U_{1\to2} = \int_{r_1}^{r_2} \mathbf{F}\cdot d\mathbf{r}$로부터 다음과 같다.

$$U_{1\to2(스프링)} = \int_{x_1}^{x_2}(-kx)\,dx = -\frac{1}{2}k\,(x_2^2 - x_1^2) \tag{4.7}$$

스프링이 한 일 또는 스프링에 가해진 일은 오직 스프링의 최초 변형된 길이와 최종변형된 길이로 결정된다. 즉, 변형된 방향(압축 또는 인장)에는 상관없고 변형된 길이에만 관련된다. 그리고 스프링이 변형한 경로에 관계없다.

스프링은 변형(인장 또는 압축 변형)된 상태에서 원래 길이(자유길이)로 돌아가면서 변위의 방향과 힘의 방향이 같으므로 양의 일을 수행한다. 스프링은 변형상태 $A_1(x = x_1)$에서 자유길이 $A_0(x = 0)$로 돌아가면서 양의 일을 수행한다.

$$U_{1\to0} = \int_{x_1}^{0}(-kx)\,dx = \frac{1}{2}k\,x_1^2$$

반면, 스프링이 자유상태의 길이로부터 변형(인장 또는 압축 변형)되는 경우 외력을 필요로 하며 변위의 방향과 힘의 방향이 반대이므로 음의 일을 수행한다.

스프링은 자유길이 $A_0(x = 0)$에서 변형상대 $A_2(x = x_2)$로 되면서 음의 일을 수행한다.

$$U_{0\to 2} = \int_0^{x_2} (-kx)\,dx = -\frac{1}{2}k\,x_2^2$$

그림 4.5에서 보는 바와 같이, 압축된 스프링이 원래 상태로 된 후 인장된다면 식 $U_{1\to 2} = \int_{r_1}^{r_2} \mathbf{F}\cdot d\mathbf{r}$로부터 다음과 같은 식이 성립한다.

$$U_{1\to 2(\text{스프링})} = \int_{-x_1}^{0} (-kx)\,dx + \int_0^{x_2} (-kx)\,dx$$

$$U_{1\to 2} = -\frac{1}{2}k\,(x_2^2 - x_1^2) \tag{4.7}$$

위의 표현에서 다음 사항에 유의하자. 압축되어 있는 스프링의 초기위치 $A_1(x = -x_1)$에서 변형되지 않은 위치 $x = 0$으로 돌아가는 동안 스프링 반력과 변형되는 방향은 같은 방향이므로 스프링이 한 일은 양(positive)이다. 그러나 변형되지 않은 위치 $x = 0$에서 인장되는 위치 $A_2(x = x_2)$로 가는 동안 스프링 반력과 변형되는 방향은 반대 방향이므로 스프링이 한 일은 음(negative)이다.

스프링에 저장된 에너지의 크기는 압축 또는 인장에는 상관없고 변형된 길이에만 관계된다. 즉, 압축 또는 인장에 따른 위치의 변위의 대수적인 부호는 스프링이 한 일에는 전혀 영향을 주지 않는다.

스프링이 한 일은 힘(변형에 대한 스프링의 반력)을 변형된 길이에 대하여 적분한 값으로서 힘-변위 선도와 변위를 나타내는 x축 사이의 면적으로 계산된다. 그림 4.5에서 x축의 윗 면적은 양의 일을 의미하며, x축의 아래 면적은 음의 일을 의미한다.

4.2.8 마찰력이 한 일

그림 4.6에서 보는 바와 같이, 마찰력은 물체의 운동을 방해하려는 방향으로 작용한다. 즉, 이동방향의 반대 방향으로 작용한다. 여기서는 정지한 물체에 대항하는 정지마찰력은 일을 하지 않으므로 논의 대상에서 제외한다. 움직인 거리가 없어서 한 일이 0(영)이기 때문이다. 물체가 움직이기 시작하면서 동마찰계수가 적용하는 경우 마찰력의 크기는 두 물체가 접촉한 면에 수직으로 작용하는 힘과 동마찰계수와의 곱이다.

$$F = \mu_k N \tag{4.8}$$

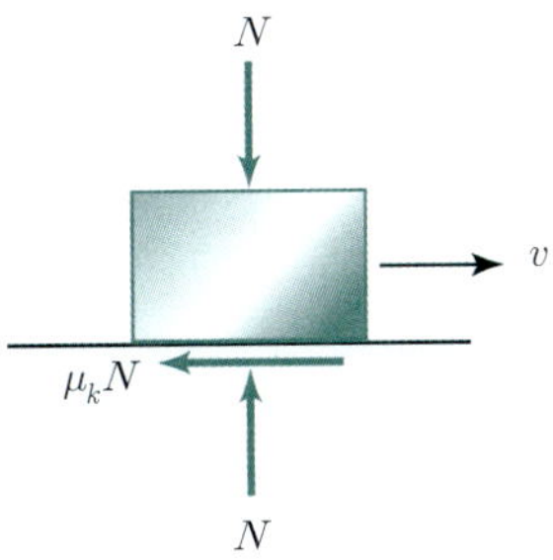

그림 4.6 마찰력의 크기와 작용방향

마찰력이 한 일의 크기는 마찰력과 물체가 경로를 따라 움직인 거리를 곱한 값이다. 마찰력은 마찰력의 방향과 움직인 방향이 반대이므로 항상 음수(-)이다. 마찰력은 항상 에너지 손실을 수반하게 된다.

$$U_{1\to 2(\text{마찰력})} = -\mu N \cdot s \tag{4.9}$$

여기서 s는 경로를 따라 움직인 거리이다.

일의 크기는 물체의 경로에 따라 일의 크기가 달라진다. 특히 주의할 점은 마찰력은 비보존력으로서 에너지 손실을 수반한다.

4.3 질점의 운동에너지

4.3.1 정의

질량이 m인 질점이 속력 v로 움직이는 경우 질점의 운동에너지(kinetic energy)는 다음과 같으며 주로 기호 T로 나타낸다.

$$T = \frac{1}{2}m(\mathbf{v}\cdot\mathbf{v})$$

이미 1장에서 언급한 바와 같이 같은 방향의 두 벡터의 내적은 두 벡터의 크기를 곱한 값과 같으므로 질점의 운동에너지는 양의 값을 갖는 스칼라이며 다음과 같이 계산된다.

$$T = \frac{1}{2}mv^2 \tag{4.10}$$

4.3.2 운동에너지의 단위

운동에너지는 질량에 속력의 제곱을 곱한 단위 $[\mathrm{kg \cdot m^2/s^2}]$를 갖는다. 운동에너지의 단위는 일의 단위와 같으며 국제단위계로 주울[J]이다.

$$\mathrm{Joule} = \mathrm{kg \cdot m^2/s^2} = \mathrm{N \cdot m}$$

4.4 일과 운동에너지 식

뉴튼의 제2법칙은 다음과 같다.

$$\Sigma \mathbf{F} = m\mathbf{a} = m\left(\frac{d\mathbf{v}}{dt}\right)$$

여기서 $\Sigma \mathbf{F}$는 질점에 작용하는 모든 힘들의 합 벡터이고, $\mathbf{a}$는 질점의 가속도 벡터이다.

힘을 변위에 대하여 적분하기 위하여 윗 식을 다음과 같이 변형한다.

$$\Sigma \mathbf{F} = m\left(\frac{d\mathbf{v}}{d\mathbf{r}} \cdot \frac{d\mathbf{r}}{dt}\right) \tag{4.11}$$

위 식에 $\dfrac{d\mathbf{r}}{dt}$ 대신 $\mathbf{v}$를 대입하고 정리하면 다음과 같다.

$$\Sigma \mathbf{F} \cdot d\mathbf{r} = m\mathbf{v} \cdot d\mathbf{v}$$

질량이 m인 질점에 여러 힘($\Sigma \mathbf{F}$)이 작용하여 질점이 점 $A_1(\mathbf{r} = \mathbf{r_1})$에서 점 $A_2(\mathbf{r} = \mathbf{r_2})$까지 이동하는 동안 속도가 $\mathbf{v}_1$에서 $\mathbf{v}_2$로 변화하였다면 다음의 적분식이 성립한다.

$$\int_{r_1}^{r_2} \Sigma \mathbf{F} \cdot d\mathbf{r} = \int_{v_1}^{v_2} m\mathbf{v} \cdot d\mathbf{v} = m\left[\frac{\mathbf{v} \cdot \mathbf{v}}{2}\right]_{\mathbf{v}_1}^{\mathbf{v}_2}$$

여기서 $\mathbf{v}_1$은 점 $A_1(\mathbf{r} = \mathbf{r}_1)$에서의 속도이고, $\mathbf{v}_2$는 점 $A_2(\mathbf{r} = \mathbf{r}_2)$에서의 속도이다.

윗 식에서 왼쪽 항에 나타낸 힘이 한 일의 합을 다음과 같이 놓자.

$$\Sigma U_{1\to 2} = \int_{r_1}^{r_2} \Sigma \mathbf{F} \cdot d\mathbf{r}$$

오른쪽 항에 나타낸 속도의 내적은 앞에서 언급한 바와 같이 같은 방향의 두 벡터의 내적은 두 벡터의 크기를 곱한 값과 같다.

$$\Sigma U_{1\to 2} = \frac{1}{2}m v_2^2 - \frac{1}{2}m v_1^2 \tag{4.12}$$

여기서 v_1는 점 A_1에서 질점의 속력이고, v_2는 점 A_2에서 속력이다.

참고

$\mathbf{v} = v_x\mathbf{i} + v_y\mathbf{j} + v_z\mathbf{k}$ 일 때

$\mathbf{v}\cdot\mathbf{v} = v_x^2\,\mathbf{i}\cdot\mathbf{i} + v_y^2\,\mathbf{j}\cdot\mathbf{j} + v_z^2\,\mathbf{k}\cdot\mathbf{k} = v_x^2 + v_y^2 + v_z^2$

따라서 $\mathbf{v}\cdot\mathbf{v} = v^2$

질량이 m이고 속력이 v인 질점이 갖는 운동에너지는 $T = \frac{1}{2}m v^2$이므로 일과 운동에너지 식은 다음과 같다.

$$\Sigma U_{1\to 2} = T_2 - T_1 \tag{4.13}$$

여기서 $\Sigma U_{1\to 2}$는 질점이 점 A_1에서 점 A_2로 움직이는 동안에 외력들이 한 일 $\int_{\mathbf{r}_1}^{\mathbf{r}_2} \Sigma \mathbf{F}\cdot d\mathbf{r}$이며 T_1은 점 A_1에서의 질점의 최초 운동에너지 $T_1 = \frac{1}{2}m v_1^2$, T_2는 점 A_2에서의 질점의 최종 운동에너지 $T_2 = \frac{1}{2}m v_2^2$이다.

윗 식은 스칼라 식으로서 질점에 작용하는 힘들이 수행한 모든 일은 질점의 운동에너지 변화량과 같음을 의미한다. 다음과 같은 형태로 표현할 수도 있다.

$$T_1 + \Sigma U_{1\to 2} = T_2 \tag{4.14}$$

즉, 최종 운동에너지는 최초 운동에너지에 외력들이 수행한 일을 합한 것과 같다.

표4.1은 외력이 한 일과 운동에너지 변화를 나타낸 표이다.

표 4.1 외력이 한 일과 운동에너지 변화

항 목		일과 에너지
외력이 한 일 $\Sigma U_{1\to2}$	중력이 한 일	$-mg(h_2 - h_1)$
	스프링 힘이 한 일	$-\frac{1}{2}k(x_2^2 - x_1^2)$
	마찰력이 한 일	$-\mu_k N s$
운동에너지 변화 $\Delta T = T_2 - T_1$		$\frac{1}{2}m(v_2^2 - v_1^2)$

참고 **일과 운동에너지 식의 적용 (문제풀이 순서)**

1. 질점이 움직이는 동안에 질점에 작용하는 힘들을 나타내는 자유물체도를 그린다. 그리고 물체의 최초 위치와 최종 위치를 확인한다.
2. 질점이 최초 위치에서 최종 위치로 움직이는 동안에 각 힘이 한 일을 구한다. 힘과 변위가 서로 평행인 방향인 성분만 일을 하며 다른 방향의 성분은 일을 하지 않는다는 원리를 이용하면 수식이 간단해진다.
3. 질점의 최초 위치와 최종 위치에서의 운동에너지를 구한다.
4. 일과 운동에너지 식을 이용하여 방정식을 세운다.

예제 4.1

그림과 같이 30 kg의 물체에 외력 P=500 N이 작용하여 정지상태로부터 움직이기 시작한다. 물체와 수평면 사이의 마찰계수가 0.15일 때 물체가 오른쪽으로 3 m 움직인 후의 속도를 구하라.

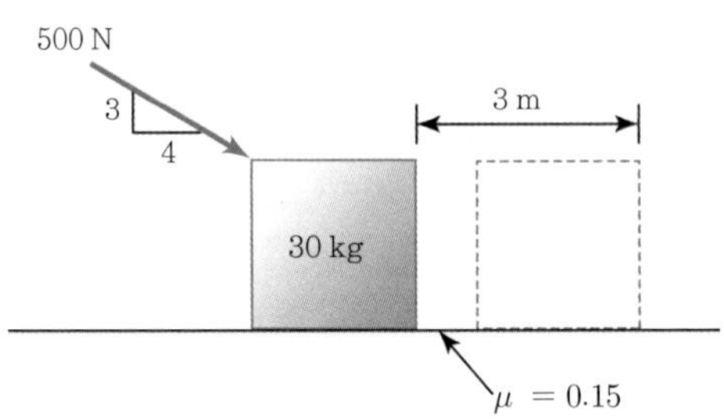

적용원리

- 이동방향으로 작용한 힘만이 유효한 일을 한다.
- 외력이 한 일은 운동에너지 변화로 나타난다. $\Sigma U_{1\to2} = T_2 - T_1$

풀이

수직반력을 N이라 놓으면, 마찰력은 μN이다.

자유물체도는

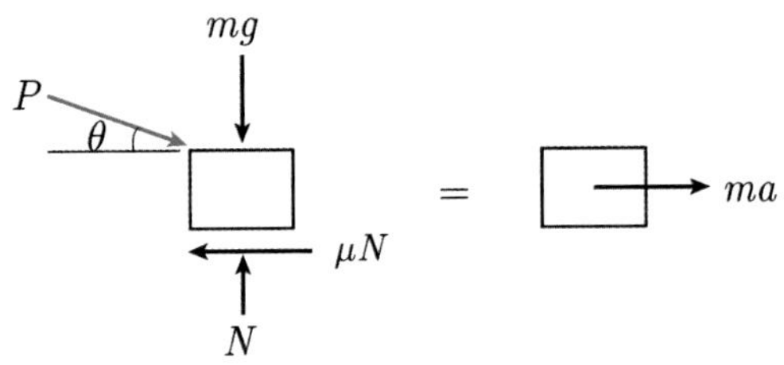

외력이 가하는 방향각을 θ라 하면, $\cos\theta = 0.8$, $\sin\theta = 0.6$이다.

수직 방향의 운동방정식에서

$$+\uparrow \ : \ N - P\sin\theta - mg = 0$$

$$N - 500 \cdot 0.6 - 30 \cdot 9.81 = 0, \qquad \therefore \ N = 594.3 \text{ N}$$

수평 방향의 운동방정식에서

$$\xrightarrow{+} \ : \ P\cos\theta - \mu N = ma$$

따라서, 물체가 수평 방향으로 Δx 만큼 이동하는 동안 작용하는 힘은 $(P\cos\theta - \mu N)$이므로, 이동하는 동안 작용하는 힘이 한 일은

$$\Sigma U_{1\to 2} = \int_0^{\Delta x} (P\cos\theta - \mu N)\, dx$$

$$= (P\cos\theta - \mu N)\Delta x$$

$$= (500 \cdot 0.8 - 0.15 \cdot 594.3) \cdot 3 = 932.6 \text{ J}$$

운동에너지의 차는

$$T_2 - T_1 = \frac{1}{2}mv_2^2 - \frac{1}{2}mv_1^2$$

$$= \frac{1}{2} \cdot 30\, v_2^2 - 0$$

일과 운동에너지 식에 적용하면

$$\Sigma U_{1\to 2} = T_2 - T_1$$

$$932.6 = \frac{1}{2}\cdot 30 v_2^2 - 0, \qquad \therefore\ v_2 = 7.885\ \text{m/s}$$

답 $\mathbf{v}_2 = 7.885\ \text{m/s}\ \rightarrow$

예제 4.2

질량이 50 kg인 상자가 15°경사면을 따라 아랫 방향으로 움직인다. 최초 위치 A에서 12 m 떨어진 최종 위치 B에 도달할 때까지 물체에 작용한 힘이 한 일을 구하라. 상자의 최초 속력이 5.2 m/s일 때 최종 위치에서의 속도를 구하라. 단, 상자와 경사면 사이의 동마찰계수는 0.25이다.

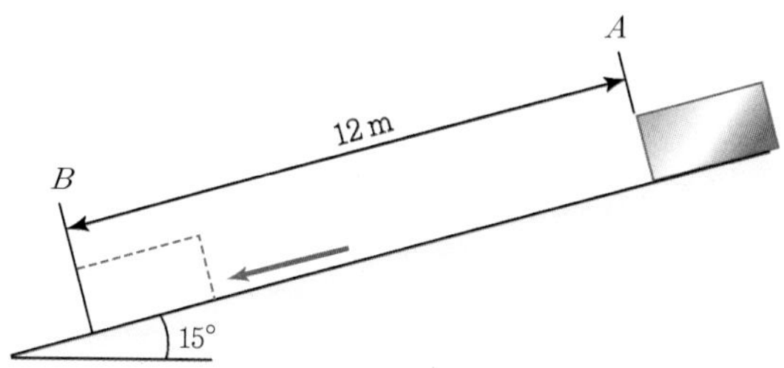

적용원리

- 중력이 한 일은 물체가 움직인 높이(수직 방향으로 움직인 거리)에 물체의 무게를 곱한다.
- 마찰력이 한 일은 움직인 경로의 길이에 마찰력을 곱한다. 음의 일을 한다.
- 외력이 한 일은 운동에너지 변화로 나타난다. $\Sigma U_{1\to 2} = T_2 - T_1$

풀이

수직반력을 N이라 놓자. 자유물체도는

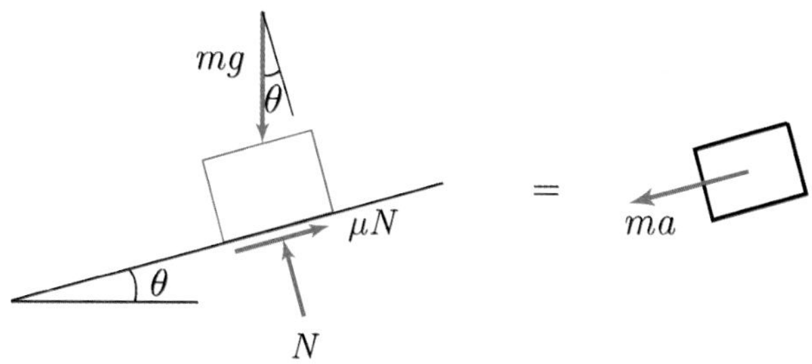

경사면에 수직 방향의 운동방정식은

$$\nwarrow^{+} : N - mg\cos\theta = 0$$

$$N - 50 \cdot 9.81\cos 15° = 0, \qquad \therefore\ N = 473.8\ \text{N}$$

경사면의 하강 방향의 운동방정식은

$$\swarrow^{+} : \ mg\sin\theta - \mu_k N = ma$$

따라서, 물체가 경사면의 하강 방향으로 Δx 만큼 이동하는 동안 작용하는 힘은 $(mg\sin\theta - \mu_k N)$ 이므로, 이동하는 동안 작용하는 힘이 한 일은

$$\begin{aligned}\Sigma U_{A\to B} &= \int_0^{\Delta x}(mg\sin\theta - \mu_k N)\,dx \\ &= (mg\sin\theta - \mu_k N)\,\Delta x \\ &= (50 \cdot 9.81\sin 15° - 0.25 \cdot 473.8) \cdot 12 = 102.0\ \text{J}\end{aligned}$$

운동에너지의 차는

$$\begin{aligned}T_B - T_A &= \frac{1}{2}m\left(v_B^2 - v_A^2\right) \\ &= \frac{1}{2} \cdot 50 \cdot \left(v_B^2 - 5.2^2\right)\end{aligned}$$

일과 운동에너지 식에 적용하면

$$\Sigma U_{A \to B} = T_B - T_A$$

$$102.0 = \frac{1}{2} \cdot 50 \cdot \left(v_B^2 - 5.2^2\right), \qquad \therefore\ v_B = 5.579\ \mathrm{m/s}$$

답 $\Sigma U_{A \to B} = 102.0\ \mathrm{J}$, $\mathbf{v}_B = 5.579\ \mathrm{m/s}$ 15°

별해

3장에서 배운 뉴튼의 제2법칙을 이용하여 풀어보자.

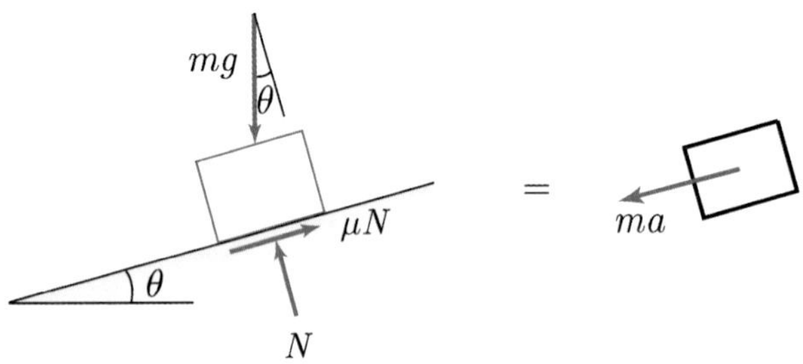

경사면에 수직 방향의 운동방정식에서

$$\nwarrow + : N - mg\cos\theta = 0$$

$$N - 50 \cdot 9.81\cos 15° = 0, \qquad \therefore\ N = 473.8\ \mathrm{N}$$

경사면 하강 방향의 운동방정식에서

$$\swarrow + : mg\sin\theta - \mu_k N = ma$$

$$50 \cdot 9.81\sin 15° - 0.25 \cdot 473.8 = 50a, \qquad \therefore\ a = 0.170\ \mathrm{m/s^2}$$

한편 질점의 운동학 $v_B^2 - v_A^2 = 2a\Delta x$ 에서

$$v_B^2 - 5.2^2 = 2 \cdot 0.170 \cdot 12, \qquad \therefore\ v_B = 5.579\ \mathrm{m/s}$$

답 $\mathbf{v}_B = 5.579\ \mathrm{m/s}$ 15°

예제 4.3

그림과 같이 질량이 3 kg인 물체 A와 질량이 4 kg인 실린더 B가 줄에 의하여 연결되어 있다. 물체 A와 접촉면 사이의 동마찰계수는 $\mu_k = 0.30$이다. 물체 A가 정지 상태에서 출발하여 $v_A = 2.0$ m/s의 속력으로 될 때까지 실린더 B가 하강해야 하는 거리를 구하라. 단, 도르래에 의한 손실은 무시한다.

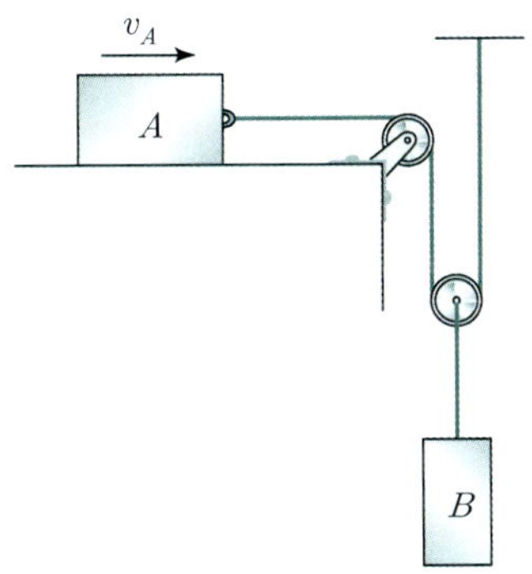

적용원리

- 도르래의 손실이 없는 경우 줄의 장력은 물체끼리 연결되어 작용과 반작용을 함으로써 서로 상쇄되어 하는 일이 없다.
- 두 물체는 종속운동을 한다.
- 중력과 마찰력이 일을 한다.

풀이

[운동학]

물체 A가 오른쪽으로 움직인다고 하여, 임의의 점 O에서의 변위를 x_A라 놓는다.

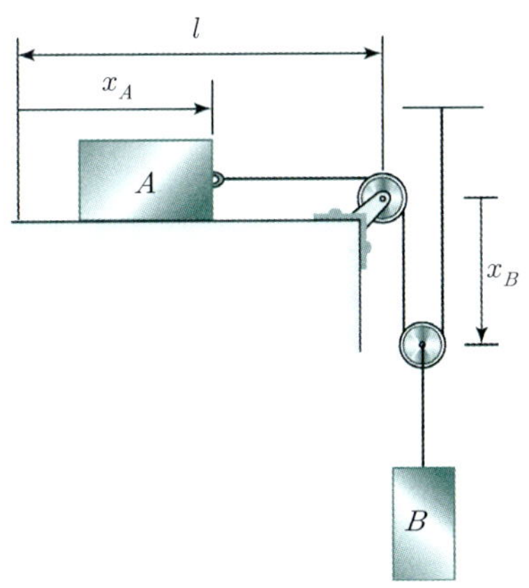

줄의 길이가 일정하므로 다음의 관계가 성립한다.

$$(l - x_A) + 2x_B = \text{일정}$$

두 물체가 움직인 거리관계는

$$\Delta x_A = 2\Delta x_B$$

두 물체의 속도관계는

$$v_A = 2v_B$$

[운동역학]

물체 A에 연결된 줄의 장력을 T라 놓으면, 물체 B에는 장력 $2T$ 가 작용된다. 수직반력을 N, 마찰력을 $\mu_k N$라 놓자.

물체 A에 대하여

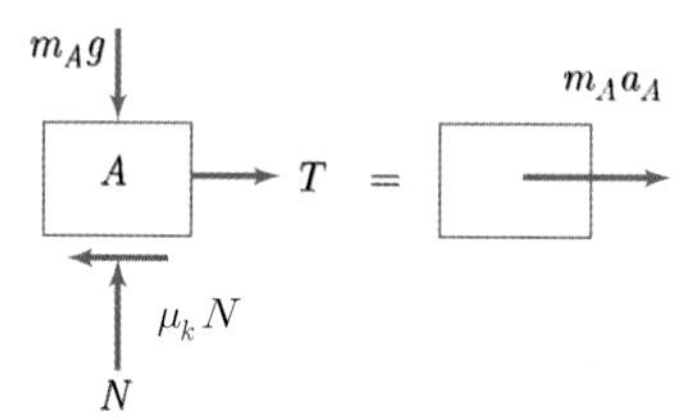

수직 방향의 운동방정식은

$$+\uparrow : N - m_A g = 0$$

$$N - 3 \cdot 9.81 = 0, \qquad \therefore\ N = 29.43\ \text{N}$$

수평 방향의 운동방정식은

$$\xrightarrow{+} : T - \mu_k N = m_A a_A \qquad ①$$

물체 B에 대하여

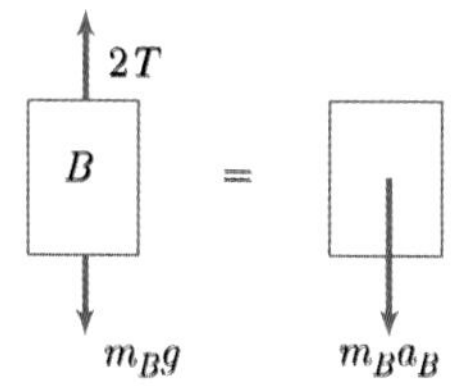

수직 방향의 운동방정식은

$$+\downarrow : m_B g - 2T = m_B a_B \qquad ②$$

따라서, 물체 A가 Δx_A 만큼 이동하는 동안 작용하는 힘은 $(T-\mu_k N)$이고, 물체 B가 Δx_B 만큼 이동하는 동안 작용하는 힘은 $(m_B g - 2T)$이므로, 물체 A와 물체 B가 이동하는 동안 작용하는 힘이 한 일은

$$\Sigma U_{1\to 2} = \int_0^{\Delta x_A} (T-\mu_k N)\,dx + \int_0^{\Delta x_B} (m_B g - 2T)\,dx$$

$$= (T-\mu_k N)\,\Delta x_A + (m_B g - 2T)\,\Delta x_B$$

$$= (T-0.3 \cdot 29.43) \cdot (2\Delta x_B) + (4 \cdot 9.81 - 2T)\,\Delta x_B$$

$$= 21.58\,\Delta x_B \qquad \text{(장력 } T\text{가 한 일은 서로 상쇄된다)}$$

운동에너지의 차는

$$T_2 - T_1 = \frac{1}{2} m_A \left(v_{A2}^2 - v_{A1}^2\right) + \frac{1}{2} m_B \left(v_{B2}^2 - v_{B1}^2\right)$$

$$= \frac{1}{2} \cdot 3 \cdot \left(2^2 - 0\right) + \frac{1}{2} \cdot 4 \cdot \left(1^2 - 0\right) = 8.0\ \text{J}$$

일과 운동에너지 식에 적용한다.

$$\Sigma U_{1\to 2} = T_2 - T_1$$

$$21.58\,\Delta x_B = 8.0, \qquad \therefore\ \Delta x_B = 0.371\ \text{m}$$

답 $\Delta x_B = 0.371$ m

별해

기준점을 달리하여 도르레로부터의 변위를 x_A로 놓는다.

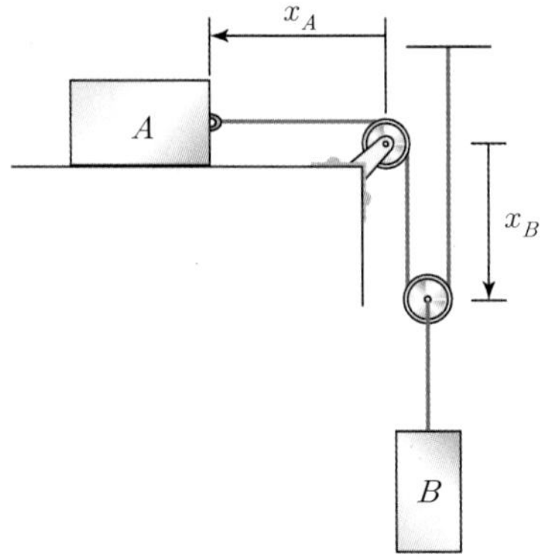

[운동학]

줄의 길이가 일정하므로

$$x_A + 2x_B = \text{일정}$$
$$\Delta x_A = -2\Delta x_B$$
$$v_A = -2v_B$$

[운동역학]

물체 A에 연결된 줄의 장력을 T, 수직반력을 N, 마찰력을 $\mu_k N$라 놓자.

물체 A에 대하여

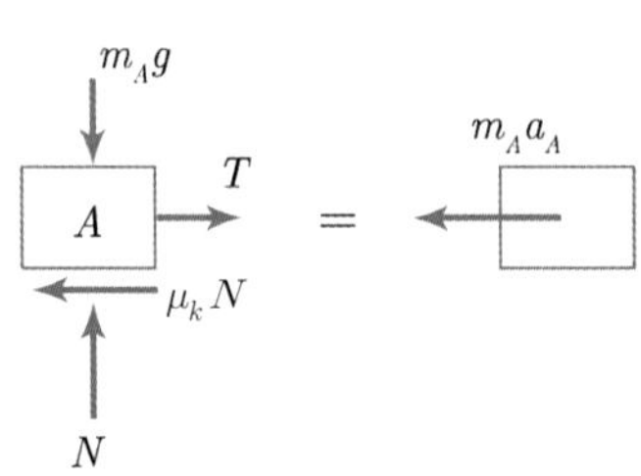

수직 방향의 운동방정식은

$$+\uparrow : N - m_A g = 0$$

$$N - 3 \cdot 9.81 = 0, \qquad \therefore\ N = 29.43\ \text{N}$$

수평 방향의 운동방정식은

$\overset{+}{\leftarrow}$: $\mu_k N - T = m_A a_A$ ③

물체 B에 대하여

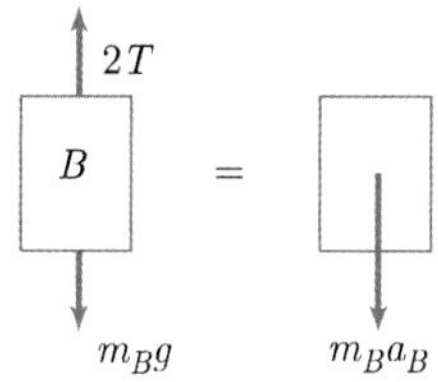

수직 방향의 운동방정식은

$+\downarrow$: $m_B g - 2T = m_B a_B$ ④

따라서, 물체 A가 Δx_A 만큼 이동하는 동안 작용하는 힘은 $(\mu_k N - T)$이고, 물체 B가 Δx_B 만큼 이동하는 동안 작용하는 힘은 $(m_B g - 2T)$이므로, 물체 A와 물체 B가 이동하는 동안 작용하는 힘이 한 일은

$$
\begin{aligned}
\Sigma U_{1\to 2} &= \int_0^{\Delta x_A}(\mu_k N - T)\,dx + \int_0^{\Delta x_B}(m_B g - 2T)\,dx \\
&= (\mu_k N - T)\cdot \Delta x_A + (m_B g - 2T)\,\Delta x_B \\
&= (0.3\cdot 29.43 - T)\cdot(-2\Delta x_B) + (4\cdot 9.81 - 2T)\,\Delta x_B \\
&= 21.58\,\Delta x_B \quad \text{(장력 } T\text{가 한 일은 서로 상쇄된다)}
\end{aligned}
$$

운동에너지의 차는

$$
\begin{aligned}
T_2 - T_1 &= \frac{1}{2}m_A\left(v_{A2}^2 - v_{A1}^2\right) + \frac{1}{2}m_B\left(v_{B2}^2 - v_{B1}^2\right) \\
&= \frac{1}{2}\cdot 3\cdot\left(2^2 - 0\right) + \frac{1}{2}\cdot 4\cdot\left(1^2 - 0\right) = 8.0\ \mathrm{J}
\end{aligned}
$$

일과 운동에너지 식에 적용하면

$$\Sigma U_{1\to 2} = T_2 - T_1$$

$$21.58\,\Delta x_B = 8.0, \qquad \therefore\ \Delta x_B = 0.371\ \mathrm{m}$$

답 $\Delta x_B = 0.371\ \mathrm{m}$

예제 4.4

질량 20 kg인 짐이 4 m/s의 속도로 스프링에 부딪힌다고 한다. 접촉 후 최대 압축길이가 0.12 m가 되는 범퍼를 만들기 위한 스프링의 상수를 다음 각 경우에 대해 구하라.

(a) 짐과 지면과의 마찰을 무시하는 경우

(b) 짐과 바닥과의 동마찰계수가 $\mu_k = 0.3$인 경우

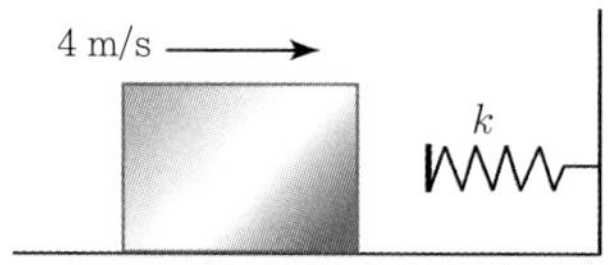

적용원리

- 일과 운동에너지 식을 사용한다. $\Sigma U_{1\to2} = T_2 - T_1$
- 마찰력과 스프링 힘에 의한 일을 고려한다.

풀이

(a) 마찰을 무시하는 경우

수직반력을 N 이라 놓고, 자유물체도를 그리면 다음과 같다.

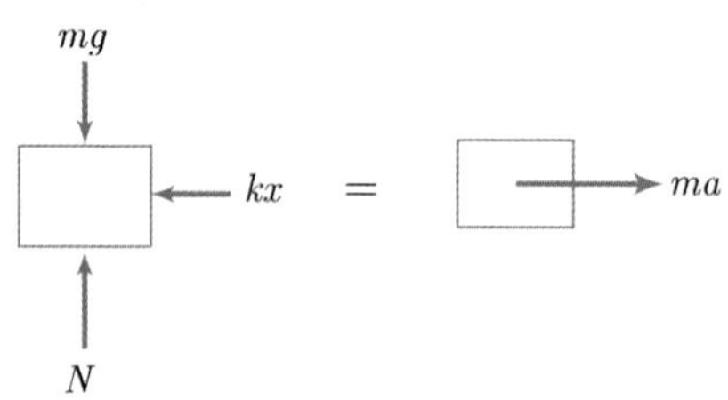

수평 방향의 운동방정식은

$$\xrightarrow{+} : -kx = ma$$

물체가 수평 방향으로 Δx_A 만큼 이동하는 동안 작용하는 힘은 $(-kx)$이므로, 물체가 이동하는 동안 작용하는 힘이 한 일은

$$\Sigma U_{1\to2} = \int_0^{\Delta x} (-kx)\,dx = -\frac{k}{2}(\Delta x)^2$$

일과 운동에너지 식에 적용하면

$$\Sigma U_{1\to2} = T_2 - T_1$$

$$-\frac{1}{2}k(\Delta x)^2 = \frac{1}{2}m(v_2^2 - v_1^2)$$

$$-\frac{1}{2}k \cdot 0.12^2 = \frac{1}{2} \cdot 20 \cdot (0 - 4^2), \qquad \therefore\ k = 22200\ \text{N/m}$$

답 $k = 22200\ \text{N/m}$

(b) 마찰을 고려하는 경우

수직반력을 N, 마찰력을 $\mu_k N$이라 놓고, 자유물체도를 그리면 다음과 같다.

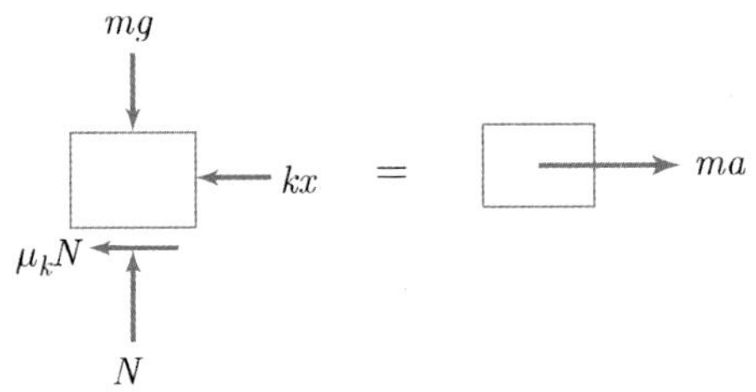

수직 방향의 운동방정식은

$$+\uparrow : N - mg = 0$$

$$N - 20 \cdot 9.81 = 0, \qquad \therefore\ N = 196.2\ \text{N}$$

수평 방향의 운동방정식은

$$\xrightarrow{+} : -kx - \mu_k N = ma$$

물체가 수평 방향으로 Δx_A 만큼 이동하는 동안 작용하는 힘은 $(-kx - \mu_k N)$이므로, 물체가 이동하는 동안 작용하는 힘이 한 일은

$$\Sigma U_{1\to2} = \int_0^{\Delta x}(-kx - \mu_k N)\,dx$$

$$= -\frac{1}{2}k\Delta x^2 - \mu_k N \cdot \Delta x$$

$$= -\frac{1}{2}k \cdot 0.12^2 - 0.3 \cdot 196.2 \cdot 0.12 = -0.0072k - 7.063$$

운동에너지의 차는

$$T_2 - T_1 = \frac{1}{2}m\left(v_2^2 - v_1^2\right)$$

$$= \frac{1}{2} \cdot 20 \cdot \left(0 - 4^2\right) = -160.0\ \text{J}$$

일과 운동에너지 식에 적용하면

$$\Sigma U_{1\to2} = T_2 - T_1$$

$$-0.0072k - 7.063 = -160.0, \qquad \therefore\ k = 21240\ \text{N/m}$$

답 $k = 21240\ \text{N/m}$

예제 4.5

질량이 50 kg인 물체가 경사면을 따라 미끄러져 내려간다. 물체와 경사면 사이의 동마찰계수는 $\mu_k = 0.25$이며, 물체가 위치 1을 통과할 때 속력은 3 m/s이다. 물체가 스프링에 부딪힌 후 일시 멈추는 순간(위치 2) 스프링의 최대 변형량을 구하라. 단, 스프링의 초기상태는 변형되지 않았다고 가정하자.

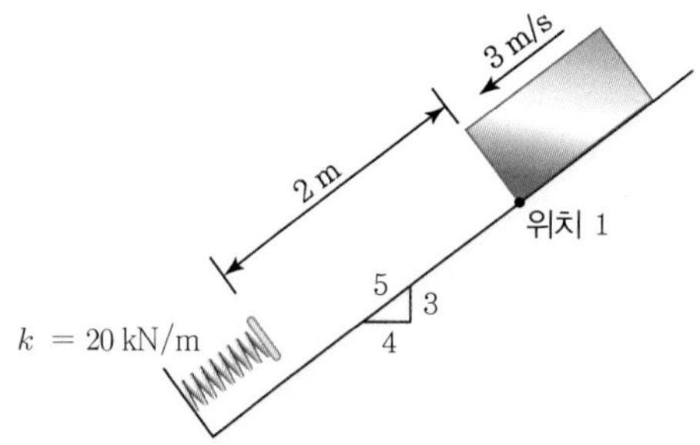

적용원리

- 중력, 마찰력, 스프링 힘이 한 일을 고려한다.
- 일과 운동에너지 식을 사용한다. $\Sigma U_{1\to2} = T_2 - T_1$

풀이

수직반력을 N, 마찰력을 $\mu_k N$이라 놓자.

경사면과 수평면이 이루는 각도를 θ라고 하면, $\cos\theta = 0.8$, $\sin\theta = 0.6$이 된다.

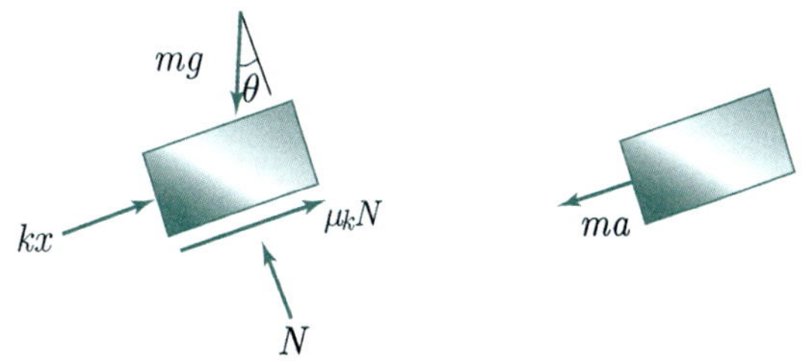

경사면에 수직 방향의 운동방정식은

$$\nwarrow + : N - mg\cos\theta = 0$$

$$N - 50 \cdot 9.81 \cdot 0.8 = 0, \qquad \therefore \; N = 392.4\,\mathrm{N}$$

경사면에 하강 방향의 운동방정식은

$$\swarrow + : mg\sin\theta - \mu_k N - kx = ma$$

물체가 경사면을 따라 이동하는 동안 스프링이 압축되는 길이를 x라고 하면, 물체의 전체 이동거리는 $2+x$가 된다.

물체가 경사면을 따라 $2+x$ 만큼 이동하는 동안 작용하는 힘은 $(mg\sin\theta - \mu_k N)$이고, 스프링이 x 만큼 이동하는 동안 작용하는 힘은 $(-kx)$이다.

따라서, 중력과 마찰력이 한 일과 스프링 힘이 한 일은

$$\begin{aligned}
\Sigma U_{1\to 2} &= \int_0^{2+x} (mg\sin\theta - \mu_k N)\,dx + \int_0^{x} (-kx)\,dx \\
&= (mg\sin\theta - \mu_k N) \cdot (2+x) - \frac{1}{2}kx^2 \\
&= (50 \cdot 9.81 \cdot 0.6 - 0.25 \cdot 392.4) \cdot (2+x) - \frac{1}{2} \cdot 20000\,x^2 \\
&= -10000\,x^2 + 196.2x + 392.4
\end{aligned}$$

운동에너지의 차는

$$T_2 - T_1 = \frac{1}{2}m\left(v_2^2 - v_1^2\right)$$

$$= \frac{1}{2} \cdot 50 \cdot \left(0 - 3^2\right) = -225.0 \text{ J}$$

일과 운동에너지 식에 적용하면

$$\Sigma U_{1\to 2} = T_2 - T_1$$

$$-10000x^2 + 196.2x + 392.4 = -225.0, \qquad \therefore\ x = \pm 0.258 \text{ m}$$

답 $x = 0.258$ m

예제 4.6

질량 m의 공이 위치 1에서 정지 상태로 있다가 놓여져 위치 2까지 움직였을 때, 줄이 회전한 각도는 θ이다. 다음을 구하라.

(a) 공이 위치 1에서 위치 2로 이동하는 동안 중력에 의한 일
(b) 공이 위치 1에서 위치 2로 이동하는 동안 줄의 장력에 의한 일
(c) 위치 2에서 공의 속력

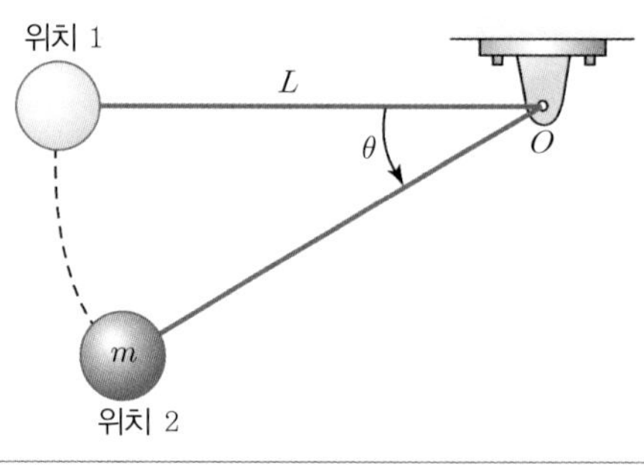

적용원리

- 중력이 한 일은 무게에 수직 방향으로 이동거리를 곱한 값이다.
- 힘의 작용방향으로 물체가 움직이지 않았다면 힘이 한 일은 0이다.
  즉, 운동방향에 수직한 방향으로 작용하는 힘은 일을 하지 않는다.
- 일과 운동에너지 식을 사용한다. $\Sigma U_{1\to 2} = T_2 - T_1$

풀이

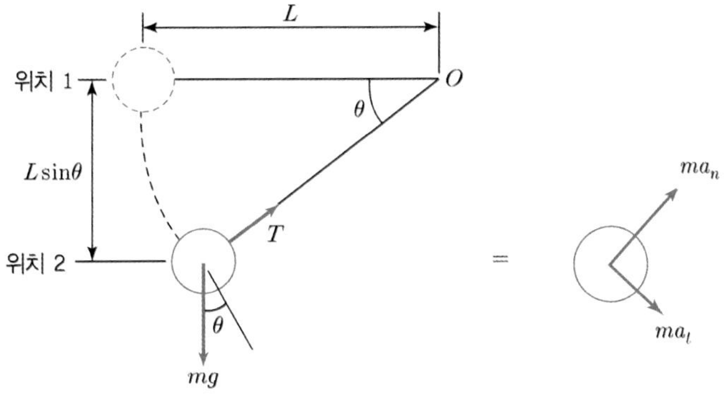

(a) 중력이 한 일

공이 수직 방향으로 움직인 거리는 $L\sin\theta$가 된다.

$$\Sigma U_{1\to 2} = \int_0^{\mathbf{s}} \mathbf{F}\cdot d\mathbf{s} = \int_0^{L\sin\theta} mg\,ds = mgL\sin\theta$$

답 $mgL\sin\theta$

(b) 위치 1에서 위치 2로 움직이는 동안 줄의 장력은 운동방향에 수직하므로 줄의 장력에 의한 일은 0이다.

답 0

(c) 일과 운동에너지 식에서

$$U_{1\to 2} = T_2 - T_1$$

$$mgL\sin\theta = \frac{1}{2}mv^2 - 0$$

답 $v = \sqrt{2gL\sin\theta}$

4.5 보존력: 위치에너지

질점에 작용하는 힘이 한 일이 질점의 최초 위치와 최종 위치에만 관계되고 움직인 경로에는 무관할 경우 이 힘을 보존력(conservative forces)이라고 한다. 앞에서 언급한 중력, 스프링 힘 등이 여기에 해당한다. 보존력만이 작용하는 경우 에너지가 보존되므로 같은 운동은 무한히 반복될 수 있다. 한편, 이 조건이 만족되지 않는 힘들을 비보존력(nonconservative forces)라 한다. 거친 바닥 위를 미끄러지는 물체에서 발생하는 마찰력, 유체 속을 움직이는 물체에 대한 저항력 등이 여기에 해당한다. 이 힘들이 작용하는 경우 계의 에너지는 보존되지 않는다. 이 힘이 작용한 경로가 길면 길수록 손실된 에너지는 더욱 많아진다. 즉, 비보존력이 작용하는 경우 물체가 움직인 경로에 따라 손실된 에너지양이 달라진다.

보존력을 취급할 때 보통 위치에너지(potential energy)의 개념을 사용하는 것이 유용한 경우가 많다. 흔히 사용되는 보존력으로 중력과 스프링의 탄성력 등이 있다.

4.5.1 중력에 의한 위치에너지

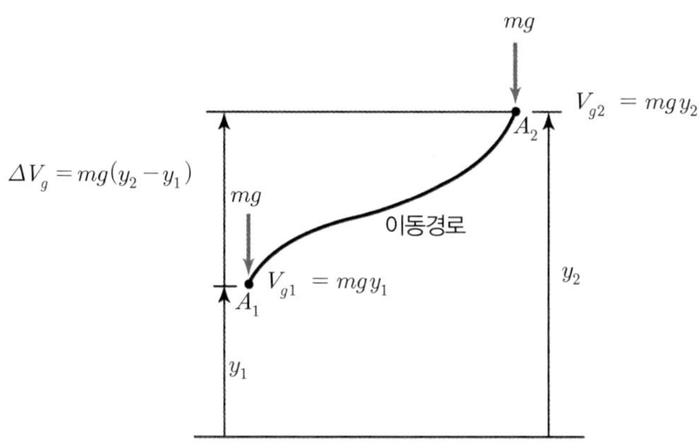

그림 4.7 중력에 의한 위치에너지 변화

그림 4.7에서 보는 바와 같이, 질량이 m인 물체가 기준선으로부터의 높이 y_1인 위치에서 높이 y_2인 위치로 움직이는 동안 물체가 한 일은 다음과 같다.

$$U_{1\to 2(\text{중력})} = \int_{\mathbf{r}_1}^{\mathbf{r}_2} (-mg\mathbf{j}) \cdot (dx\mathbf{i} + dy\mathbf{j} + dz\mathbf{k}) = -mg(y_2 - y_1) \qquad (4.15)$$

즉, 물체가 아래로 내려오면서($y_1 > y_2$) 양의 일을 하게 되고, 위로 올라가면서($y_1 < y_2$) 일을 할 수 있는 잠재능력을 축적(음의 일)하게 된다.

윗 식을 다시 쓰면 다음과 같다.

$$U_{1\to 2(\text{중력})} = mg(y_1 - y_2) = V_{g1} - V_{g2}$$

중력이 한 일은 최초의 위치에너지 값 $V_{g1} = mgy_1$에서 최종의 위치에너지 값 $V_{g2} = mgy_2$를 뺀 값이다.

중력에 의한 위치에너지 V_g는 기준점 A(높이가 $y = 0$이어서 중력에 의한 위치에너지가 $V_g = 0$인 점)에 대한 점 A'(높이가 y인 점)로 정의한다.

$$V_g = mgy \tag{4.16}$$

4.5.2 스프링 힘에 의한 위치에너지

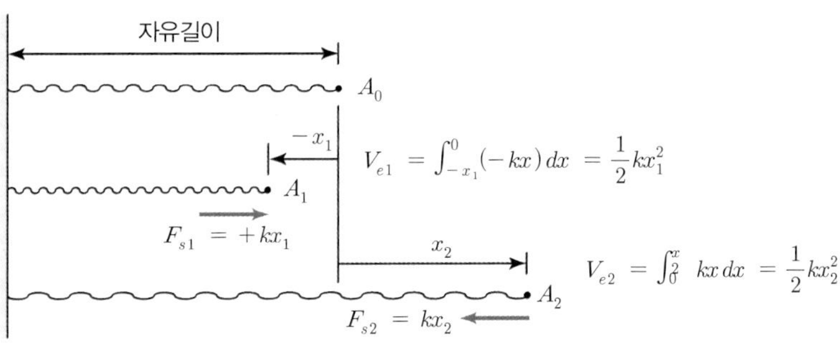

그림 4.8 스프링의 변형과 지장된 위치에너지

스프링 상수가 k인 선형 스프링이 최초 변형된 길이(x_1)에서 최종 변형된 길이(x_2)까지 변형하는 동안 스프링이 한 일은 다음과 같다. 스프링의 반력이 변형방향과 반대방향으로 발생한다.

$$U_{1\to 2(\text{스프링})} = \int_{x_1}^{x_2}(-kx\mathbf{i})\cdot dx\mathbf{i} = -\frac{1}{2}kx_2^2 + \frac{1}{2}kx_1^2 \tag{4.17}$$

만약 최초의 변형되지 않은 상태 ($x = 0$)에서 최종의 변형된 길이 x_2로 인장변형하면서 스프링이 수행한 일은 음수이다. 그리고 변형된 상태에서 원래 길이로 돌아가면서 양의 일을 수행한다.

$$U_{1\to 2(\text{스프링})} = \int_0^{x_2} (-kx\mathbf{i}) \cdot dx\mathbf{i} = -\frac{1}{2}kx_2^2 \tag{4.18}$$

스프링 반력에 의하여 수행된 일은 변형양의 제곱에 관계되므로 인장변형된 것이나 압축변형된 것이나 같은 값을 갖는다. 즉, 스프링이 자유길이에서 변형하면서 음의 일을 하게 되고, 스프링이 변형 상태에서 자유 길이로 돌아가면서 양의 일을 한다. 스프링이 자유길이에서 변형하면서 스프링이 가지고 있는 위치에너지가 증가하고, 스프링이 변형 상태에서 자유 길이로 돌아가면서 스프링이 가지고 있는 위치에너지가 감소한다. 위치에너지의 증감은 일을 할 수 있는 잠재능력의 증감을 의미한다.

식 (4.18)을 연관시키면 변형된 길이가 x인 스프링이 가지는 탄성 위치에너지는 다음과 같이 정의됨을 알 수 있다.

$$V_e = \frac{1}{2}kx^2 \tag{4.19}$$

여기서 x는 인장 또는 압축된 길이이다.

4.5.3 보존력이 한 일과 위치에너지

보존력만 작용하는 경우 보존력이 한 일은 두 지점간의 위치에너지 변화량과 같다. 물체가 가지고 있는 위치에너지가 줄면 양(+)의 일을 수행하게 되고, 물체가 가지고 있는 위치에너지가 증가하면 음(-)의 일을 수행하여 일을 할 수 있는 잠재능력을 축적하게 된다. 질점에 작용하는 보존력이 한 일과 위치에너지와의 관계는 다음과 같이 정의한다.

$$\Sigma U_{1\to 2} = \int_{\mathbf{r}_1}^{\mathbf{r}_2} \Sigma\mathbf{F} \cdot d\mathbf{r}$$

$$\Sigma U_{1\to 2} = V_1 - V_2 \tag{4.20}$$

여기서 V_1와 V_2는 질점의 최초 위치에너지 및 최종 위치에너지이다.

위치에너지는 일을 할 수 있는 잠재적 능력을 나타낸다. 질점에 대한 위치에너지의 변화를 나타낼 때 계산에 편리하도록 기준점(혹은 기준선)을 임의로 선정한다. 그리고 질점에 작용하는 여러 힘들에 대해 각각 다른 기준점을 사용할 수도 있다.

참고 위치(位置)에너지

영어로 포텐셜에너지(potential energy)에 대한 우리나라의 학술용어는 위치(位置)에너지이며, 위치에너지라는 용어는 물리적 의미를 정확히 나타낸다고 할 수 없다. 영어로 포텐셜에너지(potential energy)라는 용어는 단순히 위치를 표현하는 것을 의미하는 것이 아니라 일을 할 수 있는 잠재적인 능력을 나타내는 잠재(潛在)에너지를 의미한다. 이것은 영어로 potential energy라 하고, 영어로 position energy라고 하지 않는 점으로 볼 때 영어 표현이 더 정확하다고 볼 수 있다.

4.6 역학적 에너지의 보존

일과 운동에너지 식은 다음과 같다.

$$\Sigma U_{1\to 2} = T_1 - T_2$$

한편, 보존계에 대하여 일과 질점의 위치에너지 변화와의 관계식은 다음과 같다.

$$\Sigma U_{1\to 2} = V_1 - V_2$$

위의 두 식에서 $\Sigma U_{1\to 2}$를 소거하면 다음의 결과를 얻는다.

$$V_1 - V_2 = T_2 - T_1$$

이를 다시 정리하면 다음과 같으며 이 식은 보존계에서만 성립한다.

$$T_1 + V_1 = T_2 + V_2 \tag{4.21}$$

질점의 운동에너지와 위치에너지의 합($T + V$)을 질점의 전체 역학적 에너지(total mechanical energy)라 한다. 보존계에서는 운동에너지와 위치에너지의 합이 항상 일정하다. 따라서 식 (4.21)은 역학적 에너지의 보존 원리(the principle of conservation of mechanical energy)를 나타낸다. 이 원리는 오직 보존력만이 작용하는 경우 질점이 점 A_1에서 다른 점 A_2로 이동하면서 위치에너지와 운동에너지의 형태가 계속적으로 변화할지라도 질점의 운동에너지와 위치에너지의 합(전체적인 에너지양)은 결코 바뀌지 않음을 나타내고 있다. 즉,

$$(\text{역학적 에너지})_1 = (\text{역학적 에너지})_2$$

참고

에너지 관계식에서 흔히 에너지 변화가 있기 전의 상태를 하첨자 1로, 에너지 변화가 된 후의 상태를 하첨자 2로 표시한다. 그러나 여러 단계의 에너지 변화를 나타내어야 하는 경우 최초의 상태를 하첨자 0 또는 1로 나타내고 상태가 변화할 때마다 변화전의 상태를 나타내는 하첨자보다 1(하나)만큼 큰 수로 나타낸다. 또는 에너지 변화가 있기 전을 하첨자 A로, 변화 후의 상태를 하첨자 B로 표시하기도 한다.

예제 4.7

썰매를 탄 소년이 위치 1(기준 높이에서 4 m 높이)를 통과하여 위치 2(기준 높이에서 1.5 m 높이)에서 뛰어 올랐다가 위치 2로부터 수평거리 $b = 8$ m 떨어진 곳(기준 높이)에 착지했다. 위치 2에서 속도는 수평과 35°의 각도를 이룬다. 위치 1에서의 수평 속력는 얼마인가? 단, 노면과의 마찰과 공기저항은 무시한다.

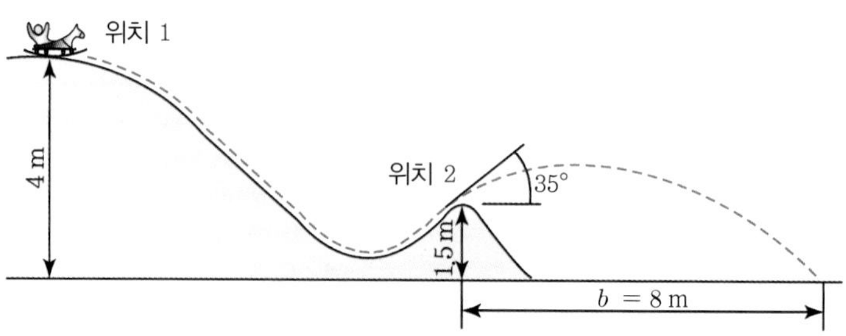

적용원리

- 위치 2부터 착지위치(최종도달지점)까지 포물선운동(수평 방향으로 등속도 운동, 수직 방향으로 중력가속도에 의한 등가속도 운동)을 한다. 착지위치로부터 위치 2의 속도를 계산한다.
- 위치 1과 위치 2 사이에는 역학적 에너지 보존법칙이 성립한다.

$$T_1 + V_1 = T_2 + V_2$$

풀이

[운동학]

위치 2에서 위치 3까지의 운동을 먼저 고려하자.

위치 2에서의 속력을 v_2라 하면

x방향(수평 방향) 속도 성분 $v_x = v_2 \cos\theta$

y방향(수직 방향) 속도 성분 $v_y = v_2 \sin\theta$

수평 방향으로 등속 운동

$$\xrightarrow{+} : v_x = v_2 \cos\theta$$

수평거리 $x = x_0 + v_2 \cos\theta \cdot t$

$$8 = 0 + v_2 \cos 35° \cdot t \qquad ①$$

수직 방향으로 등가속 운동

$$+\uparrow : v_y = v_2 \sin\theta - gt$$

수직거리 $y = y_0 + v_2 \sin\theta \cdot t - \frac{1}{2} g t^2$

$$0 = 1.5 + v_2 \sin 35° \cdot t - \frac{1}{2} \cdot 9.81 \cdot t^2 \qquad ②$$

식 ①, ②로부터

$$\therefore\ t = 1.203\ \text{s},\ v_2 = 8.116\ \text{m/s}$$

[운동역학]

위치 1에서 위치 2까지의 운동에서 역학적 에너지 보존식이 성립된다.

지면을 위치에너지의 기준높이로 놓고, 역학적 에너지 보존식에 적용하면

$$T_1 + V_1 = T_2 + V_2$$

$$\frac{1}{2} m v_1^2 + m g y_1 = \frac{1}{2} m v_2^2 + m g y_2$$

양변에서 m을 소거하고 숫자를 대입하면

$$\frac{1}{2} v_1^2 + 9.81 \cdot 4 = \frac{1}{2} \cdot 8.116^2 + 9.81 \cdot 1.5, \qquad \therefore\ v_1 = 4.101\ \text{m/s}$$

답 $v_1 = 4.101\ \text{m/s}$

예제 4.8

질량 15 kg인 물체 A와 질량 20 kg인 물체 B가 길이 0.5 m의 막대로 연결되어 있다. 물체 B는 스프링 상수는 600 N/m인 스프링에 연결되어 있다. 막대의 질량은 무시할 만큼 가볍고, 물체 A와 물체 B는 마찰력을 무시할 만큼 매끄러운 홈을 따라 움직인다. 그림에 나타낸 위치(위치 1)에서 물체들은 정지상태에 있으며, 스프링이 늘어나지 않은 상태에서의 원래 길이는 0.25 m이다. 물체 B가 아랫 방향으로 0.1 m 만큼 움직였을 때(위치 2) 물체 B의 속도를 구하라.

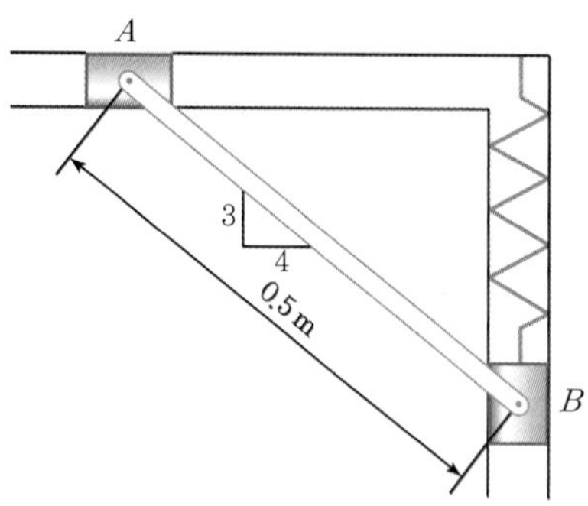

(옆에서 본 그림)

적용원리

- 물체 A와 물체 B는 종속운동을 한다.
- 중력, 스프링 힘이 위치에너지 변화를 일으킨다.
- 스프링반력은 총길이에 비례하지 않고 변화된 길이에 비례한다.
- 역학적 에너지 보존법칙을 적용한다. $T_1 + V_1 = T_2 + V_2$

풀이

[운동학]

최초 위치를 1, 최종 위치를 2라고 하자.

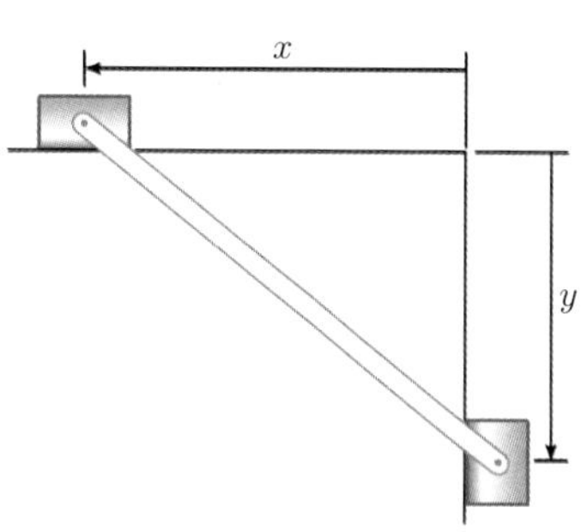

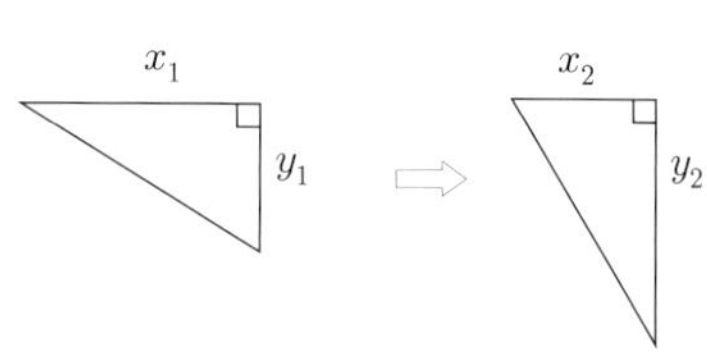

(위치 1) (위치 2)

막대의 기하학적 형상에서

$$x^2 + y^2 = 0.5^2 \qquad ①$$

위의 관계로부터 위치 1에서 $x_1 = 0.4\text{ m}$, $y_1 = 0.3\text{ m}$이고,

위치 2에서 $x_2 = 0.3\text{ m}$, $y_2 = 0.4\text{ m}$가 된다.

원래 스프링의 길이가 0.25 m이므로, 위치 1에서 스프링이 늘어난 길이는 $\Delta y_1 = 0.05\text{ m}$이고 위치 2에서 스프링이 늘어난 길이는 $\Delta y_2 = 0.15\text{ m}$이다.

식 ①을 미분하여 속도식은

$$x v_A + y v_B = 0$$

위치 2에서의 속도 관계는 $x = 0.3\text{ m}$, $y = 0.4\text{ m}$를 대입하면

$$0.3 v_A + 0.4 v_B = 0$$

$$v_{A2} = -\frac{4}{3} v_{B2} \qquad ②$$

[운동역학]

수평안내면을 위치 에너지의 기준 높이로 잡으면

$$y_{g1} = -0.3\text{ m},\ y_{g1} = -0.3\text{ m}$$

최초 위치에서의 역학적 에너지

$$T_1 + V_1 = \frac{1}{2} m_A v_{A1}^2 + \frac{1}{2} m_B v_{B1}^2 + \frac{1}{2} k(\Delta y_1)^2 + m_B g y_{g1}$$

$$= 0 + 0 + \frac{1}{2} \cdot 600 \cdot 0.05^2 + 20 \cdot 9.81 \cdot (-0.3) = -58.11\text{ J}$$

최종 위치에서의 역학적 에너지

$$T_2 + V_2 = \frac{1}{2} m_A v_{A2}^2 + \frac{1}{2} m_B v_{B2}^2 + \frac{1}{2} k(\Delta y_2)^2 + m_B g y_{g2}$$

$$= \frac{1}{2} \cdot 15 \cdot \left(-\frac{4}{3} v_{B2}\right)^2 + \frac{1}{2} \cdot 20 \cdot v_{B2}^2 + \frac{1}{2} \cdot 600 \cdot 0.15^2 + 20 \cdot 9.81 \cdot (-0.4)$$

$$= 23.33\, v_{B2}^2 - 71.73$$

역학적 에너지 보존식에 적용하면

$$T_1 + V_1 = T_2 + V_2$$

$$-58.11 = 23.33\, v_{B2}^2 - 71.73, \qquad \therefore\ v_{B2} = \pm 0.764\ \text{m/s}$$

답 $\mathbf{v}_{B2} = 0.764\ \text{m/s}\ \downarrow$

별해

일과 운동에너지 법칙을 이용해보자.

막대의 장력을 T라 놓을 때, 장력이 한 일은 서로 상쇄된다.

스프링이 0.05 m에서 0.15 m로 늘어나는 동안 작용하는 힘은 $(-ks)$이고, 동시에 물체 B가 0.1 m 만큼 하강하는 동안 작용하는 힘은 $(m_B g)$이다.

따라서, 스프링 힘과 중력이 한 일은

$$\Sigma U_{1\to2} = \int_{0.05}^{0.15} (-ks)\,ds + \int_0^{0.1} (m_B g)\,dy$$

$$= -\frac{1}{2}ks^2 \Big|_{0.05}^{0.15} + mgy \Big|_0^{0.1}$$

$$= -\frac{1}{2}\cdot 600 \cdot (0.15^2 - 0.05^2) + 20\cdot 9.81\cdot 0.1 = 13.62\ \text{J}$$

운동에너지의 차는

$$T_2 - T_1 = \frac{1}{2}m_A(v_{A2}^2 - v_{A1}^2) + \frac{1}{2}m_B(v_{B2}^2 - v_{B1}^2)$$

$$= \frac{1}{2}\cdot 15\left\{\left(-\frac{4}{3}v_{B2}\right)^2 - 0\right\} + \frac{1}{2}\cdot 20\,(v_{B2}^2 - 0)$$

$$= 23.33\, v_{B2}^2$$

일과 운동에너지 식에 작용하면

$$U_{1\to2} = T_2 - T_1$$

$$13.62 = 23.33\, v_{B2}^2, \qquad \therefore\ v_{B2} = \pm 0.764\ \text{m/s}$$

답 $\mathbf{v}_{B2} = 0.764\ \text{m/s}\ \downarrow$

4.7 비보존력의 작용과 에너지 손실

이에 반해 비보존력이 존재하는 계도 있다. 비보존력이 작용하면, 역학적 에너지는 보존되지 않고 감소하게 되며 다음 식을 사용한다.

$$T_1 + V_1 - E_{\text{loss}} = T_2 + V_2 \tag{4.22}$$

비보존력의 대표적인 힘이 마찰력이며 이는 역학적 에너지를 감소시키는 작용을 한다.

참고

마찰력에 의한 역학적 에너지의 손실은 영원히 없어지는 것이 아니다. 마찰로 인하여 발생한 에너지는 열로 발생하여 화학 에너지를 증가시키고, 그때 발생한 소음은 소리 에너지로 변화한다. 역학적 에너지에는 손실이 있다고 볼 수 있지만 우주 전체의 에너지 총량에는 변함이 없다. 다른 계의 에너지로 변환되는 경우가 많다. 예를 들어 발전기는 역학적 에너지를 전기적 에너지로, 엔진은 연료에 의한 화학 에너지를 역학적 에너지로, 원자로는 질량 에너지를 열 에너지로 변환시킨다.

참고

힘이 한 일과 운동에너지 변화를 나타내는 식은 다음과 같다.

$$\Sigma U_{1\to 2} = T_2 - T_1 \tag{4.13}$$

위치에너지와 운동에너지 변화관계를 나타내는 식은 다음과 같다.

$$T_1 + V_1 - E_{\text{loss}} = T_2 + V_2 \tag{4.22}$$

앞의 두 식이 의미하는 바는 근본적으로 같다. 예를 들어 중력, 스프링 힘, 마찰력의 작용으로 운동에너지의 변화가 일어나는 계를 생각할 수 있다. 질량 m인 질점이 이동한 높이가 h_1에서 h_2로 변동하고, 스프링의 변형길이는 x_1에서 x_2로 변형하며, 마찰력 μN이 거리 s만큼 작용하여 질점의 운동속도가 v_1에서 v_2로 변환하는 경우 표현되는 식을 구체적으로 검토하여 보자.
식 (4.13)에 따른 표현은 다음과 같다.

$$\int_{h_1}^{h_2}(-mg)dy + \int_{x_1}^{x_2}(-kx)dx + \int_0^s(-\mu N)ds = \frac{1}{2}m(v_2^2 - v_1^2)$$

$$-mg(h_2 - h_1) - \frac{1}{2}k(x_2^2 - x_1^2) - \mu N\cdot s = \frac{1}{2}m(v_2^2 - v_1^2)$$

윗 식을 식 (4.22)의 형태로 옮겨 적으면 다음과 같으며, 운동의 형태에 따라 적용한 식과 같다.

$$mgh_1 + \frac{1}{2}kx_1^2 + \frac{1}{2}mv_1^2 - \mu N \cdot s = mgh_2 + \frac{1}{2}kx_2^2 + \frac{1}{2}mv_2^2$$

예제 4.9

그림과 같이 질량이 30 kg인 물체 A와 질량이 20 kg인 물체 B가 줄로 연결되어 경사면 위에 놓여 있다. 최초 두 물체는 정지상태에 있었으며 물체 B가 경사면을 따라 윗 방향으로 0.3 m 움직였을 때 물체 A의 속도를 구하라. 두 물체와 경사면 사이의 동마찰계수는 각각 $\mu_k = 0.1$이다.

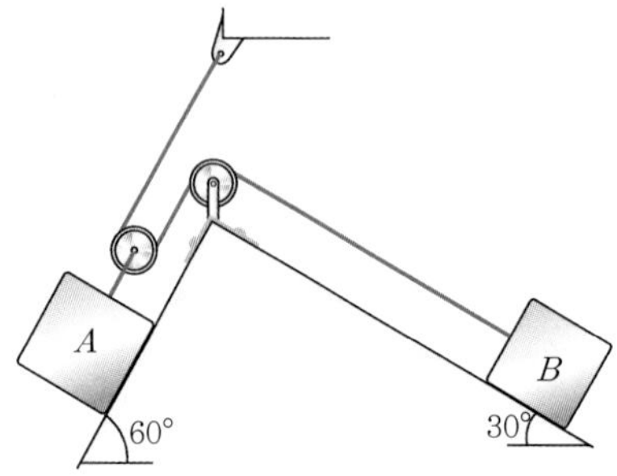

적용원리

- 중력에 의한 위치에너지 변화는 무게에 연직방향의 높이 변화를 곱한 값이다. 즉, 중력(힘)의 작용방향으로 움직인 거리가 유효하다. 올라갔으면 위치에너지의 증가이고, 내려갔으면 위치에너지의 감소이다.
- 마찰력에 의한 위치에너지 변화는 마찰력에 경로를 따라 움직인 거리(마찰력의 작용방향으로 움직인 거리)를 곱한 값이다.
- 물체 A와 물체 B는 종속운동을 한다.
- $T_1 + V_1 - E_{\text{loss}} = T_2 + V_2$

풀이

[운동학]

두 물체가 움직이는 변위를 각각 x_A, x_B 라 놓자.

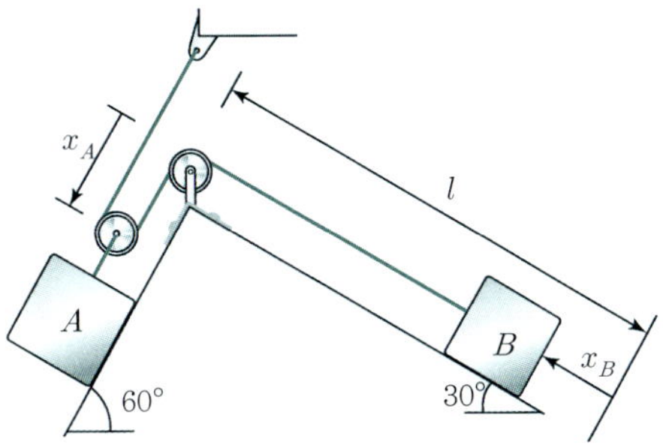

줄의 길이는 일정하므로 다음의 관계식을 얻는다.

$$2x_A + (l - x_B) = \text{일정}$$

두 물체가 움직인 거리 관계는

$$2\Delta x_A = \Delta x_B \qquad ①$$

여기서 $\Delta x_B = 0.3\,\mathrm{m}$이면, $\Delta x_A = 0.15\,\mathrm{m}$이다.

두 물체의 속도 관계는

$$2v_A = v_B \qquad ②$$

두 물체의 가속도 관계는

$$2a_A = a_B \qquad ③$$

[운동역학]

줄의 장력을 T라 놓으면, 물체 A에는 $2T$가 작용되며 물체 B에는 T가 작용된다.

물체 A, B에 대한 수직반력을 각각 N_A, N_B라 놓자.

물체 A는 경사면을 따라 하강하고, 물체 B는 경사면을 따라 상승하므로, 각 물체에 대한 마찰력의 방향은 각각의 운동 방향의 반대이다.

i) 물체 A에서

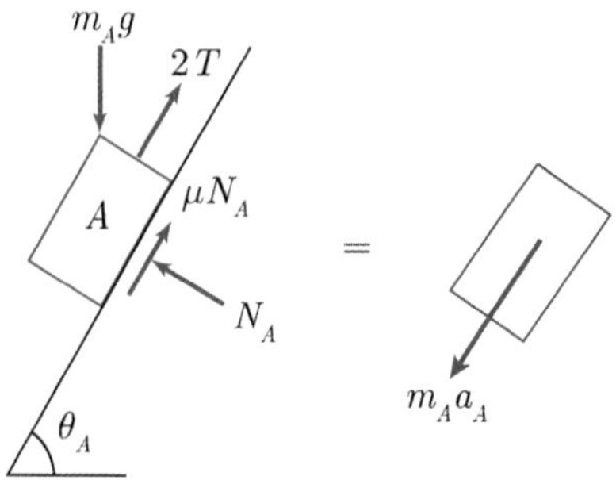

경사면에 수직 방향의 운동방정식은

$$\nwarrow + : N_A - m_A g \cos\theta_A = 0$$

$$N_A - 30 \cdot 9.81\cos 60° = 0, \qquad \therefore \; N_A = 147.2\ \text{N}$$

물체 B에서

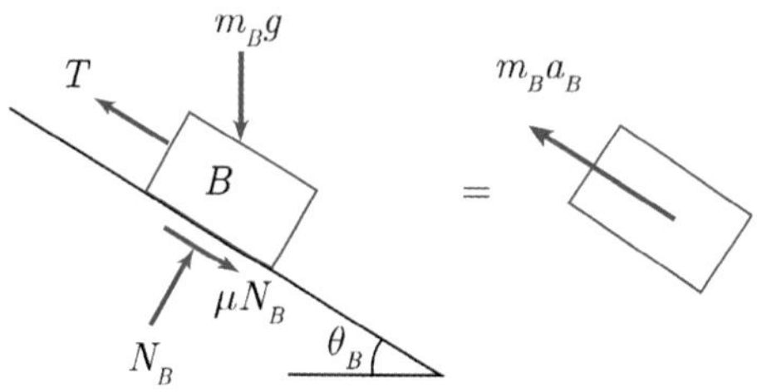

경사면에 수직 방향의 운동방정식은

$$+\nearrow : N_B - m_B g \cos\theta_B = 0$$

$$N_B - 20 \cdot 9.81\cos 30° = 0, \qquad \therefore \; N_B = 169.9\ \text{N}$$

높이 기준을 각 물체의 최초 위치로 잡고, 마찰에 의한 에너지 손실을 고려한다.

최초 위치에서의 역학적 에너지

$$T_1 + V_1 = \left(\frac{1}{2}m_A v_{A1}^2 + \frac{1}{2}m_B v_{B1}^2\right) + (m_A g h_{A1} + m_B g h_{B1}) = 0+0+0+0=0$$

마찰에 의한 손실에너지

$$E_{\text{loss}} = \mu N_A \Delta x_A + \mu N_B \Delta x_B$$

$$= (0.1 \cdot 147.2) \cdot 0.15 + (0.1 \cdot 169.9) \cdot 0.3 = 7.305 \text{ J}$$

최종 위치에서의 역학적 에너지

$$T_2 + V_2 = \frac{1}{2} m_A v_{A2}^2 + \frac{1}{2} m_B v_{B2}^2 + m_A g(-\Delta x_A \sin\theta_A) + m_B g(\Delta x_B \sin\theta_B)$$

$$= \frac{1}{2} \cdot 30 \cdot v_{A2}^2 + \frac{1}{2} \cdot 20 \cdot (2 v_{A2})^2 + 30 \cdot 9.81 \cdot (-0.15 \sin 60°) + 20 \cdot 9.81 \cdot (0.3 \sin 30°)$$

$$= 55 v_{A2}^2 - 8.800$$

비보존 에너지 식에서

$$T_1 + V_1 - E_{\text{loss}} = T_2 + V_2$$

$$0 + 0 - 7.305 = 55 v_{A2}^2 - 8.800, \qquad \therefore v_{A2} = \pm 0.165 \text{ m/s}$$

답 $\mathbf{v}_{A2} = 0.165 \text{ m/s}$ 60°↘

별해

일과 운동에너지 법칙을 적용해보자.

[운동학]

앞에서 같은 과정을 적용한다.

$$2\Delta x_A = \Delta x_B \ (\Delta x_B = 0.3 \text{ m} \ , \ \Delta x_A = 0.15 \text{ m})$$

$$2 v_A = v_B$$

$$2 a_A = a_B$$

[운동역학]

줄의 장력을 T라 놓으면, 물체 A에는 $2T$가 작용되며 물체 B에는 T가 작용된다.

물체 A, B에 대한 수직반력을 각각 N_A, N_B라 놓자.

물체 A에 대하여

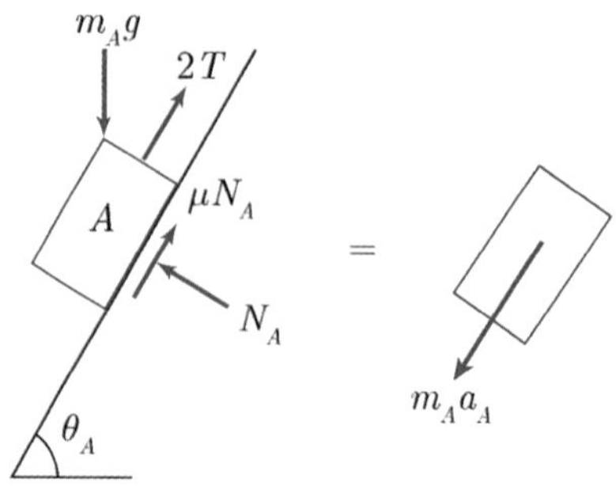

경사면에 수직 방향의 운동방정식은

$$\nwarrow + : N_A - m_A g\cos\theta_A = 0$$

$$N_A - 30 \cdot 9.81\cos 60° = 0, \qquad \therefore\ N_A = 147.2\ \text{N}$$

경사면 방향의 운동방정식은

$$\swarrow + : m_A g\sin\theta_A - \mu N_A - 2T = m_A a_A$$

물체 B에 대하여

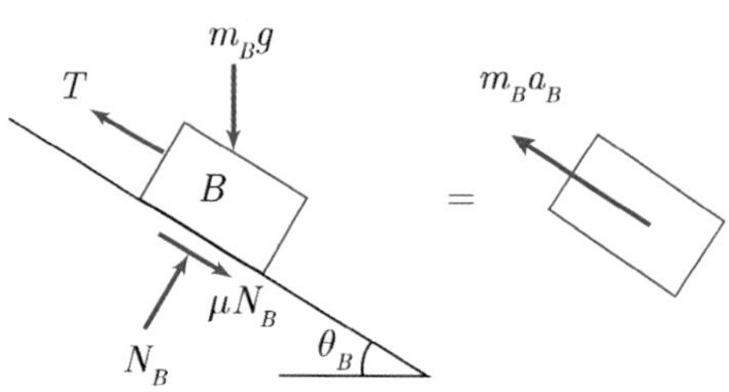

경사면에 수직 방향의 운동방정식은

$$\nearrow + : N_B - m_B g\cos\theta_B = 0$$

$$N_B - 20 \cdot 9.81\cos 30° = 0, \qquad \therefore\ N_B = 169.9\ \text{N}$$

운동 방향의 운동방정식은

$$\nwarrow + : T - m_B g\sin\theta_B - \mu N_B = m_B a_B$$

따라서, 물체 A가 Δx_A 만큼 이동하는 동안 작용하는 힘은 $(m_A g\sin\theta_A - \mu_k N_A - 2T)$이고, 물체 B가 Δx_B 만큼 이동하는 동안 작용하는 힘은 $(T - m_B g\sin\theta_B - \mu N_B)$이므로, 물체 A와 물체 B가 이동하는 동안 작용하는 힘이 한 일은

$$\Sigma U_{1\to 2} = \int_0^{\Delta x_A}(m_A g\sin\theta_A - \mu N_A - 2T)ds + \int_0^{\Delta x_B}(T - m_B g\sin\theta_B - \mu N_B)ds$$

$$= (m_A g\sin\theta_A - \mu N_A - 2T)\Delta x_A + (T - m_B g\sin\theta_B - \mu N_B)\Delta x_B$$

$$= (30\cdot 9.81\sin 60° - 0.1\cdot 147.2)\cdot 0.15 + (-20\cdot 9.81\sin 30° - 0.1\cdot 169.9)\cdot 0.3$$

$$= 1.495\text{ J}$$ (장력 T가 한 일은 서로 상쇄된다.)

운동에너지의 차는

$$T_2 - T_1 = \frac{1}{2}m_A(v_{A2}^2 - v_{A1}^2) + \frac{1}{2}m_B(v_{B2}^2 - v_{B1}^2)$$

$$= \frac{1}{2}\cdot 30\,(v_{A2}^2 - 0) + \frac{1}{2}\cdot 20\left\{(2v_{A2})^2 - 0\right\}$$

$$= 55\,v_{A2}^2$$

일과 운동에너지 식에 적용하면

$$\Sigma U_{1\to 2} = T_2 - T_1$$

$$1.495 = 55\,v_{A2}^2\,, \qquad \therefore\ v_A = \pm\, 0.165\text{ m/s}$$

답 $\mathbf{v}_A = 0.165\text{ m/s}$ 60°↘

4.8 일률과 효율

4.8.1 일 률

일률(power)은 동력이라고도 하며 단위 시간당 하는 일로 정의하며 스칼라 양이다.

$$P = \frac{dU}{dt}$$

여기서 dU는 미소시간 dt 동안에 힘 $\mathbf{F}$가 한 미소한 일이다.

한편 미소한 일은 다음과 같이 정의했다.

$$dU = \mathbf{F} \cdot d\mathbf{r}$$

즉, 일을 수행하는 동안 힘의 크기와 방향이 일정하게 유지된다고 할 때 다음의 식을 얻을 수 있다.

$$P = \mathbf{F} \cdot \frac{d\mathbf{r}}{dt}$$

속도 $\mathbf{v} = d\mathbf{r}/dt$ 이므로 일률(동력)은 다음과 같다.

$$P = \mathbf{F} \cdot \mathbf{v} \tag{4.23}$$

일률의 단위는 위의 정의로부터 단위시간당 일[N · m] 또는 에너지[J]로 유도된다. 따라서 국제단위계에서 일률의 기본단위인 와트[W]는 다음과 같다.

$$1\,\mathrm{W} = 1\,\mathrm{Nm/s} = 1\,\mathrm{J/s}$$

참고 힘(force)의 개념

흔히 우리말로 '기계의 힘이 좋다.'라고 할 때의 힘은 동력(power)의 의미하며, '그 사람! 힘이 세다.'라고 할 때의 힘은 정력(stamina)을 의미하기도 한다. 이와 같은 일상생활에서 사용하는 힘의 의미가 역학에서 사용하는 힘의 의미와 혼동하는 경우가 있다. 역학에서 사용하는 힘은 물체를 변형시키거나 물체를 이동시키는 원인이 되는 것을 의미한다.

4.8.2 효 율

역학계에서 일을 수행하는 과정에서 비보존력에 의하여 역학적 에너지의 손실이 수반된다. 즉, 비보존력으로 마찰손실이라든가, 재료의 히스테리시스(hysteresis) 손실, 공기저항 등이 여기에 해당한다.

효율(efficiency) η는 입력 일에 대한 출력 일의 비로 정의한다. 이것으로부터 입력 일에 대한 손실 일을 알 수도 있다.

$$\eta = \frac{\text{유용한 일}}{\text{전체 일}} = \frac{\text{출력된 일}}{\text{입력한 일}} \tag{4.24}$$

일률은 단위시간당 하는 일이기 때문에 효율도 역시 입력 일률에 대한 출력일률로 표시할 수 있다.

$$\eta = \frac{\text{유용한 일률}}{\text{전체 일률}} = \frac{\text{출력된 일률}}{\text{입력한 일률}} \tag{4.25}$$

실질적으로 모든 역학계에서 출력일은 입력일보다 작고, 그 효율은 항상 1보다 작다. 어떤 계가 여러 개의 기계들로 이루어져 있다면 이 전체계의 효율은 각각의 효율들을 모두 곱하여 구할 수 있다.

예제 4.10

엘리베이터 E와 화물의 질량의 합이 400 kg이다. 이 엘리베이터는 모터 M과 300 kg의 평형추 C에 의해 끌어올려진다.

(a) 엘리베이터가 일정한 속력 $v_E = 4$ m/s로 윗 방향으로 끌어 올려질 때, 효율이 $\eta = 0.9$인 모터에 공급되어야 하는 일률(동력)을 구하라.

(b) 엘리베이터의 순간속도가 위쪽으로 $v_E = 4$ m/s, 가속도가 윗 방향으로 0.5 m/s^{2}일 때, 효율이 $\eta = 0.9$인 모터에 공급되어야 하는 일률(동력)을 구하라.

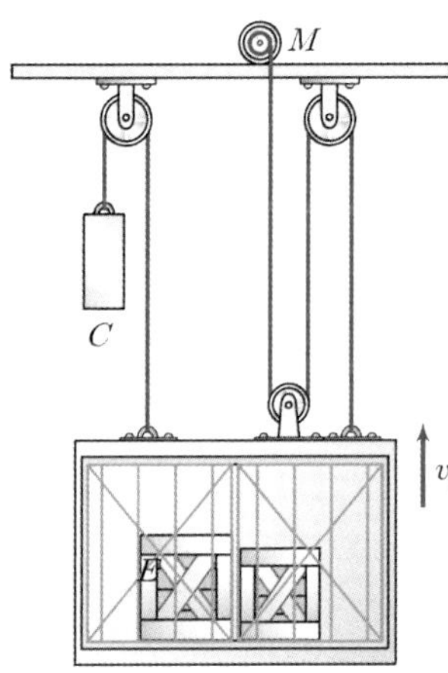

적용원리

- 모터에 연결된 줄에 작용하는 장력을 줄이기 위하여 평형추를 장착한다.
- 엘리베이터를 움직이는데 필요한 동력을 산정할 때 손실되는 동력을 감안하여 계산된 동력에 효율의 역수를 곱하여 모터의 동력을 결정한다.
- 평형추와 엘리베이터, 엘리베이터와 모터에 연결된 줄의 일정 점은 종속운동을 한다.

풀이

[운동학]

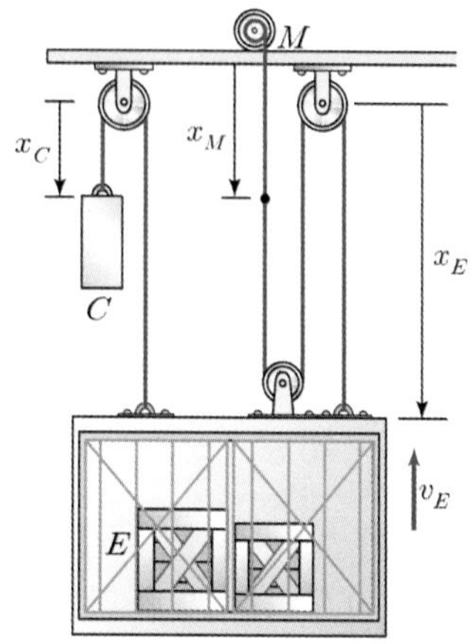

먼저 평형추 C와 엘리베이터 E를 연결한 줄에서 줄의 길이는 일정하다.

$$x_C + x_E = \text{일정}$$

미분하면 속도성분은

$$v_C + v_E = 0 \quad ①$$

미분하면 가속도 성분은

$$a_C + a_E = 0 \quad ②$$

모터 M과 엘리베이터 E를 연결한 줄에서 줄의 길이는 일정하므로

$$(x_E - x_M) + 2x_E = \text{일정}$$

미분하면 속도 성분은

$$3v_E - v_M = 0 \quad ③$$

미분하면 가속도 성분은

$$3a_E - a_M = 0 \quad ④$$

[운동역학]

평형추에 연결된 줄의 장력을 T라 하고, 모터에 연결된 줄의 장력을 F라 하자.

(a) 등속운동은 가속도가 0 m/s^{2}인 경우이다.

$$a_E = 0\ \mathrm{m/s^2}, \qquad a_C = 0\ \mathrm{m/s^2}$$

식 ③에서 엘리베이터 속도 $v_E = -4\ \mathrm{m/s}$이면

$$3 \cdot (-4) - v_M = 0, \qquad \therefore\ v_M = -12\ \mathrm{m/s}$$

평형추 C에 대하여

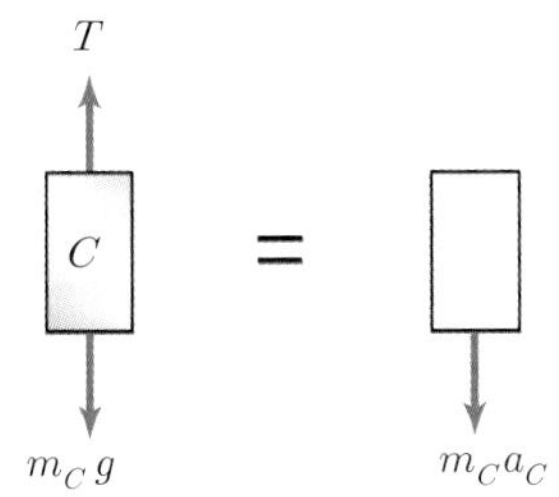

하강 방향의 운동방정식은

$$+\!\downarrow\ :\ m_C g - T = m_C a_C \qquad ⑤$$

$$300 \cdot 9.81 - T = 0, \qquad \therefore\ T = 2943\ \mathrm{N}$$

엘리베이터 E에 대하여

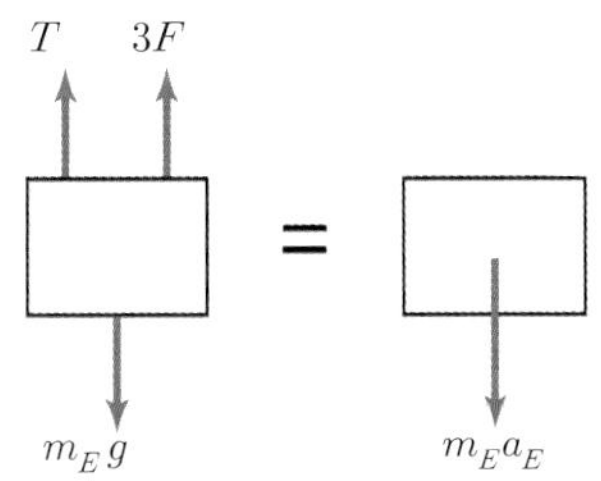

하강 방향의 운동방정식은

$$+\!\downarrow\ :\ m_E g - T - 3F = m_E a_E \qquad ⑥$$

$$400 \cdot 9.81 - 2943 - 3F = 0, \qquad \therefore\ F = 327\ \mathrm{N}$$

모터가 당기는 힘과 줄의 속도가 같은 방향으로 작용되므로, 모터에 필요한 일률은 다음과 같다.

$$P_M = \frac{1}{\eta} F\,|\,v_M\,| = \frac{1}{0.9} \cdot 327 \cdot 12 = 4360\ \mathrm{W}$$

답 4360 W

(b) 등가속도 운동의 경우이다.

엘리베이터의 속도가 $v_E = -4\ \mathrm{m/s}$이면 모터에 감기는 줄의 속도는 식 ③에서

$$v_M = -12\ \mathrm{m/s}$$

엘리베이터 가속도가 $a_E = -0.5\ \mathrm{m/s^2}$이므로, 식 ②에서 평형추의 가속도는

$$a_C = 0.5\ \mathrm{m/s^2}$$

식 ⑤에서

$$300 \cdot 9.81 - T = 300 \cdot 0.5, \qquad \therefore\ T = 2793\ \mathrm{N}$$

식 ⑥에서

$$400 \cdot 9.81 - 2793 - 3F = 400 \cdot (-0.5), \qquad \therefore\ F = 443.7\ \mathrm{N}$$

모터에 필요한 일률은 다음과 같다.

$$P_M = \frac{1}{\eta} F |v_M| = \frac{1}{0.9} \cdot 443.7 \cdot 12 = 5916\ \mathrm{W}$$

답 5916 W

4.9* 우주에서의 일과 에너지

중심 간의 거리가 r 만큼 떨어져 있고, 질량이 M과 m인 두 물체 사이에 작용하는 만유인력은 다음과 같다. 이 힘의 방향은 인력(잡아당기는 힘)으로서 두 물체에 작용하는 힘은 서로 반대 방향이고, 크기는 같다.

$$F = G\frac{Mm}{r^2} \tag{4.26}$$

여기서 G는 만유인력 상수이다.

그림 4.9에서 보는 바와 같이, 질량이 M인 물체가 고정점 O에 위치하고 질량 m이 어떤 경로를 따라 움직이는 경우를 생각해보자. 질량이 m인 물체를 당기는 힘 F의 방향은 고정점 O를 향하는 방향이고, 인력 F가 질량 m이 반경방향으로 dr만큼 움직이는 동안 수행한 일 dU은 다음과 같다. 음수로 표시한 이유는 힘(인력) $\mathbf{F}$는 중심 O를 향하고 반경방향 변위 dr의 반대 방향으로 작

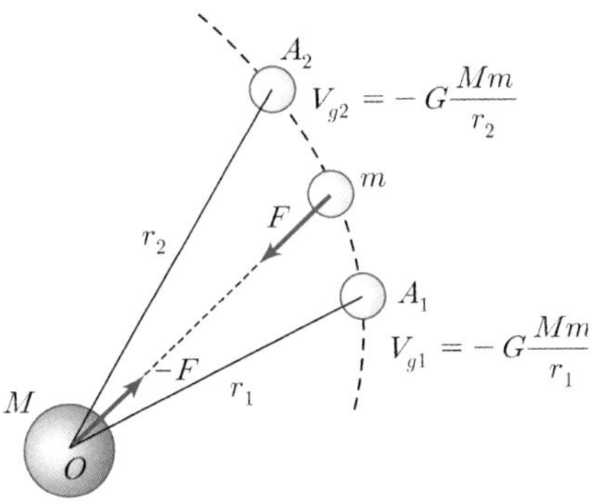

그림 4.9 만유인력이 수행한 일과 위치에너지 변화

용하기 때문이다.

$$dU = -F\,dr \tag{4.27}$$

식 (4.26)을 적용하면

$$dU = -G\frac{Mm}{r^2}dr$$

질량 m이 임의의 경로를 따라 위치 $A_1(r = r_1)$에서 위치 $A_2(r = r_2)$까지 운동하는 동안 만유인력이 수행한 일은 다음과 같다.

$$U_{1\to 2} = -\int_{r_1}^{r_2} G\frac{Mm}{r^2}dr$$

$$U_{1\to 2} = -G\frac{Mm}{r_1} + G\frac{Mm}{r_2} \tag{4.28}$$

만유인력에 의한 위치에너지를 다음과 같이 정의한다.

$$V_g = -G\frac{Mm}{r} \tag{4.29}$$

만유인력에 의한 일과 위치에너지와의 관계를 다음과 같이 표시할 수 있다.

$$U_{1\to 2} = V_{g1} - V_{g2} \tag{4.30}$$

예제 4.11

그림과 같이 질량 m인 물체를 지표면에서 연직 위로 발사하여 지구 반지름의 1/2 배 높이까지 올라갔다가 떨어지도록 하려면 지구에서의 발사 속도를 얼마로 하여야 하는가? 만유인력 상수는 G, 지구질량은 M이다. 공기의 저항과 지구의 운동은 무시한다.

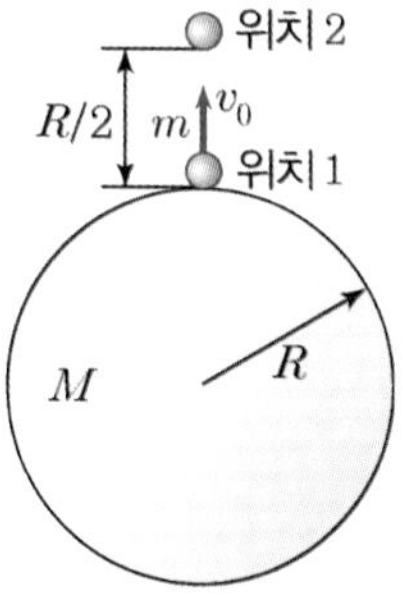

풀이

위치 1과 위치 2 사이의 역학적 에너지 보존식 $T_1 + V_1 = T_2 + V_2$에서

$$\frac{1}{2}mv_0^2 - G\frac{Mm}{R} = 0 - G\frac{Mm}{R + R/2}, \qquad \therefore\ v_0 = \sqrt{\frac{2GM}{3R}}$$

답 $v_0 = \sqrt{\dfrac{2GM}{3R}}$

4.10 요약

이 장에서 학습한 내용은 다음과 같다.

(1) 질점이 처음 위치 $A_1(\mathbf{r} = \mathbf{r}_1)$에서 나중 위치 $A_2(\mathbf{r} = \mathbf{r}_2)$로 움직일 때 힘 $\mathbf{F}$가 한 일은 다음과 같은 선형적분으로 정의된다.

$$U_{1\to 2} = \int_{\mathbf{r}_1}^{\mathbf{r}_2} \mathbf{F} \cdot d\mathbf{r} \tag{4.1}$$

a. 일정한 힘 $\mathbf{F}$가 한 일은 다음과 같다.

$$U_{1\to2} = \mathbf{F}\cdot(\mathbf{r}_2 - \mathbf{r}_1) \tag{4.3}$$

여기서 $\mathbf{r}_1$와 $\mathbf{r}_2$는 질점의 최초와 최종의 위치벡터이다.

b. 질점이 갖는 무게 mg가 한 일은 다음과 같다.

$$U_{1\to2} = mg(y_1 - y_2) \tag{4.4}$$

여기서 y_1와 y_2는 기준선에서 측정되는 질점의 최초와 최종 높이이다.

c. 스프링 상수가 k인 스프링이 한 일은 다음과 같다.

$$U_{1\to2} = -\frac{1}{2}k(x_2^2 - x_1^2) \tag{4.6}$$

여기서 x_1와 x_2는 스프링의 자유길이로부터 변형되는 최초 변형길이와 최종 변형길이이다.

d. 마찰력이 한 일은 비보존력으로서 다음과 같다.

$$U_{1\to2} = -\mu_k N s \tag{4.9}$$

여기서 s는 경로를 따라 움직인 거리이다.

(2) 속력 v로 움직이는 질량이 m인 질점의 운동에너지는 다음과 같다.

$$T = \frac{1}{2}mv^2 \tag{4.10}$$

(3) 일과 운동에너지 식은 다음과 같다.

$$\Sigma U_{1\to2} = T_2 - T_1 \tag{4.13}$$

여기서 $\Sigma U_{1\to2}$는 질점이 A_1에서 A_2로 움직이는 동안에 작용하는 모든 외력이 한 일, T_1는 A_1에서의 질점의 최초 운동에너지, 그리고 T_2는 A_2에서의 질점의 최종 운동에너지이다.

(4) 질점에 작용하는 보존력이 한 일은 다음과 같다.

$$U_{1\to 2} = V_1 - V_2 \tag{4.20}$$

여기서 V_1와 V_2는 질점의 최초 및 최종의 위치에너지이다.

(5) 보존계에서는 질점의 역학적에너지(운동에너지 및 위치에너지) 보존식은 다음과 같다.

$$T_1 + V_1 = T_2 + V_2 \tag{4.21}$$

비보존계에서의 다음의 식을 사용한다.

$$T_1 + V_1 - E_{\text{loss}} = T_2 + V_2 \tag{4.22}$$

여기서 E_{loss}는 마찰력 등 비보존력에 의하여 손실된 에너지이다.

(6) 일률은 단위시간당 하는 일로서 다음과 같다.

$$P = \frac{dU}{dt} = \mathbf{F} \cdot \mathbf{v} \tag{4.23}$$

(7) 효율은 다음과 같이 정의한다.

$$\eta = \frac{\text{유용한 일}}{\text{전체 일}} = \frac{\text{출력된 일}}{\text{입력한 일}} \tag{4.24}$$

$$\eta = \frac{\text{유용한 일률}}{\text{전체 일률}} = \frac{\text{출력된 일률}}{\text{입력한 일률}} \tag{4.25}$$

(8) 만유인력이 한 일은 다음과 같다.

$$U_{1\to 2} = -G\frac{Mm}{r_1} + G\frac{Mm}{r_2} \tag{4.28}$$

연습문제

4.1 (예제 4.1의 연습)

그림과 같이 15 kg의 물체 A에 힘 P가 일정한 방향으로 작용하며, 그 크기는 물체 A의 위치 x에 따라 $P = 250x^2$ (N)로 변화한다. 물체 A가 $x = 0.5$ m인 위치에 있을 때 오른쪽으로 1.0 m/s의 속도로 움직인다면, $x = 1.2$ m인 위치에 도달하였을 때 물체 A의 속도를 구하라. 단, 물체와 평면과의 마찰력은 무시한다.

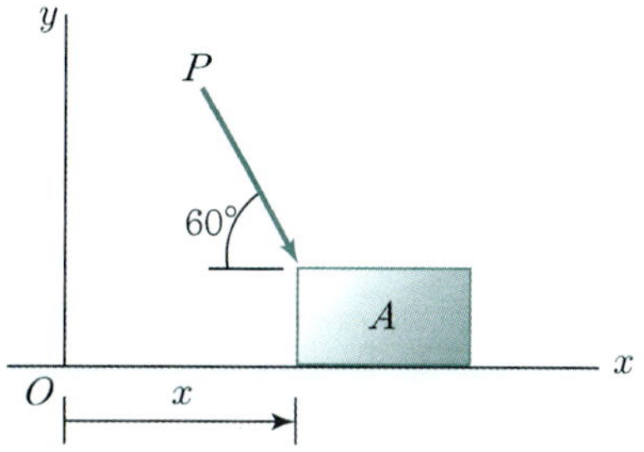

4.2 (예제 4.2의 연습)

20 kg의 나무상자와 경사면 사이의 마찰 계수는 $\mu_s = 0.25$, $\mu_k = 0.15$이다. 나무상자가 정지상태로부터 움직이고 수평 방향으로 힘 $F = 200$ N이 작용할 때,

(a) 나무상자가 1.5 m 움직였다면 나무상자의 속력은 얼마인가?

(b) 또 이 문제에서 만약 수평 방향으로 작용하는 힘 $F = 50$ N이었다면 나무상자가 1.5 m 움직였을 때 나무상자의 속력은 얼마인가?

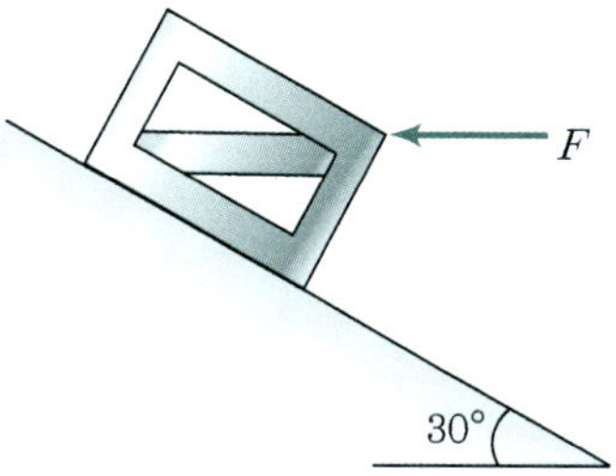

4.3 (예제 4.3의 연습 1/2)

물체 A와 물체 B의 질량은 각각 10 kg과 6 kg이다. 물체 A가 정지상태로부터 출발하여 4초 만에 왼쪽 방향으로 5 m/s의 속도를 갖도록 하기 위해 물체 A에 작용시켜야 할 일정한 힘 F의 값을 구하라. 단, 물체 A와 수평면 사이의 마찰계수는 0.3이고, 풀리에 의한 손실은 없다고 가정한다.

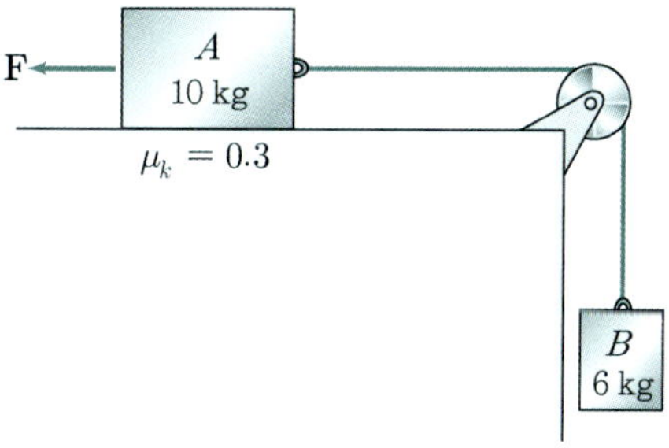

4.4 (예제 4.3의 연습 2/2)

물체 A의 질량은 50 kg이고, 물체 B의 질량은 20 kg이며, 경사면과 물체 A 사이의 마찰계수는 $\mu = 0.3$이다. 물체 A가 정지 상태에서 출발하여 $v_A = 1$ m/s이 될 때까지 물체 A가 이동한 거리를 구하라. 단, 줄은 팽팽하게 당겨져 있으며, 도르래에 의한 손실은 무시한다.

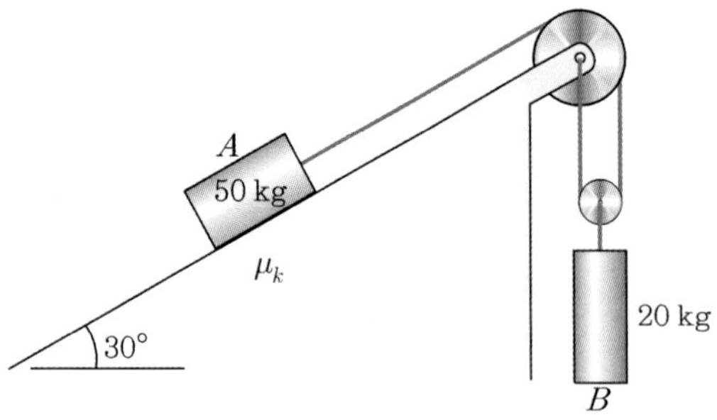

4.5 (예제 4.4의 연습)

평면 위를 움직이는 50 kg의 짐을 정지시키기 위하여 스프링상수 15 kN/m인 스프링을 사용하였다. 초기 압축길이가 0.07 m된 채로 줄로 묶여 있으며, 상자의 속도는 2.4 m/s이고 상자는 충돌에 의하여 스프링은 최대 0.06 m까지 추가로 변형된 후 다시 튕겨 나간다. 충돌로 인한 에너지 손실은 무시한다.

(a) 짐과 평면 사이의 동마찰계수

(b) 짐이 스프링에 의하여 튕겨나가 다시 현재의 위치를 지나갈 때의 속도를 구하라.

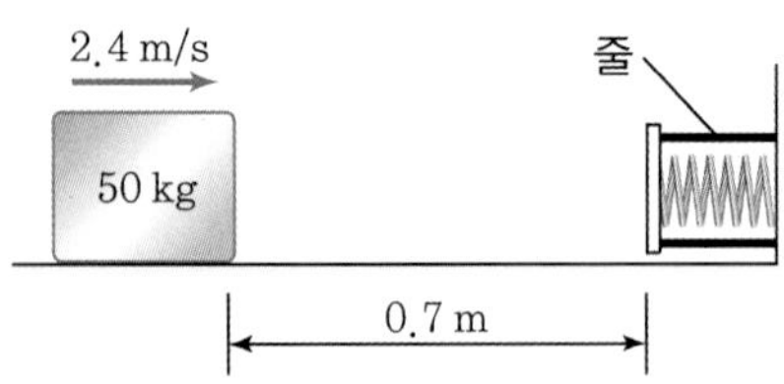

4.6 (예제 4.5의 연습)

그림과 같이 15° 만큼 경사진 면을 따라 아래로 미끄러지는 50 kg의 물체를 정지시키기 위하여 스프링(k_s = 500 N/m)을 사용한다. 스프링은 최초 0.6 m 만큼 압축되어 있었다. 물체가 위치 A에서 1.5 m 미끄러져 내려와 스프링이 0.3 m 만큼 더 압축된 위치 B에서 정지한다면 물체가 $A(x = 0)$에서 B (x = 1.5 m)까지 운동할 때 물체에 작용하는 모든 힘이 한 일을 구하라. 단, 물체와 경사면 사이의 동마찰계수는 μ_k = 0.25이다.

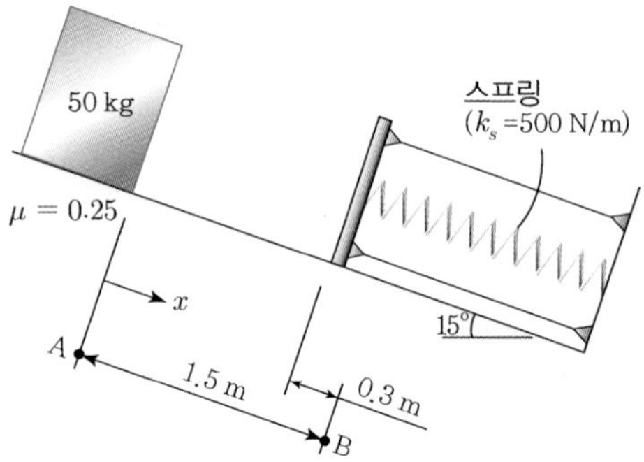

4.7 (예제 4.6의 연습 1/2)

질량 m인 공이 위치 1에서 정지상태로 있다가 놓여져 위치 2까지 움직였을 때 다음을 구하라.

(a) 위치 2에서 접선 및 법선 방향 가속도

(b) 위치 2에서의 줄의 장력

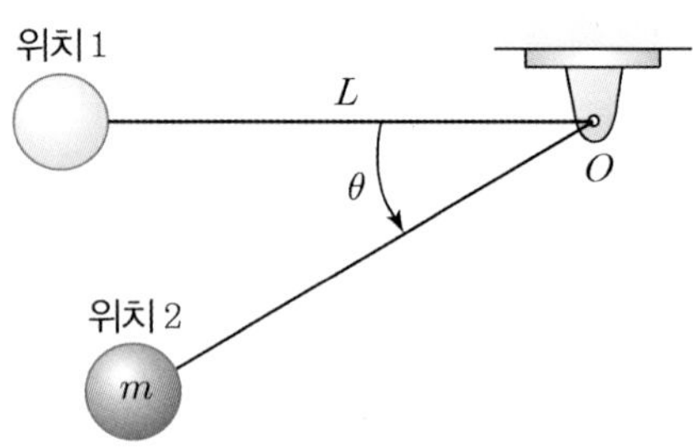

4.8 (예제 4.6의 연습 2/2)

마찰을 무시할 만한 매끄러운 표면을 갖는 반지름이 1 m인 반구의 꼭대기(위치 A)에 물체를 놓았을 때, 미끄러지기 시작하였다. 물체와 반구 사이의 마찰력은 무시할만 하다. 물체가 구면을 따라 미끄러지다가 위치 B에서 구의 표면을 이탈하여 수평면 상의 위치 C에 떨어졌다. 다음을 구하라.

(a) $\angle BOA$를 θ라 할 때, 각 θ

(b) 물체가 구면에서 떨어지는 순간의 속력

(c) 물체가 수평면에 도달하였을 때, 점 O에서 위치 C까지의 수평거리

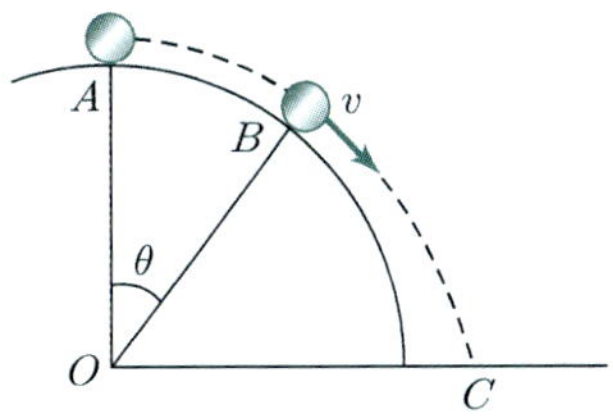

(옆에서 본 그림)

4.9 (예제 4.7의 연습 1/2)

1800 kg의 무동력 궤도차가 위치 1의 정지 상태에서 출발하여 그림의 궤도를 마찰없이 움직인다.

(a) 위치 2에서 궤도면으로부터 궤도차에 작용하는 반력을 구하라.

(b) 위치 3에서 궤도차가 튕겨나가지 않도록 하는 안전한 곡률반경의 최소값을 구하라.

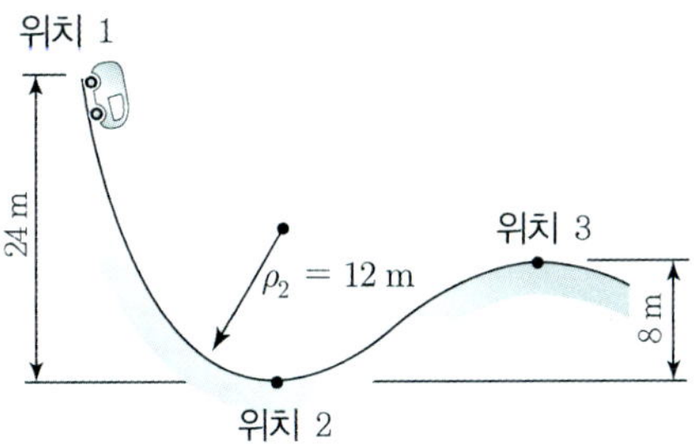

4.10 (예제 4.7의 연습 2/2)

압축된 스프링에 의해 튕겨나가지 않도록 0.2 kg의 물체 A를 잡고 있다가 놓았다. 물체 A가 회전궤도 내의 $BCDE$점을 떨어지지 않고 돌아갈 수 있도록 하는 스프링의 최소 압축길이를 구하라. 단, 물체와 바닥 사이의 마찰력은 무시한다.

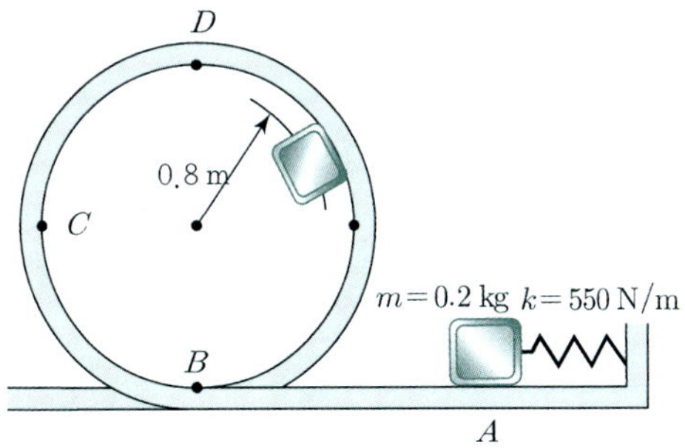

4.11 (예제 4.8의 연습 1/2)

12 kg의 칼러(collar)가 수직막대 위를 마찰없이 미끄러진다. 칼러에 붙어있는 스프링의 변형되지 않은 상태의 길이가 0.25 m이고, 스프링상수는 720 N/m이다. 칼러가 위치 1에서 정지상태로부터 움직이기 시작하여, 0.3 m 아래에 있는 위치 2를 지날 때의 속도를 구하라.

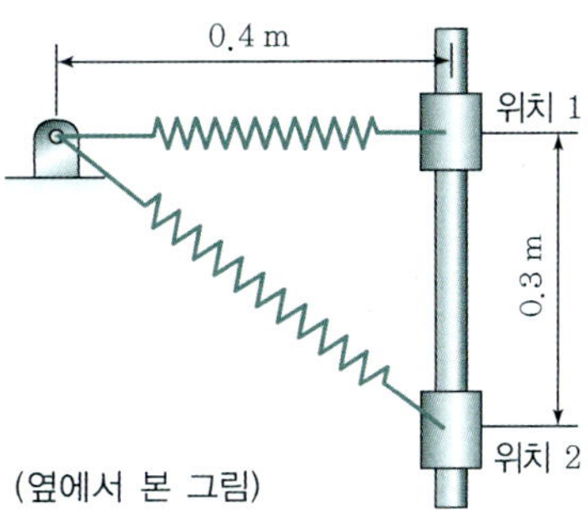

(옆에서 본 그림)

4.12 (예제 4.8의 연습 2/2)

25 kg의 물체 A가 매끄러운 홈을 따라 내려간다. 스프링 B의 스프링상수는 800 N/m이고 스프링 C의 스프링상수는 400 N/m이다. 아래 그림의 위치에서 스프링 B는 0.3 m 늘어났고, 스프링 C는 자유길이 상태이다. 물체 A가 10 m/s의 속도로 홈을 따라 내려올 때 물체 A가 위치 D에 도달했을 때 물체 A의 속도를 구하라.

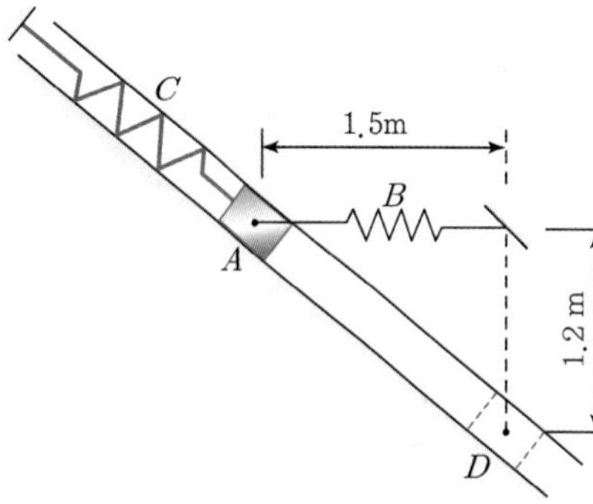

4.13 (예제 4.9의 연습)

질량 $m_A = 40$ kg, $m_B = 10$ kg인 두 개의 물체가 정지상태로부터 움직인다. 물체 A와 경사면 사이의 동마찰계수가 $\mu_k = 0.3$라면, 물체 A와 물체 B가 0.04 m 움직였을 때 속력은 얼마인가?

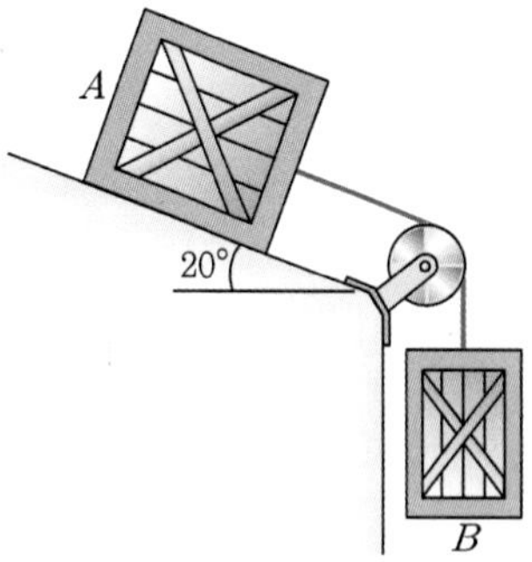

4.14 (예제 4.10의 연습 1/3)

위치 A에 있는 동력모터로 250 kg의 통나무를 일정한 속도 1.5 m/s로 30° 경사면을 따라 끌어 올리고 있다.

(a) 동력모터의 출력이 3.5 kW이었을 때, 통나무와 경사면 사이의 동마찰계수를 구하라.

(b) 앞에서 계산된 마찰계수가 적용되는 경우, 동력모터의 출력을 갑자기 4.5 kW로 증가시키는 순간의 통나무의 가속도를 구하라.

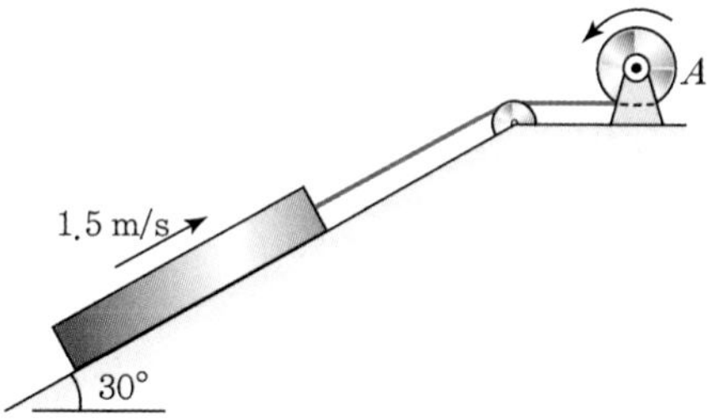

4.15 (예제 4.10의 연습 2/3)

그림과 같은 승강기 A의 질량은 250 kg이다. 승강기는 350 kg의 평형추 C에 연결되어 있고, 전동기 M에 의해서 가동된다.

(a) 승강기가 2.2 m/s의 일정한 속도로 상승할 때 필요한 전동기의 일률을 구하라.

(b) 승강기가 2.2 m/s의 속도로 상승하면서 상승방향 가속도가 0.6 m/s^{2}일 때 필요한 전동기의 일률을 구하라.

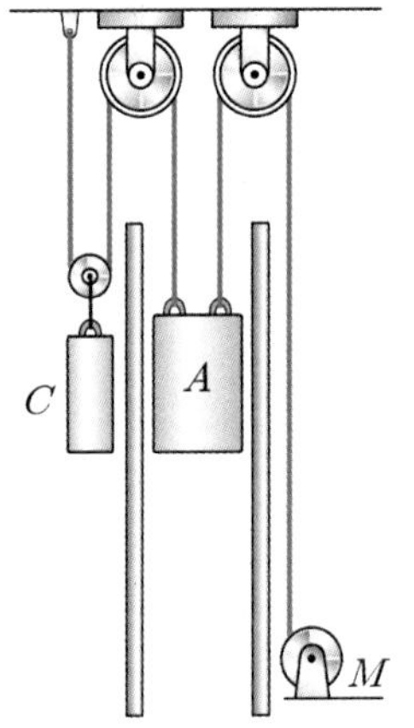

4.16 (예제 4.10의 연습 3/3)

모터 M의 구동되는 엘리베이터 E는 승객이 만원일 때의 질량이 2000 kg이고, 1000 kg의 평형추 W에 연결되어 있다. 만원인 상태에서 엘리베이터가 5 m/s 속력과 1 m/s^{2}의 가속도를 가지고 상승할 때, 모터에 의하여 엘리베이터에 전달되어야 할 일률을 구하라.
[2004년 제48회 기술고등고시]

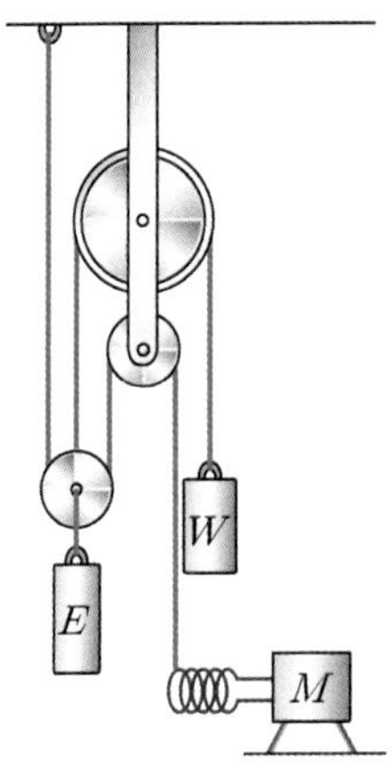

4.17* (예제 4.11의 연습)

200 kg의 위성체가 지구중심으로부터 r_A = 30 Mm 만큼 떨어진 위치 A에서 v_A = 40 Mm/h의 속력으로 지구 타원궤도를 따라 자유비행하고 있다. r_B = 120 Mm인 위치 B에 도달하였을 때 위성체의 속력을 구하라. 단, 지구의 반경은 6370 km로 가정한다.

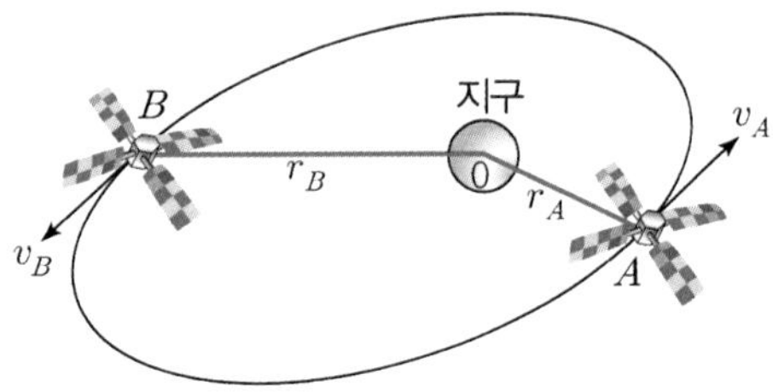

연습문제 해답

4.1 $v_2 = 3.147\ \mathrm{m/s}$

4.2 (a) $v_2 = 2.28\ \mathrm{m/s}$

(b) $v_2 = 1.95\ \mathrm{m/s}$

4.3 $F = 108.3\ \mathrm{N}$

4.4 $\Delta x_A = 0.452\ \mathrm{m}$

4.5 (a) $\mu_k = 0.145$

(b) $\mathbf{v}_3 = 1.20\ \mathrm{m/s} \leftarrow$

4.6 물체는 99.7 J의 일을 받는다.

4.7 $a_n = 2g\sin\theta$,

$a_t = g\cos\theta$

$T = 3mg\sin\theta$

4.8 (a) $\theta = 48.2^\circ$

(b) $v_B = 2.557\ \mathrm{m/s}$

(c) $x = 1.124\ \mathrm{m}$

4.9 (a) $17.7\ \mathrm{m/s}$

(b) $32\ \mathrm{m}$

4.10 $0.119\ \mathrm{m}$

4.11 $1.87\ \mathrm{m/s} \downarrow$

4.12 $8.21\ \mathrm{m/s} \searrow$

4.13 $\mathbf{v} = 0.44\ \mathrm{m/s} \uparrow$

4.14 $\mu_k = 0.52$,

$a = 2.67\ \mathrm{m/s^2}$

4.15 (a) $1{,}620\ \mathrm{W}$,

(b) $2{,}066\ \mathrm{W}$

4.16 $P_E = 32.0\ \mathrm{kW}$

4.17 $v_B = 36.63\ \mathrm{Mm/h}$

05 chapter

질점의 운동역학 III (운동량과 충격량)

5.1 개요

충돌이나 충격에 의하여 속도 변화가 발생하는 문제를 다루는 경우, 뉴튼의 운동방정식을 직접 사용하는 것보다 시간에 대하여 적분한 형태로 변형한 식을 사용하면 편리하다. 즉, 뉴튼의 운동방정식에서 양변을 시간에 대하여 적분하면 선형 운동량과 선형 충격량 식(linear momentum - linear impulse equation)을 얻을 수 있다. 운동량과 충격량의 원리는 충격운동 또는 충돌에 적용된다. 이 원리는 양자역학 및 이론물리 분야에서 중심력(central force)이라 하는 인력 혹은 반발력을 계산할 때 적용되고, 우주 및 궤도역학 문제에도 응용된다.

5.2 선형 운동량과 선형 충격량

5.2.1 선형 운동량 (linear momentum)

힘 $\mathbf{F}$를 받고 있는 질량 m의 질점운동에 대한 뉴튼의 제2법칙은 다음과 같다.

$$\mathbf{F} = m\mathbf{a} = m\frac{d\mathbf{v}}{dt} \tag{5.1}$$

윗 식에서 질점의 질량이 일정하므로 다음과 같이 정리할 수 있다.

$$\mathbf{F} = \frac{d}{dt}(m\mathbf{v}) \tag{5.2}$$

식 (5.2)에서 벡터 $m\mathbf{v}$는 질점의 선형 운동량(linear momentum)으로 보통 $\mathbf{L}$로 표시한다. 선형 운동량은 질점의 속도와 같은 방향을 가지며 크기는 질량 m과 속도 $\mathbf{v}$의 곱이다.

$$\mathbf{L} = m\mathbf{v} \tag{5.3}$$

한편, 질점에 여러 힘이 동시에 작용하는 경우에도 같은 방법을 적용할 수 있다.

$$\Sigma\mathbf{F} = \frac{d}{dt}(m\mathbf{v}) = \frac{d\mathbf{L}}{dt} \tag{5.4}$$

이 식은 질점에 작용하는 합력은 그 질점의 선형 운동량의 시간변화율과 같음을 보여준다.

5.2.2 선형 충격량 (linear impulse)

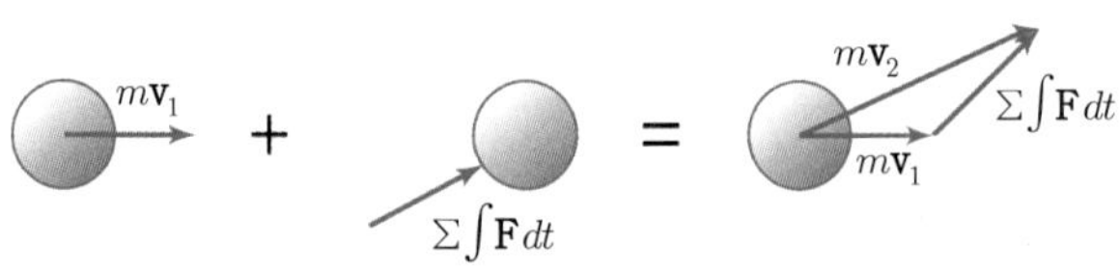

그림 5.1 충격에 의한 운동량 변화

식 (5.4)의 양변을 dt로 곱한 후 $t_1(\mathbf{v} = \mathbf{v}_1)$부터 $t_2(\mathbf{v} = \mathbf{v}_2)$까지 적분하면 다음과 같다.

$$\Sigma\int_{t_1}^{t_2}\mathbf{F}dt = \int_{m\mathbf{v}_1}^{m\mathbf{v}_2} d(m\mathbf{v})$$

$$\Sigma\int_{t_1}^{t_2}\mathbf{F}dt = (m\mathbf{v}_2) - (m\mathbf{v}_1) = \mathbf{L}_2 - \mathbf{L}_1 \tag{5.5}$$

이 식에 의하면 외부 힘에 의한 선형 충격량(linear impulse)은 선형 운동량의 변화와 같다. 다시 정리하면 다음과 같은 벡터식을 얻는데 이를 질점의 선형 운동량과 선형 충격량 식이라 한다.

$$m\mathbf{v}_1 + \Sigma\int_{t_1}^{t_2}\mathbf{F}\,dt = m\mathbf{v}_2 \tag{5.6}$$

이 식에 의하면 충돌 직후의 선형 운동량은 충돌 직전의 선형 운동량과 선형 충격량의 합과 같다. 식 (5.6)에서 $\Sigma\int\mathbf{F}dt$은 시간간격 $\Delta t = t_2 - t_1$동안 질점에 작용하는 선형 충격량으로서, 최초 선형 운동량 $m\mathbf{v}_1$에 추가되어 최종 선형 운동량 $m\mathbf{v}_2$을 발생시킨다.

식 (5.6)은 벡터 관계식으로서 공간운동의 경우 3개의 스칼라 방정식으로 나타낼 수 있으며, 이를 직각좌표계로 표현하면 다음과 같다.

$$m(v_1)_x + \Sigma\int_{t_1}^{t_2} F_x\,dt = m(v_2)_x \tag{5.7a}$$

$$m(v_1)_y + \Sigma\int_{t_1}^{t_2} F_y\,dt = m(v_2)_y \tag{5.7b}$$

$$m(v_1)_z + \Sigma\int_{t_1}^{t_2} F_z\,dt = m(v_2)_z \tag{5.7c}$$

5.2.3 선형 운동량과 선형 충격량의 단위

선형 충격량의 단위는 선형 운동량의 단위와 같으며 SI 단위에서는 N·s 혹은 kg·m/s이다.

5.3 선형 운동량의 보존

질점에 작용하는 모든 선형 충격량의 합이 0일 때 식 (5.4)는 다음과 같이 간단하게 된다.

$$m\mathbf{v}_1 = m\mathbf{v}_2 \tag{5.8}$$

이 식은 질점에 작용하는 선형 충격량의 합이 0일 때 질점의 선형 운동량 $m\mathbf{v}$의 크기와 방향이 시간에 따라 변하지 않음을 나타낸다. 이 식을 질점에 대한 선형 운동량의 보존(conservation of linear momentum)이라 한다. 즉, 질점에 작용하는 선형 충격량의 합이 0이면 질점의 속도 변화가 없으므로 질점의 가속도가 0이다. 이것은 뉴턴의 제1법칙과 같은 내용이다.

5.4 충격운동

충격력(impulsive force)이란 아주 짧은 시간에 아주 큰 힘이 작용하는 경우를 나타낸다. 시간 간격 $\Delta t = t_2 - t_1$동안 작용한 힘의 크기와 방향이 일정하다고 가정할 수 있는 경우 선형 충격량 식은 다음과 같이 간단하게 표시할 수 있다.

$$\int_{t_1}^{t_2} \mathbf{F}\,dt = \mathbf{F}(t_2 - t_1) = \mathbf{F}\Delta t$$

따라서 식 (5.5)의 선형 운동량과 선형 충격량 식은 다음과 같다.

$$m\mathbf{v}_1 + \mathbf{F}\Delta t = m\mathbf{v}_2 \tag{5.9}$$

충격운동의 해석은 다수의 질점에 여러 가지 힘이 작용하는 문제에도 확장하여 적용할 수 있다. 즉, 각 질점에 대한 개별적인 여러 개의 선형 운동량과 선형 충격량 식들을 벡터적으로 합하여 구할 수 있다. 이를 계의 선형 운동량과 선형 충격량 식이라 한다.

$$\Sigma m_i(\mathbf{v}_i)_1 + \Sigma\int_{t_1}^{t_2} \mathbf{F}_i\,dt = \Sigma m_i(\mathbf{v}_i)_2 \tag{5.10}$$

윗 식의 좌변의 두 번째 항은 외력에 의한 충격량의 합을 나타낸다. 이 식은 에너지가 보존되지 않는 역학계에도 적용할 수 있다.

두 질점이 충돌한 경우 작용과 반작용의 원리(뉴튼의 제3법칙)에 의하여 두 질점이 주고받은 힘들은 그 크기가 같고 방향이 반대이다. 두 질점을 하나의 역학계로 보면 각 질점에 적용되는 선형 운동량과 선형 충격량 식들을 벡터적으로 합하면 두 질량이 주고받은 충격량들이 서로 상쇄되어 선형 충격량의 합은 0이 된다. 즉, 작용되는 외력의 합이 0이 됨에 따라, 선형 충격량의 합도 0이 되는 역학계가 된다.

따라서 질점들이 충돌함에 따라 선형 충격량의 합, 즉, $\Sigma\int_{t_1}^{t_2}\mathbf{F}_i\,dt = 0$이 되므로 다음의 선형 운동량 보존식이 성립된다.

$$\Sigma m_i\mathbf{v}_{i1} = \Sigma m_i\mathbf{v}_{i2} \tag{5.11}$$

즉, 충돌 전 질점들의 선형 운동량의 합은 충돌 후 질점들의 선형 운동량의 합과 같다. 질점들 사이에 선형 충격량을 주고받지만 서로 상쇄되어 운동량 보존식이 성립한다.

참고

수식에는 주로 충돌 전 속력을 v_1로, 충돌 후 속력을 v_2로 표시한다. 그러나 문제 풀이 등에서 첨자표기의 번거로움을 피하기 위하여 충돌 전 속력을 v로, 충돌 후 속력을 v'로 표시하기도 한다.

예제 5.1

운전자를 포함하여 질량이 2000 kg인 자동차가 100 km/h의 속력으로 5°의 경사면을 따라 아래쪽으로 달리다가 운전자가 브레이크를 밟았다. 브레이크의 제동력이 7.0 kN 일 때 브레이크를 밟기 시작하여 자동차가 정지하는 데까지 걸리는 시간을 구하라.

적용원리

- 제동력과 경사면 방향으로 작용하는 자중이 충격력으로 작용한다.

풀이

[운동학]

최초속력은

$$v_1 = 100\,\mathrm{km/h} = \frac{100 \cdot 1000}{3600} = 27.78\ \mathrm{m/s}$$

최종속력은

$$v_2 = 0$$

[운동역학]

수직반력을 N, 마찰력을 F라 놓고 자유물체도를 그리면 다음과 같다.

경사면 방향의 운동방정식은

$$\searrow\!+ : \ mg\sin\theta - F = ma \left(= m\frac{v_2 - v_1}{\Delta t} \right)$$

여기에서 양변에 Δt를 곱하여 운동량－충격량 그래프로 고치면 다음과 같다.

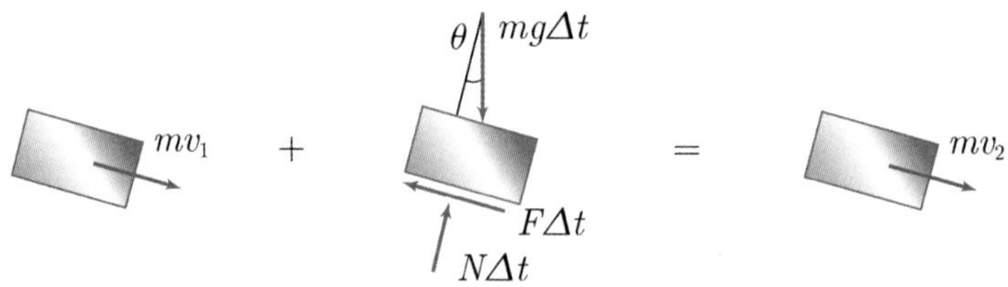

경사면 방향의 선형 운동량과 선형 충격량 식에서

$$m\mathbf{v}_1 + \mathbf{F}\Delta t = m\mathbf{v}_2$$

$$\searrow^{+} : \ mv_1 + (mg\sin\theta - F)\Delta t = mv_2$$

$$2000\cdot 27.8 + (2000\cdot 9.81\sin 5° - 7000)\cdot\Delta t = 0$$

$$\therefore \ \Delta t = 10.5\ \mathrm{s}$$

답 $\Delta t = 10.5\ \mathrm{s}$

별해

[운동역학]

3장에서 배운 뉴튼의 제2법칙을 적용해 보자.

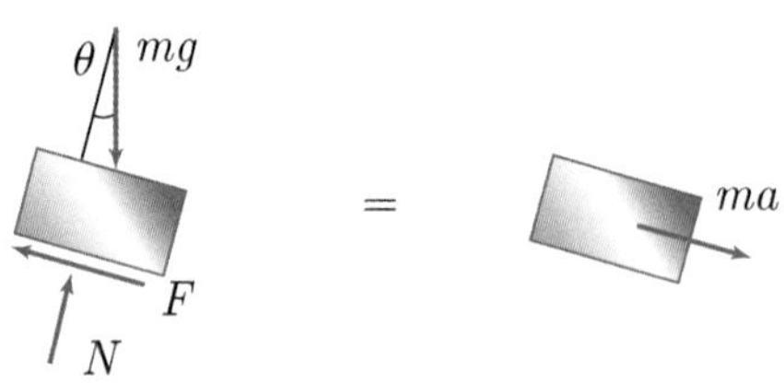

경사면 방향의 운동방정식은

$$\searrow^{+} : \ mg\sin\theta - F = ma$$

$$2000 \cdot 9.81\sin 5° - 7000 = 2000a, \qquad \therefore \ a = -2.64\ \mathrm{m/s^2}$$

[운동학]

$$v_2 = v_1 + at$$

$$0 = 27.78 + (-2.64)t, \qquad \therefore \ t = 10.5\ \mathrm{s}$$

예제 5.2

400 ton의 예인선 A가 로프를 사용하여 50 ton의 운반선 B를 끌어당기고 있다. 운반선은 처음에 정지상태에 있고 예인선은 로프가 느슨한 동안 초기 속도 $v_{A1} = 3\ \mathrm{m/s}$ 로 자유롭게 이동한다면, 로프가 당겨지기 시작한 직후의 예인선의 속도를 구하라. 단, 로프는 늘어나지 않으며 물에 의한 마찰저항은 무시한다.

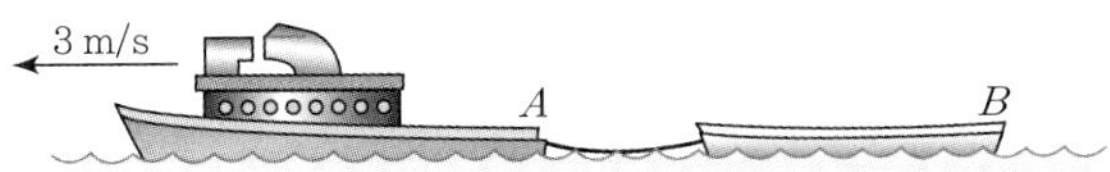

적용원리

- 예인 시작 직후는 같은 속도로 움직인다.
- 두 배를 한 개의 시스템으로 취급하여 해석할 수도 있고, 각각 따로 계산할 수도 있다.
- 두 배를 한 개의 시스템으로 취급하는 경우 운동량 보존법칙을 적용한다.

풀이

[운동역학]

예인선과 운반선을 하나의 계로 취급하면, 예인선과 운반선 사이에 발생한 충격량은 서로 상쇄된다. 따라서, 당기는 동안 계는 운동량 보존법칙이 성립한다.

운동량 보존법칙은 다음과 같이 된다.

$$\overset{+}{\leftarrow}\ ;\ m_A v_{A1} + m_B v_{B1} = m_A v_{A2} + m_B v_{B2}$$

최초속도 $v_{A1} = 3\ \mathrm{m/s}$, $v_{B1} = 0$, 최종속도 $v_{B2} = v_{A2} = v_2$를 대입하면

$$400 \times 10^3 \cdot 3 + 50 \times 10^3 \cdot 0 = 400 \times 10^3 \cdot v_2 + 50 \times 10^3 \cdot v_2$$

최종속도는 $v_2 = 2.667\ \mathrm{m/s}$

답 $v_2 = 2.667\ \mathrm{m/s}$

별해

[운동역학]

예인선과 운반선의 계를 분리하여 검토해 보자. 로프의 장력을 T라고 하자.

예인선 A에 대하여

왼쪽 방향의 운동방정식은

$$\overset{+}{\leftarrow} : -T = m_A a_A \left(= m_A \frac{v_{A2} - v_{A1}}{\Delta t} \right)$$

여기에서 양변에 Δt를 곱하여 운동량-충격량 그래프로 고치면 다음과 같다.

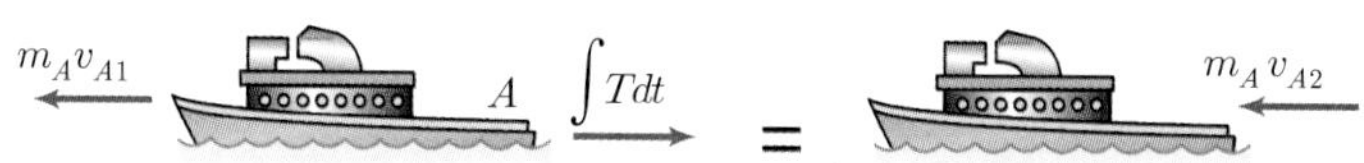

$$\overset{+}{\leftarrow} : m_A v_{A1} - \int T dt = m_A v_{A2} \qquad ①$$

운반선 B에 대하여

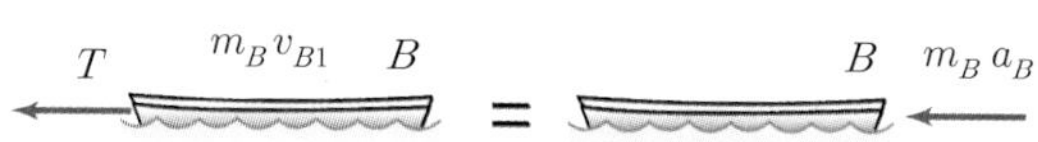

왼쪽 방향의 운동방정식은

$$\overset{+}{\leftarrow} : T = m_B a_B \left(= m_B \frac{v_{B2} - v_{B1}}{\Delta t} \right)$$

여기에서 양변에 Δt를 곱하여 운동량-충격량 그래프로 고치면 다음과 같다.

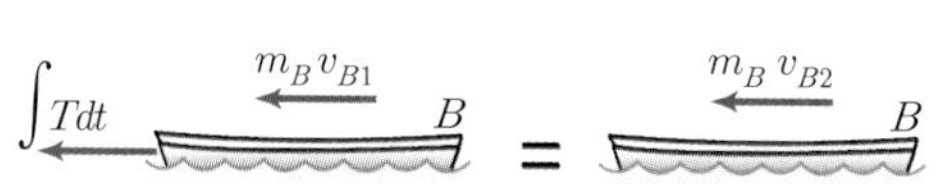

$$\overset{+}{\leftarrow} : m_B v_{B1} + \int T dt = m_B v_{B2} \qquad ②$$

식 ①과 ②를 합하면, 충격량이 소거되므로 운동량 보존식이 된다.

$$\overset{+}{\leftarrow} : m_A v_{A1} + m_B v_{B1} = m_A v_{A2} + m_B v_{B2}$$

즉, 예인선과 운반선을 한 개의 시스템으로 취급하면 운동량 보존식이 된다.

5.5 충돌

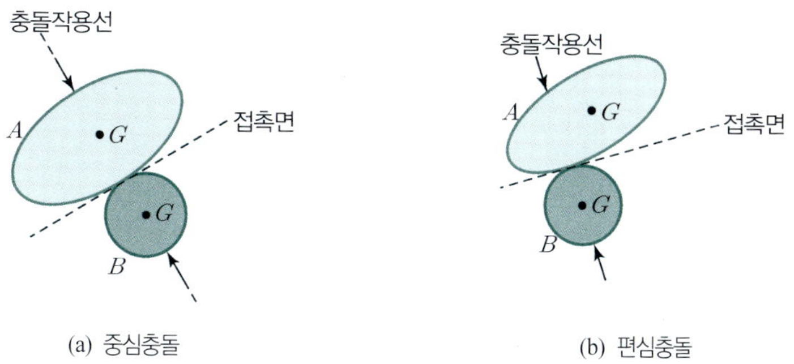

그림 5.2 중심충돌과 편심충돌(질량 중심 위치에 따른 분류)

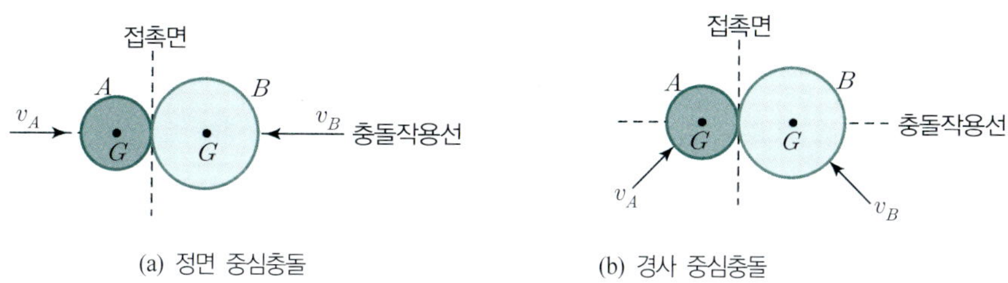

그림 5.3 정면 중심충돌과 경사 중심충돌(운동 방향에 따른 분류)

두 물체가 부딪쳐 짧은 시간 동안 큰 힘이 작용하는 경우 충돌(impact)이라 한다. 변형이 가능한 물체 사이의 충돌이 발생하는 경우 선형 운동량과 충격량 원리를 적용하여 보자.

두 질점 사이에 발생하는 충돌을 해석하고자 할 때에는 속도를 두 방향으로 나눈다. 즉, 공통 접촉면 방향과 공통 접촉면에 수직한 방향이다. 전자를 접촉면(plane of contact)이라 하고, 후자를 충돌작용선(line of impact)이라고 한다.

질량중심과 충돌작용선과의 관계에서 두 가지로 분류한다. 중심충돌(central impact)(그림 5.2a)은 충돌 순간 질량중심이 충돌작용선상에 존재할 때이고, 편심충돌(eccentric impact)(그림 5.2b)은 존재하지 않을 때이다. 그리고 중심충돌은 충돌 작용선 방향과 질점의 운동방향과의 관계에 따라 두 가지로 분류한다. 정면 중심충돌(direct central impact) 혹은 경사 중심충돌(oblique central impact)로 나눈다. 정면 중심충돌(그림 5.3a)은 두 질점의 운동방향이 충돌작용선 방향과 일치할 때 발생하는 충돌이고, 경사 중심충돌(그림 5.3b)은 둘 중 하나 혹은 모두의 운동방향이 충돌작용선 방향과 일치하지 않을 때 발생하는 충돌이다. 편심충돌은 충돌 후 회전운동이 발생하므로 제9장 강체 운동역학에서 다루어진다.

5.5.1 정면 중심충돌

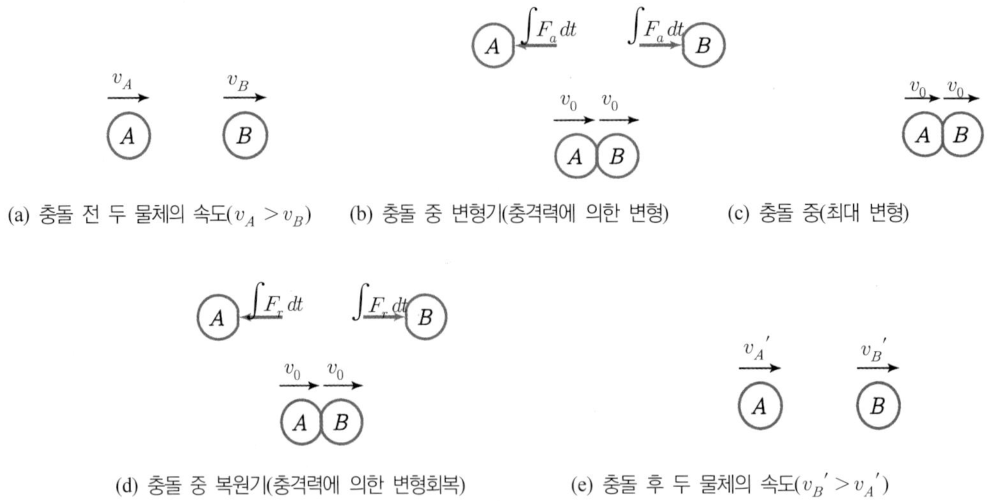

그림 5.4 정면 중심충돌에 의한 속도 변화와 선형 충격량

변형이 가능한 2개의 물체가 동일 직선 상에서 충돌할 때 짧은 시간 동안 큰 힘을 주고받는다. 여기서 물체를 질점으로 가정하여 선형 운동량과 선형 충격량만을 포함하는 경우로 제한한다.

그림 5.4와 같이 충돌작용선을 따라 직선운동을 하는 두 개의 구를 생각해 보자. 물체의 충돌 전 상황을 나타내는 그림 5.4a에서 물체들은 같은 방향(혹은 반대 방향)으로 움직일 수 있다. 두 물체가 접촉하는 순간부터 다시 튕겨나와 분리하는 순간까지 물체는 변형되었다가 원래대로 회복한다. 접촉시점부터 변형이 최대로 일어나는 시점까지를 변형기(그림 5.4b)라 하고, 최대 변형이 일어나는 시점부터 분리되는 시점까지를 복원기(또는 반발기)(그림 5.4d)라고 한다. 접촉상태를 유지하는 순간은 두 물체가 같은 속도를 유지한다고 가정할 수 있다. 충돌 후 두 물체는 떨어져 각각 새로운 속도로 움직이게 된다.

충돌작용선 방향으로 충돌 전(첨자 1)과 충돌 후(첨자 2)에 대한 선형 운동량의 보존식이 성립한다.

$$\underbrace{m_A\mathbf{v}_{A1} + m_B\mathbf{v}_{B1}}_{\text{충돌 전 운동량의 합(최초)}} = \underbrace{m_A\mathbf{v}_{A2} + m_B\mathbf{v}_{B2}}_{\text{충돌 후 운동량의 합(최종)}} \tag{5.12}$$

이 때 모든 물체의 운동방향은 충돌작용선과 같은 방향(또는 반대 방향)을 향하고 있으므로 스칼라 성분의 식으로 나타낼 수 있다.

$$\xrightarrow{+} : m_A v_{A1} + m_B v_{B1} = m_A v_{A2} + m_B v_{B2} \tag{5.13a}$$

윗 식을 편의상 충돌 전 속도를 첨자없이 표현하고, 충돌 후의 속도에 ′를 붙여 다음과 같이 표현하기도 한다.

$$m_A v_A + m_B v_B = m_A v_A{}' + m_B v_B{}' \tag{5.13b}$$

(1) 변형기 (접촉 순간부터 최대변형 순간까지)의 선형 운동량과 선형 충격량 식

접촉시점 $(t=0)$부터 변형이 최대로 일어나는 시점 $(t=t_0)$까지를 변형기(그림 5.4b) 동안 각 물체에 충돌 작용선 방향을 따라 선형 운동량과 선형 충격량 식을 적용하면 다음과 같다.

$$\text{물체 } A : m_A v_A - \int_0^{t_0} F_a\, dt = m_A v_0 \tag{5.14a}$$

$$\text{물체 } B : m_B v_B + \int_0^{t_0} F_a\, dt = m_B v_0 \tag{5.14b}$$

여기서 접근속도(velocity of approach)는 충돌 직전 속도로서 첨자없이 표시하며, 최대 변형시점의 공통속도는 v_0로 나타낸다. 변형력 F_a는 두 물체에 각각 반대방향으로 작용한다. 즉, 충돌하는 물체에 운동량을 줄이려는 방향으로, 충돌되는 물체에 운동량을 늘이려는 방향으로 작용한다.

(2) 복원기(최대변형 순간부터 분리되는 순간까지)의 선형 운동량과 선형 충격량 식

또한 최대변형이 일어나는 시점 $(t = t_0)$부터 분리되는 시점 $(t = t)$까지를 복원기(또는 반발기)(그림 5.4d) 동안 각 물체에 충돌작용선을 따라 선형 운동량과 선형 충격량 식을 적용하면 다음과 같다.

$$\text{물체 } A : m_A v_0 - \int_{t_0}^{t} F_r\, dt = m_A v_A{}' \tag{5.15a}$$

$$\text{물체 } B : m_B v_0 + \int_{t_0}^{t} F_r\, dt = m_B v_B{}' \tag{5.15b}$$

여기서 분리속도(velocity of separation)는 충돌 직후의 속도로서 첨자(′)로, 최대변형 시점의 공통속도는 v_0로 나타낸다. 복원력 F_r는 두 물체에 각각 반대방향으로 작용한다. 즉, 충돌하는 물체에 운동량을 줄이려는 방향으로, 충돌되는 물체에 운동량을 늘이려는 방향으로 작용한다.

(3) 반발계수(coefficient of restitution)

반발계수 e는 변형기간 동안 가해진 충격량에 대한 복원기간 동안 가해진 충격량의 비율로서 다음과 같이 정의한다.

$$e = \frac{\int_{t_0}^{t} F_r \, dt}{\int_0^{t_0} F_a \, dt} = \frac{\text{복원기의 충격량}}{\text{변형기의 충격량}} \tag{5.16}$$

식 (5.14a)와 식 (5.15a)로부터 물체 A에 대한 변형기의 충격량과 복원기의 충격량을 각각 다음과 같이 계산할 수 있다.

$$\int_0^{t_0} F_a \, dt = m_A v_A - m_A v_0$$

$$\int_{t_0}^{t} F_r \, dt = m_A v_0 - m_A v_A{}'$$

위 식들을 식 (5.16)에 대입하여 물체 A에 대한 반발계수 e는 구하면 다음과 같다.

$$e = \frac{v_0 - v_A{}'}{v_A - v_0} \tag{5.17a}$$

같은 방법으로, 식 (5.14b)와 식 (5.15b)로부터 물체 B에 대한 변형기의 충격량과 복원기의 충격량을 각각 다음과 같이 계산할 수 있다.

$$\int_0^{t_0} F_a \, dt = m_B v_0 - m_B v_B$$

$$\int_{t_0}^{t} F_r \, dt = m_B v_B{}' - m_B v_0$$

위 식들을 식 (5.16)에 대입하여 물체 B에 대한 반발계수 e는 구하면 다음과 같다.

$$e = \frac{v_B' - v_0}{v_0 - v_B} \tag{5.17b}$$

분수식의 정리 $\frac{b}{a} = \frac{d}{c} = \frac{b+d}{a+c}$ (단, $a \neq 0$, $c \neq 0$)에 식 (5.17a)와 식 (5.17b)을 적용하면 다음과 같다.

$$\frac{v_0 - v_A'}{v_A - v_0} = \frac{v_B' - v_0}{v_0 - v_B} = \frac{v_B' - v_A'}{v_A - v_B}$$

따라서 반발계수 e는 다음과 같이 정리된다.

$$e = -\frac{v_A' - v_B'}{v_A - v_B} = -\frac{v_{A/B}'}{v_{A/B}} \tag{5.18}$$

여기서 두 속도의 차이는 항상 충돌작용선 방향에 존재하며 반발계수 값은 양수이다.

윗 식에서 속도는 정해진 방향에 따라 부호가 변하게 될 것이다. 따라서 질점의 이동방향에 관계없이 나타내면 다음과 같다.

$$e = \left| \frac{\text{분리시 상대속도}}{\text{접근시 상대속도}} \right|$$

반발계수 e의 값은 보통 0과 1 사이에 존재한다. 충돌에 있어 두 가지 특별한 경우에 대하여 알아보자.

(a) 반발계수 $e = 1$인 경우를 완전 탄성충돌(perfectly elastic impact)이라 한다. 식 (5.17)에 $e = 1$을 대입하면 $v_B' - v_A' = v_A - v_B$이 되고 이는 충돌 전과 충돌 후의 두 물체 간의 상대속도가 같다는 것을 의미한다. 또한 변형 충격량과 반발 충격량이 같음을 나타내며, 충돌 후에 충돌로 인하여 변형된 물체의 복원이 완전히 이루어진다. 그리고 이 과정 중에 어떠한 에너지 손실도 없으므로 충돌 전후에 에너지 보존법칙이 성립한다.

(b) 반발계수 $e = 0$인 경우를 완전 소성충돌(perfectly plastic impact)이라 한다. 식 (5.17)에 $e = 0$을 대입하면 $v_A' = v_B'$이 되어 충돌 후 두 물체의 속도가 같아진다는 것을 의미하며 충돌 후 두 물체가 한 몸체로 되는 경우이다. 즉, 어떠한 복원력($F_r = 0$)도 없는 경우로 두 물체들은 영원히 변형된 상태로 서로 분리할 수 없게 된다. 이 경우 에너지 손실이 최대로 발생한다.

보기 1 고정벽에 정면으로 부딪혀 튀어나오는 공의 속력을 구하라. 또 벽면으로부터의 충격량을 구하라. 공의 질량은 m, 공이 벽에 부딪히기 직전 속력은 v_A, 공과 벽면 사이의 반발계수는 e이다.

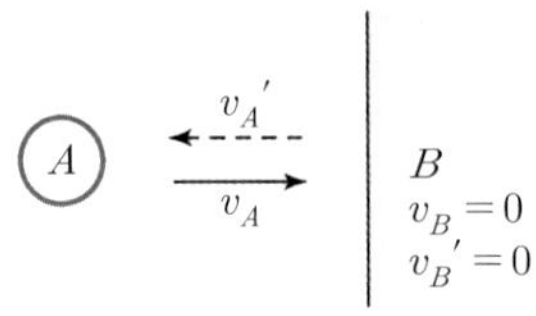

(위에서 본 그림)

풀이

고정된 벽을 B라 할 때, 충돌후의 속도를 각각 v_A', v_B'라 하자.

따라서 고정된 벽의 충돌 전후 속도는 각각 $v_B = 0$, $v_B' = 0$이 된다.

반발계수 식에서

$$\xrightarrow{+} : e = -\frac{v_A' - v_B'}{v_A - v_B}$$

$$e = -\frac{v_A' - 0}{v_A - 0} \qquad \therefore\ v_A' = -e\,v_A$$

즉, 충돌 후 속도의 크기는 충돌 전 속도의 크기에 반발계수 e를 곱한 값이고, 충돌 후 속도의 방향은 충돌 전 속도의 방향에 반대이다.

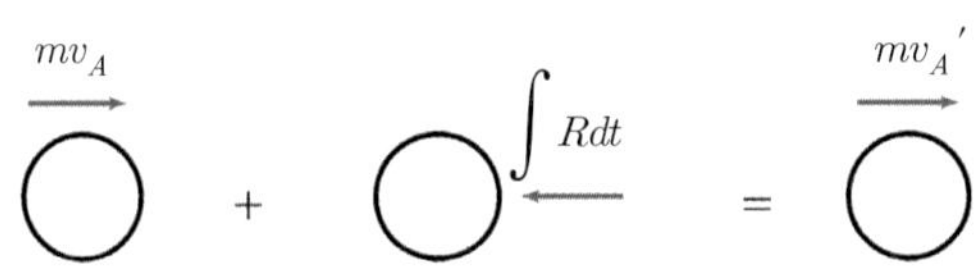

$$\xrightarrow{+} : mv_A + \left(-\int R\,dt\right) = mv_A'$$

$$mv_A + \left(-\int R\,dt\right) = m(-ev_A) \qquad \therefore \int R\,dt = mv_A(1+e)$$

답 $ev_A \leftarrow$, $mv_A(1+e)$

보기 2 질량 m인 구가 높이 h에서 정지상태로부터 자유낙하하여 바닥면에 부딪힌 후, 반발하여 오르는 최대 높이를 구하라. 단, 바닥면과 공 사이의 반발계수는 e이다.

풀이

운동을 세 부분으로 구분하여 정리한다.

(i) 최초 위치(위치 0)에서 자유낙하하여 충돌 직전(위치 1)까지:

바닥을 기준높이로 정하면 역학적 에너지 보존식에서

$$T_0 + V_0 = T_1 + V_1$$

$$0 + mgh = \frac{1}{2}mv^2 + 0$$

$$\therefore\ v = \sqrt{2gh} \qquad ①$$

(ii) 충돌과정(위치 1에서 위치 2):

충돌 전후의 구의 속도를 각각 v, v'라 하고, 바닥면은 고정되어 있으므로 충돌 전후의 바닥면의 속도 $v_B = 0$, $v_B{'} = 0$이다.

반발계수 식에서

$$e = -\frac{v' - v_B{'}}{v - v_B}$$

$$\therefore\ v' = -ev$$

충돌 후 구의 속도의 크기는

$$|v'| = e|v| \qquad ②$$

(iii) 충돌(위치 2) 후 최대 높이(위치 3) 도달까지:

바닥을 기준높이로 정하고, 충돌 후 구의 속도를 v', 최대도달높이를 h'라 할 때, 역학적 에너지보존식에서

$$T_2 + V_2 = T_3 + V_3$$

$$\frac{1}{2}mv'^2 + 0 = 0 + mgh'$$

$$|v'| = \sqrt{2gh'} \qquad ③$$

식 ①, ③을 식 ②에 대입하면

$$\sqrt{2gh'} = e\sqrt{2gh}, \qquad \therefore\ h' = e^2 h$$

답 $h' = e^2 h$

예를 들어, 지상 1 m에서 구를 자유낙하하여 반발계수 0.7로 반발하여 오르는 최대 높이는 $0.7^2 \cdot 1 = 0.49$ m 이다.

5.5.2 경사 중심충돌

경사 중심충돌을 해석할 때 질점의 운동을 접촉면 방향(t 방향)과 충돌작용선 방향(n 방향)으로 나누어 생각한다.

(1) 접촉면 방향 (t 방향)

충돌하는 물체의 표면은 두 물체 사이의 모든 마찰력들을 무시할 수 있을 정도로 충분히 매끄럽다고 가정한다. 즉, 마찰력에 의한 충격량은 무시할 수 있다고 가정한다.

그림 5.5의 각 물체가 부딪힐 때 접촉면 방향으로 발생하는 마찰력을 충돌 전(최초)과 충돌 후(최종)에 대한 선형 운동량과 선형 충격량 식에 적용한다.

물체 A에 대한 t 방향의 운동량-충격량 식에서 충격량이 무시되므로, 다음과 같은 운동량 보존식이 된다.

$$m_A v_{At} - \underbrace{\int_{t_1}^{t_2} F_t \, dt}_{=0} = m_A v_{At}' \tag{5.19}$$

여기서 F_t은 충돌 중 접촉면에서 발생하는 마찰력이다.

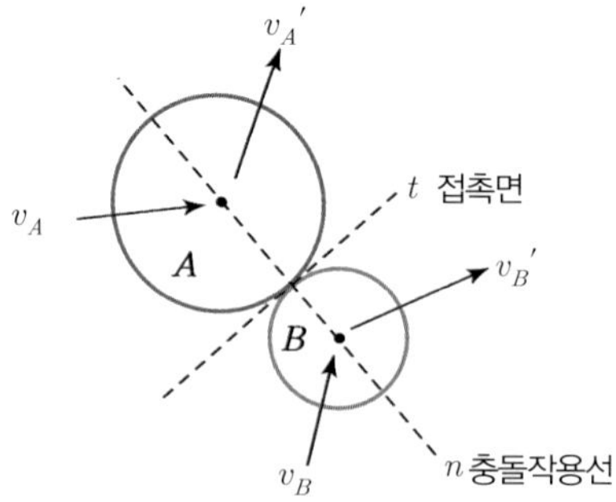

그림 5.5 경사 중심충돌

또한 물체 B에 대한 t 방향의 운동량-충격량 식에서 충격량이 무시되므로, 다음과 같은 운동량 보존식이 된다.

$$m_B v_{Bt} + \underbrace{\int_{t_1}^{t_2} F_t \, dt}_{=0} = m_B v_{Bt}' \tag{5.20}$$

즉, 물체 A와 물체 B에 대한 t 방향의 속도는 각각 유지된다.

$$v_{At} = v_{At}' \tag{5.21}$$

$$v_{Bt} = v_{Bt}' \tag{5.22}$$

즉, 접촉면의 마찰력을 무시하는 경우, 각 물체의 충돌 전 t 방향 속도성분은 충돌 후 t 방향 속도성분과 같다.

참고

보통 각 물체의 충돌 전 접촉면 방향(t 방향) 속도성분은 충돌 후 접촉면 방향 속도성분과 같다고 가정한다. 이 현상이 성립할 수 있으려면 접촉면이 아주 매끄러워 접촉면을 따라 발생하는 마찰력은 무시할 수 있어야 하며 이로 인하여 각 물체들 사이에 운동량 보존의 법칙이 성립하게 된다.

(2) 충돌작용선 방향 (n 방향)

충돌작용선 방향(n 방향)의 속도성분은 정면 중심충돌의 경우와 같이 취급하여 운동량 보존과 반발계수를 적용할 수 있다.

두 물체의 충돌로 인하여 충돌작용선(n 축)을 따라 두 물체에 가해진 충격력은 크기가 같고 반대방향으로 작용하므로 계 전체로 보면 두 물체에서 두 물체에서 주고 받은 충격력으로 인한 영향은 상쇄된다. 따라서 n 방향으로 선형 운동량 보존식이 성립한다.

$$\underbrace{m_A v_{An} + m_B v_{Bn}}_{\text{충돌 전 충돌작용선 방향 운동량의 합(최초)}} = \underbrace{m_A v_{An}' + m_B v_{Bn}'}_{\text{충돌 후 충돌작용선 방향 운동량의 합(최종)}} \tag{5.23}$$

n 방향으로의 반발계수 e는 접근시 상대속도 $v_{An} - v_{Bn}$와 분리시 상대속도 $v_{Bn}' - v_{An}'$로 나타낼 수 있다.

$$e = -\frac{v_{An}{}' - v_{Bn}{}'}{v_{An} - v_{Bn}} \tag{5.24}$$

5.5.3 충돌 전후의 반발계수와 손실 에너지와의 관계

① 두 물체 사이의 반발계수 $e = 1$인 완전 탄성충돌인 경우, 충돌 전과 충돌 후에 대한 선형 운동량과 선형 충격량 식과 반발계수 식을 적용하면 에너지 보존법칙이 성립하는 것을 알 수 있다. 선형 운동량 보존식 (5.13b)는 다음과 같이 변형하여 쓸 수 있다.

$$m_A(v_A - v_A{}') = -m_B(v_B - v_B{}')$$

반발계수 $e = 1$인 경우, 반발계수 식 (5.18)은 다음과 같이 쓸 수 있다.

$$v_A + v_A{}' = v_B + v_B{}'$$

위의 두 식에서 각 변끼리 각각 곱하고 1/2 배하면 다음과 같다.

$$\frac{1}{2}m_A(v_A^2 - v_A{}'^2) = -\frac{1}{2}m_B(v_B^2 - v_B{}'^2)$$

충돌 전의 운동에 관계된 항과 충돌 후의 운동에 관계된 항끼리 모으면 다음과 같으며 이 식은 에너지 보존식이다.

$$\frac{1}{2}m_A v_A^2 + \frac{1}{2}m_B v_B^2 = \frac{1}{2}m_A v_A{}'^2 + \frac{1}{2}m_B v_B{}'^2$$

② 그러나, 두 물체 사이의 반발계수 e가 1보다 작은 경우 물체의 충돌시에 에너지 손실이 동반되어 충돌 전과 충돌 후에 대하여 에너지 보존법칙이 성립하지 않는다. 이 때 선형 운동량과 선형 충격량 식과 반발계수 식이 유용하게 쓰인다.

③ 정면 중심충돌은 접촉면 방향의 속도가 0인 경사 중심충돌로 취급해도 된다.

참고 선형 운동량과 선형 충격량 식의 적용

문장 중에서 '부딪히다.' '충돌하다.' '어느 물체에 박히다(부딪혀서 한 몸체가 되었다).' '튀어 오르다.(맞고 튀어 나왔다.)' '…초 후'에 등의 단어가 나오면 대부분 이 장에 속하는 문제이다.

참고 **외력이 작용하지 않는 경우 물체간의 충돌에서**

(1) 충돌작용선상의 속도는 반발계수와 운동량 보존법칙에 따라 계산된다. (반발계수의 값과 무관하게 운동량 보존 법칙이 성립한다.)
(2) 접선 방향의 속도는 충돌 접촉점에서 마찰이 없다고 가정하면 충돌 전후 변함이 없다. 즉, 접촉면 방향의 속도는 충돌 전과 충돌 후에 같다.

예제 5.3

두 화물열차가 같은 방향으로 움직이다가 충돌한다. 충돌직전 뒷 차 A는 오른쪽으로 2.5 m/s의 속도로 움직이고, 앞 차 B는 오른쪽으로 1 m/s의 속도로 움직인다. 뒷 차 A의 질량은 120 ton이고, 앞 차 B의 질량은 20 ton이다. 두 차 사이의 반발계수가 0.75일 때 충돌 후 각 차의 속도를 구하라.

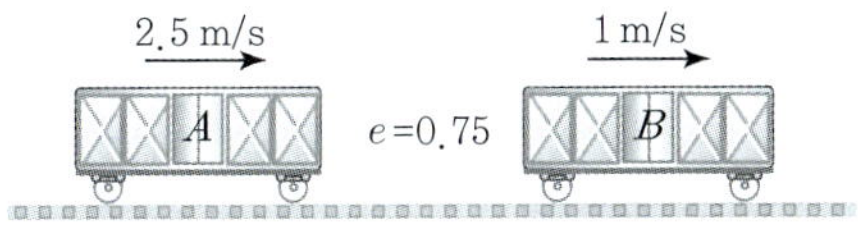

적용원리

- 정면 중심충돌이므로 운동량 보존법칙과 반발계수 식을 이용한다.
- SI 단위에서 1 ton = 1000 kg이다.

풀이

[운동역학]

충돌 전의 속력을 각각 v_A, v_B, 충돌 후의 속력을 각각 $v_A{}'$, $v_B{}'$이라 놓고, 운동량 보존식을 적용하면

$$\xrightarrow{+}: \ m_A v_A + m_B v_B = m_A v_A{}' + m_B v_B{}'$$

$$120 \times 10^3 \cdot 2.5 + 20 \times 10^3 \cdot 1 = 120 \times 10^3 \cdot v_A{}' + 20 \times 10^3 \cdot v_B{}'$$

$$6 v_A{}' + v_B{}' = 16 \qquad ①$$

반발계수 식에서

$$\xrightarrow{+}: \ e = -\frac{v_B{}' - v_A{}'}{v_B - v_A}$$

$$0.75 = -\frac{v_B' - v_A'}{1 - 2.5}$$

$$v_B' - v_A' = 1.125 \qquad ②$$

식 ①, ②로부터

$$v_A' = 2.125 \text{ m/s}, \quad v_B' = 3.25 \text{ m/s}$$

답 $\mathbf{v}_A' = 2.125 \text{ m/s} \rightarrow$, $\mathbf{v}_B' = 3.25 \text{ m/s} \rightarrow$

예제 5.4

그림과 같이, 공이 16 m/s의 속도로 날아와 고정된 바닥면에 수평면에 대하여 30°의 각도로 부딪혔다. 만약 공과 평판 사이의 반발계수가 0.5라면, 충돌 후의 속력 v'와 그 때의 각 θ'를 계산하라.

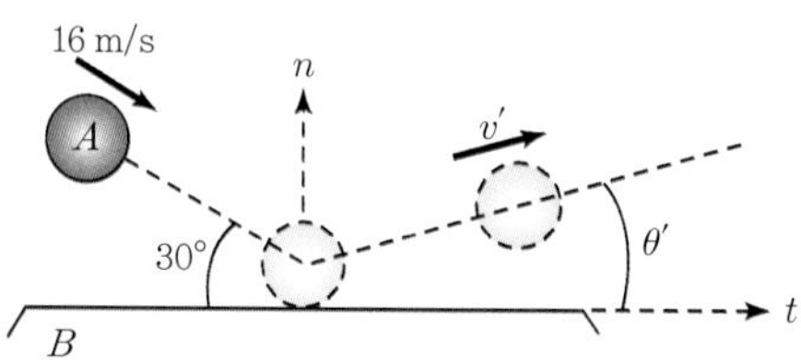

(옆에서 본 그림)

적용원리

- 충돌작용선 방향으로 반발계수 식을 적용한다.
- 접선 방향으로의 마찰력을 무시하면 운동량 보존법칙이 성립되어 접선 방향의 속도는 그대로 유지된다.

풀이

[운동학]

공을 물체 A이라 하고, 고정된 바닥면을 물체 B라고 하자.

공 A의 충돌 직전 접선 방향(t 방향) 속도는

$$v_{At} = 16\cos 30° = 13.86 \text{ m/s}$$

공 A의 충돌 직전 충돌작용선 방향(n 방향) 속도는

$$v_{An} = -16\sin 30° = -8\ \text{m/s}$$

바닥면은 정지되어 충돌 전과 충돌 후 속도는 모두 0이다.

$$v_{Bt} = 0, \qquad v_{Bn} = 0,$$

$$v_{Bt}' = 0, \qquad v_{Bn}' = 0$$

[운동역학]

(t 방향)

t 방향의 충격량은 없으므로, t 방향의 운동량은 보존된다. 따라서, 접촉면 방향의 속도는 그대로 유지된다.

$$v_{At}' = v_{At} = 13.86\ \text{m/s}$$

(n 방향)

충돌작용선 방향에 대한 반발계수 식에서

$$+\uparrow : e = -\frac{v_{Bn}' - v_{An}'}{v_{Bn} - v_{An}}$$

$$0.5 = -\frac{0 - v_{An}'}{0 - (-8)}, \qquad \therefore\ v_{An}' = 4\ \text{m/s}$$

튀어나오는 반발속력은

$$v' = \sqrt{v_{At}'^2 + v_{An}'^2}$$

$$= \sqrt{13.86^2 + 4^2} = 14.43\ \text{m/s}$$

튀어나오는 반발각도는

$$\theta' = \tan^{-1}\left(\frac{v_{An}'}{v_{At}'}\right)$$

$$= \tan^{-1}\left(\frac{4}{13.61}\right) = 16.1°$$

답 $v' = 14.43\ \text{m/s},\ \theta' = 16.1°$

검토 충돌작용선 방향에 대한 운동량 보존식에서 벽 B의 질량은 ∞이고, 속도는 0 이다.

$$m_A v_A + m_B v_B = m_A v_A{}' + m_B v_B{}'$$

$$m_A \cdot (-8) + \infty \cdot 0 = m_A v_A + \infty \cdot 0$$

$\infty \cdot 0$는 부정형이므로 더 이상 계산할 수 없다.

따라서, 벽이나 바닥 등에 대해서는 운동량 보존식을 적용할 수 없다.

예제 5.5

공이 1 m 높이(위치 A)에서 20° 경사면에 낙하한 후 다시 튀어 오른 후 같은 경사면에 떨어진다. 반발계수 $e = 0.8$이라 할 때 공이 경사면에 처음 부딪힌 지점부터 다시 부딪히는 지점까지의 경사면 거리 R을 구하라.

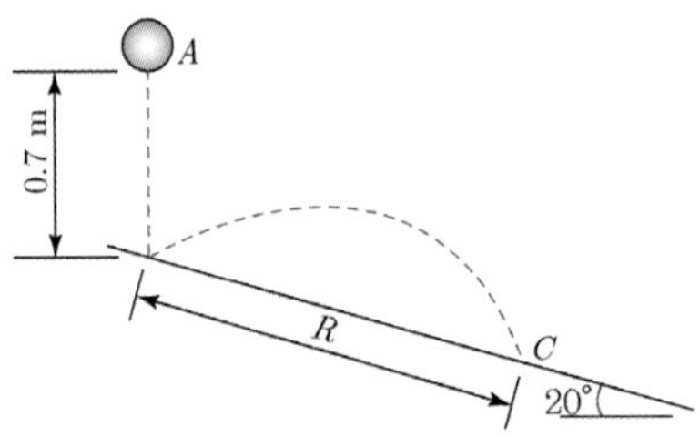

적용원리

- 공 A가 낙하하여 경사면에 부딪히기 직전까지 역학적 에너지 보존법칙을 적용한다.
- 공 A가 경사면에 부딪히기 전후의 속도해석
  - 충돌작용선 방향으로 운동량 보존법칙과 반발계수 식을 이용한다.
  - 접선 방향의 속도는 그대로 유지한다.
- 충돌 후의 속도는 수평 방향과 수직 방향으로 분리하여 수평 방향으로 등속 운동, 수직 방향으로 등가속 운동을 적용한다.

풀이

최초 단계를 0, 충돌 직전 단계를 1, 충돌 직후 단계를 2로 표기하자.

i) 자유낙하에서 충돌 직전까지 (단계 0에서 단계 1까지)

[운동역학]

역학적 에너지 보존식에서 충돌 직전 속도를 v_1이라 하자.

$$T_0 + V_0 = T_1 + V_1$$

$$\frac{1}{2}mv_0^2 + mgh_0 = \frac{1}{2}mv_1^2 + mgh_1$$

$$0 + m \cdot 9.81 \cdot 1 = \frac{1}{2}m \cdot v_1^2 + 0, \qquad \therefore\ v_1 = 4.429\ \mathrm{m/s}$$

ii) 충돌 전후 (단계 1에서 단계 2까지) :

[운동학]

경사면에 대하여 수직인 방향을 n방향, 경사면 방향을 t방향이라 하자.

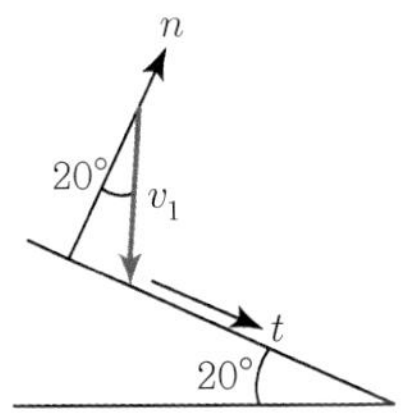

(충돌 전 속도)

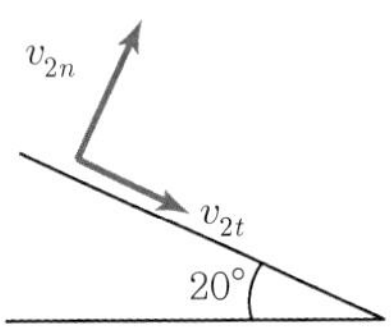

(충돌 후 속도)

충돌 직전의 t 방향 속도는

$$v_{1t} = v_1 \sin\theta = 4.429 \sin 20° = 1.515\ \mathrm{m/s}$$

충돌 직전의 n 방향 속도는

$$v_{1n} = -v_1 \cos\theta = -4.429 \cos 20° = -4.162\ \mathrm{m/s}$$

[운동역학]

(t 방향)

t 방향의 충격량은 없으므로, t 방향의 운동량은 보존된다. 따라서, 충돌 직후의 t 방향 속도는 그대로 유지된다.

$$v_{2t} = v_{1t} = 1.515\ \mathrm{m/s}$$

(n 방향)

반발계수 식에서

$$e = -\frac{v_{2n}}{v_{1n}}$$

$$0.8 = -\frac{v_{2n}}{(-4.162)}, \qquad \therefore\ v_{2n} = 3.330\ \mathrm{m/s}$$

iii) 충돌 직후 공은 수평 방향(x방향)으로 등속 운동을 하며, 수직하강 방향(y방향)으로 등가속 운동을 한다.

[운동학]

충돌 직후 경사면 방향의 속도 v_{2t}와 경사면 수직인 방향 속도 v_{2n}을 x방향 속도 v_{2x}와 y방향 속도 v_{2y}로 변환하여야 한다.

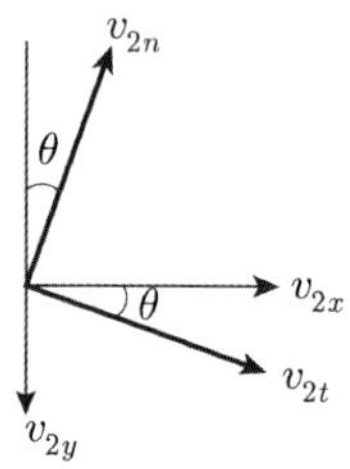

되튀길 때 x방향 초기 속도는

$$v_{2x} = v_{2t}\cos\theta + v_{2n}\sin\theta$$

$$v_{2x} = 1.515\cos 20° + 3.330\sin 20° = 2.563\ \mathrm{m/s}$$

되튀길 때 y방향 초기 속도는

$$v_{2y} = v_{2t}\sin\theta - v_{2n}\cos\theta$$

$$v_{2y} = 1.515\sin 20° - 3.330\cos 20° = -2.611\ \mathrm{m/s}$$

되튀긴 후 다시 충돌이 일어날 때까지 이동한 거리를 해석하면

x방향 (등속운동)

이동거리 $X = v_{2x}t = 2.563t$ ①

y방향 (등가속운동)

이동거리는 $Y = v_{2y}t + \frac{1}{2}gt^2 = (-2.611)t + \frac{1}{2} \cdot 9.81t^2$ ②

한편, 수평이동거리와 수직이동거리에 대한 경사면의 기하학적인 관계식은 다음과 같다.

$Y = X\tan\theta$ ③

즉, 식 ①, ②를 식 ③에 대입하면

$-2.511t + 4.905t^2 = (2.563t) \cdot \tan 20°$, $\therefore\ t = 0.722\ \text{s}$

식 ③과 식 ④로부터 각 방향 이동거리는

$X = 1.850\ \text{m},\ Y = 0.672\ \text{m}$

경사면 도달거리는 $R = \sqrt{X^2 + Y^2} = \sqrt{1.850^2 + 0.672^2} = 1.968\ \text{m}$

답 $R = 1.968\ \text{m}$

예제 5.6

질량이 각각 2.5 kg, 4 kg인 두 개의 원판 A, B가 있다. 그림과 같이 각각 6 m/s, 7 m/s의 속도로 충돌할 때, 다음 물음에 답하라. 반발계수는 $e = 0.6$이다. 단, 바닥면으로부터의 마찰은 무시한다.

(a) 충돌 직후 각 원판들의 속도를 구하라.
(b) 원판 A가 받은 충격량을 구하라.
(c) 충돌과정에서 손실된 에너지량을 구하라.

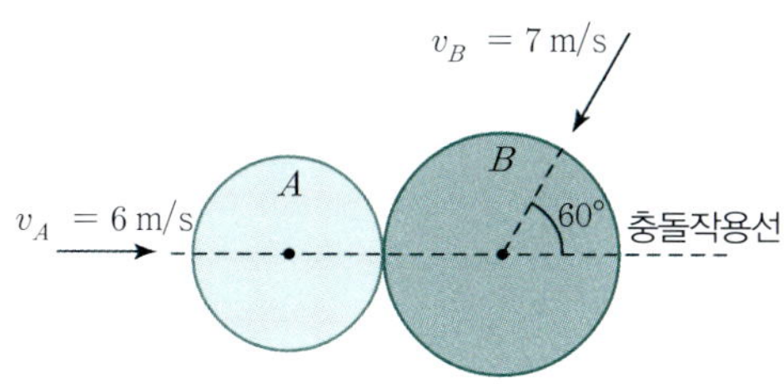

적용원리

- 최초 속도를 충돌작용선 방향(n 방향)과 접촉면 방향(t 방향)으로 나눈다.
- 충돌작용선 방향으로 운동량 보존법칙과 반발계수 식을 이용한다.
- 접촉면의 마찰력을 무시하는 경우 접촉면 방향(t 방향)으로 운동량 보존법칙을 적용하면, 충돌 후 t 방향의 속도는 그대로 유지한다.

풀이

[운동학]

먼저, n 방향과 t 방향을 그림과 같이 설정한다.

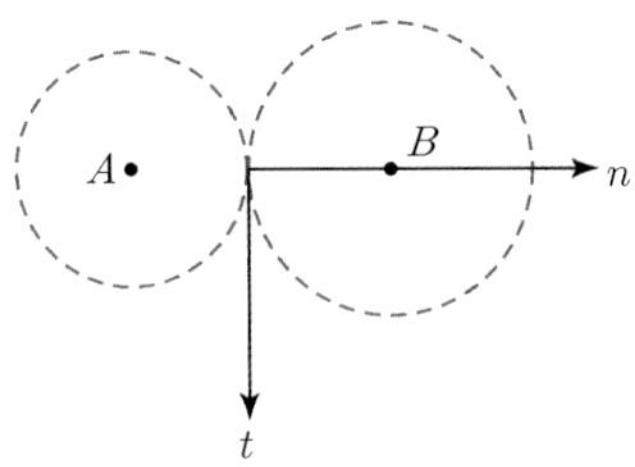

(a) 원판 A의 충돌전 속도성분은

$$v_{At} = 0$$

$$v_{An} = 6 \text{ m/s}$$

원판 B의 충돌전 속도성분은

$$v_{Bt} = 7\sin 60° = 6.06 \text{ m/s}$$

$$v_{Bn} = -7\cos 60° = -3.50 \text{ m/s}$$

두 원판의 충돌후 속도를 각각 v_A', v_B'라 하자.

[운동역학]

(t 방향)

t 방향의 충격량은 없으므로, t 방향의 운동량은 보존된다. 따라서, 충돌 직후의 t 방향 속도는 그대로 유지된다.

$$v_{At}' = v_{At} = 0$$

$$v_{Bt}' = v_{Bt} = 6.06 \text{ m/s}$$

(n 방향)

운동량 보존법칙을 적용하면

$$\xrightarrow{+} : m_A v_{An} + m_B v_{Bn} = m_A v_{An}' + m_B v_{Bn}'$$

$$2.5 \cdot 6 + 4 \cdot (-3.5) = 2.5\, v_{An}' + 4\, v_{Bn}'$$

$$2.5\, v_{An}' + 4\, v_{Bn}' = 1 \qquad ①$$

반발계수에서 $e = -\dfrac{v_{An}' - v_{Bn}'}{v_{An} - v_{Bn}}$

$$\xrightarrow{+} : 0.6 = -\frac{v_{An}' - v_{Bn}'}{6-(-3.5)}$$

$$v_{An}' - v_{Bn}' = -5.7 \qquad ②$$

식 ①, ②로부터

$$v_{An}' = -3.35\ \mathrm{m/s}, \qquad v_{Bn}' = 2.35\ \mathrm{m/s}$$

따라서 충돌후 원판 B의 속력은

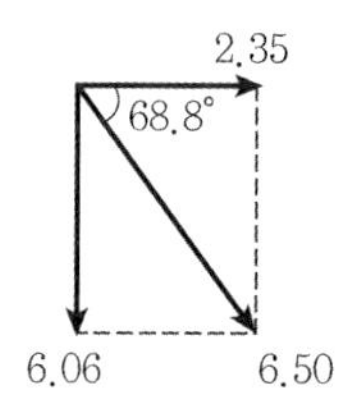

답 $\mathbf{v}_A' = 3.35\ \mathrm{m/s} \leftarrow$, $\mathbf{v}_B' = 6.50\ \mathrm{m/s}$ ↘68.8°

(b) 원판 A에서 n 방향에 대한 운동량–충격량 식을 적용하면

(n 방향) $m_A v_{An} + F\Delta t = m_A v_{An}'$

$$2.5 \cdot 6 + F\Delta t = 2.5 \cdot (-3.354)$$

$$\therefore \quad F\Delta t = -23.4\ \mathrm{Ns}$$

답 $\mathbf{F}\Delta t = 23.4\ \mathrm{Ns} \leftarrow$

(c) 충돌과정에서의 에너지 식을 적용하면

$$T_1 + V_1 - E_{loss} = T_2 + V_2$$

위치에너지 $V_1 = 0,\ V_2 = 0$이므로

$$\frac{1}{2}m_A v_A^2 + \frac{1}{2}m_B v_B^2 - E_{loss} = \frac{1}{2}m_A {v_A}'^2 + \frac{1}{2}m_B {v_B}'^2$$

$$\frac{1}{2}\cdot 2.5\cdot 6^2 + \frac{1}{2}\cdot 4\cdot 7^2 - E_{loss} = \frac{1}{2}\cdot 2.5\cdot (-3.354)^2 + \frac{1}{2}\cdot 4\cdot 6.50^2$$

$$\therefore \quad E_{loss} = 44.4\ \mathrm{J}$$

답 $E_{loss} = 44.4\ \mathrm{J}$

예제 5.7

질량과 크기가 동일한 두 공 A, B가 있다. 공 B가 늘어나지 않는 줄에 매달려 있으며, 공 A가 줄을 따라 내려와 공 B와 충돌하기 직전에 속력 $1\ \mathrm{m/s}$를 가지고 있었다. 마찰을 무시하고, 반발계수가 0.8이라 할 때, 충돌직후 각 공의 속도를 구하라.

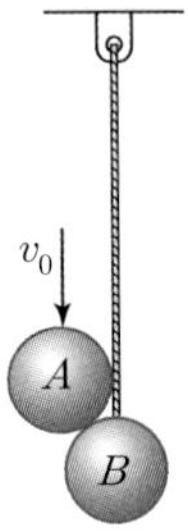

적용원리

- 최초 속도를 접촉면 방향(t 방향)과 충돌작용선 방향(n 방향)으로 나눈다.
- 접촉면의 마찰력을 무시하는 경우 접촉면 방향(t방향)으로 운동량 보존법칙을 적용하면, 충돌 후 t방향의 속도는 그대로 유지한다.
- 충돌작용선 방향(n 방향)으로 반발계수 식을 이용한다.
- 충돌시 외력(장력 등)이 존재하는 경우에는 그 외력에 의한 충격량이 존재하므로, 충돌작용선 방향(n 방향)에 대한 운동량 보존식이 성립되지 않는다.
- 외력의 수직 방향에 대한 충격량이 존재하지 않으므로, 외력의 수직 방향에 대한 운동량 보존 법칙을 적용한다.

풀이

[운동학]

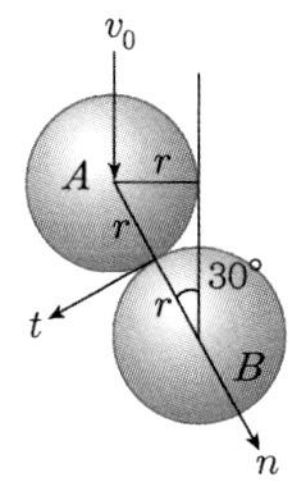

충돌 전 공 A의 속도 $\mathbf{v}_0$를 t, n방향으로 분리하면

$$v_{At} = v_0 \sin\theta = 1 \cdot \sin 30° = 0.5 \text{ m/s}$$

$$v_{An} = v_0 \cos\theta = 1 \cdot \cos 30° = 0.866 \text{ m/s}$$

충돌 전 공 B의 속도 $v_B = 0$이다.

충돌 후 공 A의 속도를 각각 v_{At}', v_{An}'라고 놓자.

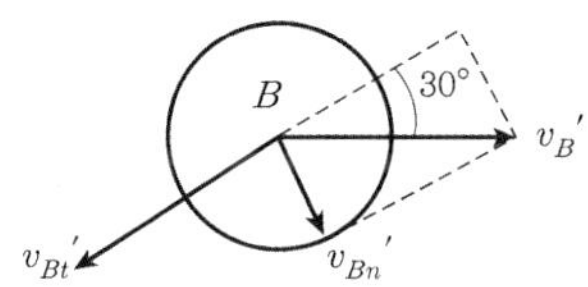

충돌 후 공 B의 속도 v_B'(x 방향)를 t, n방향으로 분리하면

$$v_{Bt}' = -v_B' \cos 30° = -0.866 v_B'$$

$$v_{Bn}' = v_B' \sin 30° = 0.5 v_B'$$

[운동역학]

(t 방향)

t 방향의 충격량은 없으므로, t 방향의 운동량은 보존된다. 따라서, 충돌 직후의 t 방향 속도는 그대로 유지된다.

$$v_{At}' = v_{At} = 0.5 \text{ m/s}$$

그러나, 줄의 장력에 의한 충격량이 존재하므로, t 방향에 대한 운동량 보존식은 성립되지 않는다.

(n 방향)

n 방향에 대한 반발계수 식은 성립한다.

$$\text{반발계수 식 } e = -\frac{v_{An}' - v_{Bn}'}{v_{An} - v_{Bn}}$$

$$0.8 = -\frac{v_{An}' - 0.5v_B'}{0.866 - 0}$$

$$v_{An}' - 0.5v_B' = -0.693 \qquad ①$$

또한, 줄의 장력에 의한 충격량이 존재하므로, n 방향에 대한 운동량 보존식이 성립되지 않는다. 줄의 장력에 의한 충격량을 무시할 수 있는 방향인 줄의 장력에 수직 방향, 즉, x 방향에 대한 운동량 보존식은 성립한다.

공 A의 충돌후 t 방향과 n 방향의 속력 v_{At}'와 v_{An}'을 x 방향으로 투영하여 x 방향의 속력 v_{Ax}'를 구하면 다음과 같다.

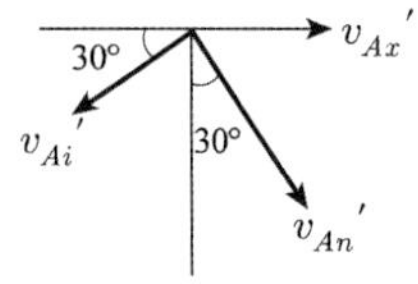

$$v_{Ax}' = v_{An}'\sin\theta - v_{At}'\cos\theta = v_{An}'\sin 30° - 0.5 \cdot \cos 30°$$

$$= 0.5v_{An}' - 0.433$$

x 방향에 대한 운동량 보존식에서

$$\xrightarrow{+}: \quad v_{Ax} + v_{Bx} = v_{Ax}' + v_B'$$

$$0 + 0 = (0.5v_{An}' - 0.433) + v_B'$$

$$0.5v_{An}' + v_B' = 0.433 \qquad ②$$

식 ①, ②으로부터

$$v_{An}' = -0.381\ \text{m/s}, \quad v_B' = 0.624\ \text{m/s}$$

따라서 충돌 후 A의 속도는

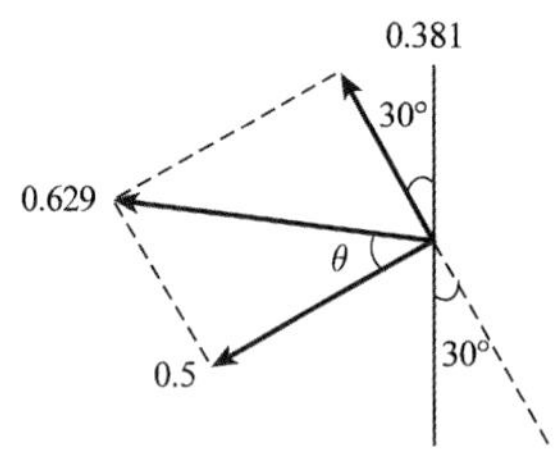

답 $\mathbf{v}_A' = 0.629$ m/s ↖ 7.3°, $\mathbf{v}_B' = 0.624$ m/s →

예제 5.8

높이 $h = 0.6\,\mathrm{m}$에서 정지하고 있던 질량이 2 kg인 물체 A가 떨어져서 질량 3 kg인 평판 B와 부딪친다. 만일 물체 A와 평판 B 사이의 반발계수가 $e = 0.6$이라고 한다면, 충돌 직후 물체의 속도를 구하라. 스프링의 강성은 $k = 40\,\mathrm{N/m}$이다.

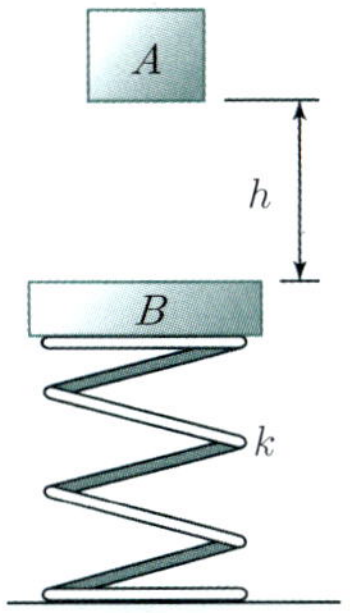

적용원리

- 충돌 전후에는 운동량 보존법칙과 반발계수 식을 이용한다.
- 충돌되지 않고 이동하는 기간은 에너지보존법칙을 적용한다.

풀이

[운동역학]

i) 물체 A가 낙하하여 물체 B에 충돌하기 직전까지(자유낙하운동)

에너지보존식 $T_0 + V_0 = T + V$에서

$$\frac{1}{2}m_A v_{A0}^2 + m_A g y_{A0} = \frac{1}{2}m_A v_A^2 + m_A g y_A$$

$$0 + 2 \cdot 9.81 \cdot 0.6 = \frac{1}{2} \cdot 2 \cdot v_A^2 + 0, \qquad \therefore\ v_A = 3.431\ \mathrm{m/s}$$

ii) 충돌 전후(충돌과정): 충돌 후의 속도를 각각 v_A', v_B'이라 놓자.

운동량 보존법칙에서

$$+\downarrow:\ m_A v_A + m_B v_B = m_A v_A' + m_B v_B'$$

$$2 \cdot 3.431 + 0 = 2v_A' + 3v_B'$$

$$2v_A' + 3v_B' = 6.862 \qquad ①$$

반발계수 식에서

$$+\downarrow : e = -\frac{v_A' - v_B'}{v_A - v_B}$$

$$0.6 = -\frac{v_A' - v_B'}{3.431 - 0}$$

$$v_A' - v_B' = -2.059 \quad ②$$

식 ①, ②로부터

$$v_A' = 0.137 \text{ m/s}, \quad v_B' = 2.196 \text{ m/s}$$

답 $\mathbf{v}_A' = 0.137\,\text{m/s} \downarrow, \ \mathbf{v}_B' = 2.196\,\text{m/s} \downarrow$

예제 5.9

10 kg의 짐이 벨트를 따라 4 m/s의 속도로 운반되다가 정지하고 있던 25 kg의 운반차에 떨어진다. 운반차와 지면 사이의 마찰력은 무시할 수 있다. 다음을 구하라.

(a) 운반차의 최종 속력
(b) 운반차에 의해 짐에 작용되어지는 충격량
(c) 충격에 의한 초기 에너지 손실률

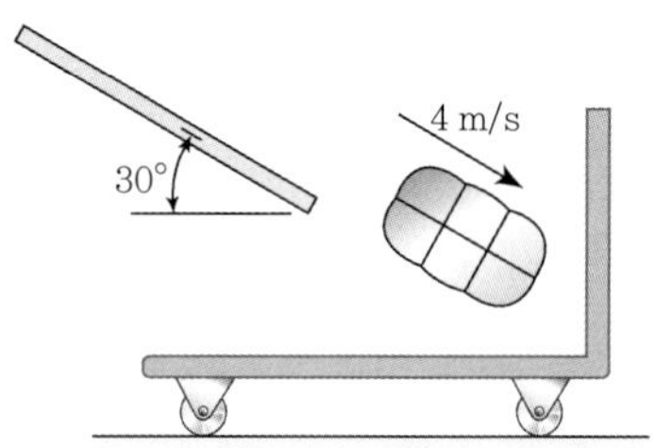

적용원리

- 시스템에 대한 운동량 보존식을 적용한다.
- 짐에 대한 운동량–충격량 법칙을 적용한다.

풀이

[운동역학]

(a) 충돌 전 속도에는 첨자없이, 충돌 후 속도에는 첨자 ′를 사용한다.

짐과 운반차는 경사 각도로 충격함으로써 충격량이 서로 상쇄되며, 운반차는 지면에 수직 방향으로의 충격량이 존재한다. 따라서 지면으로부터의 충격량 방향에 수직한 방향인 x 방향으로의 시스템에 대한 운동량 보존식이 성립된다.

시스템에 대한 운동량 보존식에서

$\xrightarrow{+}$: $m_P v_{Px} + m_C v_C = m_P v' + m_C v'$

$10 \cdot 4\cos 30° + 0 = 10v' + 25v'$, $\quad \therefore\ v' = 0.9897\ \text{m/s}$

답 $\mathbf{v}' = 0.9897\ \text{m/s}\ \rightarrow$

(b) 짐에 대한 운동량-충격량 식에서

$\xrightarrow{+}$: $m_P v_{Px} + \Sigma Imp_x = m_P v'$

$10 \cdot 4\cos 30° + F_x \Delta t = 10 \cdot 0.9897$, $\quad \therefore\ F_x \Delta t = -24.74\ \text{N s}$

$+\uparrow$: $m_P v_{Py} + \Sigma Imp_y = 0$

$10 \cdot (-4\sin 30°) + F_y \Delta t = 0$, $\quad \therefore\ F_y \Delta t = 20\ \text{N s}$

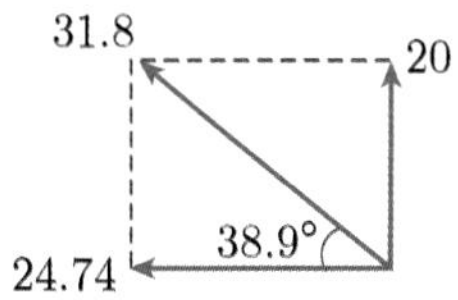

답 짐에 작용되는 충격량 $\mathbf{F}\Delta t = 31.8\ \text{N s}$ 38.9° ↖

(c) 에너지 손실률

최초 에너지는 $T_1 = \frac{1}{2} m_P v_P^2 + \frac{1}{2} m_C v_C^2 = \frac{1}{2} \cdot 10 \cdot 4^2 + 0 = 80.0\ \text{J}$

최종 에너지는 $T_2 = \frac{1}{2}(m_P + m_C)v'^2 = \frac{1}{2} \cdot (10 + 25) \cdot 0.9897^2 = 17.14\ \text{J}$

에너지 손실률은 $\frac{T_1 - T_2}{T_1} = \frac{80 - 17.14}{80} = 0.786$

답 에너지 손실률 78.6%

5.6 질점의 각충격량(angular impulse) 및 각운동량(angular momentum)

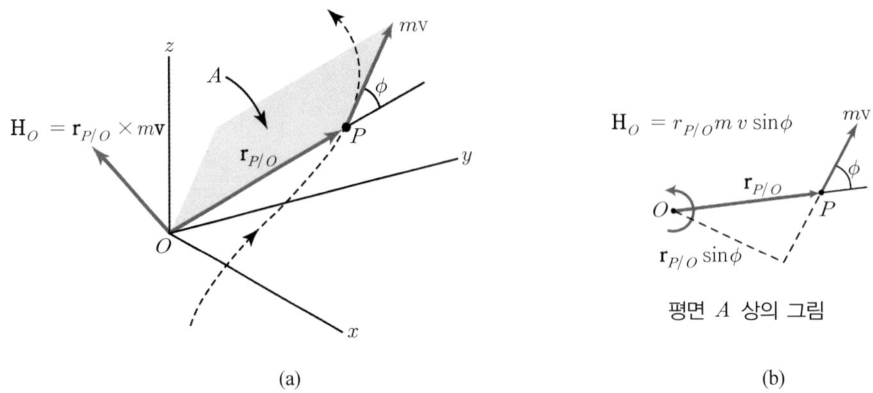

그림 5.6 질점의 각운동량 H_O

임의의 고정점 O에 대해 $\mathbf{r}_{P/O}$만큼 떨어진 위치에서 질량 m인 질점이 속도 $\mathbf{v}$로 움직인다면 각운동량 H_O는 다음과 같이 정의한다.

$$\mathrm{H}_O = \mathbf{r}_{P/O} \times m\mathbf{v} \tag{5.25}$$

각운동량의 방향은 벡터 $\mathbf{r}$과 벡터 $\mathbf{v}$가 이루는 평면에 수직인 방향이며, 오른손 법칙이 적용된다.

참고

각운동량의 3차원 계산식은 다음과 같다.

$$\mathrm{H}_O = \mathbf{r}_{P/O} \times m\mathbf{v} = \begin{vmatrix} \mathbf{i} & \mathbf{j} & \mathbf{k} \\ r_x & r_y & r_z \\ mv_x & mv_y & mv_z \end{vmatrix} \tag{5.26}$$

여기서 $\mathbf{r}_{P/O} = r_x\mathbf{i} + r_y\mathbf{j} + r_z\mathbf{k}$, $\mathbf{v}_{P/O} = v_x\mathbf{i} + v_y\mathbf{j} + v_z\mathbf{k}$이다.

n개의 질점으로 구성된 질점계의 i번째 질점은 임의의 고정점 O에 대한 각운동량은 다음과 같다.

$$(\mathrm{H}_O)_i = \mathbf{r}_{i/O} \times m_i\mathbf{v}_i \tag{5.27}$$

충격 모멘트(impulsive moment)란 아주 짧은 시간에 아주 큰 모멘트가 작용하는 경우를 나타낸다. 시간 간격 $\Delta t = t_2 - t_1$ 동안 작용한 모멘트의 크기와 방향이 일정하다고 가정할 수 있는 경우, 임의의 고정점 O에 대한 각충격량 식은 다음과 같이 표시할 수 있다.

$$\int_{t_1}^{t_2} (\mathbf{M}_O)_i \, dt = \int_{t_1}^{t_2} \mathbf{r}_{i/O} \times \mathbf{F} \, dt$$

여러 개의 질점 중 i번째 질점의 충격 전 선형 운동량이 $(m_i \mathbf{v}_i)_1$이고 힘 $\mathbf{F}_i$에 의한 충격 $\mathbf{F}_i \Delta t$를 받은 후 질점의 충격 후 선형 운동량이 $(m_i \mathbf{v}_i)_2$라면 다음과 같이 쓸 수 있다.

$$(m_i \mathbf{v}_i)_1 + \mathbf{F}_i \Delta t = (m_i \mathbf{v}_i)_2 \tag{5.28}$$

윗 식으로부터 고정점 O에 대한 i번째 질점의 각운동량과 각충격량은 다음과 같다.

$$\mathbf{r}_{i/O} \times (m_i \mathbf{v}_i)_1 + \mathbf{r}_{i/O} \times \mathbf{F}_i \Delta t = \mathbf{r}_{i/O} \times (m_i \mathbf{v}_i)_2$$

윗 식을 전체 계에 대하여 적용하면 다음과 같다.

$$(\Sigma \mathbf{r}_{i/O} \times m_i \mathbf{v}_i)_1 + \Sigma \int_{t_1}^{t_2} (\mathbf{M}_O)_i \, dt = (\Sigma \mathbf{r}_{i/O} \times m_i \mathbf{v}_i)_2 \tag{5.29}$$

윗 식에서 만약 $\int_{t_1}^{t_2} (\mathbf{M}_O)_i \, dt = 0$이면 고정점 O에 대한 각운동량이 보존되어 다음의 관계가 성립한다.

$$(\Sigma \mathbf{r}_{i/O} \times m_i \mathbf{v}_i)_1 = (\Sigma \mathbf{r}_{i/O} \times m_i \mathbf{v}_i)_2 \tag{5.30}$$

$$\mathbf{H}_O = \text{일정} \tag{5.31}$$

특히 $\int_{t_1}^{t_2} (\mathbf{M}_O)_i \, dt = 0$이 되어 각운동량이 보존되는 경우를 살펴보면, 모멘트 또는 외력이 작용하지 않거나, 또는 그림 5.7과 같이 모멘트를 수반하지 않는 외력, 즉, 중심력(central force)이 작용하는 운동 등이 있다.

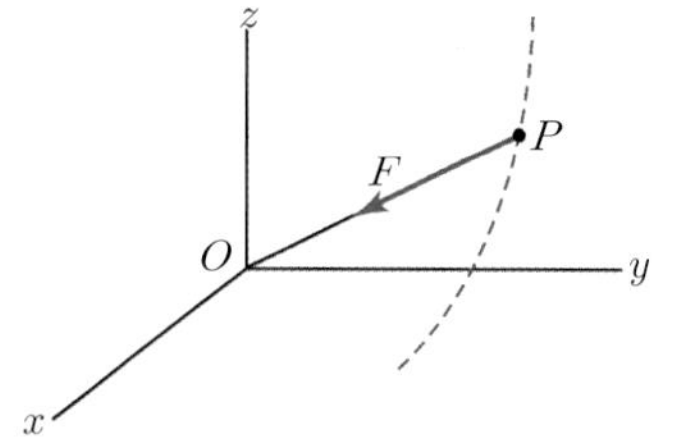

그림 5.7 중심력 운동

이와 같이 각운동량 보존식은 중심력이 작용하여 힘이 서로 상쇄될 때에도 적용할 수 있다. 즉, 만유인력(지구중심을 향하는 중심력)이 작용하는 인공위성 궤도를 해석하는 문제, 줄이나 스프링으로 연결된 물체의 회전을 해석하는 문제 등에 적용될 수 있다.

5.7 질량중심에 대한 각충격량 및 각운동량

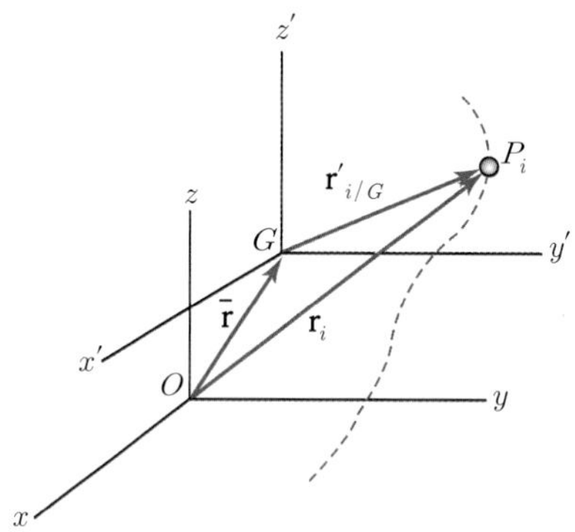

그림 5.8 질량중심에 대한 직각 좌표계

임의의 수 n개의 질점으로 구성된 질량계를 해석할 때 뉴튼 기준좌표계 O_{xyz} 대신에, 그림 5.8에서 보는 바와 같이 병진운동을 하는 질량중심 좌표계 $G_{x'y'z'}$에 대하여 운동을 해석하는 것이 편리한 경우가 많다. 이 원리는 강체를 해석할 때에도 적용할 수 있다.

i번째 질점 m_i의 질량중심 좌표계 $G_{x'y'z'}$에 대한 상대위치와 상대속도를 각각 $\mathbf{r}'_{i/G}$, $\mathbf{v}'_{i/G}$라 한다면 질량중심에 대한 각운동량 $\mathbf{H}_G{}'$은 다음과 같이 정의할 수 있다.

$$\mathbf{H}_G' = \sum_{i=1}^{n} (\mathbf{r}'_{i/G} \times m_i \mathbf{v}'_{i/G}) \tag{5.32}$$

여기서 $\mathbf{r}'_{i/G}$는 질량중심 G로부터 질점 m_i의 상대위치, $\mathbf{v}'_{i/G}$는 질점 m_i의 질량중심에 대한 상대속도이다.

기준좌표계 O_{xyz}에서 관찰한 선형 운동량 $m_i \mathbf{v}_i$으로 질량중심 G에 대한 각운동량으로 나타내면 다음과 같다.

$$\mathbf{H}_G = \sum_{i=1}^{n} (\mathbf{r}'_{i/G} \times m_i \mathbf{v}_i) \tag{5.33}$$

여기서 $\mathbf{v}_i = \bar{\mathbf{v}} + \mathbf{v}'_{i/G}$이고, $\bar{\mathbf{v}}$는 질량중심의 속도이다. $\mathbf{H}_G'$는 질량중심 좌표계 $G_{x'y'z'}$에 대한 각운동량이며, $\mathbf{H}_G$는 기준좌표계 O_{xyz}에 대한 각운동량이다.

식 (5.33)을 정리하면

$$\mathbf{H}_G = \sum_{i=1}^{n} (m_i \mathbf{r}'_{i/G}) \times \bar{\mathbf{v}} + \sum_{i=1}^{n} (\mathbf{r}'_{i/G} \times m_i \mathbf{v}'_{i/G})$$

윗 식에서 첫 번째 항은 질량중심의 정의에 따라 0이 된다.

$$\sum_{i=1}^{n} m_i \mathbf{r}'_{i/G} = 0$$

따라서 식 (5.32)와 식 (5.33)은 같은 값을 갖게 된다.

$$\mathbf{H}_G' = \mathbf{H}_G$$

$$\sum_{i=1}^{n} (\mathbf{r}'_{i/G} \times m_i \mathbf{v}_i) = \sum_{i=1}^{n} (\mathbf{r}'_{i/G} \times m_i \mathbf{v}'_{i/G}) \tag{5.34}$$

선형 운동량과 선형 충격량 식 (5.28)의 양변에 $\mathbf{r}'_{i/G}$를 곱하면 질량중심 G에 대한 i번째 질량의 각운동량과 각충격량은 다음과 같다.

$$\mathbf{r}'_{i/G} \times (m_i \mathbf{v}_i)_1 + \mathbf{r}'_{i/G} \times \mathbf{F}_i \Delta t = \mathbf{r}'_{i/G} \times (m_i \mathbf{v}_i)_2$$

윗 식을 전체 계에 대하여 적용하면 다음과 같다.

$$\left(\sum_{i=1}^{n} \mathbf{r}'_{i/G} \times m_i \mathbf{v}_i\right)_1 + \sum \int_{t_1}^{t_2} (\mathbf{M}_G)_i \, dt = \left(\sum_{i=1}^{n} \mathbf{r}'_{i/G} \times m_i \mathbf{v}_i\right)_2 \tag{5.35}$$

따라서 질량중심 G에 대한 모멘트의 합이 0이면 계의 질량중심에 대한 각운동량이 보존되어 다음의 관계가 성립한다.

$$(\Sigma \mathbf{r}'_{i/G} \times m_i \mathbf{v}_i)_1 = (\Sigma \mathbf{r}'_{i/G} \times m_i \mathbf{v}_i)_2 \tag{5.36a}$$

$$\mathrm{H}_G = \text{일정} \tag{5.36b}$$

예제 5.10

크기가 동일하고, 질량 6 kg, 3 kg인 서로 다른 두 개의 구 A, B가 질량을 무시할 수 있는 강체 봉으로 연결되어 있다. 두 구는 마찰이 없는 수평면 위에 정지해 있다가 구 A는 속도 $\mathbf{v}_A = 4\ \mathrm{m/s}$로 순간적으로 움직이기 시작한다. 다음을 구하라.

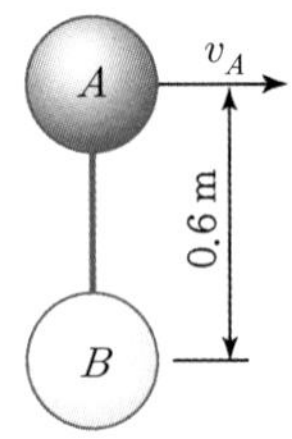

(a) 계의 선형 운동량

(b) 질량중심 G에 대한 계의 각운동량

(c) 봉 AB가 180° 회전한 후의 각 구의 속도

적용원리

- 외력이 작용하지 않는 경우, 계의 선형 운동량 보존식을 적용한다.
- 외력이 작용하지 않는 경우, 계의 각운동량 보존식을 적용한다.

풀이

[운동학]

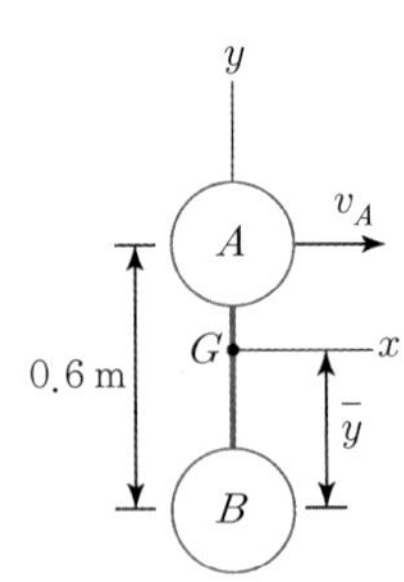

질량중심 G의 y방향 위치는

$$\bar{y} = \frac{\sum m_i y_i}{\sum m_i}$$

$$\bar{y} = \frac{6 \cdot 0.6 + 3 \cdot 0}{6 + 3} = 0.4\ \text{m}$$

[운동역학]

(a) 선형 운동량 식에서

$$\mathbf{L} = m_A \mathbf{v}_A + m_B \mathbf{v}_B$$

$$\mathbf{L} = 6 \cdot (4\mathbf{i}) + 3 \cdot 0 = 24\mathbf{i}\ (\text{kg m/s})$$

답 $\mathbf{L} = 24\ \text{kg m/s} \rightarrow$

(b) 질량중심 G에 대한 각운동량 식에서

$$\mathbf{H}_G = \mathbf{r}'_{A/G} \times m_A \mathbf{v}_A + \mathbf{r}'_{B/G} \times m_B \mathbf{v}_B$$

$$\mathbf{H}_G = 0.2\mathbf{j} \times (6 \cdot 4\mathbf{i}) + (-0.4)\mathbf{j} \times 0 = -4.8\mathbf{k}\ (\text{kg m}^2/\text{s})$$

답 $\mathbf{H}_G = 4.8\ \text{kg m}^2/\text{s}$ ↻

(c) 봉 AB가 180° 회전한 후의 각 구의 속도를 $\mathbf{v}_{A2} = v_{A2}\mathbf{i}$, $\mathbf{v}_{B2} = v_{B2}\mathbf{i}$라 하면,

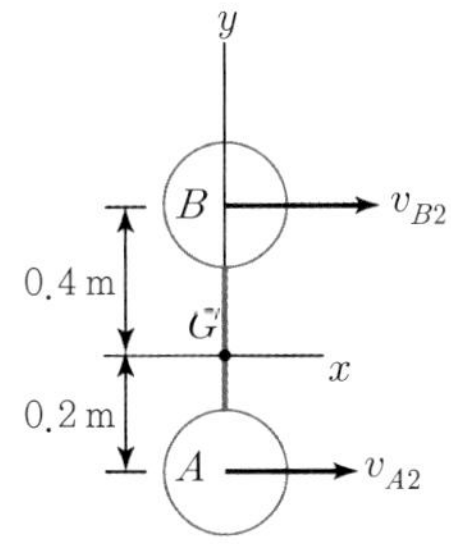

선형 운동량 보존식에서

$$m_A \mathbf{v}_A + m_B \mathbf{v}_B = m_A \mathbf{v}_{A2} + m_B \mathbf{v}_{B2}$$

$$6 \cdot (4\mathbf{i}) + 3 \cdot 0 = 6(v_{A2}\mathbf{i}) + 3(v_{B2}\mathbf{i})$$

$$\xrightarrow{+} : 24 = 6v_{A2} + 3v_{B2} \qquad ①$$

질량중심 G에 대한 각운동량 보존식에서

$$\mathbf{r}'_{A/G} \times m_A \mathbf{v}_A + \mathbf{r}'_{B/G} \times m_B \mathbf{v}_B = \mathbf{r}'_{A2/G} \times m_A \mathbf{v}_{A2} + \mathbf{r}'_{B2/G} \times m_B \mathbf{v}_{B2}$$

$$0.2\mathbf{j} \times (6 \cdot 4\mathbf{i}) + (-0.4\mathbf{j}) \times 0 = (-0.2\mathbf{j}) \times 6\,(v_{A2}\mathbf{i}) + (0.4\mathbf{j}) \times 3\,(v_{B2}\mathbf{i})$$

윗 식을 시계 방향 성분에 대하여 정리하면

$$\circlearrowright_G : 4.8 = -1.2\,v_{A2} + 1.2\,v_{B2} \qquad ②$$

식 ①, ②로부터

$$v_{A2} = 1.33 \text{ m/s}, \; v_{B2} = 5.33 \text{ m/s}$$

답 $\mathbf{v}_{A2} = 1.33 \text{ m/s} \rightarrow, \; \mathbf{v}_{B2} = 5.33 \text{ m/s} \rightarrow$

예제 5.11

질량이 각각 m인 두 개의 구가 회전하는 수평 회전막대에 끼워져 자유로이 미끄러질 수 있다. 최초 회전막대는 초기 각속도 ω_0로 회전하고 있으며, 두 개의 구는 각각 회전축의 중심으로부터 r_0만큼 떨어진 위치에서 수평 회전막대에 대한 상대적인 움직임이 없었다. 이 구가 원심력에 의하여 막대를 따라 미끄러져 최종적으로 회전축의 중심으로부터 거리 $3r_0$ 만큼 떨어진 위치에 도달하였을 때, 막대의 각속도 ω를 구하라. 또한, 이 시스템의 운동에너지 손실률 $\Delta E/E_0$를 구하라. 단, 외부에서 추가되는 동력은 없고, 회전축 및 수평 회전막대의 질량은 작아 무시할 수 있으며 공과 수평 회전막대 사이의 마찰손실은 무시한다.

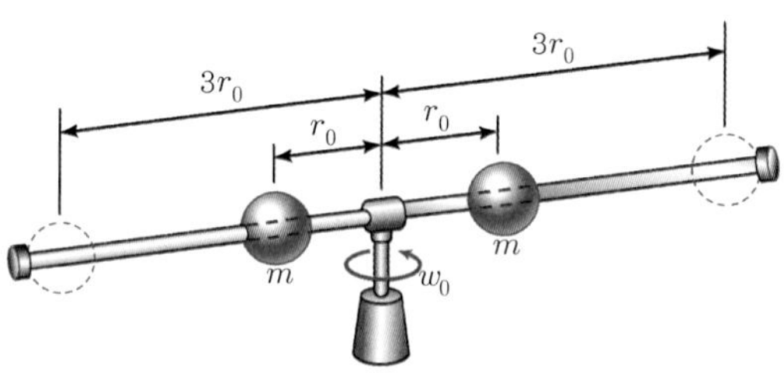

적용원리

- 외력이 작용하지 않는 경우, 계의 각운동량 보존식을 적용한다.

풀이

[운동역학]

회전축에 대하여 직각인 속도성분에 대한 각운동량 보존법칙은 다음과 같다.

$$(\Sigma \mathbf{r}_{i/O} \times m_i \mathbf{v}_i)_1 = (\Sigma \mathbf{r}_{i/O} \times m_i \mathbf{v}_i)_2$$

최초 위치에서 공의 속도는 $v_0 = r_0 \omega_0$이고, 최종 위치에서 공의 속도는 $v = (3r_0)\omega$이므로 윗 식은

$$r_0 \cdot m \cdot (r_0 \omega_0) + r_0 \cdot m \cdot (r_0 \omega_0) = (3r_0) \cdot m \cdot (3r_0 \omega) + (3r_0) \cdot m \cdot (3r_0 \omega)$$

계산하면

$$\omega = \frac{\omega_0}{9}$$

최초 위치에서 운동에너지는

$$E_0 = 2 \cdot \frac{1}{2} \cdot m \cdot (r_0 \cdot \omega_0)^2$$

최종 위치에서 운동에너지는

$$E = 2 \cdot \frac{1}{2} \cdot m \cdot (3r_0 \cdot \frac{1}{9}\omega_0)^2$$

운동에너지의 손실률은 $\frac{\Delta E}{E_0} = 1 - \frac{E}{E_0}$에서

$$\frac{\Delta E}{E_0} = 1 - \frac{1}{9} = \frac{8}{9}$$

답 $\omega = \frac{\omega_0}{9}$, $\frac{\Delta E}{E} = \frac{8}{9}$

5.8* 우주 역학

5.8.1 중심력 하에서의 각운동량 보존법칙

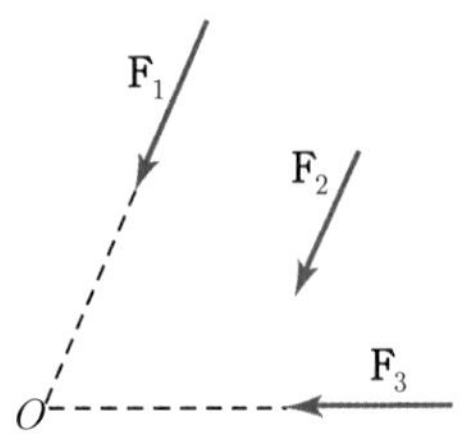

(F_1, F_3는 중심력이나, F_2는 중심력이 아님)

그림 5.9 중심력

일반적으로 작용하는 힘들은 어떤 고정점에 대하여 모멘트를 발생시킨다. 특별한 경우는 모멘트를 발생시키지 않는 경우도 있다. 즉, 힘을 작용선 방향으로 연장하였을 때 연장선이 고정점(구하려는 모멘트의 기준 중심점)을 통과하는 경우 그 힘을 어떤 고정점에 대한 중심력(central force)이라고 정의하며 이 힘은 고정점에 대하여 모멘트를 발생시키지 않는 특징을 가지고 있다.

5.6절의 그림 5.6에서 보는 바와 같이, 점 O에 대한 질점의 각운동량 $\mathbf{H}_O$는 $\mathbf{r}$과 $m\mathbf{v}$를 포함하는 평면 A에 수직인 벡터이다. $\mathbf{r}$은 고정점 O에서 질점까지의 변위 벡터이고 $m\mathbf{v}$는 질점의 선형 운동량이다. $\mathbf{r}$과 $m\mathbf{v}$ 사이의 각을 ϕ라 할 때, 각운동량의 크기 H_O는 다음과 같이 나타낼 수 있다.

$$H_O = rmv\sin\phi \tag{5.37a}$$

한편 질점의 선형 운동량 $m\mathbf{v}$ 중 접선 방향 성분 $m\,v_\theta$으로 인하여 발생하는 각운동량 성분은 다음과 같다.

$$H_O = r\,m\,v_\theta \tag{5.37b}$$

식 (2.58)에 나타낸 바와 같이 접선 방향 속도 성분은 $v_\theta = r\dot{\theta}$이므로 윗 식은 다음과 같이 나타낼 수 있다.

$$H_O = m\,r^2\,\dot{\theta} \tag{5.38}$$

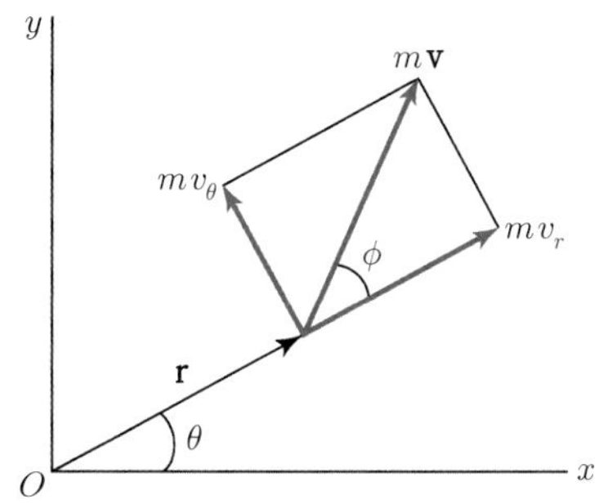

그림 5.10 v_θ와 $v\sin\phi$의 관계

단위질량당 각운동량 h는 각운동량을 질량으로 나눈 값 H_O/m으로 정의하며 다음과 같다.

$$h = r^2\,\dot{\theta} \tag{5.39}$$

그림 5.11에서 보는 바와 같이, 질점의 위치를 P로 나타낼 때 반경방향 벡터 $\overline{OP}$가 미소각 $d\theta$ 만큼 회전할 때 고정점 O와 최초 위치와 최종 위치가 이루는 면적은 다음과 같이 된다.

$$dA = \frac{1}{2}\cdot r\cdot(r + dr)\,d\theta \cong \frac{1}{2}\,r^2\,d\theta$$

시간당 미소면적의 증가율 dA/dt는 질점의 면적속도(areal velocity)라고 하며 다음과 같이 나타낼 수 있다.

$$\frac{dA}{dt} = \frac{1}{2}\,r^2\,\dot{\theta} \tag{5.40a}$$

즉, 식 (5.39)와 식 (5.40a)로부터 면적속도는 단위질량당 각운동량의 1/2배로 일정함을 알 수 있다.

$$\frac{dA}{dt} = \frac{h}{2} \tag{5.40b}$$

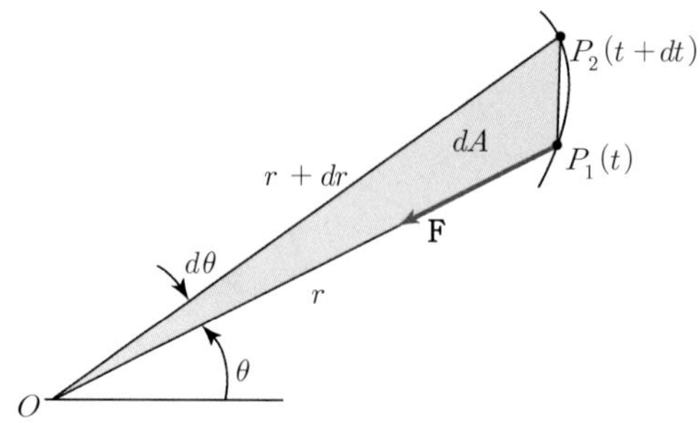

그림 5.11 면적속도

예제 5.12

인공위성이 높이 400 km에서 지면에 평행한 방향으로 속도 30 Mm/h로 비행하고 있다. 이 인공위성이 최대 높이 3600 km에 도달하였을 때 인공위성의 속력을 구하라. 단, 지구반경은 6370 km로 일정하다고 가정한다.

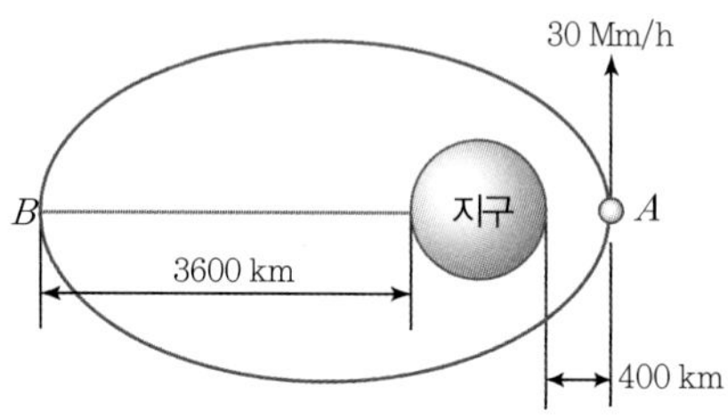

풀이

[운동역학]

지구 중심 O를 향하여 중심력이 작용하는 운동이므로 인공위성의 각운동량 H_O는 일정하다.

$$H_O = r\,m\,v\sin\phi$$

위치 A와 B에서 각운동량 보존법칙을 적용하면

$$r_A\,m\,v_A = r_B\,m\,v_B$$

m을 소거하고 숫자를 대입하면

$$(6370 + 400) \cdot 30 = (6370 + 3600) \cdot v_B$$

$$\therefore \ v_B = 20.37 \text{ Mm/h}$$

답 $v_B = 20.37$ Mm/h

5.8.2 중심력이 작용하는 질점의 궤적

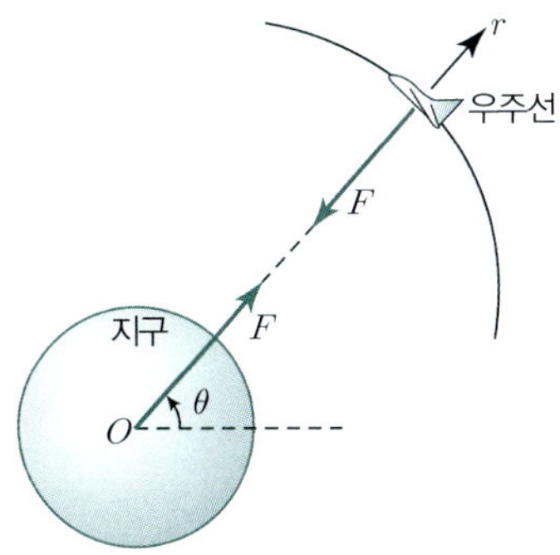

그림 5.12 지구와 우주선 사이에 작용하는 힘

그림 5.12에서 보는 바와 같이 만유인력에 의하여 우주선에 작용하는 힘 **F**는 지구중심 O을 향하는 중심력이다. 우주선에서 궤도에서 가속도 성분을 지구중심 방향과 이에 수직한 방향으로 분리하고, 작용하는 힘의 성분도 두 방향으로 분리한다. 따라서, 식 (3.7)에서 반경방향 성분의 힘 ΣF_r은 $-F$가 되고, 접선방향 성분의 힘 ΣF_θ는 0이 된다.

$$m(\ddot{r} - r\dot{\theta}^2) = -F \tag{5.41}$$

$$m(2\dot{r}\dot{\theta} + r\ddot{\theta}) = 0 \tag{5.42}$$

한편, 식 (5.39)의 단위질량당 각운동량 $h = r^2\dot{\theta}$에서 $\dot{\theta}$로 정리하면 다음과 같다.

$$\frac{d\theta}{dt} = \frac{h}{r^2} \tag{5.43}$$

$\dot{r}$에 대하여 연쇄법칙(chain rule)을 적용하면 다음과 같다.

$$\dot{r} = \frac{dr}{dt} = \frac{dr}{d\theta} \cdot \frac{d\theta}{dt}$$

윗 식에 식 (5.43)을 적용하면 다음과 같다.

$$\dot{r} = \frac{h}{r^2} \cdot \frac{dr}{d\theta} = -h \frac{d}{d\theta}\left(\frac{1}{r}\right) \tag{5.44}$$

그리고 $\ddot{r}$에 대한 연쇄법칙은 다음과 같다.

$$\ddot{r} = \frac{d\dot{r}}{dt} = \frac{d\dot{r}}{d\theta} \cdot \frac{d\theta}{dt}$$

윗 식에 식 (5.43)을 적용하면 다음과 같다.

$$\ddot{r} = \frac{h}{r^2} \cdot \frac{d\dot{r}}{d\theta}$$

윗 식에 식 (5.44)를 대입하면 다음과 같다.

$$\ddot{r} = \frac{h}{r^2} \cdot \frac{d}{d\theta}\left[-h \frac{d}{d\theta}\left(\frac{1}{r}\right)\right]$$

정리하면 다음과 같다.

$$\ddot{r} = -\frac{h^2}{r^2} \cdot \frac{d^2}{d\theta^2}\left(\frac{1}{r}\right) \tag{5.45}$$

식을 쉽게 전개하기 위하여 r 대신 새로운 변수 u로 치환한다.

$$u = \frac{1}{r}$$

식 (5.41)에 식 (5.43), (5.45)를 대입하여 정리하면 다음과 같다. 이 식은 중심력 F에 대한 질점(우주선)의 궤적을 나타내고 있다.

$$\frac{d^2u}{d\theta^2} + u = \frac{F}{m\,h^2\,u^2} \tag{5.46}$$

5.8.3 우주선의 궤도방정식

인공위성이나 우주선이 자유비행하는 상태에서는 지구에 의한 만유인력의 힘을 받는다.

$$F = G\frac{Mm}{r^2}$$

여기서 G는 만유인력 상수, M은 지구질량, r은 지구중심과 우주선 사이의 거리, m은 우주선 질량이다.

윗 식을 변수 r 대신 새로운 변수 u로 나타내면 다음과 같다.

$$F = GMmu^2$$

따라서, 식 (5.46)은 다음과 같이 나타낼 수도 있으며, 이를 궤도 방정식이라 한다.

$$\frac{d^2u}{d\theta^2} + u = \frac{GM}{h^2} \tag{5.47}$$

여기서 오른편 항은 숫자로 계산될 수 있는 상수이다.

식 (5.47)에 나타낸 궤도방정식의 해를 구하면 다음과 같은 원추곡선식의 형태가 된다.

$$u = \frac{GM}{h^2} + C\cos\theta \tag{5.48a}$$

여기서 C는 적분 상수이다.

치환된 변수 u를 다시 변수 r로 환원하면 다음과 같다.

$$\frac{1}{r} = \frac{GM}{h^2}(1 + \varepsilon\cos\theta) \tag{5.48b}$$

여기서 이심률 ε는 적분상수 C와 GM/h^2의 비로서 다음과 같다.

$$\varepsilon = \frac{Ch^2}{GM}$$

그림 5.13에서 보는 바와 같이 이심률 ε는 크기에 따라 식 (5.48a)는 다음 세 가지 운동곡선으로 분류된다.

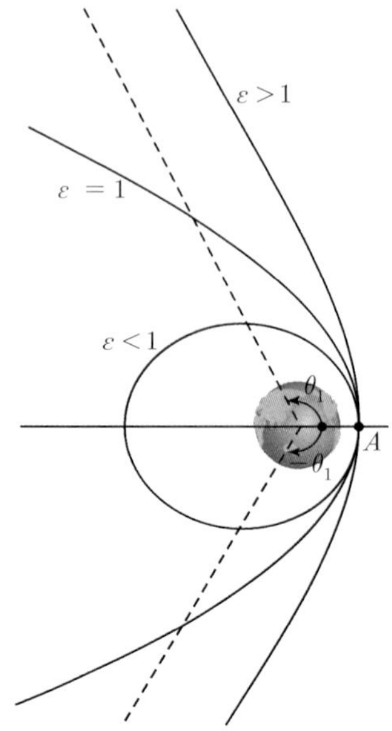

그림 5.13 이심률에 따른 원추곡선

i) $\varepsilon > 1$ (즉, $C > GM/h^2$)인 경우

반경벡터 r이 무한대가 되는 θ가 두 개 (θ_1, $-\theta_1$) 존재한다. 이 원추곡선은 쌍곡선(hyperbola)이 된다.

$$\cos\theta_1 = -\frac{1}{\varepsilon} \quad \text{또는} \quad \cos\theta_1 = -\frac{GM}{Ch^2}$$

ii) $\varepsilon = 1$ (즉, $C = GM/h^2$)인 경우

$\theta = 180°$에서 반경벡터 r은 무한대가 되며, 이 원추곡선은 포물선(parabola)이 된다.

iii) $\varepsilon < 1$ (즉, $C < GM/h^2$)인 경우

모든 θ에 대하여 반경벡터 r은 유한값을 가지며, 이 원추곡선은 타원(ellipse)이 된다. 특별한 경우로 $\varepsilon = 0$이면, 이 원추곡선은 원이 된다.

5.8.4 우주선의 궤도 이탈속도 (escape velocity)

그림 5.14에서 보는 바와 같이 우주선이 발사대로부터 발사되어 동력비행(powered flight)을 하다가 지구 중심으로부터 일정한 높이 r_o에 이르러 자유비행(free flight)를 한다고 가정하자. 자

유비행이란 우주선과 같은 비행체가 이동을 위해 별도의 추진력을 사용하지 않고 관성과 만유인력에 의해서만 비행하는 상태를 말한다.

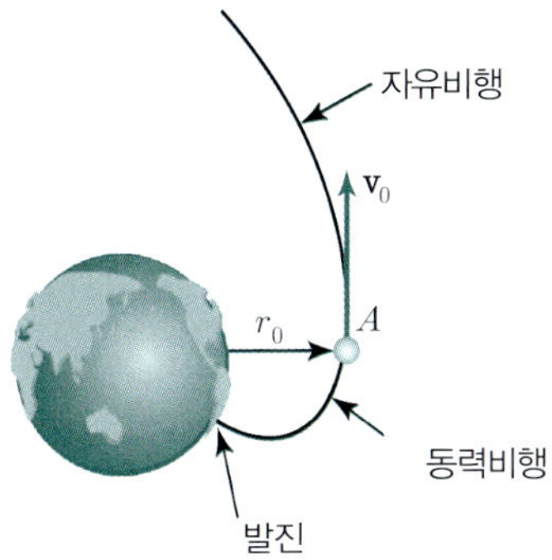

그림 5.14 동력비행과 자유비행

지구궤도에 진입한 우주선은 이심률 $\varepsilon < 1$에 해당하는 타원궤도 또는 원궤도를 운동하게 된다. 이 때 지구중심은 타원궤도의 한 초점 또는 원궤도의 중심이 된다. 타원궤도가 지구 대기권 내를 지나게 되면 우주선은 대기 내의 공기와의 마찰에 의해 비행속도가 더 감소하게 되어 지구표면으로 추락하게 된다.

만약 우주선의 비행속도가 이보다 빨라 이심률 $\varepsilon = 1$에 해당하게 되면 타원궤도를 탈출하여 포물선궤도를 비행하게 된다. 이 때의 속도를 궤도이탈속도(escape velocity)라 한다.

$r = r_0$, $\theta = 0°$ 위치에서 이심률 $\varepsilon = 1$에 해당되어 타원궤도를 탈출하게 되는 궤도이탈속도 $v = v_{esc}$는 식 (5.48b)로부터 구하게 된다.

$$\frac{1}{r_0} = \frac{2GM}{h^2} \tag{5.49}$$

이 때, 식 (5.39)의 단위 질량당 각운동량 $h = r_o v_{esc}$($v_{esc} = r_o\dot{\theta}$이므로)으로부터 윗 식은 다음과 같이 변환된다.

$$\frac{1}{r_0} = \frac{2GM}{(r_o v_{esc})^2}$$

즉

$$v_{\text{esc}} = \sqrt{\frac{2GM}{r_0}} \tag{5.50a}$$

또는 중력가속도를 구하는 식 $g = \dfrac{GM}{R^2}$을 이용하면 다음과 같이 표현할 수도 있다.

$$v_{\text{esc}} = \sqrt{\frac{2gR^2}{r_0}} \tag{5.50b}$$

여기서 R은 지구 반경, g은 중력가속도이다.

만약 우주선이 이러한 탈출속도보다 더 빠르게 비행하게 되면, 즉 $v_0 > v_{\text{esc}}$이 되면, $\varepsilon > 1$에 해당하면 쌍곡선 궤도를 따라 비행하게 된다.

따라서, 우주선의 비행궤도는 $v_0 \geqq v_{\text{esc}}$이면 쌍곡선 또는 포물선 (궤도이탈)이 되고, $v_0 < v_{\text{esc}}$이면 타원이 된다.

참고

한편 식 (5.48b)에서 이심률 $\varepsilon = 0$을 대입하여 그 때의 속도를 원궤도속도 v_{circ}라 한다면

$$\frac{1}{r_0} = \frac{GM}{h^2} \tag{5.51}$$

$$\frac{1}{r_0} = \frac{GM}{(r_0 v_{circ})^2}$$

$$\therefore\ v_{circ} = \sqrt{\frac{GM}{r_0}} \quad \text{또는} \quad v_{circ} = \sqrt{\frac{gR^2}{r_0}} \tag{5.52}$$

즉, 궤도이탈속도 v_{esc}는 원궤도속도 v_{circ}의 $\sqrt{2}$ 배이다.

$$v_{esc} = \sqrt{2}\, v_{circ} \tag{5.53}$$

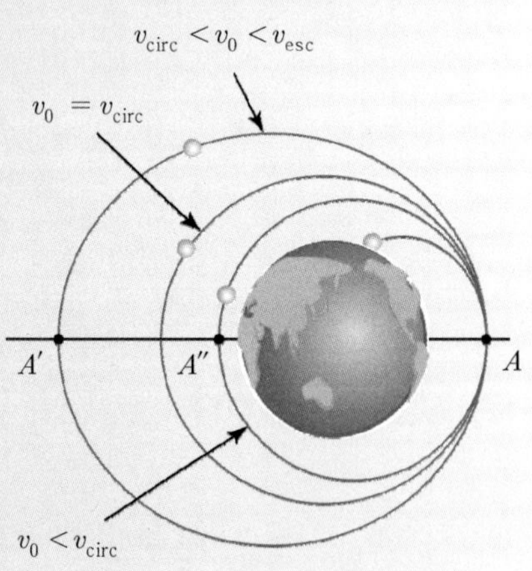

그림 5.15 타원궤도와 원궤도

5.8.5 인공위성의 주기

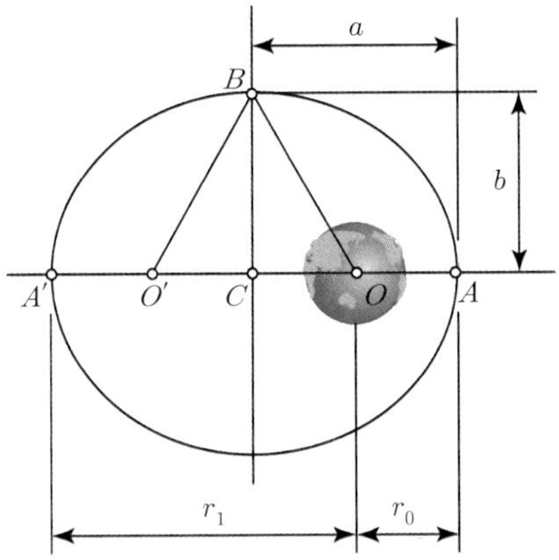

그림 5.16 타원궤도

인공위성의 운동에서 중요한 특성중의 하나는 인공위성의 궤도비행시 한바퀴 도는데 걸리는 시간인데, 이를 인공위성의 주기(periodic time, T)라 한다. 그림 5.16에서 보는 바와 같이, 타원궤도에서 장반경 a, 단반경 b라 하면, 타원의 면적은 πab이다. 식 (5.40b)로부터 면적속도는 $h/2$이다. 주기는 1회전시의 궤적이 이루는 총면적을 면적속도로 나눈 값으로서 다음과 같다.

$$T = \frac{2\pi a b}{h} \tag{5.54}$$

그림 5.16의 타원궤도에서 지구 중심(두 초점 중의 하나)에서 궤도의 근지점 A와 원지점 A'에 이르는 거리를 각각 r_0, r_1라 한다면, 두 초점 O, O'에서 궤도상의 임의의 점까지 이르는 거리의 합이 일정($= 2a$)하다.

$$r_0 + r_1 = 2a$$

즉

$$a = \frac{r_0 + r_1}{2} \tag{5.55}$$

또한 윗 식은 점 B에 대하여도 성립한다.

$$\overline{OB} + \overline{O'B} = 2a$$

윗 식으로부터 $\overline{OB} = \overline{O'B}$이므로 $\overline{OB} = a$라 놓으면 다음과 같다.

따라서 $\overline{OB}^2 = \overline{BC}^2 + \overline{CD}^2$에서

$$a^2 = b^2 + (a - r_0)^2$$

윗 식에서 b에 대하여 정리하며 다음과 같다.

$$b^2 = r_0(2a - r_0)$$

여기서 $r_1 = 2a - r_0$이므로 b는 다음과 같이 쓸 수 있다.

$$b = \sqrt{r_0 \cdot r_1} \tag{5.56}$$

식 (5.55)와 (5.56)으로부터 궤도의 장반경과 단반경은 각각 궤도의 근지점과 원지점까지 거리의 산술평균과 기하평균임을 알 수 있다. 이를 식 (5.54)에 대입하여 인공위성의 주기를 계산할 수 있다.

5.8.6 행성운동에 대한 케플러 법칙

지구에 대한 인공위성의 운동을 나타내는 식 (5.48b)를 우주에 확장하여 적용하면 태양계에 대한 행성의 운동을 해석하거나 다른 행성에 대한 우주선의 운동을 해석할 수 있다.

더 나아가 지구 주위에 대한 달의 운동에도 적용할 수 있으나, 달의 질량이 지구질량에 비하여 무시할 만큼의 작은 양이 아니므로 달의 운동을 정확하게 나타내지는 못한다. 면적속도 식 (5.40a)와 궤도 방정식 (5.47)로 (태양계에 적용할 때는 태양의 질량이 M으로 된다.) 기술된 행성운동에 관한 기본특성을 독일의 천문학자 케플러(Johann Kepler, 1571~1630)가 행성의 운동을 관찰한 결과로 발표하였다.

행성운동에 관한 케플러의 법칙은 다음과 같다.

1. 모든 행성은 타원궤도를 그리며 운동하며, 태양은 타원궤도의 한 초점에 위치한다.
2. 행성은 일정한 면적속도를 갖는다.
3. 행성운동의 주기의 제곱은 궤도의 장반경의 세제곱에 비례한다.

$$T^2 \propto a^3$$

그러면 케플러의 제3법칙을 유도하여 보자.

궤도 방정식 (5.48b)로부터 위치 A에 대해 $\theta = 0°$, $r = r_0$을 대입하면

$$\frac{1}{r_0} = \frac{GM}{h^2}(1 + \varepsilon)$$

이 되며, 이를 정리하면

$$r_0 = \frac{h^2}{GM(1 + \varepsilon)} \tag{5.57}$$

또한, 위치 A'에 대해 $\theta = 180°$, $r = r_1$을 대입하면

$$\frac{1}{r_1} = \frac{GM}{h^2}(1 - \varepsilon)$$

이 되며, 이를 정리하면

$$r_1 = \frac{h^2}{GM(1 - \varepsilon)} \tag{5.58}$$

타원의 장반경 a는 식 (5.55)에 식 (5.57)과 식 (5.58)를 대입하면

$$a = \frac{1}{2}(r_0 + r_1) = \frac{h^2}{GM}\frac{1}{(1 - \varepsilon^2)}$$

정리하면

$$1 \quad \varepsilon^2 - \frac{h^2}{GMa} \tag{5.59}$$

한편 이심률의 정의 $\varepsilon = \dfrac{\sqrt{a^2 - b^2}}{a}$로부터 타원의 단반경 b은

$$b = a\sqrt{1 - \varepsilon^2}$$

윗 식에 식 (5.59)를 대입하면

$$b = \sqrt{\frac{ah^2}{GM}} \tag{5.60}$$

주기에 대한 식 (5.54)에 식 (5.60)을 대입하면

$$T = \frac{2\pi ab}{h} = \frac{2\pi a}{h}\sqrt{\frac{ah^2}{GM}}$$

윗 식을 정리하면 케플러의 제3법칙을 나타내는 식을 구할 수 있다. 즉, 주기 T의 제곱은 장변경 a의 세제곱에 비례한다.

$$\therefore \frac{T^2}{a^3} = \frac{4\pi^2}{GM} \tag{5.61}$$

여기서 우변은 일정한 값을 가지는 상수이다.

5.8.7 우주선에 대한 에너지 보존법칙

잘량이 m인 어느 질점이 중심력 F를 받는 상태에서 운동할 때, 중심 O에 대한 질점을 각운동량 H_O는 일정하다는 것을 앞에서 서술하였다.

그림 5.17에서 보는 바와 같이 타원궤도를 자유비행하는 우주선에서 각 운동량 보존법칙을 적용하면 다음 식이 성립한다.

$$r_0 m v_0 \sin\phi_0 = rmv \sin\phi \tag{5.62}$$

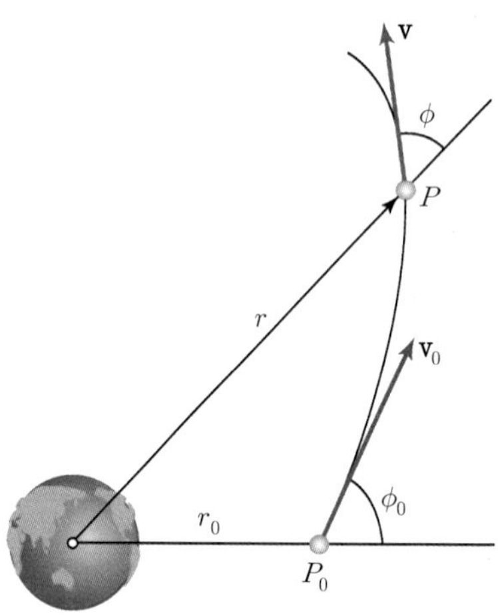

그림 5.17 자유비행 우주선

또한, 만유인력에 대한 위치에너지 식 (4.29)를 이용하여, 위치 P_0와 P 사이에 에너지 보존법칙을 적용하면 다음 식이 성립한다.

$$T_0 + V_0 = T + V$$
$$\frac{1}{2}mv_0^{\ 2} - G\frac{Mm}{r_0} = \frac{1}{2}mv^2 - G\frac{Mm}{r} \tag{5.63}$$

여기서 G는 만유인력상수, M은 지구의 질량이다.

우주역학 문제는 우주선의 궤도 방정식 (5.47), 각운동량 보존식 (5.62), 역학적 에너지 보존식 (5.63)을 사용하여 해석할 수 있다.

예제 5.13

인공위성이 지구표면으로부터의 높이 600 km에서 지면에 평행한 방향으로 35 Mm/h의 속도를 가질 때 다음을 각각 구하라. (단, 지구의 반경은 6370 km이다.)

(a) 이 인공위성이 도달할 수 있는 최대 높이
(b) 이 인공위성의 주기
(c) 인공위성이 지구표면에서 450 km보다 가까워지지 않고 궤도를 비행할 수 있게 하기 위한 발사 방향의 최대 허용 오차

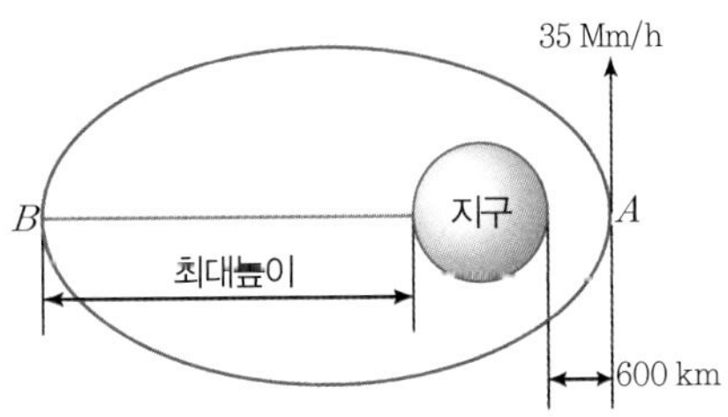

풀이

(a) $r_0 = R + h_{\min}$에서

$r_0 = 6370 + 600 = 6970\ \text{km} = 6.97 \times 10^6\ \text{m}$

$v_0 = 35000\ \text{km/h} = \dfrac{35000 \times 10^3}{3600} = 9722\ \text{m/s}$

단위질량당 각운동량 $h = r_0 v_0$이므로

$$h = 6.97 \times 10^6 \cdot 9722 = 6.78 \times 10^{10}\ \text{m}^2/\text{s}$$

지구의 반경을 R이라 할 때

$$GM = gR^2$$
$$= 9.81 \cdot (6.37 \times 10^6)^2 = 3.98 \times 10^{14}\ \text{m}^3/\text{s}^2$$

한편 인공위성 궤도방정식에서

$$\frac{1}{r} = \frac{GM}{h^2} + C\cos\theta$$

윗 식에서 최단거리 r_0에서 $\theta = 0°$이고, 최장거리 r_1에서 $\theta = 180°$이므로

$$\frac{1}{r_0} = \frac{GM}{h^2} + C \qquad ①$$

$$\frac{1}{r_1} = \frac{GM}{h^2} - C \qquad ②$$

식 ①과 ②를 더하여 상수 C를 소거하면

$$\frac{1}{r_0} + \frac{1}{r_1} = \frac{2GM}{h^2}$$

$$\frac{1}{6.97 \times 10^6} + \frac{1}{r_1} = \frac{2 \cdot 3.98 \times 10^{14}}{(6.78 \times 10^{10})^2}$$

$$\therefore\ r_1 = 3.37 \times 10^6\ \text{m} = 33700\ \text{km}$$

최대높이는

$$h_{\max} = r_1 - R$$
$$= 33700 - 6370 = 27300\ \text{km}$$

답 27,300 km

(b) 식 (5.54)로부터 타원궤도의 장반경에서

$$a = \frac{1}{2}(r_0 + r_1)$$

$$= \frac{1}{2}(6.97 + 33.7) \times 10^6 = 20.34 \times 10^6\ \text{m}$$

식 (5.55)로부터 타원궤도의 단반경에서

$$b = \sqrt{r_0 r_1}$$

$$= \sqrt{6.67 \times 10^6 \cdot 33.7 \times 10^6} = 15.33 \times 10^6 \text{m}$$

인공위성의 주기에서

$$T = \frac{2\pi ab}{h}$$

$$= \frac{2\pi \cdot 20.34 \times 10^6 \cdot 15.33 \times 10^6}{6.78 \times 10^{10}} = 28900 \text{ 초}$$

환산하면 482분

답 8시간 2분

(c) 인공위성이 위치 r_0, 속도 v_0에서 각도 ϕ_0를 갖는다면,

$$r_{\min} = R + h_{\min}$$

$$= 6370 + 450 = 6820 \text{km}$$

역학적 에너지 보존법칙에서

$$\frac{1}{2} m v_0^2 - G \frac{Mm}{r_0} = \frac{1}{2} m v_{\max}^2 - G \frac{Mm}{r_{\min}}$$

m을 소거하면

$$\frac{1}{2} \cdot (9722)^2 - \frac{3.98 \times 10^{14}}{6.97 \times 10^6} = \frac{1}{2} v_{\max}^2 - \frac{3.98 \times 10^{14}}{6.82 \times 10^6},$$

$$\therefore \; v_{\max} = 9850 \text{ m/s}$$

각운동량 보존법칙에서

$$r_0 m v_0 \sin\phi_0 = r_{\min} m v_{\max}$$

m을 소거하면

$$6.97 \times 10^6 \cdot 9722 \cdot \sin\phi_o = 6.82 \times 10^6 \cdot 9850, \qquad \therefore \sin\phi_0 = 0.9914$$

$$\phi_0 = 90° \pm 7.5°$$

답 허용오차 : $\pm 7.5°$

5.9 요약

본 장에서 학습한 내용은 다음과 같다.

(1) 계의 운동방정식을 시간에 대한 적분하면 계의 선형 운동량과 선형 충격량 식이 된다.

$$\Sigma m_i(\mathbf{v}_i)_1 + \Sigma\int_{t_1}^{t_2}\mathbf{F}dt = \Sigma m_i(\mathbf{v}_i)_2 \tag{5.10}$$

여기서 $\Sigma\int\mathbf{F}\,dt$는 계의 외부에서 작용한 전체 선형 충격량이다.

(2) 외력(계의 외부에서 가해진 힘)이 작용하지 않을 때 질점들의 충돌에서 질점계의 운동량이 보존된다.

$$\Sigma m_i(\mathbf{v}_i)_1 = \Sigma m_i(\mathbf{v}_i)_2 \tag{5.11}$$

(3) 두 개의 탄성체가 정면 중심충돌하는 경우의 반발계수 e는 다음과 같다.

$$e = \left|\frac{\text{분리시 상대속도}}{\text{접근시 상대속도}}\right| \tag{5.18b}$$

(4) 임의의 고정점 O에 대한 질점 P의 각운동량 $\mathbf{H}_O$는 다음과 같이 정의한다.

$$\mathbf{H}_O = \mathbf{r}_{P/O} \times m\mathbf{v} \tag{5.25}$$

만약 고정점 O에 대한 각운동량이 보존된다면 다음의 관계가 성립한다.

$$(\Sigma\mathbf{r}_{i/O} \times m_i\mathbf{v}_i)_1 = (\Sigma\mathbf{r}_{i/O} \times m_i\mathbf{v}_i)_2 \tag{5.30}$$

(5)* 우주선의 궤도방정식은 다음과 같다.

$$\frac{1}{r} = \frac{GM}{h^2}(1 + \varepsilon\cos\theta) \tag{5.48b}$$

(6)* 우주선의 궤도 이탈속도는 다음과 같다.

$$\therefore\ v_{esc} = \sqrt{\frac{2GM}{r_0}} \quad \text{또는} \quad v_{esc} = \sqrt{\frac{2gR^2}{r_0}} \tag{5.50}$$

(7)* 우주선의 역학적 에너지 보존법칙은 다음과 같다.

$$\frac{1}{2}m{v_0}^2 - G\frac{Mm}{r_0} = \frac{1}{2}mv^2 - G\frac{Mm}{r} \tag{5.63}$$

연습문제

5.1 (예제 5.1의 연습)

질량 1800 kg의 자동차가 10%의 경사면을 따라 위쪽으로 30 km/h의 속도로 주행하다가, 8초 동안 일정하게 가속하여 70 km/h의 속도에 도달하고자 한다. 8초 동안 노면으로부터 자동차 타이어에 작용하는 접선방향의 힘 F의 평균값을 구하라. 단, 자동차는 질점으로 취급하며, 공기저항은 무시한다.

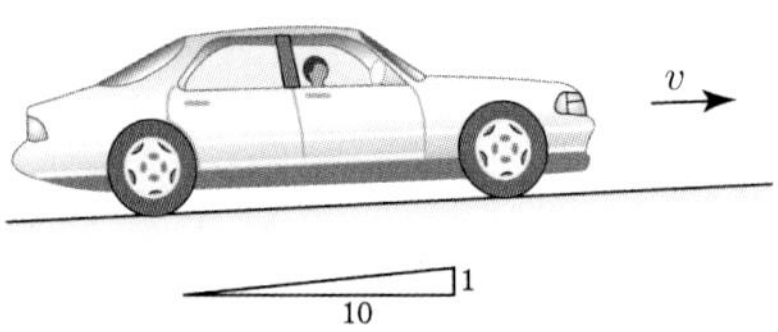

5.2 (예제 5.2의 연습 1/3)

25 kg의 포탄이 속도 30 m/s로 날아가다가 폭발하여 질량 5 kg과 20 kg의 두 파편 A와 B로 분리되었다. 분리되자마자 파편들이 도시된 방향으로 날아갔다고 할 때 각 파편의 속도를 구하라.

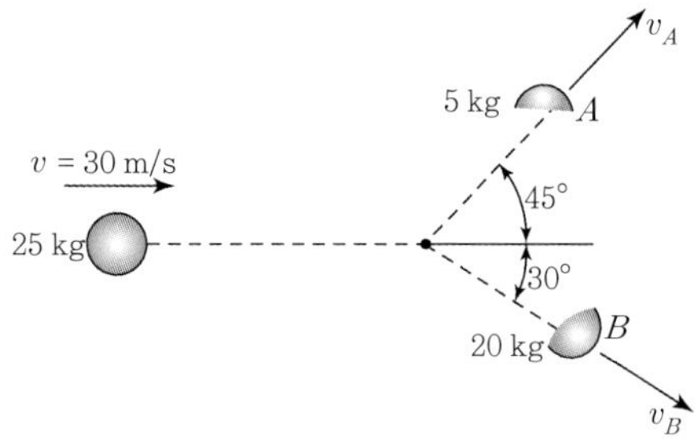

5.3 (예제 5.2의 연습 2/3)

20 g의 총알이 수평 방향으로 날아와 연직으로 매달려 정지하고 있던 50 kg의 물체에 박혔다. 충돌 후 물체를 지지하고 있던 줄이 연직과 7°를 이룰 때까지 물체가 올라갔다. 충돌 직전 총알의 속도를 구하라.

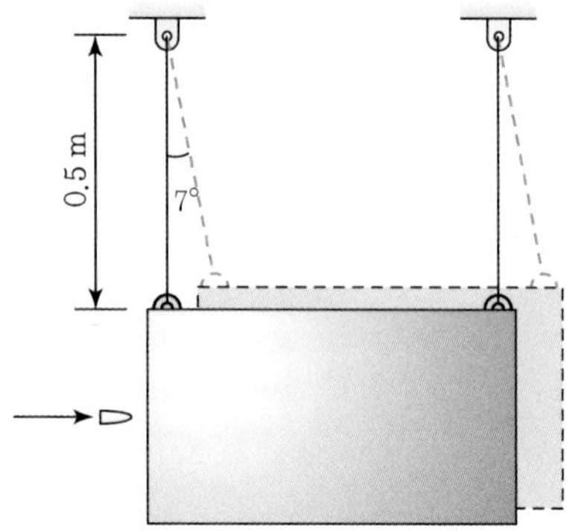

5.4 (예제 5.2의 연습 3/3)

1.5 m/s의 속력으로 달려오는 18 ton의 화물차 A가 0.8 m/s의 속력으로 마주보고 달려오는 질량 12 ton의 탱크차 B와 부딪힌 후 서로 결합한다. 다음을 구하라.

(a) 결합 직후 차량의 속력

(b) 0.5초 내에 결합할 때 두 차량 사이의 평균 충격력

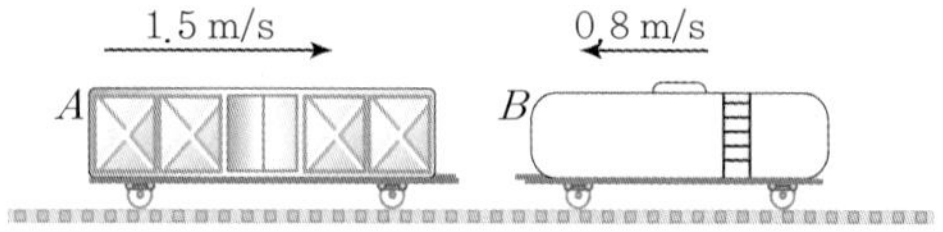

5.5 (예제 5.3의 연습 1/2)

원판 A와 B의 질량은 각각 3 kg과 5 kg이다. 만일 충돌 직전의 속도가 그림에 표시한 바와 같고, $e = 0.4$이라면, 정면 중심 충돌 직후 원판들의 속도를 각각 구하라.

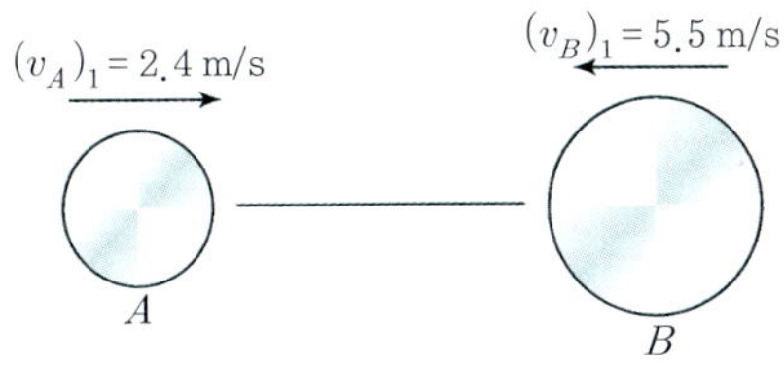

5.6 (예제 5.3의 연습 2/2)

400 g의 공 A가 수평으로 6 m/s의 속력으로 날라와 정지하고 있는 5 kg의 물체 B에 부딪혔다. 만일 공 A와 물체 B 사이의 반발계수는 $e = 0.6$이다.

(a) 평면과 물체 사이의 동마찰계수는 $\mu_k = 0.4$라면, 물체 B가 멈추기 직전까지 평면 위에서 미끄러진 거리를 구하라.

(b) $\mu_k = 0$일 때는 어떻게 되는가?

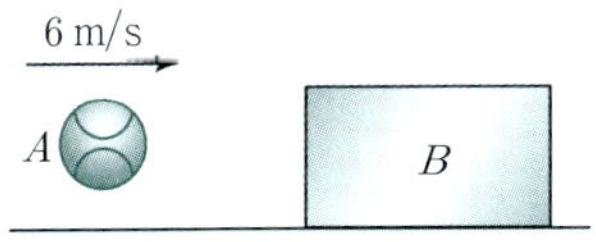

5.7 (예제 5.4의 연습 1/2)

바닥으로부터 높이 2 m에서 3 m/s의 수평 방향의 속도를 가진 공이 지면과 부딪혀 첫 번째 지면과 부딪힌 지점으로부터 두 번째 되튀기는 지점까지의 거리를 구하라. 지면과 공 사이의 반발계수는 0.5이다.

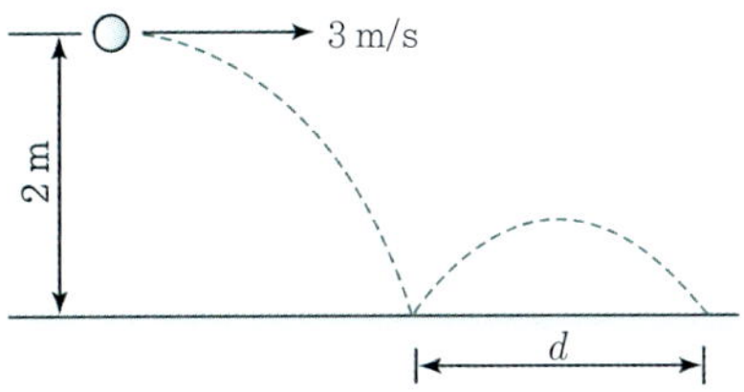

5.8 (예제 5.4의 연습 2/2)

높이(h_0) 1.8 m에서 떨어진 40 g의 공이 판 위에서 두 번 튀겨 오른 후 최고 높이(h_2) 0.24 m에 도달한다. 다음을 구하여라.

(a) 공과 판 사이의 반발계수

(b) 공이 첫 번째 뛰어 오를 때의 최고 높이 h_1

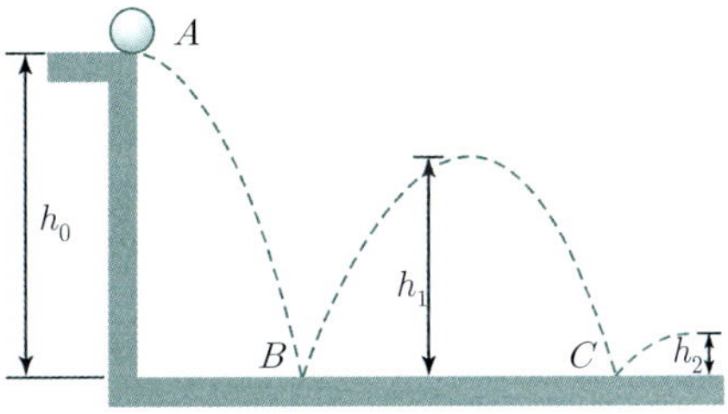

5.9 (예제 5.5의 연습 1/3)

그림과 같이 2 m/s의 속도로 오른쪽으로 운동하는 작은 공이 45° 경사면에 충돌한 후에 튀어 올라 A 지점에 다시 떨어진다. 이 경우 높이 h를 구하라. (단, 공과 경사면 사이의 반발계수는 0.8이다.)[2004년 행정고등고시(기술직)]

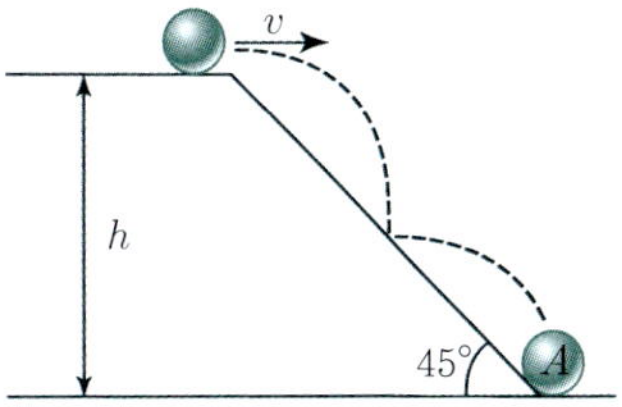

5.10 (예제 5.5의 연습 2/3)

베어링에 사용될 쇠공을 검사하기 위해서는, $H = 1$ m에서 10° 경사진 강판에 낙하시킨 후 다시 튀어 올라와 고정된 막대 A를 지나야 한다. 쇠공의 반발계수가 0.7 이하인 것은 불량처리한다면, 막대 A의 높이 h와 거리 s를 계산하라. 충돌에 의한 마찰손실은 무시한다.

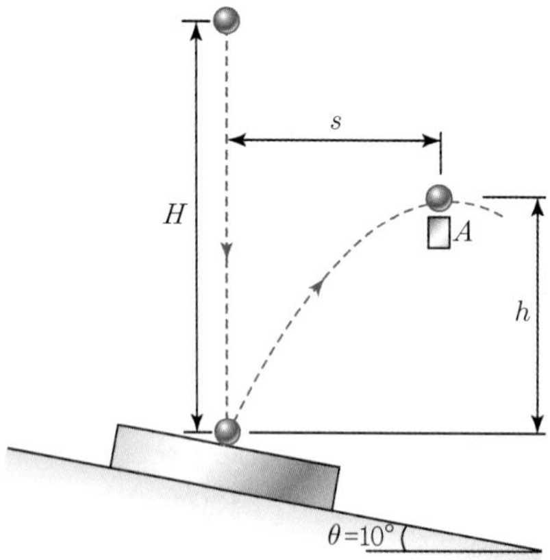

5.11 (예제 5.5의 연습 3/3)

한 소년이 5 m 떨어진 건물의 벽에 공을 튀기는 놀이를 하고 있다. 15 m/s의 속도와 지면에 대하여 위로 30° 각도를 유지하여 던진다. 만약 벽과 공의 반발계수가 0.7이라고 할 때 벽에 튀겨나오는 공의 순간적인 속도를 구하라.

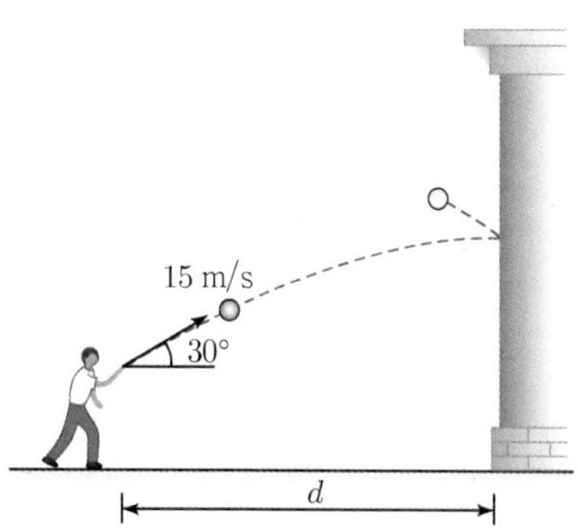

5.12 (예제 5.6의 연습 1/3)

질량이 각각 1 kg과 1.5 kg이고 크기가 같은 두 개의 원판 A와 B가 매끄러운 수평면에서 서로 충돌한다. 충돌 직전 각 원판의 위치와 속도는 그림과 같고 반발계수가 0.7일 때 충돌 후 각 원판이 갖는 속도를 구하라.

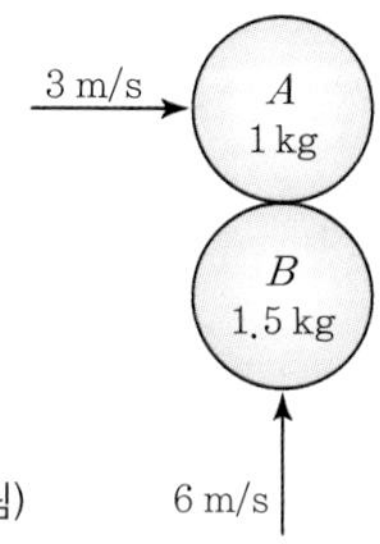

(위에서 본 그림)

5.13 (예제 5.6의 연습 2/3)

두 개의 동일한 하키 퍽이 공기가 분사되는 하키 테이블 위를 그림에서 미끄러진다. 퍽 A가 오른쪽으로 4.5 m/s의 초기속도를 갖고, 퍽 B는 정지상태에 있으며, 반발계수가 0.8일 때 두 퍽의 최종 속도(크기와 방향)를 구하라.

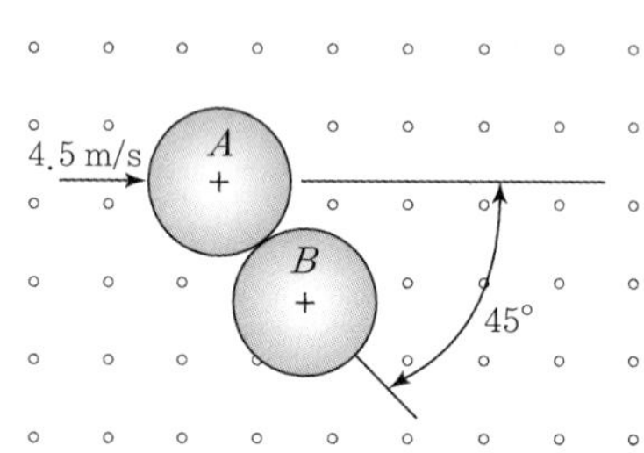

(위에서 본 그림)

5.14 (예제 5.6의 연습 3/3)

그림과 같이 2.5 kg의 구 A가 $\theta_A = 60°$에서 정지상태로부터 놓아져서 내려와 5 kg의 상자 B에 부딪친다. 매달린 지점으로부터 구의 중심까지의 길이가 0.65 m이고 충돌의 반발계수가 $e = 0.7$이며 바닥의 동마찰계수가 $\mu_k = 0.2$이다. 다음을 구하라.

(a) 충돌 직후의 상자의 속도

(b) 상자가 다시 정지하기까지 미끄러진 거리

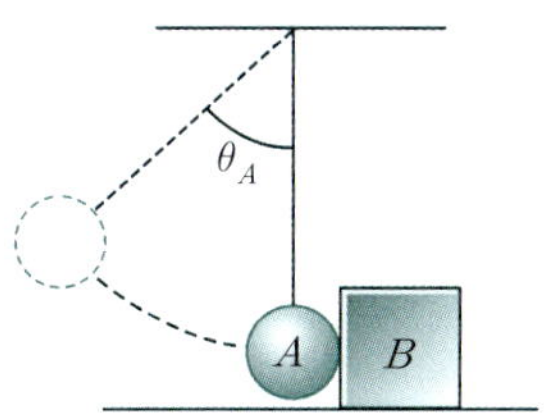

5.15 (예제 5.7의 연습 1/3)

질량과 크기가 동일한 두 공 A, B가 있다. 공 B가 늘어나지 않는 줄에 매달려 있으며, 공 A가 줄을 따라 내려와 공 B와 충돌하기 직전에 속력 v_0를 가지고 있었다. 마찰을 무시하고, 완전탄성충돌을 한다고 가정할 때, 충돌직후 각 공의 속도를 구하라.

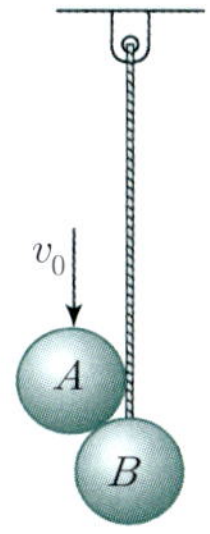

5.16 (예제 5.7의 연습 2/3)

공 A, B는 각각 1.0 kg이다. 공 A가 5 m/s의 속력으로 수평 방향으로 날아와 정지되어 있던 공 B에 부딪힌다. 반발계수를 0.7이라 할 때 충돌 후 각 공의 속도를 구하라.

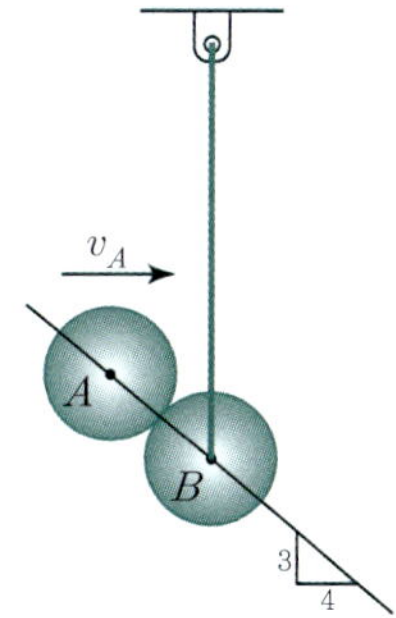

5.17 (예제 5.7의 연습 3/3)

질량이 1 kg인 구가 자유 낙하하여 그림과 같이 5 kg의 쐐기와 충돌한다. 충돌직전 구의 속도는 3 m/s이다. 쐐기와 지면 사이의 마찰은 무시하고, 구와 쐐기 사이의 반발계수가 0.7일 때 충돌 직후 구와 쐐기의 속도를 각각 구하라.

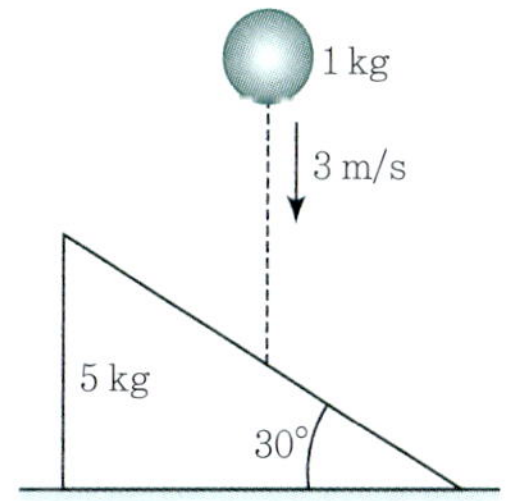

5.18 (예제 5.8의 연습 1/3)

질량 20 kg인 물체가 2 m 높이에서 스프링 저울 위에 있는 10 kg의 팬(fan) 위로 정지 상태로부터 낙하한다. 완전소성충돌을 한다고 가정할 때 팬의 최대 변위(충격에 의해 추가로 변형된 길이)를 구하라. 스프링 상수는 30 kN/m이다.

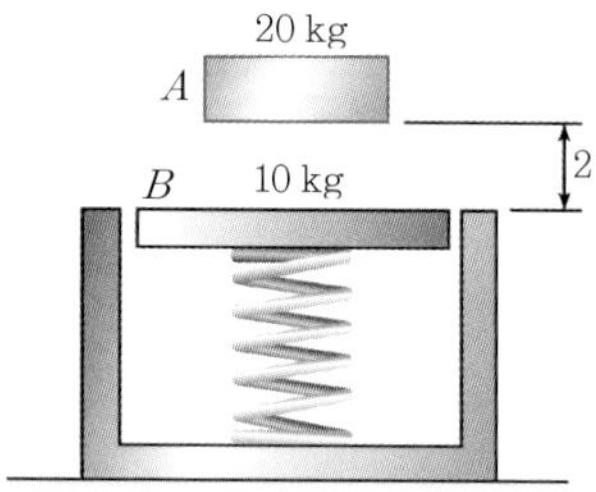

5.19 (예제 5.8의 연습 2/3)

질량 15 kg인 상자 A가 경사각 $\theta = 30°$의 경사로를 따라 미끄러져 내려와 강성계수 $k = 2400$ N/m의 스프링에 부착되어 있는 5 kg의 상자 B에 부딪친다. 충돌에 의해서 두 상자는 하나의 물체로 붙어서 경사로를 따라 미끄러진다. $d = 5$ m에서 상자 A가 정지 상태로부터 출발한다면 다음을 구하라.

(a) 충돌 직후 상자들의 속도

(b) 뒤이어 일어나는 운동에서 스프링의 최대 압축량 (초기 압축량 + 추가 압축량)

(c) 최대 압축시점에서 발생하는 상자들의 가속도

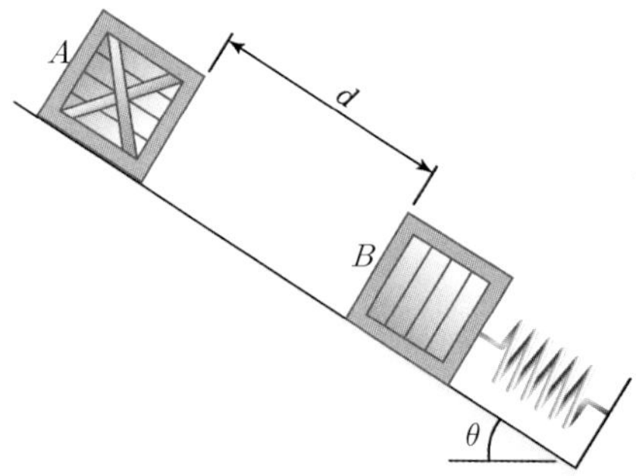

5.20 (예제 5.8의 연습 3/3)

0.4 kg 질량의 물체 B가 $k = 8500$ N/m를 갖는 스프링에 부착되어 있다. 18 g의 총알 A가 $v_A = 150$ m/s의 속도로 날아와 정지 상태에 있는 물체 B에 박힌다. 단 평면과 물체 B 사이의 동마찰계수는 $\mu_k = 0.4$이며 스프링은 최초에 자유길이 상태에 있었다. 다음을 구하라.

(a) 충돌 직후 물체와 총알의 속도

(b) 물체가 다시 정지하기까지 미끄러지는 거리 (즉, 스프링의 최대 압축 길이)

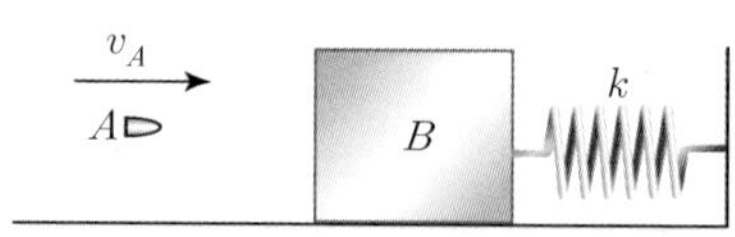

5.21 (예제 5.9의 연습 1/3)

질량이 m인 총알이 속도 v_0로 날아와 수평 평면에 정지하고 있던 질량 M의 물체에 박혔다. 총알이 박힌 물체는 속도 v_2로 오른쪽으로 움직였다. v_0와 v_2의 관계를 구하라. 단, 물체와 평면의 마찰력은 무시한다.

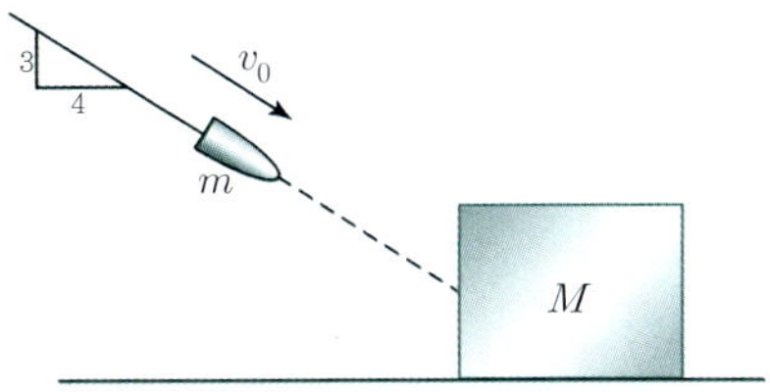

5.22 (예제 5.9의 연습 2/3)

50 g의 총알 A가 6 kg의 블록 B를 향해 450 m/s로 수평 발사되어 블록 B에 박힌다. 블록 B와 짐차 C 사이의 마찰계수는 0.6이며, 짐차 C는 질량 4 kg으로 저항없이 굴러갈 수 있다고 할 때, 다음을 구하라.

(a) 짐차와 블록의 최종 속도

(b) 짐차 위에서 블록이 이동한 거리

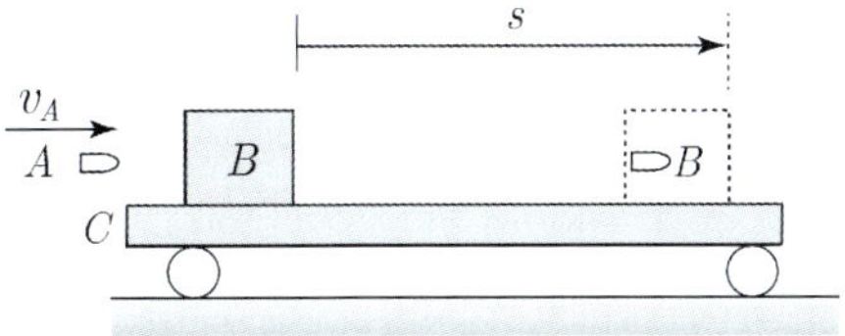

5.23 (예제 5.9의 연습 3/3)

수평 방향의 궤도 위를 움직이는 질량 m_A인 수레 A에 질량 m_B인 구 B가 길이 l인 줄로 매달려 있다. 수레 A와 궤도면 사이의 마찰은 무시할 수 있다. 만일 최초에 수레는 정지해 있고, 구는 수평 방향으로 초기속도 v_1로 움직인다. 다음을 구하라.

(a) 구 B가 최대 높이에 도달했을 때 수레 A와 구 B의 속도

(b) 구 B가 올라가는 최대 높이 h

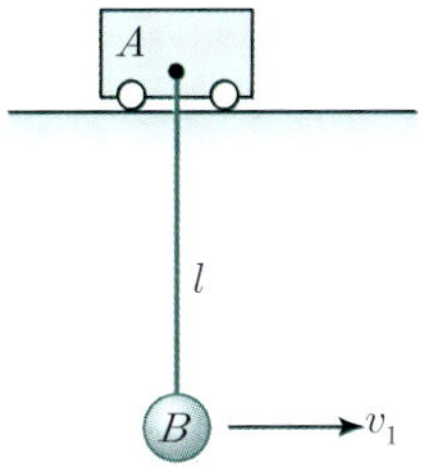

5.24 (예제 5.10의 연습)

질량 6 kg, 3 kg인 서로 다른 두 개의 구 A, B가 질량을 무시할 수 있는 강체 봉으로 연결되어 있다. 두 구는 마찰이 없는 수평면 위에 정지해 있다가 구 B는 속력 v_B = 3 m/s로 순간적으로 움직이기 시작한다. 다음을 구하라.

(a) 계의 선형 운동량

(b) 질량중심 G에 대한 계의 각운동량

(c) 봉 AB가 180° 회전한 후의 각 구의 속도

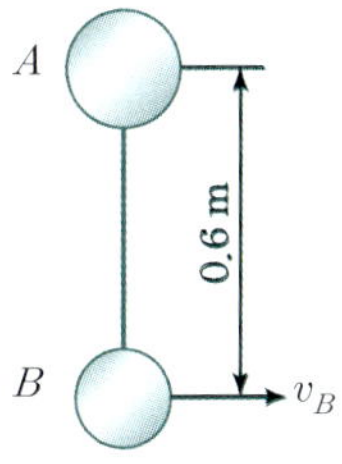

5.25 (예제 5.11의 연습 1/2)

4.5 kg의 2개의 구가 포함된 기계가 각 θ = 90°인 상태에서, 수직축에 대해 40 rpm으로 회전하고 있다. 축 밑 부분의 고리를 밀어 올리는 힘 F에 따라 시스템의 모양이 변화된다. 주어진 위치를 유지하고 있는 힘 F를 증가시켜, 각 θ를 90°에서 60°로 감소시키면, 각속도 ω는 얼마가 되겠는가? 또한, 시스템의 모양을 변화시킨 힘 F에 의해 행해진 일 U를 구하라. 기계의 팔과 고리의 질량은 무시한다.

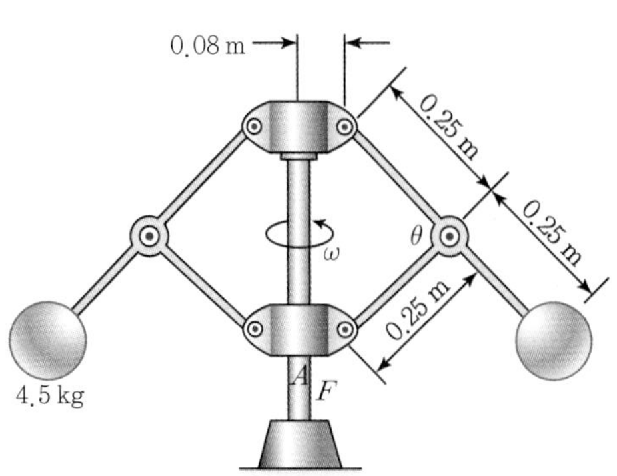

5.26 (예제 5.11의 연습 2/2)

4 kg의 칼라가 수직축을 중심으로 자유롭게 회전하는 수평막대에서 마찰없이 미끄러진다. 칼러는 최초 위치 A에서 스프링상수가 80 N/m 인 스프링으로 매달려 있다. 칼러가 위치 A에 있을 때 변형되지 않은 상태다. 위치 A에서의 수직막대의 순간회전속도는 $\omega = 4$ rad/s이고, 그 후 칼러는 수평막대를 따라서 움직이게 된다. 막대의 질량을 무시한다고 할 때, 다음을 구하라.

(a) 위치 A에서 칼러의 반경 방향과 횡 방향의 가속도

(b) 위치 A에서 막대에 대한 칼러의 가속도

(c) 위치 B에서 칼러의 횡 방향의 속도

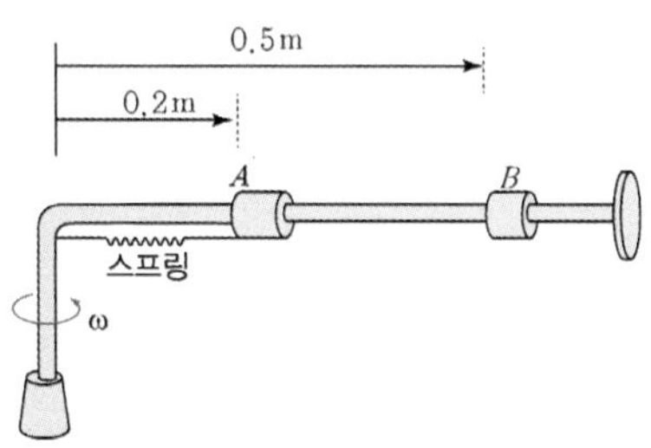

5.27 (예제 5.12의 연습)

질량이 0.2 kg인 구를 길이가 잘 늘어나는 스프링에 매달아 회전시키고 있다. 스프링의 길이가 1.2 m인 위치 A에서 구의 속력이 2.0 m/s로 관측되었다. 스프링 길이가 2.5 m까지 늘어난 위치 B에서 구의 속력을 구하라.

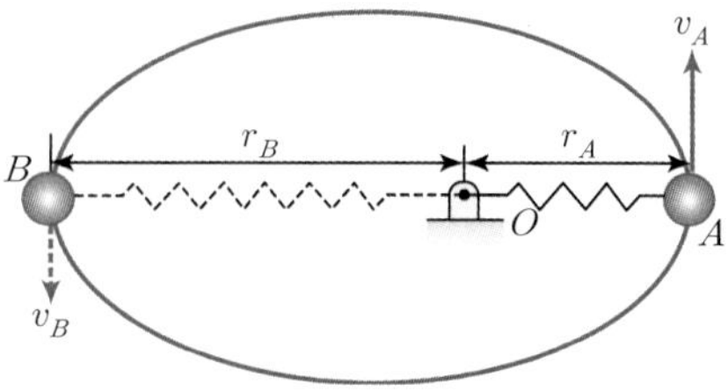

5.28* (예제 5.13의 연습 1/3)

우주선이 달 주변의 반경 2400 km의 원 궤도를 돌고 있다. 위치 A에서 속도를 25.2 m/s만큼 줄여서 타원궤도 AB를 통하여 반경 2100 km인 위치 B에 도달한 후, 속도조절을 다시 하여 원궤도를 비행하도록 하고자 할 때, 다음을 각각 구하라. (단, 달의 질량은 7.349×10^{22} kg, 만유인력 상수 $G = 6.673 \times 10^{-11} \text{m}^3/\text{kg} \cdot \text{s}^2$이라고 가정한다.)

(a) 타원궤도의 점 B에 우주선이 도달했을 때의 속도

(b) 작은 원 궤도에 진입하기 위하여 위치 B에서 줄여야 하는 속도량

(c) 타원궤도의 위치 A에서 위치 B까지의 비행하는데 소요되는 시간

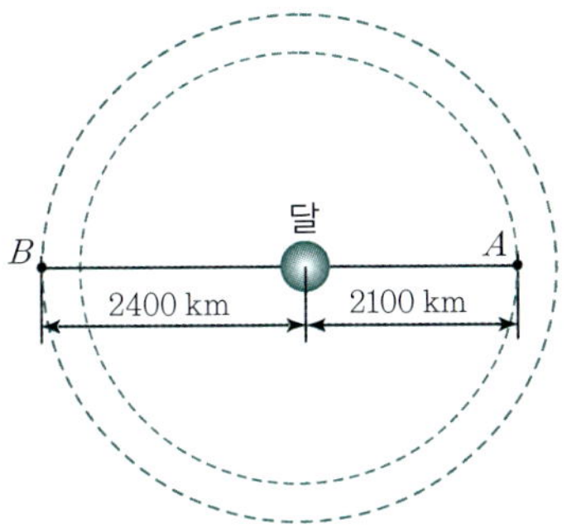

5.29* (예제 5.13의 연습 2/3)

우주선이 포물선 궤도를 따라 자유비행으로 목성에 접근하여 목성 중심으로부터 400,000 km인 위치 A에서 목성지면에 평행한 방향으로 속도 v_0가 되었다. 위치 A에서 역추진하여 속도를 늦추어 목성중심에서 최소 100,000 km (위치 B)까지 접근하는 타원궤도를 자유비행하도록 하였다. 위치 A에서 타원궤도로 바꿀 감속량 Δv를 구하라.

단, 목성의 질량은 1.86×10^{27} kg,

$G = 6.673 \times 10^{-11}$ $m^3/kg \cdot s^2$이다.

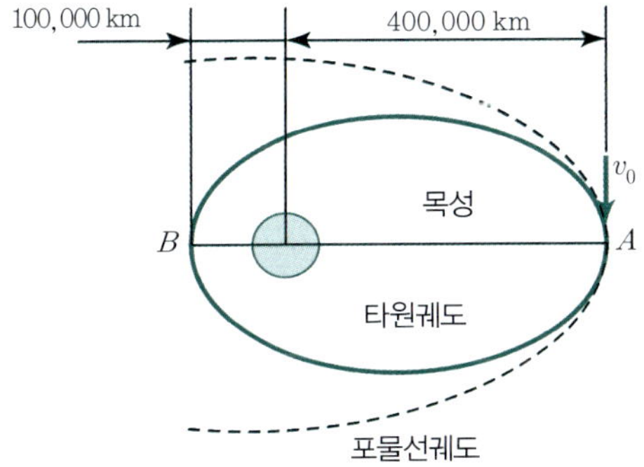

5.30* (예제 5.13의 연습 3/3)

지구표면으로부터의 고도 $h_1 = 350$ km의 원형궤도를 비행하고 있는 우주선이 위치 A를 지날 때 가속하여 속력을 증가시킨 후 타원궤도 AB를 따라 자유비행으로 돈 다음, 고도 $h_2 = 900$ km의 위치 B에서 새로운 원형궤도로 비행하고자 한다. 다음을 각각 구하라.(단, 지구의 반경은 6370 km이다)

(a) 위치 A와 위치 B에서 필요한 속력 증가량

(b) 이동을 수행하는데 필요한 단위질량당 총 에너지

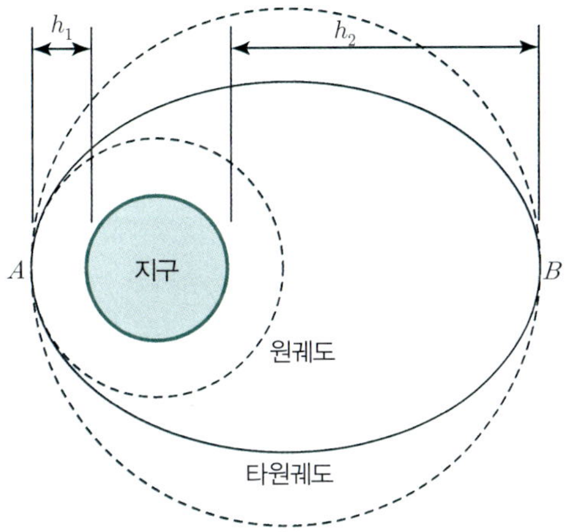

연습문제 해답

5.1 $F = 4257\text{ N}$

5.2 $\mathbf{v}_A = 77.65\text{ m/s}$ ∠45°

$\mathbf{v}_B = 27.45\text{ m/s}$ 30°

5.3 $\mathbf{v}_A = 676.3\text{ m/s} \rightarrow$

5.4 (a) $v' = 0.58\text{ m/s}$

(b) $F = 33120\text{ N}$

5.5 $\mathbf{v}_A' = 4.51\text{ m/s} \leftarrow$

$\mathbf{v}_B' = 1.35\text{ m/s} \leftarrow$

5.6 (a) $s = 0.0642\text{ m}$

(b) $\mathbf{v} = 0.71\text{ m/s} \rightarrow$

5.7 $d = 1.92\text{ m}$

5.8 (a) $e = 0.604$

(b) $h_1 = 0.656\text{ m}$

5.9 $h = 2.055\text{ m}$

5.10 $h = 0.421\text{ m}$,

$s = 0.377\text{ m}$

5.11 $\mathbf{v}' = 9.826\text{ m/s}$ 22.3°

5.12 $\mathbf{v}_A' = 6.82\text{ m/s}$ 63.9°

$\mathbf{v}_B' = 1.92\text{ m/s} \uparrow$

5.13 $\mathbf{v}_A' = 3.198\text{ m/s}$ 20.3°

$\mathbf{v}_B' = 2.864\text{ m/s}$ 45°

5.14 (a) $\mathbf{v}_B' = 1.431\text{ m/s} \rightarrow$

(b) $s = 0.522\text{ m}$

5.15 $\mathbf{v}_A' = 0.721 v_0$ 16.1°,

$\mathbf{v}_B' = 0.693 v_0 \rightarrow$

5.16 $\mathbf{v}_A' = 3.004\text{ m/s}$ ∠39.4°,

$\mathbf{v}_B' = 3.317\text{ m/s} \rightarrow$

5.17 $\mathbf{v}_A' = 2.20\text{ m/s}$ 17°,

$\mathbf{v}_B' = 0.421\text{ m/s} \leftarrow$

5.18 $h_3 = 0.139\text{ m}$

5.19 (a) $v' = 5.253\text{ m/s}$

(b) $x_2 = 0.521\text{ m}$

(c) $\mathbf{a} = 57.6\text{ m/s}^2$ 30°

5.20 (a) $\mathbf{v}' = 6.459\text{ m/s} \rightarrow$,

(b) $s = 0.0451\text{ m}$

5.21 $v_2 = \dfrac{0.8m}{M+m} v_0$

5.22 (a) $v_2 = 2.239\text{ m/s}$

(b) $s = 0.468\text{ m}$

5.23 (a) $(\mathbf{v}_B)_2 = (\mathbf{v}_A)_2$

$$= \frac{m_B}{m_A + m_B} v_1 \rightarrow$$

(b) $h = \dfrac{m_A}{m_A + m_B} \dfrac{v_1^2}{2g}$

5.24 (a) $\mathbf{L} = 9\text{ kg}\cdot\text{m/s} \rightarrow$

(b) $\mathbf{H}_G = 3.6\text{ kg}\cdot\text{m}^2\text{/s}$ ↺

(c) $\mathbf{v}_{A2} = 2\text{ m/s} \rightarrow$

$\mathbf{v}_{B2} = 1.0\text{ m/s} \leftarrow$

5.25 $f_2 = 28.6\text{ rpm}$

$U_{1\rightarrow 2} = -4.188\text{ J}$

5.26 (a) $a_r = 0,\ a_\theta = 0$

(b) $\ddot{r} = 3.2\text{ m/s}^2$

(c) $v_\theta = 0.32\text{ m/s}$

5.27 $v_B = 0.96\text{ m/s}$

5.28 (a) 1605 m/s

(b) 76.8 m/s

(c) 1시간 18분 29초

5.29 $\Delta v_A = 13771$ m/s

5.30 (a) $\Delta v_A = 147$ m/s

$\Delta v_B = 150$ m/s

(b) 2.24 MJ

chapter 06

강체의 운동학

6.1 개요

강체(rigid body)는 탄성체(elastic body)와는 달리, 아무리 큰 힘을 가하여도 부서지지도 않고, 변형(deformation)하지도 않는 물체이다. 동역학에서는 흔히 물체를 강체로 취급하는데 그 이유는 물체의 움직임에 비하여 물체의 탄성 변형량이 아주 작기 때문에 물체의 변형을 무시할 수 있기 때문이다. 강체는 강체 내에 무수히 많은 미소 질점들로 구성되어 있고, 강체 내의 각 질점들 사이의 거리가 항상 일정하게 유지된다고 가정하여 모형화하면 질점의 운동학을 강체의 운동학으로 확장시킬 수 있다.

강체의 운동학에서는 강체 내의 임의의 위치에서 강체의 운동(변위, 속도 및 가속도)으로부터 강체의 또다른 임의의 위치에서의 운동을 알아낼 수 있다.

6.1.1 병진운동(translation)

강체가 움직이는 동안 강체 내의 임의의 고정선이 원래 위치와 평행을 유지하면서 이동하는 경우 이를 강체의 병진운동이라 한다. 강체 내의 모든 질점들은 동일한 변위로 움직이므로 모든 질점들의 속도와 가속도가 같다. 즉, 강체의 병진운동은 물체의 회전을 동반하지 않는 운동이며, 강체 내 모든 점들 사이의 상대 각속도와 상대 각가속도가 0이다.

그림 6.1(a)에서 보는 바와 같이, 강체를 구성하는 모든 질점들의 운동경로가 직선일 때 직선 병진운동(rectilinear translation)이라 하고, 그림 6.1(b)에서 보는 바와 같이, 운동경로가 곡선일 때 곡선 병진운동(curvilinear translation)이라 한다.

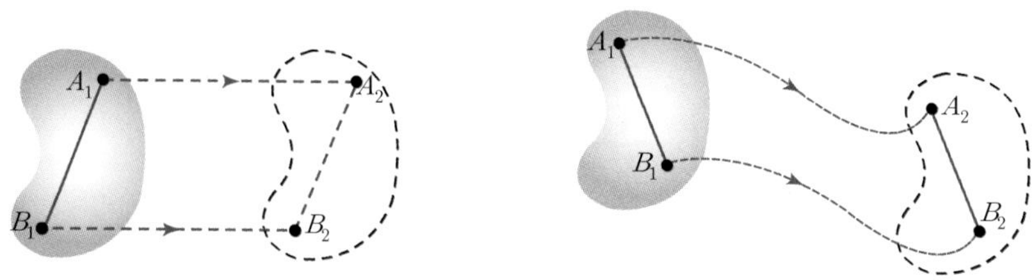

(a) 직선 병진운동 (b) 곡선 병진운동

그림 6.1 강체의 병진운동(translation)

6.1.2 고정축에 대한 회전운동(rotation about a fixed axis)

강체를 구성하는 모든 질점들이 고정축을 중심으로 원형경로를 따라 움직일 때, 강체는 고정축에 대하여 회전운동을 한다고 한다. 이 때 고정축 중심(회전중심)의 속도와 가속도는 0이다. 그림 6.2(b)에서 보는 바와 같이, 고정축 중심은 반드시 강체 내부에 있지 않아도 된다.

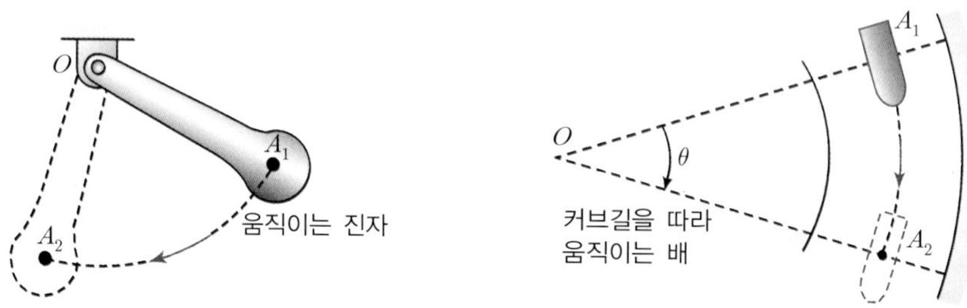

(a) 고정축이 강체 내부에 있는 경우 (b) 고정축이 강체 밖에 있는 경우

그림 6.2 고정축에 대한 강체의 회전운동(rotation)

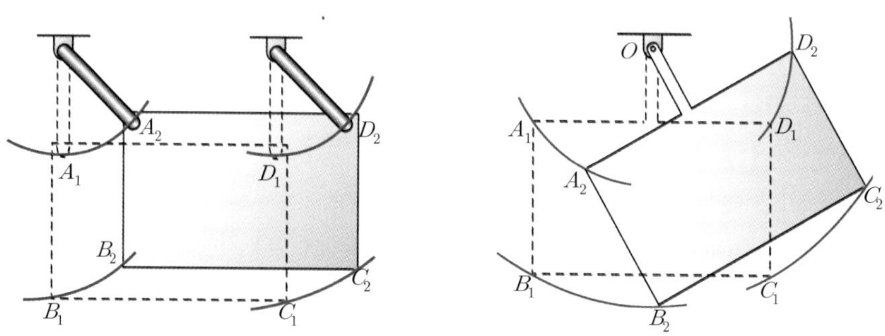

(a) 곡선 병진운동 (b) 회전운동

그림 6.3 곡선 병진운동과 회전운동과 비교

6.1.3 일반적인 평면운동(general planar motion)

평면운동은 공간운동에 대한 상대적인 용어이다. 공간운동은 3 방향의 위치이동과 3 방향의 회전운동으로 나타내며 모두 6개의 자유도를 갖는다. 평면운동은 2 방향의 위치이동과 한 방향의 회전운동으로 나타내며 모두 3개의 자유도를 갖는다.

강체의 운동이 순수 병진운동도 아니고 고정축에 대한 회전운동도 아닌 평면운동을 일반적인 평면운동이라 한다. 이 운동에서는 기준면에 평행한 평면 내에서의 병진운동과 기준면에 수직인 축에 대한 회전운동이 동시에 나타난다.

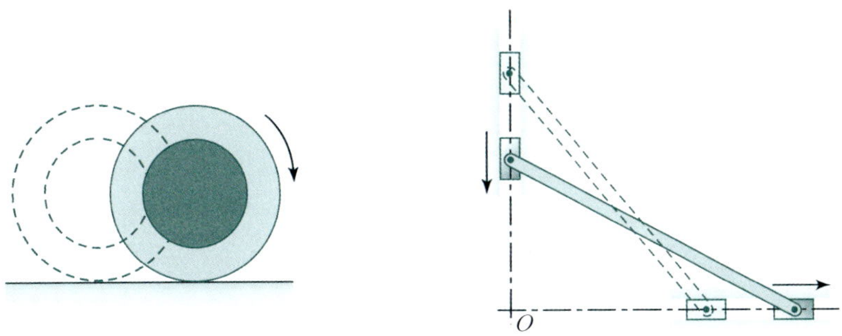

(a) 구르는 바퀴 (b) 미끄러지는 막대

그림 6.4 일반적인 평면운동(병진 및 회전운동)

6.1.4 고정점에 대한 공간운동(Spatial motion about a fixed point)

강체가 공간 상의 임의의 고정점에 대하여 자유롭게 운동할 때, 이를 강체의 고정점에 대한 3차원 운동 또는 공간운동이라 한다.

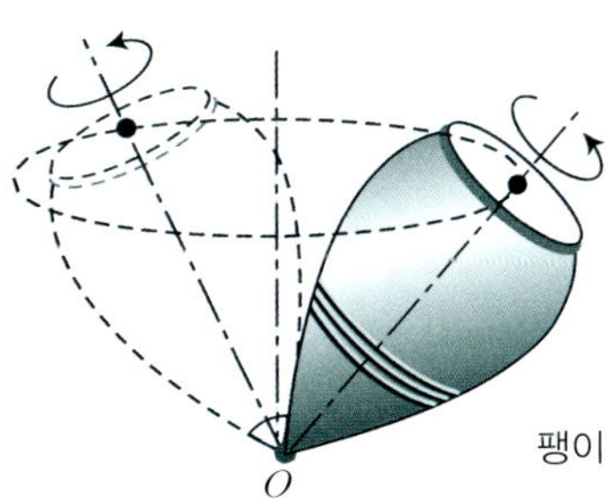

그림 6.5 고정점에 대한 공간운동 (고정점을 지나는 이동축에 대한 회전)

6.1.5 일반적인 공간운동(General spatial motion)

이 운동은 강체가 어떠한 제약조건도 없이 공간상에서 자유롭게 운동하는 가장 일반적인 운동이다.

6.2 강체의 병진운동

강체의 병진운동에서는 강체 내부에 있는 임의의 두 점의 상대위치가 그대로 유지되면서 움직인다. 즉, 병진운동을 하는 강체 내의 모든 점들은 임의의 순간에 동일한 속도와 가속도를 갖는다.

병진운동은 회전운동을 수반하지 않으므로 강체 내의 임의의 한 점의 속도와 가속도는 강체 내 다른 점들의 속도와 같으므로 질점 운동학에서 유도한 결과들을 병진운동하는 강체의 각 질점들에 대한 운동학에 그대로 적용할 수 있다.

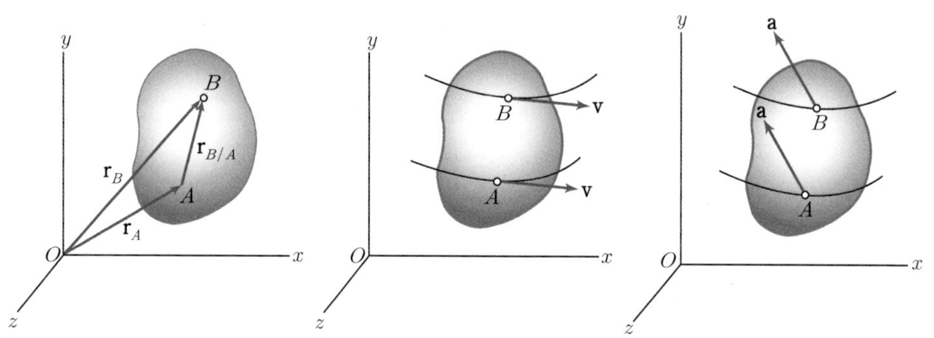

(a) 위치 (b) 속도 (c) 가속도

그림 6.6 강체의 병진운동

6.2.1 위치

병진운동을 하는 강체의 내부에 있는 두 점 A와 B를 생각해 보자. 고정좌표계 x, y, z에 대한 점 A와 점 B의 변위 벡터를 각각 $\mathbf{r}_A$와 $\mathbf{r}_B$라 하고, 점 A에서부터 점 B까지의 변위 벡터를 $\mathbf{r}_{B/A}$라고 할 때 관계식은 다음과 같다.

$$\mathbf{r}_B = \mathbf{r}_A + \mathbf{r}_{B/A} \tag{6.1}$$

여기서 $\mathbf{r}_A$와 $\mathbf{r}_B$는 각각 고정좌표계 x, y, x의 원점 O에서 측정된 변위 벡터들이다.

병진운동을 하는 강체는 두 점 사이의 상대 위치를 나타내는 벡터 $\mathbf{r}_{B/A}$가 일정한 크기와 방향을 유지하면서 움직인다.

$$\mathbf{r}_{B/A} = \text{일정}$$

6.2.2 속도

점 A의 속도와 점 B의 속도에 대한 관계식은 식 (6.1)을 시간에 대해 미분함으로써 얻는다. 병진운동하는 강체 내부에 있는 임의의 두 점 사이에는 변위 벡터 $\mathbf{r}_{B/A}$의 크기와 방향이 항상 일정(병진운동의 정의)하므로 점 A에 대한 점 B의 상대속도 $\mathbf{v}_{B/A}$를 나타내는 도함수 $\dot{\mathbf{r}}_{B/A}$는 0이 되어 점 A의 속도와 점 B의 속도는 같게 된다.

$$\dot{\mathbf{r}}_{B/A} = 0$$
$$\dot{\mathbf{r}}_B = \dot{\mathbf{r}}_A$$

또는

$$\mathbf{v}_{B/A} = 0$$
$$\mathbf{v}_B = \mathbf{v}_A \tag{6.2}$$

6.2.3 가속도

윗 식으로부터 병진운동을 하는 강체의 내부에 있는 모는 점늘은 같은 속도로 운동한다는 것을 알 수 있다. 가속도는 식 (6.2)를 시간에 대해 미분함으로써 얻는다. 점 A에 대한 점 B의 상대가속도 $\mathbf{a}_{B/A}$는 0이 되어, 점 A의 속도와 점 B의 가속도는 같게 된다.

$$\mathbf{a}_{B/A} = 0$$
$$\mathbf{a}_B = \mathbf{a}_A \tag{6.3}$$

6.3 고정축에 대한 강체의 회전운동

고정축에 대하여 회전하는 강체를 생각해 보자. 물체가 고정축을 중심으로 회전할 때 회전 중심축의 점을 제외한 물체 내의 모든 점들은 고정축에 대하여 동심원을 그리며 운동한다.

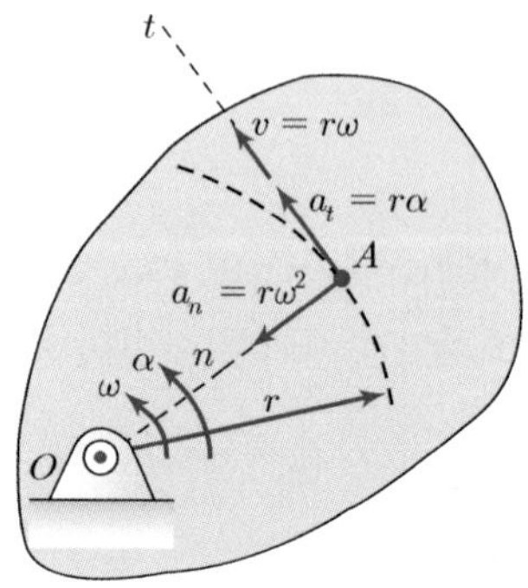

그림 6.7 강체의 회전운동

참고

회전각도를 표현하는 방법에는 회전바퀴수 또는 °(도) 또는 rad(라디안)으로 표현하며 관계는 다음과 같다.

$$1 \text{ rev(회전)} = 2\pi[\text{rad}] = 360°$$

회전방향을 나타낼 때 반시계 방향(시계바늘이 돌아가는 방향의 반대방향)을 양(+)로 정하고, 시계 방향(시계바늘이 돌아가는 방향)을 음(−)로 정한다.

6.3.1 각속도(angular velocity)

각속도 벡터 $\boldsymbol{\omega}$는 각위치 $\boldsymbol{\theta}$에 대한 시간 변화율($d\boldsymbol{\theta}/dt$)로서 운동평면에 수직이고 고정된 회전축을 중심으로 회전하는 것을 나타낸다. 각속도의 양의 방향은 오른손이 물체의 회전방향으로 감싸 쥐고 엄지손가락을 나머지 손가락에 수직하게 뻗을 때 엄지손가락이 가리키는 방향의 벡터로 표시한다. 이를 오른손 법칙이라 한다. 단위는 보통 rad/s 또는 rpm(분당 회전수)로 표시한다.

회전중심축과 z축을 동일직선 상에 있도록 선택하여 회전체의 각속도를 회전평면에 수직인 벡터 $\boldsymbol{\omega}$로 표현하며 다음과 같다.

$$\boldsymbol{\omega} = \omega\mathbf{k} = \dot{\theta}\mathbf{k} \tag{6.4}$$

6.3.2 각가속도(angular acceleration)

각가속도 벡터 $\boldsymbol{\alpha}$는 각속도 벡터 $\boldsymbol{\omega}$의 시간 변화율$(d\boldsymbol{\omega}/dt)$로 식 (6.4)를 미분하여 다음과 같이 표시된다.

$$\boldsymbol{\alpha} = \alpha\mathbf{k} = \dot{\omega}\mathbf{k} = \ddot{\theta}\,\mathbf{k} \tag{6.5}$$

6.3.3 속도 벡터

고정점 중심으로 각속도 $\boldsymbol{\omega}$로 회전하는 강체에서 고정축으로부터 $\mathbf{r}$만큼 떨어진 곳의 속도는 벡터의 외적 $\boldsymbol{\omega} \times \mathbf{r}$의 결과로서 그 방향은 $\boldsymbol{\omega}$와 $\mathbf{r}$에 의해서 정의된 평면에 수직이다.

$$\mathbf{v} = \boldsymbol{\omega} \times \mathbf{r} \tag{6.6}$$

여기서 $\boldsymbol{\omega}$와 $\mathbf{r}$의 위치를 바꾸면 속도 $\mathbf{v}$의 방향이 반대로 나오는데 이러한 실수를 범하지 않도록 하여야 한다.

윗 식에서 속도의 크기를 간단하게 나타낼 때 다음과 같은 스칼라 식으로 나타낸다.

$$v = \omega r$$

6.3.4 가속도 벡터

강체 내의 임의의 점 P에 대한 가속도벡터 $\mathbf{a}$는 속도식을 시간에 대하여 미분한 것으로서 다음과 같다.

$$\mathbf{a} = \frac{d\mathbf{v}}{dt} = \frac{d}{dt}(\boldsymbol{\omega} \times \mathbf{r}) = \dot{\boldsymbol{\omega}} \times \mathbf{r} + \boldsymbol{\omega} \times \dot{\mathbf{r}}$$

윗 식에 식 (6.6)을 고려하고 $\mathbf{v} = \dot{\mathbf{r}}$와 $\boldsymbol{\alpha} = \dot{\boldsymbol{\omega}}$를 대입하면 다음과 같다.

$$\mathbf{a} = \boldsymbol{\alpha} \times \mathbf{r} + \boldsymbol{\omega} \times (\boldsymbol{\omega} \times \mathbf{r}) \tag{6.7}$$

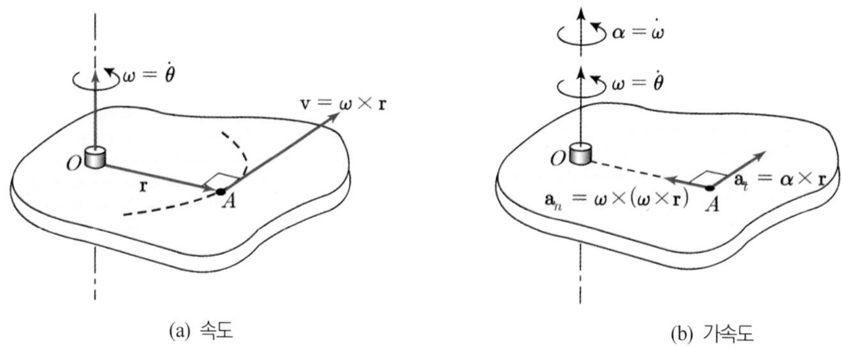

그림 6.8 고정축에 대한 강체의 회전운동에서 속도 및 가속도

윗 식에서 우변에 있는 첫 번째 항은 점 P의 가속도 벡터에 대한 접선성분 $\mathbf{a}_t$로, 두 번째 항은 법선성분 $\mathbf{a}_n$으로 생각할 수 있다.

$$\mathbf{a}_t = \boldsymbol{\alpha} \times \mathbf{r} \tag{6.8}$$

$$\mathbf{a}_n = \boldsymbol{\omega} \times (\boldsymbol{\omega} \times \mathbf{r}) \tag{6.9}$$

평면운동에서 위의 벡터관계식은 서로 수직한 변수들 간의 곱이므로 크기만을 나타내고자 할 때 다음과 같이 스칼라 식으로 나타낼 수 있다.

$$a_t = \alpha r$$

$$a_n = \omega^2 r$$

6.3.5 회전운동을 하는 강체에서 각속도와 각가속도의 스칼라 해석

공간운동을 하는 강체의 회전운동을 나타낼 때 $\boldsymbol{\omega}$, $\boldsymbol{\alpha}$는 세 방향을 나타내지만, 평면운동을 하는 강체에서는 $\boldsymbol{\omega}$, $\boldsymbol{\alpha}$는 한 방향만의 회전을 나타낸다. 회전 방향을 나타내기 위한 단위벡터를 따로 고려하면, 각위치, 각속도 및 각가속도에 대한 벡터식은 다음과 같은 스칼라 식으로 간략하게 나타낼 수 있다.

$$\omega = \frac{d\theta}{dt} = \dot{\theta} \tag{6.10}$$

$$\alpha = \frac{d\omega}{dt} = \ddot{\theta} = \frac{d^2\theta}{dt^2} \tag{6.11}$$

그리고 미분의 연쇄법칙(chain rule)을 적용하여 다음의 관계식을 얻을 수 있다.

$$\alpha = \frac{d\omega}{d\theta}\frac{d\theta}{dt} = \omega\frac{d\omega}{d\theta} \tag{6.12}$$

식 (6.10), (6.11) 및 (6.12)는 2장에서 직선운동을 하는 질점에 대한 관계식과 비슷하다. 즉, $v = ds/dt$, $a = dv/dt$ 및 $a = v(dv/ds)$의 관계식을 연상하면 쉽게 기억할 수 있다. 각속도나 각가속도가 일정한 경우, 2장과 같은 방법을 사용하여 해석한다.

(1) 각속도가 일정한 경우 (ω = 일정)

각가속도 α는 0이 된다.

$$\alpha = 0$$

각변위 θ는 다음과 같다.

$$\theta(t) = \theta_0 + \omega t \tag{6.13}$$

여기서 θ_0는 $t = 0$에서의 각변위이다.

(2) 각가속도가 일정한 경우 (α = 일정)

각속도는 각가속도식 (6.11)을 시간에 대해 적분하면 다음과 같다.

$$\omega(t) = \omega_0 + \alpha t \tag{6.14}$$

여기서 ω_0는 $t = 0$에서의 각속도이다.

각변위 θ는 각속도식 (6.14)를 시간에 대해 적분하면 다음과 같다.

$$\theta(t) = \theta_0 + \omega_0 t + \frac{1}{2}\alpha t^2 \tag{6.15}$$

또한, 식 (6.12)를 변수분리한 식 $\int_{\omega_0}^{\omega}\omega\,d\omega = \int_{\theta_0}^{\theta}\alpha\,d\theta$를 적분하면 다음의 관계식을 얻는다.

$$\omega^2 = \omega_0^2 + 2\alpha(\theta - \theta_0) \tag{6.16}$$

식 (6.14), (6.15) 및 (6.16)은 2장에서의 직선운동을 하는 질점에 대한 관계식과 유사한 형태이다.

참고 **동역학 문제를 접할 때 문장 중에 숨겨진 뜻을 알아야 한다.**

(1) 일정한 각속도(constant angular velocity)로 회전한다면 각가속도와 각속도는?

$$\boldsymbol{\alpha} = 0,\ \boldsymbol{\omega} = \text{const}$$

(2) 일정한 각가속도로(constant angular acceleration) 회전한다면 각가속도와 각속도는?

$$\boldsymbol{\alpha} = \text{const},\ \boldsymbol{\omega} = \boldsymbol{\omega}_0 + \boldsymbol{\alpha} t$$

예제 6.1

길이가 0.5 m인 막대 AB가 핀 A에 연결되어 반시계 방향의 각속도 3 rad/s와 시계 방향의 각가속도 2 rad/s^{2}로 회전하고 있다. 그림과 같은 위치에서 막대의 끝점 B의 속도와 가속도를 구하라.

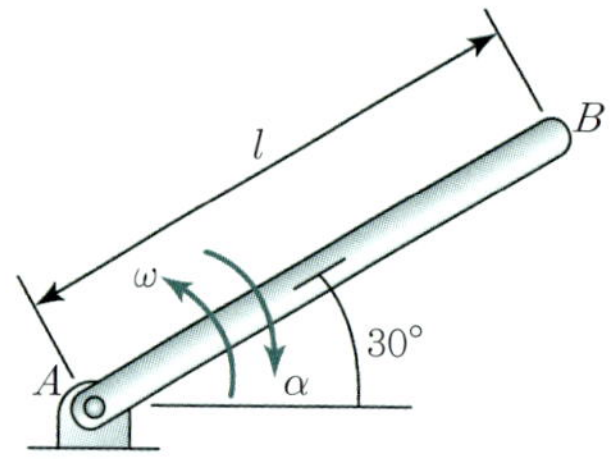

적용원리

- 순수회전을 하는 강체 내의 점의 속도 및 가속도를 구하는 방법으로 수식적 방법과 도식적 방법이 있다.
- 2차원 평면에서 순수회전을 하는 강체의 속도는 중심으로부터의 변위 벡터에 수직이다.
- 2차원 평면에서 순수회전을 하는 강체의 접선방향 가속도는 중심으로부터의 변위 벡터에 수직이며, 법선방향 가속도는 회전중심을 향한다.

풀이

점 B의 속도는

$$\mathbf{v}_B = \boldsymbol{\omega} \times \mathbf{r}_{B/A}$$

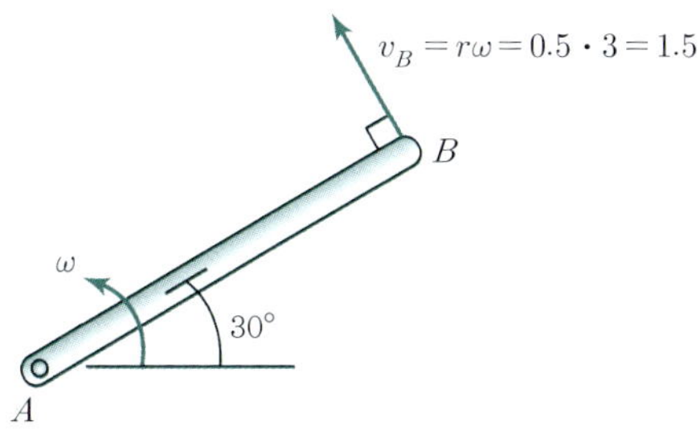

$$\mathbf{v}_B = (3\mathbf{k}) \times (0.5\cos 30°\,\mathbf{i} + 0.5\sin 30°\,\mathbf{j}) = -0.75\,\mathbf{i} + 1.30\,\mathbf{j}$$

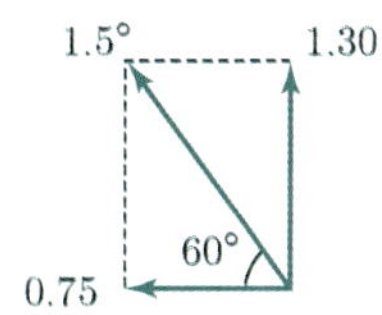

답 $\mathbf{v}_B = 1.5\ \text{m/s}$ 60°

점 B의 가속도는

$$\mathbf{a}_B = \boldsymbol{\alpha} \times \mathbf{r}_{B/A} - \omega^2 \mathbf{r}_{B/A}$$

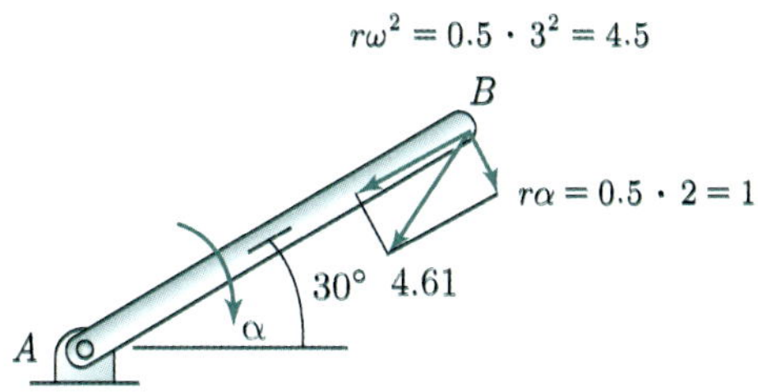

$$\begin{aligned}\mathbf{a}_B &= (-2\mathbf{k}) \times (0.5\cos 30°\,\mathbf{i} + 0.5\sin 30°\,\mathbf{j}) - 3^2 \cdot (0.5\cos 30°\,\mathbf{i} + 0.5\sin 30°\,\mathbf{j}) \\ &= -3.40\,\mathbf{i} - 3.12\,\mathbf{j}\end{aligned}$$

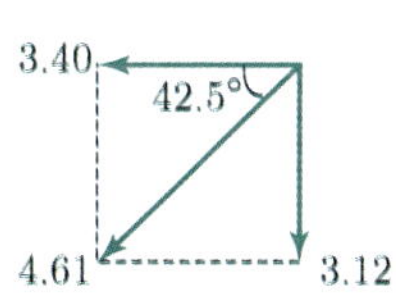

답 $\mathbf{a}_B = 4.61\ \text{m/s}^2$ 42.5°

별해

도식적 방법으로 풀어보자.

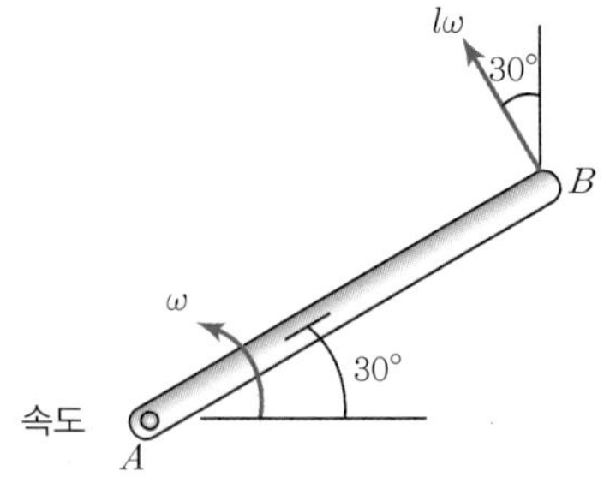

속도의 크기는

$$v = l\omega = 0.5 \cdot 3 = 1.5 \text{ m/s}$$

속도의 방향은 막대가 반시계 방향으로 회전하므로 $\mathbf{r}_{B/A}$에 수직인 위쪽방향이다.

답 $\mathbf{v}_B = 1.5 \text{ m/s}$ 60°

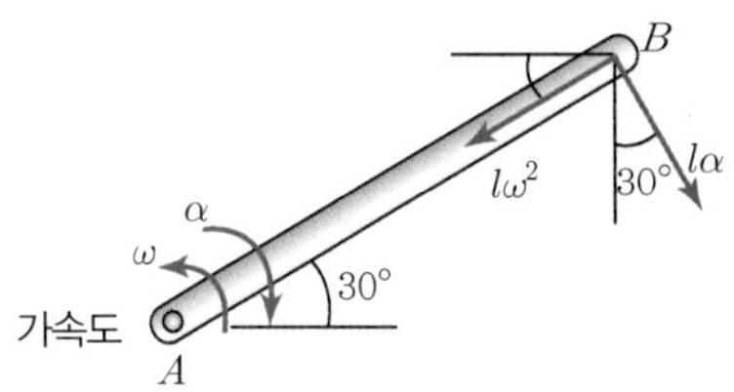

가속도의 접선 성분의 크기는

$$(\mathbf{a}_B)_t = l\alpha = 0.5 \cdot 2 = 1.0 \text{ m/s}^2$$

가속도의 접선 성분의 방향은 $\mathbf{r}_{B/A}$에 수직이고, 시계 방향의 각가속도이다.

가속도의 법선 성분의 크기는

$$(\mathbf{a}_B)_n = r\omega^2 = 0.5 \cdot 3^2 = 4.5 \text{ m/s}^2$$

가속도의 법선 성분의 방향은 $\mathbf{r}_{B/A}$의 반대방향이다.

따라서 점 B의 가속도 $\mathbf{a}_B = (\mathbf{a}_B)_t + (\mathbf{a}_B)_n$에서

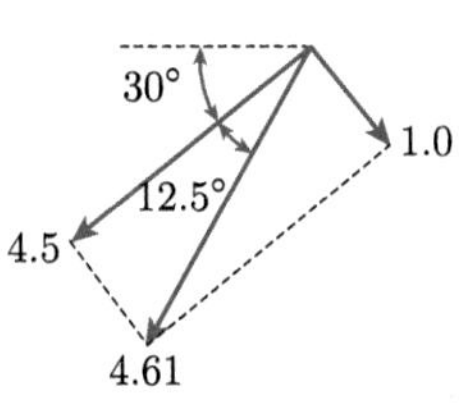

답 $\mathbf{a}_B = 4.61 \text{ m/s}^2$ 42.5°

6.4 일반적인 평면운동

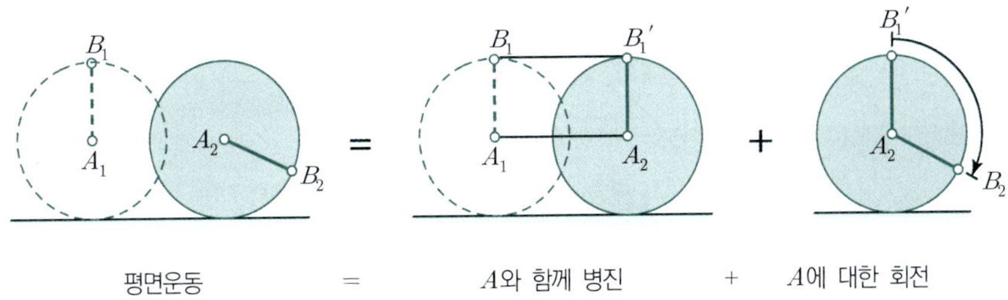

그림 6.9 강체의 평면운동 예(굴러가는 원통)

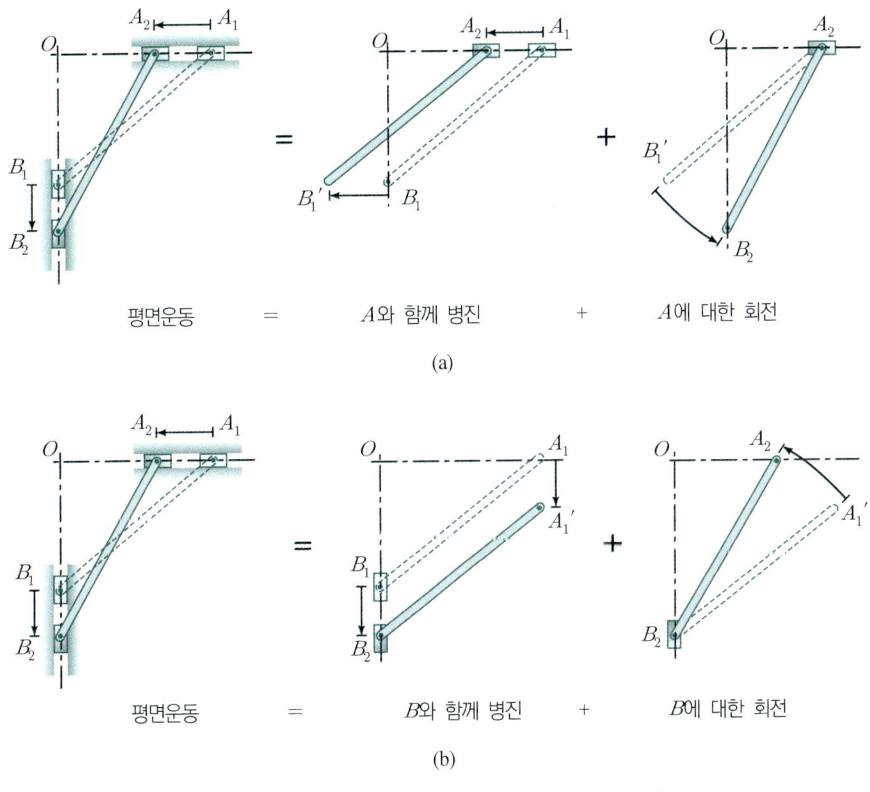

그림 6.10 강체의 평면운동 예(미끄러지는 막대)

일반적인 평면운동은 병진운동과 고정축에 대한 회전운동의 합성으로 해석할 수 있다. 이러한 운동의 예를 들어보자.

첫 번째 예로서 수평면 위를 굴러가는 원통을 들 수 있다. 원통이 굴러서 점 A_1은 점 A_2로, 점

B_1은 B_2 위치로 움직인다고 가정하자. 우선 강체가 중심점 A_1에서 A_2 위치로 병진운동을 하여 점 A가 최종위치까지 이동하였으나 점 B_1는 최종위치가 아닌 B_1'위치로 이동하였다. 그 후 점 A_2를 중심으로 회전운동을 하여 점 B_1'이 B_2 위치로 이동하도록 회전하면 된다. 이와 같이 평면운동은 병진운동과 회전운동의 합으로 나타낼 수 있다.

두 번째 예로서 수평 안내면과 수직 안내면을 따라 미끄러지는 막대를 들 수 있다. 먼저, 평면운동을 하는 강체와 강체 내의 두 점 A와 B를 생각해 보자. 강체가 위치 1에서 위치 2까지 움직이는 경로로서 점 A는 A_1에서 A_2까지 움직이고, 점 B는 B_1에서 B_2까지 움직인다.

윗 그림은 우선 강체가 A_1에서 A_2까지의 병진운동을 한 다음 강체가 A_2를 중심으로 회전운동을 하여 중첩한 경우를 나타낸다. 아래 그림은 이 강체가 위치 1에서 위치 2까지 움직이는 경로로서 우선 강체가 B_1에서 B_2까지의 병진운동을 한 후 강체가 B_2를 중심으로 회전운동을 하여 중첩한 경우를 나타낸다. 이 두 경우에서 보는 바와 같이 병진운동과 회전운동이 동시에 일어나는 강체는 운동순서에 관계없이 최종 위치는 항상 같다.

위의 두 가지 예에서 보는 바와 같이 강체의 일반적인 운동은 강체 내의 임의의 점에 대한 동일한 강체의 병진운동과 그 점을 중심으로 한 강체의 회전운동을 합성한 것으로 해석할 수 있다. 이러한 원리로부터 일반적인 평면운동의 해석이 가능해진다. 이 원리는 평면운동을 하는 강체의 속도, 가속도를 계산하는 데 필수적으로 쓰인다.

6.5 일반적인 평면운동에서 절대속도와 상대속도

일반적인 평면운동은 병진운동과 고정축에 대한 회전운동의 합성으로 해석할 수 있다. 상대위치, 상대속도의 개념을 확장하여 일반적인 평면운동을 하는 강체의 운동학에 적용한다. 강체 내의 두 점 A와 B의 위치는 원점에 대한 벡터로서 표시할 수 있다. 강체 내의 임의의 점 A의 위치는 절대변위 벡터 $\mathbf{r}_A$로 지정하고 강체 내의 또다른 임의의 점 B의 위치는 절대변위 벡터 $\mathbf{r}_B$로 지정한다. 점 A에 대한 점 B의 위치는 상대 변위벡터 $\mathbf{r}_{B/A}$로 표시하자. 점 A와 점 B의 절대위치와 상대위치 사이의 관계식은 다음과 같다.

$$\mathbf{r}_B = \mathbf{r}_A + \mathbf{r}_{B/A} \tag{6.17}$$

절대속도와 상대속도 사이의 운동학 관계식은 윗 식을 시간에 대해 미분함으로써 구할 수 있다.

$$\dot{\mathbf{r}}_B = \dot{\mathbf{r}}_A + \dot{\mathbf{r}}_{B/A}$$

또는

$$\mathbf{v}_B = \mathbf{v}_A + \mathbf{v}_{B/A} \tag{6.18}$$

여기서 속도 $\mathbf{v}_B$와 $\mathbf{v}_A$는 고정좌표계에 대한 절대속도(absolute velocity)이고, $\mathbf{v}_{B/A}$는 점 A에 대한 점 B의 상대속도(relative velocity)이다.

한편, 각속도 $\boldsymbol{\omega}$로 회전하는 강체의 내부에 있는 두 점간의 상대속도, 즉 점 A에 대한 점 B의 상대속도는 다음과 같이 표현할 수 있다.

$$\mathbf{v}_{B/A} = \boldsymbol{\omega} \times \mathbf{r}_{B/A}$$

윗 식을 식 (6.18)에 대입하면 일반적인 평면운동을 하는 강체 내의 두 점간의 속도관계식은 다음과 같다.

$$\mathbf{v}_B = \mathbf{v}_A + \boldsymbol{\omega} \times \mathbf{r}_{B/A} \tag{6.19}$$

윗 식으로부터 강체 내의 임의의 점 A의 속도와 강체의 각속도가 주어질 때 강체내의 또다른 임의의 점 B의 속도를 알 수 있다. 특히 각속도는 강체의 회전운동을 표현하는 변수로서 강체 내의 어떤 특정점과 연관되어 있지 않다는 점에 주의하라.

이러한 관계를 기하학적으로 이해하기 위하여 그림 6.11에 일반적인 평면운동을 하는 강체를 표현하였다. 강체의 일반적인 평면운동은 강체의 병진운동과 고정축에 대한 회전운동이 동시에 발생하는 경우로 해석한다. 즉, 일반적인 평면운동을 하는 강체의 속도는 병진운동과 회전운동의 성분으로 나누고, 각 운동을 나타내는 변수들을 결합하여 나타낼 수 있다.

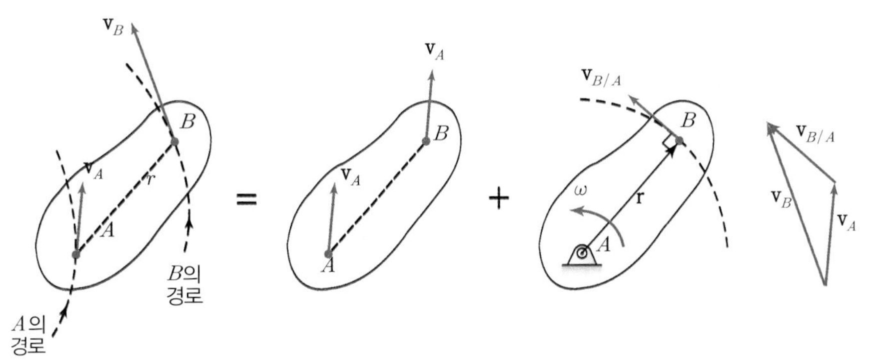

그림 6.11 강체의 평면운동

참고

강체 내의 임의의 두 점 A, B 간의 상대각속도 $\omega_{A/B}$와 $\omega_{B/A}$는 같은 값을 갖는다. 또한 상대각가속도 $\alpha_{A/B}$와 $\alpha_{B/A}$도 같은 값을 갖는다. 이러한 관계는 강체내 임의의 모든 점에 대하여 성립한다. 따라서 강체 내의 모든 점은 같은 각속도(ω)를 갖으며, 또는 각가속도(α)도 같은 관계가 성립한다.

강체 내부의 임의의 두 점이 속도 및 가속도는 다를 수 있지만 강체 내부에 있는 모든 부위의 각속도 및 각가속도는 같다.

따라서 동일 강체 내에서는 상대각속도 $\omega_{A/B}$와 $\omega_{B/A}$ 대신 ω_{AB}를 사용하며, 상대 각가속도 $\alpha_{A/B}$와 $\alpha_{B/A}$ 대신 α_{AB}를 사용한다.

6.6 순간중심

순간중심(instanteous center: I.C.)이란 순간적으로 속도가 영(0)이 되는 점으로서 이 점을 기준으로 속도에 관련된 문제를 풀면 간편해지는 경우가 있다. 순간중심을 순간회전중심 또는 영속도 순간중심이라고도 한다. 우선 일반적인 평면운동을 하는 강체내의 한점 B의 속도는 다음과 같이 표현된다.

$$\mathbf{v}_B = \mathbf{v}_A + \boldsymbol{\omega} \times \mathbf{r}_{B/A}$$

여기서 $\mathbf{r}_{B/A}$은 점 A부터 점 B까지의 거리벡터이고 $\boldsymbol{\omega}$는 강체의 각속도이다.

그런데 임의의 점 A를 순간속도가 0이 되는 점으로 잡았을 경우 점 A은 순간중심이 되고, 물체는 순간중심을 고정축(회전중심)으로 회전하게 된다. 점 A가 순간중심이면 $\mathbf{v}_A = \mathbf{v}_{IC} = 0$이므로 $\mathbf{v}_B = \mathbf{v}_{B/IC}$가 되고, 위 식은 다음과 같이 변형될 수 있다.

$$\mathbf{v}_B = \boldsymbol{\omega} \times \mathbf{r}_{B/IC}$$

즉 순간중심이란 물체의 평면운동은 순간적인 회전운동의 연속으로 간주할 수 있는데 순간적으로 회전운동의 중심이 되는 점을 일컫는다. 순간중심은 주어진 순간 속도가 0이 되는 특징이 있다. 순간중심은 특수한 경우(순간중심이 원운동의 중심이 되는 경우)를 제외하고 물체의 이동에 따라 그 위치가 계속 변화하므로 이 해석방법은 순간적인 상황을 나타내고 있음에 주의해야 한다. 순간중심의 궤적을 순간중심궤적(centrode)라고 한다.

윗 식의 의미를 살펴보면 아래의 세 식으로 간추려진다. 첫째, 속도 $\mathbf{v}_{B/IC}$는 변위 $\mathbf{r}_{B/IC}$에 수직하고, 둘째, 속도 $\mathbf{v}_{B/IC}$의 크기는 $\mathbf{r}_{B/IC}$의 크기에 비례하며, 셋째, 순간중심의 속도는 0이다.

$$\mathbf{v}_{B/IC} \perp \mathbf{r}_{B/IC}$$

$$|\mathbf{v}_{B/IC}| \propto |\mathbf{r}_{B/IC}|$$

$$\mathbf{v}_{IC} = 0$$

여기서 $\mathbf{v}_{IC} = 0$이므로 $\mathbf{v}_B = \mathbf{v}_{B/IC}$가 성립한다.

속도 $\mathbf{v}_{B/IC}$의 크기는 $\mathbf{r}_{B/IC}$의 크기에 비례하는 관계를 이용하면 동일한 강체 내에 있는 두 점 A, B의 속력(스칼라)과 순간중심까지의 거리(스칼라)와의 관계는 다음과 같다.

$$\omega = \frac{v_A}{r_{A/IC}} = \frac{v_B}{r_{B/IC}}$$

강체 내 두 점의 속도를 알고 있으면 위와 같은 성질들을 이용하여 순간중심을 효과적으로 찾을 수 있다. 주어진 조건에 따라 찾는 방법이 달라진다.

첫째, 두 점의 속도가 서로 평행하지 않은 경우이다. 이 때에는 속도 $\mathbf{v}_{B/IC}$는 $\mathbf{r}_{B/IC}$에 수직하다는 사실을 이용하여 주어진 두 점의 속도 방향에 수직한 두 직선이 만나는 점이 순간중심이 된다.

둘째, 두 점의 속도가 서로 평행한 경우이다. 이 때에는 $\mathbf{v}_{B/IC}$의 크기는 $\mathbf{r}_{B/IC}$의 크기와 비례한다는 사실과 속도 $\mathbf{v}_{B/IC}$는 $\mathbf{r}_{B/IC}$에 수직하다는 사실을 이용한다. 순간중심점은 그림과 같이 속도의 시작점과 끝점을 잇는 삼각형을 그리면 닮은꼴의 삼각형에서 비례관계에 의하여 찾을 수 있다.

셋째, 순간중심은 어떤 순간에 속도가 0이 되는 점이다. 예를 들어, 바퀴가 지면에 대하여 미끄러지지 않고 굴러간다고 생각해 보자. 지면과 바퀴의 접촉점에서 상대속도는 0이고, 지면은 정지상태이므로 접촉점의 절대 속도도 0이 된다. 순간적으로 바퀴가 고정된 면과 접촉하는 점이 순간중심이 되며, 이 점을 중심으로 회전하는 것으로 취급할 수 있다. 순간중심을 찾고 각속도를 알면 바퀴 상의 임의의 점에서 속도를 구할 수 있다.

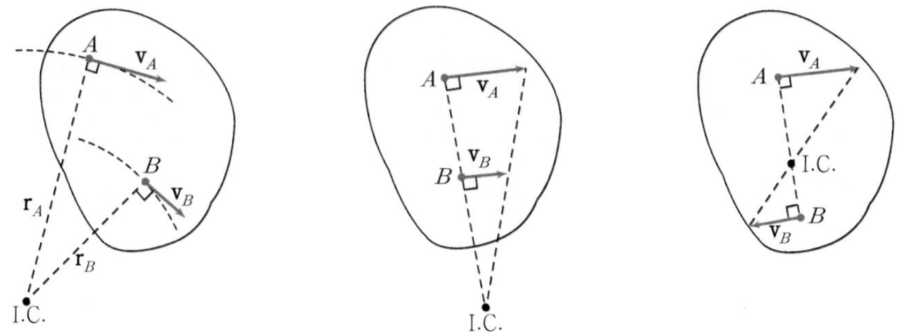

(a) 속도의 방향이 다른 경우 (b) 속도의 방향이 같고 크기 다른 경우 (c) 속도의 방향이 반대 경우

그림 6.12 순간중심 찾기

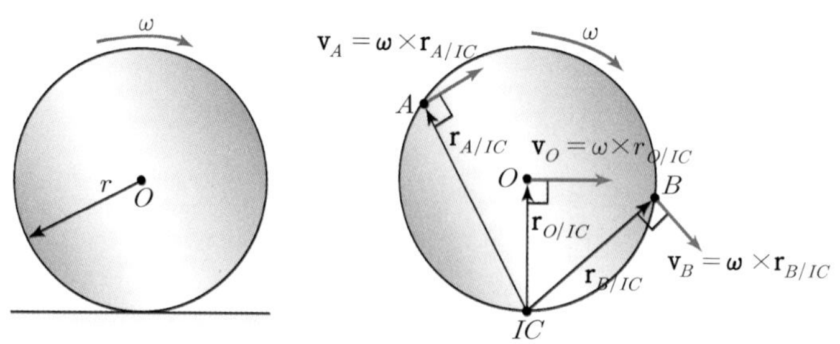

(a) (b)

그림 6.13 미끄러지지 않고 굴러가는 바퀴의 순간중심 (지면과의 접촉점에서 순간속도가 0)

참고 미끄러짐없이 굴러가는 원통(또는 공)에 적용되는 기하학

(1) 각속도와 속도의 관계

원통과 지면과의 접촉점에서 속도가 0이 되므로 순간중심(I.C.)이 되고, 줄에 매달려 이동하는 원통의 경우 줄과의 접촉점이 순간중심이다.

즉, $\mathbf{v}_{IC} = 0$

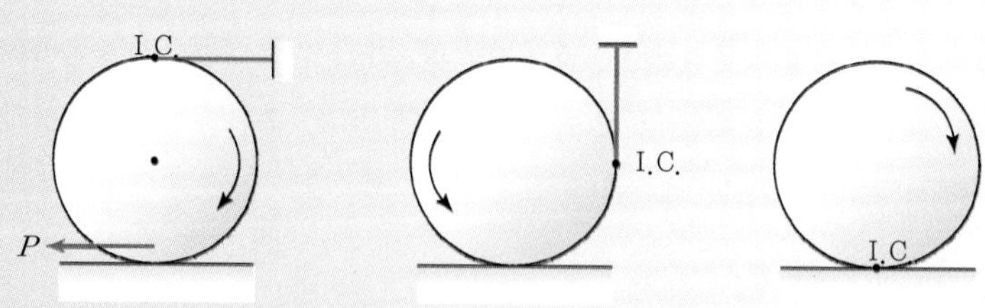

그림 6.14 미끄러짐 없이 굴러가는 원통의 순간중심

원통의 기하학적 중심 O의 속도와 각속도의 관계는 다음과 같다.

$$\mathbf{v}_O = \mathbf{v}_{IC} + \boldsymbol{\omega} \times \mathbf{r}$$

$$\text{즉,} \quad \mathbf{v}_O = \boldsymbol{\omega} \times \mathbf{r}$$

여기서 $\mathbf{r}$은 $\mathbf{r}_{O/IC}$을 뜻하며 이후 같은 표기를 한다.

윗 식에서 $\mathbf{r} = r\mathbf{j}$, $\boldsymbol{\omega} = \omega\mathbf{k}$이라 한다면

$$\mathbf{v}_O = \omega\mathbf{k} \times r\mathbf{j}$$

$$\therefore \ \mathbf{v}_O = -\omega r\mathbf{i}$$

따라서 각속도가 반시계 방향으로 회전할 때 (그림 6.15(a))에는 기하학적 중심에서의 속도는 $-\mathbf{i}$방향(왼쪽 방향)으로 ωr의 크기를 갖게 되며, 반대로 각속도가 시계 방향으로 회전할 때 (그림 6.15(b))에는 기하학적 중심에서의 속도는 $\mathbf{i}$방향 (오른쪽 방향)으로 ωr의 크기를 갖게 된다.

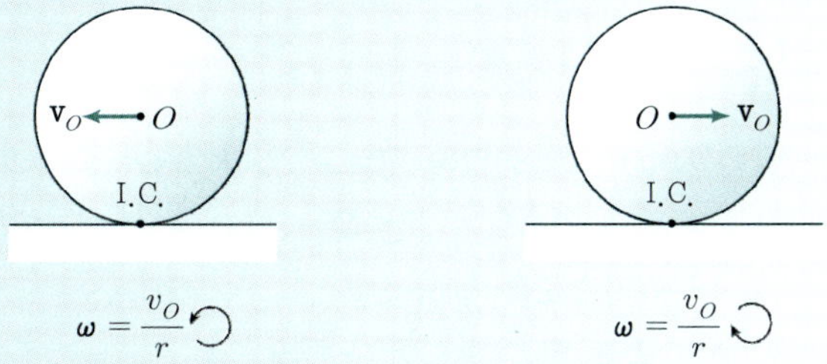

(a) ω가 반시계 방향일 때 (b) ω가 시계 방향일 때

그림 6.15 원통 중심의 속도와 각속도와의 관계

(2) 각가속도와 가속도의 관계

원통의 기하학적 중심에서 수직 방향 속도는 0이며, 가속도는 $\mathbf{i}$방향 성분만을 가지므로, 원통의 기하학적 중심에서 가속도와 각가속도의 관계는 다음과 같이 된다.

$$a_O\mathbf{i} = \mathbf{a}_{IC} + \boldsymbol{\alpha} \times \mathbf{r} + \boldsymbol{\omega} \times (\boldsymbol{\omega} \times \mathbf{r})$$

윗 식에서 $\mathbf{r} = r\mathbf{j}$이고 $\boldsymbol{\omega} = \omega\mathbf{k}$, $\boldsymbol{\alpha} = \alpha\mathbf{k}$이라 한다면

$$a_O\mathbf{i} = \mathbf{a}_{IC} + \alpha\mathbf{k} \times r\mathbf{j} - \omega^2 r\mathbf{j}$$

이를 두 방향으로 나누어 정리하면 다음과 같다.

$$\mathbf{i}\text{방향} : \ a_O = -\alpha r$$

$$\mathbf{j}\text{방향} : \ 0 = a_{IC} - \omega^2 r$$

따라서 각가속도가 반시계 방향을 가질 때 (그림 6.16(a))에는 기하학적 중심에서의 가속도는 $-\mathbf{i}$방향(왼쪽 방향)으로 αr의 크기를 갖게 되며, 반대로 각가속도가 시계 방향을 가질 때 (그림 6.16(b))에는 기하학적 중심에서의 가속도는 $\mathbf{i}$방향(오른쪽 방향)으로 αr의 크기를 갖게 된다.

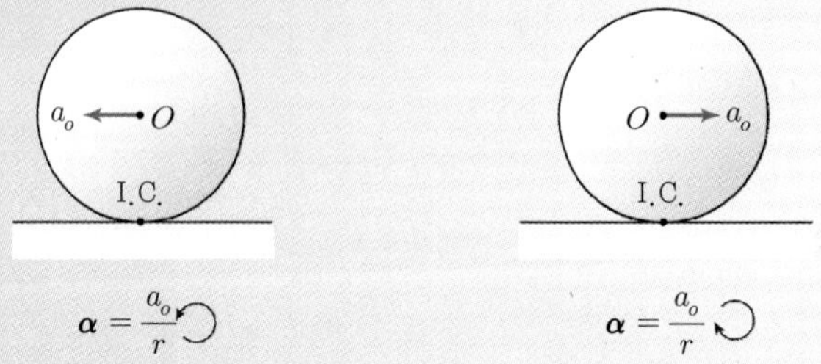

(a) α가 반시계 방향일 때 (b) α가 시계 방향일 때

그림 6.16 원통 중심의 가속도와 각속도와의 관계

보기 반지름 0.1 m인 원통이 미끄러짐없이 구르고 있다. 원통 중심의 속도는 왼쪽방향으로 0.5 m/s이고, 원통 중심의 가속도는 오른쪽 방향으로 2 m/s^{2}이다.

(1) 원통의 각속도 및 각가속도를 구하라.

(2) 원통 내의 점 *A*의 속도 및 가속도를 구하라.

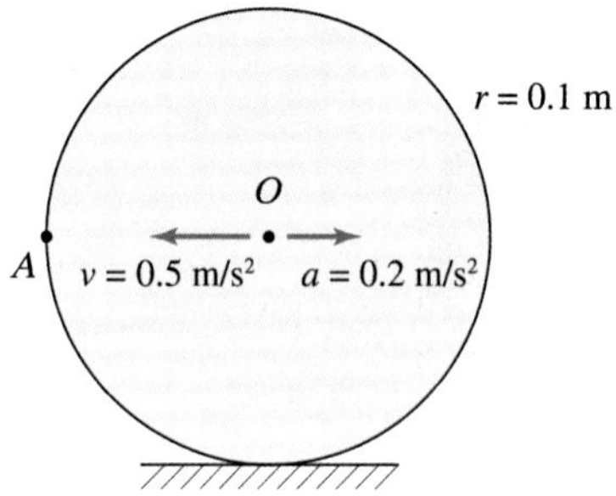

풀이

(1) 각속도의 크기는 $\omega = \dfrac{v}{r}$에서 구하고, 회전방향은 원통중심의 속도 방향이 순간중심에서 회전하므로 반시계 방향이 된다. ($\boldsymbol{\omega} = \omega\mathbf{k}$)

$$\omega = \frac{0.5}{0.1} = 5\ \mathrm{rad/s}$$

각가속도의 크기는 $\alpha = \dfrac{a}{r}$에서 구하고, 회전방향은 원통중심의 가속도 방향이 순간중심에서 회전하므로 시계 방향이 된다. ($\boldsymbol{\alpha} = -\alpha\mathbf{k}$)

$$\alpha = \frac{2}{0.1} = 20\,\text{rad/s}^2$$

답 $\boldsymbol{\omega} = 5\,\text{rad/s}$ ↻, $\boldsymbol{\alpha} = 20\,\text{rad/s}^2$ ↻

(2) 점 A의 속도는

$$\mathbf{v}_A = \mathbf{v}_O + \mathbf{v}_{A/O}$$
$$= \mathbf{v}_O + \boldsymbol{\omega}\times\mathbf{r}_{A/O}$$

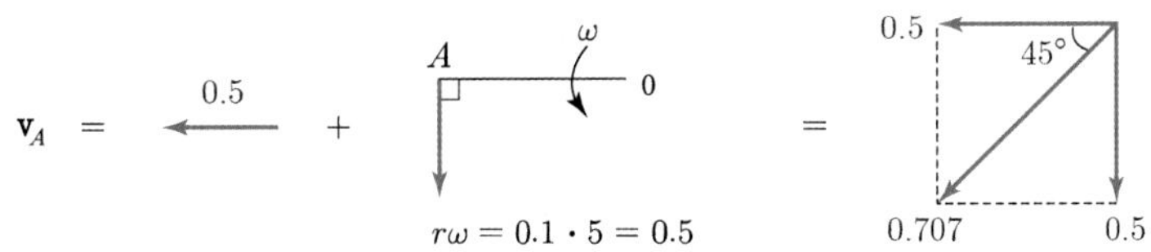

숫자를 대입하면

$$\mathbf{v}_A = -0.5\,\mathbf{i} + 5\,\mathbf{k}\times(-0.1\,\mathbf{i})$$
$$= -0.5\,\mathbf{i} - 0.5\,\mathbf{j}$$
$$= 0.707\ \text{m/s}\ \ 45°$$

점 A의 가속도는

$$\mathbf{a}_A = \mathbf{a}_O + \mathbf{a}_{A/O}$$
$$= \mathbf{a}_O + \left(\boldsymbol{\alpha}\times\mathbf{r}_{A/O} - \omega^2\mathbf{r}_{A/O}\right)$$

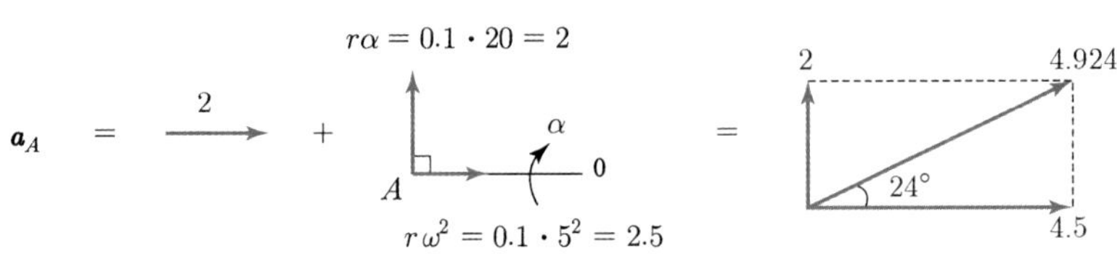

숫자를 대입하면

$$\mathbf{a}_A = 2\mathbf{i} + (-20\,\mathbf{k})\times(-0.1\,\mathbf{i}) - 5^2\cdot(-0.1\,\mathbf{i})$$
$$= 4.5\,\mathbf{i} + 2\,\mathbf{j}$$

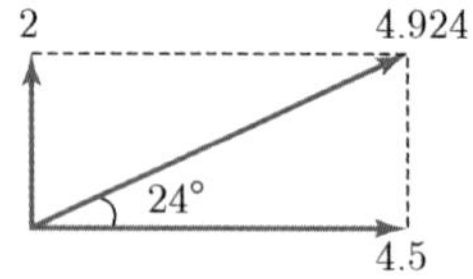

답 $\mathbf{v} = 0.707$ m/s 45°, $\mathbf{a} = 4.924$ m/s² 24°

예제 6.2

수평면 위에 놓여 있는 균일한 막대가 두 물체 A와 B에 연결되어 있고, 두 물체는 서로 직각을 이루는 안내면을 따라 움직인다. $\theta = 45°$인 순간에 물체 A가 아랫 방향으로 0.2 m/s의 속도로 움직일 때 물체 B의 속도를 구하라.

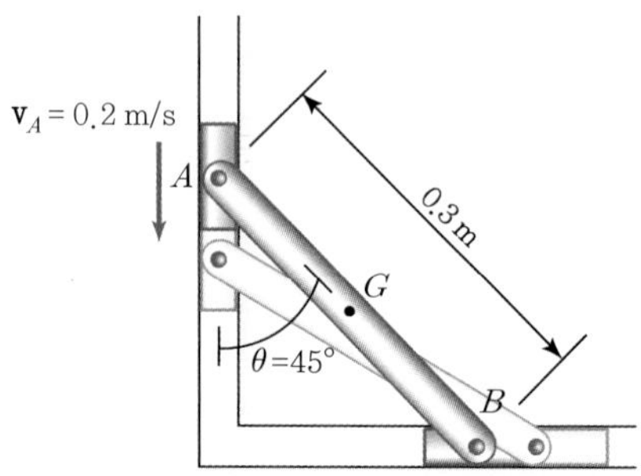

적용원리

- 일반적인 평면운동은 병진운동과 고정축에 대한 회전운동의 합성으로 해석할 수 있다.
- 해석적인 방법과 순간중심을 이용하는 방법이 있다.
- 점 A와 B는 안내면을 따라 움직이고, v_A는 아랫 쪽을 향하므로, v_B는 수평 방향 오른쪽을 향하게 된다.
- 두 점의 속도 방향이 평행하지 않은 경우 주어진 두 점의 속도 방향에 수직한 두 직선이 만나는 점이 순간중심이 된다.

풀이

물체 A와 B가 안내면을 따라 움직이고, v_A는 아랫 쪽을 향하므로, v_B는 수평 방향 오른쪽을 향하게 된다. 이 운동으로 막대 AB는 반시계 방향으로 회전한다.($\boldsymbol{\omega} = \omega\mathbf{k}$)
점 B의 속도는

$$\mathbf{v}_B = \mathbf{v}_A + \mathbf{v}_{B/A}$$
$$= \mathbf{v}_A + \boldsymbol{\omega}_{AB} \times \mathbf{r}_{B/A}$$

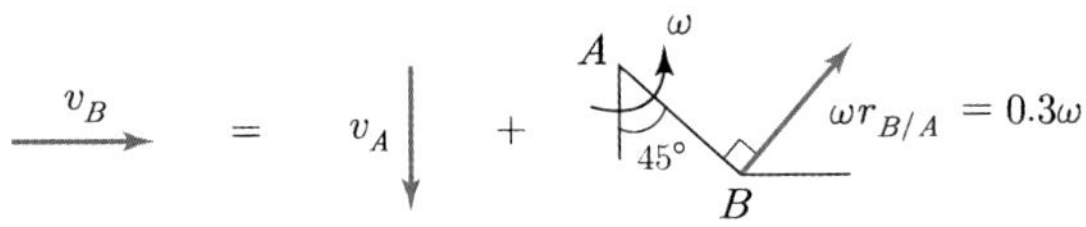

숫자를 대입하면

$$v_B\mathbf{i} = -0.2\mathbf{j} + \omega\mathbf{k} \times (0.3\sin 45°\mathbf{i} - 0.3\cos 45°\mathbf{j})$$

수평 방향의 속도 성분은

$$\overset{+}{\rightarrow} : \ v_B = 0.3\omega\cos 45° \quad ①$$

수직 방향의 속도 성분은

$$+\uparrow : \ 0 = -0.2 + 0.3\omega\sin 45° \quad ②$$

식 ①, ②로부터

$$\omega = 0.943 \text{ rad/s}, \ v_B = 0.2 \text{ m/s}$$

답 $\mathbf{v}_B = 0.2 \text{ m/s} \rightarrow$

별해 1

순간중심을 이용하여 풀어보자.
점 A의 속도 방향에 수직한 직선과 점 B의 속도 방향에 수직한 직선이 교차하는 점 C가 순간중심(I.C.)이 된다.
한편, 삼각형 ABC에서 관련 선분의 길이는

$$\overline{AC} = \overline{AB}\cos 45° = 0.212 \text{ m}$$
$$\overline{BC} = \overline{AB}\sin 45° = 0.212 \text{ m}$$

점 A의 속도식은

$$\mathbf{v}_A = \boldsymbol{\omega} \times \mathbf{r}_{A/C}$$

$$0.2 = \omega \cdot 0.212, \qquad \therefore \ \omega = 0.943 \text{ rad/s}$$

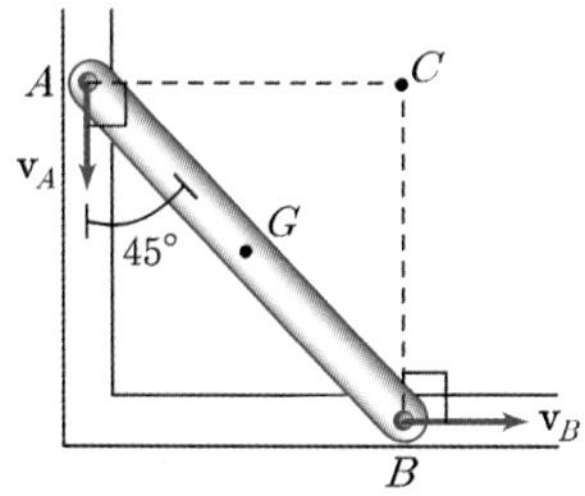

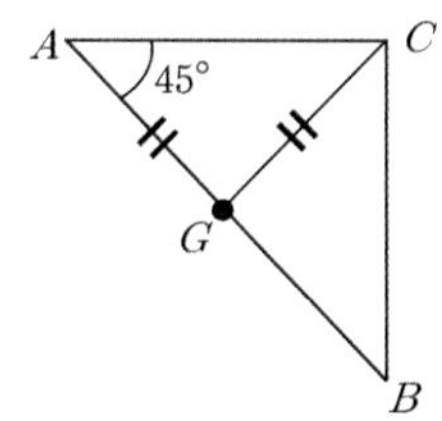

점 B의 속도는

$$\mathbf{v}_B = \boldsymbol{\omega} \times \mathbf{r}_{B/C}$$

$$v_B = 0.943 \cdot 0.212 = 0.2 \text{ m/s}$$

막대 AB가 반시계 방향으로 회전하므로 점 B의 속도의 방향은 $\mathbf{r}_{B/C}$에 수직이고 오른쪽방향이다.

답 $\mathbf{v}_B = 0.2 \text{ m/s} \rightarrow$

별해 2

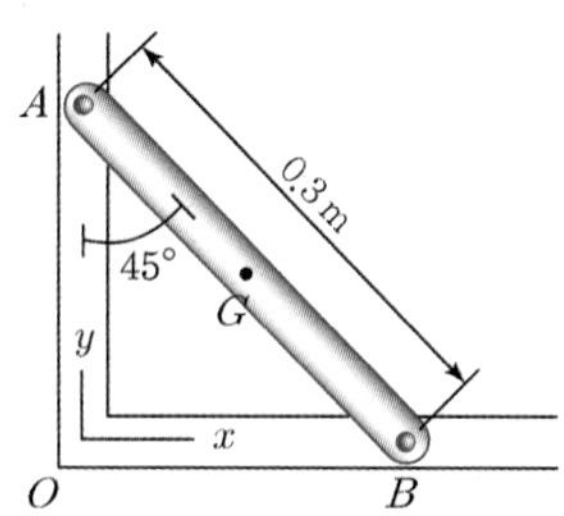

원점 O으로부터의 점 A, B까지의 거리를 각각 x, y라 하면

$$x^2 + y^2 = l^2$$

이를 미분하면

$$x v_A + y v_B = 0$$

$$\frac{0.3}{\sqrt{2}} \cdot (-0.2) + \frac{0.3}{\sqrt{2}} \cdot v_B = 0, \qquad \therefore\ v_B = 0.2\ \text{m/s}$$

답 $\mathbf{v}_B = 0.2\ \text{m/s} \rightarrow$

예제 6.3

그림에서와 같이 길이가 1.2 m인 가는 막대 AB의 양 끝에 작은 바퀴가 달려 있으며, 바퀴는 수평면과 경사면을 구르고 있다. 막대 AB의 각속도가 $\omega = 2.0\ \text{rad/s}$(시계 방향)일 때 핀 A와 B의 속도를 구하라.

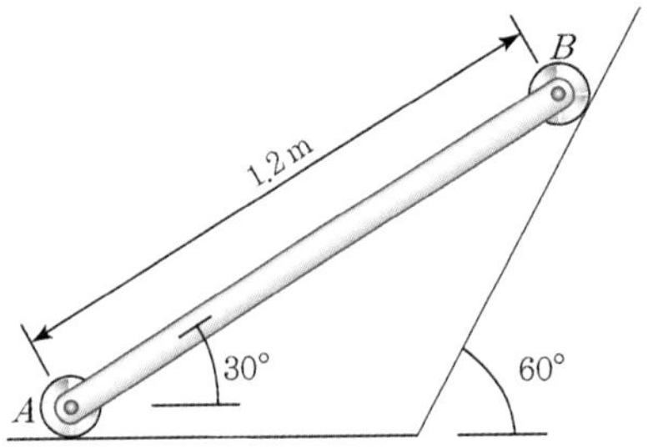

적용원리

- 일반적인 평면운동은 병진운동과 고정축에 대한 회전운동의 합성으로 해석할 수 있다.
- 해석적인 방법과 순간중심을 이용하는 방법이 있다.
- 핀 A의 운동방향은 수평 방향이고, 핀 B의 운동방향은 경사면방향이다.
- 두 점의 속도방향이 평행하지 않은 경우 주어진 두 점의 속도 방향에 수직한 두 직선이 만나는 점이 순간중심이 된다.

풀이

막대 AB는 시계 방향으로 회전한다.($\boldsymbol{\omega} = -\omega\mathbf{k}$)
B의 속도는

$$\mathbf{v}_B = \mathbf{v}_A + \boldsymbol{\omega} \times \mathbf{r}_{B/A}$$

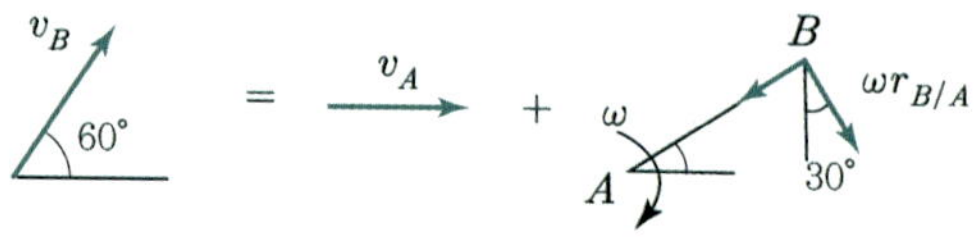

숫자를 대입하면

$$v_B(\cos 60°\mathbf{i} + \sin 60°\mathbf{j}) = v_A\mathbf{i} + (-2.0\mathbf{k}) \times (1.2\cos 30°\mathbf{i} + 1.2\sin 30°\mathbf{j})$$

수평 방향의 속도 성분은

$$\xrightarrow{+}: \ v_B\cos 60° = v_A - (-2.0)\cdot(1.2\sin 30°) \qquad ①$$

수직 방향의 속도 성분은

$$+\uparrow: \ v_B\sin 60° = 0 + (-2.0)\cdot(1.2\cos 30°) \qquad ②$$

식 ①, ②로부터

$$v_A = -2.4\ \text{m/s},\ v_B = -2.4\ \text{m/s}$$

답 $\mathbf{v}_A = 2.4\ \text{m/s} \leftarrow$, $\mathbf{v}_B = 2.4\ \text{m/s}$ ∠60°

별해

순간중심을 이용하여 풀어보자.
핀 A의 속도 방향에 수직한 직선과 핀 B의 속도 방향에 수직한 직선이 교차하는 점 C가 순간중심(I.C.)이 된다. 한편, 삼각형 ABC가 정삼각형을 이루므로 $\overline{AC} = \overline{BC} = \overline{AB} = 1.2\ \text{m}$이다.

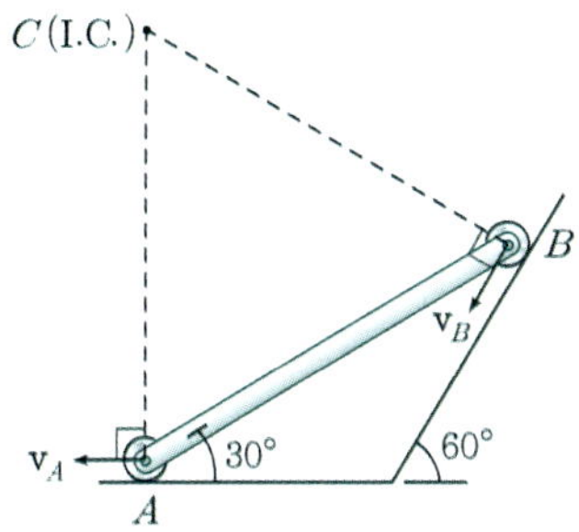

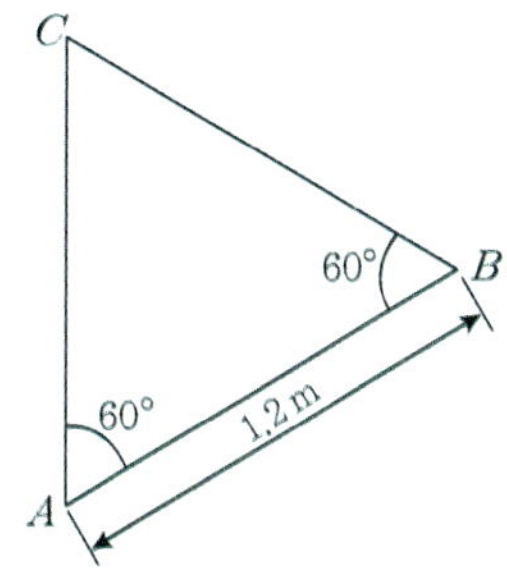

점 A의 속도는

$$\mathbf{v}_A = \boldsymbol{\omega} \times \mathbf{r}_{A/C}$$

$$v_A = 2.0 \cdot 1.2 = 2.4 \text{ m/s}$$

점 B의 속도는

$$\mathbf{v}_B = \boldsymbol{\omega} \times \mathbf{r}_{B/C}$$

$$v_B = 2.0 \cdot 1.2 = 2.4 \text{ m/s}$$

답 $\mathbf{v}_A = 2.4$ m/s ←, $\mathbf{v}_B = 2.4$ m/s ∠60°

예제 6.4

그림과 같이 허브(hub) 위를 미끄러짐없이 구르는 이중 바퀴가 있다. 바퀴의 중심 C의 속도가 오른쪽으로 0.3 m/s이라고 할 때, 다음을 구하라.

(a) 바퀴의 각속도 ω

(b) 점 A, 점 D 그리고 점 E의 속도

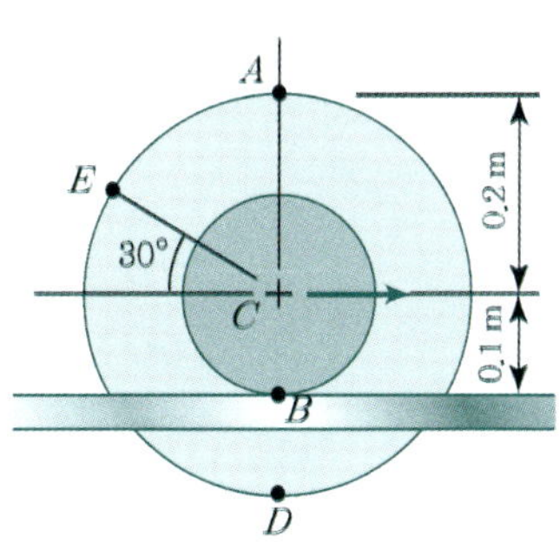

적용원리

- 일반적인 평면운동은 병진운동과 고정축에 대한 회전운동의 합성으로 해석할 수 있다.
- 해석적인 방법과 순간중심을 이용하는 방법이 있다.
- 점 B가 고정평면에 대한 상대속도가 없는 점으로서 순간중심이다.

풀이

(a) 바퀴의 점 B가 순간중심이다.

또한, 각속도는 시계 방향으로 회전한다고 놓자.($\boldsymbol{\omega} = -\omega\mathbf{k}$)

점 C의 속도는

$$\mathbf{v}_C = \boldsymbol{\omega} \times \mathbf{r}_{C/B}$$

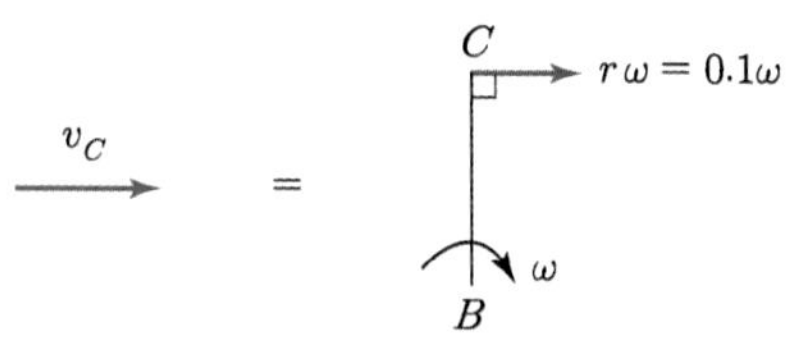

숫자를 대입하면

$$0.3\mathbf{i} = (-\omega\mathbf{k}) \times (0.1\mathbf{j}), \qquad \therefore\ \omega = 3\ \text{rad/s}$$

답 $\boldsymbol{\omega} = 3\ \text{rad/s}$ ↻

(b) 점 A의 속도는

$$\mathbf{v}_A = \mathbf{v}_C + \mathbf{v}_{A/C} V_A$$

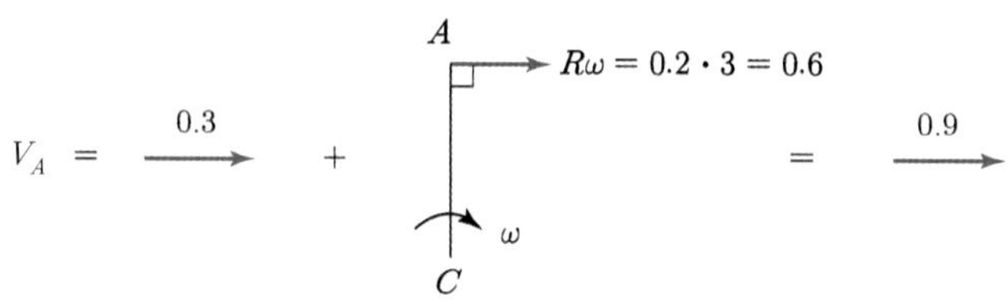

숫자를 대입하면

$$\mathbf{v}_A = 0.3\mathbf{i} + (-3\mathbf{k}) \times 0.2\mathbf{j} = 0.9\mathbf{i}\ (\text{m/s})$$

답 $\mathbf{v}_A = 0.9\ \text{m/s} \rightarrow$

점 D의 속도는

$$\mathbf{v}_D = \mathbf{v}_C + \mathbf{v}_{D/C}$$

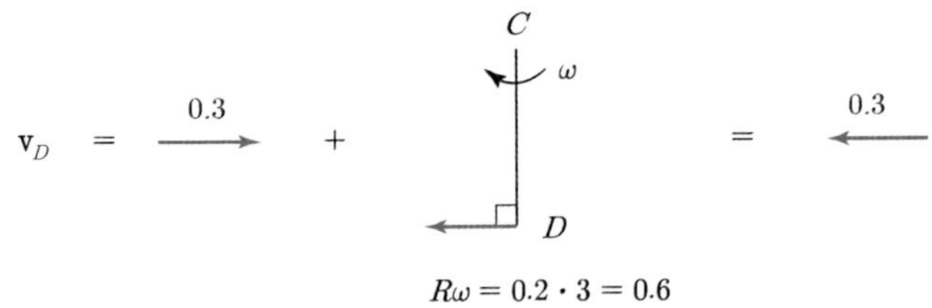

숫자를 대입하면

$$\mathbf{v}_D = 0.3\mathbf{i} + (-3\mathbf{k}) \times (-0.2\mathbf{j}) = -0.3\mathbf{i}\ (\text{m/s})$$

답 $\mathbf{v}_D = 0.3\ \text{m/s} \leftarrow$

점 E의 속도는

$$\mathbf{v}_E = \mathbf{v}_C + \mathbf{v}_{E/C}$$

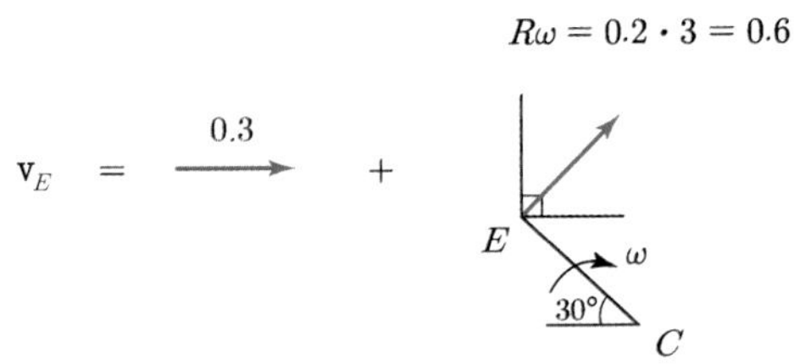

숫자를 대입하면

$$\mathbf{v}_E = 0.3\mathbf{i} + (-3\mathbf{k}) \times (-0.2\cos 30°\mathbf{i} + 0.2\sin 30°\mathbf{j})$$
$$= 0.60\mathbf{i} + 0.52\mathbf{j}\ (\text{m/s})$$

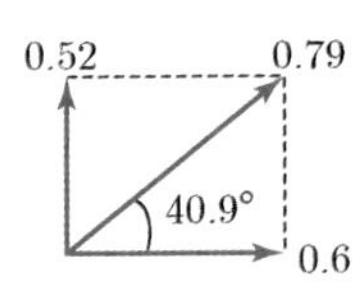

답 $\mathbf{v}_E = 0.79\ \text{m/s}\ \measuredangle 40.9°$

별해

순간중심을 이용하여 풀어보자.

바퀴의 점 B가 순간중심이다.

점 A의 속도는

$$\mathbf{v}_A = \boldsymbol{\omega} \times \mathbf{r}_{A/B}$$

$$\mathbf{v}_A = (-3\mathbf{k}) \times (0.3\mathbf{j}) = 0.9\mathbf{i} \text{ (m/s)}$$

점 D의 속도는

$$\mathbf{v}_D = \boldsymbol{\omega} \times \mathbf{r}_{D/B}$$

$$\mathbf{v}_D = (-3\mathbf{k}) \times (-0.1\mathbf{j}) = -0.3\mathbf{i} \text{ (m/s)}$$

점 E의 속도는

$$\mathbf{v}_E = \boldsymbol{\omega} \times \mathbf{r}_{E/B}$$

$$\mathbf{v}_E = (-3\mathbf{k}) \times [-0.2\cos 30°\mathbf{i} + (0.1 + 0.2\sin 30°)\mathbf{j}]$$

$$= 0.60\mathbf{i} + 0.52\mathbf{j} \text{ (m/s)}$$

답 $\mathbf{v}_A = 0.9 \text{ m/s} \rightarrow$, $\mathbf{v}_D = 0.3 \text{ m/s} \leftarrow$, $\mathbf{v}_E = 0.79 \text{ m/s} \measuredangle 40.9°$

예제 6.5

크랭크 AB가 일정한 각속도 200 rpm(반시계 방향)으로 회전할 때, 피스톤 P의 속도를 구하라.

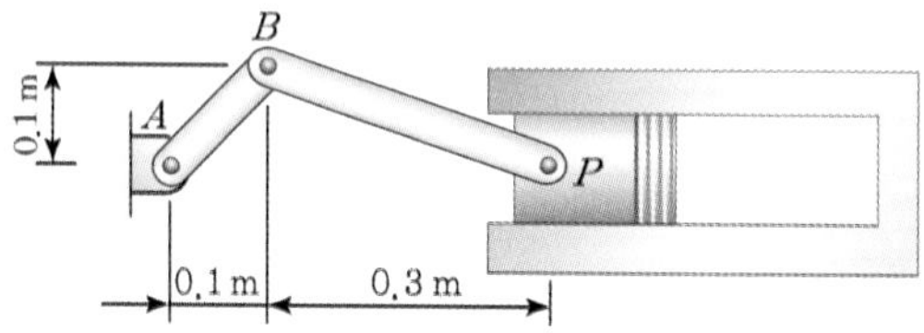

적용원리

- 일반적인 평면운동은 병진운동과 고정축에 대한 회전운동의 합성으로 해석할 수 있다.
- 해석적인 방법과 순간중심을 이용하는 방법이 있다.
- 막대 AB는 순수회전운동을 한다.

• 점 P는 수평 방향으로 움직인다.

풀이

크랭크 AB의 각속도를 각속도 단위로 환산하면

$$\omega_{AB} = 200(\text{rev/min}) \cdot \frac{2\pi(\text{rad/rev})}{60(\text{s/min})} = 20.94 \text{ rad/s}$$

각속도 ω_{AB}는 반시계 방향으로 회전하므로 $\boldsymbol{\omega}_{AB} = \omega_{AB}\mathbf{k}$로 놓는다.

막대 AB는 점 A를 중심으로 회전한다.

따라서, 점 B에 대한 속도는

$$\mathbf{v}_B = \boldsymbol{\omega}_{AB} \times \mathbf{r}_{B/A} \qquad ①$$

막대 BP에서 각속도 ω_{BP}는 반시계 방향으로 회전한다고 놓자. ($\boldsymbol{\omega}_{BP} = \omega_{BP}\mathbf{k}$)

점 B에 대한 점 P의 상대속도는

$$\mathbf{v}_{P/B} = \boldsymbol{\omega}_{BP} \times \mathbf{r}_{P/B} \qquad ②$$

피스톤 P의 속도식에 식 ①, ②을 적용하면

$$\mathbf{v}_P = \mathbf{v}_B + \mathbf{v}_{P/B}$$

$$\mathbf{v}_P = \boldsymbol{\omega}_{AB} \times \mathbf{r}_{B/A} + \boldsymbol{\omega}_{BP} \times \mathbf{r}_{P/B}$$

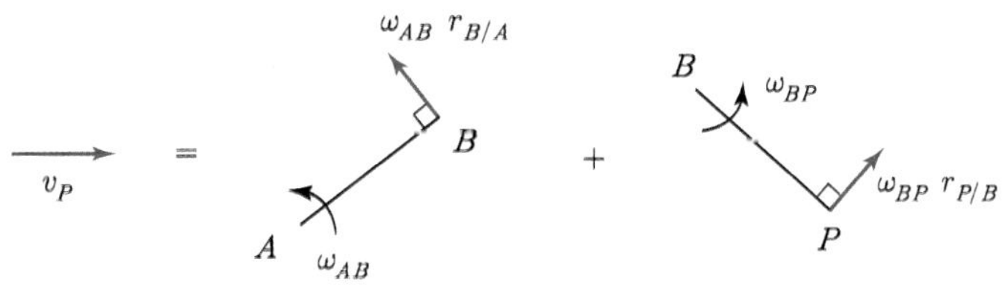

숫자를 대입하면

$$v_P\mathbf{i} = 20.94\mathbf{k} \times (0.1\mathbf{i} + 0.1\mathbf{j}) + \omega_{BP}\mathbf{k} \times (0.3\mathbf{i} - 0.1\mathbf{j})$$

수평 방향의 속도 성분은

$$\xrightarrow{+} : v_P = -20.94 \cdot 0.1 + \omega_{BP} \cdot 0.1 \qquad ③$$

수직 방향의 속도 성분은

$$+\uparrow \quad : 0 = 20.94 \cdot 0.1 + \omega_{BP} \cdot 0.3 \qquad ④$$

식 ③, ④로부터

$$v_P = -2.792 \text{ m/s}, \ \omega_{BP} = -6.981 \text{ rad/s}$$

답 $\mathbf{v}_P = 2.792 \text{ m/s} \leftarrow, \ \boldsymbol{\omega}_{BP} = 6.981 \text{ rad/s}$ ↻

별해

순간중심을 이용하여 풀어보자.

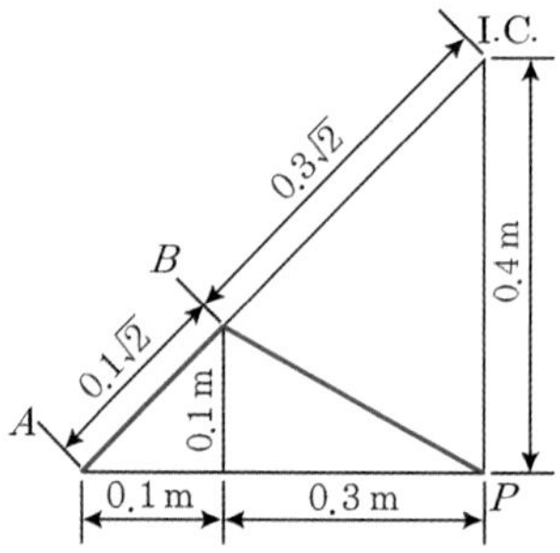

회전중심 A에서 본 점 B의 속력 $v_B = \omega_{AB} \cdot r_{B/A}$에서

$$v_B = 20.94 \cdot (0.1\sqrt{2}) = 2.961 \text{ m/s}$$

점 B의 속도의 방향은 $\mathbf{r}_{AB}$에 수직한 방향이다.

$$v_P = \omega_{BP} r_{B/IC}$$

$$2.961 = \omega_{BP} \cdot (0.3\sqrt{2}), \qquad \therefore \ \omega_{BP} = 6.981 \text{ rad/s}$$

순간중심에서 본 점 P의 속력 $v_P = \omega_{BP} r_{P/IC}$에서

$$v_P = 6.981 \cdot 0.4 = 2.792 \text{ m/s},$$

점 P의 속도의 방향은 $\mathbf{r}_{P/IC}$에 수직한 방향이다.

답 $\mathbf{v}_P = 2.792 \text{ m/s} \leftarrow, \ \boldsymbol{\omega}_{BP} = 6.981 \text{ rad/s}$ ↻

예제 6.6

그림과 같은 4절 링크기구에서 막대 AB는 각속도 2 rad/s(반시계 방향)로 회전하고 있다. 이때 막대 BC와 막대 CD의 각속도를 구하라.

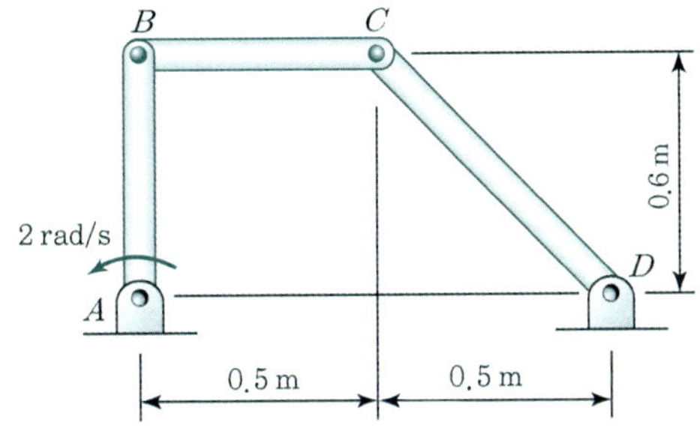

적용원리

- 일반적인 평면운동은 병진운동과 고정축에 대한 회전운동의 합성으로 해석할 수 있다.
- 해석적인 방법과 순간중심을 이용하는 방법이 있다.
- 막대 AB와 막대 CD는 각각 순수회전운동을 한다.

풀이

막대 AB는 점 A를 중심으로 회전($\boldsymbol{\omega}_{AB} = \omega_{AB}\mathbf{k}$)하고 있으며, 점 B의 속도는

$$\mathbf{v}_B = \boldsymbol{\omega}_{AB} \times \mathbf{r}_{B/A} \quad ①$$

막대 CD는 점 D를 중심으로 회전($\boldsymbol{\omega}_{CD} = \omega_{CD}\mathbf{k}$)하고 있으며, 점 C의 속도는

$$\mathbf{v}_C = \boldsymbol{\omega}_{CD} \times \mathbf{r}_{C/D} \quad ②$$

막대 BC에서 점 C의 상대속도는 ($\boldsymbol{\omega}_{BC} = \omega_{BC}\mathbf{k}$)

$$\mathbf{v}_C = \mathbf{v}_B + \mathbf{v}_{C/B}$$

$$\boldsymbol{\omega}_{CD} \times \mathbf{r}_{C/D} = \boldsymbol{\omega}_{AB} \times \mathbf{r}_{B/A} + \boldsymbol{\omega}_{BC} \times \mathbf{r}_{C/B}$$

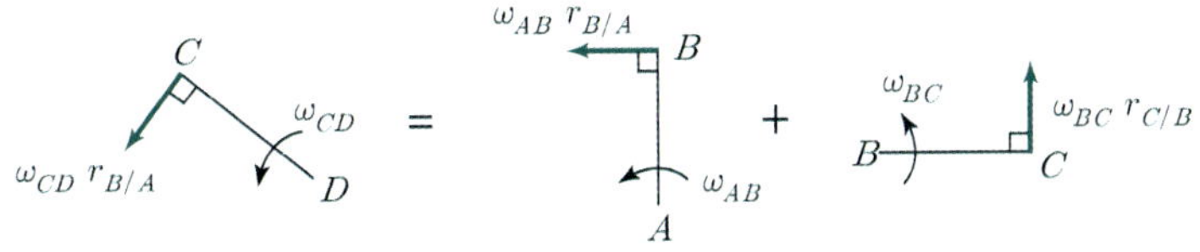

숫자를 대입하면

$$\omega_{CD}\mathbf{k} \times (-0.5\mathbf{i} + 0.6\mathbf{j}) = (2\mathbf{k}) \times (0.6\mathbf{j}) + (\omega_{BC}\mathbf{k}) \times (0.5\mathbf{i})$$

수평 방향의 속도 성분은

$$\xrightarrow{+} : -0.6\omega_{CD} = -1.2, \qquad \therefore \ \omega_{CD} = 2 \text{ rad/s}$$

수직 방향의 속도 성분은

$$+\uparrow : -0.5\omega_{CD} = 0.5\omega_{BC}$$

$$-0.5 \cdot 2 = 0.5\omega_{BC}, \qquad \therefore \ \omega_{BC} = -2 \text{ rad/s}$$

답 $\boldsymbol{\omega}_{BC} = 2.0$ rad/s ↻, $\boldsymbol{\omega}_{CD} = 2.0$ rad/s ↺

별해

순간중심을 이용하여 풀어보자.

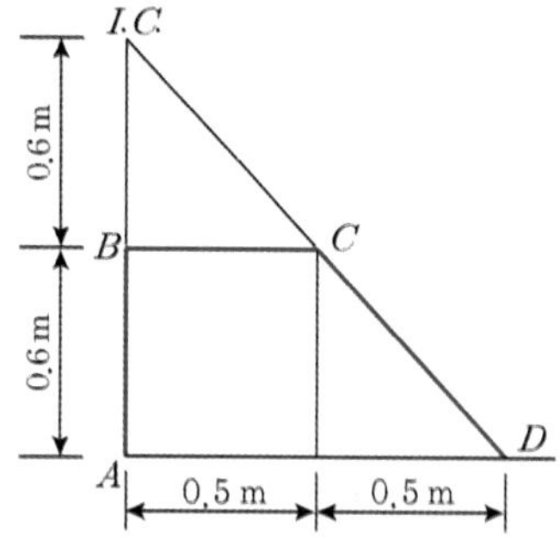

회전중심 A에서 본 점 B의 속력에서

$$v_B = \omega_{AB}\, r_{B/A} = 2 \cdot 0.6 = 1.2 \text{ m/s}$$

점 B의 속도의 방향은 $\mathbf{r}_{AB}$에 수직한 방향이다.

$$\therefore \ \mathbf{v}_B = 1.2 \text{ m/s} \leftarrow$$

순간중심(I.C.)에서 본 점 B의 속도로부터 막대 BC의 각속도를 구한다.

$$v_B = \omega_{BC}\, r_{B/IC}$$

$$1.2 = \omega_{BC} \cdot 0.6, \qquad \therefore \ \omega_{BC} = 2.0 \text{ rad/s}$$

순간중심(I.C.)에서 본 점 C의 속력 $v_C = \omega_{BC} \cdot r_{C/IC}$에서

$$v_C = 2 \cdot \sqrt{0.5^2 + 0.6^2} = 1.562 \text{ m/s}$$

점 C의 속도의 방향은 $\mathbf{r}_{C/IC}$에 수직한 방향이다.

점 D에서 본 점 C의 속력은

$$v_C = \omega_{CD} \cdot r_{C/D}$$

$$1.562 = \omega_{CD} \cdot \sqrt{0.5^2 + 0.6^2}, \qquad \therefore \ \omega_{CD} = 2.0 \text{ rad/s}$$

답 $\boldsymbol{\omega}_{BC} = 2.0 \text{ rad/s}$ ↻, $\boldsymbol{\omega}_{CD} = 2.0 \text{ rad/s}$ ↺

6.7 일반적인 평면운동에서 절대가속도와 상대가속도

일반적인 평면운동은 병진운동과 고정축에 대한 회전운동의 합성으로 해석할 수 있다. 상대속도, 상대가속도의 개념을 확장하여 일반적인 평면운동을 하는 강체의 운동학에 적용한다.

이제 일반적인 평면운동을 하고 있는 강체 내의 임의의 점 A와 점 B의 절대가속도(absolute acceleration)와 두 점 사이의 상대가속도(relative acceleration) 사이의 운동학 관계식을 유도하기로 한다.

강체가 각속도 $\boldsymbol{\omega}$, 각가속도 $\boldsymbol{\alpha}$로 회전하고 있고 강체 내의 점 A의 절대속도는 $\mathbf{v}_A$, 절대가속도는 $\mathbf{a}_A$이며, 점 B의 절대속도는 $\mathbf{v}_B$, 절대가속도는 $\mathbf{a}_B$이라고 하자.

일반적인 평면운동을 하는 강체에서 임의의 두 점에 대한 절대속도와 상대속도 사이의 관계식은 다음과 같이 표시할 수 있다.

$$\mathbf{v}_B = \mathbf{v}_A + \mathbf{v}_{B/A} \tag{6.18}$$

여기서 $\mathbf{v}_{B/A} = \boldsymbol{\omega} \times \mathbf{r}_{B/A}$이다. 즉,

$$\mathbf{v}_B = \mathbf{v}_A + \boldsymbol{\omega} \times \mathbf{r}_{B/A} \tag{6.19}$$

윗 식을 시간에 대해 미분하면 다음과 같다.

$$\mathbf{a}_B = \mathbf{a}_A + \frac{d}{dt}(\boldsymbol{\omega} \times \mathbf{r}_{B/A}) \tag{6.20}$$

이를 전개하면 다음과 같다.

$$\begin{aligned} \mathbf{a}_B &= \mathbf{a}_A + \dot{\boldsymbol{\omega}} \times \mathbf{r}_{B/A} + \boldsymbol{\omega} \times \dot{\mathbf{r}}_{B/A} \\ &= \mathbf{a}_A + \dot{\boldsymbol{\omega}} \times \mathbf{r}_{B/A} + \boldsymbol{\omega} \times \mathbf{v}_{B/A} \end{aligned} \tag{6.21}$$

윗 식에 강체의 각가속도인 $\boldsymbol{\alpha} = \dot{\boldsymbol{\omega}}$와 $\mathbf{v}_{B/A} = \boldsymbol{\omega} \times \mathbf{r}_{B/A}$를 대입하면 다음과 같다.

$$\mathbf{a}_B = \underbrace{\mathbf{a}_A}_{\substack{\mathbf{a}_A \\ \text{병진운동}}} + \underbrace{\underbrace{\boldsymbol{\alpha} \times \mathbf{r}_{B/A}}_{(\mathbf{a}_{B/A})_t} + \underbrace{\boldsymbol{\omega} \times (\boldsymbol{\omega} \times \mathbf{r}_{B/A})}_{(\mathbf{a}_{B/A})_n}}_{\text{회전운동}} \tag{6.22}$$

여기서 $\mathbf{a}_B$는 점 B의 절대가속도, $\mathbf{a}_A$는 점 A의 절대가속도

$\boldsymbol{\alpha}$는 강체의 각가속도, $\boldsymbol{\omega}$는 강체의 각속도

$\mathbf{r}_{B/A}$는 점 A에 대한 점 B의 위치벡터

윗 식에서 알 수 있는 바와 같이 식 (6.22)에서 우변의 첫 항은 강체내의 점 A의 가속도를 나타내며 강체의 회전을 전제로 하지 않은 병진운동을 나타낸다. 식 (6.22)에서 우변의 두 번째 항과 세 번째 항은 점 A에 대한 점 B의 상대가속도로서 회전운동을 나타낸다. 상대가속도는 두 가지 방향으로 표현된다.

식 (6.22)에서 우변의 두 번째 항은 $\mathbf{r}_{B/A}$에 수직한 성분으로서 운동방향에 대한 접선방향 성분이고, 우변의 세 번째 항은 $\mathbf{r}_{B/A}$에 반대방향 성분으로서 운동방향에 대한 법선성분이다.

상대가속도의 접선방향 성분 : $(\mathbf{a}_{B/A})_t = \boldsymbol{\alpha} \times \mathbf{r}_{B/A}$

상대가속도의 법선방향 성분 : $(\mathbf{a}_{B/A})_n = \boldsymbol{\omega} \times (\boldsymbol{\omega} \times \mathbf{r}_{B/A})$

특히 평면운동인 경우, 즉 $\boldsymbol{\omega} = \omega \mathbf{k}$, $\mathbf{r}_{B/A} = x\mathbf{i} + y\mathbf{j}$인 경우에는 다음과 같이 간략히 된다.

$$(\mathbf{a}_{B/A})_n = -\omega^2 \mathbf{r}_{B/A}$$

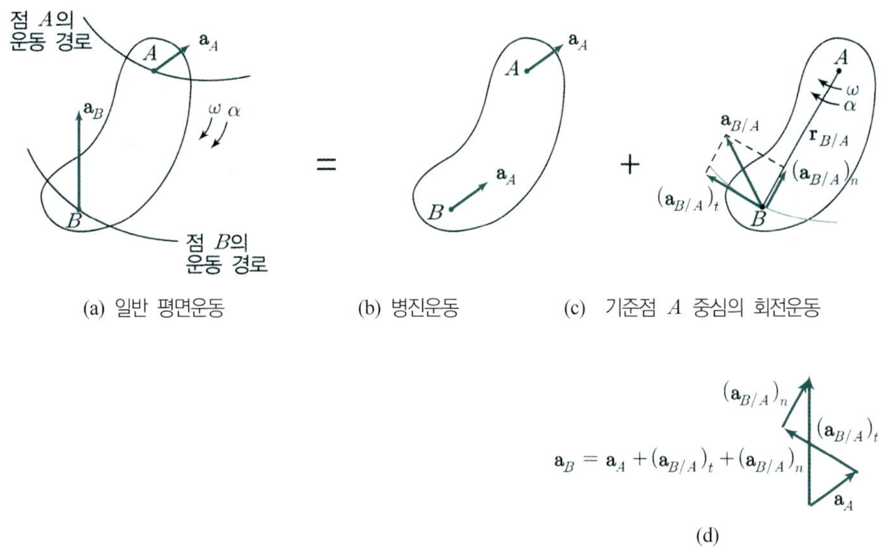

그림 6.17 평면운동을 하는 강체의 가속도 구하기

표 6.1 강체내 서로 다른 두 점(A점, B점)에서 속도, 가속도, 각속도, 각가속도 관계

운동의 종류	속도, 가속도	각속도, 각가속도
병진운동	$\boldsymbol{a}_A = \boldsymbol{a}_B$, $\boldsymbol{v_A} = \boldsymbol{v_B}$	$\boldsymbol{\alpha}_A = \boldsymbol{\alpha}_B = 0$
회전운동	$\boldsymbol{a}_O = 0$, $\boldsymbol{v}_O = 0$, $\boldsymbol{a}_A \neq \boldsymbol{a}_B$, $\boldsymbol{v}_A \neq \boldsymbol{v}_B$	$\boldsymbol{\alpha}_A = \boldsymbol{\alpha}_B \neq 0$
평면운동	$\boldsymbol{a}_A \neq \boldsymbol{a}_B$, $\boldsymbol{v}_A \neq \boldsymbol{v}_B$	

예제 6.7

수평면 위에 놓여 있는 균일한 막대는 두 물체 A와 B에 연결되어 있고, 두 물체는 각각의 안내면을 따라 움직인다. 물체 A가 아랫 방향으로 0.2 m/s의 속도와 윗 방향으로 0.1 m/s^{2}의 가속도를 가질 때 $\theta = 45°$인 순간에 물체 B의 가속도와 막대 AB의 각가속도를 구하라.

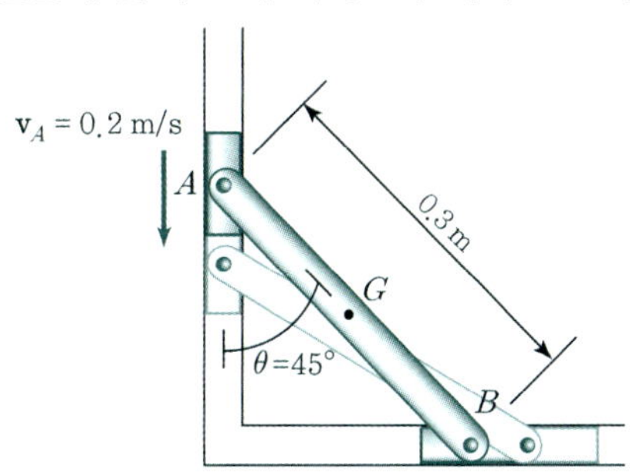

적용원리

- 일반적인 평면운동은 병진운동과 고정축에 대한 회전운동의 합성으로 해석할 수 있다.
- 점 A와 B가 안내길을 따라 움직이고, v_A는 아랫 쪽을 향하므로, v_B는 수평 방향 오른쪽을 향하게 된다.

풀이

예제 6.2에서 막대 AB의 각속도 $\boldsymbol{\omega}_{AB} = 0.943\ \text{rad/s}$ ↺를 얻었다.
막대 AB의 각가속도가 반시계 방향으로 회전한다고 하자.($\boldsymbol{\alpha}_{AB} = \alpha\mathbf{k}$)
점 B의 가속도는

$$\mathbf{a}_B = \mathbf{a}_A + \mathbf{a}_{B/A}$$
$$= \mathbf{a}_A + \left(\boldsymbol{\alpha}_{AB} \times \mathbf{r}_{B/A} - \omega_{\text{AB}}^2 \mathbf{r}_{B/A}\right)$$

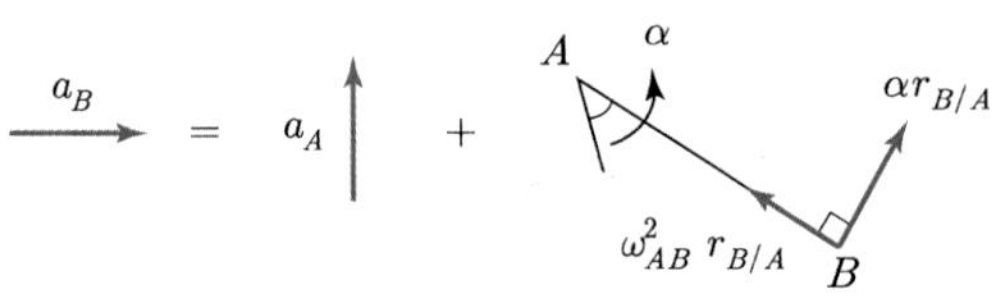

숫자를 대입하면

$$a_B\mathbf{i} = 0.1\mathbf{j} + \alpha\mathbf{k} \times 0.3(\sin 45°\mathbf{i} - \cos 45°\mathbf{j}) - 0.943^2 \cdot 0.3(\sin 45°\mathbf{i} - \cos 45°\mathbf{j})$$

수직 방향의 가속도 성분은

$$+\uparrow\ :\ 0 = 0.1 + \alpha \cdot 0.3\sin 45° + 0.943^2 \cdot 0.3\cos 45°,$$
$$\therefore\ \alpha = -1.363\ \text{rad/s}^2$$

수평 방향의 가속도 성분은

$$\xrightarrow{+}\ :\ a_B = \alpha \cdot 0.3\cos 45° - 0.943^2 \cdot 0.3\sin 45°$$
$$= (-1.363) \cdot 0.3\cos 45° - 0.943^2 \cdot 0.3\sin 45° = -0.478\ \text{m/s}^2$$

답 $\mathbf{a}_B = 0.478\ \text{m/s}^2 \leftarrow,\ \boldsymbol{\alpha} = 1.363\ \text{rad/s}^2$ ↻

예제 6.8

그림에서와 같이 길이가 1.2 m인 가는 막대 AB의 양 끝에 작은 바퀴가 달려 있으며, 바퀴는 수평면과 경사면을 구르고 있다. 막대 AB의 각속도가 $\boldsymbol{\omega}_{AB} = 2.0$ rad/s(시계 방향), 각가속도가 $\boldsymbol{\alpha}_{AB} = 1.0$ rad/s^2(시계 방향)일 때 핀 A와 B의 가속도를 구하라.

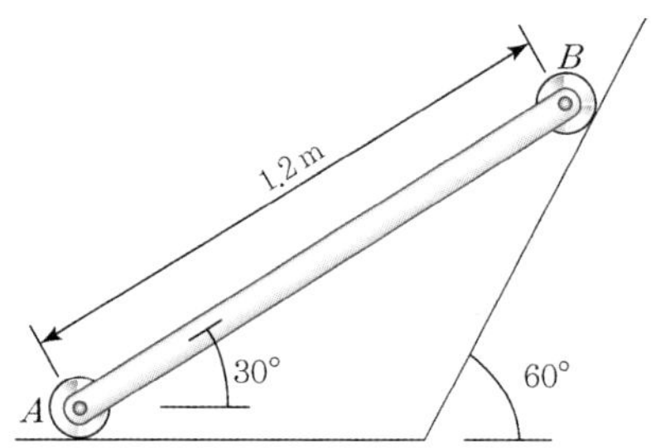

적용원리

- 일반적인 평면운동은 병진운동과 고정축에 대한 회전운동의 합성으로 해석할 수 있다.
- 핀 A의 운동방향은 수평 방향이고, 핀 B의 운동방향은 경사면방향이다.

풀이

문제에서 막대 AB의 각가속도가 시계 방향으로 회전한다.($\boldsymbol{\alpha}_{AB} = -1.0\mathbf{k}$)

점 B의 가속도는

$$\begin{aligned}\mathbf{a}_B &= \mathbf{a}_A + \mathbf{a}_{B/A} \\ &= \mathbf{a}_A + \left(\boldsymbol{\alpha}_{AB} \times \mathbf{r}_{B/A} - \omega_{AB}^2 \mathbf{r}_{B/A}\right)\end{aligned}$$

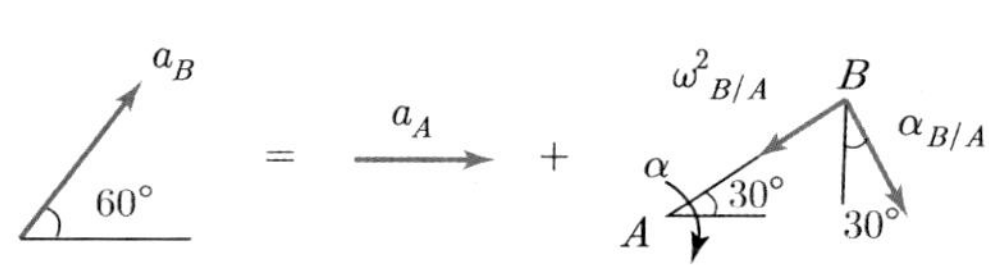

숫자를 대입하면

$$a_B(\cos 60°\mathbf{i} + \sin 60°\mathbf{j}) = a_A\mathbf{i} + (-1.0\mathbf{k}) \times (1.2\cos 30°\mathbf{i} + 1.2\sin 30°\mathbf{j}) - 2^2 \cdot (1.2\cos 30°\mathbf{i} + 1.2\sin 30°\mathbf{j})$$

수직 방향의 가속도 성분은

$$+\uparrow : a_B \sin 60° = 0 + (-1.0) \times (1.2\cos 30°) - 2^2 \cdot (1.2\sin 30°)$$

$$\therefore \ a_B = -3.971 \text{ m/s}^2$$

수평 방향의 가속도 성분은

$$\xrightarrow{+} : a_B \cos 60° = a_A + (-1.0) \cdot (-1.2\sin 30°) - 2^2 \cdot (1.2\cos 30°) \qquad ①$$

$$\therefore \ a_A = 1.572 \text{ m/s}^2$$

답 $\mathbf{a}_A = 1.572 \text{ m/s}^2 \rightarrow$, $\mathbf{a}_B = 3.971 \text{ m/s}^2$ 60°↘

예제 6.9

그림과 같이 허브 위를 미끄럼없이 구르는 이중 바퀴가 있다. 바퀴의 중심 C의 속도가 오른쪽으로 0.3 m/s이고, 가속도가 오른쪽으로 0.1 m/s²이라고 할 때, 다음을 구하라.

(a) 바퀴의 각가속도

(b) 점 A, 점 D 그리고 점 E의 가속도

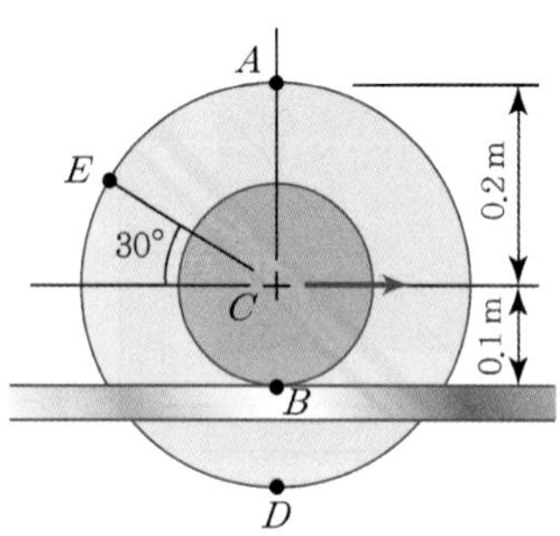

적용원리

- 일반적인 평면운동은 병진운동과 고정축에 대한 회전운동의 합성으로 해석할 수 있다.
- 점 B가 고정평면에 대한 상대속도가 없는 점으로서 순간중심이다.

풀이

예제 6.4에서 $\boldsymbol{\omega} = 3\,\text{rad/s}$ ↺을 얻었다. 바퀴의 각가속도가 반시계 방향으로 회전한다고 하자. ($\boldsymbol{\alpha} = \alpha\mathbf{k}$)

(a) 점 B의 가속도는

$$\mathbf{a}_B = \mathbf{a}_C + \mathbf{a}_{B/C}$$
$$= \mathbf{a}_C + \left(\boldsymbol{\alpha} \times \mathbf{r}_{B/C} - \omega^2 \mathbf{r}_{B/C}\right)$$

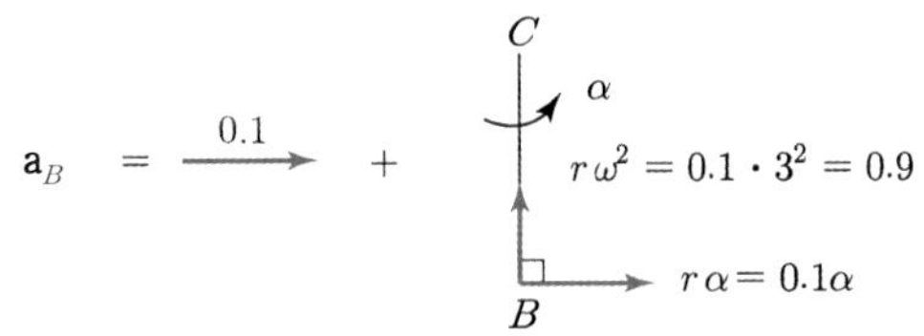

숫자를 대입하면

$$\mathbf{a}_B = 0.1\mathbf{i} + (\alpha\mathbf{k}) \times (-0.1\mathbf{j}) - 3^2 \cdot (-0.1\mathbf{j})$$
$$= (0.1 + 0.1\alpha)\mathbf{i} + 0.9\mathbf{j}\,(\text{m/s}^2)$$

접촉점 B는 순간중심이고, 접촉점 B에서 미끄럼없이 구르고 있으므로

$\xrightarrow{+}$: $0.1 + 0.1\alpha = 0$

$$\therefore \ \alpha = -1.0\,\text{rad/s}^2$$

답 $\boldsymbol{\alpha} = 1.0\,\text{rad/s}^2$ ↻

(b) 점 A의 가속도는

$$\mathbf{a}_A = \mathbf{a}_C + \mathbf{a}_{A/C}$$
$$= \mathbf{a}_C + \left(\boldsymbol{\alpha} \times \mathbf{r}_{A/C} - \omega^2 \mathbf{r}_{A/C}\right)$$

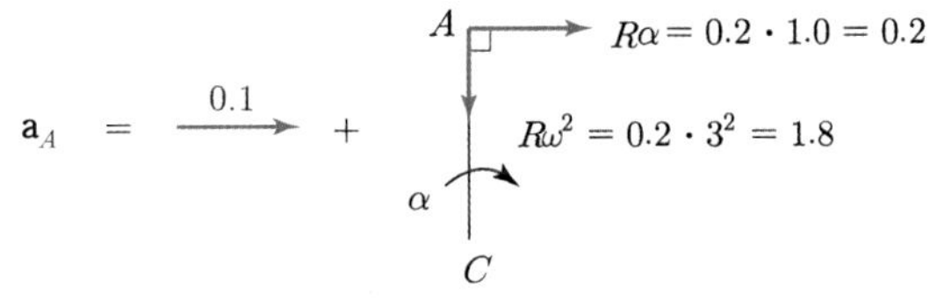

숫자를 대입하면

$$\mathbf{a}_A = 0.1\mathbf{i} + (-1.0\mathbf{k}) \times (0.2\mathbf{j}) - 3^2 \cdot (0.2\mathbf{j}) = 0.3\mathbf{i} - 1.8\mathbf{j}\,(\text{m/s}^2)$$

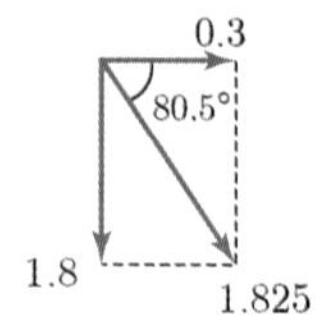

답 $\mathbf{a}_A = 1.825\ \mathrm{m/s^2}$ 80.5°

점 D의 가속도는

$$\mathbf{a}_D = \mathbf{a}_C + \mathbf{a}_{D/C}$$
$$= \mathbf{a}_C + (\boldsymbol{\alpha} \times \mathbf{r}_{D/C} - \omega^2 \mathbf{r}_{D/C})$$

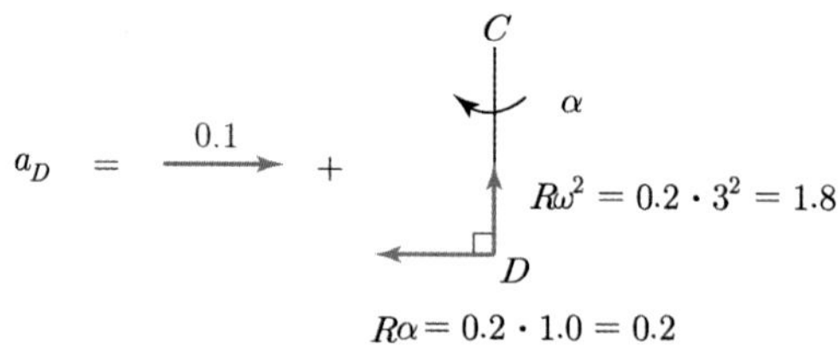

숫자를 대입하면

$$\mathbf{a}_D = 0.1\mathbf{i} + (-1.0\mathbf{k}) \times (-0.2\mathbf{j}) - 3^2 \cdot (-0.2\mathbf{j}) = -0.1\mathbf{i} + 1.8\mathbf{j}\ (\mathrm{m/s^2})$$

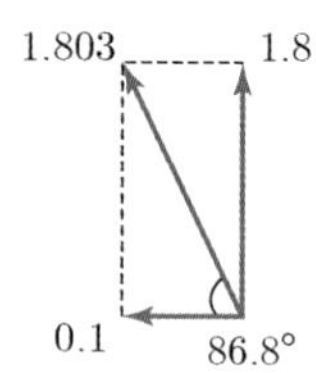

답 $\mathbf{a}_D = 1.803\ \mathrm{m/s^2}$ 86.8°

점 E의 가속도는

$$\mathbf{a}_E = \mathbf{a}_C + \mathbf{a}_{E/C}$$
$$= \mathbf{a}_C + (\boldsymbol{\alpha} \times \mathbf{r}_{E/C} - \omega^2 \mathbf{r}_{E/C})$$

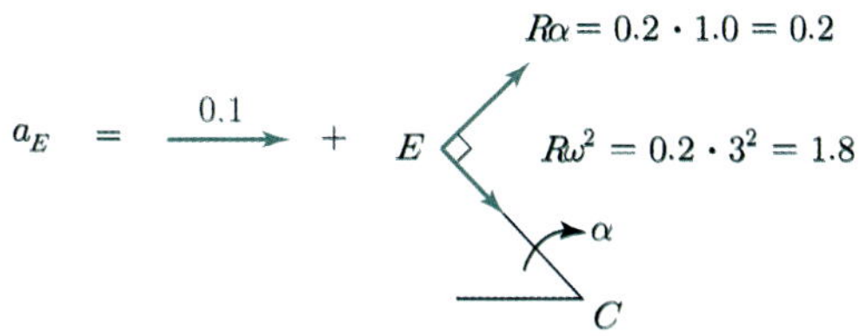

숫자를 대입하면

$$\mathbf{a}_E = 0.1\mathbf{i} + (-1.0\mathbf{k}) \times (-0.2\cos 30°\mathbf{i} + 0.2\sin 30°\mathbf{j})$$
$$- 3^2 \cdot (-0.2\cos 30°\mathbf{i} + 0.2\sin 30°\mathbf{j})$$
$$= 1.759\mathbf{i} - 0.727\mathbf{j}\ (\mathrm{m/s^2})$$

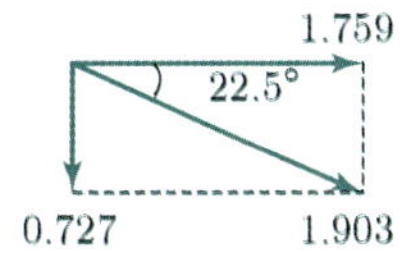

답 $\mathbf{a}_E = 1.903\ \mathrm{m/s^2}$ ∢22.5°

예제 6.10

크랭크 AB가 일정한 각속도 200 rpm(반시계 방향)으로 회전할 때, 피스톤 P의 가속도를 구하라.

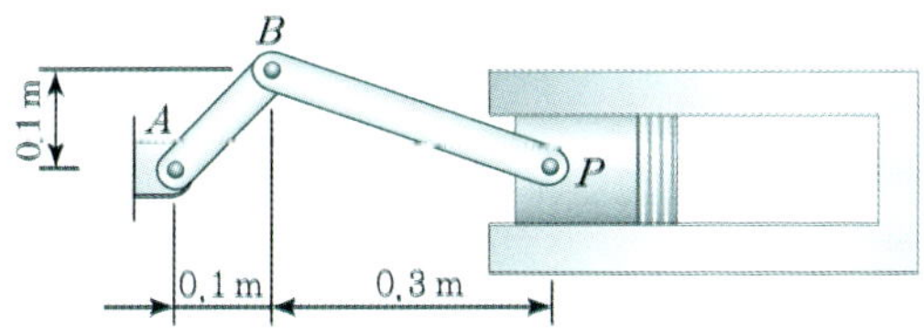

적용원리

- 일반적인 평면운동은 병진운동과 고정축에 대한 회전운동의 합성으로 해석할 수 있다.
- 막대 AB는 순수회전운동을 한다.
- 점 P는 수평 방향으로 움직인다.

풀이

예제 6.5에서 $\boldsymbol{\omega}_{AB} = 20.94\mathbf{k}$ (rad/s), $\boldsymbol{\omega}_{BP} = -6.981\mathbf{k}$ (rad/s)를 얻었다.

크랭크 AB가 일정한 각속도로 회전하므로, 크랭크 AB의 각가속도 $\alpha_{AB} = 0$이다.

막대 AB는 점 A를 중심으로 회전하고 있으며, 점 B의 가속도식은

$$\mathbf{a}_B = \boldsymbol{\alpha}_{AB} \times \mathbf{r}_{B/A} - \omega_{AB}^2 \mathbf{r}_{B/A} \quad ①$$

막대 BP의 각가속도는 반시계 방향으로 회전한다고 하자. ($\boldsymbol{\alpha}_{BP} = \alpha_{BP}\mathbf{k}$)

따라서, 피스톤 P와 점 B의 상대가속도식은

$$\mathbf{a}_P = \mathbf{a}_B + \mathbf{a}_{P/B} \quad ②$$

$$\mathbf{a}_P = \left(\boldsymbol{\alpha}_{AB} \times \mathbf{r}_{B/A} - {\omega_{AB}}^2 \mathbf{r}_{B/A}\right) + \left(\boldsymbol{\alpha}_{BP} \times \mathbf{r}_{P/B} - {\omega_{BP}}^2 \mathbf{r}_{P/B}\right)$$

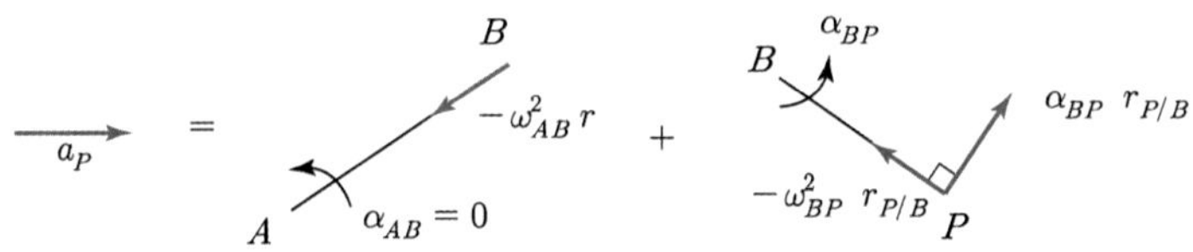

숫자를 대입하면

$$a_P\mathbf{i} = 0\mathbf{k} \times (0.1\mathbf{i} + 0.1\mathbf{j}) - 20.94^2 \cdot (0.1\mathbf{i} + 0.1\mathbf{j})$$
$$+ \alpha_{BP}\mathbf{k} \times (0.3\mathbf{i} - 0.1\mathbf{j}) - 6.981^2 \cdot (0.3\mathbf{i} - 0.1\mathbf{j})$$

수평 방향의 속도 성분은

$$\xrightarrow{+} : a_P = 0 \times (-0.1) - 20.94^2 \cdot 0.1 + \alpha_{BP} \cdot 0.1 - 6.981^2 \cdot 0.3 \quad ③$$

수직 방향의 속도 성분은

$$+\uparrow : 0 = 0 \times 0.1 - 20.94^2 \cdot 0.1 + \alpha_{BP} \cdot 0.3 - 6.981^2 \cdot (-0.1) \quad ④$$

식 ③, ④로부터

$$\alpha_{BP} = 129.9 \text{ rad/s}^2, \ a_P = -45.48 \text{ m/s}^2$$

답 $\boldsymbol{\alpha}_{BP} = 129.9 \text{ rad/s}^2$ ↺, $\mathbf{a}_P = 45.48 \text{ m/s}^2$ ←

예제 6.11

그림과 같은 4절 링크기구에서 막대 AB는 각속도 2 rad/s(반시계 방향)로, 각가속도 0.4 rad/s²(시계 방향)으로 회전하고 있다. 이 때 막대 BC와 막대 CD의 각가속도를 구하라.

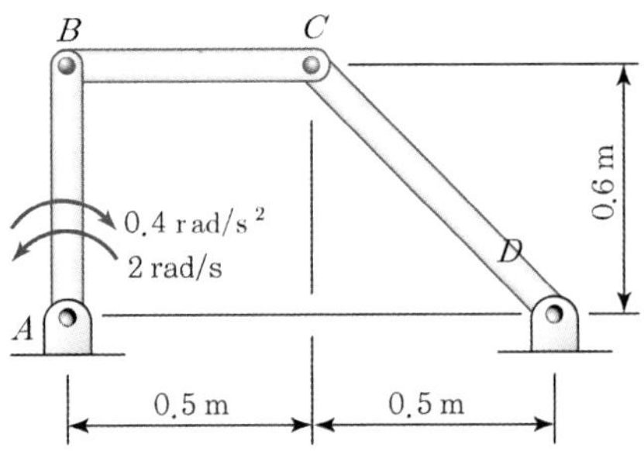

적용원리

- 일반적인 평면운동은 병진운동과 고정축에 대한 회전운동의 합성으로 해석할 수 있다.
- 막대 AB와 막대 CD는 각각 순수회전운동을 한다.

풀이

예제 6.6에서 $\omega_{CD} = 2.0\ \mathrm{rad/s}$ ↺, $\omega_{BC} = 2.0\ \mathrm{rad/s}$ ↻을 얻었다.

또한 $\boldsymbol{\alpha}_{AB} = -0.4\,\mathbf{k}$이다.

막대 AB는 점 A를 중심으로 회전하고 있으며, 점 B의 가속도는

$$\mathbf{a}_B = \boldsymbol{\alpha}_{AB} \times \mathbf{r}_{B/A} - \omega_{AB}^2\,\mathbf{r}_{B/A} \qquad ①$$

막대 CD의 각가속도는 반시계 방향으로 회전하고 있다고 하자. ($\boldsymbol{\alpha}_{CD} = \alpha_{CD}\mathbf{k}$)

따라서, 점 C의 가속도는

$$\mathbf{a}_C = \boldsymbol{\alpha}_{CD} \times \mathbf{r}_{C/D} - \omega_{CD}^2\,\mathbf{r}_{C/D} \qquad ②$$

막대 BC의 각가속도는 반시계 방향으로 회전하고 있다고 하자. ($\boldsymbol{\alpha}_{BC} = \alpha_{BC}\mathbf{k}$)

따라서, 점 C의 상대가속도는

$$\mathbf{a}_C = \mathbf{a}_B + \mathbf{a}_{C/B} \qquad ③$$

식 ③에 식 ①, ②를 대입하면 점 C의 가속도는

$$\left(\boldsymbol{\alpha}_{CD}\times\mathbf{r}_{C/D}-\omega_{CD}^2\mathbf{r}_{C/D}\right)=\left(\boldsymbol{\alpha}_{AB}\times\mathbf{r}_{B/A}-\omega_{AB}^2\mathbf{r}_{B/A}\right)+\left(\boldsymbol{\alpha}_{BC}\times\mathbf{r}_{C/B}-\omega_{BC}^2\mathbf{r}_{C/B}\right)$$

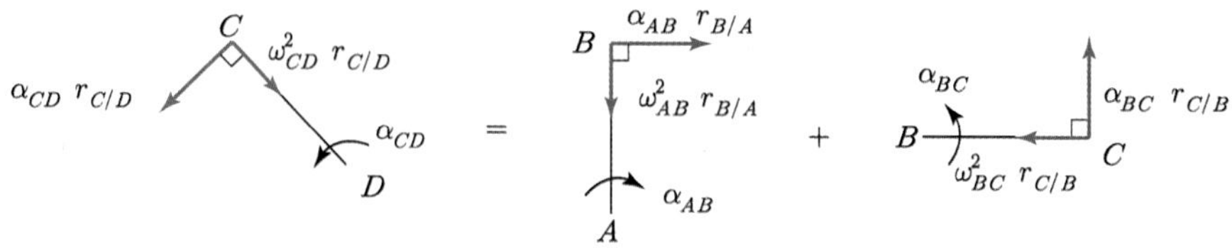

숫자를 대입하면

$$\alpha_{CD}\mathbf{k}\times(-0.5\mathbf{i}+0.6\mathbf{j})-2.0^2\cdot(-0.5\mathbf{i}+0.6\mathbf{j})$$

$$=(-0.4\mathbf{k})\times(0.6\mathbf{j})-2.0^2\cdot(0.6\mathbf{j})+(\alpha_{BC}\mathbf{k})\times(0.5\mathbf{i})-2.0^2\cdot(0.5\mathbf{i})$$

수평 방향의 가속도 성분은

$$\xrightarrow{+}:\ \alpha_{CD}\cdot(-0.6)-2^2\cdot(-0.5)=(-0.4)\cdot(-0.6)-2^2\cdot(0.5)$$

$$\therefore\ \alpha_{CD}=6.267\ \mathrm{rad/s^2}$$

수직 방향의 가속도 성분은

$$+\uparrow:\ \alpha_{CD}\cdot(-0.5)-2^2\cdot0.6=-2\cdot0.6+\alpha_{BC}\cdot0.5$$

$$6.267\cdot(-0.5)-2^2\cdot0.6=-2\cdot0.6+\alpha_{BC}\cdot0.5,$$

$$\therefore\ \alpha_{BC}=-6.267\ \mathrm{rad/s^2}$$

답 $\boldsymbol{\alpha}_{CD}=6.267\ \mathrm{rad/s^2}$ ↺, $\boldsymbol{\alpha}_{BC}=6.267\ \mathrm{rad/s^2}$ ↻

6.8* 회전좌표계에 대한 일반적인 공간운동

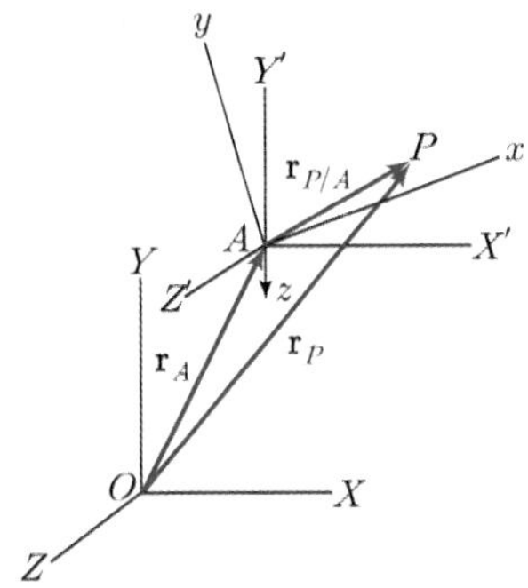

그림 6.18 고정좌표계와 회전좌표계

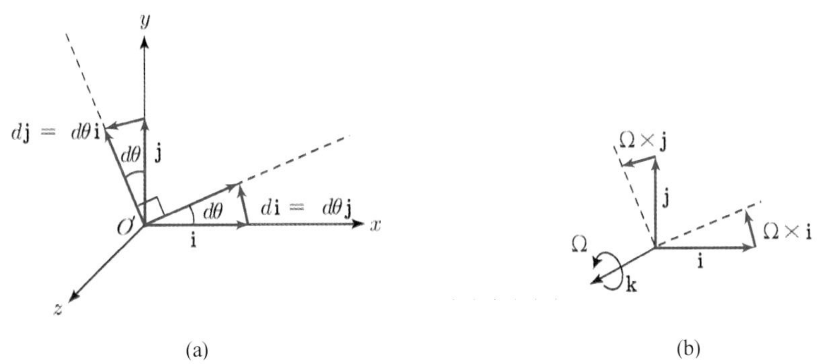

그림 6.19 회전좌표계에서 단위벡터의 시간 변화율

점 O를 기준으로 한 고정좌표계를 O_{XYZ}로 한다. 이 좌표계를 평행이동하여 점 A에 대한 고정좌표계를 $A_{X'Y'Z'}$라고 하고, 이 점 A를 기준으로 한 회전좌표계를 A_{xyz}로 표기한다.

점 P는 어느 순간에 고정좌표계의 위치벡터 $\mathbf{r}_P$와 회전좌표계의 위치벡터 $\mathbf{r}_{P/A}$로 나타난다. 고정좌표계에서 점 A의 위치벡터가 $\mathbf{r}_A$이고, 좌표계 A_{xyz}는 고정좌표계에 대하여 각속도 $\mathbf{\Omega}$, 각가속도 $\dot{\mathbf{\Omega}}$로 회전한다고 가정한다.

고정좌표계에서의 질점 P의 위치 $\mathbf{r}_P$는 다음과 같이 표현된다.

$$\mathbf{r}_P = \mathbf{r}_A + \mathbf{r}_{P/A} \tag{6.23}$$

회전좌표계에서는 x, y, z축이 순간적으로 변화하며, 좌표축의 방향을 나타내는 단위벡터 $\mathbf{i}$, $\mathbf{j}$, $\mathbf{k}$도 시간에 따라 변화한다. 단위벡터의 속도는 일반식 $\mathbf{v} = \mathbf{\Omega} \times \mathbf{r}$ 즉, $\dfrac{d\mathbf{r}}{dt} = \mathbf{\Omega} \times \mathbf{r}$에 따라 계

산한다. 회전반지름의 크기는 1이 된다.

$$\frac{d\mathbf{i}}{dt} = \mathbf{\Omega} \times \mathbf{i}$$

$$\frac{d\mathbf{j}}{dt} = \mathbf{\Omega} \times \mathbf{j}$$

$$\frac{d\mathbf{k}}{dt} = \mathbf{\Omega} \times \mathbf{k}$$

회전좌표계에서 방향을 나타내는 단위벡터들은 회전에 따라 그 방향이 변화한다. 만약 좌표계 $Axyz$가 z축을 중심으로 일정한 각속도 $\mathbf{\Omega} = \Omega\mathbf{k}$로 회전한다고 가정한다면, $\frac{d\mathbf{i}}{dt}$의 방향은 $\mathbf{j}$방향이고 크기는 Ω이며, $\frac{d\mathbf{j}}{dt}$의 방향은 $-\mathbf{i}$방향이며 크기는 Ω이며, $\frac{d\mathbf{k}}{dt} = 0$이 된다.

고정좌표계에 대한 질점의 속도는 다음과 같이 표시된다.

$$\mathbf{v}_P = \dot{\mathbf{r}}_P = \dot{\mathbf{r}}_A + \dot{\mathbf{r}}_{P/A} \tag{6.24}$$

벡터의 변화율은 고정좌표계와 병진운동을 하는 좌표계에서는 같으므로, 윗 식의 두 번째항은 회전좌표계 A_{xyz}와 같은 원점을 갖고 고정좌표계 O_{XYZ}와 같은 방향을 갖는 좌표계 $A_{X'Y'Z}$에 대한 점 P의 속도 $\mathbf{v}_{P/A}$로 간주될 수 있다.

$$\begin{aligned}
\mathbf{v}_P &= \dot{\mathbf{r}}_P = \dot{\mathbf{r}}_A + \dot{\mathbf{r}}_{P/A} \\
&= \dot{\mathbf{r}}_A + (\dot{x}\mathbf{i} + \dot{y}\mathbf{j} + \dot{z}\mathbf{k}) + (x\dot{\mathbf{i}} + y\dot{\mathbf{j}} + z\dot{\mathbf{k}}) \\
&= \dot{\mathbf{r}}_A + (\dot{x}\mathbf{i} + \dot{y}\mathbf{j} + \dot{z}\mathbf{k}) + \mathbf{\Omega} \times (x\mathbf{i} + y\mathbf{j} + z\mathbf{k}) \\
&= \mathbf{v}_A + \dot{\mathbf{r}}_{P/xyz} + \mathbf{\Omega} \times \mathbf{r}_{P/A}
\end{aligned}$$

결과적으로 질점 P의 절대속도는 다음과 같다.

$$\mathbf{v}_P = \mathbf{v}_A + \mathbf{v}_{P/xyz} + \mathbf{\Omega} \times \mathbf{r}_{P/A} \tag{6.25}$$

여기서 $\mathbf{v}_A$는 고정좌표계에서 점 A가 움직이는 속도, $\mathbf{v}_{P/xyz}$는 $\mathbf{v}_{P/xyz} = \dot{x}\mathbf{i} + \dot{y}\mathbf{j} + \dot{z}\mathbf{k}$로 표시되며 회전좌표계에 대한 질점 P의 속도를 나타낸다. 그리고 현재 순간에 점 P'는 점 P와 일치하는 점으로서 회전좌표계에 고정되어 있는 점으로 생각하면, $\mathbf{\Omega} \times \mathbf{r}_{P/A}$는 고정좌표계의 중심 O에 대하여 질점 P'가 움직이는 속도이다.

고정좌표계에 대한 질점 P의 절대 가속도는 다음과 같이 표시된다.

$$\begin{aligned}\mathbf{a}_P &= \dot{\mathbf{v}}_P = \dot{\mathbf{v}}_A + \dot{\mathbf{v}}_{P/xyz} + \dot{\boldsymbol{\Omega}} \times \mathbf{r}_{P/A} + \boldsymbol{\Omega} \times \dot{\mathbf{r}}_{P/A} \qquad (6.26)\\ &= \dot{\mathbf{v}}_A + (\ddot{x}\mathbf{i} + \ddot{y}\mathbf{j} + \ddot{z}\mathbf{k}) + (\dot{x}\dot{\mathbf{i}} + \dot{y}\dot{\mathbf{j}} + \dot{z}\dot{\mathbf{k}}) + \dot{\boldsymbol{\Omega}} \times \mathbf{r}_{P/A} + \boldsymbol{\Omega} \times (\mathbf{v}_{P/xyz} + \boldsymbol{\Omega} \times \mathbf{r}_{P/A})\\ &= \dot{\mathbf{v}}_A + \mathbf{a}_{P/xyz} + \boldsymbol{\Omega} \times \mathbf{v}_{P/xyz} + \dot{\boldsymbol{\Omega}} \times \mathbf{r}_{P/A} + \boldsymbol{\Omega} \times \mathbf{v}_{P/xyz} + \boldsymbol{\Omega} \times (\boldsymbol{\Omega} \times \mathbf{r}_{P/A})\\ &= \mathbf{a}_A + \mathbf{a}_{P/xyz} + \dot{\mathbf{\Omega}} \times \mathbf{r}_{P/A} + \mathbf{\Omega} \times (\mathbf{\Omega} \times \mathbf{r}_{P/A}) + 2\mathbf{\Omega} \times \mathbf{v}_{P/xyz}\end{aligned}$$

결과적으로 질점의 속도는 다음과 같다.

$$\mathbf{a}_P = \mathbf{a}_A + \mathbf{a}_{P/xyz} + \dot{\mathbf{\Omega}} \times \mathbf{r}_{P/A} + \mathbf{\Omega} \times (\mathbf{\Omega} \times \mathbf{r}_{P/A}) + 2\mathbf{\Omega} \times \mathbf{v}_{P/xyz} \qquad (6.27)$$

여기서 $\mathbf{a}_A$는 고정좌표계에서 점 A가 움직이는 가속도

$\mathbf{a}_{P/xyz}$는 회전좌표계에서 점 P의 가속도

$\dot{\mathbf{\Omega}} \times \mathbf{r}_{P/A} + \mathbf{\Omega} \times (\mathbf{\Omega} \times \mathbf{r}_{P/A})$는 고정좌표계에서의 회전에 따른 점 P의 부가적인 가속도

$2\mathbf{\Omega} \times \mathbf{v}_{P/xyz}$는 고정좌표계에서의 회전에 따른 코리올리(Coriolis) 가속도

예제 6.12

길이가 $R = 0.15$ m인 막대 AB가 점 A를 중심으로 시계 방향의 일정한 각속도 $\mathbf{\Omega} = 4$ rad/s로 회전하고 있다. 동시에 길이가 $r = 0.1$ m인 막대 BC는 막대 AB에 대해 반시계 방향의 일정한 각속도 $\omega = 3$ rad/s로 회전하고 있다. $\theta = 60°$일 때, 점 C의 속도와 가속도를 구하라.

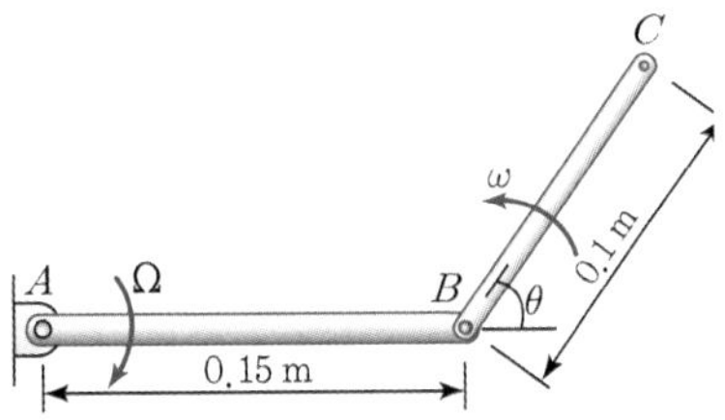

적용원리

- 점 A를 고정좌표계의 기준점으로, 점 B를 회전좌표계의 기준점으로 정한다.
- 평면운동의 경우, 회전운동의 방향은 벡터 $\mathbf{k}$이며, 변위와 속도는 벡터 $\mathbf{i}$와 $\mathbf{j}$의 조합으로

구성되므로,

$$\boldsymbol{\Omega} \times (\boldsymbol{\Omega} \times \mathrm{R}) = -\Omega^2 \mathrm{R},$$

$$\boldsymbol{\Omega} \times (\boldsymbol{\Omega} \times \mathbf{r}_{C/B}) = -\Omega^2 \mathbf{r}_{C/B},$$

$$\boldsymbol{\omega} \times (\boldsymbol{\omega} \times \mathbf{r}_{C/B}) = -\omega^2 \mathbf{r}_{C/B}$$

등으로 간단히 계산할 수 있다.

- 속도를 구할 때는 고정좌표계에서의 회전좌표계 기준점의 속도 성분 $\mathbf{v}_B$, 회전좌표계에서의 속도 성분 $\mathbf{v}_{C/xyz}$, 고정좌표계에서의 회전에 따른 부가적으로 발생하는 속도 성분 $\boldsymbol{\Omega} \times \mathbf{r}_{C/B}$으로 구분하여 계산하면 편리하다.
- 가속도를 구할 때는 고정좌표계에서의 회전좌표계 기준점의 가속도 성분 $\mathbf{a}_B$, 회전좌표계에서의 가속도 성분 $\mathbf{a}_{C/xyz}$, 고정좌표계에서의 회전에 따른 부가적으로 발생하는 가속도 성분 $\dot{\boldsymbol{\Omega}} \times \mathbf{r}_{C/B} + \boldsymbol{\Omega} \times (\boldsymbol{\Omega} \times \mathbf{r}_{C/B})$, 코리올리 가속도 성분 $2\boldsymbol{\Omega} \times \mathbf{v}_{C/xyz}$으로 구분하여 계산하면 편리하다.

풀이

i) 먼저 점 C의 속도를 구해보자.

점 A를 기준으로 한 고정좌표계에서의 점 B의 속도는

$$\mathbf{v}_B = \boldsymbol{\Omega} \times \mathrm{R}$$

$$\mathbf{v}_B = -4\mathbf{k} \times 0.15\mathbf{i} = -0.6\mathbf{j}\ (\mathrm{m/s}) \qquad ①$$

점 B를 기준으로 한 회전좌표계에서의 점 C의 속도는

$$\mathbf{v}_{C/xyz} = \boldsymbol{\omega} \times \mathbf{r}_{C/B}$$

$$\mathbf{v}_{C/xyz} = 3\mathbf{k} \times (0.1\cos 60°\mathbf{i} + 0.1\sin 60°\mathbf{j}) = 0.15\mathbf{j} - 0.260\mathbf{i}\ (\mathrm{m/s}) \qquad ②$$

고정좌표계에서의 회전에 따른 점 C의 부가적인 속도는

$$\boldsymbol{\Omega} \times \mathbf{r}_{C/B} = (-4\mathbf{k}) \times (0.1\cos 60°\mathbf{i} + 0.1\sin 60°\mathbf{j})$$

$$= -0.2\mathbf{j} + 0.346\mathbf{i}(\mathrm{m/s}) \qquad ③$$

식 ①, ②, ③으로부터

점 C의 속도식 $\mathbf{v}_C = \mathbf{v}_B + \mathbf{v}_{C/xyz} + \boldsymbol{\Omega} \times \mathbf{r}_{C/B}$

$$\mathbf{v}_C = -0.6\mathbf{j} + (0.15\mathbf{j} - 0.26\mathbf{i}) + (-0.2\mathbf{j} + 0.346\mathbf{i})$$

$$= 0.086\mathbf{i} - 0.65\mathbf{j}(\text{m/s})$$

답 $\mathbf{v}_C = 0.656\ \text{m/s}$ 82.4°

ii) 점 C의 가속도를 구해보자.

점 A를 기준으로 한 고정좌표계에서의 점 B의 속도는

$$\mathbf{a}_B = \dot{\mathbf{\Omega}} \times \text{R} + \mathbf{\Omega} \times (\mathbf{\Omega} \times \text{R})$$

$$\mathbf{a}_B = 0 + (-4\mathbf{k}) \times (-4\mathbf{k} \times 0.15\mathbf{i}) = -2.400\mathbf{i}\ (\text{m/s}^2) \qquad ④$$

점 B를 기준으로 한 회전좌표계에서의 점 C의 가속도는

$$\mathbf{a}_{C/xyz} = \dot{\boldsymbol{\omega}} \times \mathbf{r}_{C/B} + \boldsymbol{\omega} \times (\boldsymbol{\omega} \times \mathbf{r}_{C/B}) = \dot{\boldsymbol{\omega}} \times \mathbf{r}_{C/B} - \omega^2 \mathbf{r}_{C/B}$$

$$\mathbf{a}_{C/xyz} = 0 - 3^2 \cdot (0.1\cos 60°\mathbf{i} + 0.1\sin 60°\mathbf{j})$$

$$= -0.450\mathbf{i} - 0.779\mathbf{j}\ (\text{m/s}^2) \qquad ⑤$$

고정좌표계에서의 회전에 따른 점 C의 부가적인 가속도는

$$\dot{\mathbf{\Omega}} \times \mathbf{r}_{C/B} + \mathbf{\Omega} \times (\mathbf{\Omega} \times \mathbf{r}_{C/B})$$

$$= 0 - \Omega^2 \mathbf{r}_{C/B}\ \text{(평면 운동이므로)}$$

$$= -(-4)^2 \cdot (0.1\cos 60°\mathbf{i} + 0.1\sin 60°\mathbf{j}) = -0.800\mathbf{i} - 1.386\mathbf{j}(\text{m/s}^2) \qquad ⑥$$

코리올리(Coriolis) 가속도는

$$2\mathbf{\Omega} \times \mathbf{v}_{C/xyz} = 2 \cdot (-4\mathbf{k}) \times (0.15\mathbf{j} - 0.260\mathbf{i})$$

$$= 1.200\mathbf{i} + 2.080\mathbf{j}(\text{m/s}^2) \qquad ⑦$$

식 ④, ⑤, ⑥, ⑦로부터 점 C의 가속도는

$$\mathbf{a}_C = \mathbf{a}_B + \mathbf{a}_{C/xyz} + \dot{\mathbf{\Omega}} \times \mathbf{r}_{C/B} + \mathbf{\Omega} \times (\mathbf{\Omega} \times \mathbf{r}_{C/B}) + 2\mathbf{\Omega} \times \mathbf{v}_{C/xyz}$$

숫자를 대입하면

$$\mathbf{a}_C = -2.400\mathbf{i} + (-0.450\mathbf{i} - 0.779\mathbf{j}) + (-0.800\mathbf{i} - 1.386\mathbf{j}) + (1.200\mathbf{i} + 2.080\mathbf{j})$$

$$= -2.450\mathbf{i} - 0.085\mathbf{j}\ (\text{m/s}^2)$$

답 $\mathbf{a}_C = 2.451\ \text{m/s}^2$ 2°

예제 6.13

물체 D는 막대 CD에 핀으로 연결되어 있고, 막대 OAB를 따라서 움직인다. 이 장치는 보통의 평면 위에서 움직이며, $\boldsymbol{\omega}_{CD} = -3\,\mathbf{k}$ (rad/s)이고, $\dot{\boldsymbol{\omega}}_{CD} = -8\,\mathbf{k}$ (rad/s^2)이다. 막대 OAB의 각속도와 각가속도를 구하라.

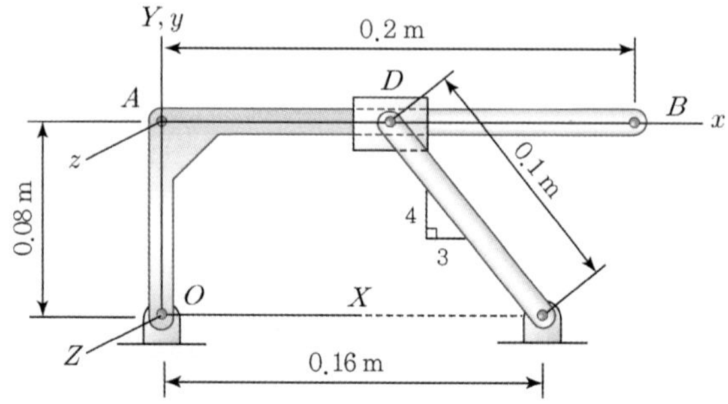

적용원리

- 점 O를 고정좌표계의 기준점으로 한다.
- 회전좌표계의 기준을 점 A로 할 수도 있으며, 점 D로 할 수도 있다.
- 평면운동의 경우이다.
- 속도를 구할 때는 고정좌표계에서의 회전좌표계 기준점의 속도 성분, 회전좌표계에서의 속도 성분, 고정좌표계에서의 회전에 따른 부가적으로 발생하는 속도 성분으로 구분하여 계산하면 편리하다.
- 가속도를 구할 때는 고정좌표계에서의 회전좌표계 기준점의 가속도 성분, 회전좌표계에서의 가속도 성분, 고정좌표계에서의 회전에 따른 부가적으로 발생하는 가속도 성분, 코리올리 가속도 성분으로 구분하여 계산하면 편리하다.

풀이

물체 D가 AB를 따라 움직이며, 회전하는 막대 OAB에 대한 물체 D의 운동은 직선운동이다. 회전좌표계의 기준점을 점 A 또는 AB 위의 점 D로 정하면 물체 D의 운동은 직선운동으로 표현할 수 있다.

막대 OAB의 각속도와 각가속도를 각각 $\mathbf{\Omega} = \Omega\mathbf{k}$와 $\dot{\mathbf{\Omega}} = \dot{\Omega}\mathbf{k}$라 놓자.

회전좌표계의 기준점을 점 A로 정하여 보자.

$$\mathbf{R} = \mathbf{R}_{OA} = 0.08\mathbf{j}\,(\text{m}), \qquad \mathbf{r}_{D/A} = 0.1\mathbf{i}\,(\text{m})$$

i) 물체 D의 속도는 점 C를 중심으로 한 회전운동으로부터 구할 수 있다.

$$\mathbf{v}_D = \boldsymbol{\omega}_{CD} \times \mathbf{r}_{D/C}$$

$$\mathbf{v}_D = -3\mathbf{k} \times (-0.06\mathbf{i} + 0.08\mathbf{j}) = 0.24\mathbf{i} + 0.18\mathbf{j}(\text{m/s}) \qquad ①$$

한편, 점 O를 기준으로 한 고정좌표계에서 점 A의 속도는

$$\mathbf{v}_A = \boldsymbol{\Omega} \times \mathbf{R}$$

$$\mathbf{v}_A = \Omega\mathbf{k} \times (0.08\mathbf{j}) = -0.08\,\Omega\,\mathbf{i}\,(\text{m/s}) \qquad ②$$

점 A를 기준으로 한 회전좌표계에서 보면 점 D는 병진운동을 한다.

$$\mathbf{v}_{D/xyz} = v_{D/xyz}\mathbf{i}\,(\text{m/s}) \qquad ③$$

고정좌표계에서의 회전에 따른 점 C의 부가적으로 발생하는 속도는

$$\boldsymbol{\Omega} \times \mathbf{r}_{D/A} = \Omega\mathbf{k} \times (0.1\mathbf{i}) = 0.1\,\Omega\,\mathbf{j}(\text{m/s}) \qquad ④$$

식 ①, ②, ③, ④로부터 점 D의 속도는

$$\mathbf{v}_D = \mathbf{v}_A + \mathbf{v}_{D/xyz} + \boldsymbol{\Omega} \times \mathbf{r}_{D/A}$$

숫자를대입하면

$$0.24\mathbf{i} + 0.18\mathbf{j} = -0.08\,\Omega\,\mathbf{i} + v_{D/xyz}\mathbf{i} + 0.1\,\Omega\,\mathbf{j}$$

수평 방향 속도 성분은

$$\xrightarrow{+} : 0.24 = -0.08\,\Omega + v_{D/xyz} \qquad ⑤$$

수직 방향 속도 성분은

$$+\uparrow : 0.18 = 0.1\,\Omega \qquad ⑥$$

식 ⑤, ⑥으로부터

$$\Omega = 1.8\ \text{rad/s}, \ v_{D/xyz} = 0.384\ \text{m/s}$$

답 $\boldsymbol{\Omega} = 1.8\ \text{rad/s}$ ↺

ii) 물체 D의 가속도는 점 C를 중심으로 한 회전운동으로부터 구해진다.

$$\mathbf{a}_D = \dot{\boldsymbol{\omega}}_{CD} \times \mathbf{r}_{D/C} - \omega_{CD}^2 \mathbf{r}_{D/C}$$

$$\mathbf{a}_D = -8\mathbf{k} \times (-0.06\mathbf{i} + 0.08\mathbf{j}) - 3^2 \cdot (-0.06\mathbf{i} + 0.08\mathbf{j})$$

$$= 1.18\mathbf{i} - 0.24\mathbf{j}(\mathrm{m/s^2}) \qquad ⑦$$

한편, 점 O를 기준으로 한 고정좌표계에서의 점 A의 속도는

$$\mathbf{a}_A = \dot{\mathbf{\Omega}} \times \mathrm{R} + \mathbf{\Omega} \times (\mathbf{\Omega} \times \mathrm{R})$$

$$= \dot{\mathbf{\Omega}} \times \mathrm{R} - \Omega^2 \mathrm{R}(\text{평면 운동이므로})$$

$$\mathbf{a}_A = \dot{\Omega}\mathbf{k} \times 0.08\mathbf{j} - 1.8^2 \cdot 0.08\mathbf{j} = -0.08\dot{\Omega}\mathbf{i} - 0.259\mathbf{j}(\mathrm{m/s^2}) \qquad ⑧$$

점 A를 기준으로 한 회전 좌표계에서의 점 D의 가속도는

$$\mathbf{a}_{D/xyz} = a_{D/xyz}\mathbf{i}\ (\mathrm{m/s^2}) \qquad ⑨$$

고정좌표계에서의 회전에 따른 점 D의 부가적인 가속도는

$$\dot{\mathbf{\Omega}} \times \mathbf{r}_{D/A} + \mathbf{\Omega} \times (\mathbf{\Omega} \times \mathbf{r}_{D/A})$$

$$= \dot{\mathbf{\Omega}} \times \mathbf{r}_{D/A} - \Omega^2 \mathbf{r}_{D/A}$$

$$= \dot{\Omega}\mathbf{k} \times (0.1\mathbf{i}) - 1.8^2 \cdot 0.1\mathbf{i} = 0.1\dot{\Omega}\mathbf{j} - 0.324\mathbf{i}\ (\mathrm{m/s^2}) \qquad ⑩$$

코리올리 가속도는

$$2\mathbf{\Omega} \times \mathbf{v}_{D/xyz} = 2 \cdot 1.8\mathbf{k} \times (0.384\mathbf{i}) = 1.382\mathbf{j}\ (\mathrm{m/s^2}) \qquad ⑪$$

이므로 식 ⑦, ⑧, ⑨, ⑩, ⑪로부터 점 D의 가속도는

$$\mathbf{a}_D = \mathbf{a}_A + \mathbf{a}_{D/xyz} + \dot{\mathbf{\Omega}} \times \mathbf{r}_{D/A} + \mathbf{\Omega} \times (\mathbf{\Omega} \times \mathbf{r}_{D/A}) + 2\mathbf{\Omega} \times \mathbf{v}_{D/xyz}$$

숫자를 대입하면

$$1.18\mathbf{i} - 0.24\mathbf{j} = (-0.08\dot{\Omega}\mathbf{i} - 0.259\mathbf{j}) + a_{D/xyz}\mathbf{i} + (0.1\dot{\Omega}\mathbf{j} - 0.324\mathbf{i}) + 1.382\mathbf{j}$$

수평 방향 속도 성분은

$$\xrightarrow{+} : 1.18 = -0.08\dot{\Omega} + a_{D/xyz} - 0.324 \qquad ⑫$$

수직 방향 속도 성분은

$$+\uparrow : -0.24 = -0.259 + 0.1\dot{\Omega} + 1.382 \qquad ⑬$$

식 ⑫, ⑬으로부터

$$\dot{\Omega} = -13.63\,\text{rad/s}^2,\ a_{D/xyz} = 0.414\,\text{m/s}^2$$

답 $\dot{\mathbf{\Omega}}_{OAB} = 13.63\,\text{rad/s}^2$ ↻

별해

회전좌표계의 기준점을 막대 OAB 위의 점 D'로 정하여 보자. 막대 CD 위의 대응점을 D라 하자.

$$\mathrm{R} = \mathrm{R}_{OD'} = 0.1\mathbf{i} + 0.08\mathbf{j},\ \mathbf{r}_{D/D'} = 0\ \text{m}$$

i) 물체 D의 속도는 점 C를 중심으로 한 회전운동으로부터 구해진다.

$$\mathbf{v}_D = \boldsymbol{\omega}_{CD} \times \mathbf{r}_{D/C}$$

$$\mathbf{v}_D = -3\mathbf{k} \times (-0.06\mathbf{i} + 0.08\mathbf{j})$$

$$= 0.24\mathbf{i} + 0.18\mathbf{j}(\text{m/s}) \qquad ①$$

한편, 점 O를 기준으로 한 고정좌표계에서의 점 D'의 속도는

$$\mathbf{v}_{D'} = \mathbf{\Omega} \times \mathrm{R}$$

$$\mathbf{v}_{D'} = \Omega\mathbf{k} \times (0.1\mathbf{i} + 0.08\mathbf{j}) = -0.08\,\Omega\mathbf{i} + 0.1\,\Omega\mathbf{j}(\text{m/s}) \qquad ②$$

점 D'를 기준으로 한 회전좌표계에서의 점 D은 병진운동을 하므로

$$\mathbf{v}_{D/xyz} = \mathrm{v}_{D/xyz}\mathbf{i} \qquad ③$$

고정좌표계에서의 회전운동에 따른 점 D의 부가적인 속도는

$$\mathbf{\Omega} \times \mathbf{r}_{D/D'} = 0 \qquad ④$$

식 ①, ②, ③, ④로부터 점 D의 속도는 속도 관계식에서

$$\mathbf{v}_D = \mathbf{v}_{D'} + \mathbf{v}_{D/xyz} + \mathbf{\Omega} \times \mathbf{r}_{\mathrm{D/D'}}$$

$$0.24\mathbf{i} + 0.18\mathbf{j} = (-0.08\,\Omega\mathbf{i} + 0.1\,\Omega\mathbf{j}) + v_{D/xyz}\mathbf{i} + 0$$

수직 방향 속도 성분은

$$+\uparrow:\ 0.18 = 0.1\,\Omega, \qquad \therefore\ \Omega = 1.8\,\text{rad/s}$$

수평 방향 속도 성분은

$$\xrightarrow{+} : 0.24 = -0.08\,\Omega + v_{D/xyz} \quad ⑤$$

$$0.24 = -0.08 \cdot 1.8 + v_{D/xyz},$$

$$\therefore\ v_{D/xyz} = 0.384\ \text{m/s}$$

답 $\mathbf{\Omega} = 1.8\ \text{rad/s}$ ↺

ii) 물체 D의 가속도 또한 점 C를 중심으로 한 회전으로부터 구해지므로

$$\mathbf{a}_D = \dot{\boldsymbol{\omega}}_{CD} \times \mathbf{r}_{D/C} - \omega_{CD}^2 \mathbf{r}_{D/C}$$

$$\mathbf{a}_D = -8\mathbf{k} \times (-0.06\mathbf{i} + 0.08\mathbf{j}) - 3^2 \cdot (-0.06\mathbf{i} + 0.08\mathbf{j})$$

$$= 1.18\mathbf{i} - 0.24\mathbf{j}\ (\text{m/s}^2) \quad ⑦$$

한편, 점 O를 기준으로 한 고정좌표계에서의 점 D'의 속도는

$$\text{R} = \text{R}_{OD'} = 0.1\mathbf{i} + 0.08\mathbf{j}\,(\text{m})$$

$$\mathbf{a}_{D'} = \dot{\mathbf{\Omega}} \times \text{R} + \mathbf{\Omega} \times (\mathbf{\Omega} \times \text{R})$$

$$= \dot{\mathbf{\Omega}} \times \text{R} - \Omega^2\text{R}\ (\text{평면 운동이므로})$$

$$= \dot{\Omega}\mathbf{k} \times (0.1\mathbf{i} + 0.08\mathbf{j}) - 1.8^2 \cdot (0.1\mathbf{i} + 0.08\mathbf{j})$$

$$= (-0.08\dot{\Omega} - 0.324)\mathbf{i} + (0.1\dot{\Omega} - 0.259)\mathbf{j}\ (\text{m/s}^2) \quad ⑧$$

점 D'를 기준으로 한 회전좌표계에서의 점 D은 병진운동을 하므로

$$\mathbf{a}_{D/xyz} = \text{a}_{D/xyz}\mathbf{i}\ (\text{m/s}^2) \quad ⑨$$

고정좌표계에서의 회전에 따른 점 D'의 부가적인 가속도는

$$\dot{\mathbf{\Omega}} \times \mathbf{r}_{D/D'} + \mathbf{\Omega} \times (\mathbf{\Omega} \times \mathbf{r}_{D/D'}) = \dot{\mathbf{\Omega}} \times \mathbf{r}_{\text{D/D}'} - \Omega^2 \mathbf{r}_{\text{D/D}'} = 0 \quad ⑩$$

코리올리(Coriolis) 가속도는

$$2\mathbf{\Omega} \times \mathbf{v}_{D/xyz} = 2 \cdot 1.8\mathbf{k} \times (0.384\mathbf{i}) = 1.382\mathbf{j}\ (\text{m/s}^2) \quad ⑪$$

식 ⑦, ⑪로부터

점 D의 가속도는

$$\mathbf{a}_D = \mathbf{a}_{D'} + \mathbf{a}_{D/xyz} + \dot{\mathbf{\Omega}} \times \mathbf{r}_{D/D'} + \mathbf{\Omega} \times (\mathbf{\Omega} \times \mathbf{r}_{D/D'}) + 2\mathbf{\Omega} \times \mathbf{v}_{D/xyz}$$

숫자를 대입하면

$$1.18\mathbf{i} - 0.24\mathbf{j} = (-0.08\dot{\Omega} - 0.324)\mathbf{i} + (0.1\dot{\Omega} - 0.259)\mathbf{j} + a_{D/xyz}\mathbf{i} + 0 + 1.382\mathbf{j}$$

수평 방향 속도 성분은

$$\overset{+}{\rightarrow} : 1.18 = -0.08\dot{\Omega} - 0.324 + a_{D/xyz} \qquad ⑫$$

수직 방향 속도 성분은

$$+\uparrow : -0.24 = 0.1\dot{\Omega} - 0.259 + 1.382 \qquad ⑬$$

따라서 식 ⑫, ⑬으로부터

$$\dot{\Omega} = -13.63\,\text{rad/s}^2, \quad a_{D/xyz} = 0.414\,\text{m/s}^2$$

답 $\dot{\mathbf{\Omega}}_{OAB} = 13.63\,\text{rad/s}^2$ ↻

예제 6.14

기중기의 운전대는 일정한 각속도 $\mathbf{\Omega} = 0.4\,\mathbf{j}$(rad/s)으로 회전하고 있다. 동시에 붐(boom)은 운전대에 대하여 0.6 rad/s의 일정한 각속도 $\boldsymbol{\omega}$로 올려지고 있다. 붐 OP의 길이가 $l = 6$ m일 때, 붐 끝의 속도 $\mathbf{v}_P$와 가속도 $\mathbf{a}_P$를 구하라.

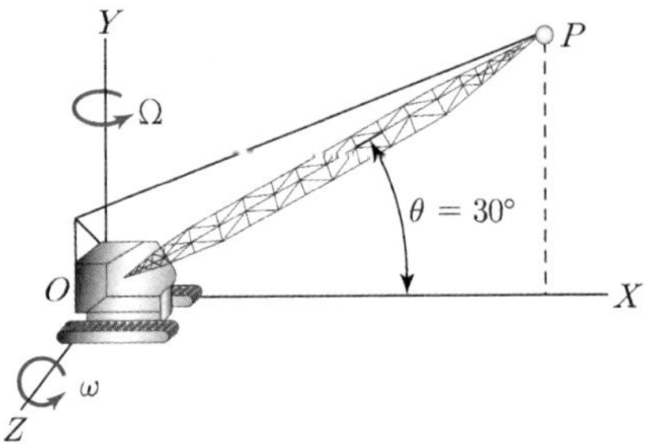

적용원리

- 공간운동의 경우이다.
- 점 O를 고정좌표계의 기준점으로 한다.
- 또한 점 O'를 회전좌표계의 기준점으로 한다. 점 O'과 점 O은 동일점이다.
- 속도를 구할 때는 고정좌표계에서의 회전좌표계 기준점의 속도 성분, 회전좌표계에서의 속도

성분, 고정좌표계에서의 회전에 따른 부가적으로 발생하는 속도 성분으로 구분하여 계산하면 편리하다.

- 가속도를 구할 때는 고정좌표계에서의 회전좌표계 기준점의 가속도 성분, 회전좌표계에서의 가속도 성분, 고정좌표계에서의 회전에 따른 부가적으로 발생하는 가속도 성분, 코리올리 가속도 성분으로 구분하여 계산하면 편리하다.

풀이

기준 좌표계 O_{XYZ}에 대한 각속도는 $\mathbf{\Omega} = 0.4\mathbf{j}$ (rad/s)이며, 회전좌표계 $O'xyz$에 대한 붐의 각속도는 $\boldsymbol{\omega} = 0.6\mathbf{k}$ (rad/s)이다.

$$\mathrm{R} = 0\ \mathrm{m}$$

$$\mathbf{r}_{P/O'} = 6\cos 30°\mathbf{i} + 6\sin 30°\mathbf{j} = 5.2\mathbf{i} + 3\mathbf{j}\ (\mathrm{m})$$

i) 점 O를 기준으로 한 고정좌표계에서의 점 O'의 속도는

$$\mathbf{v}_{O'} = \mathbf{\Omega} \times \mathrm{R} = 0\ \mathrm{m/s}$$

점 O'를 기준으로 한 회전좌표계에서의 점 P는 회전운동을 하므로

$$\mathbf{v}_{P/xyz} = \boldsymbol{\omega} \times \mathbf{r}_{P/O'}$$

$$\mathbf{v}_{P/xyz} = 0.6\mathbf{k} \times (5.2\mathbf{i} + 3\mathbf{j}) = -1.8\mathbf{i} + 3.12\mathbf{j}(\mathrm{m/s})$$

고정좌표계에서의 회전에 따른 점 C의 부가적인 속도는

$$\mathbf{\Omega} \times \mathbf{r}_{P/O'} = 0.4\mathbf{j} \times (5.2\mathbf{i} + 3\mathbf{j}) = -2.08\mathbf{k}(\mathrm{m/s})$$

점 P의 속도는

$$\mathbf{v}_P = \mathbf{v}_{O'} + \mathbf{v}_{P/xyz} + \mathbf{\Omega} \times \mathbf{r}_{P/O'}$$

$$\mathbf{v}_P = 0 + (-1.8\mathbf{i} + 3.12\mathbf{j}) - 2.08\mathbf{k}\ (\mathrm{m/s})$$

답 $\mathbf{v}_P = -1.8\mathbf{i} + 3.12\mathbf{j} - 2.08\mathbf{k}\ (\mathrm{m/s})$

ii) 점 O를 기준으로 한 고정좌표계에서의 점 O'의 가속도는

$$\mathbf{a}_{O'} = \dot{\mathbf{\Omega}} \times \mathrm{R} + \mathbf{\Omega} \times (\mathbf{\Omega} \times \mathrm{R}) = 0\ \mathrm{m/s^2} \quad ④$$

점 O'를 기준으로 한 회전좌표계에서의 점 P는 회전운동을 하므로

$$\mathbf{a}_{P/xyz} = \dot{\boldsymbol{\omega}} \times \mathbf{r}_{P/O'} + \boldsymbol{\omega} \times (\boldsymbol{\omega} \times \mathbf{r}_{P/O'})$$

$$= 0 + (0.6\mathbf{k}) \times (0.6\mathbf{k} \times (5.2\mathbf{i} + 3\mathbf{j}))$$

$$= -1.87\mathbf{i} - 1.08\mathbf{j} \ (\mathrm{m/s^2}) \qquad ⑤$$

고정좌표계에서의 회전에 따른 점 P의 부가적인 가속도는

$$\dot{\boldsymbol{\Omega}} \times \mathbf{r}_{P/O'} + \boldsymbol{\Omega} \times (\boldsymbol{\Omega} \times \mathbf{r}_{P/O'})$$

$$= 0 + (0.4\mathbf{j}) \times (-2.08\mathbf{k}) = -0.83\mathbf{i} \ (\mathrm{m/s^2}) \qquad ⑥$$

코리올리 가속도는

$$2\Omega \times \mathbf{v}_{\mathrm{P/xyz}} = 2 \cdot (0.4\mathbf{j}) \times (-1.8\mathbf{i} + 3.12\mathbf{j}) = 1.44\mathbf{k} \ (\mathrm{m/s^2}) \qquad ⑦$$

식 ④, ⑤, ⑥, ⑦로부터 점 P의 가속도는

$$\mathbf{a}_P = \mathbf{a}_{O'} + \mathbf{a}_{P/xyz} + \dot{\Omega} \times \mathbf{r}_{P/O'} + \Omega \times (\Omega \times \mathbf{r}_{P/O'}) + 2\Omega \times \mathbf{v}_{P/xyz}$$

숫자를 대입하면

$$\mathbf{a}_P = 0 + (-1.87\mathbf{i} - 1.08\mathbf{j}) + (-0.83\mathbf{i}) + 1.44\mathbf{k} \ (\mathrm{m/s^2})$$

답 $\mathbf{a}_P = -2.70\mathbf{i} - 1.08\mathbf{j} + 1.44\mathbf{k} \ (\mathrm{m/s^2})$

6.9 요 약

본 장에서 학습한 내용은 다음과 같다.

1. 병진운동을 하는 강체의 내부에 있는 모든 점들은 임의의 순간에 동일한 속도와 가속도를 갖는다.

$$\mathbf{v}_B = \mathbf{v}_A \qquad (6.2)$$

$$\mathbf{a}_B = \mathbf{a}_A \qquad (6.3)$$

2. 고정된 회전축에 대하여 각속도 $\boldsymbol{\omega}$와 각가속도 $\boldsymbol{\alpha}$로 회전하는 강체 내의(회전중심으로부터 위치벡터 $\mathbf{r}$을 갖는) 임의의 점 P의 운동을 나타내는 식은 다음과 같다.

$$\mathbf{v} = \boldsymbol{\omega} \times \mathbf{r} \qquad (6.6)$$

그리고

$$\mathbf{a} = \underbrace{\boldsymbol{\alpha} \times \mathbf{r}}_{\mathbf{a}_t} + \underbrace{\boldsymbol{\omega} \times (\boldsymbol{\omega} \times \mathbf{r})}_{\mathbf{a}_n} \tag{6.7}$$

3. 위의 운동학 식들은 평면(xy 평면) 회전운동에서 다음과 같은 스칼라 식으로 각각 요약할 수 있다.

$$\mathbf{a}_t = \boldsymbol{\alpha} \times \boldsymbol{r} \qquad a_t = \alpha r \tag{6.8}$$

$$\mathbf{a}_n = \boldsymbol{\omega} \times (\boldsymbol{\omega} \times \mathbf{r}) = -\omega^2 \mathbf{r} \qquad a_n = \omega^2 r \tag{6.9}$$

4. 평면 회전운동의 종속변수(각위치 θ, 각속도 ω 및 각가속도 α)와 독립변수(시간 t) 사이의 관계식은 다음과 같다.

$$\omega = \frac{d\theta}{dt} = \dot{\theta} \tag{6.10}$$

$$\alpha = \frac{d\omega}{dt} = \frac{d^2\theta}{dt^2} = \ddot{\theta} \tag{6.11}$$

혹은

$$\alpha = \frac{d\omega}{d\theta}\frac{d\theta}{dt} = \omega\frac{d\omega}{d\theta} \tag{6.12}$$

특히 각속도가 일정한 경우(ω=일정) 각위치 θ는 다음과 같다.

$$\theta(t) = \theta_0 + \omega t \tag{6.13}$$

여기서 θ_0는 $t = 0$에서 초기 각위치이다.

또한 각가속도가 일정한 경우(α =일정) 각속도와 각위치는 다음과 같다.

$$\omega(t) = \omega_0 + \alpha t \tag{6.14}$$

$$\theta(t) = \theta_0 + \omega_0 t + \frac{1}{2}\alpha t^2 \tag{6.15}$$

여기서 ω_0와 θ_0는 $t = 0$에서 각속도와 각위치이다.

그리고 시간에 관한 항을 제외하면 다음과 같다.

$$\omega^2 = \omega_0^2 + 2\alpha(\theta - \theta_0) \tag{6.16}$$

5. 일반적인 평면운동에서 각속도 ω로 회전하는 강체의 내부에 있는 임의의 점 A의 속도 $\mathbf{v}_A$와 임의의 점 B의 속도 $\mathbf{v}_B$의 관계는 다음과 같다.

$$\mathbf{v}_B = \underbrace{\mathbf{v}_A}_{\text{병진운동}} + \underbrace{\boldsymbol{\omega} \times \mathbf{r}_{B/A}}_{\text{회전운동}} \tag{6.19}$$

여기서 $\mathbf{v}_A$는 점 A의 속도로 병진운동이며 $\mathbf{r}_{B/A}$는 점 A에 대한 점 B의 상대위치를 나타낸다.

6. 일반적인 평면운동에서 강체의 내부에 있는 두 점 A와 B의 속도 $\mathbf{v}_A$와 $\mathbf{v}_B$가 주어질 때 영속도 순간중심(I.C.)의 위치는 점 A와 B에서 $\mathbf{v}_A$와 $\mathbf{v}_B$에 수직으로 그어진 직선들의 교차점에 있으며, 순간중심은 반드시 강체 내에 위치할 필요는 없다.

7. 강체의 일반적인 평면운동에서 각속도 $\boldsymbol{\omega}$, 각가속도 $\boldsymbol{\alpha}$로 회전하는 강체의 내부에 있는 임의의 점 A의 가속도 $\mathbf{a}_A$와 임의의 점 B의 가속도 $\mathbf{a}_B$의 관계는 다음과 같다.

$$\mathbf{a}_B = \underbrace{\underbrace{\mathbf{a}_A}_{\mathbf{a}_A}}_{\text{병진운동}} + \underbrace{\underbrace{\boldsymbol{\alpha} \times \mathbf{r}_{B/A}}_{(\mathbf{a}_{B/A})_t} + \underbrace{\boldsymbol{\omega} \times (\boldsymbol{\omega} \times \mathbf{r}_{B/A})}_{(\mathbf{a}_{B/A})_n}}_{\text{회전운동}} \tag{6.22}$$

8.* 고정좌표계 O_{XYZ}의 원점(O)으로부터 회전좌표계 A_{xyz}의 원점(A)까지의 거리가 $\mathbf{r}_\mathrm{A}$이며, 회전좌표계는 각속도 Ω, 각가속도 $\dot{\Omega}$로 회전하는 경우 회전좌표계로부터 $\mathbf{r}_{\mathrm{P/A}}$만큼 떨어진 곳에 있는 고정좌표계에 대한 질점 P의 절대 속도와 절대 가속도는 다음과 같다.

$$\mathbf{v}_P = \mathbf{v}_A + \mathbf{v}_{P/xyz} + \boldsymbol{\Omega} \times \mathbf{r}_{P/A} \tag{6.25}$$

$$\mathbf{a}_P = \mathbf{a}_A + \mathbf{a}_{P/xyz} + \dot{\boldsymbol{\Omega}} \times \mathbf{r}_{P/A} + \boldsymbol{\Omega} \times (\boldsymbol{\Omega} \times \mathbf{r}_{P/A}) + 2\boldsymbol{\Omega} \times \mathbf{v}_{P/xyz} \tag{6.27}$$

연습문제

6.1 (예제 6.1의 연습)

굽은 막대가 그림에 주어진 위치에서 반시계 방향의 각속도 2 rad/s, 시계 방향의 각가속도 3 rad/s^2을 가진다. 끝 점 A의 가속도를 구하라.

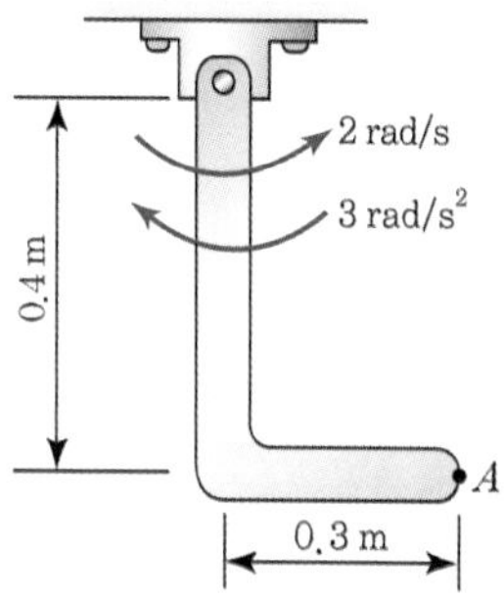

6.2 (예제 6.2의 연습)

그림과 같은 기구에서 막대 OA가 시계 방향으로 1 rad/s로 회전할 때, 물체 B의 수평 방향 속도를 구하라.

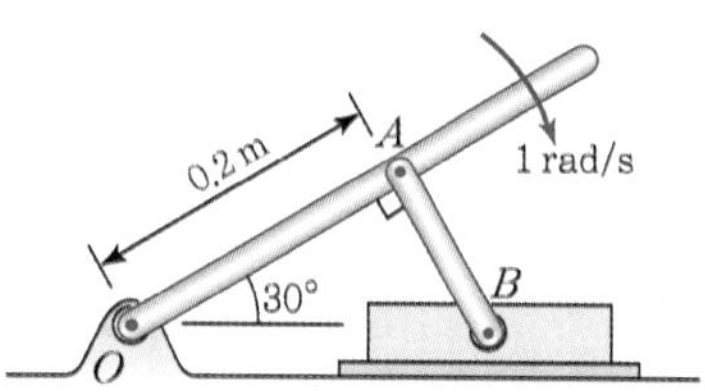

6.3 (예제 6.3의 연습)

그림과 같은 기구에서 점 D를 포함하는 물체는 안내면을 따라 1 m/s의 속도로 30°의 경사면을 따라 올라간다. 이 때, 다음을 구하라.

(a) 막대 BCD의 영속도의 순간중심

(b) 두 막대의 각속도 ω_{AB}와 ω_{CD}

(c) 핀 C의 속도 v_c

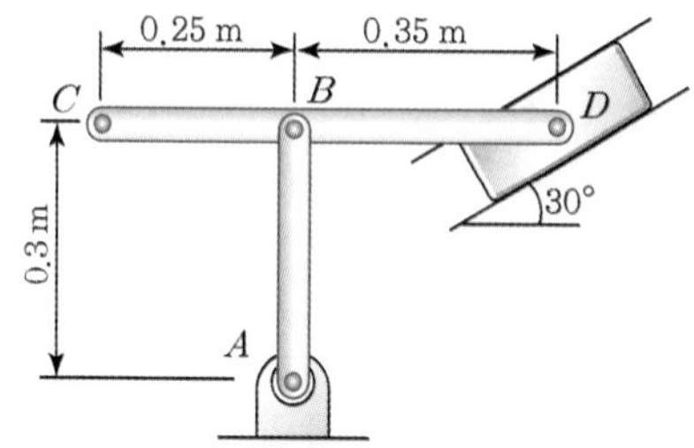

6.4 (예제 6.4의 연습 1/4)

그림과 같이 바퀴의 내부 허브(hub)에서 줄이 풀리면서 바퀴가 반시계 방향으로 일정한 각속도 $\omega = 3$ rad/s로 회전하고 있다. 이 때 점 A와 점 B의 속도를 구하라.

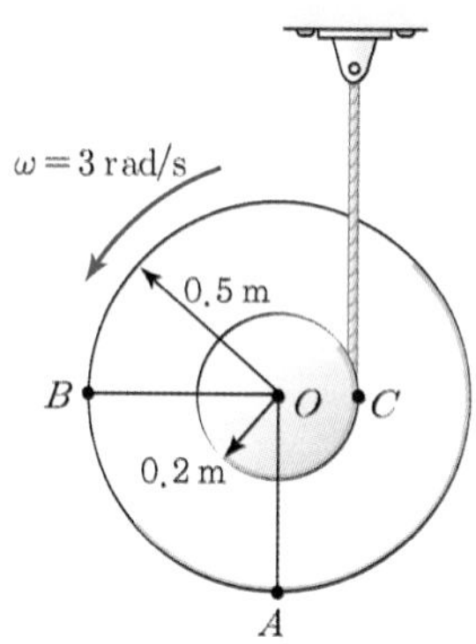

6.5 (예제 6.4의 연습 2/4)

그림에서와 같이 지름 0.6 m의 두 바퀴가 길이 1.3 m의 막대 AB에 의하여 연결되어 있다. 두 바퀴는 수평면상을 미끄러짐없이 구른다. 핀 A와 B는 각각의 원의 중심으로부터

0.2 m 떨어져 있다. 점 A의 속도가 오른쪽으로 1.0 m/s일 때, 다음을 구하여라.

(a) 바퀴 A의 각속도 ω_A

(b) 막대 AB의 영속도의 순간중심

(c) 막대 AB의 각속도 ω_{AB}

(d) 점 O_2의 속도 v_2

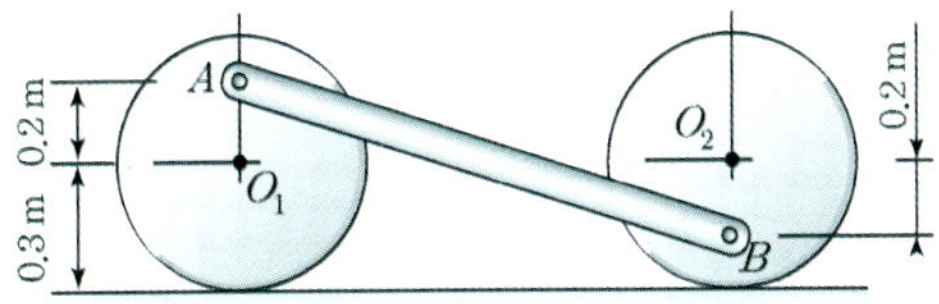

6.6 (예제 6.4의 연습 3/4)

2개의 구동 롤러로 작동되는 큰 원통 위를 종이가 10 m/s의 속도로 이동하고 있다. 미끄러짐이 없다고 가정할 때, 롤러의 각속도를 구하라.

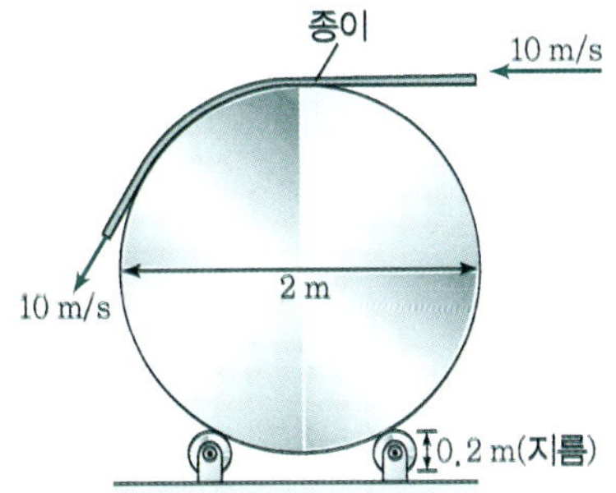

6.7 (예제 6.4의 연습 4/4)

바퀴가 달려있는 판자 T가 오른쪽으로 4 m/s의 일정한 속도로 움직이고, 판자 위에 있는 반지름 2 m인 원통은 반시계 방향으로 3 rad/s로 회전할 때 원통 위의 점 A의 속도를 구하라.

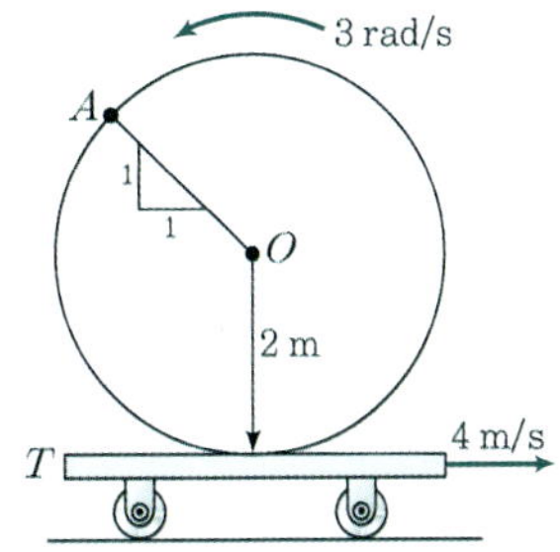

6.8 (예제 6.5의 연습 1/2)

막대 AB가 일정한 각속도 10 rad/s로 시계 방향으로 회전한다. 막대 BC의 각속도를 구하라.

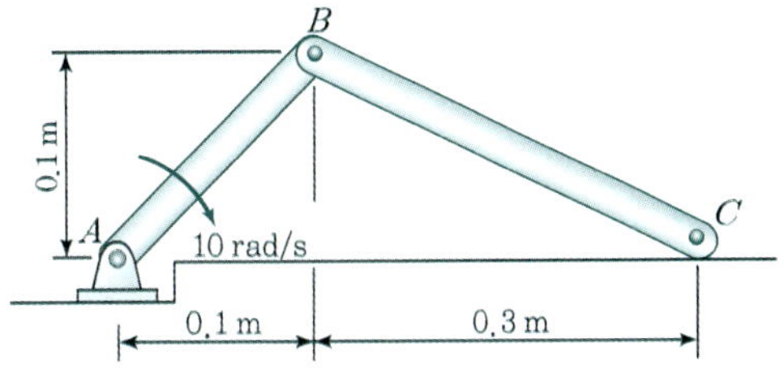

6.9 (예제 6.5의 연습 2/2)

그림에 주어진 위치에서 점 C는 0.3 m/s의 일정한 속도로 경로를 따라 위쪽으로 움직이고 있다. 다음을 구하라.

(a) 막대 BC의 순간중심

(b) 각 막대의 각속도 ω_{AB}와 ω_{BC}

(c) 핀 B의 속도 v_B

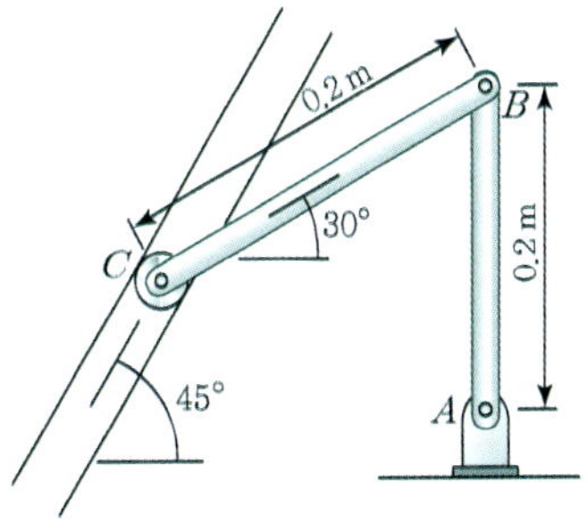

6.10 **(예제 6.6의 연습 1/2)**

그림에 나타낸 위치에서 링크 AB는 반시계 방향의 각속도 4 rad/s로 회전한다.

(a) 링크 BC의 각속도를 구하라.

(b) 점 D의 속도를 구하라.

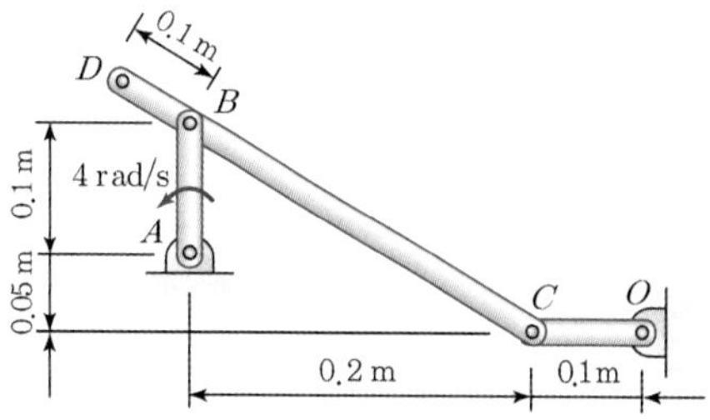

6.11 **(예제 6.6의 연습 2/2)**

링크 AB, CD, DE의 길이가 모두 100 mm이고, 점 B와 점 C를 연결하는 블록은 수평으로 움직인다. 그림과 같은 위치에서 링크 CD와 DE가 직각을 이루고 있으며, 수직 방향으로 움직이는 블록 A는 1 m/s의 속도로 위로(↑) 움직이고 있다. 다음 물음에 답하여라. [2009년 시행 행정고등고시(기술직) 제2차시험]

(a) 그림과 같은 위치에서 점 B의 속도를 구하라.

(b) 위 (a)의 경우, 링크 DE의 각속도를 구하라.

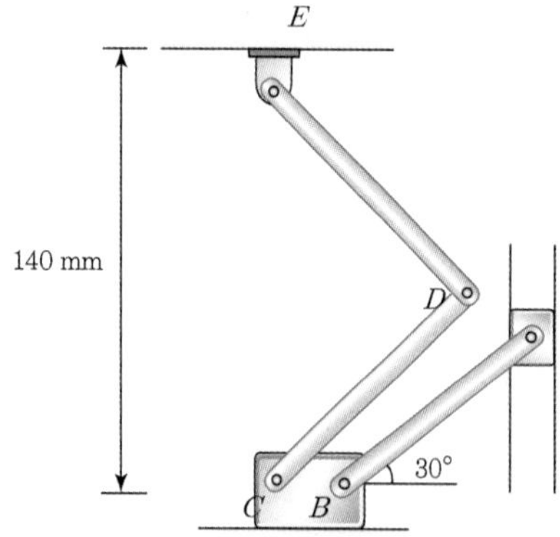

6.12 **(예제 6.7의 연습 1/4)**

그림에서 보는 바와 같이 슬라이더 A, B가 각각 수직과 수평의 안내면을 따라 움직인다. 그리고 슬라이더는 l = 0.7 m의 긴 강체막대로 연결되어 있다. 그림의 순간에서 θ = 60° 이고 슬라이더 B는 오른쪽으로 0.2 m/s의 일정한 속도로 움직인다. 이때의 막대 AB의 각속도와 각가속도를 구하라.

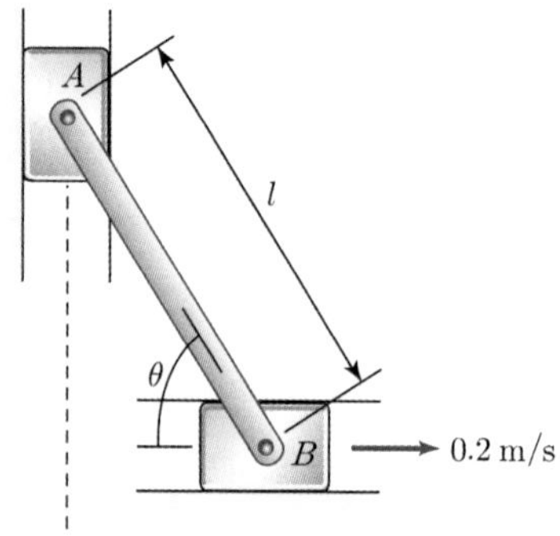

6.13 **(예제 6.7의 연습 2/4)**

다음 그림의 상자는 시계 방향으로 10 rad/s의 각속도와 반시계 방향으로 20 rad/s^{2}의 각가속도를 가진다. 질량중심 G의 가속도를 구하라.

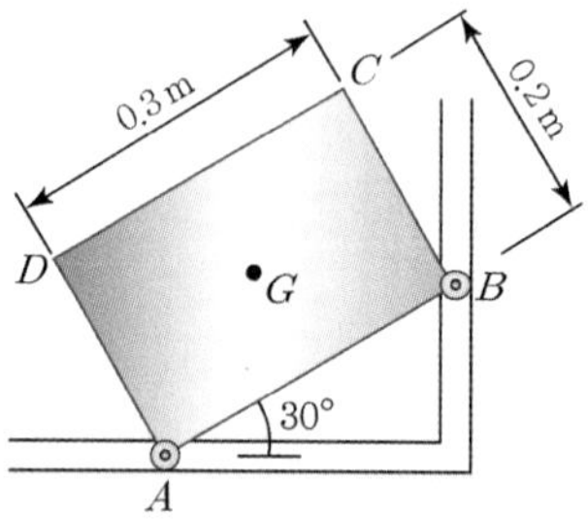

6.14 (예제 6.7의 연습 3/4)

그림과 같은 길이 2 m의 막대의 한쪽 끝 A는 미끄러운 수직축을 따라 움직이며, 다른 한쪽 끝 B는 미끄러운 수평면을 따라 움직인다. $\theta = 30°$인 위치에서, 점 A의 속도는 아랫방향으로 0.5 m/s이며, 점 A의 가속도는 아랫방향으로 0.2 m/s^{2}이다. 다음을 구하라.

(a) 끝 점 B의 가속도 $\mathbf{a}_B$와 막대 AB의 각가속도 $\boldsymbol{\alpha}_{AB}$

(b) 질량중심 G의 가속도

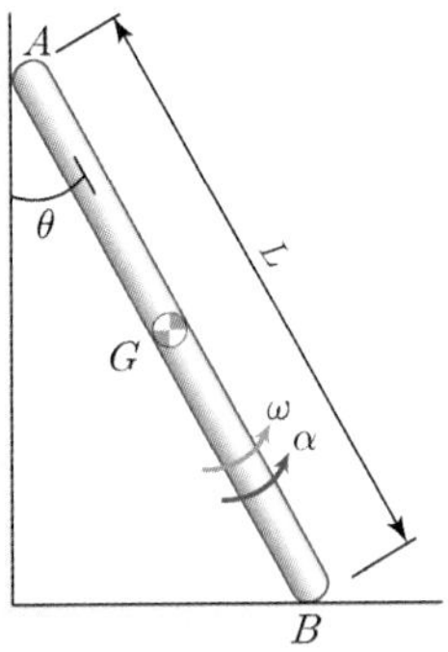

6.15 (예제 6.7의 연습 4/4)

길이 2.0 m의 막대 AB는 평면 위에서 미끄러짐이 없이 구르는 바퀴 A와 수직 방향 안내면을 따라 움직이는 슬라이더(slider) B에 연결되어 있다. 어느 한 순간에 바퀴가 각속도는 2 rad/s(반시계 방향)이고, 각가속도는 0.5 rad/s^2(시계 방향)이다. 이 때 막대 AB의 중점의 가속도 $\mathbf{a}_G$를 구하라.

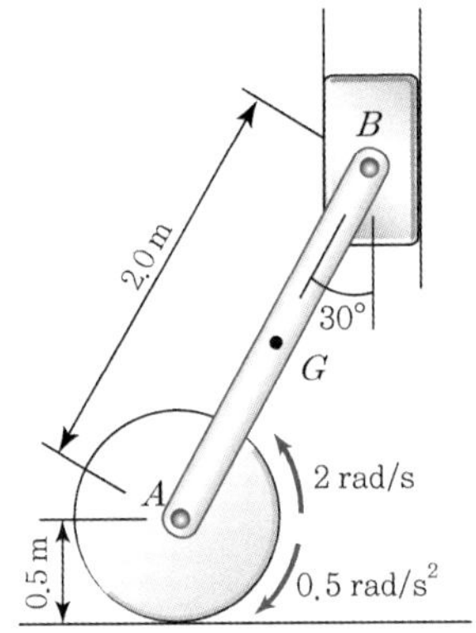

6.16 (예제 6.8의 연습 1/2)

그림과 같은 기구에서 롤러 C는 수평안내면을 따라 오른쪽으로 2.0 m/s의 속도로, 왼쪽으로 5.0 m/s^{2}의 가속도로 움직이고 있다. 이 때 막대 OA의 각속도와 각가속도를 구하라.

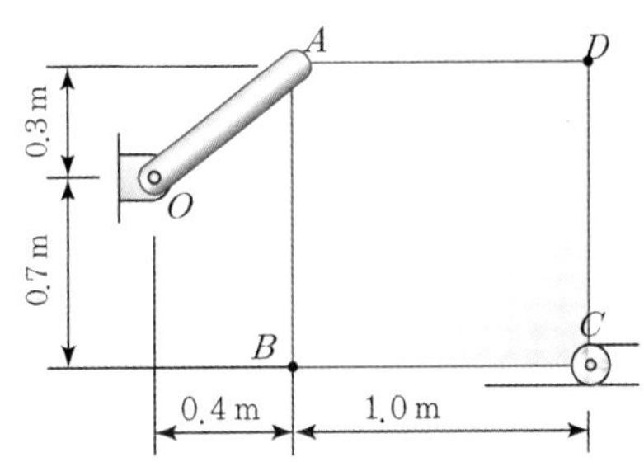

6.17 (예제 6.8의 연습 2/2)

다음 그림과 같은 위치에서 막대 OA는 일정한 각속도 $\omega_1 = 4$ rad/s(시계 방향)로 움직인다. 막대 AB와 안내블럭을 연결하는 핀 B의 속도와 가속도를 구하라. (단, 핀 B는 $\theta = 30°$의 경사면을 따라 움직인다.)

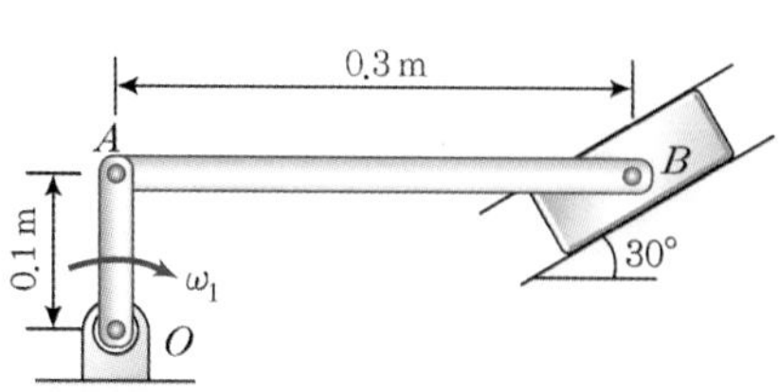

6.18 (예제 6.9의 연습 1/4)

바퀴의 내부 허브에서 줄이 풀리면서 그림과 같은 순간에 바퀴가 반시계 방향으로 일정한 각속도 $\omega = 3\,\text{rad/s}$로 회전하고 있다. 이때 점 A와 점 B의 가속도를 구하라.

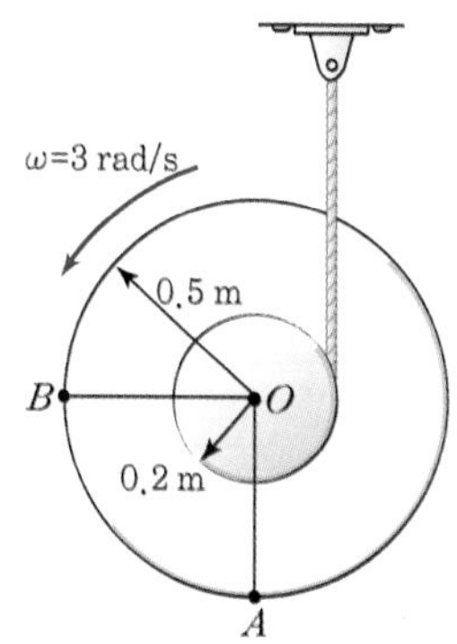

6.19 (예제 6.9의 연습 2/4)

그림에 보는 바와 같이 스풀(spool)이 줄에서 풀려지면서 내려오고 있다. 이 위치에서 스풀의 각속도가 2 rad/s(시계 방향), 각가속도가 $5\,\text{rad/s}^2$(시계 방향)이라 할 때 다음을 구하라.

(a) 점 G의 속도와 가속도

(b) 점 B의 속도와 가속도

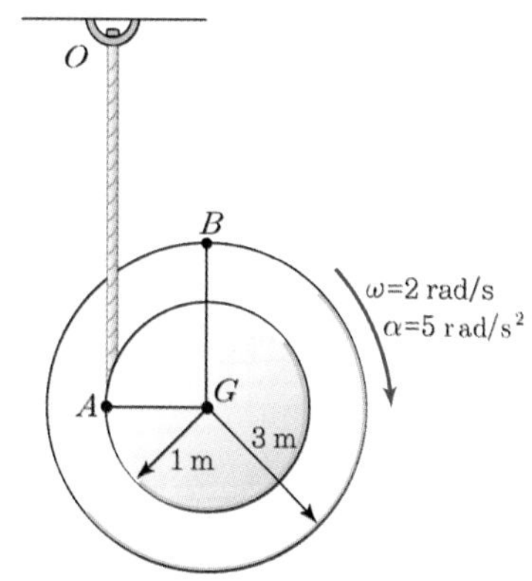

6.20 (예제 6.9의 연습 3/4)

반시계 방향의 각속도 ω, 반시계 방향의 각가속도 α로 미끄러짐없이 구르고 있는 원통이 있다. 점 D, 점 O, 점 A, 점 B의 속도와 가속도를 각각 구하라.

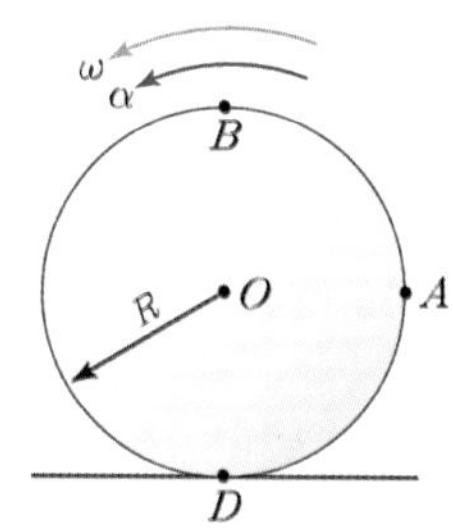

6.21 (예제 6.9의 연습 4/4)

그림과 같이 직경 0.4 m의 바퀴가 수평면 위에서 미끄럼없이 구른다. 주어진 순간에 길이 0.5 m의 막대 AB가 바퀴의 중심으로부터 수직 방향으로 0.1 m 떨어진 위치에서 핀에 의해 연결되어 있다. 이 순간에 바퀴의 중심은 왼쪽 방향으로 0.4 m/s의 속도와 오른쪽 방향으로 $0.8\,\text{m/s}^2$의 가속도로 움직인다. 막대의 각가속도 $\boldsymbol{\alpha}_{AB}$와 막대 끝 점 B의 가속도 $\mathbf{a}_B$를 구하라.

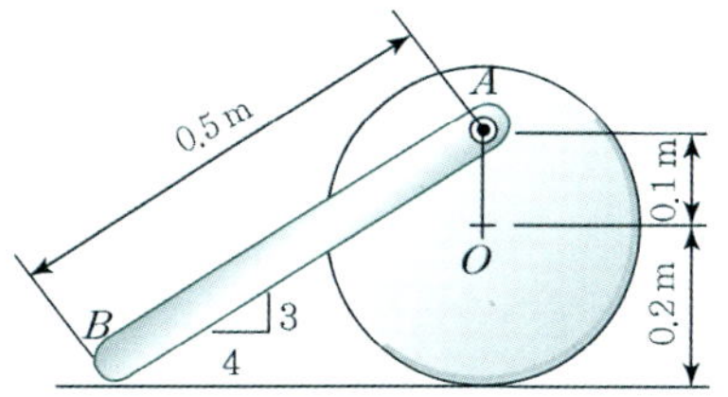

6.22 **(예제 6.10의 연습 1/2)**

막대 AB가 일정한 각속도 10 rad/s로 시계 방향으로 회전한다. 막대 BC의 각가속도와 점 C의 가속도를 구하라.

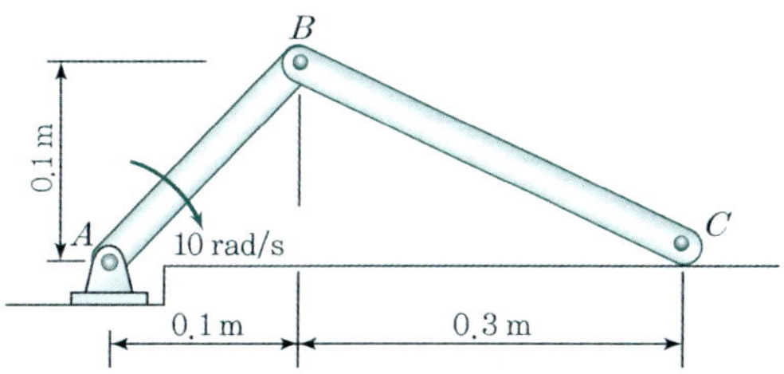

6.23 **(예제 6.10의 연습 2/2)**

그림에 주어진 위치에서 롤러 C는 경로를 따라 위쪽으로 0.3 m/s의 일정한 속도로 움직이고 있다. 다음을 구하라.

(a) 각 막대의 각가속도 $\boldsymbol{\alpha}_{AB}$와 $\boldsymbol{\alpha}_{BC}$

(b) 핀 B의 가속도

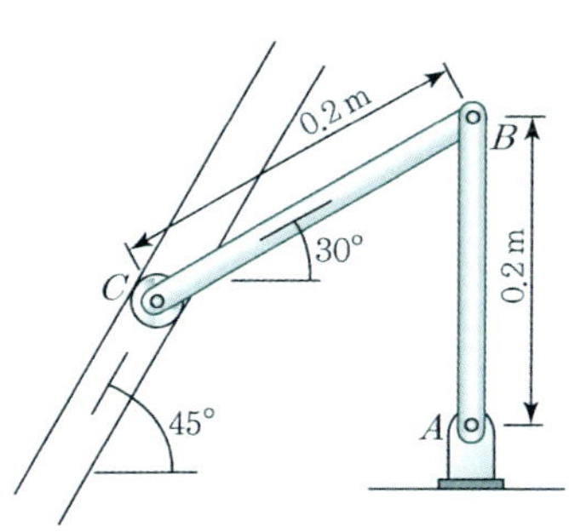

6.24 **(예제 6.11의 연습 1/2)**

링크 AB는 그림에서와 같은 위치에서 반시계 방향의 각속도 4 rad/s와 각가속도 7 rad/s^{2}을 가진다. 다음을 구하라.

(a) 링크 BC의 각가속도

(b) 점 D의 가속도

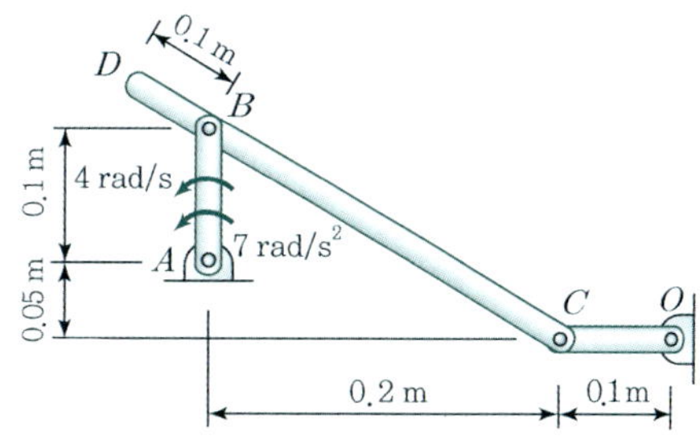

6.25 **(예제 6.11의 연습 2/2)**

그림과 같은 기구에서 크랭크 OA는 시계 방향의 일정한 각속도 5 rad/s로 회전한다. 다음을 구하라.

(a) 막대 AB의 각속도

(b) 롤러 C와 일치하는 막대 AB 위의 점의 속도

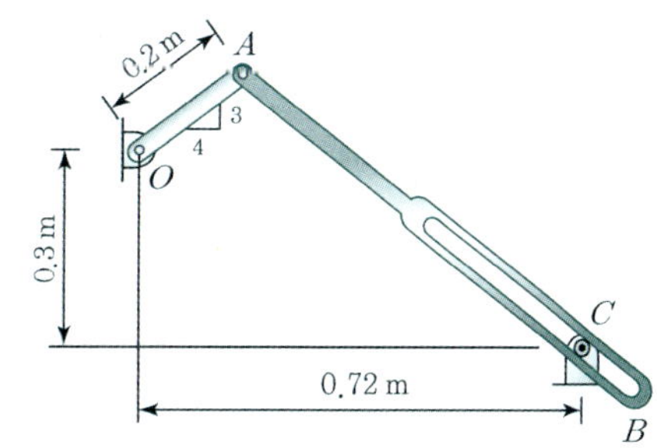

6.26* **(예제 6.12의 연습)**

작은 원판 C는 큰 원판 B 위에 점 A를 중심으로 연결되어 회전하고 있다. 큰 원판 B는 반시계 방향의 각속도 4 rad/s(일정)로 회전하며, 작은 원판 C는 점 A를 중심으로

각속도 7 rad/s (반시계 방향), 각가속도 0.5 rad/s^2(시계 방향)로 회전하고 있다. 작은 원판 C 위에 있는 점 P의 속도와 가속도를 구하라.

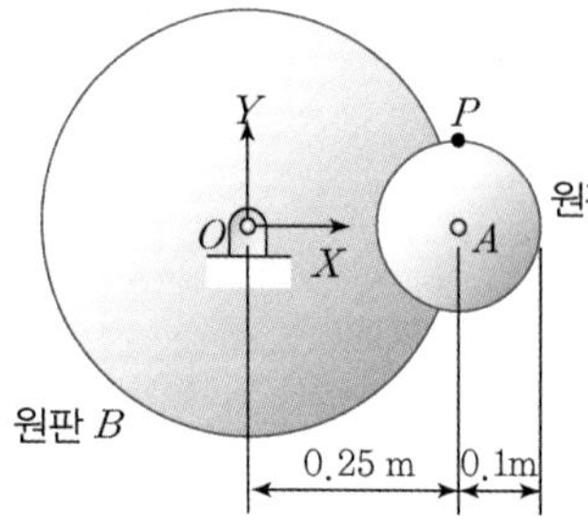

6.27* **(예제 6.13의 연습)**

그림과 같은 상태에서 링크 OA가 시계 방향의 일정한 각속도 3 rad/s를 가질 때 다음을 구하라.

(a) 물체 C의 각속도

(b) 막대 AB에 관한 물체 C의 상대속도

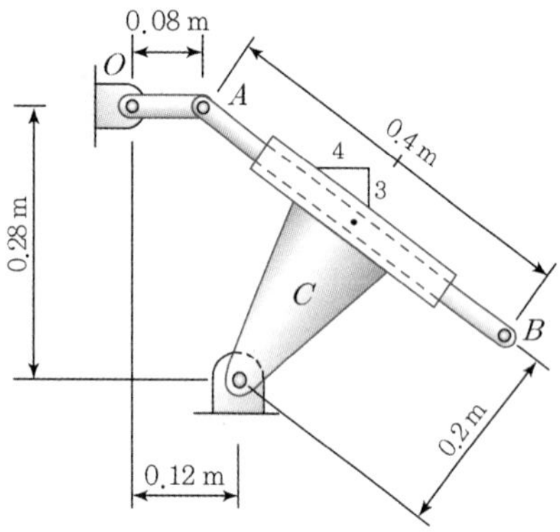

6.28* **(예제 6.14의 연습 1/2)**

반경 $R = 0.3$ m인 원판 D는 길이 $L = 0.4$ m인 막대의 끝 A에 핀으로 연결되어 있다. 막대는 일정한 각속도 $\omega_1 = 0.5$ rad/s로 기준 O을 통과하는 수직축에 대해 회전하고, 원판은 일정한 각속도 $\omega_2 = 0.6$ rad/s로 점 A에 대해 회전할 때, 다음을 구하라.

(a) 점 A에 대해 수직 위에 있는 점 P의 속도

(b) 점 P의 가속도

(c) 원판의 절대각속도와 절대각가속도

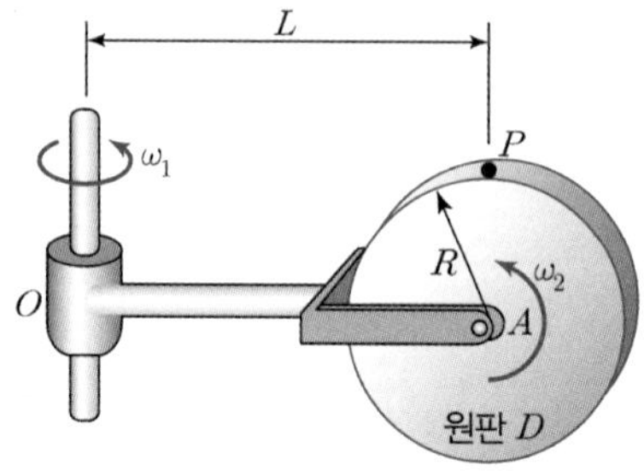

6.29* **(예제 6.14의 연습 2/2)**

막대 AB는 z축에 대하여 일정한 각속도 $w_1 = 2$ rad/s로 회전한다. 길이 2 m인 막대 BC는 yz 평면에 위치하고 있으며 x축에 대하여 일정한 각속도 $w_2 = 3$ rad/s로 회전하며 y축과의 각도는 60°이다. 다음 물음에 답하시오. (단, **i**, **j**, **k**는 직교좌표 x, y, z 방향의 단위 벡터이다)[2007년 행정고등고시(기술직)]

(a) 점 C의 속도를 구하시오.

(b) 막대 BC의 각가속도를 구하시오.

(c) 점 C의 가속도를 구하시오.

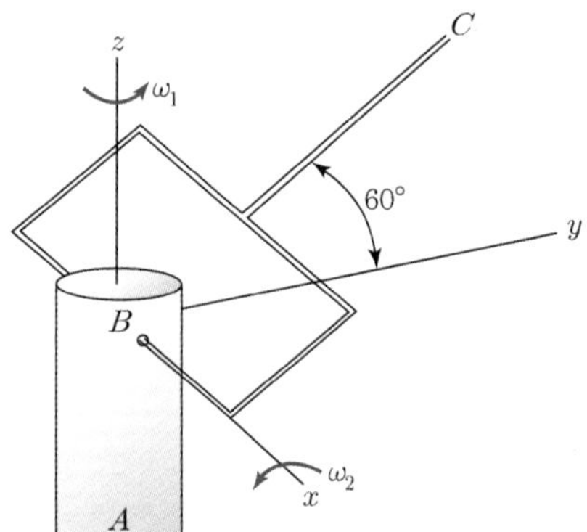

연습문제 해답

6.1 $\mathbf{a}_B = 2.5\ \mathrm{m/s^2}$ 16.3°

6.2 $\mathbf{v}_B = 0.4\ \mathrm{m/s}\ \leftarrow$

6.3 (a) 점 O

(b) $\boldsymbol{\omega}_{AB} = 2.888\ \mathrm{rad/s}$ ↻

$\boldsymbol{\omega}_{CD} = 1.429\ \mathrm{rad/s}$ ↺

(c) $\mathbf{v}_C = 0.937\ \mathrm{m/s}$ 22.4°

6.4 $\mathbf{v}_A = 1.62\ \mathrm{m/s}$ 21.8°

$\mathbf{v}_B = 2.10\ \mathrm{m/s}\ \downarrow$

6.5 (a) $\boldsymbol{\omega}_A = 2\ \mathrm{rad/s}$ ↺

(b) $R = \infty$

(c) $\omega_{AB} = 0$

(d) $\mathbf{v}_2 = 3\ \mathrm{m/s}\ \rightarrow$

6.6 $\boldsymbol{\omega}_B = 100\ \mathrm{rad/s}$ ↺

6.7 $\mathbf{v}_A = 7.55\ \mathrm{m/s}$ 34.2°

6.8 $\mathbf{v}_C = 1.33\ \mathrm{m/s}\ \rightarrow$

6.9 (a) 막대 BC의 순간중심은 B 지점으로부터 수직하향으로 0.273 m 지점에 위치한다.

(b) $\boldsymbol{\omega}_{AB} = 1.673\ \mathrm{rad/s}$ ↻

$\boldsymbol{\omega}_{BC} = 1.225\ \mathrm{rad/s}$ ↻

(c) $\mathbf{v}_B = 0.335\ \mathrm{m/s}\ \rightarrow$

6.10 (a) $\boldsymbol{\omega}_{BC} = 2.667\ \mathrm{rad/s}$ ↻

(b) $\mathbf{v}_D = 0.60\ \mathrm{m/s}$ 20.9°

6.11 (a) $\mathbf{v}_B = 0.578\ \mathrm{m/s}\ \rightarrow$

(b) $\boldsymbol{\omega}_{DE} = 3.904\ \mathrm{rad/s}$ ↺

6.12 $\boldsymbol{\omega}_{AB} = 0.330\ \mathrm{rad/s}$ ↺

$\boldsymbol{\alpha}_{AB} = 0.0629\ \mathrm{rad/s^2}$ ↺

6.13 $\mathbf{a}_G = 22.97\ \mathrm{m/s^2}$ 39.3°

6.14 (a) $\mathbf{a}_B = 0.654\ \mathrm{m/s^2}\ \leftarrow$

$\boldsymbol{\alpha} = 0.233\ \mathrm{rad/s^2}$ ↻

(b) $\mathbf{a}_G = 0.342\ \mathrm{m/s^2}$ 17°

6.15 $\mathbf{a}_G = 0.336\ \mathrm{m/s^2}$ 68.2°

6.16 $\boldsymbol{\omega}_{OA} = 2.857\ \mathrm{rad/s}$ ↻

$\boldsymbol{\omega}_{AC} = 1.143\ \mathrm{rad/s}$ ↺

$\boldsymbol{\alpha}_{OA} = 2.244\ \mathrm{rad/s^2}$ ↺

$\boldsymbol{\alpha}_{AC} = 0.245\ \mathrm{rad/s^2}$ ↺

6.17 $\mathbf{v}_B = 0.462\ \mathrm{m/s}$ 30°

$\mathbf{a}_B = 0.205\ \mathrm{m/s^2}$ 30°

6.18 $\mathbf{a}_A = 4.5\ \mathrm{m/s^2}\ \uparrow$

$\mathbf{a}_B = 4.5\ \mathrm{m/s^2}\ \rightarrow$

6.19 (a) $\mathbf{v}_G = 2\ \mathrm{m/s}\downarrow$,

$\mathbf{a}_G = 5\ \mathrm{m/s^2}\ \downarrow$

(b) $\mathbf{v}_B = 6.32\ \mathrm{m/s}$ 18.4°

$\mathbf{a}_B = 22.7\ \mathrm{m/s}$ 48.6°

6.20 $\mathbf{v}_D = 0$,

$\mathbf{v}_O = -\omega R\mathbf{i}$

$\mathbf{v}_A = -\omega R\mathbf{i} + \omega R\mathbf{j}$

$\mathbf{v}_B = -2\omega R\mathbf{i}$

$\mathbf{a}_D = 0$

$\mathbf{a}_O = -\alpha R\mathbf{i}$

$\mathbf{a}_A = (-\alpha R - \omega^2 R)\mathbf{i} + \alpha R\mathbf{j}$

$\mathbf{a}_B = -2\alpha R\mathbf{i} - \omega^2 R\mathbf{j}$

6.21 $\boldsymbol{\alpha}_{AB} = 1\ \mathrm{rad/s^2}$ ↻

$\mathbf{a}_B = 0.9\ \mathrm{m/s^2} \rightarrow$

6.22 $\boldsymbol{\alpha}_{BC} = 29.63\ \mathrm{rad/s^2}$ ↺

$\mathbf{a}_C = 10.37\mathrm{m/s^2} \leftarrow$

6.23 (a) $\boldsymbol{\alpha}_{AB} = 0.117\ \mathrm{rad/s}$ ↺

$\boldsymbol{\alpha}_{BC} = 2.366\ \mathrm{rad/s^2}$ ↻

(b) $\mathbf{a}_B = 0.560\ \mathrm{m/s^2}$ 87.6°

6.24 (a) $\boldsymbol{\alpha}_{BC} = 33.11\ \mathrm{rad/s^2}$ ↺

$\boldsymbol{\alpha}_{OC} = 60.89\ \mathrm{rad/s^2}$ ↻

(b) $\mathbf{a}_D = 5.133\ \mathrm{m/s^2}$ 65.6°

6.25 $\mathbf{v}_C = 0.96\ \mathrm{m/s}$ 36.9°

$\boldsymbol{\omega}_{AB} = 0.4\ \mathrm{rad/s}$ ↺

6.26 $\mathbf{v}_P = 1.221\ \mathrm{m/s}$ 55°

$\mathbf{a}_P = 6.294\ \mathrm{m/s^2}$ 51.1°

6.27 $\boldsymbol{\omega}_C = 0.96\ \mathrm{rad/s^2}$ ↺

$\mathbf{v}_{C/AB} = 0.336\ \mathrm{m/s}$ 36.9°

6.28 (a) $\mathbf{v}_P = -0.18\mathbf{i} - 0.20\mathbf{k}\ (\mathrm{m/s})$

(b) $\mathbf{a}_P = -0.1\mathbf{i} - 0.108\mathbf{j} + 0.18\mathbf{k}\ (\mathrm{m/s^2})$

(c) $\boldsymbol{\omega}_D = 0.5\mathbf{j} + 0.6\mathbf{k}\ (\mathrm{rad/s})$

$\mathbf{a}_D = 0.3\mathbf{i}\ (\mathrm{m/s^2})$

6.29

(a) $\mathbf{v}_C = -2\mathbf{i} - 5.196\mathbf{j} + 3.0\mathbf{k}\ (\mathrm{m/s})$

(b) $\boldsymbol{\alpha}_D = 6\mathbf{j}\ (\mathrm{rad/s^2})$

(c) $\mathbf{a}_C = 20.78\mathbf{i} - 13\mathbf{j} - 15.59\mathbf{k}\ (\mathrm{m/s^2})$

07 chapter

강체 운동역학 I (힘모멘트와 각가속도)

7.1 개요

강체운동의 원인이 되는 것은 힘과 힘모멘트(moment of force, 이하 간단히 모멘트라 한다.)이다. 앞 장에서 이것들을 고려하지 않고 강체의 운동학적 관계만을 해석하였다. 이 장에서 힘과 모멘트가 강체의 운동에 미치는 영향을 알아본다.

질점 동역학에서는 물체를 크기가 없는 점으로 취급하여 운동역학 문제를 다루었으나, 강체 동역학에서는 물체의 크기뿐만 아니라 형상까지 고려하며, 물체에 작용하는 힘과 모멘트를 고려한다.

이 장에서는 강체의 운동을 xy 평면에 대한 평면운동으로 한정한다. 그리고 기준평면(xy 평면)에 대하여 대칭인 물체만을 취급한다.

7.2 평면운동에 대한 일반식

강체에 작용하는 모든 외력들의 합력은 강체의 질량중심이 병진운동을 하는 원인이 되고, 외력들을 질량중심으로 옮기는 과정에서 발생하는 모멘트와 순수 외부모멘트의 합은 강체가 회전운동을 하는 원인이 된다.

7.2.1 힘과 가속도

강체에 작용하는 모든 외력의 합(알짜 힘) $\Sigma \mathbf{F}$은 강체의 질량중심에서의 가속도에 질량을 곱한 것과 같다. 즉, 강체에 작용하는 모든 외력의 합은 강체의 질량중심에 모든 질량이 집중되어 있는 것처럼 움직인다. 뉴튼의 제2법칙은 고정좌표계에 대한 운동을 기술할 때 사용한다.

$$\sum \mathbf{F} = m\mathbf{a}_G \tag{7.1}$$

여기서 $\Sigma\mathbf{F}$는 강체에 작용하는 모든 외력들의 합이며, m은 강체의 질량이고, $\mathbf{a}_G$는 강체의 질량중심에서의 가속도이다.

이 식을 직각좌표계로 표현하면 다음과 같다.

$$\Sigma F_x = ma_{Gx} \tag{7.2a}$$

$$\Sigma F_y = ma_{Gy} \tag{7.2b}$$

그리고 접선 및 법선 좌표계로 표현하면 다음과 같다.

$$\Sigma F_t = ma_{Gt} \tag{7.3a}$$

$$\Sigma F_n = ma_{Gn} \tag{7.3b}$$

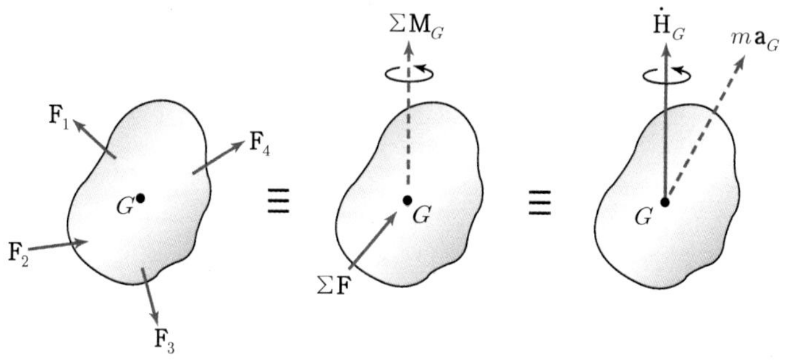

그림 7.1 힘과 모멘트의 작용과 운동

7.2.2 모멘트와 각가속도

강체는 서로간의 상대위치가 변화하지 않는 무수한 질점들로 구성되어 있다고 가정하고 힘과 모멘트가 강체의 운동에 미치는 영향을 알아보자.

강체 내 미소요소의 질량 dm_i가 $d\mathbf{F}_i$ 힘의 작용으로 $\mathbf{a}_i$의 가속도로 움직인다고 가정하자. 이를 식으로 나타내면 다음과 같다.

$$d\mathbf{F}_i = \mathbf{a}_i\, dm_i$$

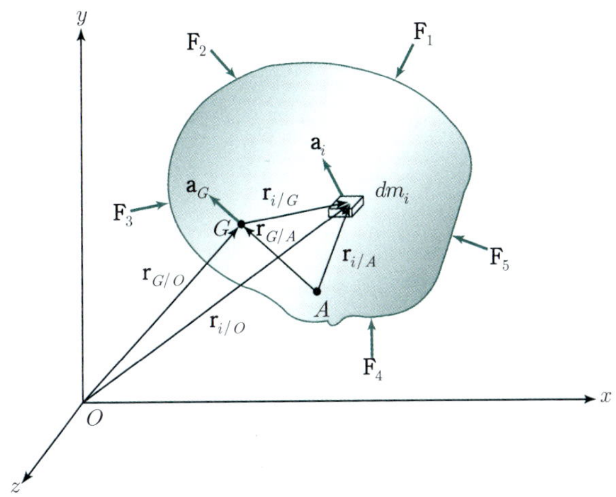

그림 7.2 강체에 작용하는 힘과 모멘트로 인한 미소질량의 상대위치와 가속도의 관계

강체 내의 질량중심도 아니고 고정점도 아닌 임의의 점 A를 기준으로 모멘트를 구하기 위하여 양변에 $\mathbf{r}_{i/A}$을 곱하고 n개의 미소요소로 구성된 강체의 모든 미소요소에 대하여 합하면 다음과 같다.

$$\sum_{i=1}^{n} \mathbf{r}_{i/A} \times d\mathbf{F}_i = \sum_{i=1}^{n} (\mathbf{r}_{i/A} \times \mathbf{a}_i)\, dm_i$$

위 식을 적분의 형태로 나타내면 모멘트 방정식은 다음과 같다.

$$\Sigma \mathbf{M}_A = \int_m (\mathbf{r}_{i/A} \times \mathbf{a}_i) dm_i \tag{7.4}$$

여기서 $\Sigma \mathbf{M}_A$은 임의의 점 A에서 강체에 작용하는 모든 외부 모멘트의 합이고, 미소질량 dm_i는 가속도 $\mathbf{a}_i$로 움직이며, $\mathbf{r}_{i/A}$는 점 A에서 미소질량 dm_i까지의 위치벡터이다.

윗 식을 몇 가지 유도 과정을 거치면 3차원 공간운동을 하는 강체의 모멘트 방정식을 얻을 수 있으며 자세한 유도과정은 부록을 참고하기 바란다. 강체가 2차원 운동(평면운동)을 하고 있고, 강체가 운동평면에 대해 대칭인 경우 강체의 모멘트 방정식은 다음과 같다.

$$\Sigma \mathbf{M}_A = (\mathbf{r}_{G/A} \times m\mathbf{a}_G) + I_G \boldsymbol{\alpha} \tag{7.5}$$

여기서 I_G는 질량중심 G에 대한 질량관성모멘트로서 다음과 같으며 자세한 것은 부록을 참고하기 바란다.

$$I_G = \int_m r^2 \, dm$$

참고

$$\Sigma \mathbf{M}_A = \mathbf{r}_{G/A} \times m\mathbf{a}_G + I_G \boldsymbol{\alpha} \qquad (7.5)$$

위의 벡터식을 스칼라식으로 변환하는 요령.

임의의 점 A에서 관찰할 때 질량중심 G의 가속도 방향이 각가속도 방향과 일치하면 양수(+)이고, 반대방향이면 음수(-)이다. $\mathbf{r}_{G/A}$와 $\boldsymbol{a}_G$는 서로 수직한 성분만 유효하다.

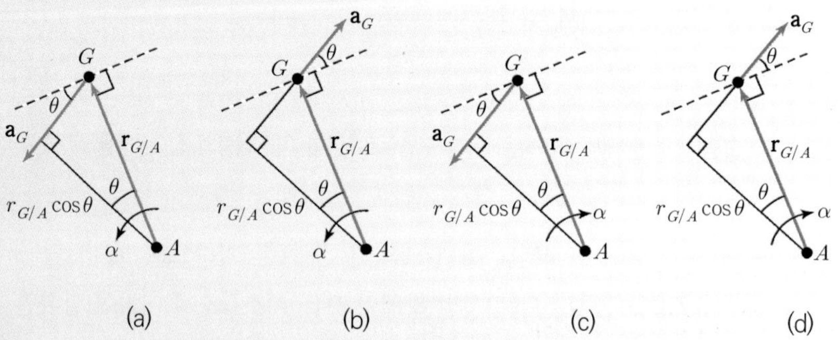

(a) $\circlearrowleft + _A$: $M_A = +r_{G/A}\cos\theta \cdot ma_G + I_G\alpha$

(b) $\circlearrowleft + _A$: $M_A = -r_{G/A}\cos\theta \cdot ma_G + I_G\alpha$

(c) $\circlearrowright + _A$: $M_A = -r_{G/A}\cos\theta \cdot ma_G + I_G\alpha$

(d) $\circlearrowright + _A$: $M_A = +r_{G/A}\cos\theta \cdot ma_G + I_G\alpha$

참고

$$\Sigma \mathbf{M}_A = \mathbf{r}_{G/A} \times m\mathbf{a}_G + I_G \boldsymbol{\alpha}$$

위의 식을 평면운동을 하는 물체에 직각좌표계를 적용하면 다음과 같다.

$$\Sigma M_A \mathbf{k} = [(r_{G/A})_x \mathbf{i} + (r_{G/A})_y \mathbf{j}] \times m(a_{Gx}\mathbf{i} + a_{Gy}\mathbf{j}) + I_G \alpha \mathbf{k}$$

윗 식을 풀면 다음과 같다.

$$\Sigma M_A = [(r_{G/A})_x m\, a_{Gy} - (r_{G/A})_y m\, a_{Gx}] + I_G \alpha \qquad (7.6)$$

(1) xy 평면에 대하여 대칭인 강체가 평면운동을 하는 경우

xy 평면에 대하여 대칭인 강체는 $I_{xz} = 0$, $I_{yz} = 0$인 성질을 갖고, 모멘트를 나타내기 위한 임의의 기준점 A에 대한 모멘트 식은 식 (B.6)로부터 다음과 같이 된다.

$$\Sigma \mathbf{M}_A = \mathbf{r}_{G/A} \times m\,\mathbf{a}_G + I_G\,\boldsymbol{\alpha} \tag{7.5}$$

모멘트를 나타내기 위한 임의의 기준점 A를 질량중심 G로 잡으면, $A \equiv G$가 되어 윗 식은 다음과 같이 표현된다. 식 (B.7)과 식 (B.7a) 중 어떤 식을 적용하여야 편리한 지는 문제에 따라 다르다.

$$\Sigma \mathbf{M}_G = I_G\,\boldsymbol{\alpha} \tag{7.7}$$

(2) xy 평면에 대하여 대칭인 강체가 병진운동을 하는 경우

만약 강체가 병진운동을 하는 경우는 각가속도가 영(0)[$\boldsymbol{\alpha} = 0$]이 되므로 식 (B.7), 식 (B.7a)은 다음과 같이 된다. 어떤 식을 적용하여야 편리한지는 문제에 따라 다르다.

$$\Sigma \mathbf{M}_A = \mathbf{r}_{G/A} \times m\,\mathbf{a}_G \tag{7.8}$$

또는

$$\Sigma \mathbf{M}_G = 0 \tag{7.9}$$

(3) xy 평면에 대하여 대칭인 강체가 회전운동을 하는 경우

만약 강체가 순수 회전운동을 하는 경우, 모멘트를 나타내기 위한 임의의 기준점 A를 회전 중심축 O로 잡아 모멘트를 표현하면, 식 (B.7)은 다음과 같이 된다.

$$\Sigma \mathbf{M}_O = \mathbf{r}_{G/O} \times m\,\mathbf{a}_G + I_G\,\boldsymbol{\alpha} \tag{7.10}$$

회전중심 O에서 질량중심 G까지의 거리 $\mathbf{r}_{G/O}$와 질량중심 G의 가속도 $\mathbf{a}_G$ 곱은 다음과 같다.

$$\mathbf{r}_{G/O} \times \mathbf{a}_G = \mathbf{r}_{G/O} \times (\boldsymbol{\alpha} \times \mathbf{r}_{G/O} - \omega^2 \mathbf{r}_{G/O}) = r_{G/O}^2 \boldsymbol{\alpha}$$

여기서 $\mathbf{r}_{G/O}$는 $\boldsymbol{\alpha} \times \mathbf{r}_{G/O}$와 수직이고, $\omega^2 \mathbf{r}_{G/O}$와 평행이다.

회전중심 O에 대한 모멘트 식은 다음과 같다.

$$\Sigma \mathbf{M}_O = [I_G + m r_{G/O}^2] \boldsymbol{\alpha}$$

다시 쓰면 다음과 같다.

$$\Sigma \mathbf{M}_O = I_O \boldsymbol{\alpha} \tag{7.11}$$

여기서 평행축 이론에 의하여 회전중심 O에 대한 질량관성모멘트와 질량중심 G에 대한 질량관성모멘트의 관계는 다음과 같다.

$$I_O = I_G + m r_{O/G}^2$$

7.3 순수 병진운동

강체의 순수 병진운동(translational motion)이란 물체의 크기를 고려하지만 운동의 특성상 물체의 회전운동이 수반되지 않는 경우이다. 강체가 회전하지 않으면서 움직이려면 처음의 위치와 평행 상태를 유지하면서 운동하여야 한다. 병진운동을 하는 강체에서는 강체 내의 모든 점들은 같은 속도와 같은 가속도로 움직인다. 강체가 병진운동을 하는 경우에는 질점에 작용하는 힘과 가속도의 역학관계가 그대로 적용된다. 질점이란 물체를 점으로 간주하여 크기를 무시하고 해석시 회전운동을 생각하지 않는 경우로서 다음의 식이 적용된다.

$$\Sigma \mathbf{F} = m \mathbf{a}_G \tag{7.1}$$

여기서 $\mathbf{a}_G$는 질량중심의 가속도이다. 병진운동의 경우 강체 내 모든 점의 가속도가 같으므로 별다른 의미는 없으나 다른 종류의 강체운동에는 반드시 질량중심의 가속도를 적용하여야 한다.

강체가 직선 병진운동(rectilinear translation)을 하는 경우 식 (7.1)의 스칼라 방정식은 다음과 같다.

$$\Sigma F_x = ma_{Gx} \tag{7.2a}$$

$$\Sigma F_y = ma_{Gy} \tag{7.2b}$$

그리고 강체가 곡선 병진운동(curvilinear translation)하는 경우의 스칼라 방정식은 다음과 같다.

$$\Sigma F_t = ma_{Gt} \tag{7.3a}$$

$$\Sigma F_n = ma_{Gn} \tag{7.3b}$$

임의의 점 A에서 모멘트 합은 식 (7.5)에서 강체의 회전에 관한 항을 제외한 경우 이며 다음과 같다.

$$\Sigma \mathbf{M}_A = \mathbf{r}_{G/A} \times m\mathbf{a}_G \tag{7.8}$$

만약 모멘트의 기준점 A가 강체의 질량중심과 일치하면($\mathbf{r}_{G/A} = 0$)가 되어 윗 식은 더욱 간단히 된다. 즉, 질량중심에 대하여 계산된 모멘트의 합은 0(영)이다. 이 경우 병진운동을 하는 강체에서 외력의 합력은 물체의 질량중심을 통과하여야 하며 이러한 조건이 만족되어야 질량중심 G에 대한 모멘트의 합이 0(영)이 된다.

$$\Sigma \mathbf{M}_G = \mathbf{0} \tag{7.9}$$

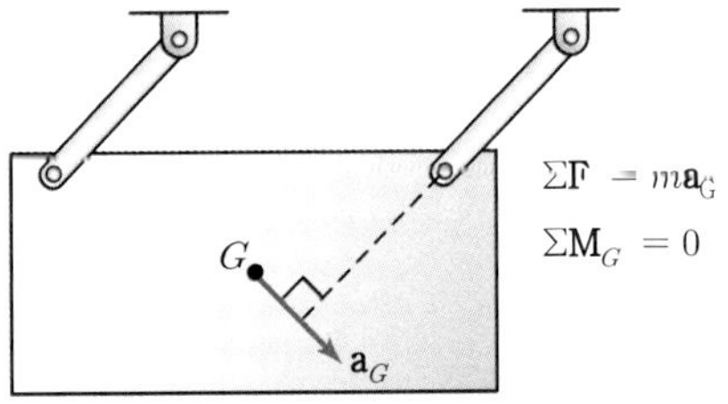

그림 7.3 강체의 병진운동

7.4 순수 회전운동

강체의 회전운동(rotational motion)은 물체가 회전중심에 대하여 회전하는 운동이다. 즉, 임의의 회전중심 O에 대하여 원 궤적을 그리며 운동을 한다. 물체가 회전운동을 하더라고 앞에서 사용된 힘과 질량중심에서의 가속도와의 역학관계가 그대로 적용된다.

$$\Sigma \mathbf{F} = m\mathbf{a}_G \tag{7.1}$$

식 (7.1)은 질량중심의 가속도 벡터를 직각 좌표계를 사용하여 스칼라 형태의 운동방정식으로 나타내면 다음과 같다.

$$\Sigma F_x = ma_{Gx} \tag{7.2a}$$

$$\Sigma F_y = ma_{Gy} \tag{7.2b}$$

그리고 접선 및 법선 좌표계의 성분으로 나타내면 다음과 같다. 법선 방향의 가속도와 접선 방향의 가속도를 직접 고려할 수 있어 편리한 경우가 많다.

$$\Sigma F_t = m a_{Gt} = m \alpha r_G \tag{7.3a}$$

$$\Sigma F_n = m a_{Gn} = m \omega^2 r_G \tag{7.3b}$$

외부에서 작용하는 회전모멘트로 인하여 강체가 회전중심 O에 대하여 원운동을 한다. 물체의 질량중심 G도 회전중심 O에 대하여 원 궤적을 그리며 운동한다.

식 (7.5)로부터 회전중심 O에 대한 모멘트는 다음과 같다.

$$\Sigma \mathbf{M}_O = \mathbf{r}_{G/O} \times m\,\mathbf{a}_G + I_G\,\boldsymbol{\alpha} \tag{7.10}$$

질량중심 G에서의 가속도는 다음과 같다.

$$\mathbf{a}_G = \boldsymbol{\alpha} \times \mathbf{r}_{G/O} - \omega^2 \mathbf{r}_{G/O} \tag{6.8}$$

윗 식에서 접선 방향 가속도 $\boldsymbol{\alpha} \times \mathbf{r}_{G/O}$은 벡터 $\mathbf{r}_{G/O}$에 수직하여 유효한 성분으로 남지만, 법선 방향 가속도 $-\omega^2 \mathbf{r}_{G/O}$는 벡터 $\mathbf{r}_{G/O}$와 평행하여 0(영)이 되어 없어진다.

모멘트 평형식은 다음과 같다.

$$\Sigma \mathbf{M}_O = \mathbf{r}_{G/O} \times (m\boldsymbol{\alpha} \times \boldsymbol{r}_{G/O}) + I_G \boldsymbol{\alpha}$$

회전중심 O에 대한 질량관성모멘트는 질량중심 G에 대한 질량관성모멘트 $I_G \boldsymbol{\alpha}$와 질량중심 G에서의 가속도를 나타내는 관성력 $m\boldsymbol{\alpha} \times \boldsymbol{r}_{G/O}$을 포함한다. 계산하면 다음과 같다.

$$\Sigma \mathbf{M}_O = (m r_{G/O}^2 + I_G) \boldsymbol{\alpha}$$

또한 평행축 정리에 따라 다음 식이 성립한다.

$$I_O = I_G + m r_{G/O}^2$$

결과적으로 회전중심 O에 대한 모멘트 식은 다음과 같다.

$$\Sigma \mathbf{M}_O = I_O \boldsymbol{\alpha} \qquad (7.11)$$

문제풀이를 위한 자유물체도에는 식 (7.7)에 따라 $m\mathbf{a}_G$와 $I_G \boldsymbol{\alpha}$로 표시한다.

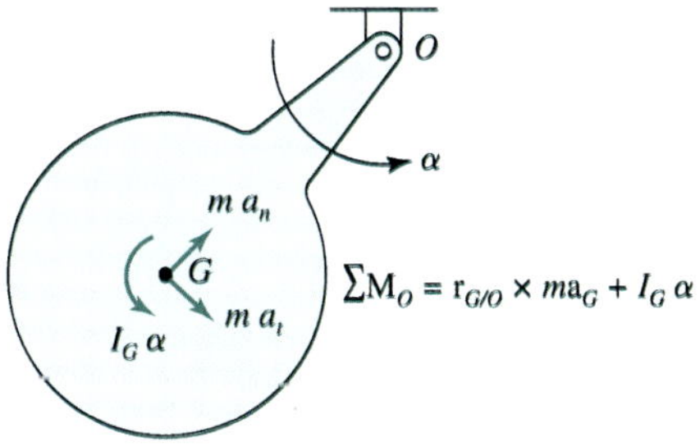

(a) 분리 표시법

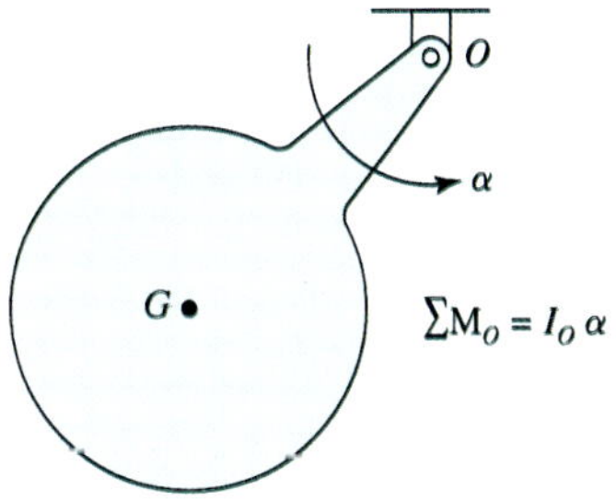

(b) 합성 표시법

그림 7.4 강체의 회전운동

참고

1. 이 책에서는 강체가 평면운동(2-dimensional plane motion)을 하는 경우에 국한한다. xy평면에 대한 평면운동(plane motion)이란 x방향의 이동, y방향의 이동 그리고 z방향의 회전을 의미한다.
2. 이 책에서 다루는 강체는 xy평면에 대하여 대칭인 물체를 다룬다. 즉, 질량관성적 $I_{xy} = 0$, $I_{yz} = 0$, $I_{zx} = 0$인 경우만 다룬다. (부록 A 참조)

표 7.1 병진운동과 회전운동의 대응 관계

병진운동	회전운동
질량 m	질량관성모멘트 I
속도 $\mathbf{v}$	각속도 $\boldsymbol{\omega}$
가속도 $\mathbf{a}$	각가속도 $\boldsymbol{\alpha}$
힘 $\Sigma\mathbf{F} = m\mathbf{a}_G$	모멘트 $\Sigma\mathbf{M}_O = I_O\boldsymbol{\alpha}$
선운동량 $\mathbf{L} = m\mathbf{v}$	각운동량 $\mathbf{H} = \mathbf{r} \times m\mathbf{v}$
병진운동에너지 $T = \frac{1}{2}mv_G^2$	회전운동에너지 $T = \frac{1}{2}I_O\omega^2$

예제 7.1

질량이 2 ton이고 질량중심 G인 자동차가 20 m/s로 달릴 때 4개 바퀴의 회전운동을 멈추게 하려고 브레이크를 작용하였다. 정지할 때까지 미끄러진 거리는 50 m이다. 자동차가 미끄러질 때, 전륜과 후륜의 수직 반력과 마찰력을 구하라. 단, 제동시 차량이 앞으로 기울어지는 현상(dive)은 무시한다.

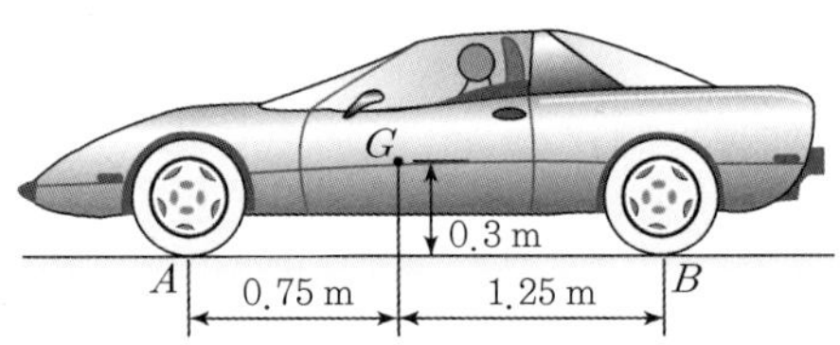

적용원리

- 병진운동을 한다.
- 차량진행의 반대방향으로 가속도가 발생한다.

풀이

[운동학]

속도와 거리와의 관계식 $v^2 - v_0^2 = 2as$에서

$$0^2 - 20^2 = 2 \cdot a \cdot 50, \qquad \therefore \ a = -4\ \text{m/s}^2$$

즉, 가속도의 크기는 $4\ \text{m/s}^2$이며, 차량진행의 반대방향(오른쪽방향)이다.

[운동역학]

앞바퀴와 뒷바퀴의 수직반력을 각각 N_A, N_B라 하고, 앞바퀴와 뒷바퀴의 마찰력을 각각 F_A, F_B라 할 때 자유물체도는 다음과 같다.

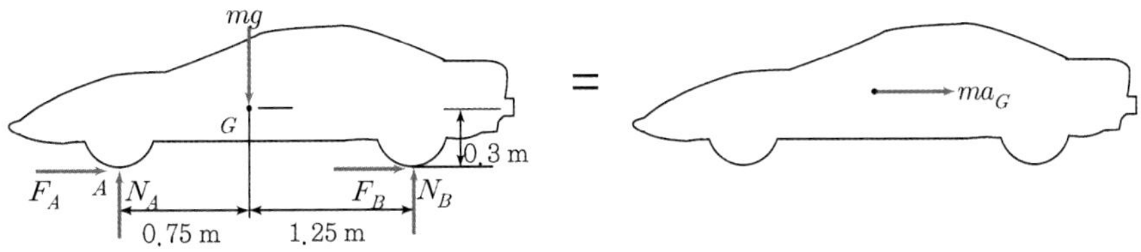

수직반력과 마찰력과의 관계는

$$F_A = \mu_k N_A \quad ①$$

$$F_B = \mu_k N_B \quad ②$$

수평 방향의 운동방정식은

$$\xrightarrow{+} : F_A + F_B = m\,a_G$$

$$F_A + F_B = 2000 \cdot 4 \quad ③$$

수직 방향의 운동방정식은

$$+\uparrow : N_A + N_B - mg = 0$$

$$N_A + N_B - 2000 \cdot 9.81 = 0 \quad ④$$

질량중심 G에 대한 모멘트 식은

$$(-0.75\mathbf{i} - 0.3\mathbf{j}) \times (F_A\mathbf{i} + N_A\mathbf{j}) + (1.25\mathbf{i} - 0.3\mathbf{j}) \times (F_B\mathbf{i} + N_B\mathbf{j}) = 0$$

윗 식을 반시계 방향 성분에 대하여 정리하면

$$\circlearrowleft_G : -0.75N_A + 0.3F_A + 1.25N_B + 0.3F_B = 0 \quad ⑤$$

식 ①, ②, ③, ④, ⑤에서

$$N_A = 13463\,\mathrm{N}, \quad N_B = 6157\,\mathrm{N},$$

$$F_A = 5490\,\mathrm{N}, \quad F_B = 2510\,\mathrm{N}, \quad \mu = 0.4077$$

답 $\mathbf{N}_A = 13463\,\mathrm{N}\uparrow$, $\mathbf{N}_B = 6157\,\mathrm{N}\uparrow$, $\mathbf{F}_A = 5490\,\mathrm{N}\rightarrow$, $\mathbf{F}_B = 2510\,\mathrm{N}\rightarrow$

별해

점 A에 대한 모멘트 식은

$$(0.75\mathbf{i}+0.3\mathbf{j})\times(-mg)\mathbf{j}+(2.0\mathbf{i})\times(F_B\mathbf{i}+N_B\mathbf{j}) = (0.75\mathbf{i}+0.3\mathbf{j})\times m(a_G\mathbf{i})$$

윗 식을 반시계 방향 성분에 대하여 정리하면

$$\circlearrowleft{+}_A : -0.75\,mg + 2.0\cdot N_B = -0.3\,ma_G$$

$$-0.75\cdot 2000\cdot 9.81 + 2.0\,N_B = -0.3\cdot 2000\cdot 4 \qquad ⑥$$

식 ⑤ 대신 식 ⑥을 사용하여도 같은 결과를 얻는다.

참고 차량바퀴의 마찰력 방향

물체에 작용하는 마찰력의 방향은 접촉지점에서 물체의 운동을 방해하는 방향(속도의 반대 방향)이다.
차량 바퀴가 지면과 접촉하는 지점의 운동 방향은 차량 속도 $\mathbf{v}$와 바퀴의 회전 각속도 $\boldsymbol{\omega}$의 크기에 따라 달라지며, 마찰력의 방향은 지면과의 접촉점에서 바퀴의 운동방향에 따라 달라진다.
다음 그림과 같이 바퀴가 미끄러짐없이 구르는 경우 접촉점에서 바퀴와 지면과의 상대속도는 없으며 ($\mathbf{v}_C=0$)이고, 접촉점이 순간중심이 되어 바퀴중심의 속도의 크기는 $v = r\omega$가 된다. 여기서 r은 지면에서 바퀴의 중심까지의 거리이다.

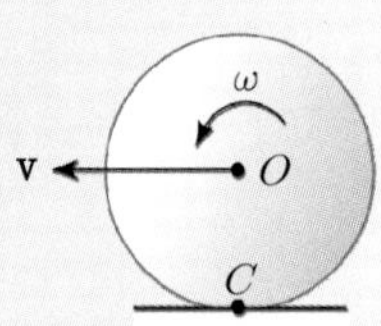

그러나 미끄럼이 수반되는 회전인 경우, 바퀴 위의 점 C의 속도는 다음 관계를 만족한다.

$$\mathbf{v}_C=\mathbf{v}_O+\mathbf{v}_{C/O}$$

여기서 $\mathbf{v}_O$는 바퀴중심의 속도이고, $\mathbf{v}_C$는 접촉점에서 바퀴의 속도이다.

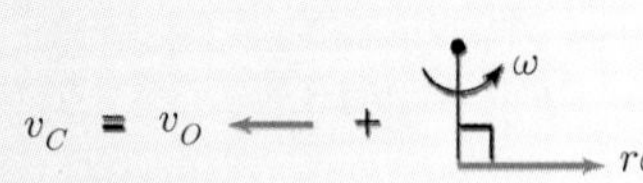

즉 $\mathbf{v}_C = \mathrm{v}_O \leftarrow + \mathrm{r}\omega \rightarrow$

접촉점에서 바퀴의 속도방향은 바퀴중심의 속도 $\mathbf{v}_O$와 순수회전에 의하여 발생하는 속도 $r\omega$의 상대적인 크기에 의하여 변화할 수 있다.

i) 바퀴회전속도와 크기가 바퀴중심의 속도크기보다 큰 경우 (차량 출발시 또는 가속시), 즉 $r\omega > v_O$ 점 C에서 → 방향(차량진행 반대방향)의 운동을 하므로 마찰력은 ← 방향(차량진행방향)을 갖는다. 즉, 마찰력이 차량 추진력 역할을 한다.

ii) 차량속도의 크기가 바퀴중심의 속도크기보다 큰 경우 (차량 제동시 또는 감속시), $v_O > r\omega$ 점 C에서 ← 방향(차량진행방향)의 운동을 하므로 마찰력은 → 방향(차량진행 반대방향)을 갖는다. 즉, 마찰력이 차량 제동력 역할을 한다.

예제 7.2

질량이 50 kg인 균일한 상자에 질량중심보다 $d = 0.3\text{ m}$ 위의 점에 $P = 200\text{ N}$의 힘을 작용하였다. 상자와 수평면 사이의 동마찰계수 μ_k가 0.3일 때,

(a) 상자가 미끄러질 것인지, 넘어질 것인지를 판별하라.

(b) 또한 상자가 넘어지지 않고 미끄러진다면 상자의 가속도는 얼마인가?

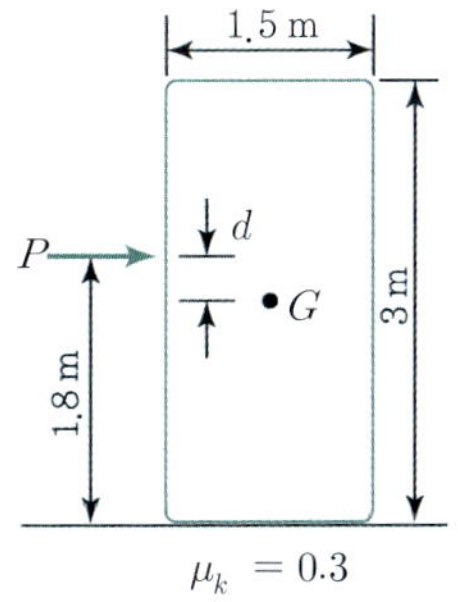

적용원리

- 병진운동을 한다.
- 넘어지지 않으려면 반력의 중심이 물체 안쪽에 있어야 한다.

풀이

[운동역학]

상자가 미끄러진다고 가정하고, 수직반력이 점 G으로부터 수평거리 x만큼 떨어진 바닥면과의 접촉점 O에 작용된다고 한다면

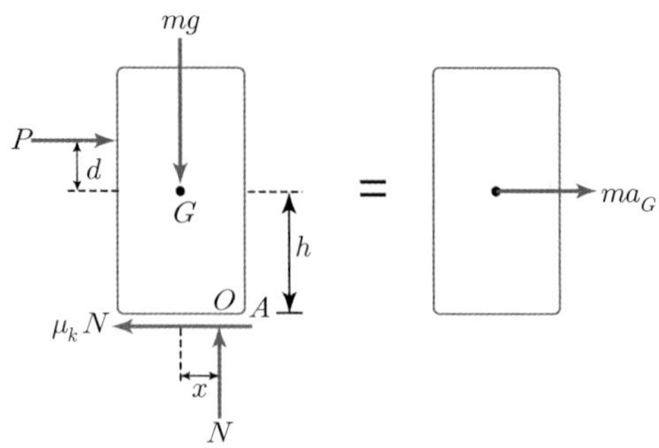

수직 방향의 운동방정식은

$$+\uparrow : N - mg = 0$$

$$N - 50 \cdot 9.81 = 0, \qquad \therefore \; N = 490.5 \text{ N}$$

수평 방향의 운동방정식은

$$\xrightarrow{+} : P - \mu_k N = m a_G$$

$$200 - 0.3 \cdot 490.5 = 50 a_G, \qquad \therefore \; a_G = 1.057 \,\text{m/s}^2$$

질량중심 G에 대한 모멘트 식은

$$(-0.75\mathbf{i} + d\mathbf{j}) \times P\mathbf{i} + (x\mathbf{i}) \times (N\mathbf{j}) + (x\mathbf{i} - h\mathbf{j}) \times (-\mu_k N\mathbf{i}) = 0$$

윗 식을 반시계 방향 성분에 대하여 정리하면

$$\circlearrowleft_G^{+} : -d \cdot P + xN - h\mu_k N = 0$$

$$-0.3 \cdot 200 + x \cdot 490.5 - 1.5 \cdot 0.3 \cdot 490.5 = 0$$

$$\therefore \; x = 0.57 \text{ m}$$

만약 점 O가 점 A 바깥에 위치한다면, 즉 $x > 0.75$이라면 상자가 넘어질 것이다. 그러나 이 경우는 $x \leqq 0.75$에 해당하므로 넘어지지 않고 미끄러지게 된다. 가정이 옳다.

답 넘어지지 않는다, $\mathbf{a}_G = 1.06 \text{ m/s}^2 \rightarrow$

별해

수직 방향의 운동방정식은

$$+\uparrow : N - mg = 0$$

$$N - 50 \cdot 9.81 = 0, \qquad \therefore \; N = 490.5 \text{ N}$$

수평 방향의 운동방정식은

$$\xrightarrow{+}: P - \mu_k N = m a_G$$

$$200 - 0.3 \cdot 490.5 = 50 a_G, \qquad \therefore\ a_G = 1.057\,\mathrm{m/s^2}$$

점 A에 대한 모멘트 식은

$$(-0.75\mathbf{i} + 1.5\mathbf{j}) \times (-mg)\mathbf{j} + (-1.5\mathbf{i} + 1.8\mathbf{j}) \times (P\mathbf{i}) + (-0.75 + x)\mathbf{i} \times N\mathbf{j}$$
$$= (-0.75\mathbf{i} + 1.5\mathbf{j}) \times m\,(a_G\mathbf{i})$$

윗 식을 반시계 방향 성분에 대하여 정리하면

$$\circlearrowleft{+}_A : 0.75 \cdot 490.5 - 1.8 \cdot 200 + (-0.75 + x) \cdot 490.5 = -1.5 \cdot (50 \cdot 1.057)$$
$$\therefore\ x = 0.57\ \mathrm{m}$$

예제 7.3

가로 0.26 m, 세로 0.22 m이고, 질량 5 kg의 균일한 직사각형 판이 그림과 같이 세 가닥의 줄로 지지되어 $\theta = 30°$인 위치에 있다. 줄 CF가 갑자기 끊어진 직후 다음을 구하라.

(a) 판의 가속도

(b) 두 줄에 걸리는 장력

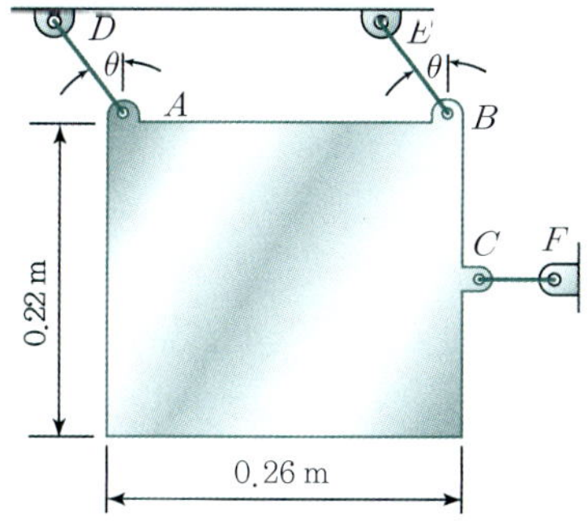

적용원리

- 줄이 끊어지기 직전은 정지 상태이다. 줄이 끊어진 직후 판의 각속도는 0이다.

- 줄 AD가 점 D를 중심으로 원운동을 하는 것으로 취급하여 점 A의 가속도를 계산한다.
- 줄 BE가 점 E를 중심으로 원운동을 하는 것으로 취급하여 점 B의 가속도를 계산한다.
- 점 A의 가속도와 점 B의 가속도가 동일하므로 판은 병진운동을 한다.

풀이

[운동역학]

줄 AD와 줄 BE의 장력을 각각 T_A, T_B라 하자.

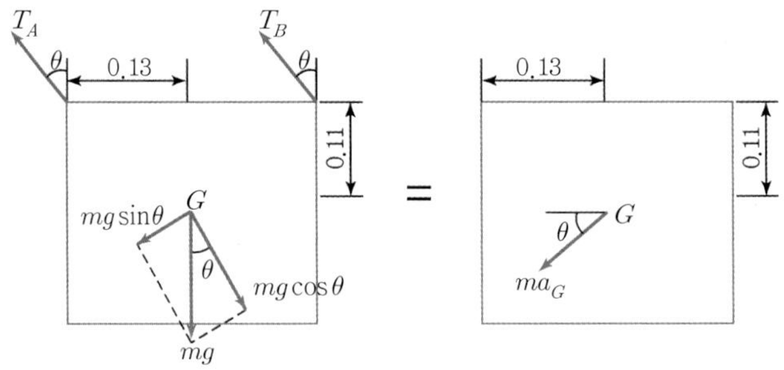

(a) 접선 방향의 운동방정식은

$$\overset{+}{\swarrow} : mg\sin\theta = ma_G$$

$$5 \cdot 9.81 \cdot \sin 30° = 5a_G, \qquad \therefore\ a_G = 4.91\ \text{m/s}^2$$

답 $\mathbf{a}_G = 4.91\ \text{m/s}^2\ 30°$

(b) 법선 방향의 운동방정식은

$$\overset{+}{\nwarrow} : T_A + T_B - mg\cos\theta = 0$$

$$T_A + T_B - 5 \cdot 9.81 \cdot \cos 30° = 0 \qquad ①$$

질량중심 G에 대한 모멘트 식은

$$(-0.13\mathbf{i} + 0.11\mathbf{j}) \times T_A(-\sin\theta\mathbf{i} + \cos\theta\mathbf{j})$$
$$+ (0.13\mathbf{i} + 0.11\mathbf{j}) \times T_B(-\sin\theta\mathbf{i} + \cos\theta\mathbf{j}) = 0$$

윗 식을 반시계 방향 성분에 대하여 정리하면

$$\circlearrowleft^{+}_G : -0.13 \cdot (T_A\cos 30°) + 0.11 \cdot (T_A\sin 30°)$$
$$+ 0.13 \cdot (T_B\cos 30°) + 0.11 \cdot (T_B\sin 30°) = 0 \qquad ②$$

식 ①, ②로부터

$$T_A = 31.6 \text{ N}, \;\; T_B = 10.9 \text{ N}$$

답 $\mathbf{T}_A = 31.6 \text{ N}$ 60°, $\mathbf{T}_B = 10.9 \text{ N}$ 60°

별해

점 A에 대한 모멘트 식은

$$(0.13\mathbf{i} - 0.11\mathbf{j}) \times (-mg)\mathbf{j} + 0.26\mathbf{i} \times T_B(-\sin\theta\mathbf{i} + \cos\theta\mathbf{j})$$
$$= (0.13\mathbf{i} - 0.11\mathbf{j}) \times m\, a_G(-\cos\theta\mathbf{i} - \sin\theta\mathbf{j})$$

윗 식을 반시계 방향 성분에 대하여 정리하고, 숫자를 대입하면

$$\circlearrowleft^{+}_A : -0.13 \cdot 5 \cdot 9.81 + 0.26 \cdot (T_B \cos 30°)$$
$$= -0.13 \cdot 5 \cdot 4.91 \sin 30° - 0.11 \cdot 5 \cdot 4.91 \cos 30° \qquad ③$$

식 ①과 식 ③을 연립하여 풀면 같은 결과를 얻게 된다.

예제 7.4

질량이 4.0 kg이고 길이가 2 m인 단면이 균일한 막대가 있다. 그림과 같은 상태에서 막대는 점 O를 중심으로 반시계 방향으로 5 rad/s의 각속도로 회전할 때 다음을 구하라.

(a) 점 O에 대한 막대의 질량관성모멘트
(b) 점 O에서의 반력의 법선 성분(막대의 길이방향 성분)과 접선 성분(막대에 수직한 성분)
(c) 막대의 각가속도

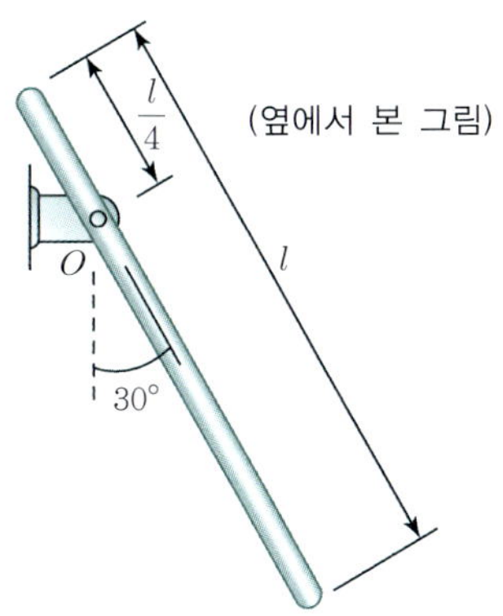

적용원리

- 점 O를 중심으로 회전운동을 하며, 질량중심 G는 막대의 기하중심에 있다.
- 회전중심 O에 대한 질량관성모멘트는 질량중심 G에 대한 질량관성모멘트로부터 평행축 이론을 적용하여 얻는다.
- 질량중심 G의 가속도 성분은 접선 방향 성분과 법선 방향 성분으로 구분된다. 운동방정식을 쉽게 세울 수 있도록 점 O에서의 반력은 접선 방향의 성분과 법선 방향의 성분으로 나눈다.
- 질량중심 G에 대한 모멘트 식 또는 회전중심 O에 대한 모멘트 식을 세운다.

풀이

[운동학]

(a) 질량중심 G에 대한 질량관성모멘트는

$$I_G = \frac{1}{12}ml^2 = \frac{1}{12}\cdot 4\cdot 2^2 = 1.333\ \mathrm{kg\,m^2}$$

평행축 정리를 적용하여 점 O에 대한 질량관성모멘트 $I_O = I_G + md^2$에서

$$I_O = I_G + m\left(\frac{l}{4}\right)^2 = 1.333 + 4\cdot 0.5^2 = 2.333\ \mathrm{kg\,m^2}$$

답 $I_O = 2.333\ \mathrm{kg\,m^2}$

(b) (c)

[운동역학]

점 O에서의 반력의 법선 성분과 접선 성분을 각각 F_n, F_t라 하고, 각가속도 α의 방향을 시계방향으로 하자. ($\boldsymbol{\alpha} = -\alpha\mathbf{k}$)

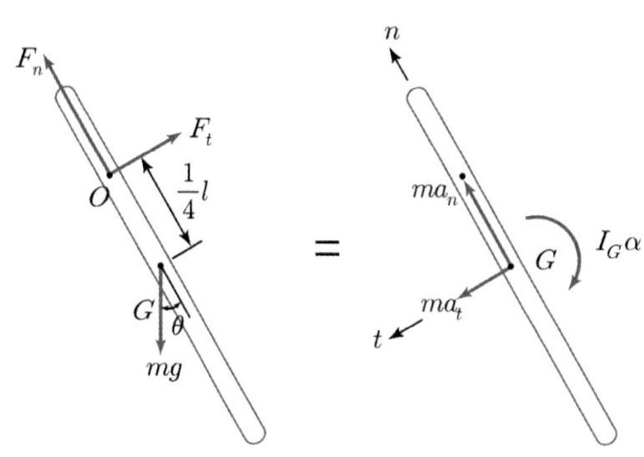

접선 방향의 운동방정식에서 $a_t = r\alpha$이므로

$$\swarrow^{+} : mg\sin\theta - F_t = m(r\alpha)$$

$$4 \cdot 9.81\sin 30° - F_t = 4 \cdot (0.5\,\alpha)$$

$$F_t = -2\alpha + 19.62 \qquad ①$$

법선 방향의 운동방정식에서 $a_n = r\omega^2$이므로

$$\nwarrow^{+} : F_n - mg\cos\theta = m(r\omega^2)$$

$$F_n - 4 \cdot 9.81\cos 30° = 4 \cdot (0.5 \cdot 5^2), \qquad \therefore\ F_n = 84.0\text{ N}$$

질량중심 G에 대한 모멘트 식은

$$\frac{l}{4}(-\sin\theta\,\mathbf{i} + \cos\theta\,\mathbf{j}) \times F_t(\cos\theta\,\mathbf{i} + \sin\theta\,\mathbf{j}) = I_G(-\alpha\mathbf{k})$$

시계 방향 성분에 대하여 정리하면

$$\circlearrowright^{+}_{G} : \frac{l}{4}F_t = I_G\,\alpha$$

$$0.5F_t = 1.333\,\alpha \qquad ②$$

식 ①, ②로부터

$$F_t = 11.2\text{ N}, \qquad \alpha = 4.20\text{ rad/s}^2$$

답 $\mathbf{F}_n = 84.0\text{ N}$ 60°, $\mathbf{F}_t = 11.2\text{ N}$ 30° $\boldsymbol{\alpha} = 4.20\text{ rad/s}^2$ ↻

별해

회전중심 O에 대한 모멘트 식은

$$\frac{l}{4}(\sin\theta\,\mathbf{i} - \cos\theta\,\mathbf{j}) \times (-mg\,\mathbf{j}) = I_O(-\alpha\mathbf{k})$$

시계 방향 성분에 대하여 정리하면

$$\circlearrowright^{+}_{O} : \frac{l}{4} \cdot mg\sin\theta = I_O\,\alpha$$

$$0.5 \cdot 4 \cdot 9.81\sin 30° = 2.333\,\alpha, \qquad \therefore\ \alpha = 4.20\text{ rad/s}^2$$

식 ①에서

$$F_t = -2 \cdot 4.20 + 19.62 = 11.2\ \text{N}$$

답 $\mathbf{F}_n = 84.0\ \text{N}$ 60°, $\mathbf{F}_t = 11.2\ \text{N}$ 30° $\boldsymbol{\alpha} = 4.20\ \text{rad/s}^2$

검토

일반적으로 질량중심 G에 대한 모멘트 식을 사용하나, 순수 회전운동의 경우에는 회전중점 O에 대한 모멘트 식을 사용하는 것이 훨씬 계산이 간단하다.

회전중점 O에 대한 모멘트 방정식에서

$$\Sigma \mathbf{M}_O = \mathbf{r}_{G/O} \times m\mathbf{a}_t + I_G \boldsymbol{\alpha}$$

윗 식의 우변이 $I_O \boldsymbol{\alpha}$와 같아지기 때문이다. 즉, 다음 식으로 정리된다.

$$\Sigma \mathbf{M}_O = I_O \boldsymbol{\alpha}$$

예제 7.5

로커암 ACE가 C점을 축으로 반시계 방향의 각속도 6 rad/s, 시계방향의 각가속도 18 rad/s^{2}로 회전하고 있다. AC 부분은 3 kg이고 CE 부분은 5 kg이다. 힘 P와 점 C에서의 핀의 반력을 구하라. (단, 점 C에서 핀의 모멘트 저항은 무시한다.)

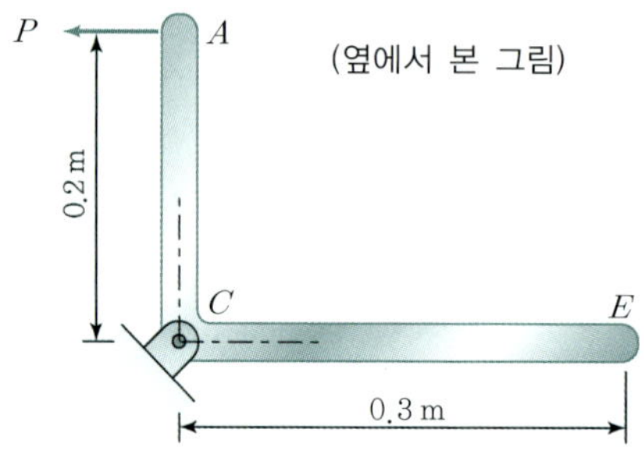

적용원리

- 점 C를 중심으로 회전운동을 하며, 질량중심은 각 막대의 기하중심에 있다.
- 회전중심 C에 대한 질량관성모멘트는 질량중심 G에 대한 질량관성모멘트로부터 평행축 정리를 적용하여 얻는다.

- 두 개 이상의 물체가 결합된 경우 다음의 식을 적용할 수 있다.

$$\Sigma F_y = \Sigma m a_y, \ \Sigma F_x = \Sigma m a_x, \ \Sigma \boldsymbol{M}_C = \Sigma I_C (\alpha \mathbf{k})$$

- 질량중심의 가속도 성분은 접선 방향 성분과 법선 방향 성분으로 구분된다. 운동방정식을 쉽게 세울 수 있도록 점 C에서의 반력은 직각을 이루는 두 방향으로 나눈다. 즉, 접선 방향의 성분과 법선 방향의 성분으로 나눈다.
- 회전중심 C에 대한 모멘트 식을 세운다.

풀이

[운동학]

문제에서 각속도 $\boldsymbol{\omega} = 6\mathbf{k}\,(\text{rad/s})$, 각가속도 $\boldsymbol{\alpha} = -18\mathbf{k}\,(\text{rad/s}^2)$로 주어졌다.

막대 AC의 질량중심에 대한 질량관성모멘트

$$I_{AC} = \frac{1}{12} m_{AC}\, l_{AC}^2 = \frac{1}{12} \cdot 3 \cdot 0.2^2 = 0.01 \text{ kg m}^2$$

막대 AC의 회전중심 C에 대한 질량관성모멘트를 구하면

$$I_{AC(C)} = I_{AC} + m_{AC} \left(\frac{l_{AC}}{2} \right)^2 = 0.01 + 3 \cdot 0.1^2 = 0.04 \text{ kg m}^2$$

또는

$$I_{AC(C)} = \frac{1}{3} m_{AC}\, l_{AC}^2 = \frac{1}{3} \cdot 3 \cdot 0.2^2 = 0.04 \text{ kg m}^2$$

같은 방법으로, 막대 CE의 회전중심 C에 대한 질량관성모멘트

$$I_{CE(C)} = \frac{1}{3} m_{CE}\, {l_{CE}}^2 = \frac{1}{3} \cdot 5 \cdot 0.3^2 = 0.15 \text{ kg m}^2$$

따라서 막대 $AC-CE$의 회전중심 C에 대한 질량관성모멘트

$$I_C = I_{AC(C)} + I_{CE(C)} = 0.04 + 0.15 = 0.19 \text{ kg m}^2$$

[운동역학]

각가속도가 시계방향($\boldsymbol{\alpha} = -18\mathbf{k}$)임을 고려하여 자유물체도를 그리면 다음과 같다.

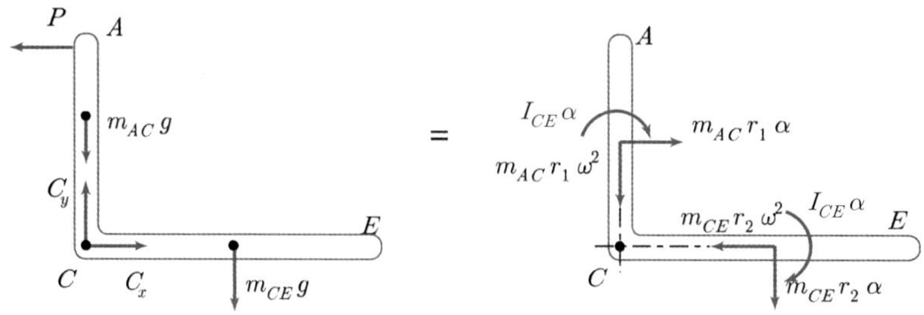

수직 방향의 운동방정식은

$$+\uparrow : C_y - m_{AC}g - m_{CE}g = m_{AC}(-\frac{l_{AC}}{2}\cdot\omega^2) + m_{CE}(-\frac{l_{CE}}{2}\cdot\alpha)$$

$$C_y - 3\cdot 9.81 - 5\cdot 9.81 = 3(-0.1\cdot 6^2) + 5(-0.15\cdot 18)$$

$$\therefore\ C_y = 54.18\ \text{N}$$

수평 방향의 운동방정식은

$$\xrightarrow{+} : C_x - P = m_{AC}\frac{l_{AC}}{2}\alpha - m_{CE}\frac{l_{CE}}{2}\omega^2 = 3\cdot 0.1\cdot 18 - 5\cdot 0.15\cdot 6^2$$

$$C_x - P = -21.6 \qquad ①$$

회전중심 C에 대한 모멘트 방정식에서, 각가속도 $\boldsymbol{\alpha}$의 방향이 시계방향이므로

$$l_{AC}\mathbf{j}\times(-P\mathbf{i}) + \frac{l_{CE}}{2}\mathbf{i}\times(-m_{CE}g\mathbf{j}) = I_C(-\alpha\mathbf{k})$$

$$\circlearrowleft^{+}_{C} : -0.2P + 0.15\cdot 5\cdot 9.81 = 0.19\cdot 18, \qquad \therefore\ P = 19.69\ \text{N}$$

식 ①에서

$$C_x - 19.69 = -21.6, \qquad \therefore\ C_x = -1.91\ \text{N}$$

답 $\mathbf{P} = 19.69\ \text{N} \rightarrow$, $\mathbf{C}_x = 1.91\ \text{N} \leftarrow$, $\mathbf{C}_y = 54.18\ \text{N} \uparrow$

예제 7.6

5 kg의 공과 8 kg의 막대로 견고하게 연결된 조립체가 모멘트 $\mathbf{M} = 50$ N m(반시계 방향)를 받으며 점 A를 중심으로 시계방향으로 4 rad/s로 회전하고 있다. 이 순간 다음을 구하라.

(a) 조립체의 각가속도

(b) 점 A에서 막대에 대한 핀의 반력의 법선성분(막대의 길이방향 성분)과 접선 성분(막대에 수직한 성분)

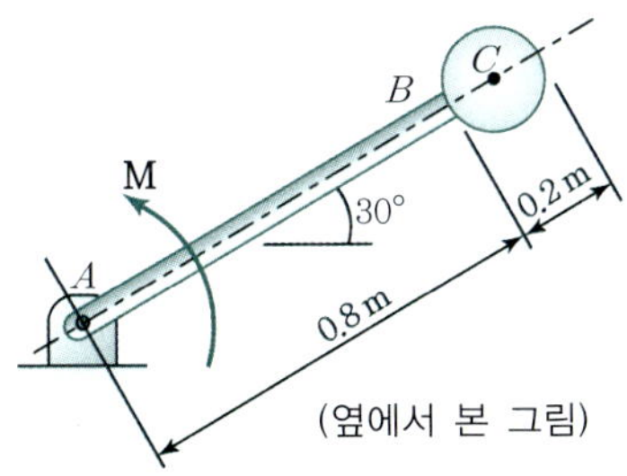

(옆에서 본 그림)

적용원리

- 막대의 질량중심은 막대의 기하중심에 있고, 공의 질량중심은 공의 기하중심에 있다.
- 회전중심에 대한 질량관성모멘트는 질량중심에 대한 질량관성모멘트로부터 평행축이론을 적용하여 얻는다.
- 질량중심의 가속도 성분은 접선 방향 성분과 법선 방향 성분으로 구분된다. 운동방정식을 쉽게 세울 수 있도록 점 A에서의 반력은 직각을 이루는 두 방향으로 나눈다. 즉, 접선 방향의 반력성분과 법선 방향의 반력성분으로 나눈다.
- 두 개 이상의 물체가 결합된 경우 다음의 식을 적용할 수 있다.

$$\Sigma F_t = \Sigma m a_t, \ \Sigma F_n = \Sigma m a_n$$

- 점 A를 중심으로 회전운동을 한다. 회전중심 A에 대한 모멘트 식 $\Sigma \mathbf{M}_A = I_A(\alpha \mathbf{k})$을 세운다.

풀이

[운동학]

막대 AB의 질량중심에 대한 질량관성모멘트는 $I_{AB} = \dfrac{1}{12} m_{AB} l_{AB}^2$이다.

막대 AB의 회전중심 A에 대한 질량관성모멘트는

$$I_{AB(A)} = I_{AB} + m_{AB}\left(\frac{l_{AB}}{2}\right)^2 = \frac{1}{12} \cdot 8 \cdot 0.8^2 + 8 \cdot 0.4^2 = 1.707\ \mathrm{kg\,m^2}$$

공 C의 질량중심에 대한 질량관성모멘트는 $I_C = \dfrac{2}{5}mr^2$이다.

공의 회전중심 A에 대한 질량관성모멘트는

$$I_{C(A)} = I_C + m_C l_{AC}^2 = \frac{2}{5} \cdot 5 \cdot 0.1^2 + 5 \cdot 0.9^2 = 4.07\ \mathrm{kgm^2}$$

따라서 물체(막대 AB-공 C)의 회전중심 A에 대한 질량관성모멘트는

$$I_A = I_{AB(A)} + I_{C(A)} = 5.777\ \mathrm{kg\,m^2}$$

[운동역학]

각가속도 α의 방향을 반시계 방향으로 가정하자.($\boldsymbol{\alpha} = \alpha\mathbf{k}$)

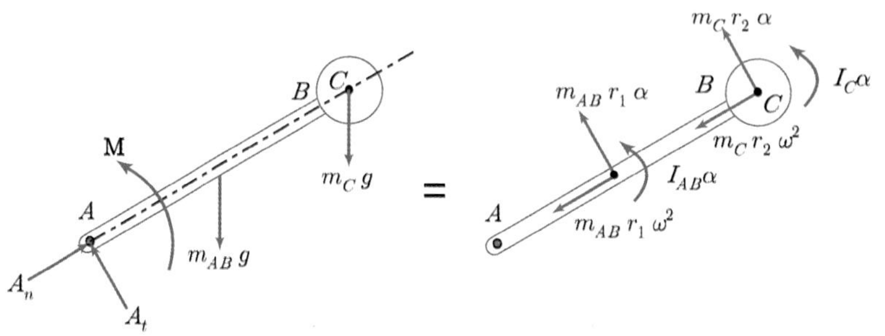

법선 방향의 운동방정식은

$$\overset{+}{\swarrow} : -A_n + m_{AB}\, g \sin\theta + m_C\, g \sin\theta = m_{AB}(a_{AB})_n + m_C(a_C)_n$$

가속도식 $(a_{AB})_n = \dfrac{l_{AB}}{2}\omega^2$, $(a_C)_n = l_{AC}\omega^2$을 적용한 후, 숫자를 대입하면

$$-A_n + 8 \cdot 9.81 \sin 30° + 5 \cdot 9.81 \sin 30° = 8 \cdot (0.4 \cdot 4^2) + 5 \cdot (0.9 \cdot 4^2)$$
$$\therefore\ A_n = -59.44\,\mathrm{N}$$

접선 방향의 운동방정식은

$$\overset{+}{\nwarrow} : A_t - m_{AB}\, g \cos\theta - m_C\, g \cos\theta = m_{AB}(a_{AB})_t + m_C(a_C)_t$$

가속도식 $(a_{AB})_t = l_{AB}\alpha$, $(a_C)_t = l_{AC}\alpha$을 적용한 후, 숫자를 대입하면

$$A_t - 8 \cdot 9.81 \cdot \cos 30° - 5 \cdot 9.81 \cdot \cos 30° = 8 \cdot 0.4\alpha + 5 \cdot 0.9\alpha$$

$$\therefore \ A_t = 7.7\alpha + 110.4 \qquad ①$$

회전중심 A에 대한 모멘트 식은

$$M\mathbf{k} + \frac{l_{AB}}{2}(\cos\theta\mathbf{i} + \sin\theta\mathbf{j}) \times (-m_{AB}g)\mathbf{j} + l_{AC}(\cos\theta\mathbf{i} + \sin\theta\mathbf{j}) \times (-m_C g)\mathbf{j} = I_A(\alpha\mathbf{k})$$

윗 식을 반시계 방향 성분에 대하여 정리하면

$$\circlearrowleft_{+A} : M - \frac{l_{AB}}{2} m_{AB} g \cos\theta - l_{AC} m_C g \cos\theta = I_A \alpha$$

$$50 - (0.8/2) \cdot 8 \cdot 9.81 \cos 30° - 0.9 \cdot 5 \cdot 9.81 \cos 30° = 5.777\alpha$$

$$\therefore \ \alpha = -2.669 \ \text{rad/s}^2$$

식 ①로부터

$$A_t = 7.7 \cdot (-2.669) + 110.4 = 89.85 \ \text{N}$$

답 $\boldsymbol{\alpha} = 2.669 \ \text{rad/s}^2$ ↻, $\mathbf{A}_n = 59.44$ N 30°, $\mathbf{A}_t = 89.85$ N 60°

예제 7.7

질량이 50 kg, 반경이 0.24 m, 회전반경이 0.15 m인 기어 A와 질량이 20 kg, 반경이 0.08 m, 회전반경은 0.05 m인 기어 B로 이루어진 기어 조립체가 있다. 기어 A에 반시계방향으로 10 Nm의 토크가 작용한다. 이 때 각 기어의 각가속도를 구하라.

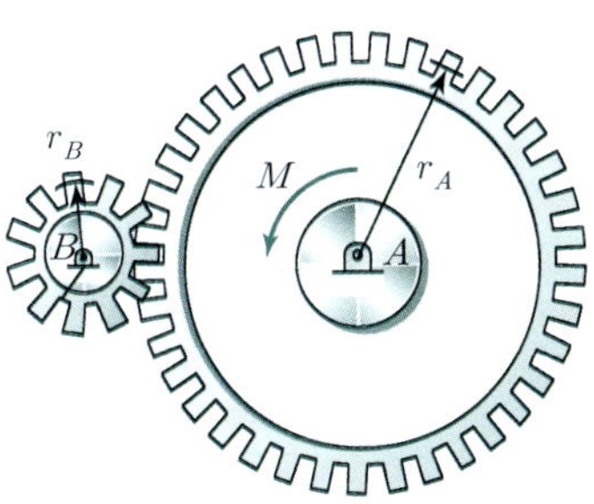

적용원리

- 맞물리는 두 기어에서 접촉점(피치점)에서의 접선속도과 접선가속도는 동일하여야 한다. 회전 방향은 서로 반대이다.
- 접촉점에서 같은 크기의 접선력이 반대방향으로 작용한다. 즉, 구동측 기어에서는 회전을 방해받는 방향으로, 피동측 기어에서는 회전을 일으키려는 방향으로 작용한다.
- 기어의 반경과 기어의 회전반경에 대한 용어를 혼동하지 않도록 주의한다.

풀이

[운동학]

두 기어가 맞물려 돌아가려면 피치원주상 접촉점(피치점)에서의 접선가속도의 크기가 같아야 한다.

$$r_A \alpha_A = r_B \alpha_B$$

$$0.24\alpha_A = 0.08\alpha_B \qquad ①$$

기어 A의 질량관성모멘트는

$$I_A = m_A k_A^2 = 50 \cdot 0.15^2 = 1.125\ \text{kg m}^2$$

기어 B의 질량관성모멘트는

$$I_B = m_B k_B^2 = 20 \cdot 0.05^2 = 0.05\ \text{kg m}^2$$

[운동역학]

기어 A에 반시계 방향의 토크가 작용하므로, 기어 A의 각가속도 α_A의 방향을 반시계 방향으로 놓는다.($\boldsymbol{\alpha}_A = \alpha_A \mathbf{k}$) 그러면 기어 B의 각가속도 α_B는 시계 방향으로 정하여야 한다. ($\boldsymbol{\alpha}_B = -\alpha_B \mathbf{k}$)

두 기어에 작용하는 접선력을 F라 하자.

기어 A에 대하여

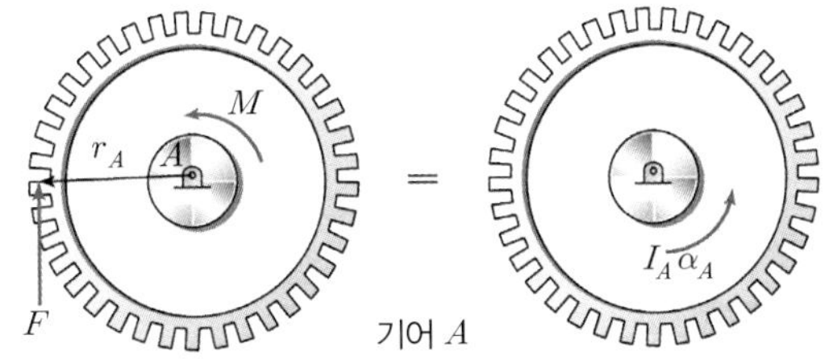

기어 A

기어 A의 중심에서 모멘트 식은

$$M\mathbf{k} + (-r_A\mathbf{i}) \times (F\mathbf{j}) = I_A(\alpha_A\mathbf{k})$$

윗 식을 반시계 방향 성분에 대하여 정리하면

$$\circlearrowleft_A : M - r_A F = I_A \alpha_A$$
$$10 - 0.24\,F = 1.125\,\alpha_A \qquad ②$$

기어 B에 대하여

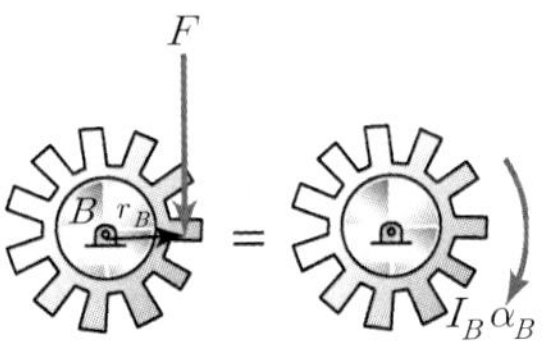

기어 B

기어 B의 중심에 대한 모멘트 식은

$$(r_B\mathbf{i}) \times (-F\mathbf{j}) = I_B(-\alpha_B\mathbf{k})$$

윗 식을 시계 방향 성분에 대하여 정리하면

$$\circlearrowright_B : r_B F = I_B \alpha_B$$
$$0.08\,F = 0.05\,\alpha_B \qquad ③$$

식 ①, ②, ③으로부터

$$F = 11.9\,\text{N},\ \alpha_A = 6.35\ \text{rad/s}^2,\ \alpha_B = 19.0\ \text{rad/s}^2$$

답 $\boldsymbol{\alpha}_A = 6.35\,\text{rad/s}^2$ ↺, $\boldsymbol{\alpha}_B = 19.0\,\text{rad/s}^2$ ↻

예제 7.8

질량 40 kg인 물체 B를 수직 방향으로 이동시키기 위해 복합 도르래가 사용된다. 안쪽 드럼을 둘러싸고 있는 줄에 수평 방향으로 500 N의 힘이 작용한다. 도르래의 질량은 10 kg이며, 0.09 m의 회전반경을 갖는다. 도르래의 각가속도와 물체 B와 연결된 줄의 장력을 구하라. 단, r_A, r_B는 각각 0.1 m, 0.15 m이다.

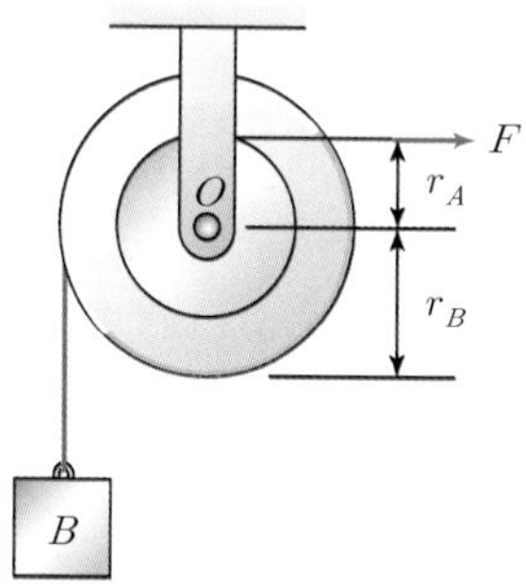

적용원리

- 도르래의 중심에 대하여 회전운동을 한다.
- 도르래에 연결된 줄에 작용하는 장력의 방향은 접선 방향이다.
- 도르래의 반경과 도르래의 회전반경(radius of gyration)에 대한 용어를 혼동하지 않도록 주의한다.

  (불균일 물체에 대한 질량관성모멘트는 일반적으로 질량 m과 회전반경의 제곱 k^2의 곱으로 나타낸다. 즉, $I = mk^2$)
- 물체 B의 가속도는 줄의 접촉점에서 도르래의 접선 방향 가속도와 같다.
- 질량중심 G에 대한 모멘트 식 $\Sigma \mathbf{M}_G = \mathrm{I}_G \boldsymbol{\alpha}$을 적용한다.

풀이

[운동학]

질량중심 G에 대한 도르래의 질량관성모멘트는

$$I_G = m_A k^2 \ (k\text{는 회전반경})$$

$$I_G = 10 \cdot 0.09^2 = 0.081 \text{ kg m}^2$$

도르래의 각가속도 α의 방향을 반시계 방향으로 가정하자.($\boldsymbol{\alpha} = \alpha\mathbf{k}$) 이때, 물체 B의 가속도는 아랫 방향으로 움직인다. 도르래의 각가속도 α와 물체 B의 가속도 a_B는 다음 식을 만족한다.

$$a_B = r_B \alpha$$

[운동역학]

줄의 장력을 T라 하고, 질량중심 G(이 문제에서는 회전중심 O과 일치함)에서의 x, y 방향의 반력을 각각 O_x, O_y라고 한다면, 도르래의 자유물체도는

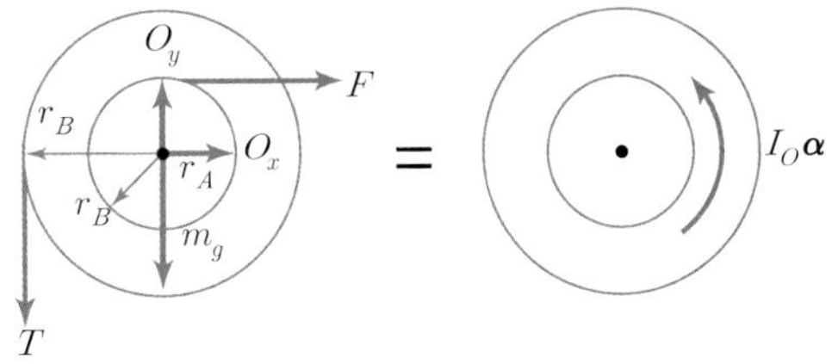

질량중심 G에 대한 모멘트 방정식은

$$-r_B\mathbf{i} \times (-T)\mathbf{j} + r_A\mathbf{j} \times F\mathbf{i} = I_G(\alpha\mathbf{k})$$

윗 식을 반시계 방향 성분에 대하여 정리하면

$$\circlearrowleft\!\!+_G : r_B \cdot T - r_A \cdot F = I_G \alpha,$$

숫자를 대입하면

$$0.15\,T - 0.1 \cdot 500 = 0.081\,\alpha \qquad ①$$

물체 B의 자유물체도는

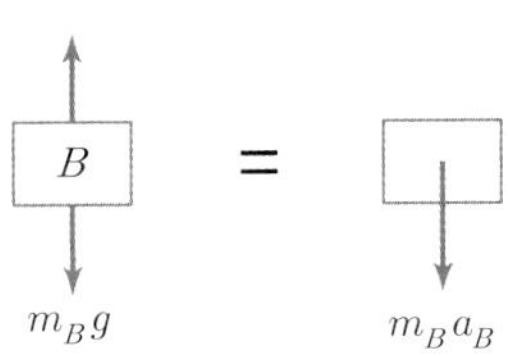

수직 방향의 운동방정식에서 가속도 $a_B = r_B \alpha$를 적용하면

$$+\!\downarrow: m_B g - T = m_B(r_B \alpha)$$

숫자를 대입하면

$$40 \cdot 9.81 - T = 40 \cdot (0.15\alpha) \quad ②$$

식 ①, ②를 연립하여 풀면

$$\alpha = 9.03 \text{ rad/s}^2, \quad T = 338 \text{ N}$$

답 $\boldsymbol{\alpha} = 9.03 \text{ rad/s}^2$ ↺, $T = 338$ N

7.5 일반적인 평면운동

일반적인 평면운동이란 평면운동 중에서 순수 병진운동도 아니고 순수 회전운동도 아닌 경우이다. 즉, 병진운동과 회전운동이 합성되어 발생하는 운동이다. 이 운동은 병진운동과 순수 회전운동의 합으로 표시할 수 있다.

7.5.1 힘과 가속도

이 경우도 앞에서 사용된 힘과 질량중심의 가속도와의 역학적 관계가 그대로 적용된다. 물체에 작용하는 합력이 질량중심에 집중되어 있는 것으로 취급한다.

$$\Sigma \mathbf{F} = m\mathbf{a}_G \tag{7.1}$$

식 (7.1)은 질량중심의 가속도 벡터를 직각 좌표계를 사용하여 스칼라 형태의 운동방정식으로 나타내면 다음과 같다.

$$\Sigma F_x = m a_{Gx} \tag{7.2a}$$

$$\Sigma F_y = m a_{Gy} \tag{7.2b}$$

7.5.2 모멘트와 각가속도

운동평면에 대하여 대칭인 강체에서 질량중심도 아니고 고정점도 아닌 강체 내의 임의의 점 A를 기준으로 평면운동을 하는 강체에 대하여 모멘트 식을 잡으면 다음과 같다(부록 참조).

$$\Sigma \mathbf{M}_A = (\mathbf{r}_{G/A} \times m\mathbf{a}_G) + I_G\boldsymbol{\alpha} \tag{7.5}$$

임의의 점 A가 강체의 질량중심 G와 일치하는 경우 상대위치는 $r_{G/A} = 0$이 되어 식 (7.5)는 다음과 같이 간단한 형태로 표현할 수 있다.

$$\Sigma \mathbf{M}_G = I_G \boldsymbol{\alpha} \tag{7.7}$$

일반적인 평면운동의 경우 강체에 작용하는 외력의 합은 그 물체의 질량중심을 통과하지 않으며, 이로 인하여 병진운동에 회전운동이 수반된다. 이때 회전운동의 중심은 바로 질량중심이 된다.

표 7.2 강체의 평면 운동과 적용할 식

운동의 종류	관계식	비고
병진운동	① $\Sigma F_x = ma_{Gx}$ ② $\Sigma F_y = ma_{Gy}$	강체내 모든 점의 속도, 가속도가 같으며, 각속도 $\boldsymbol{\omega} = 0$, 각가속도 $\boldsymbol{\alpha} = 0$
	$\Sigma \mathbf{M}_G = 0$ 또는 $\Sigma \mathbf{M}_A = (\mathbf{r}_{G/A} \times \mathbf{a}_G) m$	
고정축에 대한 회전운동	① $\Sigma F_t = ma_t$: $a_t = \alpha r$ ② $\Sigma F_n = ma_n$: $a_n = \omega^2 r$	회전중심은 고정점이며 $\mathbf{a}_O = 0$이다. $I_O = I_G + m\, r_{G/O}^{\;2}$
	$\Sigma \mathbf{M}_O = I_O \boldsymbol{\alpha}$	
일반적 평면운동	① $\Sigma F_x = ma_{Gx}$ ② $\Sigma F_y = ma_{Gy}$	점 A가 질량중심 G와 일치하면($A \equiv G$이면) $\mathbf{r}_{G/A} = 0$
	$\Sigma \mathbf{M}_G = I_G \boldsymbol{\alpha}$ 또는 $\Sigma \mathbf{M}_A = \mathbf{r}_{G/A} \times m\,\mathbf{a}_G + I_G \boldsymbol{\alpha}$	

참고

강체의 운동역학에 관련된 문제 풀이 순서

① 주어진 자료와 구하는 자료가 무엇인지 파악한다.
② 자유물체도(F.B.D.)를 그린다.
③ 운동의 종류(병진운동, 회전운동, 평면운동)를 판별한다.
④ 적절한 좌표축을 설정한다.
⑤ 운동방정식을 세운다.
⑥ 방정식보다 미지수가 많은 경우 추가할 조건을 찾는다.
 ㉠ 기구학적 조건
 ㉡ 다른 물체의 자유물체도

예제 7.9

길이가 1.2 m이고, 질량 30 kg의 가는 막대 AB는 그 양 끝에 작은 물체가 각각 부착되어 매끄러운 수평 및 수직 안내길을 따라 운동한다. $\theta = 30°$인 위치에서 정지상태에 있는 막대의 A 지점에 갑자기 100 N의 힘이 작용하기 시작하는 순간 막대의 각가속도와 양끝의 작은 물체 A, B에 작용하는 반력을 구하라. 단, 막대의 양 끝에 붙어있는 물체의 질량은 무시한다.

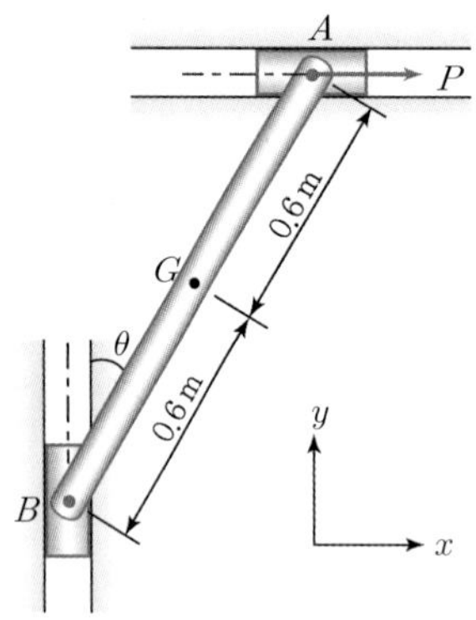

(옆에서 본 그림)

적용원리

- 정지상태로부터 움직였으므로 각속도는 0이다.
- 옆에서 본 그림이므로 중력을 고려한다.
- 점 A는 수평 방향으로, 점 B는 수직 방향으로 움직인다는 조건으로부터 질량중심의 가속도를 각가속도로써 표현할 수 있다.

풀이

[운동학]

막대 AB는 구속운동을 하므로 질량중심의 가속도와 각가속도 사이의 관계식을 수립해야 한다. 정지 상태로부터 움직이므로 각속도는 0이다.($\omega = 0$) 그리고 각가속도의 방향을 반시계 방향으로 가정하자.($\boldsymbol{\alpha} = \alpha\mathbf{k}$)

상대 가속도식 $\mathbf{a}_B = \mathbf{a}_A + \mathbf{a}_{B/A}$에서

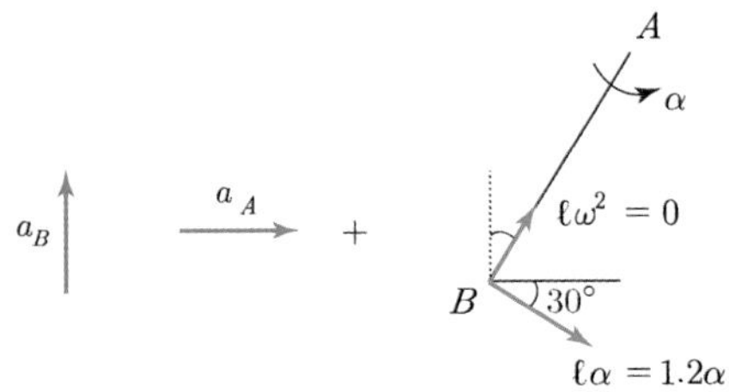

$$a_B\mathbf{j} = a_A\mathbf{i} + (\alpha\mathbf{k}) \times (-l\sin\theta\mathbf{i} - l\cos\theta\mathbf{j})$$

숫자를 대입하면

$$a_B\mathbf{j} = a_A\mathbf{i} + (\alpha\mathbf{k}) \times (-1.2\sin30^\circ\mathbf{i} - 1.2\cos30^\circ\mathbf{j})$$

수평 방향의 가속도 성분은

$$\xrightarrow{+} : 0 = a_A + 1.2\alpha\cos30^\circ \qquad \therefore\ a_A = -1.039\alpha$$

수직 방향의 가속도 성분은

$$+\uparrow : a_B = -1.2\alpha\sin30^\circ = -0.6\alpha$$

또한 질량중심에서의 가속도는

$$\mathbf{a}_G = \mathbf{a}_A + \mathbf{a}_{G/A}$$

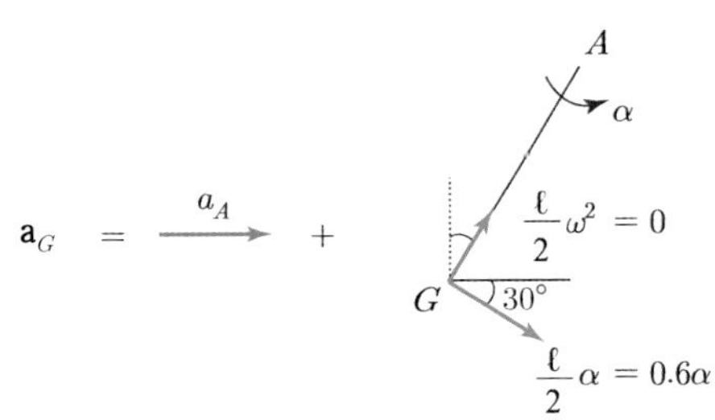

$$\mathbf{a}_G = -1.039\,\alpha\mathbf{i} + (\alpha\mathbf{k}) \times (-0.6\sin30^\circ\mathbf{i} - 0.6\cos30^\circ\mathbf{j})$$

계산하면

$$a_{Gx} = -0.519\alpha, \qquad a_{Gy} = -0.3\alpha$$

질량중심 G에 대한 막대 AB의 질량관성모멘트는

$$I_G = \frac{1}{12} m l^2 = \frac{1}{12} \cdot 30 \cdot 1.2^2 = 3.6 \text{ kg m}^2$$

[운동역학]

점 A, B에서의 안내면에 대하여 수직 반력을 각각 N_A, N_B라 하고, 막대 AB의 각가속도가 반시계 방향으로 회전한다고 가정하였으므로,($\boldsymbol{\alpha} = \alpha \mathbf{k}$) 자유물체도는 다음과 같다.

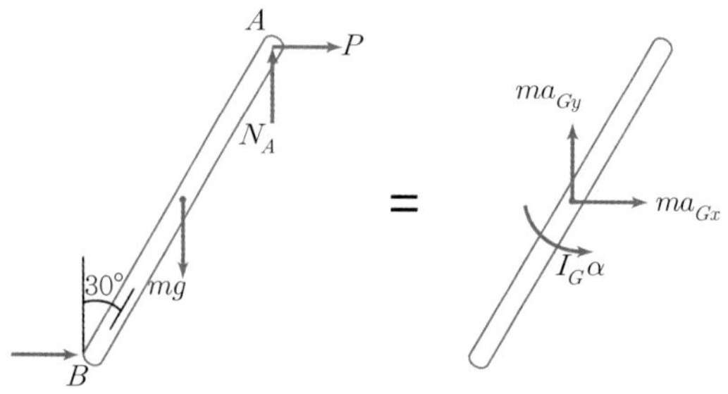

수직 방향의 운동방정식은

$$+\uparrow : N_A - mg = ma_{Gy}$$

$$N_A - 30 \cdot 9.81 = 30(-0.3\alpha) \qquad ①$$

수평 방향의 운동방정식은

$$\xrightarrow{+} : P + N_B = ma_{Gx}$$

$$100 + N_B = 30 \cdot (-0.519\alpha) \qquad ②$$

질량중심 G에 대한 모멘트 식은

$$\frac{l}{2}(-\sin\theta\mathbf{i} - \cos\theta\mathbf{j}) \times (N_B\mathbf{i}) + \frac{l}{2}(\sin\theta\mathbf{i} + \cos\theta\mathbf{j}) \times (P\mathbf{i} + N_A\mathbf{j}) = I_G(\alpha\mathbf{k})$$

윗 식을 반시계 방향 성분에 대하여 정리하면

$$\circlearrowleft +_G : \frac{l}{2}\cos\theta \cdot N_B - \frac{l}{2}\cos\theta \cdot P + \frac{l}{2}\sin\theta \cdot N_A = I_G\alpha$$

숫자를 대입하면

$$0.6\cos30° \cdot N_B - 0.6\cos30° \cdot 100 + 0.6\sin30° \cdot N_A = 3.6\alpha \qquad ③$$

식 ①, ②, ③을 연립하여 풀면

$$N_A = 304.1\,\text{N},\ N_B = -83.1\,\text{N},\ \alpha = -1.085\,\text{rad/s}^2$$

답 $\mathbf{N}_A = 304.1\,\text{N}\ \uparrow,\ \mathbf{N}_B = 83.1\,\text{N}\ \leftarrow,\ \boldsymbol{\alpha} = 1.085\,\text{rad/s}^2 \circlearrowleft$

별해

점 A에 대한 모멘트 식은

$$\Sigma\mathbf{M}_A = \mathbf{r}_{G/A} \times m\mathbf{a}_G + I_G\boldsymbol{\alpha}$$

$$\frac{l}{2}(-\sin\theta\mathbf{i} - \cos\theta\mathbf{j}) \times (-mg)\mathbf{j} + l(-\sin\theta\mathbf{i} - \cos\theta\mathbf{j}) \times (N_B\mathbf{i})$$

$$= \frac{l}{2}(-\sin\theta\mathbf{i} - \cos\theta\mathbf{j}) \times m\,(a_{Gx}\mathbf{i} + a_{Gy}\mathbf{j}) + I_G(\alpha\mathbf{k})$$

윗 식을 반시계 방향 성분에 대하여 정리하면

$$\circlearrowleft\!+_A\ :\ \frac{l}{2}\sin\theta\cdot m\,g + l\cos\theta\cdot N_B$$

$$= \frac{l}{2}\cos\theta\ m\,a_{Gx} - \frac{l}{2}\sin\theta\ m\,a_{Gy} + I_G\alpha$$

숫자를 대입하면

$$0.6\ \sin30°\cdot30\cdot9.81 + 1.2\cos30°\cdot N_B$$

$$= 0.6\cos30°\cdot30\,(-0.519\alpha) - 0.6\sin30°\cdot30\cdot(-0.3\alpha) + 3.6\alpha \qquad ④$$

식 ③ 대신 식 ④를 적용하여도 같은 결과를 얻는다.

예제 7.10

그림에 보는 바와 같이 길이가 0.6 m이고, 질량이 2 kg인 균일한 막대 AB가 두 개의 줄에 의해 지탱되어 있다. 갑자기 오른 쪽의 줄이 끊어지는 순간 왼쪽 줄 AD에 작용하는 장력, 막대 AB의 각 가속도, 막대중심의 가속도를 구하라.

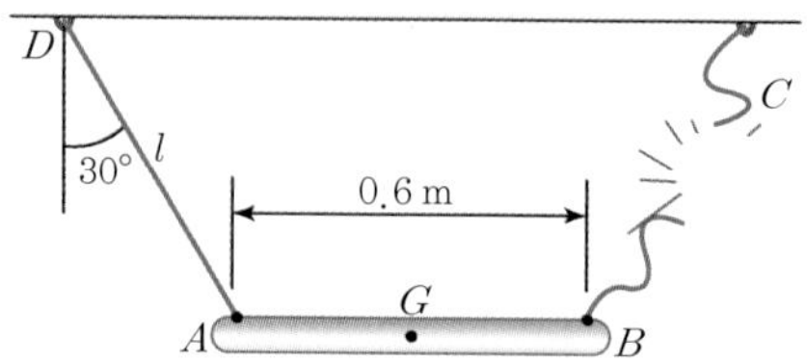

(옆에서 본 그림)

적용원리

- 정지상태로부터 줄이 끊어지므로 줄이 끊어지는 순간의 각속도 ω는 0이다.
- 점 A의 가속도는 줄 AD에 수직한 아랫 방향이다.
- 막대에 작용하는 줄의 장력은 점 A에서 점 D 방향으로 작용한다.

풀이

막대 AB의 각가속도 α의 방향을 반시계방향으로 가정하자. $(\boldsymbol{\alpha} = \alpha\mathbf{k})$

[운동학]

질량중심의 가속도식 $\mathbf{a}_G = \mathbf{a}_A + \mathbf{a}_{G/A}$에서

$$\mathbf{a}_G = \mathbf{a}_A + (\boldsymbol{\alpha} \times \mathbf{r}_{G/A} - \omega^2 \mathbf{r}_{G/A})$$

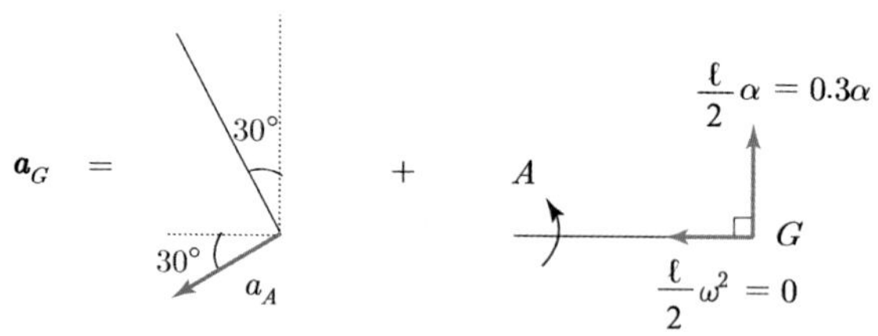

$$\mathbf{a}_G = \mathrm{a}_A(-\cos30°\mathbf{i} - \sin30°\mathbf{j}) + (\alpha\mathbf{k}) \times (0.3\mathbf{i}) - 0$$

윗 식으로부터

$$a_{Gx} = -0.866\,a_A \qquad ①$$

$$a_{Gy} = -0.5a_A + 0.3\alpha \qquad ②$$

질량중심 G에 대한 막대 AB의 질량관성모멘트는

$$I_G = \frac{1}{12}ml^2 = \frac{1}{12}\cdot 2\cdot 0.6^2 = 0.06\ \text{kg m}^2$$

[운동역학]

점 A에서의 장력을 각각 T라 한다면 자유물체도는 다음과 같다.

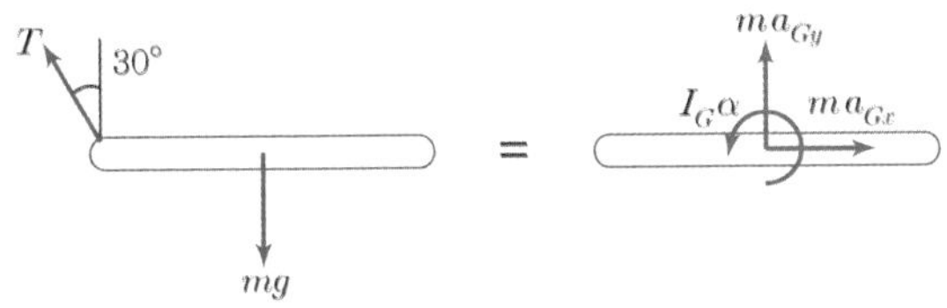

수평 방향의 운동방정식은

$$\xrightarrow{+} : -T\sin 30° = ma_{Gx}$$

$$-T\sin 30° = 2a_{Gx} \qquad ③$$

수직 방향의 운동방정식은

$$+\uparrow : T\cos 30° - mg = ma_{Gy}$$

$$T\cos 30° - 2\cdot 9.81 = 2a_{Gy} \qquad ④$$

질량중심 G에 대한 모멘트 식은

$$\left(-\frac{l}{2}\mathbf{i}\right)\times T(-\sin\theta\mathbf{i}+\cos\theta\mathbf{j}) = I_G(\alpha\mathbf{k})$$

윗 식을 반시계 방향 성분에 대하여 정리하면

$$\circlearrowleft_G : -\frac{l}{2}\cdot T\cos\theta = I_G\alpha$$

$$-0.3\cdot T\cos 30° = 0.06\alpha \qquad ⑤$$

식 ①, ②, ③, ④, ⑤로부터

$$T = 5.23\ \text{N},\ \alpha = -22.6\ \text{rad/s}^2,\ \mathbf{a}_G = -1.31\mathbf{i} - 7.54\mathbf{j}\ (\text{m/s}^2)$$

답 $\boldsymbol{\alpha} = 22.6\ \text{rad/s}^2$ ↻, $\mathbf{a}_G = 7.65\ \text{m/s}^2$ 80° ↙, $\mathbf{T} = 5.23\ \text{N}$ 60° ↖

7.6 특별한 운동(구름운동과 마찰)

평면 위를 구르는 공이나 원통(원판, 바퀴 등)의 운동은 위에서 언급한 평면운동의 특별한 경우로 해석하는 경우 다음과 같이 세 가지로 구분한다.

첫째, 미끄러짐없이 구름운동만 하는 경우이다.

둘째, 구름운동이 없이 미끄럼운동만 하는 경우로서 이 운동은 회전을 동반하지 않으므로 병진운동이다.

셋째, 구름운동과 미끄럼운동이 동시에 일어나는 경우이다. 각 경우에 따라 해석방법이 달라진다.

7.6.1 바퀴가 미끄러지지 않고 구름운동만 하는 경우

바퀴가 접촉표면에 대하여 미끄러지지 않으므로 접촉점에서 바퀴와 접촉면 간의 상대운동이 없다. 상대운동이 없다는 것은 속도가 같다는 의미이며, 접촉표면은 정지하고 있으므로 접촉점에서 바퀴속도는 0이 된다. 접촉점이 순간중심이 된다.

이 경우는 바퀴의 질량중심에서 가속도는 $a_G = \alpha r$이 된다. 수직반력과 마찰력과의 관계는 $F_k \neq \mu_k N$로서 여기서 μ_k는 동마찰 계수이다. 마찰계수와 수직반력으로부터 마찰력을 얻는 것은 불가능하다. 그러나 마찰력의 크기 F_k는 $F_k < \mu_s N$(여기서 μ_s는 정마찰계수이다)인 관계를 반드시 만족하여야 한다.

$$a_G = \alpha r \tag{7.12}$$

$$F_k < \mu_s N \tag{7.13}$$

7.6.2 바퀴가 미끄러지면서 구르는 경우 또는 순수 미끄럼운동을 하는 경우

이 경우는 접촉면과 이에 맞닿은 바퀴상의 점 사이에는 상대운동이 있게 되며 미끄럼마찰이 일어난다. 마찰력의 크기와 수직력의 크기와의 관계는 $F_k = \mu_k N$이며, 마찰력은 접촉면을 따라 운동방향의 반대방향으로 작용한다.

그러나 바퀴와 접촉면의 접촉점에서 상대속도는 0이 아니다. 즉, 이 경우에는 $a_G \neq \alpha r$로서 질량중심 G의 가속도 a_G와 바퀴의 각가속도 α와의 관계를 얻는 것이 불가능하다.

$$F_k = \mu_k N \tag{7.14}$$

$$a_G \neq \alpha r \tag{7.15}$$

따라서 원통의 운동 상태를 제시하지 않은 문제를 풀 때에는 운동의 상태를 가정하여 푼 후 그 결과에 대하여 모순성이 없는 지 검토하여야 한다. 우선 바퀴가 미끄럼이 없는 순수한 구름운동을 한다고 가정하여 마찰력 F_k에 대하여 문제를 푼다. 다음, 계산된 값이 $F_k < \mu_s N$을 만족하는지 확인한다. 만족하는 경우에는 합리적인 답을 얻었다고 볼 수 있다. 그러나 $F_k < \mu_s N$이 만족되지 않는 경우에는 앞에서의 가정은 틀렸다고 볼 수 있다. 이 경우 바퀴의 운동이 순수 구름운동으로 나타나지 않으므로 새로운 가정이 필요하게 된다.

표 7.3 원통(또는 공)에 적용되는 관계식

운동 상황	적용되는 식	적용되지 않는 식	비 고
미끄러짐없이 굴러가는 경우 (roll with no slip)	$\mathbf{a}_O = \boldsymbol{\alpha} \times \mathbf{r}$	$F_k \neq \mu_k N$	$\mathbf{v}_O = \boldsymbol{\omega} \times \mathbf{r}$ $F_k < \mu_s N$
미끄러지면서 굴러가는 경우 (roll and slip)	$F_k = \mu_k N$	$\mathbf{a}_O \neq \boldsymbol{\alpha} \times \mathbf{r}$	$\mathbf{v}_O \neq \boldsymbol{\omega} \times \mathbf{r}$
미끄러지려는 순간 (slip impending)	$\mathbf{a}_O = \boldsymbol{\alpha} \times \mathbf{r}$ $F_k = \mu_k N$		

(주) 여기서 $\mathbf{r}$은 $\mathbf{r}_{O/IC}$을 뜻한다.

참고

질량분포가 균일하여 기하중심점 O와 질량중심점 G가 일치하는 원통이 평면위를 미끄러지지 않고 구르는 경우 순간중심에 대하여 모멘트식을 세우면 편리한 경우가 있다. 위의 두 조건(중심일치, 순수 구름)이 만족되지 않는 경우에는 성립하지 않음에 주의하라.

점 G과 점 O이 일치하므로 식 $\Sigma\mathbf{M}_A = \mathbf{r}_{G/A} \times m\mathbf{a}_G + I_G\boldsymbol{\alpha}$에서 점 A를 순간중심(I.C.)로 정하면 다음과 같이 쓸 수 있다.

$$\Sigma\mathbf{M}_{IC} = \mathbf{r}_{O/IC} \times m\mathbf{a}_O + I_O\boldsymbol{\alpha}$$

그런데 원통이 미끄러지지 않고 굴러가는 경우 기하중심의 가속도는 다음과 같다.

$$\mathbf{a}_O = \boldsymbol{\alpha} \times \mathbf{r}_{O/IC} \text{ (원통이 미끄러짐없이 구르는 경우에만 성립)}$$

위의 두 식을 사용하면 다음 식을 얻을 수 있다.

$$\Sigma\mathbf{M}_{IC} = I_{IC}\boldsymbol{\alpha} \text{ (기하중심과 질량중심이 일치하고, 원통이 미끄러짐없이 구르는 경우에만 성립)}$$

여기서 $I_{IC} = I_G + m \cdot r_{O/IC}^2$이다.

다시 한번 강조하지만 윗 식은 기하중심과 질량중심이 일치하고 순수 구름운동을 하는 경우에만 적용할 수 있으며, 일반운동을 하는 모든 물체에 적용할 수 있는 식은 아니다.

참고 원통(cylinder) 또는 공(sphere)의 운동의 형태가 주어지지 않는 문제의 풀이

① 미끄러짐없이 구른다(roll without slipping)고 가정하여 역학적 평형식과 다음 식을 적용하여 마찰력 F를 계산한다.

$$a_O = r\alpha \text{ 또는 } \mathbf{a}_O = \boldsymbol{\alpha} \times \mathbf{r}$$

$$v_O = r\omega \text{ 또는 } \mathbf{v}_O = \boldsymbol{\omega} \times \mathbf{r}$$

② 만약 계산한 결과 마찰력의 부호가 음수이면 마찰력의 방향을 잘못 잡은 경우이다. 마찰력 방향을 반대로 하고 그 크기는 절대값(양수)로 하면 된다. 일반적으로 순수 구름만 있는 경우 마찰력의 방향은 구름을 방해하는 방향으로, 미끄러짐이 동반되는 경우 마찰력의 방향은 미끄럼을 방해하는 방향으로 작용한다. 미끄러짐에 대한 언급이 없는 경우나 힘이 복합적으로 작용하는 경우 운동방향을 정확히 예측할 수 없어 마찰력의 방향을 잡기 애매한 경우가 있다. 이런 경우는 반력에 수직한 두 방향 중 어느 쪽이든 가정하여 푼 후 그 부호로써 방향을 최종적으로 판단한다.

③ 문제풀이의 가정(즉, 미끄러진다)이 옳은지 여부를 판단하기 위하여 최대마찰력 $F_{\max} = \mu_s N$을 계산한다.

④ 미끄러짐없이 굴러 간다는 가정이 옳으려면 다음을 만족하여야 한다.

$F_k \le F_{\max}$ (마찰력은 최대 정지마찰력을 초과하지 않는다)

즉, $\mu_s \ge \dfrac{F_k}{N}$을 만족하는지를 판단한다.

이로부터 마찰계수 μ_s가 $\dfrac{F_k}{N}$에 비하여 크면 미끄러짐없이 구르는 경우가 되고, 마찰계수 μ_s가 작으면 미끄러지면서 구르는 경우가 된다. 윗 식이 성립하면 위에서의 풀이의 가정이 맞다고 검증된 것이고 그렇지 않으면 가정은 틀린 것이다. 만약 $F_k = F_{\max}$이면 이제 막 미끄러지려는 순간이다.

구름운동과 미끄럼 운동이 동시에 일어나는 순간(미끄러지려는 순간)의 마찰계수를 μ_C라고 한다면 다음의 관계가 있다.

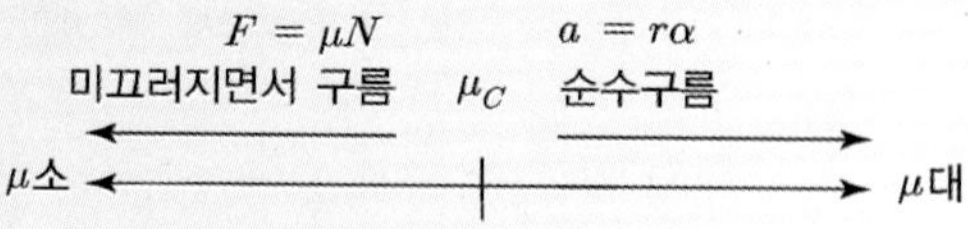

⑤ 만약 윗 식이 성립하지 않으면 가정이 틀린 것이므로 미끄러지면서 구르는 경우로서 $\mathbf{a}_O = \boldsymbol{\alpha} \times \mathbf{r}$관계는 성립하지 않는다. 모자라는 추가식은 마찰력 $F_k = \mu_k N$로서 대체하여 계산한다.

참고

(1) 미끄러운 평면(smooth surfaces)위를 움직이는 물체에 작용하는 마찰계수와 마찰력의 크기는?

$$\text{마찰계수} \quad \mu = 0$$
$$\text{마찰력} \quad F_k = 0$$

(2) 미끄러지지 않고 회전(roll without slipping)하는 원통(circular cylinder) 또는 공(sphere)에서 성립하는 식은?

$$a_O = r\alpha$$
$$v_O = r\omega$$
$$s = r\theta$$

예제 7.11

다음 그림과 같이 좁은 홈이 파여진 원통에 줄이 감겨져 있다. 원통의 질량은 1.5 kg이고, 회전반경이 0.09 m이다. 원통의 질량중심 G가 평면 위 1.0 m 지점으로부터 정지 상태에서 놓아질 때 다음을 구하라. 단, 줄은 수직 평면 위를 움직인다고 가정한다.

(a) 원통의 각가속도와 질량중심 G의 가속도
(b) 원통이 바닥에 부딪치기 직전의 질량중심 G의 속도

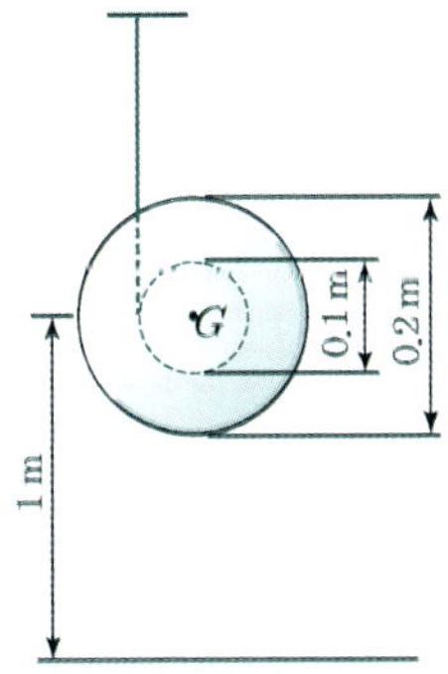

적용원리

- 실질적으로는 질량중심 G가 우측으로 이동하여 줄은 오른쪽으로 이동할 것이나 수평 방향 움직임에 비해 아랫 방향 움직임이 커서 무시한 경우이다.
- 줄과 원통의 접촉점이 순간중심이다.

- 모멘트 식을 순간중심에 대하여 세워도 같은 결과를 얻는다.

풀이

(a)

[운동학]

원통의 각가속도 α의 방향을 시계방향으로 가정하면, ($\boldsymbol{\alpha} = -\alpha\mathbf{k}$) 원통중심의 가속도는 아랫방향이 된다.

원통의 질량중심은 가속도 a_G는 줄과 원통의 접촉점이 순간중심이 되므로

$$a_G = r\alpha$$

$$a_G = 0.05\,\alpha \quad ①$$

원통의 질량관성모멘트는

$$I_G = mk^2 = 1.5 \cdot 0.09^2 = 0.0122\ \mathrm{kg\,m^2}$$

[운동역학]

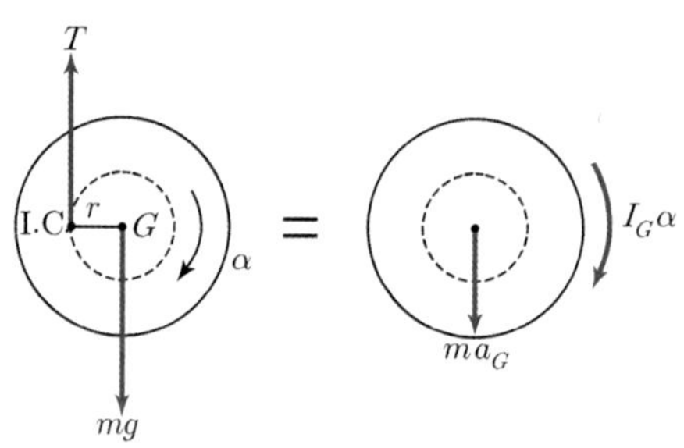

수직 방향의 운동방정식은

$$+\downarrow\ :\ mg - T = ma_G$$

$$1.5 \cdot 9.81 - T = 1.5 \cdot a_G \quad ②$$

질량중심 G에 대한 모멘트 식은

$$(-r\mathbf{i}) \times T\mathbf{j} = I_G(-\alpha\mathbf{k})$$

윗 식을 시계 방향 성분에 대하여 정리하면

$$\circlearrowright_G\ :\ r \cdot T = I_G\alpha$$

$$0.05 \cdot T = 0.0122\,\alpha \qquad ③$$

식 ①, ②, ③으로부터

$$T = 11.25\,\text{N}, \ \ \alpha = 46.29\,\text{rad/s}^2, \ \ a_G = 2.315\,\text{m/s}^2$$

답 $\boldsymbol{\alpha} = 46.3\,\text{rad/s}^2$ ↻, $\mathbf{a}_G = 2.315\,\text{m/s}^2 \downarrow$

(b) 땅에 도달할 때까지의 이동거리는 1 m − 0.1 m = 0.9 m이다.

속도관계식은 $v_G^2 - v_0^2 = 2a_G s$ 에서

$$v_G^2 - 0^2 = 2 \cdot 2.315 \cdot 0.9, \qquad \therefore\ v_G = 2.04\,\text{m/s}$$

답 $\mathbf{v}_G = 2.04\,\text{m/s} \downarrow$

별해

순간중심 IC에 대한 질량관성모멘트는

$$I_{IC} = mk^2 + mr^2$$

순간중심 IC에 대한 모멘트식은

$$r\mathbf{i} \times (-mg\mathbf{j}) = I_{IC}(-\alpha\mathbf{k})$$

윗 식을 시계 방향 성분에 대하여 정리하면

$$\circlearrowright^{+}_{IC} : \ rmg = I_{IC}\alpha$$

$$0.05 \cdot 1.5 \cdot 9.81 = 1.5(0.09^2 + 0.05^2)\alpha \qquad ④$$

식 ③ 대신 식 ④를 사용하여도 같은 결과를 얻을 수 있다.

예제 7.12

반경이 r이고 질량이 m인 균일한 원통이 30°인 경사면 위에서 정지상태로부터 움직이기 시작하여 미끄러짐없이 굴러간다.

(a) 미끄러지지 않고 구름 운동을 하기 위한 마찰계수의 최소값

(b) 원통이 4 m 구른 후 질량중심 G의 속도를 구하라.

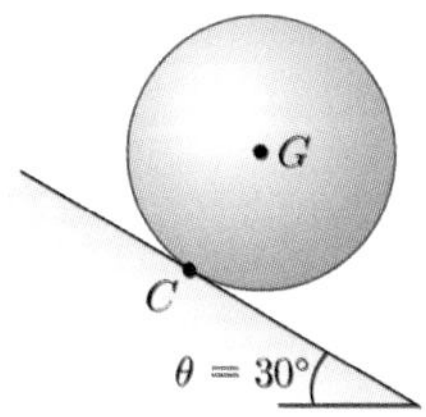

적용원리

- 경사면에 수직한 방향의 움직임은 없다. 즉, 경사면 방향의 움직임만 있다.
- 정지 상태로부터 움직이기 시작한다는 뜻은 초기속도를 0으로 해석(경우에 따라서는 초기 각속도를 0으로 해석)하면 된다.
- 미끄러짐없이 굴러갈 조건은 $a = r\alpha$이다.
- 마찰계수가 작으면 미끄러지고, 마찰계수가 크면 굴러간다. 미끄러지지 않고 구름운동을 하기 위한 마찰계수의 최소값을 구하는 조건은 $F = \mu N$과 $a = r\alpha$이 동시에 성립할 조건이다.
- 질량중심과 기하중심이 일치하는 공 또는 원통이 미끄러짐없이 굴러갈 때에는 순간중심에 대하여 모멘트식을 세워도 된다.

풀이

(a)

[운동학]

마찰계수 μ가 작으면 미끄러지면서 구르고, 크면 미끄러짐없이 구른다.

원통중심의 가속도는

$$a_G = r\alpha$$

원통의 질량관성모멘트는

$$I_G = \frac{1}{2}mr^2 \qquad ①$$

[운동역학]

수직반력을 N, 마찰력 F라고 놓자.

각가속도 α의 방향을 시계방향으로 가정하자.($\boldsymbol{\alpha} = -\alpha\mathbf{k}$)

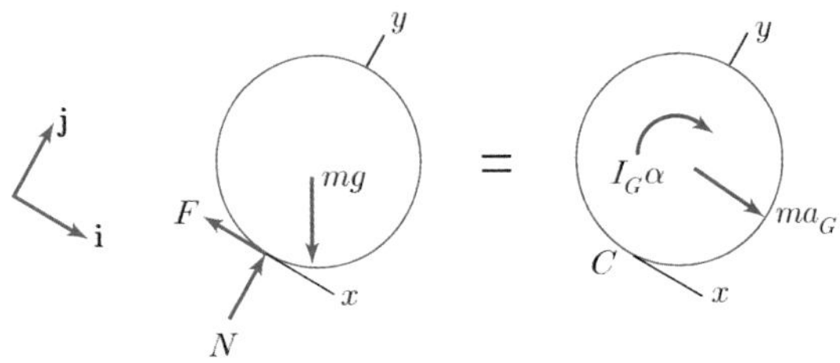

경사면에 수직 방향의 운동방정식은

$$+\nearrow : N - mg\cos\theta = 0$$

$$\therefore\ N = mg\cos\theta$$

경사면 방향의 운동방정식에서 $a_G = r\alpha$을 적용하면

$$\searrow + : mg\sin\theta - F = m(r\alpha) \qquad ②$$

질량중심 G에 대한 모멘트 식은

$$(-r\mathbf{j}) \times (-F\mathbf{i} + N\mathbf{j}) = I_G(-\alpha\mathbf{k})$$

윗 식을 시계 방향 성분에 대하여 정리하면

$$\circlearrowright +_G : rF = I_G\alpha \qquad ③$$

식 ①, ②, ③으로부터

$$F = \frac{1}{3}mg\sin\theta, \quad a_G = \frac{2}{3}g\sin\theta$$

따라서, 마찰계수의 최소값 $\mu_{\min} = \dfrac{F}{N} = \dfrac{1}{3}\tan\theta$

$$\mu_{\min} = 0.192$$

답 $\mu_{\min} = 0.192$

(b) 원통은 등가속도운동을 한다.

질량중심의 가속도 $a_G = r\alpha$에서

$$a_G = 3.27\ \mathrm{m/s^2}$$

속도와 거리와의 관계식 $v^2 = v_0{}^2 + 2a_G(x - x_0)$에 주어진 자료를 대입하면

$$v^2 = 0^2 + 2\cdot 3.27\cdot(4-0). \qquad \therefore\ v = 5.11\ \mathrm{m/s}$$

답 $\mathbf{v} = 5.11\,\mathrm{m/s}$ ◺30°

별해

순간중심 C에 대한 모멘트식은

$$r\mathbf{j} \times mg(\sin\theta\mathbf{i} - \cos\theta\mathbf{j}) = I_C(-\alpha\mathbf{k})$$

윗 식을 시계 방향 성분에 대하여 정리하고 숫자를 대입하면

$$\circlearrowleft^{+}{}_C : r\cdot m\,g\sin 30° = I_C\alpha \qquad ④$$

순간중심에 대한 질량관성모멘트는 $I_C = I_G + ml^2$에서

$$I_C = \frac{1}{2}mr^2 + mr^2 = \frac{3}{2}mr^2$$

식 ③ 대신 식 ④를 사용하여도 같은 결과를 얻는다.

예제 7.13

가운데 좁은 홈이 파여진 10 kg의 이중 원통형 바퀴의 안쪽에 줄이 감겨져 있다. 바닥면과 원통 사이의 정마찰계수는 0.25이고, 동마찰계수는 0.2일 때 다음을 구하라. 단, 홈이 바퀴의 질량관성모멘트에 미치는 영향은 무시한다.

(a) 원통과 바닥면 사이에 미끄럼의 발생여부를 판정하라.
(b) 중심 G의 가속도, 원통의 각가속도를 구하라.

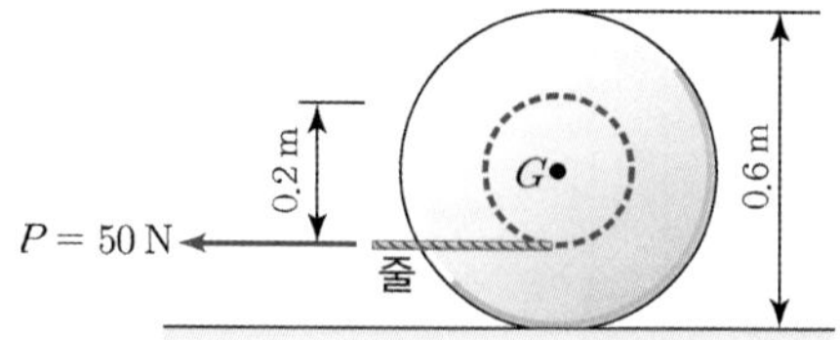

적용원리

- 마찰력 방향은 운동방향의 반대이다.
- 미끄러짐없이 굴러갈 조건은 $a = r\alpha$, $F \leqq \mu_s N$ 이고, 미끄러지면서 굴러갈 조건은 $a \neq r\alpha$, $F = \mu_k N$ 이다.
- 마찰계수가 작고, 잡아당기는 힘이 크면 미끄럼이 발생한다. 반대이면, 미끄럼없이 구름운동을 한다.
- 수직 방향의 움직임은 없다. 즉, 수평 방향으로 이동한다.

풀이

[가정]

원통이 미끄러지지 않고 순수 구름운동을 한다고 가정하자.

[운동학]

질량중심 G에 대한 질량관성모멘트는

$$I_G = \frac{1}{2}mr^2 = \frac{1}{2} \cdot 10 \cdot 0.3^2 = 0.45\ \mathrm{kg\,m^2}$$

힘 P의 방향으로 질량중심 G의 가속도가 발생하고, 위 가정에 따라 접촉점이 순간중심되어 각가속도는 반시계방향으로 발생한다.($\boldsymbol{\alpha} = \alpha\,\mathbf{k}$)

질량중심의 가속도 $a = r\alpha$에서

$$a = 0.3\alpha \qquad ①$$

[운동역학]

마찰력 F의 방향은 힘 P의 방향과 반대이다. 자유물체도는 다음과 같다.

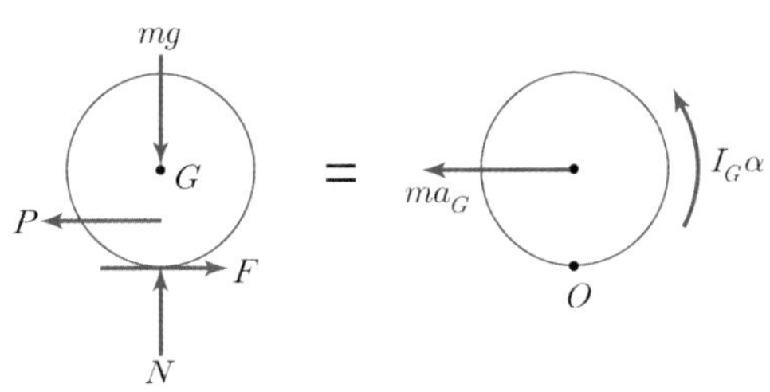

(a) 수직 방향의 운동방정식은

$$+\uparrow : N - mg = 0$$

$$N - 10 \cdot 9.81 = 0, \qquad \therefore \; N = 98.1\,\text{N}$$

수평 방향의 운동방정식은

$$\overset{+}{\leftarrow} : P - F = ma$$

$$50 - F = 10\,a \qquad ②$$

질량중심 G에 대한 모멘트 식은

$$-0.1\mathbf{j} \times (-P\mathbf{i}) - 0.3\mathbf{j} \times F\mathbf{i} = I_G(\alpha\mathbf{k})$$

윗 식을 반시계 방향 성분에 대하여 정리하면

$$\circlearrowleft +_G : -0.1P + 0.3F = I_G\alpha$$

$$-0.1 \cdot 50 + 0.3F = 0.45\alpha \qquad ③$$

식 ①, ②, ③에서

$$F = 27.8\,\text{N}$$

한편 최대 정지 마찰력은 $F_{max} = \mu_s N = 0.25 \cdot 98.1 = 24.5\,\text{N}$

미끄러지지 않을 조건 $F \leqq F_{max}$을 만족하지 않으므로 가정은 모순된다.

따라서, 미끄러지면서 구른다.

답 미끄러지면서 구른다.

(b) 순수 구름일 때 성립하는 식 ①을 사용할 수 없다. 미끄럼이 발생할 때에는 동마찰력 $F = \mu_k N$을 사용하며, 식 ③을 대입하면 다음과 같다.

$$F = \mu_k N = 0.2 \cdot 98.1 = 19.62\,\text{N}$$

식 ②에서

$$50 - 19.62 = 10\,a, \qquad \therefore \; a = 3.038\,\text{m/s}^2$$

식 ③에서

$$-0.1 \cdot 50 + 0.3 \cdot 19.62 = 0.45\alpha, \qquad \therefore \; \alpha = 1.969\,\text{rad/s}^2$$

답 $\mathbf{a}_G = 3.038\,\text{m/s}^2 \leftarrow, \; \boldsymbol{\alpha} = 1.969\,\text{rad/s}^2 \circlearrowleft$

예제 7.14

질량이 150 kg인 불균일한 바퀴에서 기하중심 O에 대한 회전반경이 0.4 m이다. 바퀴는 수평면을 미끄러지면서 구르고 있다. 그림과 같이 주어진 위치에서 점 O의 속도는 오른쪽 방향으로 1.0 m/s이고 각속도는 시계방향으로 3.0 rad/s, 그리고 각가속도는 시계방향으로 1.5 rad/s^{2}일 때, 바퀴와 평면 사이의 마찰계수가 0.2일 때, 바닥면과의 접촉점 M에서 미끄러지는지를 판별하여 마찰력의 방향을 정하고 모멘트 C와 점 O의 가속도를 구하라.

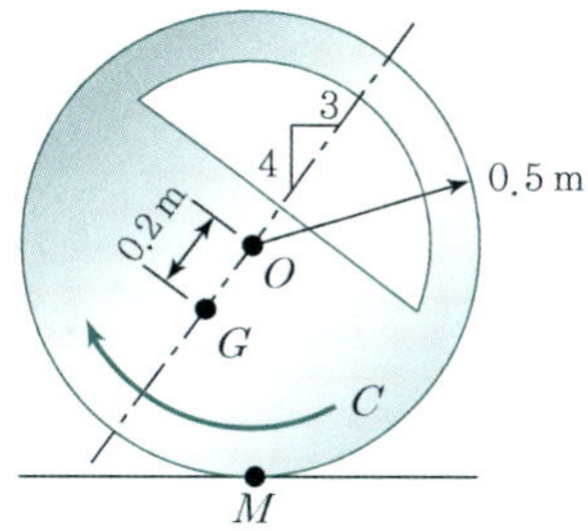

적용원리

- 점 M의 속도방향의 반대방향으로 마찰력이 발생한다.
- 미끄러지면서 굴러가는 경우 $a \neq r\alpha$이고, $F = \mu_k N$이 성립한다.
- 질량중심은 수평 방향 및 수직 방향으로 움직인다.
- 바닥면과 만나는 원통 위의 접촉점의 속도방향의 반대방향으로 마찰력이 작용한다.

풀이

[운동역학]

수평면과 만나는 원통 위의 점을 M이라고 할 때 속도식에서

$$\mathbf{v}_M = \mathbf{v}_O + \mathbf{v}_{M/O}$$

$$\mathbf{v}_M = 1.0\mathbf{i} + (-3\mathbf{k}) \times (-0.5\mathbf{j}) = -0.5\mathbf{i}$$

따라서 마찰력 F의 방향은 $\mathbf{v}_M$ 방향의 반대인 $\mathbf{i}$방향이 된다.

바퀴가 기울어진 각도는

$$\sin\theta = 0.6, \ \cos\theta = 0.8$$

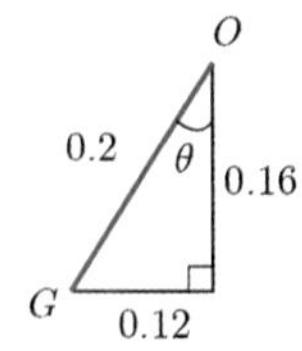

질량중심 G의 가속도는 $\mathbf{a}_G = \mathbf{a}_O + \mathbf{a}_{G/O}$에서

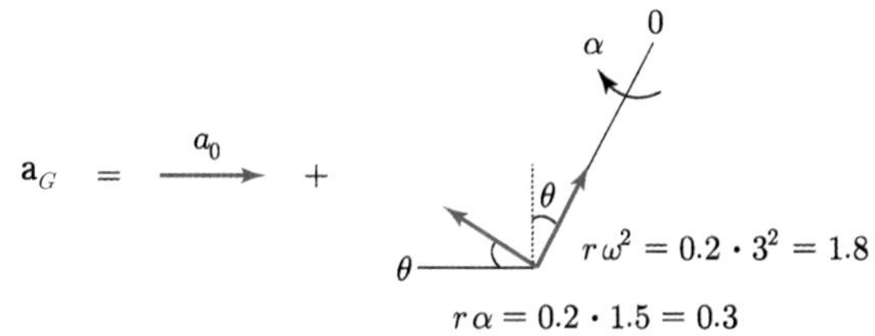

$$\mathbf{a}_G = \mathbf{a}_O + \boldsymbol{\alpha} \times \mathbf{r}_{G/O} - \omega^2 \mathbf{r}_{G/O}$$

$$\mathbf{a}_G = \mathrm{a}_O \mathbf{i} + (-1.5\mathbf{k}) \times (-0.12\mathbf{i} - 0.16\mathbf{j}) - 3^2 \cdot (-0.12\mathbf{i} - 0.16\mathbf{j})$$

$$= (\mathrm{a}_O + 0.84)\mathbf{i} + 1.62\mathbf{j}$$

따라서

$$a_{Gx} = a_O + 0.84$$

$$a_{Gy} = 1.62$$

질량중심 G에서 질량관성모멘트는 최소가 되며 다음과 같다.

$$I_G = I_O - ml^2 = mk^2 - ml^2$$

$$I_G = 150 \cdot 0.4^2 - 150 \cdot 0.2^2 = 18.0 \text{ kg m}^2$$

[운동역학]

문제에서 각가속도 $\boldsymbol{\alpha} = -1.5\mathbf{k}$이다.

수직반력을 N이라 하고, 마찰력을 F라고 하면 자유물체도는 다음과 같다.

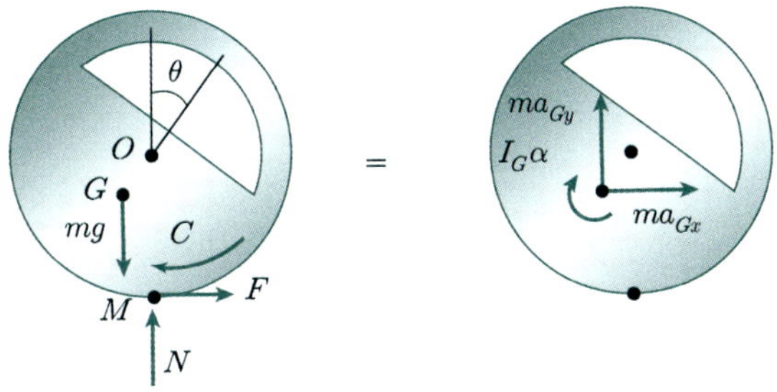

접촉점에서 원통의 속도는 왼쪽 방향이며, 마찰력은 접촉점에서 원통의 속도와 반대방향으로 작용한다.

$$F = \mu N$$

수직 방향 운동방정식에서 $a_{Gy} = 1.62$ 을 대입하면

$$+\uparrow : N - mg = ma_{Gy}$$

$$N - 150 \cdot 9.81 = 150 \cdot 1.62 \qquad \therefore\ N = 1715\ \text{N}$$

수평 방향 운동방정식에서 $a_{Gx} = a_O + 0.84$ 을 대입하면

$$\xrightarrow{+} : \mu N = ma_{Gx}$$

$$0.2 \cdot 1715 = 150\,(a_O + 0.84) \qquad \therefore\ a_O = 1.45\ \text{m/s}^2$$

질량중심 G에 대한 모멘트 식은

$$-C\mathbf{k} + (0.12\mathbf{i} - 0.34\mathbf{j}) \times (F\mathbf{i} + N\mathbf{j}) = I_G(-\alpha\mathbf{k})$$

윗 식을 시계 방향 성분에 대하여 정리하면

$$\circlearrowright\!+_G : C - 0.12N - 0.34F = I_G\,\alpha$$

숫자를 대입하면

$$C - 0.12 \cdot 1715 - 0.34 \cdot (0.2 \cdot 1715) = 18.0 \cdot 1.5$$

$$\therefore\ C = 349\ \text{N m}$$

답 $\mathbf{C} = 349\ \text{N m} \circlearrowright$, $\mathbf{a}_O = 1.45\ \text{m/s}^2 \rightarrow$

예제 7.15

질량 m인 파이프가 질량이 M인 평판 위에 정지해 있으며, 평판은 수평면 위에 정지해 있다. 파이프와 평판 사이의 마찰계수는 μ이고, 평판과 바닥면 사이는 충분히 매끄러워 마찰력을 무시할 만하다. 평판에 힘 P가 작용할 때 파이프가 평판 위를 미끄러지지 않고 굴러갈 수 있는 최대 힘 P를 구하라.

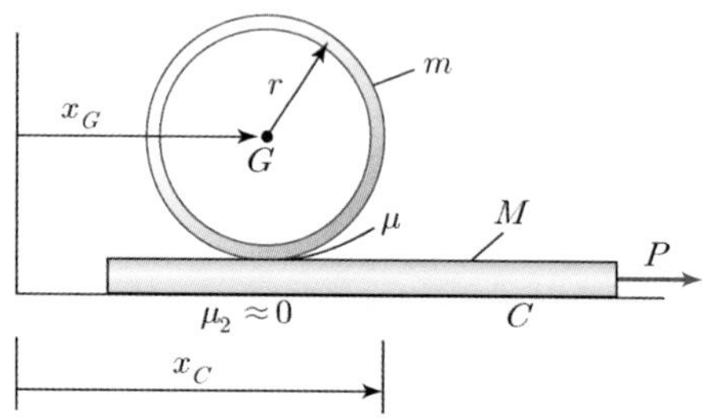

적용원리

- 뉴튼의 제1법칙에 따라 정지하고 있는 물체(파이프)는 계속 정지하려는 성질이 있어서 힘 P가 큰 경우 미끄러지고, 작은 경우 굴러간다. 파이프가 평판 위를 미끄러지지 않고 굴러갈 수 있는 최대 힘을 구하라는 의미는 미끄러지지 않고 굴러가는 조건($a = r\alpha$)과 미끄러지는 순간에 성립하는 조건($F = \mu N$)이 동시에 성립하는 경우이다.
- 평판에 작용하는 마찰력은 평판의 운동을 방해하려는 방향으로 작용한다. 즉, 왼쪽방향으로 작용한다. 단, 바닥면과의 마찰력은 무시하도록 주어졌다.
- 파이프에 작용하는 마찰력은 평판에 작용하는 마찰력과 동일한 크기로 반대 방향으로 작용한다. 즉 오른쪽으로 작용한다.

풀이

[운동학]

각가속도 α의 방향을 반시계 방향으로 가정하자.($\boldsymbol{\alpha} = \alpha\mathbf{k}$)

파이프가 평판 위를 미끄러짐없이 굴러가는 경우 C의 가속도 $\mathbf{a}_C = \mathbf{a}_G + \mathbf{a}_{C/G}$에서

$$\mathbf{a}_C = \mathbf{a}_G + \boldsymbol{\alpha} \times \mathbf{r}_{C/G} - \omega^2 \mathbf{r}_{C/G}$$

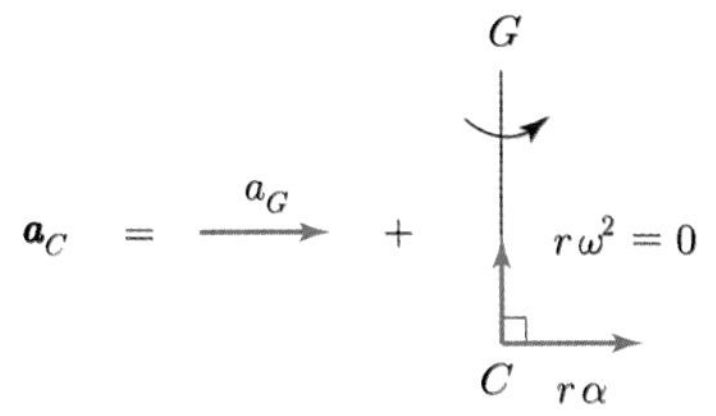

$$a_C\mathbf{i} = a_G\mathbf{i} + \alpha\mathbf{k} \times (-r\mathbf{j}) - 0$$

$$\overset{+}{\rightarrow}: \quad a_C = a_G + \alpha r \qquad ①$$

파이프와 평판 사이의 마찰력은 평판의 측면에서 보면 평판의 움직임을 방해하려는 방향(즉, 왼쪽방향)으로 작용하고, 파이프의 측면에서 보면 평판에서의 마찰력과 반대방향(즉, 오른쪽방향)으로 작용한다.

파이프의 질량관성모멘트

$$I_G = mr^2$$

[운동역학]

파이프의 수직반력을 N_1, 마찰력을 $F = \mu N_1$이라 놓는다.

파이프에 대하여

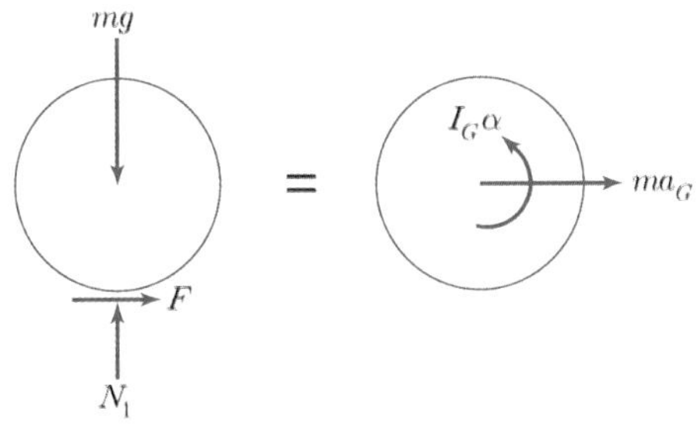

수직 방향의 운동방정식은

$$+\uparrow: N_1 - mg = 0 \qquad \therefore\ N_1 = mg$$

수평 방향의 운동방정식은

$$\overset{+}{\rightarrow}: F = ma_G$$

$$\mu(mg) = ma_G \qquad \therefore\ a_G = \mu g$$

파이프의 중심에 대한 모멘트 식은

$$(-r\mathbf{j}) \times (F\mathbf{i}) = I_G(\alpha\mathbf{k})$$

윗 식을 반시계 방향 성분에 대하여 정리하면

$$\circlearrowleft_{G} : rF = I_G \alpha$$

$$r(\mu mg) = (mr^2)\alpha \qquad \therefore \ \alpha = \frac{\mu g}{r}$$

평판과 바닥면 사이의 마찰력은 무시된다.

평판에 대하여

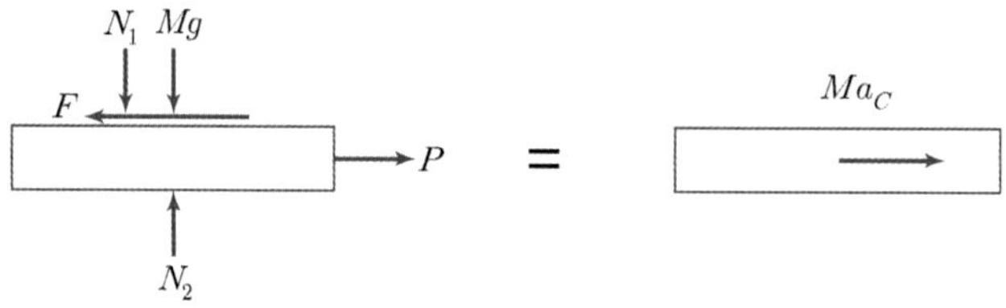

식 ①에 $a_G = \mu g$와 $\alpha = \dfrac{\mu g}{r}$를 대입하면

$$a_C = a_G + \alpha r = \mu g + \left(\frac{\mu g}{r}\right) r = 2\mu g$$

수평 방향의 운동방정식 $\Sigma F_x = M a_x$에서

$$\xrightarrow{+} : P - F = M a_C$$

$$P - \mu mg = M \cdot (2\mu g)$$

$$\therefore \ P = (m + 2M)\mu g$$

답 $P = (m + 2M)\mu g$

7.7 요 약

이 장에서 학습한 내용은 다음과 같다.

1. 일반적인 평면운동을 하는 강체의 운동방정식은 다음과 같다.

$$\Sigma \mathbf{F} = m\mathbf{a}_G \tag{7.1}$$

$$\Sigma \mathbf{M}_A = \mathbf{r}_{G/A} \times m\mathbf{a}_G + I_G \boldsymbol{\alpha} \tag{7.5}$$

여기서 $\Sigma \mathbf{M}_A$는 평판에 작용하는 외력들의 모멘트 합을, $\mathbf{r}_{G/A}$는 임의의 점 A에 대한 질량중심 G의 상대위치, 그리고 I_G는 질량중심에 대한 질량관성모멘트를 나타낸다.
위의 식을 직각좌표계를 이용하여 스칼라 식으로 표현하면 다음과 같다.

$$\Sigma F_x = m a_{Gx} \tag{7.2a}$$

$$\Sigma F_y = m a_{Gy} \tag{7.2b}$$

$$\Sigma M_A = [(r_{G/A})_x m a_{Gy} - (r_{G/A})_y m a_{Gx}] + I_G \alpha \tag{7.6a}$$

2. 병진운동을 하는 강체의 운동방정식은 다음과 같다.

$$\Sigma \mathbf{F} = m\mathbf{a}_G \tag{7.1}$$

$$\Sigma \mathbf{M}_G = \mathbf{0} \tag{7.9}$$

여기서 $\Sigma \mathbf{F}$는 강체에 작용하는 외력들의 합이고, $\mathbf{a}_G$는 강체의 질량중심의 가속도이다. 그리고 $\Sigma \mathbf{M}_G$는 강체의 질량중심에 대한 모멘트의 합이다.
위의 식을 직각좌표계를 이용하여 스칼라 식으로 표현하면 다음과 같다.

$$\Sigma F_x = m a_{Gx} \tag{7.2a}$$

$$\Sigma F_y = m a_{Gy} \tag{7.2b}$$

$$\Sigma M_G = 0 \tag{7.9a}$$

3. 질량중심 G에 대한 강체의 운동방정식은 다음과 같다.

$$\Sigma \mathbf{F} = m\mathbf{a}_G \tag{7.1}$$

$$\Sigma \mathbf{M}_G = I_G \boldsymbol{\alpha} \tag{7.7}$$

여기서 $\Sigma \mathbf{M}_G$는 질량중심 G에 대한 모멘트 합, I_G는 질량중심 G에 대한 질량관성모멘트, 그리고 $\boldsymbol{\alpha}$는 각가속도를 나타낸다.

위의 식을 접선 및 법선 좌표계를 이용하여 스칼라 식으로 표현하면 다음과 같다.

$$\Sigma F_t = m a_{Gt} = m \alpha r_G \tag{7.3a}$$

$$\Sigma F_n = m a_{Gn} = m \omega^2 r_G \tag{7.3b}$$

$$\Sigma M_G = I_G \alpha \tag{7.7}$$

4. 고정점 O에 대하여 회전운동을 하는 강체의 운동방정식은 다음과 같다.

$$\Sigma \mathbf{F} = m\mathbf{a}_G \tag{7.1}$$

$$\Sigma \mathbf{M}_O = I_O \boldsymbol{\alpha} \tag{7.11}$$

여기서 $\Sigma \mathbf{M}_O$는 고정점 O에 대한 모멘트 합, I_O는 점 O에 대한 질량관성모멘트, 그리고 $\boldsymbol{\alpha}$는 각가속도를 나타낸다.

위의 식을 접선 및 법선 좌표계를 이용하여 스칼라 식으로 표현하면 다음과 같다.

$$\Sigma F_t = m a_{Gt} = m \alpha r_G \tag{7.3a}$$

$$\Sigma F_n = m a_{Gn} = m \omega^2 r_G \tag{7.3b}$$

$$\Sigma M_O = I_O \alpha \tag{7.11}$$

연습문제

7.1 (예제 7.1의 연습 1/3)

질량 1500 kg의 후륜구동 트럭이 경사진 도로를 따라 미끄러짐없이 일정한 가속도 $a = 2.0\ \mathrm{m/s^2}$로 올라가고 있다. 각 쌍의 바퀴 밑에 작용하는 수직반력과 후륜에 작용하는 마찰력을 구하라. 타이어와 도로 사이의 마찰계수는 얼마 이상으로 추정할 수 있는가?

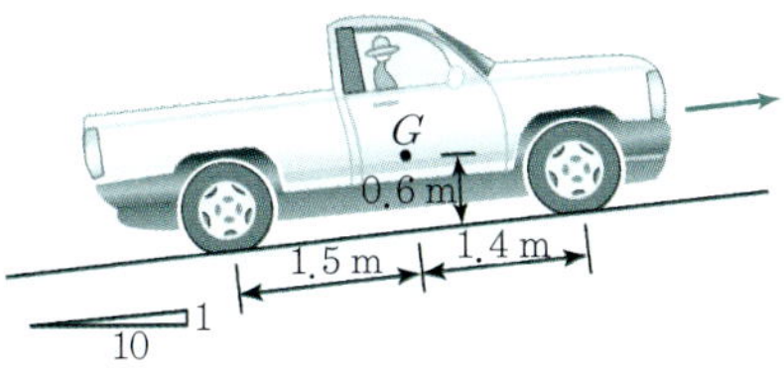

7.2 (예제 7.1의 연습 2/3)

작은 바퀴들이 달려있는 50 kg의 캐비넷에 100 N의 힘이 작용한다. 바퀴와 지면 사이의 마찰력을 무시했을 때 다음을 구하라.

(a) 캐비넷의 가속도

(b) 바퀴에 대한 바닥의 반력(앞바퀴 전체의 반력 및 뒷바퀴 전체의 반력)

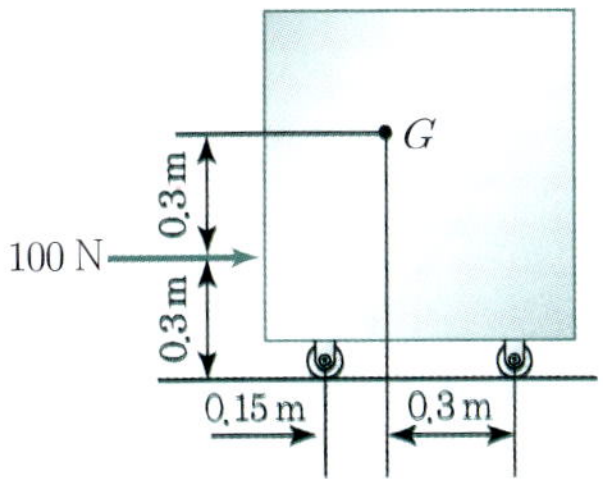

7.3 (예제 7.1의 연습 3/3)

다음 물음에 답하시오.[2003년 제39회 기술고등고시]

(a) 아래 그림과 같은 자동차가 전륜구동인 경우와 후륜 구동인 경우에 최대 가속도를 각각 구하라. (다만, 타이어와 노면 사이의 마찰계수는 0.5이다.)

(b) 경사면을 올라갈 경우 전륜구동과 후륜구동 중 등판각도는 어느 차량이 크게 나오는지 판단하라.

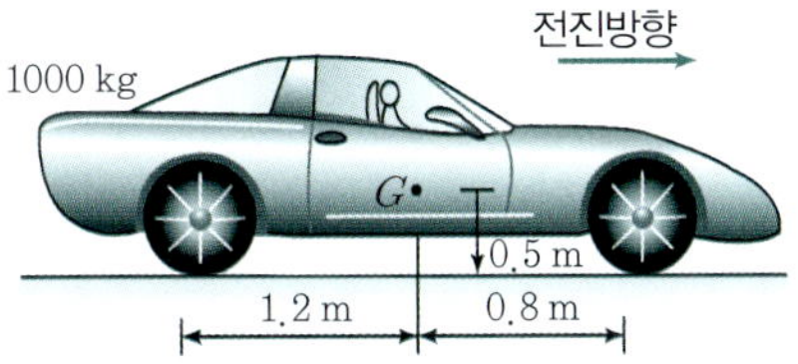

7.4 (예제 7.2의 연습)

질량이 50 kg인 균일한 직사각형 상자가 수평면 위에 정지 상태로 놓여 있으며, 상자와 바닥면 사이의 동마찰계수는 $\mu_k = 0.2$이다. 만일 500 N의 힘 P가 그림에 나타낸 바와 같이 상자에 작용할 때,

(a) 상자가 미끄러질 것인지 또는 넘어질 것인지를 판별하라.

(b) 상자 중심의 가속도를 구하라.

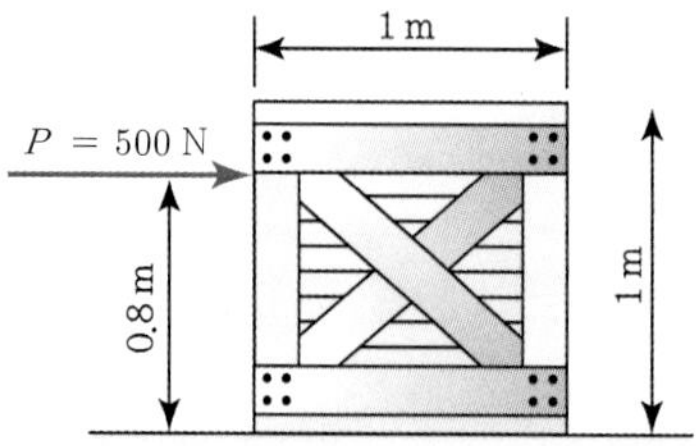

7.5 (예제 7.3의 연습)

길이가 3 m이고, 질량이 80 kg인 균일한 막대가 두 줄에 매달려 있다. 그림에 보인 위치에서 정지상태로부터 막대를 놓는 순간 각 줄에 걸리는 장력과 막대의 가속도를 계산하라.

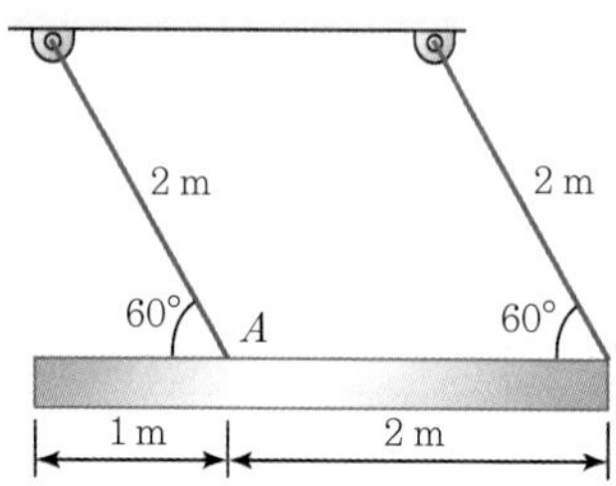

(옆에서 본 그림)

7.6 (예제 7.4의 연습 1/2)

길이가 2 m이고, 질량이 30 kg인 막대가 시계 방향으로 60 Nm의 모멘트를 받으면서 시계방향으로 $\omega = 5.0$ rad/s의 각속도로 회전하고 있다. 그림에 주어진 위치에서 막대의 각가속도와 핀에서의 수직 및 수평 방향의 반력 성분을 구하라.

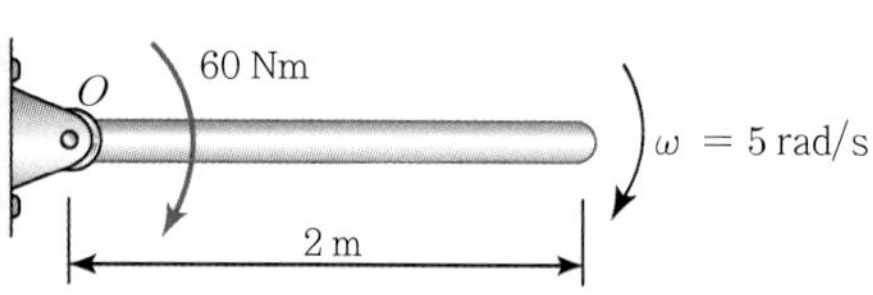

(옆에서 본 그림)

7.7 (예제 7.4의 연습 2/2)

질량 25 kg의 균일한 막대가 점 O을 중심으로 각속도 10 rad/s로 시계방향으로 회전하고 있다. 그림에 보이는 위치에서 막대의 각가속도가 반시계방향으로 20 rad/s^{2}이 되도록 하는 힘 F를 구하라. 그리고 점 O에서의 핀의 반력을 구하라.

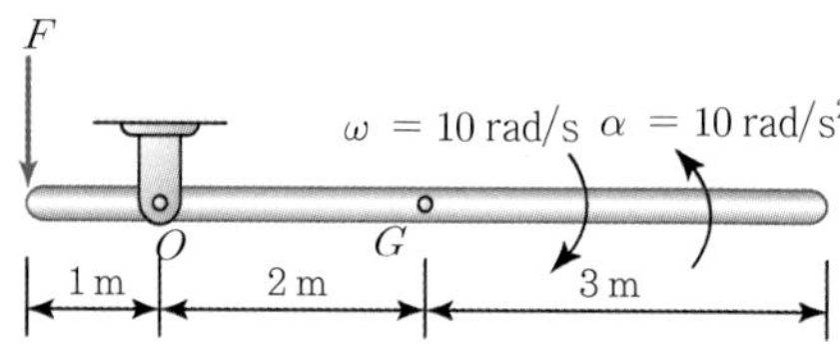

(옆에서 본 그림)

7.8 (예제 7.5의 연습)

두 개의 가느다란 막대는 B 지점에서 견고하게 연결되어 회전한다. 막대 AB의 질량은 15 kg, 막대 CD의 질량은 10 kg이다. 그림과 같은 위치에서 막대의 각속도가 시계방향으로 3.0 rad/s일 때, 다음을 구하라.

(a) 막대 AB의 각가속도

(b) 점 A에서 막대 AB에 대한 핀의 반력

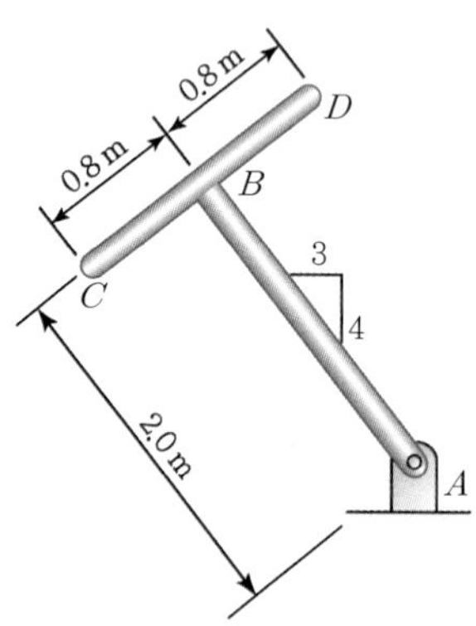

(옆에서 본 그림)

7.9 **(예제 7.6의 연습 1/2)**

그림과 같은 30 kg의 정사각형 평판(1.2 m × 1.2 m)이 점 A에서 핀으로 연결되어 있다. 그림의 위치에서 정지상태로부터 놓여지는 순간, 점 A에서의 반력을 구하라.

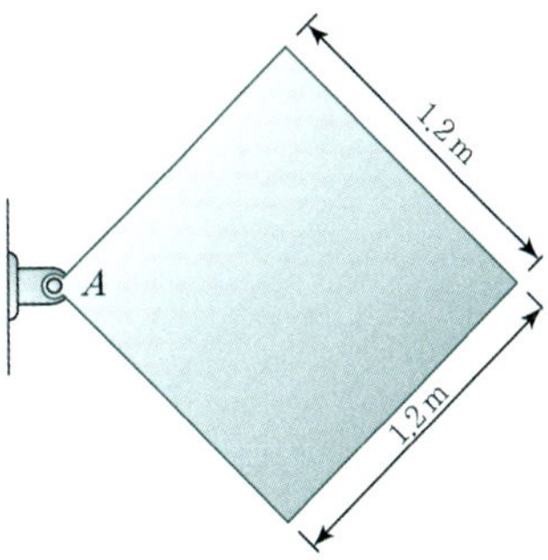

7.10 **(예제 7.6의 연습 2/2)**

질량이 20 kg인 직사각형 평판이 두 개의 핀 A와 B에 의해서 매달려 있다. 만일 핀 B가 갑자기 제거되는 순간, 다음을 구하라.

(a) 평판의 각가속도

(b) 핀 A에서의 반력의 성분

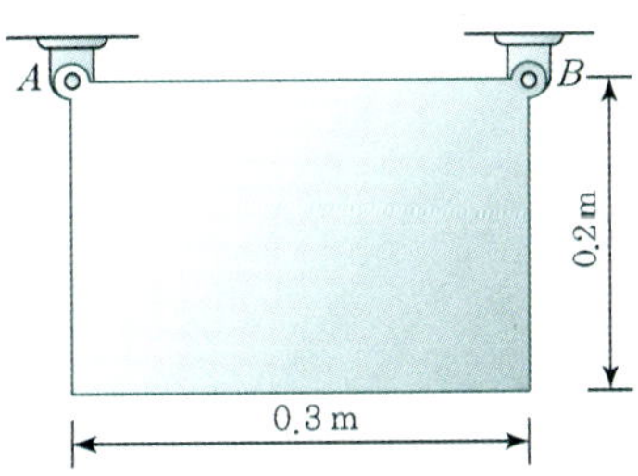

7.11 **(예제 7.7의 연습)**

질량 3 kg의 스프로킷 휠 A와 0.8 kg의 스프로킷 휠 B로 구성된 체인 구동장치가 있다. 스프로킷 휠 A에 시계방향으로 0.35 N m의 구동토크가 작용할 때 스프로킷 휠 B의 각가속도를 구하라. 두 스프로킷은 균일한 원판으로 가정한다.

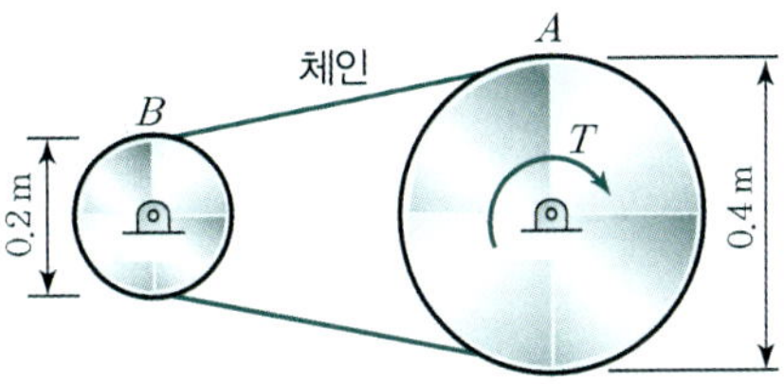

7.12 **(예제 7.8의 연습 1/4)**

드럼 A를 감고 있는 줄에 일정한 힘 F = 500 N을 수평과 하향 30°의 각도로 작용하여 드럼 B를 돌리면서 동시에 질량 20 kg인 물체 C를 들어 올리고 있다. 드럼 A와 드럼 B는 한 몸체로 강하게 붙어 있으며 공통의 질량중심 O를 중심으로 회전한다. 두 원통의 총 질량이 50 kg이고 회전반경이 k_O = 0.2 m일 때 물체 C가 위로 향하는 가속도 및 O점에서의 반력을 구하라.

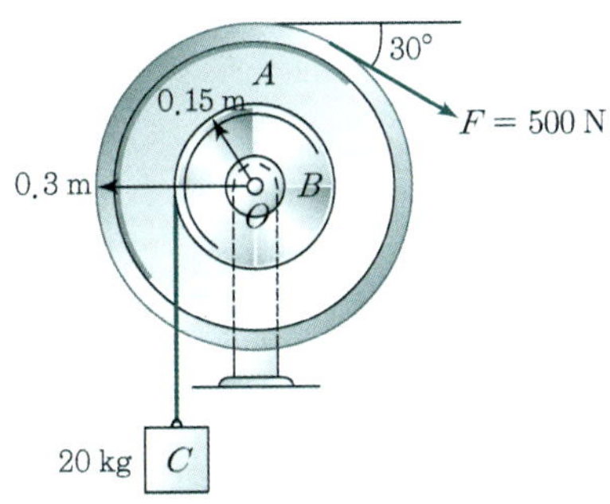

7.13 **(예제 7.8의 연습 2/4)**

그림과 같이 이중 드럼에 감겨진 줄로부터 두 개의 물체 A와 B가 매달려 있다. 드럼의 질량은 20 kg이고 회전반경이 0.18 m다. 물체 A와 B의 질량은 각각 25 kg, 40 kg이다. 계가 운동하는 동안에 각 줄에 걸리는 장력과 드럼의 각가속도를 구하라.

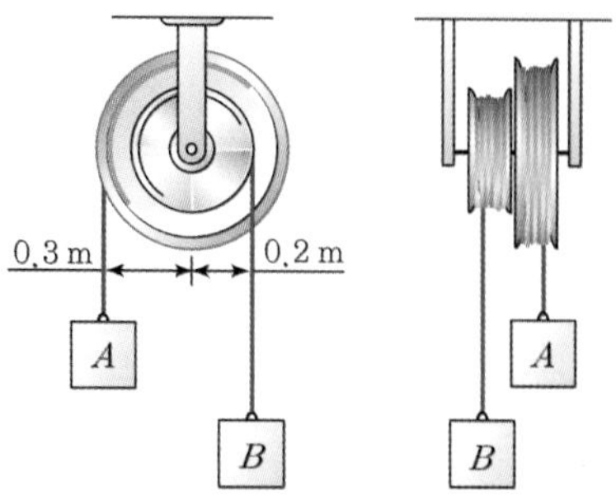

7.14 (예제 7.8의 연습 3/4)
질량이 4 kg인 상자 A는 줄로 드럼에 연결되어 있다. 드럼은 기어 B에 고정되어 한 몸체를 이루고 있으며, 드럼과 기어 B는 총질량은 20 kg이고 회전반경은 0.3 m이다. 기어 B와 맞물려 있는 질량이 14 kg인 기어 C의 회전반경은 0.2 m이다. 기어 C에 원주방향으로 120 N의 힘이 가해질 때 상자 A의 가속도와 줄의 장력을 구하라.

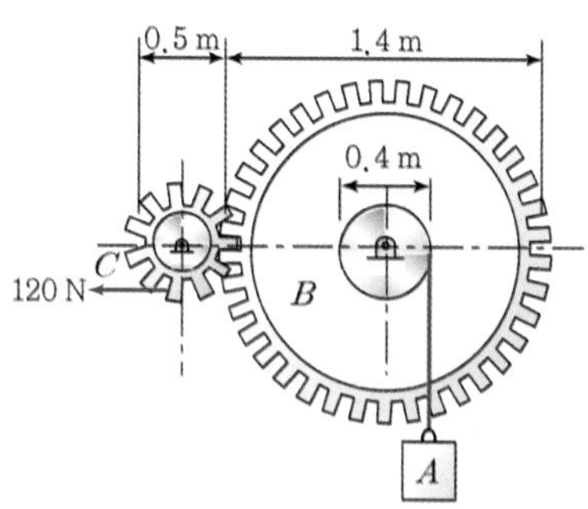

7.15 (예제 7.8의 연습 4/4) 그림과 같이 지름 0.6 m, 질량 30 kg인 바퀴 A의 질량중심 G에 대한 회전반경은 0.2 m이다. 바퀴의 질량중심 G는 회전중심 O로부터 0.1 m 떨어져 있다. 바퀴를 감고 있는 줄은 질량을 무시할 수 있는 작은 도르래를 지나 10 kg의 물체 B에 연결되어 있다. 만약 바퀴 A가 $\theta = 30°$ 위치에서 시계방향으로 5.0 rad/s의 각속도로 회전한다면 지지점 O에서의 반력을 구하라.

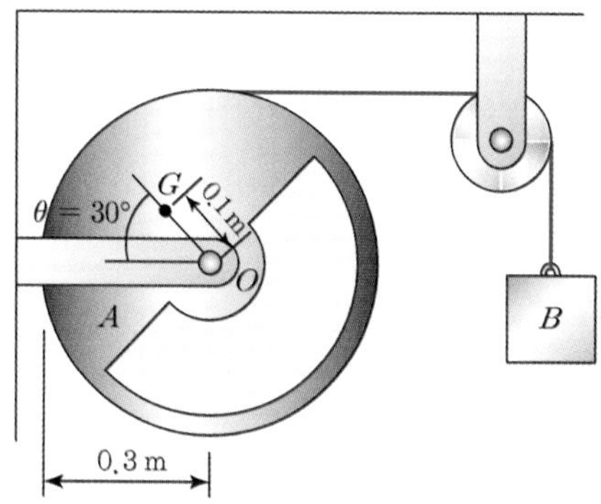

7.16 (예제 7.9의 연습 1/2)
길이가 3 m이고 질량이 10 kg인 막대가 두 개의 궤도를 따라 마찰없이 움직인다. 막대가 그림과 같은 위치에서 정지상태로부터 움직이는 순간에 대하여 다음을 구하라. 단, 마찰력은 무시한다.

(a) 막대의 각가속도

(b) 위치 A와 B에서의 반력

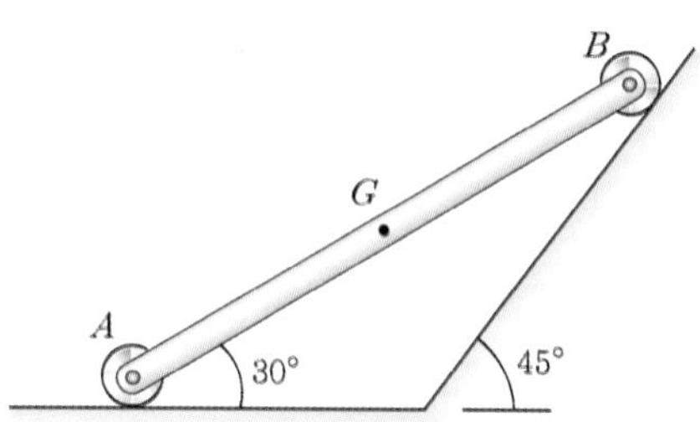

7.17 (예제 7.9의 연습 2/2)
질량 $m = 10$ kg, 길이 $l = 3$ m의 균일한 막대가 그림과 같이 바닥과 벽면을 따라 미끄러지기 시작한다. 벽면과 막대 사이의 마찰계수는 $\mu_A = 0.2$, 바닥면과 막대 사이의 마찰계수는 $\mu_B = 0.3$이다. $\theta = 30°$인 초기 위치에서 다음을 구하라.

(a) 막대의 초기 각가속도

(b) 벽면과 바닥면에서의 반력들

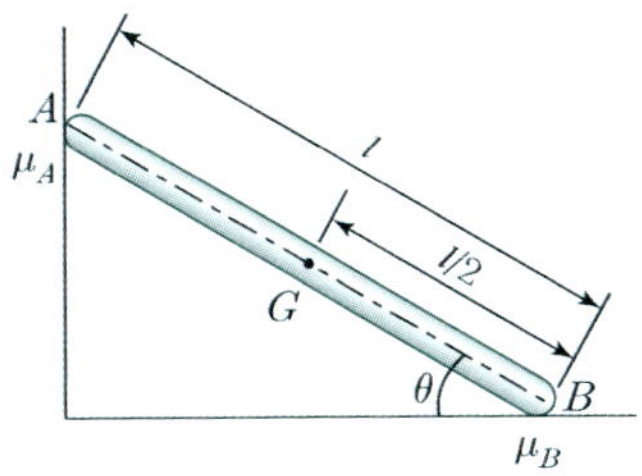

7.18 (예제 7.10의 연습 1/4)

길이가 L m이고, 질량이 m kg인 막대 AB가 각도 θ에서 정지상태로 매달려 있다. 막대기 끝부분 A와 바닥 사이의 마찰계수가 μ이라 가정할 때, 끈이 끊어지는 순간 다음을 구하라.

(a) 막대의 각가속도

(b) 점 A에서의 수직반력

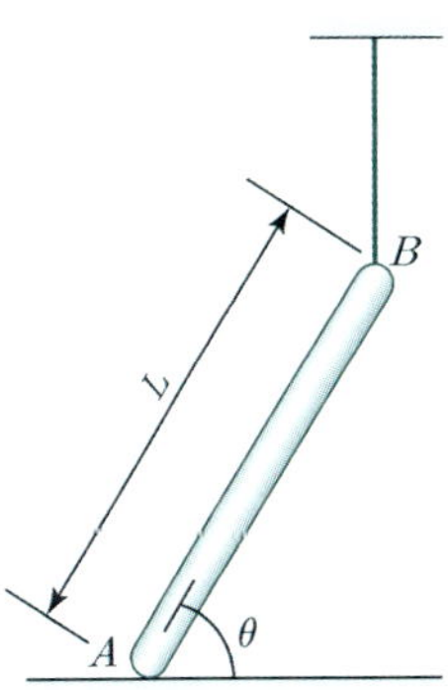

7.19 (예제 7.10의 연습 2/4)

줄 BC에 의해 지지되는 질량 2 kg의 가는 균일봉을 수평으로 유지하도록 점 A에서 잡고 있다가 놓는 순간, 봉의 각가속도와 줄 BC에 걸리는 장력을 구하시오. (단, 중력 가속도는 g이다.)[2006년 행정고등고시(기술직)]

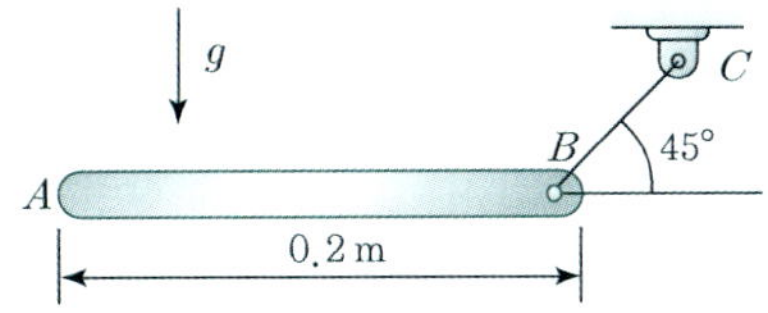

7.20 (예제 7.10의 연습 3/4)

질량 20 kg인 균일한 막대 AB는 두 개의 유연한 줄에 의해 매달려 있고 B에서 수평 방향으로 연결된 줄에 의해 위치가 유지된다. 지지점 B에서 수평 방향의 끈이 끊어진 직후에 막대 질량중심의 가속도, 막대의 각가속도, 그리고 두 줄에 작용하는 장력을 구하라.

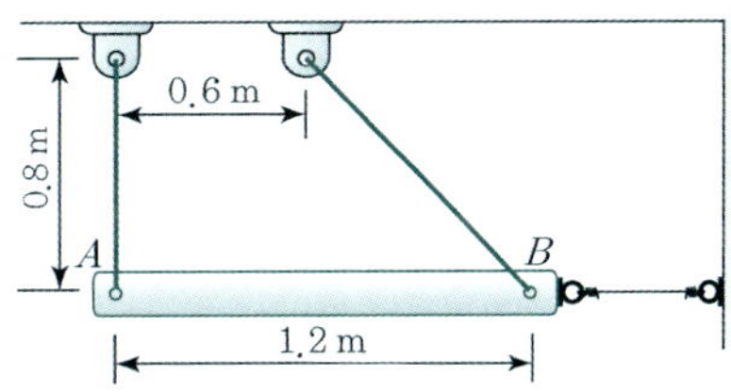

7.21 (예제 7.10의 연습 4/4)

질량 m, 각 변의 길이가 L인 정사각형 판이 있다. 오른쪽 줄을 자르는 순간, 다른 쪽 줄의 장력이 $0.4\,mg$로 바뀌고, 질량중심에서 가속도가 $0.6\,g$로 바뀌는 것을 보여라.

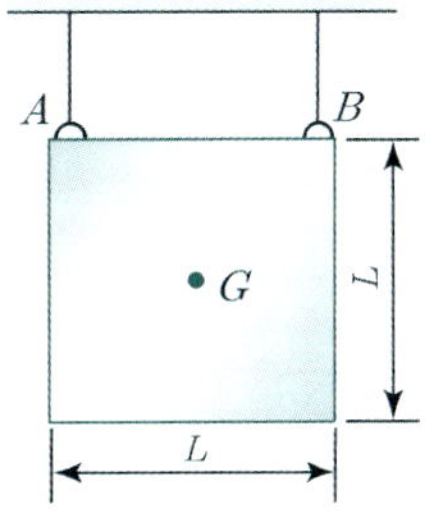

7.22 (예제 7.11의 연습 1/2)

질량 12 kg이고, 반경 0.4 m인 균일한 원판의 둘레에 줄이 감겨 있다. 줄에 작용하는 힘의 크기는 $T = 90$ N일 때 다음을 구하라.

(a) 원판중심의 가속도

(b) 원판의 각가속도

(c) 점 A의 가속도

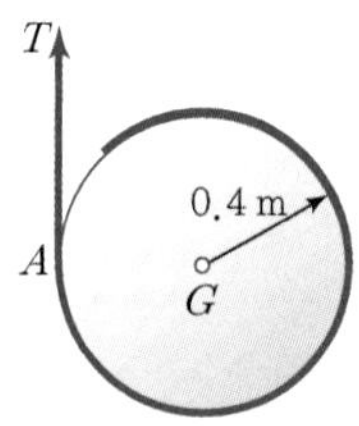

7.23 (예제 7.11의 연습 2/2)

질량 10 kg과 회전반경 $k_G = 0.4$ m인 스풀(spool)의 내측 반경은 0.3 m, 외측 반경은 0.6 m이다. 스풀에 감겨 있는 줄의 질량은 무시할 수 있다. 내측 스풀에 감겨있는 줄에 100 N의 힘을 작용할 때, 스풀의 각가속도를 구하라.

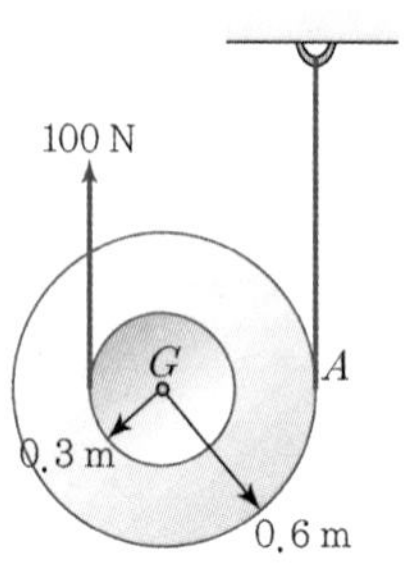

7.24 (예제 7.12의 연습 1/3)

질량이 25 kg이고 반경이 0.2 m인 원통이 그림과 같은 힘 $P = 100$ N이 작용한다. 원통이 수평면을 따라 미끄러짐없이 굴러갈 때, 원통 중심의 가속도를 구하라.

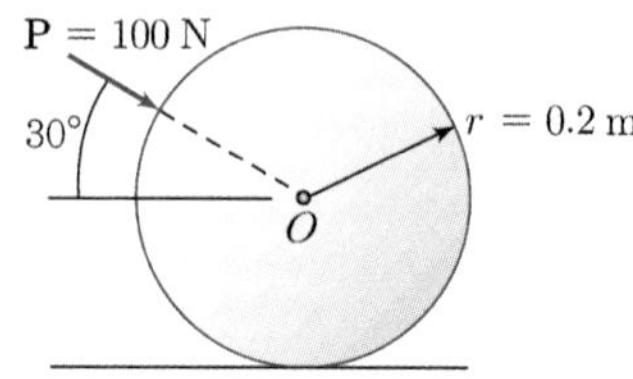

7.25 (예제 7.12의 연습 2/3)

질량 50 kg, 반경 0.25 m인 균일한 원통이 놓여 있다. 여기에 $M = 75$ N m의 토크가 작용할 때, 원통의 각가속도와 질량중심의 가속도를 구하라. 단, 정마찰계수는 0.3, 동마찰계수는 0.25이다.

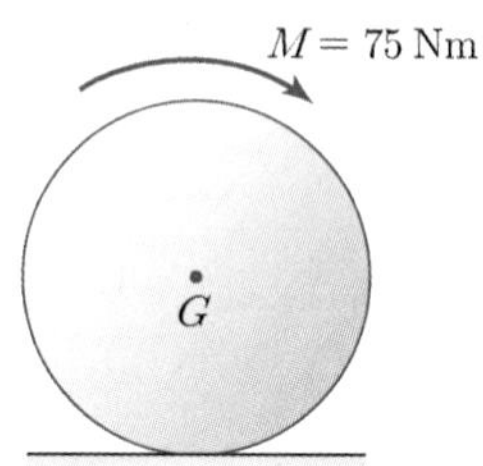

7.26 (예제 7.12의 연습 3/3)

그림과 같이 10 kg의 원통이 경사면 위를 미끄러짐없이 구른다. 그림에 나타낸 위치에서 원판의 각속도는 시계방향으로 3 rad/s이다. 원통이 미끄러짐없이 구르기 위한 최소마찰계수를 구하고, 원통 중심의 가속도의 크기를 구하라.

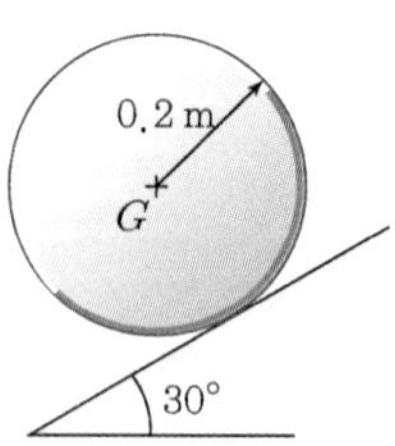

7.27 (예제 7.13의 연습 1/3)

마찰이 없는 평면 상에서 당구공이 구르기 위해서는 어느 지점(높이 h)에 수평 방향의 충격이 가해져야 하는가?[2002년 제 38회 기술고등고시]

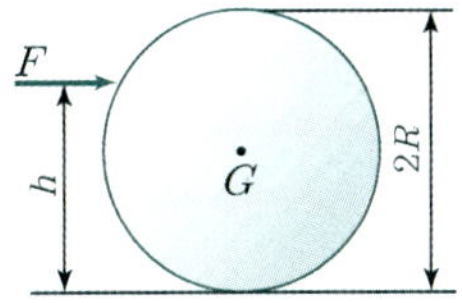

7.28 (예제 7.13의 연습 2/3)

질량이 150 kg이고 질량중심 G에 대한 회전반경은 0.3 m인 원통이 경사면을 따라 미끄러지면서 구른다. 원통과 평면 사이의 마찰계수는 0.2이다. 점 G의 속도는 경사면을 따라 아랫방향으로 1.0 m/s일 때 점 G의 가속도를 구하라. 단, 줄은 팽팽하게 당겨진다고 가정한다.

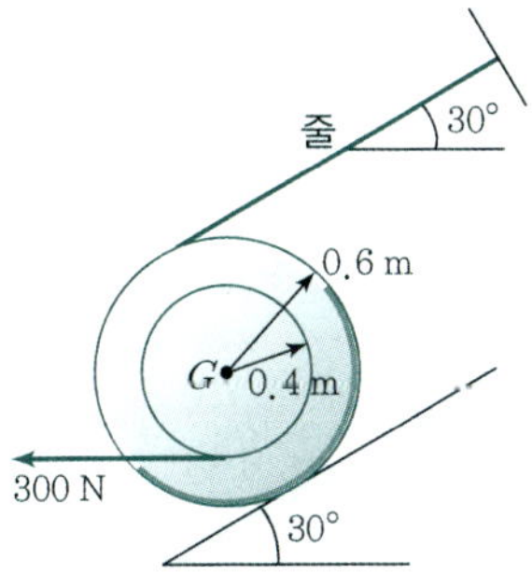

7.29 (예제 7.13의 연습 3/3)

질량이 m이고 질량중심에 대한 질량관성모멘트가 I_O인 원통의 중간지점에서 힘P가 작용하고 있다. 바닥면과 원통 사이의 마찰계수는 μ이다. 이 원통이 미끄러지지 않고 순수구름운동하기위하여 P/μ가 만족하여야 할 조건을 구하라.

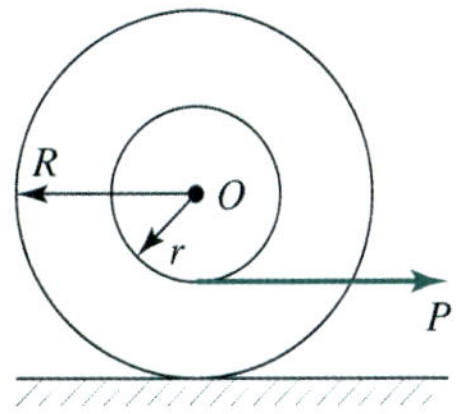

7.30 (예제 7.14의 연습)

질량이 20 kg인 불균형의 바퀴가 경사면을 따라 미끄러짐없이 구르고 있다. 그림과 같은 위치에서 바퀴의 중심 O는 경사면을 따라 윗방향으로 0.5 m/s의 속도와 3.0 m/s^{2}의 가속도를 갖는다. 질량중심 G에 대한 바퀴의 회전반경을 구하라.

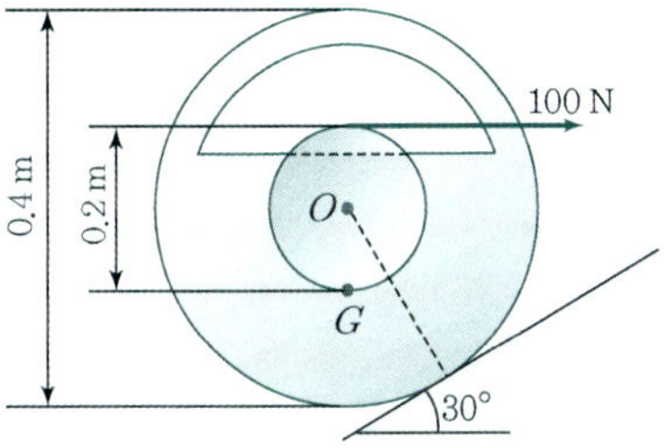

7.31 (예제 7.15의 연습 1/2)

그림에 보여진 바와 같이 원통이 수레 위를 굴러가고 있다. 계는 초기에 정지 상태에 있으며, 힘 P는 시간에 따라 식 $P = 6t^2$로 변화한다. 여기서 P와 t의 단위는 각각 N과 s이다. 원통 A와 수레 B 사이의 마찰계수 $\mu = 0.5$라면 원통이 수레 위에서 미끄러질 때까지 걸리는 시간은 얼마인가? 그리고 원통의 최초 위치($t = 0$일 때)는 수레 오른 쪽 끝으로부터 2 m 거리에 있었다면 원통이 수레의 표면에서 떨어질 때까지 걸리는 시간을 구하라. 단, 수레의 바퀴와 바닥면 사이의 마찰과 바퀴에서의 손실은 무시한다.

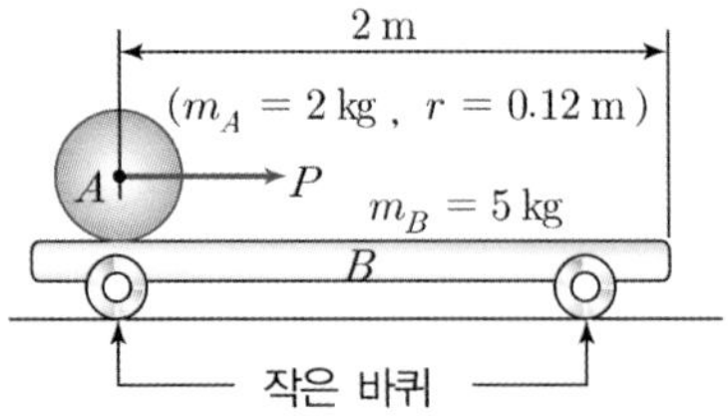

7.32 (예제 7.15의 연습 2/2)

물체 A와 원통 B의 질량은 각각 10 kg이다. 경사면의 각도는 30°이다. 경사면과 물체 A 사이의 마찰력은 무시할 수 있으며, 물체 A와 원통 B 사이의 마찰계수는 0.6이다. 최초 물체들은 정지 상태에 있으며 100 N의 힘이 물체 A에 가해진다. 물체 A의 가속도, 원통 B의 각가속도와 중심에서 가속도를 구하라. 단, 원통 B는 물체 위를 미끄러짐없이 굴러간다고 가정한다.

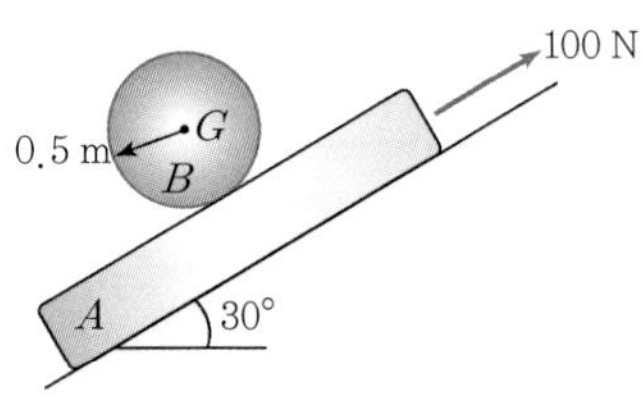

연습문제 해답

7.1 $\mu \geqq 0.56$

7.2 $\mathbf{a}_G = 2\ \mathrm{m/s^2}\ \rightarrow$

$N_A = 393.7\ \mathrm{N}\ \uparrow$

$N_B = 96.8\ \mathrm{N}\ \uparrow$

7.3 (a) 전륜구동 $\mathbf{a}_f = 2.616\ \mathrm{m/s^2}\ \rightarrow$

후륜구동 $\mathbf{a}_r = 2.243\ \mathrm{m/s^2}\ \rightarrow$

(b) 전륜구동 차량의 등판능력이 더 우수하다.

7.4 $\mathbf{a}_G = 8.04\ \mathrm{m/s^2}\ \rightarrow$

7.5 $\mathbf{a}_G = 4.905\ \mathrm{m/s^2}$ 30°

$T_1 = 509.7\ \mathrm{N}$ 60°

$T_2 = 169.9\ \mathrm{N}$ 60°

7.6 $\boldsymbol{\alpha} = 8.858\ \mathrm{rad/s^2}$ ↻

$O_n = 750\ \mathrm{N}\ \leftarrow$

$O_t = 28.58\ \mathrm{N}\ \uparrow$

7.7 $F = 3991\ \mathrm{N}\ \downarrow$

$O_x = 5000\ \mathrm{N}\ \leftarrow$

$O_y = 5236\ \mathrm{N}\ \uparrow$

7.8 $\boldsymbol{\alpha} = 3.316\ \mathrm{rad/s^2}$ ↺

$A_n = 118.8\ \mathrm{N}\ \searrow$

$A_t = 31.09\ \mathrm{N}\ \nearrow$

7.9 $\boldsymbol{\alpha} = 8.671\ \mathrm{rad/s^2}$ ↻

$A_x = 0,$

$A_y = 73.57\ \mathrm{N}\ \uparrow$

7.10 $\boldsymbol{\alpha} = 33.96\ \mathrm{rad/s^2}$ ↻

$A_x = 67.92\ \mathrm{N}\ \leftarrow$

$A_y = 94.32\mathrm{N}\ \uparrow$

7.11 $\boldsymbol{\alpha}_B = 9.21\ \mathrm{rad/s^2}$ ↻

7.12 $\mathbf{a}_C = 7.38\ \mathrm{m/s^2}\ \uparrow$

$O_x = 433.0\ \mathrm{N}\ \leftarrow$

$O_y = 593.8\ \mathrm{N}\ \uparrow$

7.13 $\boldsymbol{\alpha} = 1.09\ \mathrm{rad/s^2}$ ↻

$T_A = 310.7\ \mathrm{N}\ \uparrow$

$T_B = 235.4\ \mathrm{N}\ \uparrow$

7.14 $\mathbf{a}_A = 2.398\ \mathrm{m/s^2}\ \uparrow$

$T_A = 48.83\ \mathrm{N}$

7.15 $\boldsymbol{\alpha} = 9.03\ \mathrm{rad/s^2}$ ↺

$T = 338\ \mathrm{N}$

7.16 (a) $\boldsymbol{\alpha} = 1.03\ \mathrm{rad/s^2}$ ↻

(b) $N_A = 62.26\ \mathrm{N}\ \uparrow$

$N_B = 48.80\ \mathrm{N}$ 45°

7.17 $\boldsymbol{\alpha} = 2.786\ \mathrm{rad/s^2}$ ↺

$N_A = 37.23\ \mathrm{N}\ \rightarrow$

$N_B = 54.47\ \mathrm{N}\ \uparrow$

7.18 $\boldsymbol{\alpha} = \dfrac{6(\cos\theta - \mu\sin\theta)}{1+3(\cos\theta-\mu\sin\theta)\cos\theta}\dfrac{g}{l}$ ↻,

$N = \dfrac{mg}{1+3(\cos\theta-\mu\sin\theta)\cos\theta}\ \uparrow$

7.19 $\boldsymbol{\alpha} = 58.86\ \mathrm{rad/s^2}$ ↺

$T = 5.549\ \mathrm{N}$ 45°

7.20 $\boldsymbol{\alpha} = 1.936\ \mathrm{rad/s^2}$ ↻

$T_A = 90.35\ \mathrm{N}\ \uparrow$

$T_B = 103.25\ \mathrm{N}$ 53.1°

7.21 $\boldsymbol{\alpha} = \dfrac{6g}{5L}$ ↻,

$\mathbf{T} = 0.4mg$ ↑

$\mathbf{a}_G = 0.6g$ ↓

7.22 (a) $\mathbf{a}_G = 2.31\ \text{m/s}^2$ ↓

(b) $\boldsymbol{\alpha} = 37.5\ \text{rad/s}^2$ ↻

(c) $\mathbf{a}_A = 12.7\ \text{m/s}^2$ ↑

7.23 $\boldsymbol{\alpha} = 5.988\ \text{rad/s}^2$ ↻

$\mathbf{T} = 34.03\ \text{N}$ ↑

7.24 $\mathbf{a}_G = 2.31\ \text{m/s}^2$ →

7.25 $\boldsymbol{\alpha} = 28.38\ \text{m/s}^2$ ↻

$\mathbf{a}_G = 2.453\ \text{m/s}^2$ →

7.26 $\mu_{\min} = 0.192$

$\mathbf{a}_G = 3.27\ \text{m/s}^2$ 30°↗

7.27 $h = \dfrac{7}{5}R$

7.28 $\mathbf{a}_G = 4.244\ \text{m/s}^2$ 30°↗

7.29 $\dfrac{P}{\mu} < \dfrac{I_O + mRr}{I_O + mr^2}mg$

7.30 $k_G = 0.0784\ \text{m}$

7.31 $t_1 = 2.358\ \text{s}$,

$t_2 = 1.920\ \text{s}$

7.32 $\mathbf{a}_A = 2.595\ \text{m/s}^2$ ↗

$\mathbf{a}_B = 2.405\ \text{m/s}^2$ ↙

$\boldsymbol{\alpha} = 10\ \text{rad/s}^2$ ↺

08 chapter 강체의 운동역학 II (일과 에너지)

8.1 개요

앞 장에서 강체에 작용하는 힘과 모멘트를 강체의 가속도와 각가속도에 연관시켜 강체의 평면운동을 해석하였다. 이 해석 방법을 사용할 때 문제에서 주어지거나 요구하는 것이 가속도가 아니라 속도나 변위인 경우이거나, 각가속도가 아니라 각속도나 각변위인 경우에는 다소 번거로운 계산과정을 거치게 된다.

즉, 우선 가속도 벡터를 구한 후에 가속도-속도-변위의 관계식을 순차적으로 시간에 대하여 적분하여 강체의 임의의 점에 대한 속도 및 변위 벡터를 구할 수 있다. 또는 우선 각가속도 벡터를 구한 후에 각가속도-각속도-각변위의 관계식을 순차적으로 시간에 대하여 적분하여 강체의 임의의 점에 대한 각속도 및 각변위 벡터를 구할 수 있다.

그런데, 주어진 자료나 구하는 자료가 힘, 변위와 속도의 형태이거나 모멘트, 각변위와 각속도의 형태인 경우 앞 장에서 사용한 식을 미리 변형시켜 놓고 변형된 식을 적용하여 해석한다면 이와 같이 번거로운 계산과정을 거치지 않고 간단히 해석을 할 수 있을 것이다.

따라서, 힘, 변위와 속도가 주어지거나 또는 모멘트, 각변위와 각속도가 주어진 강체의 운동해석에서는 일과 운동에너지의 원리를 적용하는 것이 편리하다.

이 장에서는 강체의 운동은 xy 평면에 대한 평면운동으로 한정한다. 그리고 기준평면(xy 평면)에 대하여 대칭인 물체만을 취급한다.

8.2 평면운동을 하는 강체의 일과 운동에너지 식

하나의 질점의 운동에 대한 일과 운동 에너지 식은 4장에서 다루었으며, 이 식은 여러 개의 질점이 포함된 계로 확장할 수 있다. 강체를 n개의 질점들로 구성된 계로 가정하였을 때 질점들이 위치 1에서 위치 2로 이동하는 것에 대한 일과 운동에너지 식은 다음과 같다.

$$\left(\sum_{i=1}^{n} T_i\right)_1 + \left(\sum_{i=1}^{n} U_i\right)_{1\to 2} = \left(\sum_{i=1}^{n} T_i\right)_2$$

여기서 첨자 i는 i번째 질점을 의미한다.

강체를 구성하는 질점들 사이의 거리가 일정하게 유지되고 질량중심에 질량이 집중된 질점계로 취급하면 윗 식을 아래 식들과 같이 변형할 수 있다.

윗 식의 $\sum_{i=1}^{n} T_i$ 는 질점계의 전체 운동에너지로서 강체에 적용하면 다음과 같다.

$$T = \sum_{i=1}^{n} T_i = \frac{1}{2}\sum_{i=1}^{n} m_i v_i^2 = \frac{1}{2} m\, v_G^2$$

여기서 m은 계의 총질량으로 $m = \sum_{i=1}^{n} m_i$이고, v_G는 질량중심의 속력이다.

그리고 윗 식의 $\left(\sum_{i=1}^{n} U_i\right)_{1\to 2}$ 는 계가 최초 위치 A_1(위치 1)에서 최종 위치 A_2(위치 2)까지 움직일 때 외력들이 계에 수행한 일로서 강체에 적용하면 다음과 같다.

$$\Sigma\, U_{1\to 2} = \left(\sum_{i=1}^{n} U_i\right)_{1\to 2} = \sum_{i=1}^{n}\int_{r_1}^{r_2} \mathbf{F}_i \cdot d\mathbf{r}_i$$

위의 식들은 앞에서와 같이 간단한 형태로 된다.

$$T_1 + \Sigma U_{1\to 2} = T_2 \qquad \text{(4.14 반복) (8.1)}$$

여기서 T_1과 T_2는 각각 최초 위치 및 최종 위치에서 강체가 갖는 운동에너지이고, $\Sigma U_{1\to 2}$는 계가 최초 위치에서 최종 위치까지 움직이는 동안 강체에 작용하는 모든 외력들이 수행한 일의 대수적인 합을 나타낸다.

8.2.1 힘이 한 일

강체에 작용하는 힘 $\mathbf{F}$가 한 일은 앞에서 질점에 작용하는 힘에서의 정의한 바와 같이 벡터의 내적으로 나타낸다.

$$U_{1\to 2} = \int_{\mathbf{r}_1}^{\mathbf{r}_2} \mathbf{F} \cdot d\mathbf{r} \qquad \text{(4.1 반복) (8.2)}$$

여기서 $d\mathbf{r}$는 힘 $\mathbf{F}$가 작용하는 점의 미소변위 벡터를 의미한다.

힘 $\mathbf{F}$의 작용으로 경로를 따라 ds만큼 이동하였다면 윗 식은 다음과 같이 내적(inner product)으로 나타낼 수 있다.

$$U_{1\to 2} = \int_{\mathbf{r}_1}^{\mathbf{r}_2} \mathbf{F} \cdot d\mathbf{r} = \int_{s_1}^{s_2} F \cos\theta \, ds \qquad \text{(4.2 반복) (8.3)}$$

여기서 θ는 힘 $\mathbf{F}$와 경로에 대한 미소 접선인 $d\mathbf{r}$가 양의 방향으로 이루는 사잇각이고, ds는 질점이 경로를 따라 움직인 거리이다.

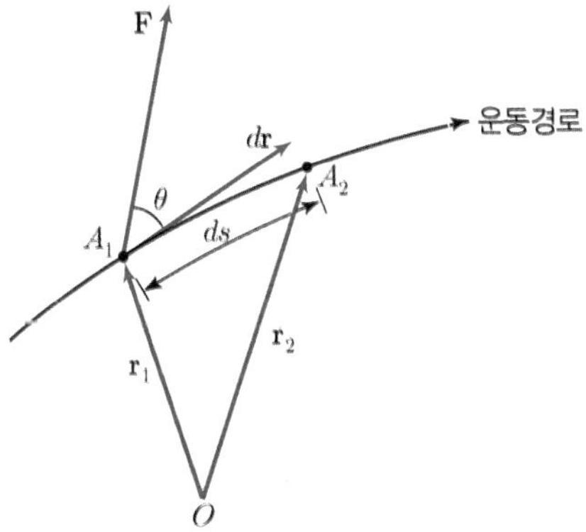

그림 8.1 힘과 변위의 내적(그림 4.1 반복)

8.2.2 크기와 방향이 일정한 힘이 한 일

힘의 크기와 작용 방향이 일정한 경우 힘 $\mathbf{F}$가 수행한 일은 다음과 같다.

$$U_{1\to2} = \mathbf{F}\cdot\int_{\mathbf{r}_1}^{\mathbf{r}_2} d\mathbf{r} = \mathbf{F}\cdot(\mathbf{r}_2 - \mathbf{r}_1) \qquad \text{(4.4 반복) (8.4)}$$

$$U_{1\to2} = \mathbf{F}\cdot\mathbf{R} = FR\cos\theta \qquad (8.5)$$

여기서 R은 강체상의 점 P가 위치 $A_1(\mathbf{r} = \mathbf{r}_1)$에서 위치 $A_2(\mathbf{r} = \mathbf{r}_2)$로 움직인 총 변위벡터이고, θ는 F와 R이 양의 방향으로 이루는 각도이다. 양의 방향으로 이루는 각도란 두 벡터의 머리방향(또는 두 벡터의 꼬리방향)에서 측정한 각도이다.

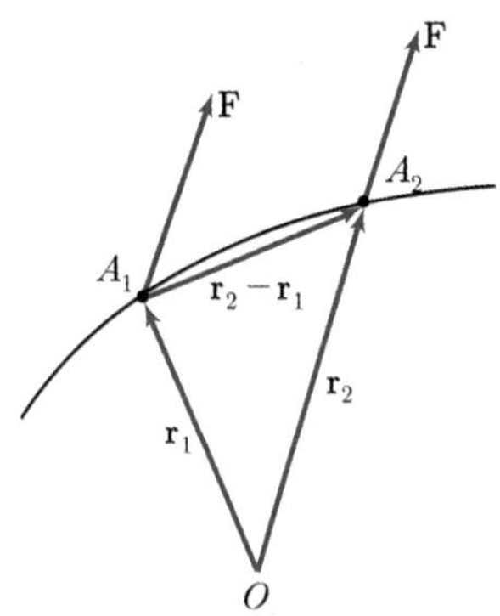

그림 8.2 일정한 힘과 변위의 내적(그림 4.2 반복)

8.2.3 강체에 작용하는 중력이 한 일

강체에 작용하는 중력이 수행한 일은 질점에서와 같은 방법으로 계산한다. 다만 질점은 크기가 없고 강체는 크기가 있으므로 강체 내에 기준점을 정하여야 한다. 강체의 경우는 위치를 측정하는 기준점이 질량중심이다.

강체의 무게를 나타내는 힘벡터 $\mathbf{F} = mg\,\mathbf{j}$가 이동하면서 수행한 일은 다음과 같다.

$$U_{1\to2} = \int_{\mathbf{r}_1}^{\mathbf{r}_2}(-mg\mathbf{j})\cdot(dx_G\mathbf{i} + dy_G\mathbf{j} + dz_G\mathbf{k})$$

힘과 같은 방향으로 움직인 변위만이 유효한 일을 하므로 힘이 수행한 일은 다음과 같다.

$$U_{1\to2} = \int_{y_{G1}}^{y_{G2}}(-mg)dy$$

이러한 예를 수직으로 움직인 물체가 중력을 받아 수행한 일은 다음과 같다.

$$U_{1\to2(\text{중력})} = -mg\,(y_{G2} - y_{G1}) \tag{8.6}$$

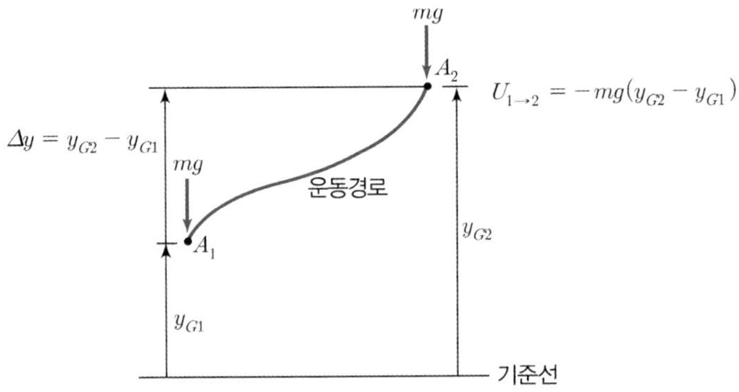

그림 8.3 중력이 수행한 일

8.2.4 스프링 힘이 한 일

강체에 작용하는 스프링이 하는 일은 질점에서와 같다. 4장의 결과를 반복하여 쓰면 다음과 같다.

스프링에 가해지는 힘과 한쪽 끝의 변위가 주어졌을 때 수행한 일은 내적 $\mathbf{F}\cdot d\mathbf{r}$이며, 스칼라량으로서 $-(kx\mathbf{i})\cdot dx\mathbf{i} = -(kx)dx$이 된다. 스프링을 늘여서 그 끝점을 $A_1(x = x_1)$에서 $A_2(x = x_2)$까지 움직이는 동안 스프링이 수행한 일은 다음과 같다.

$$U_{1\to2(\text{스프링})} = \int_{\mathbf{r}_1}^{\mathbf{r}_2} \mathbf{F}\cdot d\mathbf{r} = \int_{x_1}^{r_2} (-kx)dx = -\frac{1}{2}k(x_2^2 - x_1^2) \quad (4.7\text{반복}) \tag{8.7}$$

스프링이 한 일 또는 스프링에 가해진 일은 오직 스프링의 처음과 나중에 변형된 길이로 결정된다. 스프링이 변형한 경로에 관계없다. 또한 인장된 경우나 압축된 경우나 변형길이가 같으면 수행한 일이 같다.

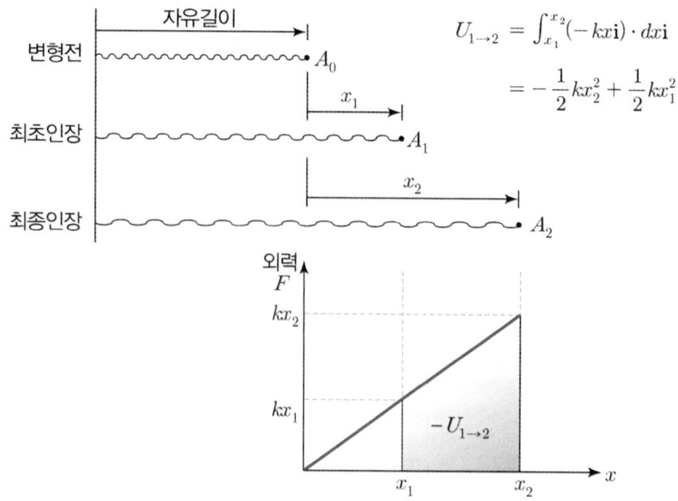

그림 8.4 스프링의 변형과 한 일 (Ⅰ)(그림 4.4 반복)

8.2.5 마찰력이 한 일

마찰력이 한 일은 마찰력과 물체가 움직인 거리를 곱한 값이다. 마찰력은 항상 음의 일을 수행하여 에너지 손실을 수반하고 그 크기는 운동경로에 따라 달라진다.

$$U_{1\to2(\text{마찰력})} = \int_{\mathbf{r}_1}^{\mathbf{r}_2} \mathbf{F}\cdot d\mathbf{r} = -\mu N s \qquad (4.9 \text{ 반복})\ (8.8)$$

여기서 N는 접촉면에 수직한 방향으로 작용하는 힘이고, s는 움직인 경로의 길이이다.

8.2.6 짝힘(우력)이 한 일

짝힘이란 크기가 같고 방향이 서로 반대로 작용하며 동일직선 상에 있지 않는 두 힘을 이르는 말이다. 짝힘에 의한 일을 해석할 때 두 힘이 각각 수행한 일로 취급하여도 무방하나 짝힘에 의하여 발생하는 모멘트가 하는 일로 취급하면 계산이 간단하다. 강체에 짝힘이 작용하는 경우 힘의 합력은 0이고 모멘트가 발생하여 강체에는 회전운동이 발생한다. 즉, 그림 8.5와 같이 강체는 짝힘에 대하여 직각인 방향을 유지하면서 회전한다. 짝힘의 작용으로 인하여 발생된 모멘트가 $M = Fd$이고, 짝힘의 작용으로 강체가 회전중심점 O에 대하여 미소각도 $d\boldsymbol{\theta}$를 회전한 경우 짝힘이 수행한 미소 일은 다음과 같다.

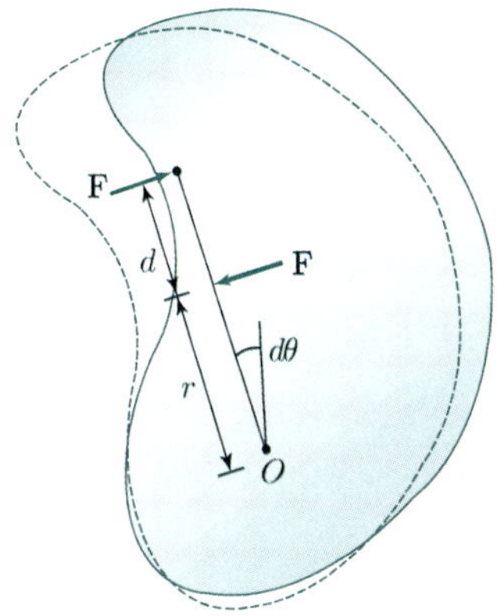

그림 8.5 우력에 의하여 발생하는 모멘트

$$dU_M = (\mathbf{r} + \mathbf{d}) \times \mathbf{F} \cdot \mathrm{d}\boldsymbol{\theta} - (\mathbf{r} \times \mathbf{F}) \cdot \mathrm{d}\boldsymbol{\theta} = (\mathbf{d} \times \mathbf{F}) \cdot \mathrm{d}\boldsymbol{\theta}$$

$$dU_M = \mathbf{M} \cdot \mathrm{d}\boldsymbol{\theta}$$

평면운동에서는 짝힘에 의한 모멘트 $\mathbf{M}$과 미소각도 벡터 $d\boldsymbol{\theta}$를 곱하면 짝힘이 행한 일을 계산할 수 있다. 짝힘이 수행한 일의 부호는 $\mathbf{M}$과 $d\boldsymbol{\theta}$가 같은 방향이면 양이고, 다른 방향이면 음이다.

따라서 평면운동을 하는 강체에 짝힘에 의한 모멘트가 작용하여 강체가 각위치 $\boldsymbol{\theta}_1$에서 $\boldsymbol{\theta}_2$로 회전하였다면 짝힘이 한 일은 다음과 같다.

$$U_{1\to2} = \int_{\boldsymbol{\theta}_1}^{\boldsymbol{\theta}_2} \mathbf{M} \cdot d\boldsymbol{\theta} \tag{8.9}$$

만약 짝힘에 의한 모멘트 $\mathbf{M}$의 크기가 일정한 경우 윗 식은 다음과 같다.

$$U_{1\to2} = \mathbf{M} \cdot (\boldsymbol{\theta}_2 - \boldsymbol{\theta}_1) = \mathbf{M} \cdot \Delta\boldsymbol{\theta} \tag{8.10}$$

윗 식을 사용할 때에는 $\mathbf{M}$과 $\Delta\boldsymbol{\theta}$는 같은 방향을 적용하여야 한다.

8.2.7 일을 하지 않는 힘들

식 (8.2)에서 정의한 바와 같이 힘이 작용하고 있어도 힘이 수행한 일이 0(영)이 되는 경우가 있다. 힘이 물체의 움직임에 기여하지 않은 경우이다.

첫 번째로 힘이 작용하여도 힘과 평행한 방향의 변위가 0이면 한 일이 0으로 취급된다. 예를 들어 미끄러지지 않고 굴러가는(rolling) 원통(또는 공)에서 마찰력은 일을 하지 않는다. 원통(또는 공)과 표면 사이의 접촉점 C는 주어진 순간에 순간중심이 되므로 상대속도가 영(zero)($v_c = 0$)이 되어 접촉점에 작용하는 마찰력은 일을 하지 않는다.

두 번째로 변위 방향과 수직으로 작용하는 힘은 일을 하지 않는다. 즉, $\mathbf{F}$와 $d\mathbf{r}$의 사잇각이 90° 이면 $\cos\theta = 0$이 되어 $\mathbf{F} \cdot d\mathbf{r} = 0$이 되어 힘이 수행한 일은 0이 된다. 예를 들어 매끄러운(smooth) 표면을 마찰이 없이 미끄러지는(sliding) 강체의 표면에 수직인 반력은 아무 일도 하지 않는다. 유사한 예로서 강체가 핀에 대하여 마찰이 없이 회전하는 경우 핀에서 발생되는 반력은 일을 하지 않게 된다.

표 8.1 외력과 모멘트가 한 일

구분	관계식	비고
외력이 한 일 $U_{1\to2} = \int_{\mathbf{r}_1}^{\mathbf{r}_2} \mathbf{F} \cdot d\mathbf{r}$	변화하는 힘 $U_{1\to2} = \int_{s_1}^{s_2} (F\cos\theta)\, ds$	
	일정한 힘 $U_{1\to2} = \mathbf{F} \cdot (\mathbf{r} - \mathbf{r}_1)$	
	중력에 의한 힘 $U_{1\to2} = -mg(y_2 - y_1)$	중력은 좌표축에서 음의 방향으로 작용
	스프링 힘 $U_{1\to2} = -\frac{1}{2}k(x_2^2 - x_1^2)$	변형된 방향과 스프링 반발력과 반대
	마찰력 $U_{1\to2} = -\mu N \cdot s$	
모멘트가 한 일 $U_{1\to2} = \int_{\boldsymbol{\theta}_1}^{\boldsymbol{\theta}_2} \mathbf{M} \cdot d\boldsymbol{\theta}$	일정한 모멘트 $U_{1\to2} = \mathbf{M} \cdot (\boldsymbol{\theta}_2 - \boldsymbol{\theta}_1)$	

8.3 평면운동을 하는 강체의 운동에너지

강체를 많은 질점들로 구성된 계로 취급하면 강체의 운동에너지는 계를 구성하는 모든 질점들이 갖는 운동에너지의 합이 된다. 질량이 질량중심점에 집중되었다고 가정하자. 전체 운동에너지는 고정 좌표축에 대한 계의 전체 질량($m = \Sigma m_i$)의 운동에너지와 질량중심에 대한 개별적인 질량계의 운동에너지의 합이 된다.

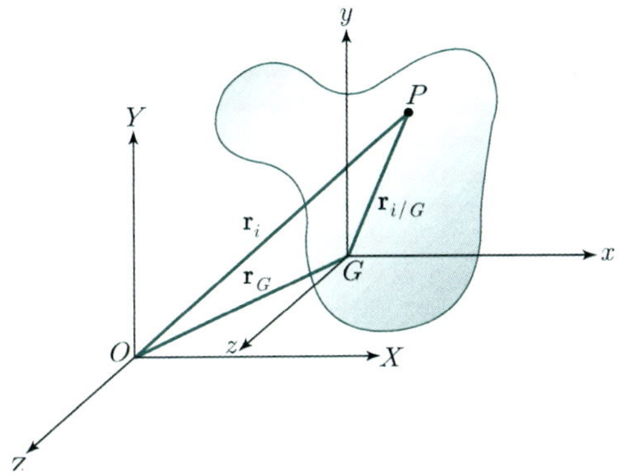

그림 8.6 강체의 평면운동

$$T = \frac{1}{2} m v_G^2 + \frac{1}{2} \sum_{i=1}^{n} (\Delta m_i)\, v_{i/G}^2$$

여기서 v_G는 질량중심의 절대속도이고, $v_{i/G}$는 i번째 미소질점의 질량중심에 대한 상대속도이다.

$$T = \frac{1}{2} m v_G^2 + \frac{1}{2} \int_m v^2\, dm \tag{8.11}$$

여기서 v는 미소질량 dm이 움직이는 속도이다.

참고

$\mathbf{v} \cdot \mathbf{v} = v \cdot v$인 관계가 성립하므로 속도나 각속도의 제곱은 스칼라로 표시하여도 된다. 같은 방향의 벡터끼리 곱하였기 때문이다.

평면운동에서 강체의 각속도가 ω이면 $v = \omega\, r$의 관계로부터 식 (8.11)은 다시 다음과 같이 표현할 수 있다.

$$T = \frac{1}{2} m v_G^2 + \frac{1}{2} \left(\int_m r^2\, dm \right) \omega^2$$

여기서 r은 미소질량의 중심으로부터 질량중심축(centroidal axis)에 이르는 최단거리이다. 질량중심축이란 질량중심을 통과하며 회전축에 평행한 축으로 정의한다.

그리고 괄호 안은 운동평면에 대해 수직인 질량중심축에 대한 질량관성모멘트로서 간단히 I_G라고 표현한다.

$$I_G = \int_m r^2 \, dm$$

8.3.1 일반적인 평면운동을 하는 경우

일반적인 평면운동(general plane motion)을 하는 강체의 운동에너지는 다음과 같이 간단히 표현할 수 있다.

$$T = \frac{1}{2} m \, v_G^2 + \frac{1}{2} I_G \, \omega^2 \tag{8.12}$$

식에서 보는 바와 같이 평면운동을 하는 강체의 총 운동에너지는 병진운동 v_G로 인한 병진운동 에너지와 회전운동 ω로 인한 회전운동 에너지로 구성되어 있다.

한편 $\mathbf{v}_G = \boldsymbol{\omega} \times \mathbf{r}_{G/IC}$이므로 윗 식은 다음과 같이 변형된다.

$$T = \frac{1}{2} m \, r_{G/IC}^2 \, \omega^2 + \frac{1}{2} I_G \, \omega^2$$

순간중심에 대한 질량관성모멘트는 평형축 정리(parallel-axes theorem)[부록 A.4 참조]에 의하여 $I_{IC} = I_G + m \, r_{G/IC}^2$이 되므로 윗 식은 다음과 같이 된다.

$$T = \frac{1}{2} I_{IC} \, \omega^2 \tag{8.13}$$

8.3.2 순수 병진운동을 하는 경우

순수 병진운동만을 하는 강체의 운동에너지는 병진운동 에너지만으로 구성된다.

$$T = \frac{1}{2} m \, v_G^2 \text{ (병진운동에만 적용)} \tag{8.14}$$

8.3.3 순수 회전운동을 하는 경우

고정축에 대하여 회전하는 강체의 운동에너지는 회전운동 에너지만으로 구성되어 있다. 만약 강체가 기준점 O에 대하여 회전하는 경우 그림 8.7에서 보는 바와 같이 질량중심의 병진운동 속도는

$v_G = \omega r_G$이므로 다음과 같이 각속도의 항으로 표시된다.

$$T = \frac{1}{2}m(\omega r_G)^2 + \frac{1}{2}I_G \omega^2$$

여기서 r_G는 회전중심 O로부터 질량중심 G까지의 거리이다.

윗 식을 정리하면 다음과 같다.

$$T = \frac{1}{2}(I_G + m r_G^2)\omega^2$$

윗 식에서 평행축 정리에 의하면 괄호안의 항은 회전중심축에 대한 강체의 질량관성모멘트이다. 고정축에 대하여 회전하는 강체의 운동에너지는 다음과 같이 강체의 회전 운동에너지에 대한 항으로 표시할 수 있다.

$$T = \frac{1}{2}I_O \omega^2 \text{ (회전운동에만 적용)} \tag{8.15}$$

여기서 I_O는 회전중심축에 대한 강체의 질량관성모멘트로서 $I_O = I_G + m r_G^2$이다.

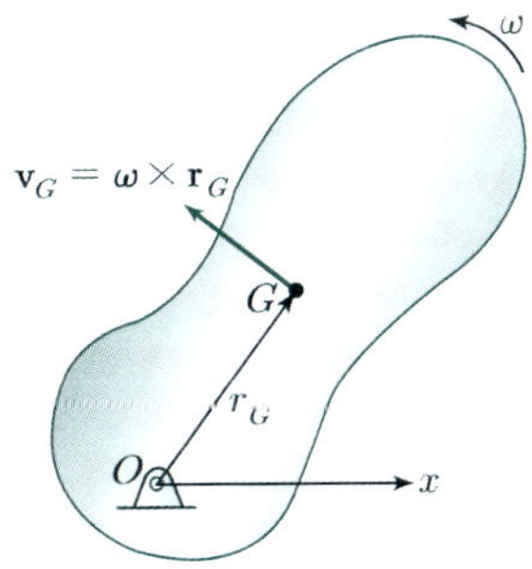

그림 8.7 강체의 회전운동

표 8.2 운동에너지의 변화

운동의 종류	운동에너지 변화 $\Delta T = T_2 - T_1$
순수 병진운동(translation)	$\frac{1}{2}m(v_{G2}^2 - v_{G1}^2)$
순수 회전운동(rotation)	$\frac{1}{2}I_O(\omega_2^2 - \omega_1^2)$
일반적 평면운동 (general plane motion)	$\frac{1}{2}m(v_{G2}^2 - v_{G1}^2) + \frac{1}{2}I_G(\omega_2^2 - \omega_1^2)$ 또는 $\frac{1}{2}\{(I_{IC}\omega^2)_2 - (I_{IC}\omega^2)_1\}$

참고

동일 강체 내의 각속도 $\boldsymbol{\omega}$ 또는 각가속도 $\boldsymbol{\alpha}$는 어느 위치에서나 같다. 반면에 모멘트 합은 모멘트의 기준점의 위치에 따라 달라진다.

8.4 일과 운동에너지 식

앞에서 일($U_{1\to2}$)과 강체의 운동에너지(T_1와 T_2)를 구할 수 있는 방법들을 언급하였다. 이제 일과 운동에너지의 원리를 이용하면 가속도 벡터를 계산하지 않고 바로 속도와 변위에 관계되는 문제를 해결할 수 있다.

외력이 한 일은 강체의 운동에너지 변화로 나타난다.

$$\Sigma U_{1\to2} = T_2 - T_1 \qquad (4.13 \text{ 반복}) \ (8.16)$$

여기서 T_1와 T_2는 각각 강체의 최초 운동에너지와 강체의 최종 운동에너지이며, $\Sigma U_{1\to2}$는 강체가 이동하는 동안 강체에 가해지는 모든 외력 및 외부 모멘트가 수행한 일이다.

평면운동을 하는 강체의 일과 운동에너지 식의 원리에서 보는 바와 같이 최초 운동에너지(T_1)는 외력이나 외부 모멘트가 강체에 한 일($\Sigma U_{1\to2}$)만큼 증가하거나 혹은 감소하여 최종 운동에너지(T_2)로 변화한다. $\Sigma U_{1\to2}$가 양수이면 운동에너지는 증가하게 되고, $\Sigma U_{1\to2}$가 음수이면 운동에너지는 감소하게 된다.

$$T_1 + \Sigma U_{1\to2} = T_2 \qquad (4.14 \text{ 반복}) \ (8.1)$$

8.4.1 특별한 경우 (여러 개의 강체로 구성된 계)

몇 개의 강체로 구성되어 있는 계(system)를 해석하는 데에는 두 가지 방법이 있다. 강체를 각각 분리하여 자유도를 그리고 일과 에너지 식을 개별적으로 적용하는 방법과 강체들로 구성된 계 전체에 대하여 일과 에너지 식을 적용하는 방법이 있다. 후자의 경우 운동에너지 T는 여러 강체의 운동에너지를 수학적으로 합한 것을 의미하고, $\Sigma U_{1\to2}$는 계에 작용하는 외력과 외부 모멘트가 수행한 일을 대수적으로 합한 것을 의미한다.

8.5 역학적 에너지의 보존

4장에서 하나의 질점에 대하여 적용한 에너지 보존법칙은 여러 개의 질점이 있는 계에도 확장하여 적용하여 보자. 보존력만 작용하는 질점계의 에너지 보존법칙은 다음과 같다.

$$\sum_{i=1}^{n}(T_i)_1 + \sum_{i=1}^{n}(V_i)_1 = \sum_{i=1}^{n}(T_i)_2 + \sum_{i=1}^{n}(V_i)_2$$

여기서 i는 i번째 질점을 의미하고 첨자 1은 최초 상태를, 첨자 2는 최종 상태를 나타낸다.

강체를 각 질점들 사이의 상대위치가 변하지 않는 질점계로 취급할 수 있으므로 위의 관계식을 강체에 확장하여 적용할 수 있다.

$$T_1 + V_1 = T_2 + V_2 \qquad \text{(4.21 반복) (8.17)}$$

여기서 T_1과 V_1은 각각 최초 상태의 강체의 운동에너지와 위치에너지이며, T_2와 V_2는 각각 최종 상태의 강체의 운동에너지와 위치에너지이다.

이 식은 강체가 어떤 위치에서 다른 위치로 이동할 때 역학적 에너지, 즉, 운동에너지와 위치에너지의 합이 일정하다는 것을 나타낸다. 이 식은 비보존력이 작용하지 않고, 보존력만 작용하는 경우에만 유효하며 이를 강체의 역학적 에너지 보존식(equation of conservation of mechanical energy)이라고 한다. 이 식은 보존력만이 작용하여 움직이고 있는 강체들의 변위 및 속도와 관련된 문제를 해석하는데 유용하게 쓰인다. 우리가 흔히 다루는 보존력에는 물체에 작용하는 중력과 스프링의 탄성변형에 따른 힘 등이 있다.

만약 마찰력과 저항력 또는 탄성변형과 같은 비보존력이 작용하는 경우 이 식을 적용할 수 없다. 왜냐하면 비보존력은 운동에너지와 위치에너지 간의 가역적(可逆的, reversible) 에너시 변화를 발생시키지 않고, 열, 소음 등을 발생시키는 비가역적(非可逆的, irreversible)인 변화를 일으키기 때문이다.

표 8.3 운동의 종류에 따른 운동에너지의 변화

운동의 종류	운동에너지(T)
순수 병진운동(translation)	$\frac{1}{2}mv_G^2$
순수 회전운동(rotation)	$\frac{1}{2}I_O\omega^2$
일반적 평면운동 (general plane motion)	$\frac{1}{2}mv_G^2+\frac{1}{2}I_G\omega^2$ 또는 $\frac{1}{2}I_{IC}\,\omega^2$

참고

역학적 에너지의 손실이 있는 경우 에너지 보존의 법칙을 사용할 수 없고 다음 식을 사용한다.

$$T_1 + V_1 - E_{\text{loss}} = T_2 + V_2 \qquad \text{(4.22 반복) (8.18)}$$

여기서 E_{loss}는 비보존력에 의한 에너지 손실을 나타낸다.

8.5.1 중력에 의한 강체의 위치에너지(gravitational potential energy)

중력의 작용에 따른 강체의 위치에너지는 질점에서와 같다. 다만 위치의 기준점으로 강체의 질량중심을 적용하면 질점에서의 식을 반복하여 쓸 수 있다. 중력에 의한 강체의 위치에너지는 중력의 작용으로 물체가 수직으로 이동할 때 일을 할 수 있는 잠재적 능력이다. 만약 그림과 같이 기준위치(높이가 $y=0$이어서 중력에 의한 위치에너지가 $V_g=0$인 위치)를 임의로 가정하여 강체의 상대위치를 표시하면 강체가 위치(높이가 y_G인 점)에 있을 때의 위치에너지는 다음과 같다.

$$V_g = mgy_G \qquad (8.19)$$

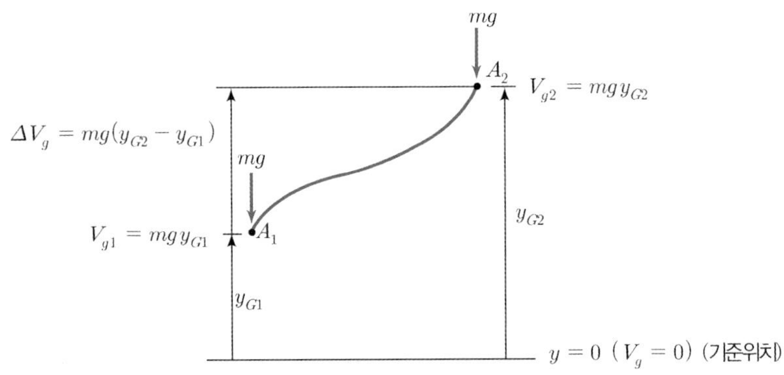

그림 8.8 중력에 의한 위치에너지 변화

8.5.2 스프링의 탄성에 의한 위치에너지

그림과 같이 선형스프링은 스프링의 자유길이(변형되지 않은 길이)로부터 변형(늘어나거나 줄어든 경우)되었을 때 원래의 위치로 돌아가려는 복원력이 발생한다. 따라서 스프링 반력에 의한 일을 할 수 있는 잠재능력으로서의 위치에너지는 다음과 같다. 줄어드는 경우나 늘어나는 경우 모두 에너지가 축척된다.

$$V_e = \int_0^x kx\,dx = \frac{1}{2}kx^2 \qquad (4.20 \text{ 반복}) \ (8.20)$$

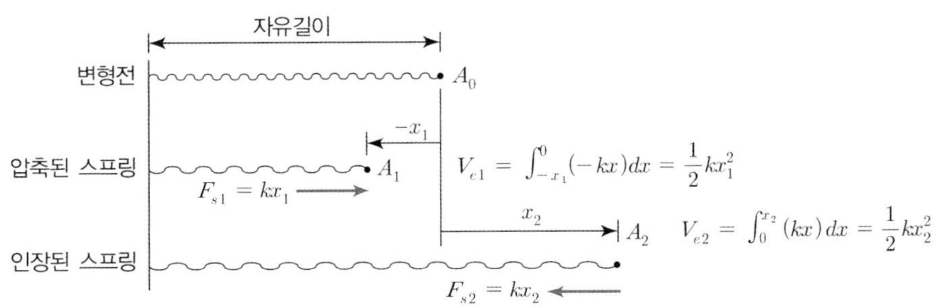

그림 8.9 스프링에 저장된 위치에너지(그림 4.7 반복)

8.6 일률 (동력)

일률(동력, power)의 정의는 4장에서 질점의 운동에 적용하였던 일률의 정의를 강체의 운동에도 똑같이 적용한다. 하지만 강체는 병진운동 뿐만 아니라 회전운동도 하므로 병진 및 회전 운동에너지를 동시에 고려하여야 한다.

질량이 m인 강체가 속도 v_G로 병진운동만 하는 경우 강체의 일률은 운동에너지 $\left(T_{병진} = \frac{1}{2}m\mathbf{v}_G \cdot \mathbf{v}_G\right)$의 시간 변화율과 같다.

$$일률\ P = \frac{d}{dt}(T_{병진}) = \frac{d}{dt}\left(\frac{1}{2}m\mathbf{v}_G \cdot \mathbf{v}_G\right) = m\mathbf{a}_G \cdot \mathbf{v}_G = \Sigma\mathbf{F} \cdot \mathbf{v}_G$$

$$P = \Sigma\mathbf{F} \cdot \mathbf{v}_G \tag{8.21}$$

여기서 속도 $\mathbf{v}_G$는 질량중심 G의 속도이다.

그러나 모멘트 $\mathbf{M}$이 일정하게 작용하여 질량이 m인 강체가 질량중심의 고정회전축에 대해 각속도 ω로 회전하는 경우 강체의 일률은 회전에 의한 운동에너지 $\left(T_{회전} = \frac{1}{2}I_G\,\omega^2\right)$의 시간변화율과 같다.

$$일률\ P = \frac{d}{dt}(T_{회전}) = \frac{d}{dt}\left(\frac{1}{2}I_G\,\omega^2\right) = \frac{d}{dt}\left[\frac{1}{2}I_G(\boldsymbol{\omega} \cdot \boldsymbol{\omega})\right]$$

$$= \frac{1}{2}I_G\,(\dot{\boldsymbol{\omega}} \cdot \boldsymbol{\omega} + \boldsymbol{\omega} \cdot \dot{\boldsymbol{\omega}}) = (I_G\,\boldsymbol{\alpha}) \cdot \boldsymbol{\omega}$$

따라서 다음과 같이 정리된다.

$$P = \Sigma\mathbf{M} \cdot \boldsymbol{\omega} \tag{8.22}$$

윗 식에서는 $\Sigma\mathbf{M}$, $\boldsymbol{\alpha}$ 및 $\boldsymbol{\omega}$이 서로 같은 방향인 경우이다. 따라서 다른 방법으로 윗 식을 유도하면 다음과 같다.

$$일률\ P = \frac{dU}{dt} = \Sigma\mathbf{M} \cdot \frac{d\boldsymbol{\theta}}{dt}$$

$$P = \Sigma\mathbf{M} \cdot \boldsymbol{\omega}$$

한편, 강체에 가해지는 일률(동력)은 시간변화에 따른 강체의 위치에너지 및 운동에너지의 변화를 수반한다. 일률과 에너지 사이의 관계는 다음과 같다.

$$일률 = \frac{d}{dt}(\underbrace{T_{병진} + T_{회전}}_{운동에너지} + \underbrace{V_{중력} + V_{스프링}}_{위치에너지})$$

일률(동력)의 단위는 SI 단위계에서는 J/s이고, 영미단위계에서는 lb·ft/s 또는 마력(HP, horse power)이다.

참고 도르래의 감겨진 끈의 장력은 각각 다른가?

(1) 도르래의 질량관성모멘트와 마찰력이 무시되었다면 도르래의 작용은 끈의 위치를 바꾸기 위한 단순한 장치에 불과하며, 두 끈의 장력의 크기는 같으며, 방향은 다르다. 도르래의 회전이 끈의 장력에 영향을 미치지 않는다.

(2) 도르래의 질량관성모멘트와 마찰력이 무시되지 않고, 도르래가 가속도(또는 감속도)를 가지고 움직이고 있다면 끈의 장력의 크기 각각 다르며, 방향도 다르다.

예제 8.1

스프링상수가 $k = 200$ N/m인 스프링에 부착된 50 kg의 물체 B가 250 kg의 물체 A와 도르래를 지나는 줄로 연결되어 있다. 그림의 위치(최초 위치)에서 스프링이 자유길이상태로부터 0.15 m 만큼 늘어나 있고, 또한 물체 B는 오른쪽으로 1.2 m/s의 속도로 움직인다. 물체 A가 최초 위치로 부터 아래쪽으로 0.4 m 내려간 최종 위치에서 물체 A와 물체 B의 속력을 다음의 각 경우에 대하여 구하라. 단, 물체 B와 수평면 사이의 동마찰계수는 0.3이다.

(a) 도르래의 질량을 무시한 경우

(b) 도르래의 반경이 0.2 m이고, 도르래의 실량관성모멘트가 $I = 0.5$ kg m^{2}인 경우

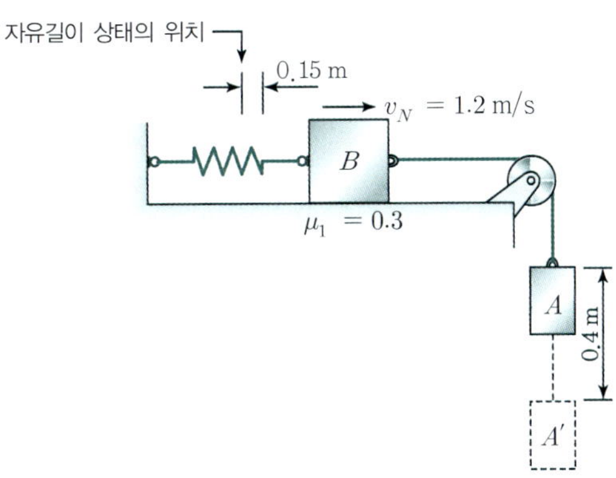

적용원리

- 물체 A와 물체 B의 속도의 크기는 같으며, 도르래의 접선방향 속도이다.
- 물체 A와 물체 B가 이동한 거리는 동일하다.
- 도르래의 질량관성모멘트를 고려하는 경우 도르래 양쪽의 장력이 다르다.
- 위치이동을 하는 동안 한 일은 스프링력, 마찰력, 장력과 중력이 한 일의 합이다.
- 장력이 한 일은 상쇄된다.
- 일과 운동에너지 식 $U_{1\to 2} = T_2 - T_1$을 적용한다.

풀이

[운동학]

물체 A와 물체 B는 팽팽히 당겨지는 줄로 연결되어 움직이므로, 이동하는 변위량은 같으며, 어느 위치에서나 같은 크기의 속도와 가속도로 움직인다.

$$\Delta x_A = \Delta x_B = \Delta x$$

$$v_A = v_B = v$$

$$a_A = a_B = a$$

[운동역학]

줄의 장력을 T, 수직반력을 N, 마찰력을 μN이라 하자.

물체 B에 대하여

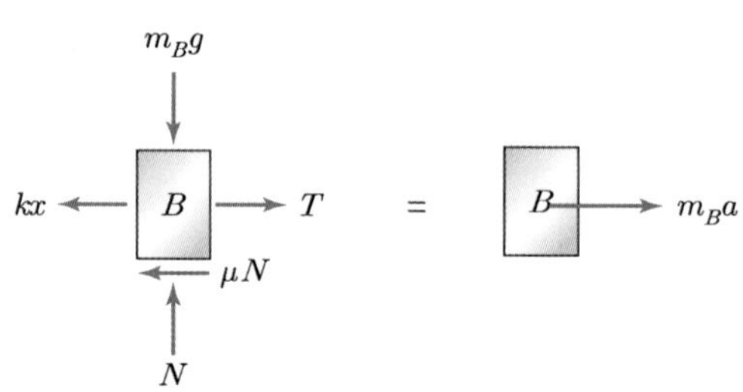

수직 방향의 운동방정식은

$$+\uparrow : \ N - m_B g = 0 \qquad \therefore \ N = m_B g$$

수평 방향의 운동방정식은

$$\overset{+}{\rightarrow} : \ T - kx - \mu N = ma$$

따라서, 물체 B가 수평 방향으로 Δx 만큼 이동하는 동안 작용하는 힘은 $(T-\mu N-kx)$이다. 즉, 최초 위치(위치 1)에서 최종 위치(위치 2)까지 움직이는 동안 물체 B가 한 일은 장력, 마찰력, 스프링력이 한 일의 합이다.

$$(U_{1\to 2})_B = \int_0^{\Delta x}(T-\mu m_B g)dx + \int_{x_0}^{x_0+\Delta x}(-kx)dx$$

물체 A에 대하여

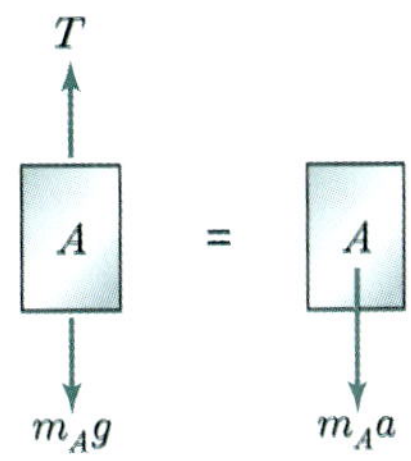

수직 방향의 운동방정식은

$$+\downarrow \ : m_A g - T = m_A a$$

따라서, 물체 A가 수직 방향으로 Δx 만큼 이동하는 동안 작용하는 힘은 $(m_A g-T)$이다. 즉, 물체 A가 한 일은 중력과 장력이 한 일의 합이다.

$$(U_{1\to 2})_A = \int_0^{\Delta x}(m_A g - T)dx$$

따라서, 물체 B와 물체 A가 최초 위치(위치 1)에서 최종 위치(위치 2)까지 움직이는 동안 모든 힘이 한 일의 합이다.

$$\begin{aligned} U_{1\to 2} &= (U_{1\to 2})_B + (U_{1\to 2})_A \\ &= \int_0^{\Delta x}(T-\mu m_B g)dx + \int_{x_0}^{x_0+\Delta x}(-kx)dx + \int_0^{\Delta x}(m_A g - T)dx \\ &= (T-\mu m_B g)\Delta x - \frac{1}{2}k\left\{(x_0+\Delta x)^2 - x_0^2\right\} + (m_A g - T)\Delta x \end{aligned}$$

장력 T에 의한 일은 서로 상쇄되므로, 윗 식에 숫자를 대입하면

$$\begin{aligned} U_{1\to 2} &= (-0.3\cdot 50\cdot 9.81)\cdot 0.4 - \frac{1}{2}\cdot 200\cdot\left(0.55^2 - 0.15^2\right) + (250\cdot 9.81)\cdot 0.4 \\ &= 894.1\ \text{J} \end{aligned}$$

(a) 도르래의 질량관성모멘트를 무시하는 경우에는 스프링, 중력, 마찰력이 한 일과 물체 A와 물체 B의 운동에너지만을 고려하면 된다.

운동에너지의 차는

$$T_2 - T_1 = \left(\frac{1}{2}m_A v_2^2 + \frac{1}{2}m_B v_2^2\right) - \left(\frac{1}{2}m_A v_1^2 + \frac{1}{2}m_B v_1^2\right)$$

$$= \left(\frac{1}{2}\cdot 250\cdot v_2^2 + \frac{1}{2}\cdot 50\cdot v_2^2\right) - \left(\frac{1}{2}\cdot 250\cdot 1.2^2 + \frac{1}{2}\cdot 50\cdot 1.2^2\right)$$

$$= 150\,v_2^2 - 216$$

일과 운동에너지 식에 적용하면

$$U_{1\to 2} = T_2 - T_1$$

$$894.2 = 150\,v_2^2 - 216 \qquad \therefore\ v_2 = 2.72\ \text{m/s}$$

답 $v_2 = 2.72$ m/s(물체 A와 물체 B의 속력은 동일)

(b) 도르래의 질량관성모멘트를 고려하는 경우, 스프링, 중력, 마찰력이 한 일과 물체 A와 물체 B의 병진운동 에너지 뿐만 아니라 도르래의 회전운동 에너지도 고려하면 된다.

위치 1(최초 위치)에서 물체 A와 물체 B의 속도와 도르래의 각속도와의 관계는

$$v_1 = r\omega_1$$

$$1.2 = 0.2\,\omega_1 \qquad \therefore\ \omega_1 = 6\ \text{rad/s}$$

위치 2(최종 위치)에서 물체 A와 물체 B의 속도와 도르래의 각속도와의 관계는

$$v_2 = r\omega_2$$

$$v_2 = 0.2\,\omega_2 \qquad \therefore\ \omega_2 = 5\,v_2$$

도르래의 회전운동 에너지를 고려한 운동에너지의 차는

$$T_2 - T_1 = \left(\frac{1}{2}m_A v_2^2 + \frac{1}{2}m_B v_2^2 + \frac{1}{2}I\omega_2^2\right) - \left(\frac{1}{2}m_A v_1^2 + \frac{1}{2}m_B v_1^2 + \frac{1}{2}I\omega_1^2\right)$$

$$= \left(\frac{1}{2}\cdot 250\cdot v_2^2 + \frac{1}{2}\cdot 50\cdot v_2^2 + \frac{1}{2}\cdot 0.5\cdot (5v_2)^2\right)$$

$$-\left(\frac{1}{2}\cdot 250\cdot 1.2^2 + \frac{1}{2}\cdot 50\cdot 1.2^2 + \frac{1}{2}\cdot 0.5\cdot 6^2\right)$$

$$= 156.3\,v_2^2 - 225$$

일과 운동에너지 식에 적용하면

$$U_{1\to2} = T_2 - T_1$$

$$894.1 = 156.3\,v_2^2 - 225 \qquad \therefore\ v_2 = 2.68\ \text{m/s}$$

답 $v_2 = 2.68$ m/s(물체 A와 물체 B의 속력은 동일)

예제 8.2

반경이 0.3 m, 질량이 10 kg인 톱니바퀴 A의 회전반경은 0.24 m이며, 반경이 0.12 m이고 질량이 4 kg인 톱니바퀴 B의 회전반경은 0.1 m이다. 계가 정지해 있을 때, 모멘트 M(크기 5 Nm이고, 반시계방향)이 톱니바퀴 B에 작용되었다. 마찰을 무시할 때, 다음을 구하라.

(a) 톱니바퀴 B의 회전속도가 500 rpm으로 될 때까지 톱니바퀴 B가 회전한 회전수

(b) 톱니바퀴 A에 작용하는 접선력

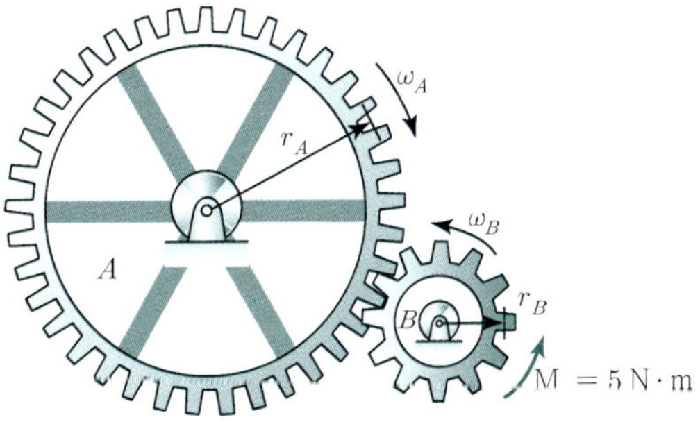

적용원리

- 각속도는 rad/s의 단위로 고쳐 풀어야 한다.
- 맞물리는 두 톱니바퀴의 피치원의 접촉점에서 접선방향 속도의 크기는 같고, 방향은 반대이다.
- 맞물리는 두 톱니바퀴의 피치원에서 접선방향으로 주고 받는 힘의 크기는 같고, 방향은 반대이다. 구동측에서는 회전방향의 반대방향으로 접선력이 작용하고, 피동측에서는 회전방향으로 접선력이 작용한다.
- 일과 운동에너지 식 $U_{1\to2} = T_2 - T_1$을 적용한다.

풀이

[운동학]

최초상태를 위치 1이라 하고, 최종상태를 위치 2라 하자.

톱니바퀴 A와 B의 초기 각속도는 각각

$$\omega_{A1} = 0$$

$$\omega_{B1} = 0$$

톱니바퀴 B의 최종 각속도 500 rpm을 rad/s로 환산하면

$$\omega_{B2} = 500(\text{rev/min}) \cdot \frac{2\pi(\text{rad/rev})}{60(\text{s/min})} = 52.36\ \text{rad/s}$$

$$\therefore\ \boldsymbol{\omega}_{B2} = 52.36\ \text{rad/s} \circlearrowleft$$

두 톱니바퀴의 원주방향 속도의 크기는 동일하며, 회전방향은 서로 반대이다.

$$r_A \omega_{A2} = r_B \omega_{B2}$$

$$0.3\omega_{A2} = 0.12 \cdot 52.36, \qquad \therefore\ \boldsymbol{\omega}_{A2} = 20.94\ \text{rad/s} \circlearrowright$$

또한, 두 톱니바퀴의 원주방향 가속도의 크기는 동일하며, 각가속도의 방향은 서로 반대이다.

$$r_A \alpha_{A2} = r_B \alpha_{B2}$$

$$0.3\alpha_{A2} = 0.12\alpha_{B2} \qquad ①$$

두 톱니바퀴의 질량관성모멘트

$$I_A = m_A k_A^2 = 10 \cdot 0.24^2 = 0.576\ \text{kg m}^2$$

$$I_B = m_B k_B^2 = 4 \cdot 0.1^2 = 0.04\ \text{kg m}^2$$

(a)

[운동역학]

톱니바퀴 B에 모멘트 M을 가하여 $\Delta\theta$ 만큼 회전함에 따라, 모멘트 M이 한 일

$$U_{1\to 2} = M\Delta\theta = 5\Delta\theta$$

운동에너지 차

$$T_2 - T_1 = \left(\frac{1}{2} I_A \omega_{A2}^2 + \frac{1}{2} I_B \omega_{B2}^2\right) - \left(\frac{1}{2} I_A \omega_{A1}^2 + \frac{1}{2} I_B \omega_{B1}^2\right)$$

$$= \left(\frac{1}{2} \cdot 0.576 \cdot 20.94^2 + \frac{1}{2} \cdot 0.04 \cdot 52.36^2\right) - (0+0) = 181.1\ \text{N m}$$

일과 운동에너지 식에서

$$U_{1\to2} = T_2 - T_1$$

$$5\,\Delta\theta = 181.1,$$

$$\therefore\ \Delta\theta = 36.22\,\text{rad} = \frac{36.22(\text{rad})}{2\pi(\text{rad/rev})} = 5.76\,\text{rev}$$

답 $\theta_B = 5.76$ 바퀴회전

(b) 회전모멘트의 작용으로 두 톱니바퀴가 회전하며, 맞물리는 두 톱니바퀴에서 주고 받는 힘의 크기는 동일하다.

구동측 톱니바퀴 B는 회전을 방해받는 방향의 힘 F가 작용하며 반시계방향으로 각가속도를 갖는다. ($\boldsymbol{\alpha}_B = \alpha_B\mathbf{k}$)

톱니바퀴 B에 대하여

[톱니바퀴 B]

운동방정식은 다음과 같다.

(+ 반시계) : $M - r_B\cdot F = I_B\,\alpha_B$

$$5.0 - 0.12F = 0.04\,\alpha_B \qquad ②$$

피동측 톱니바퀴 A에서는 회전하는 방향의 힘 F가 작용하며 시계방향으로 각가속도를 갖는다. ($\boldsymbol{\alpha}_A = -\alpha_A\mathbf{k}$)

톱니바퀴 A에 대하여

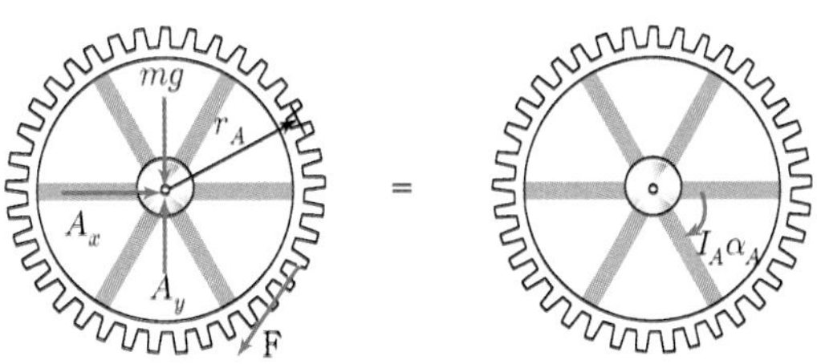

[톱니바퀴 A]

모멘트 식은 다음과 같다.

$$\circlearrowleft + : \; r_A \cdot F = I_A \, \alpha_A$$

$$0.3F = 0.576\,\alpha_A \qquad ③$$

식 ①, ②, ③으로부터

$$\therefore \; F = 29.05\text{ N}, \;\; \alpha_A = 15.13\text{ rad/s}^2, \;\; \alpha_B = 37.83\text{ rad/s}^2,$$

답 $F = 29.05\text{ N}$

예제 8.3

같은 질량 m과 반경 r을 가지는 구(sphere)와 원통(cylinder), 그리고 굴렁쇠(hoop)가 정지 상태로부터 20°경사면를 따라 높이 2 m(중심의 이동거리) 만큼 미끄러짐없이 굴렀을 때 각 물체의 속력을 구하라.

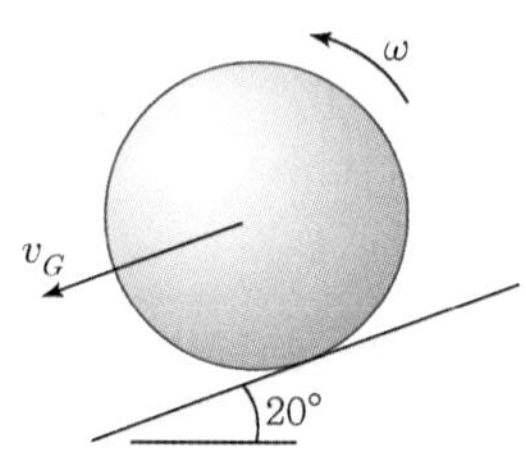

적용원리

- 미끄러짐없이 구르는 공, 원통, 굴렁쇠 등의 물체가 경사면과의 접촉점이 순간중심이 된다. 물체의 중심속도는 $\mathbf{v}_G = \boldsymbol{\omega} \times \mathbf{r}$이다.
- 운동에너지의 변화를 순간중심에 대하여 적용하여도 마찬가지이다.
- 일과 운동에너지 식 $U_{1\to2} = T_2 - T_1$을 적용한다.

풀이

[운동학]

최초상태를 위치 1이라 하고, 최종상태를 위치 2라 하자.

물체의 초기 각속도와 속도는 각각

$$\omega_1 = 0$$

$$v_{G1} = 0$$

미끄러짐없이 구르는 물체와 경사면과의 접촉점이 순간중심이 된다.

구르는 물체의 중심속력은 다음과 같다.

$$v_{G2} = \omega_2 r$$

[운동역학]

높이 2 m(중심의 이동거리)를 이용하는 동안 중력이 한 일은

$$U_{1\to 2} = mgh$$

일과 운동에너지 식은

$$U_{1\to 2} = T_2 - T_1$$

따라서

$$mgh = \left(\frac{1}{2}mv_{G2}^2 + \frac{1}{2}I\omega_2^2\right) - \left(\frac{1}{2}mv_{G1}^2 + \frac{1}{2}I\omega_1^2\right)$$

$$m \cdot 9.81 \cdot (2) = \left(\frac{1}{2}mv_{G2}^2 + \frac{1}{2}I(\frac{v_{G2}}{r})^2\right) - (0 + 0) \qquad ①$$

구, 원통, 굴렁쇠의 질량관성모멘트는 다음과 같다.

$$\text{구} \quad : I = \frac{2}{5}mr^2 \qquad ②$$

$$\text{원통} \quad : I = \frac{1}{2}mr^2 \qquad ③$$

$$\text{굴렁쇠} : I = mr^2 \qquad ④$$

구의 경우는 식 ①, ②에서, 원통의 경우는 식 ①, ③에서, 굴렁쇠의 경우는 식 ①, ④에서 물체의 속력을 구할 수 있다.

답 $v_G = 5.29$ m/s(구), $v_G = 5.11$ m/s(실린더), $v_G = 4.43$ m/s(굴렁쇠)

예제 8.4

그림과 같이 지름이 0.6 m이고 질량이 80 kg의 원판(disk)을 정지 상태로부터 굴리기 위해 감겨져 있는 줄의 끝에 일정한 힘 $F = 500$ N의 힘이 작용시킨다. 단, 원판은 미끄러짐없이 구른다고 가정한다. 원판이 한바퀴 회전했을 때 원판의 각속도를 구하라.

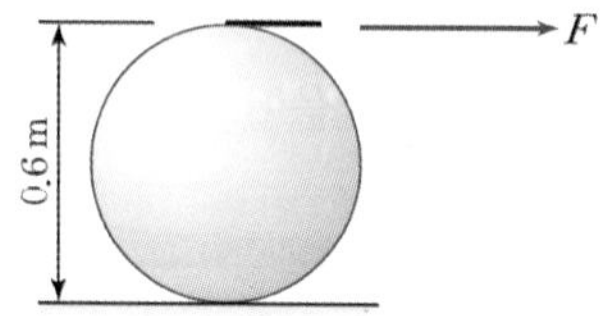

적용원리

- 미끄러짐없이 구르는 원판이 경사면과의 접촉점이 순간중심이 된다. 물체의 중심속도는 $\mathbf{v}_G = \boldsymbol{\omega} \times \mathbf{r}$이다.
- 운동에너지의 변화를 순간중심에 대하여 적용하여도 마찬가지 결과를 갖는다.
- 일과 운동에너지 식 $U_{1\to 2} = T_2 - T_1$을 적용한다.
- 최초 정지 상태이므로 운동에너지는 0(영)이다.

풀이

[운동학]

최초상태를 위치 1이라 하고, 최종상태를 위치 2라 하자.

물체의 초기 각속도와 속도는 각각

$$\omega_1 = 0$$

$$v_{G1} = 0$$

미끄러짐없이 구르는 원판과 바닥면과의 접촉점이 순간중심이 된다.

굴러가는 원판의 중심속력은 다음과 같다.

$$v_{G2} = r\omega_2 = 0.3\,\omega_2 \qquad ①$$

원판이 한바퀴 회전하는데 움직인 거리는

$$\Delta x = 2\pi r = 2\pi \cdot 0.3 = 1.885 \text{ m}$$

원판의 질량관성모멘트은

$$I_G = \frac{1}{2}mr^2 = \frac{1}{2} \cdot 80 \cdot 0.3^2 = 3.6 \text{ kg m}^2$$

[운동역학]

원판이 한바퀴 회전하는 동안 힘이 한 일

$$U_{1\to 2} = \int_0^{\Delta x} \mathbf{F}\cdot d\mathbf{x}$$

$$= F\Delta x = 500\cdot 1.885 = 942.5\ \mathrm{N\,m}$$

운동에너지 차는

$$T_2 - T_1 = \left(\frac{1}{2}m v_{G2}^2 + \frac{1}{2}I_G\omega_2^2\right) - \left(\frac{1}{2}m v_{G1}^2 + \frac{1}{2}I_G\omega_1^2\right)$$

$$= \left(\frac{1}{2}\cdot 80\cdot(0.3\omega_2)^2 + \frac{1}{2}\cdot 3.6\ \omega_2^2\right) - (0+0)$$

$$= 5.4\,\omega_2^2$$

일과 운동에너지 식은

$$U_{1\to 2} = T_2 - T_1$$

$$942.5 = 5.4\,\omega_2^2, \qquad \therefore\ \omega_2 = 13.2\ \mathrm{rad/s}$$

답 $\boldsymbol{\omega}_2 = 13.2\ \mathrm{rad/s}$ ↺

예제 8.5

관성바퀴(flywheel)에 부착된 반경 0.3 m의 드럼(drum)에 늘어나지 않는 줄이 감겨져 90 kg의 물체 B에 연결되어 있다. 드럼과 관성바퀴의 질량관성모멘트의 합은 $I_G = 14\ \mathrm{kg\ m^2}$이다. 최초 위치에서 물체 B의 속도는 아랫 방향으로 2 m/s이다. 드럼의 회전중심에 설치된 베어링 A의 마찰저항으로 발생하는 모멘트 M은 80 Nm이다. 물체 B가 최초의 위치로부터 0.9 m 만큼 아랫 방향으로 이동하였을 때 물체 B의 속도를 구하라.

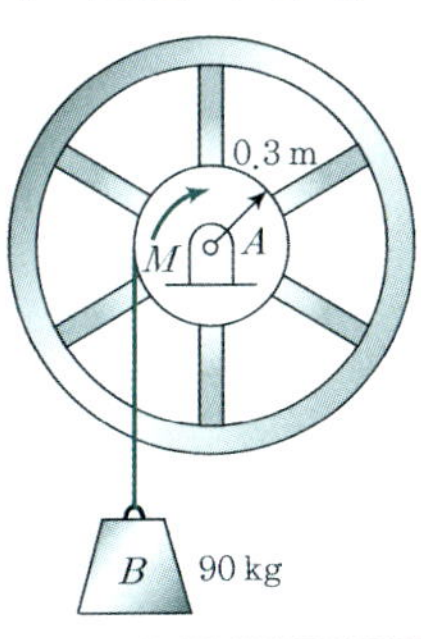

적용원리

- 물체 B의 속도는 드럼의 접선방향 속도와 같다.
- 물체 B가 이동한 거리와 드럼의 회전한 원주거리와 같다.
- 에너지 식 $T_1 + V_1 - E_{\text{loss}} = T_2 + V_2$를 적용한다.

풀이

[운동학]

최초상태를 위치 1이라 하고, 최종상태를 위치 2라 하자.

물체 B의 속도는 드럼의 접선방향 속도와 같다.

$$v_1 = r\omega_1 = 0.3\,\omega_1 \quad ①$$

$$v_2 = r\omega_2 = 0.3\,\omega_2 \quad ②$$

물체 B가 이동한 거리 Δx와 드럼의 회전각 $\Delta\theta$과의 관계는 다음과 같다.

$$\Delta x = r\,\Delta\theta$$

$$0.9 = 0.3\,\Delta\theta, \qquad \therefore\ \Delta\theta = 3\ \text{rad}$$

[운동역학]

모멘트 M가 시계 방향으로 가할 때 드럼은 반시계 방향으로 $\Delta\theta$만큼 회전하므로, 손실에너지는

$$E_{\text{loss}} = M\Delta\theta = 80\cdot 3 = 240\ \text{J}$$

최초의 역학적 에너지는

$$T_1 + V_1 = \frac{1}{2}mv_1^2 + \frac{1}{2}I_G\omega_1^2 + mgh_1$$

$$= \frac{1}{2}\cdot 90\cdot 2^2 + \frac{1}{2}\cdot 14\cdot\left(\frac{2}{0.3}\right)^2 + 0 = 491.1\ \text{J}$$

최종의 역학적 에너지는

$$T_2 + V_2 = \frac{1}{2}mv_2^2 + \frac{1}{2}I_G\omega_2^2 + mgh_2$$

$$= \frac{1}{2}mv_2^2 + \frac{1}{2}I_G\left(\frac{v_2}{r}\right)^2 + mgh_2$$

$$= \frac{1}{2}\cdot 90v_2^2 + \frac{1}{2}\cdot 14\cdot\left(\frac{v_2}{0.3}\right)^2 + 90\cdot 9.81\cdot(-0.9)$$

$$= 122.8\, v_2^2 - 794.6$$

따라서 에너지 식은

$$T_1 + V_1 - E_{\text{loss}} = T_2 + V_2$$

$$491.1 - 240 = 122.8\, v_2^2 - 794.6, \qquad \therefore\ v_2 = 2.92\ \text{m/s}$$

답 $\mathbf{v}_2 = 2.92\ \text{m/s}\ \downarrow$

예제 8.6

균일한 두께를 가진 50 kg의 직사각형 판이 그림처럼 줄과 핀에 의해 지지되어 정지하고 있다. 핀 B에 연결된 줄을 끊은 후, 판의 움직임에 대한 다음 물음에 답하라. 단, 핀에서의 에너지 손실은 없다.

(a) 판의 질량중심이 핀 A의 연직 아래 위치까지 움직였을 때 점 A에서의 지지력과 판의 각속도, 각가속도

(b) 판이 90°회전했을 때(핀 B가 핀 A의 연직 아래 위치까지 움직였을 때) 점 A에서의 지지력과 판의 각속도, 각가속도

ⓒ 판이 시계방향으로 회전하는 최대각 $\theta_{\max}$

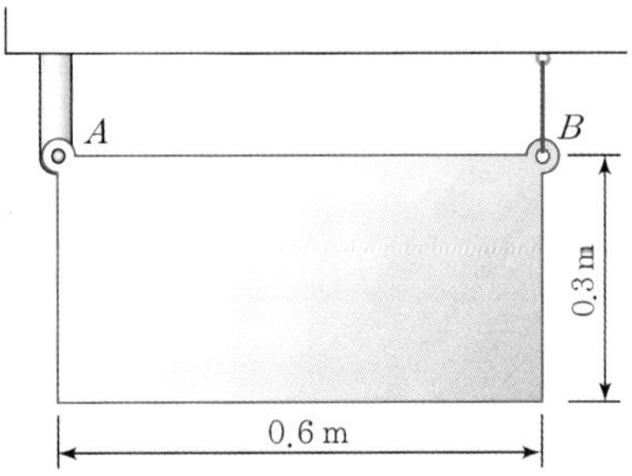

적용원리

- 핀에서의 손실을 무시하는 경우 판은 계속 진동한다.
- 판에서 질량중심에 대한 질량관성모멘트는 $I_G = \dfrac{1}{12} m (a^2 + b^2)$이다.
- 역학적 에너지 보존식 $T_1 + V_1 = T_2 + V_2$을 적용한다.

풀이

[운동학]

최초상태를 위치 1이라 하고, 최종상태를 위치 2라 하자.

판의 초기 각속도는

$$\omega_1 = 0$$

점 A에 대한 판의 질량관성모멘트는

$$I_A = I_G + md^2$$

$$= \frac{1}{12}m(a^2+b^2) + m\left((\frac{a}{2})^2 + (\frac{b}{2})^2\right) = \frac{1}{3}m(a^2+b^2)$$

$$I_A = \frac{1}{3}\cdot 50\cdot(0.3^2+0.6^2) = 7.5\ \mathrm{kg\ m^2}$$

[운동역학]

(a) 판의 질량중심 G가 핀 A의 바로 아래까지 움직였을 때, 각가속도 방향을 시계방향으로 가정하자.($\boldsymbol{\alpha} = -\alpha\mathbf{k}$)

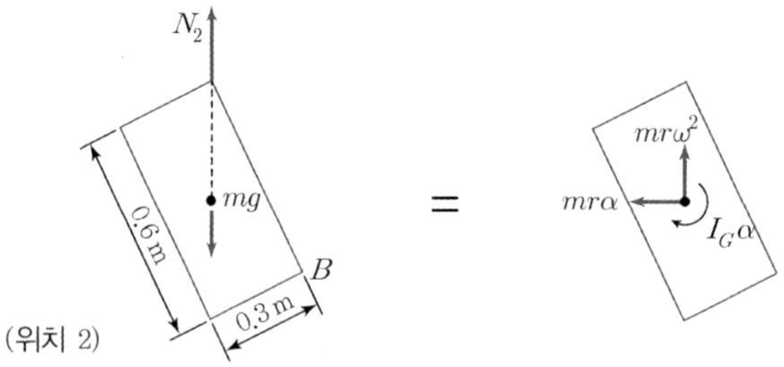

역학적 에너지 보존식은

$$T_1 + V_1 = T_2 + V_2$$

$$\frac{1}{2}I_A\omega_1^2 + mgh_1 = \frac{1}{2}I_A\omega_2^2 + mgh_2$$

$$0 + 50\cdot 9.81\cdot(-0.15) = \frac{1}{2}\cdot 7.5\omega_2^2 + 50\cdot 9.81\cdot\left(-\frac{\sqrt{0.3^2+0.6^2}}{2}\right)$$

$$\therefore\ \omega_2 = 4.92\ \mathrm{rad/s}$$

수직 방향의 운동방정식은

$+\uparrow$: $N_2 - mg = mr\omega_2^2$

$$N_2 - 50\cdot 9.81 = 50\cdot\frac{\sqrt{0.3^2+0.6^2}}{2}\cdot 4.92^2,$$

$$\therefore\ N_2 = 895\ \text{N}$$

수평 방향의 운동방정식은

$\overset{+}{\rightarrow}$: $0 = mr\alpha$. $\quad\therefore\ \alpha = 0$

답 $\mathbf{N}_2 = 895\ \text{N}\ \uparrow$, $\boldsymbol{\omega}_2 = 4.92\ \text{rad/s}$ ↻, $\boldsymbol{\alpha} = 0\ \text{rad/s}^2$

(b) 판이 90° 회전하였을 때, $\cos\theta = \frac{2}{\sqrt{5}}$, $\sin\theta = \frac{1}{\sqrt{5}}$이다.(위치 3)

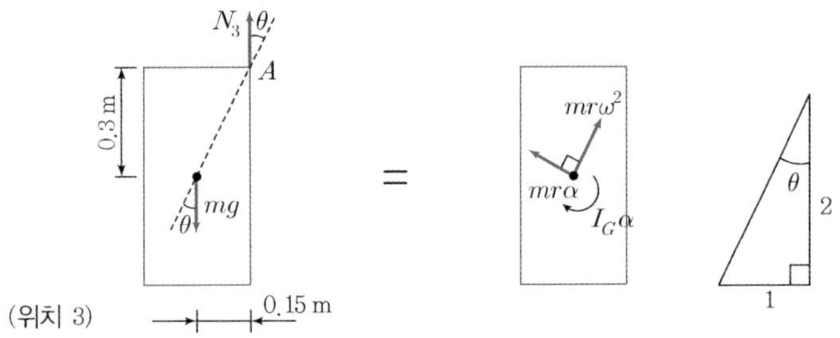

역학적 에너지 보존식 $T_1 + V_1 = T_3 + V_3$에서

$$\frac{1}{2}I_A\omega_1^2 + mgh_1 = \frac{1}{2}I_A\omega_3^2 + mgh_3$$

$$0 + 50\cdot 9.81\cdot(-0.15) = \frac{1}{2}\cdot 7.5\omega_3^2 + 50\cdot 9.81\cdot(-0.3),$$

$$\therefore\ \omega_3 = 4.43\ \text{rad/s}$$

회전중심 방향의 운동방정식은

$+\nearrow$: $N_3\cos\theta - mg\cos\theta = mr\omega_3^2$

$$N_3\cdot\frac{2}{\sqrt{5}} - 50\cdot 9.81\cdot\frac{2}{\sqrt{5}} = 50\cdot\frac{\sqrt{0.3^2+0.6^2}}{2}\cdot 4.43^2$$

$$\therefore\ N_3 = 858\ \text{N}$$

접선 방향의 운동방정식은

$$\searrow^{+} : \ mg\sin\theta - N_3\sin\theta = mr\alpha$$

$$50\cdot 9.81\cdot\frac{1}{\sqrt{5}} - 858\cdot\frac{1}{\sqrt{5}} = 50\cdot\frac{\sqrt{0.3^2+0.6^2}}{2}\cdot\alpha$$

$$\therefore \ \alpha = -9.81\ \text{rad/s}^2$$

답 $\mathbf{N}_3 = 858\ \text{N}\ \uparrow$, $\boldsymbol{\omega}_3 = 4.43\ \text{rad/s}$ ↻, $\boldsymbol{\alpha} = 9.81\ \text{rad/s}^2$ ↻

(c) 판이 회전하는 최대 회전각에서는 순간적으로 정지한다.(위치 4)

역학적 에너지 보존식 $T_1 + V_1 = T_4 + V_4$에서

$$\frac{1}{2}I_A\omega_1^2 + mgh_1 = \frac{1}{2}I_A\omega_4^2 + mgh_4$$

$$0 + 50\cdot 9.81\cdot(-0.15) = 0 + 50\cdot 9.81h_4, \qquad \therefore \ h_4 = -0.15\ \text{m}$$

따라서 그림에서 보는 바와 같이, 최종 위치(위치 4)에서의 질량중심의 높이는 최초 위치(위치 1)의 질량중심의 높이와 같다.

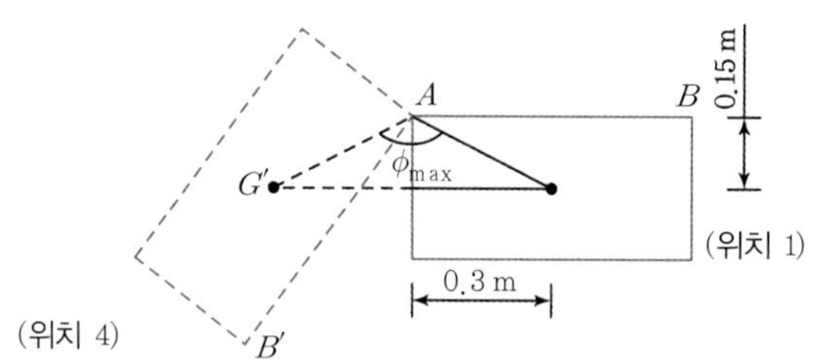

따라서 $\phi_{max} = 2\tan^{-1}\left(\frac{0.3}{0.15}\right) = 126.9°$

답 $\phi_{max} = 126.9°$

예제 8.7

질량이 2 kg인 원판의 질량관성모멘트는 $I = 0.03\ \text{kg m}^2$이다. 원판이 정지상태에서 출발하여 원판의 중심이 1 m 아래로 이동하였을 때 각속도를 구하라.

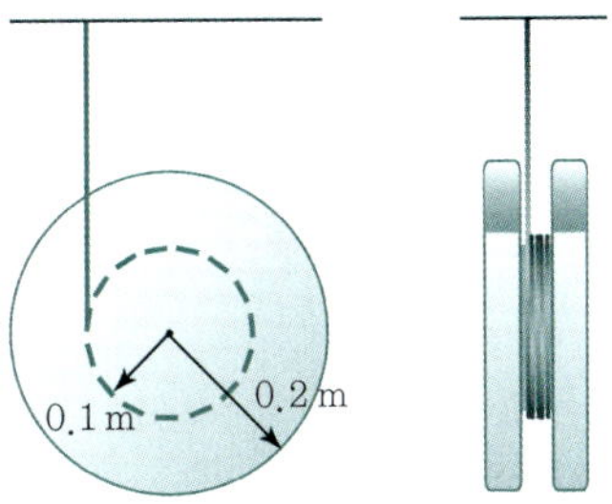

적용원리

- 원판과 줄이 만나는 위치(접점)가 순간중심이다.
- 역학적 에너지 보존식 $T_1 + V_1 = T_2 + V_2$을 적용한다.
- 물체는 연직 방향으로만 이동한다고 가정한다.

풀이

[운동학]

최초상태를 위치 1이라 하고, 최종상태를 위치 2라 하자.

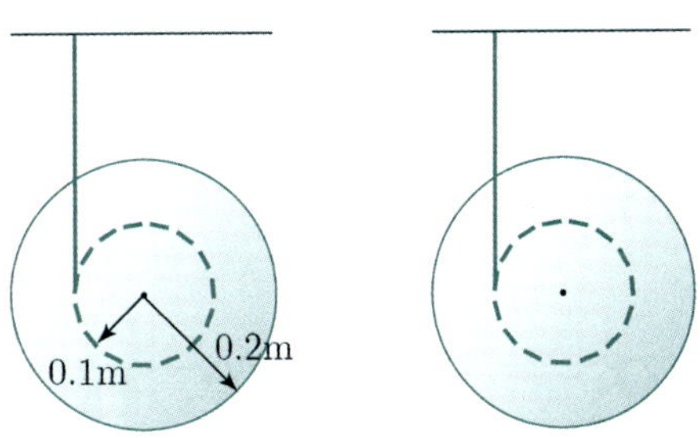

위치 1 위치 2

원판과 줄이 만나는 위치(접점)가 순간중심이 되며, 원판의 각속도와 원판의 중심속력과의 관계는 다음과 같다.

$$v_1 = r\omega_1 = 0$$

$$v_2 = r\omega_2 = 0.1\,\omega_2$$

[운동역학]

각가속도 방향을 시계방향으로 가정하자. ($\boldsymbol{\alpha} = -\alpha\mathbf{k}$)

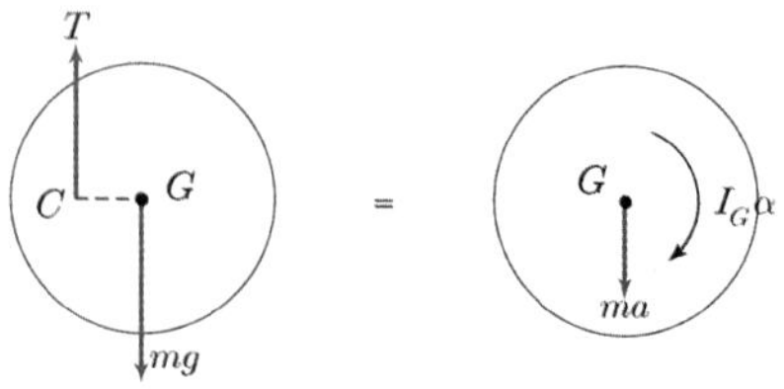

최초의 역학적 에너지

$$T_1 + V_1 = \frac{1}{2}mv_1^2 + \frac{1}{2}I\omega_1^2 + mgh_1$$

$$= 0 + 0 + 0 = 0$$

최종의 역학적 에너지

$$T_2 + V_2 = \frac{1}{2}mv_2^2 + \frac{1}{2}I\omega_2^2 + mgh_2$$

$$= \frac{1}{2}\cdot 2\cdot(0.1\omega_2)^2 + \frac{1}{2}\cdot 0.03\cdot\omega_2^2 + 2\cdot 9.81\cdot(-1)$$

$$= 0.025\,\omega_2^2 - 19.62$$

따라서 역학적 에너지 보존식은

$$T_1 + V_1 = T_2 + V_2$$

$$0 = 0.025\,\omega_2^2 - 196.2, \qquad \therefore\ \omega_2 = 28.0\ \mathrm{rad/s}$$

답 $\boldsymbol{\omega} = 28.0\ \mathrm{rad/s}$ ↻

예제 8.8

질량이 10 kg이고 반경이 0.6 m인 2개의 균일한 원판이 25 kg의 막대로 연결되어 그림과 같이 수평면 위를 반시계방향으로 미끄러짐없이 굴러가고 있다. 그림의 위치($\theta_1 = 20^\circ$)에서 이 장치가 정지 상태로부터 놓여질 때 $\theta_2 = 180^\circ$에서 원판이 갖는 각속도를 구하라.

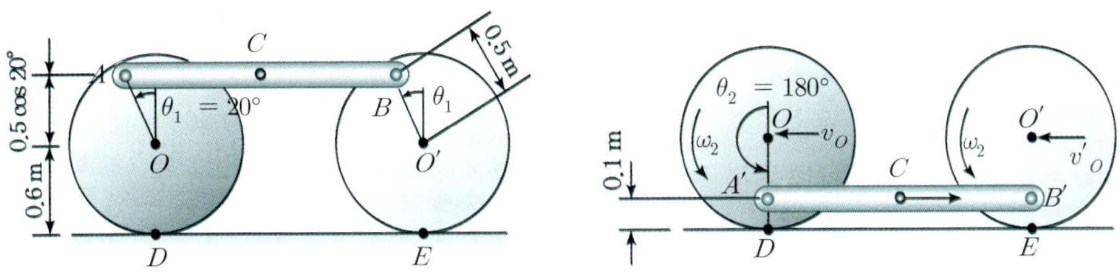

(위치 1) (위치 2)

적용원리

- 최초 정지상태이므로 운동에너지는 0(영)이다.
- 미끄러짐없이 구르는 원판이 수평면과의 접촉점이 순간중심이 된다. 원판의 중심속도는 $v = \omega r$이다.
- 순간중심 D에서 점 A까지의 벡터와 순간중심 E에서 점 B까지의 벡터는 같고, 원통의 회전각속도가 같으므로 점 A와 점 B의 속도가 같다. 결과적으로 막대는 병진운동을 한다.
- 역학적 에너지 보존식 $T_1 + V_1 = T_2 + V_2$을 적용한다.

풀이

[운동학]

최초상태를 위치 1이라 하고, 최종상태를 위치 2라 하자.

위치 1(최초 위치)에서 정지상태로부터 출발하므로 원판의 중심속도, 각속도, 막대의 속도는 다음과 같다.

$$(v_O)_1 = 0, \quad (v_O{}')_1 = 0, \quad \omega_1 = 0, \quad (v_{A'B'})_1 = 0$$

원판이 미끄러짐없이 굴러가므로 순간중심 D과 순간중심 E은 각 원판의 영속도 순간회전 중심이다.

위치 1에서 순간중심 D에서 점 A까지의 벡터와 순간중심 E에서 점 B까지의 벡터는 같으므로 막대는 병진운동을 한다. 같은 원리로 위치 2에서도 막대는 병진운동을 한다.
위치 2(최종 위치)에서 원판의 각속도를 ω_2라고 하면, 원판의 중심속도, 막대의 속도는 다음과 같다.

$$(v_O)_2 = (v_{O'})_2 = (\overline{DO})\,\omega_2 = 0.6\,\omega_2$$

$$(v_{A'})_2 = (v_{B'})_2 = (\overline{DA'})\,\omega_2 = 0.1\,\omega_2$$

바닥면을 높이의 기준으로 하면

$$h_1 = 0.5\cos 20° + 0.6 = 1.070\text{ m}$$

두 원판의 질량중심 O와 O'에 대한 질량관성모멘트는

$$I_O = I_{O'} = \frac{1}{2}m_{disk}r^2 = \frac{1}{2}\cdot 10\cdot 0.6^2 = 1.8\text{ kg m}^2$$

[운동역학]

최초의 역학적 에너지

$$T_1 + V_1 = \frac{1}{2}m_{rod}(v_C)_1^2 + 2\cdot\left(\frac{1}{2}m_{disk}(v_O)_1^2 + \frac{1}{2}I_O\,\omega_1^2\right) + m_{rod}\,g\,h_1$$

$$= 0 + 2\cdot 0 + 25\cdot 9.81\cdot 1.070 = 262.4\text{ J}$$

최종의 역학적 에너지

$$T_2 + V_2 = \frac{1}{2}m_{rod}(v_C)_2^2 + 2\cdot\left(\frac{1}{2}m_{disk}(v_O)_2^2 + \frac{1}{2}I_O\,\omega_2^2\right) + m_{rod}\,g\,h_2$$

$$= \frac{1}{2}\cdot 10\cdot[(0.6-0.5)\,\omega_2]^2 + 2\cdot\left(\frac{1}{2}\cdot 10\cdot(0.6\,\omega_2)^2 + \frac{1}{2}\cdot 1.8\,\omega_2^2\right) + 25\cdot 9.81\cdot 0.1$$

$$= 5.45\,\omega_2^2 + 24.53$$

따라서 역학적 에너지 보존식은

$$T_1 + V_1 = T_2 + V_2$$

$$262.4 = 5.45\,\omega_2^2 + 24.53, \qquad \therefore\ \omega_2 = 6.61\text{ rad/s}$$

답 $\boldsymbol{\omega}_2 = 6.61\text{ rad/s}$ ↺

예제 8.9

스프링의 자유길이는 1.5 m이고, 상수는 $k = 50$ N/m이다. 질량이 15 kg이고, 길이가 1.8 m인 가는 막대를 수평으로 놓여 있을 때 초기 각속도는 반시계방향으로 0.5 rad/s이였다. 그림과 같이 60° 회전한 상태에서의 각속도를 구하라.

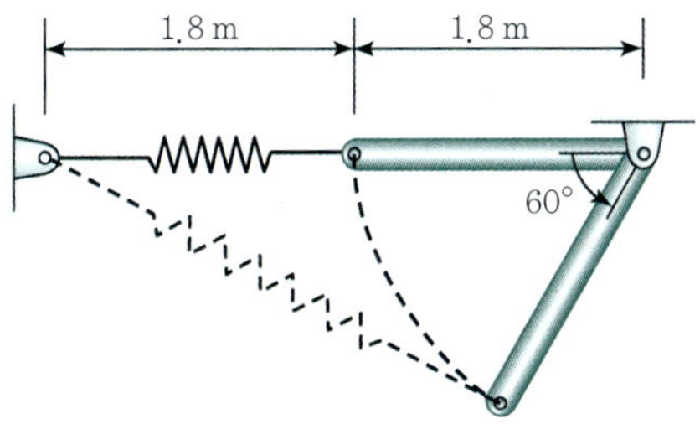

(옆에서 본 그림)

적용원리

- 스프링의 위치에너지는 변형된 길이에 대하여 적용한다.
- 역학적 에너지 보존식 $T_1 + V_1 = T_2 + V_2$을 적용한다.

풀이

[운동학]

최초상태를 위치 1이라 하고, 최종상태를 위치 2라 하자.

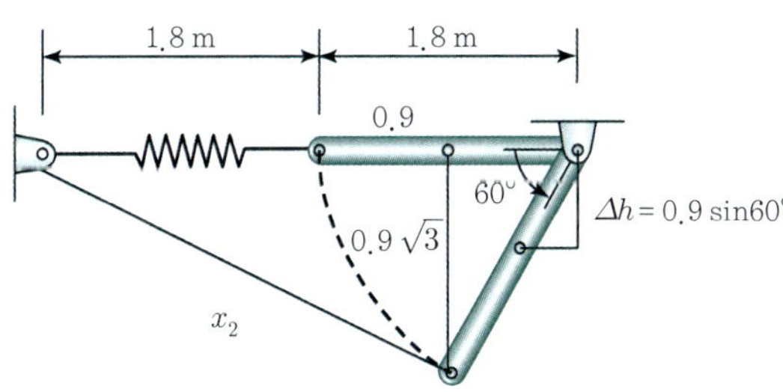

막대의 질량중심이 내려간 높이는

$$\Delta h = \frac{l}{2}\sin 60° = 0.9\sin 60° = 0.779\text{ m}$$

위치 1에서 스프링의 늘어난 길이는

$$\Delta x_1 = x_1 - x_0$$

$$= 1.8 - 1.5 = 0.3\ \mathrm{m}$$

위치 2에서 스프링의 늘어난 길이는 $\Delta x_2 = x_2 - x_0$

$$\Delta x_2 = x_2 - x_0$$

$$= \sqrt{(1.8 + 0.9)^2 + (1.8\sin 60°)^2} - 1.5 = 1.618\ \mathrm{m}$$

점 A에 대한 막대의 질량관성모멘트는

$$I_A = \frac{1}{3} m l^2 = \frac{1}{3} \cdot 15 \cdot 1.8^2 = 16.2\ \mathrm{kg\,m^2}$$

[운동역학]

최초의 역학적 에너지는

$$T_1 + V_1 = \frac{1}{2} I_A \omega_1^2 + m g h_1 + \frac{1}{2} k (\Delta x_1)^2$$

$$= \frac{1}{2} \cdot 16.2 \cdot 0.5^2 + 0 + \frac{1}{2} \cdot 50 \cdot 0.3^2 = 4.275\ \mathrm{J}$$

최종의 역학적 에너지는

$$T_2 + V_2 = \frac{1}{2} I_A \omega_2^2 + m g h_2 + \frac{1}{2} k (\Delta x_2)^2$$

$$= \frac{1}{2} \cdot 16.2 \omega_2^2 + 15 \cdot 9.81 \cdot (-0.779) + \frac{1}{2} \cdot 50 \cdot 1.618^2$$

$$= 8.1 \omega_2^2 - 49.24$$

따라서, 역학적 에너지 보존식에 적용하면

$$T_1 + V_1 = T_2 + V_2$$

$$4.275 = 8.1 \omega_2^2 - 49.24, \qquad \therefore\ \omega_2 = 2.570\ \mathrm{rad/s}$$

답 $\boldsymbol{\omega}_2 = 2.570\ \mathrm{rad/s}$ ↺

예제 8.10

그림과 같이 질량이 9 kg이고 길이가 2 m인 사다리가 벽에 기대어 있다. $\theta = 10°$에서 정지상태로 놓았으나 사다리가 아래로 미끄러져 내려와 $\theta = 40°$가 되었다. 이 때의 사다리의 각속도를 구하라. 단, 벽과 바닥에서의 마찰은 무시한다.

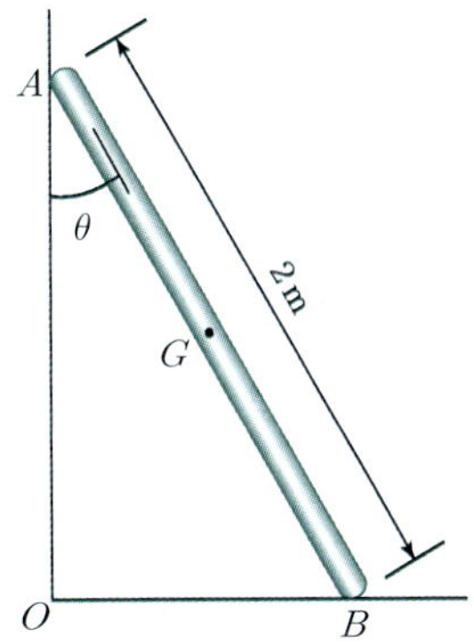

적용원리

- 점 B의 운동방향과 점 A의 운동방향으로 고려하면 상대속도의 관계식을 이용하면 질량중심 G의 속도를 구할 수 있다.
- 역학적 에너지 보존식 $T_1 + V_1 = T_2 + V_2$을 적용한다.
    - $v^2 = \mathbf{v} \cdot \mathbf{v}$ 이고, 내적연산에서 같은 방향벡터만 유효하므로 $v^2 = v_x^2 + v_y^2 + v_z^2$이 된다.

풀이

[운동학]

점 B는 오른쪽으로 움직이고 점 A는 아랫 방향으로 움직이고, 막대 AB는 반시계방향으로 회전한다.($\boldsymbol{\omega} = \omega \mathbf{k}$)

점 B의 속도식은

$$\mathbf{v}_B = \mathbf{v}_A + \mathbf{v}_{B/A}$$

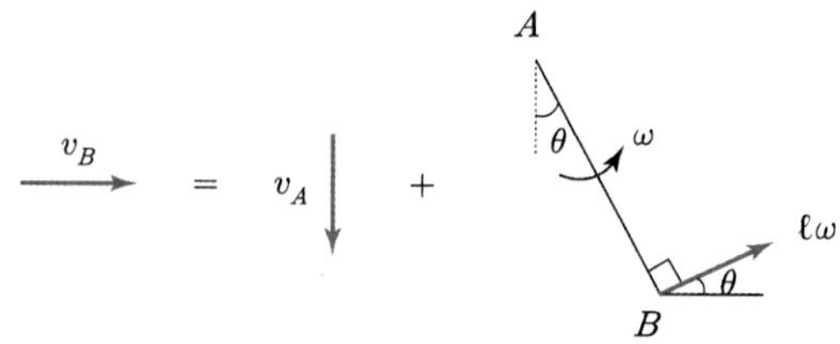

$$v_B\mathbf{i} = -v_A\mathbf{j} + \omega\mathbf{k} \times (l\sin\theta\mathbf{i} - l\cos\theta\mathbf{j})$$

윗 식을 풀면

$$v_A = l\omega\sin\theta, \qquad v_B = l\omega\cos\theta$$

질량중심 G에 대한 속도식

$$\mathbf{v}_G = \mathbf{v}_A + \mathbf{v}_{G/A}$$

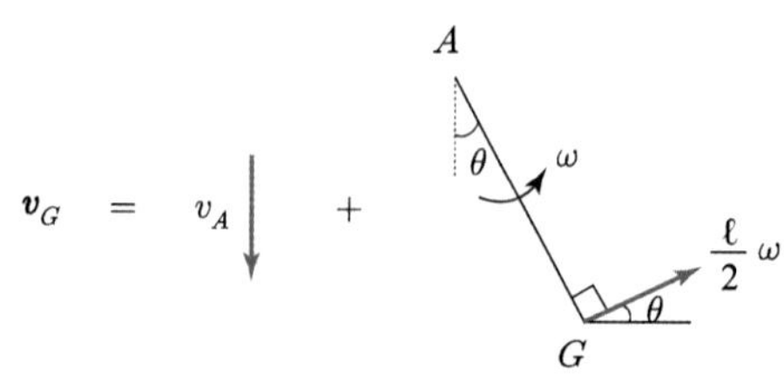

$$\mathbf{v}_G = -l\omega\sin\theta\mathbf{j} + \omega\mathbf{k} \times \left(\frac{l}{2}\sin\theta\mathbf{i} - \frac{l}{2}\cos\theta\mathbf{j}\right)$$

$$= \frac{l}{2}\omega\cos\theta\mathbf{i} - \frac{l}{2}\omega\sin\theta\mathbf{j}$$

따라서

$$v_G^2 = v_x^2 + v_y^2 = \left(\frac{l}{2}\omega\cos\theta\right)^2 + \left(-\frac{l}{2}\omega\sin\theta\right)^2 = \left(\frac{l}{2}\omega\right)^2 \qquad ①$$

최초상태를 위치 1이라 하고, 최종상태를 위치 2라 하자.

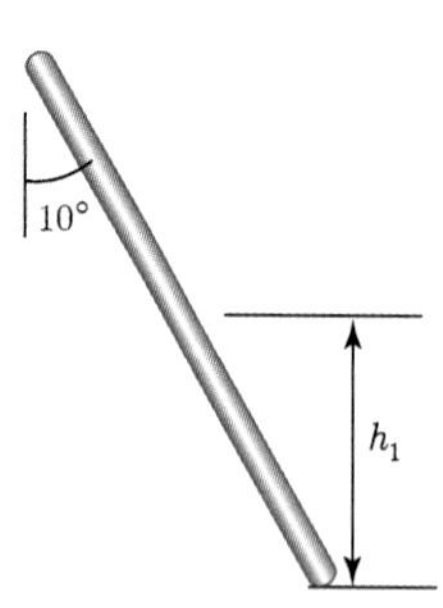

[위치 1]

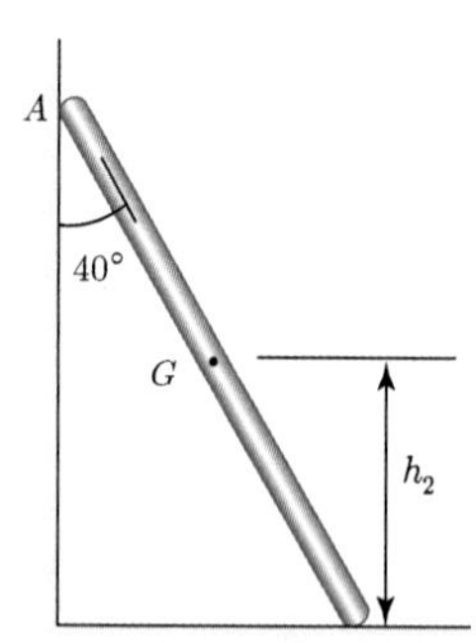

[위치 2]

바닥면으로부터 질량중심의 높이는

$$h_1 = \frac{l}{2}\cos\theta_1 = 1\cos 10° = 0.985 \text{ m} \qquad ②$$

$$h_2 = \frac{l}{2}\cos\theta_2 = 1\cos 40° = 0.766 \text{ m} \qquad ③$$

질량중심 G에 대한 질량관성모멘트

$$I_G = \frac{1}{12}\,\mathrm{m}l^2 = \frac{1}{12}\cdot 9\cdot 2^2 = 3 \text{ kg m}^2$$

[운동역학]

최초의 역학적 에너지

$$T_1 + V_1 = \frac{1}{2}m\left(\frac{l}{2}\omega_1\right)^2 + \frac{1}{2}I_G\omega_1^2 + mgh_1$$

$$= 0 + 0 + 9\cdot 9.81\cdot 0.985 = 86.95 \text{ J}$$

최종의 역학적 에너지

$$T_2 + V_2 = \frac{1}{2}m\left(\frac{l}{2}\omega_2\right)^2 + \frac{1}{2}I_G\omega_2^2 + mgh_2$$

$$= \frac{1}{2}\cdot 9\cdot(1\cdot\omega_2)^2 + \frac{1}{2}\cdot 3\cdot\omega_2^2 + 9\cdot 9.81\cdot 0.766$$

$$= 6\,\omega_2^2 + 67.63$$

따라서 역학적 에너지 보존식은

$$T_1 + V_1 = T_2 + V_2$$

$$86.95 = 6\,\omega_2^2 + 67.63, \qquad \therefore\ \omega_2 = 1.794 \text{ rad/s}$$

답 $\boldsymbol{\omega}_2 = 1.794$ rad/s ↺

예제 8.11

그림에 보인 두 개의 균일한 가느다란 막대는 각각 길이가 0.8 m이고, 질량은 5 kg이다. $\theta = 60°$에서 정지상태로부터 놓았을 때

(a) $\theta = 30°$일 때의 막대 AB의 각속도,
(b) 이 때 점 D의 속도를 구하라.

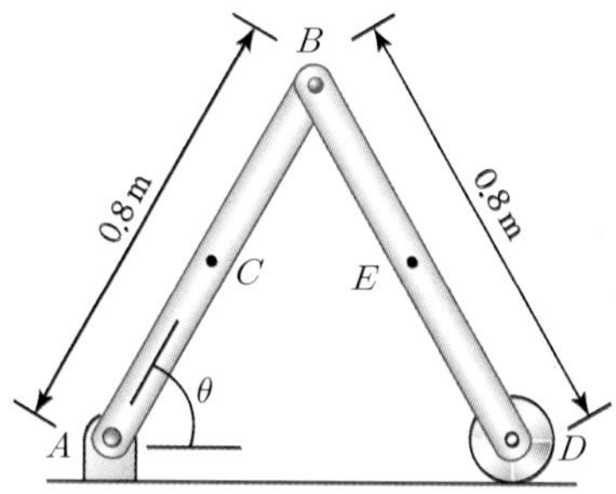

적용원리

- 두 막대는 대칭을 유지하며 운동하고 있다.
- 역학적 에너지 보존식 $T_1 + V_1 = T_2 + V_2$을 적용한다.
- 핀에서의 마찰손실은 무시한다.

풀이

[운동학]

점 D는 오른쪽 방향으로 수평운동을 하고, 막대 AB는 시계 방향으로 회전하며, 막대 BD는 반시계 방향으로 회전한다. 또한 두 막대의 길이가 동일하므로 두 막대의 각속도의 크기는 같으며, 방향이 반대이다.

$$\boldsymbol{\omega}_{AB} = -\omega\mathbf{k}, \quad \boldsymbol{\omega}_{BD} = \omega\mathbf{k}$$

점 D의 속도는

$$\mathbf{v}_D = \mathbf{v}_B + \mathbf{v}_{D/B}$$

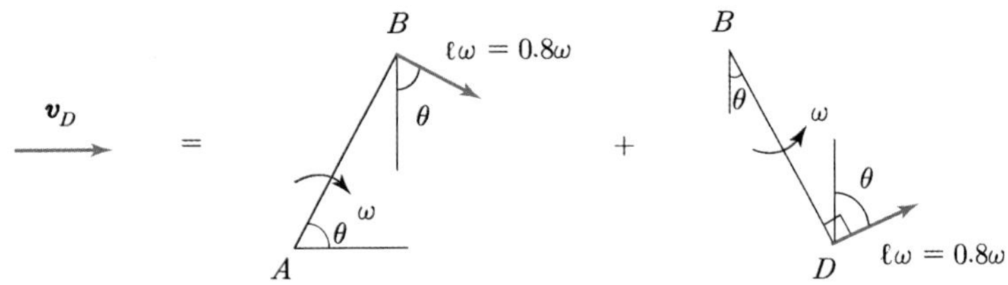

$$v_D\mathbf{i} = (-\omega\mathbf{k}) \times (0.8\cos30°\mathbf{i} + 0.8\sin30°\mathbf{j}) + \omega\mathbf{k} \times (0.8\cos30°\mathbf{i} - 0.8\sin30°\mathbf{j})$$

$$= (0.4\omega + 0.4\omega)\mathbf{i}$$

$$\therefore\ v_D = 0.8\omega$$

막대 AB의 중심을 C라 할 때 점 C의 속도는

$$\mathbf{v}_C = \boldsymbol{\omega}_{AB} \times \mathbf{r}_{C/A}$$

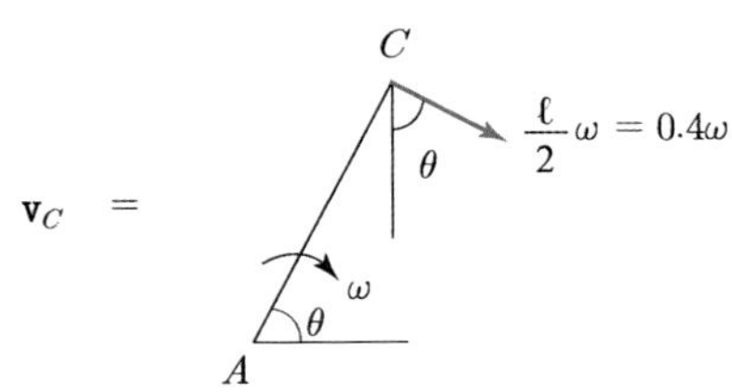

$$\mathbf{v}_C = (-\omega\mathbf{k}) \times (0.4\cos30°\mathbf{i} + 0.4\sin30°\mathbf{j})$$

$$= 0.2\omega\mathbf{i} - 0.346\omega\mathbf{j}$$

따라서

$$v_C^2 = (0.2\omega)^2 + (-0.346\omega)^2 = 0.16\omega^2 \quad ①$$

막대 BD이 중심을 E라 할 때 점 E의 속도는

$$\mathbf{v}_E = \mathbf{v}_D + \mathbf{v}_{E/D}$$

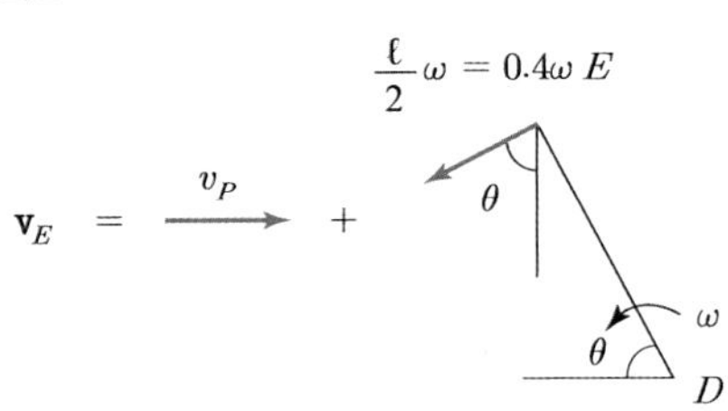

$$\mathbf{v}_E = 0.8\omega\mathbf{i} + \omega\mathbf{k} \times (-0.4\cos30°\mathbf{i} + 0.4\sin30°\mathbf{j})$$

$$= 0.6\omega\mathbf{i} - 0.346\omega\mathbf{j}$$

따라서

$$v_E^2 = (0.6\omega)^2 + (-0.346\omega)^2 = 0.48\omega^2 \qquad ②$$

각 막대의 질량관성모멘트는

$$I_C = I_E = \frac{1}{12}ml^2 = \frac{1}{12}\cdot 5\cdot 0.8^2 = 0.267\ \text{kg m}^2$$

[운동역학]

(a)

최초의 역학적 에너지

$$T_1 + V_1 = \frac{1}{2}m(v_C)_1^2 + \frac{1}{2}I_C\omega_1^2 + \frac{1}{2}m(v_E)_1^2 + \frac{1}{2}I_E\omega_1^2 + 2mgh_1$$
$$= 0 + 0 + 0 + 0 + 2\cdot 5\cdot 9.81\cdot(0.4\sin 60°) = 33.98\ \text{J}$$

최종의 역학적 에너지

$$T_2 + V_2 = \frac{1}{2}m(v_C)_2^2 + \frac{1}{2}I_C\omega_2^2 + \frac{1}{2}m(v_E)_2^2 + \frac{1}{2}I_E\omega_2^2 + 2mgh_2$$
$$= \frac{1}{2}\cdot 5\cdot(0.16\omega_2^2) + \frac{1}{2}\cdot 0.267\omega_2^2 + \frac{1}{2}\cdot 5\cdot(0.48\omega_2^2)$$
$$+ \frac{1}{2}\cdot 0.267\omega^2 + 2\cdot 5\cdot 9.81\cdot 0.2$$
$$= 1.867\omega_2^2 + 19.62$$

따라서 역학적 에너지 보존식은

$$T_1 + V_1 = T_2 + V_2$$
$$33.98 = 1.867\omega_2^2 + 19.62, \qquad \therefore\ \omega_2 = 2.774\ \text{rad/s}$$

답 $\boldsymbol{\omega}_{AB} = 2.774\ \text{rad/s}$ ↻

(b) 점 D의 속도는

$$v_D = 0.8\omega_2 = 0.8\cdot 2.774 = 2.219\ \text{m/s}$$

답 $\mathbf{v}_D = 2.219\ \text{m/s} \rightarrow$

8.7 요 약

이 장에서 학습 내용을 요약하면 다음과 같다.

1. 일과 에너지 관계식은 다음과 같다.

$$T_1 + \Sigma U_{1\to 2} = T_2 \tag{8.1}$$

여기서 강체의 운동에너지는 다음과 같다.

$$T = \frac{1}{2}mv_G^2 + \frac{1}{2}I_G\omega^2 \tag{8.12}$$

또한 여러 가지 힘이 하는 일은 다음과 같다.

변화하는 힘 : $(U_{1\to 2})_F = \int_{s_1}^{s_2} F\cos\theta\, ds$ (8.3)

일정한 힘 : $(U_{1\to 2})_F = FR\cos\theta$ (8.5)

질량에 작용하는 중력에 의한 힘 : $(U_{1\to 2})_g = -mg\,\Delta y$ (8.6)

스프링에 의한 힘 : $(U_{1\to 2})_e = -\frac{1}{2}k(x_2^2 - x_1^2)$ (8.7)

마찰력 : $(U_{1\to 2})_{fri} = -\mu N\cdot s$ (8.8)

짝힘에 의한 모멘트 : $(U_{1\to 2})_M = \int_{\theta_1}^{\theta_2} \mathbf{M}\cdot d\boldsymbol{\theta}$ (8.9)

2. 강체에 오직 보존력만 작용하는 경우에는 계의 역학적 에너지가 보존되며, 이의 관계식은 다음과 같다.

$$T_1 + V_1 = T_2 + V_2 \tag{8.17}$$

여기서 V는 계의 위치에너지로 다음과 같은 종류가 있다.

중력에 의한 위치에너지 : $V_g = mgy_G$ (8.19)

탄성에 의한 스프링의 위치에너지 : $V_e = \frac{1}{2}kx^2$ (8.20)

3. 비보존계에서의 에너지 관계식은 다음과 같다.

$$T_1 + V_1 - E_{\text{loss}} = T_2 + V_2 \tag{8.18}$$

여기서 E_{loss}는 비보존력에 의한 에너지 손실을 나타낸다.

연습문제

8.1 (예제 8.1의 연습 1/2)

두 평행한 4 m의 줄에 의해 매달려 있는 통나무가 타격장치로 사용되고 있다. 정지 상태에서 통나무를 놓아서 목표물을 3 m/s의 속도로 부딪히게 하려면 어느 각도 θ 에서 놓아야 하는가?

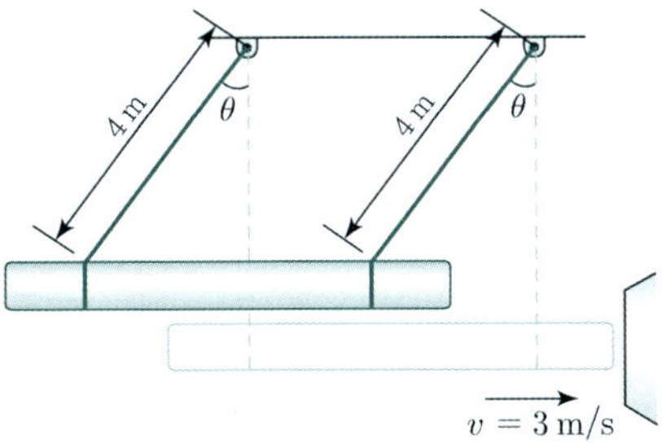

8.2 (예제 8.1의 연습 2/2)

두 상자의 질량은 각각 10 kg이고, 반경이 0.3 m인 풀리(pulley)의 질량관성모멘트는 0.22 kg m^{2}이다. 정지상태로부터 두 상자가 오른쪽으로 움직인다면, 최초 위치로부터 1.0 m 이동하였을 때 두 상자의 속도를 구하라. 단, 바닥면과의 마찰은 무시할 수 있으며 왼쪽 상자가 아직 풀리에 닿지 않았다고 가정하자.

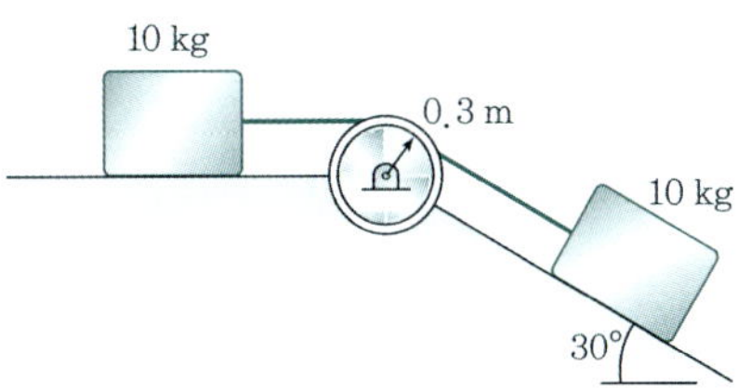

8.3 (예제 8.2의 연습 1/2)

질량이 30 kg이고 회전반경이 2 m인 이중도르래에 각각 80 kg과 120 kg의 물체가 매달려 정지상태로부터 놓여진다. 도르래가 2회전하고 난 직후의 물체 A와 물체 B의 속도를 각각 구하라. 단, 물체가 매달린 줄의 길이는 도르래에 닿지 않을 만큼 충분히 길다고 가정한다.

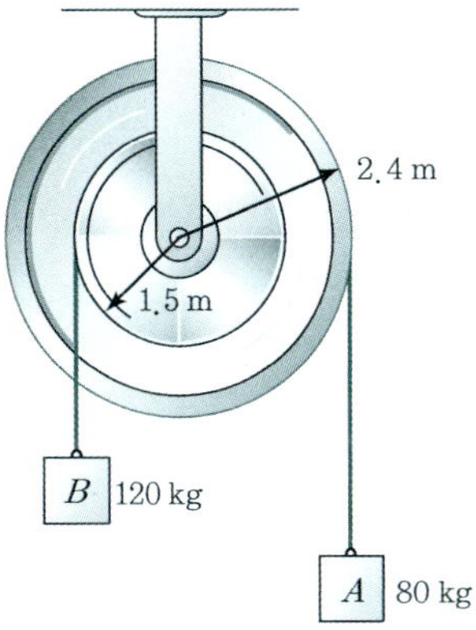

8.4 (예제 8.2의 연습 2/2)

질량이 40 kg인 물체 A와 20 kg인 물체 B가 질량이 50 kg인 불균형 드럼(unbalanced drum)에 감겨있는 줄에 그림과 같이 매달려 있다. 그림의 위치에서 드럼이 시계방향으로 5 rad/s의 각속도로 회전할 때 드럼이 완전히 1회전한 후의 드럼이 갖는 각속도를 구하라. 단, 드럼의 회전축에 대한 회전반경이 0.3 m이다.

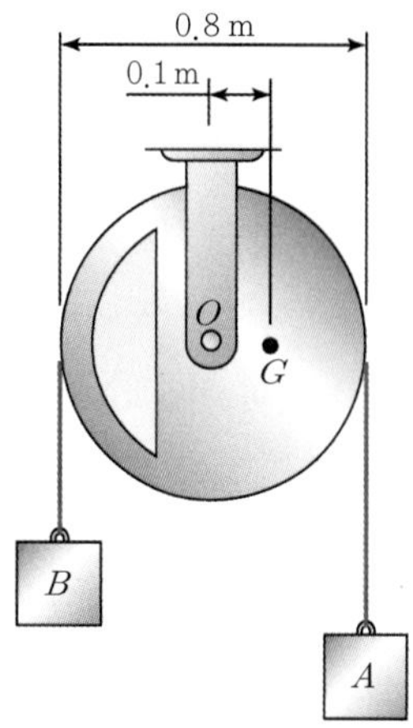

8.5 (예제 8.3의 연습 1/2)

반경이 R이고 질량이 m인 원통이 그림과 같이 경사면에 정지상태로부터 놓여진다. 원통이 미끄럼없이 거리 L만큼 굴러갔을 때 원통의 중심이 갖는 속도를 구하라. 그리고, 만약 원통 대신 반경 R, 질량 m인 구를 사용하였다면 구의 중심이 갖는 속도는 얼마인가?

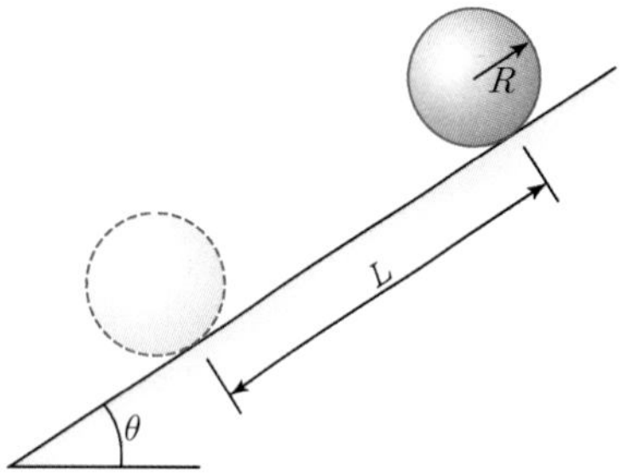

8.6 (예제 8.3의 연습 2/2)

그림에서 보는 바와 같이, 두 개의 도르래와 한 개의 추로 구성된 계가 있다. 도르래 A, B의 질량관성모멘트는 각각 $I_A = 0.3\,\text{kg}\,\text{m}^2$, $I_B = 0.1\,\text{kg}\,\text{m}^2$이고, 도르래 A, B의 반경은 각각 0.6 m와 0.4 m이다. 또한 도르래 A의 질량은 8 kg이다. 계가 정지상태에서 움직이기 시작한다면, 12 kg의 추 C가 0.3 m 아래로 내려갔을 때 추의 속도를 구하라.

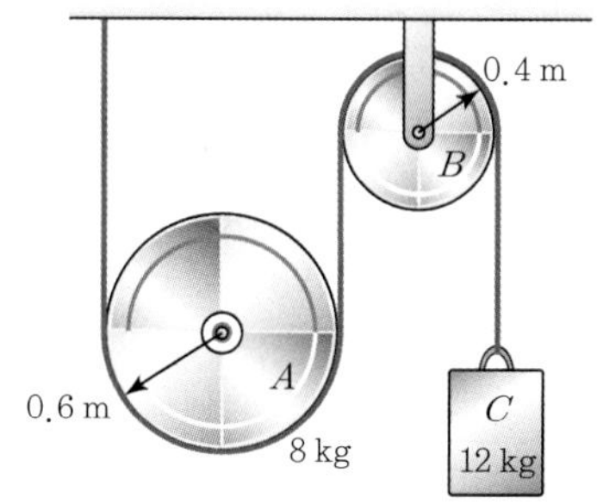

8.7 (예제 8.4의 연습 1/2)

질량 30 kg인 평판이 질량 0.7 kg, 반경 0.2 m인 원통 롤러 4개로 지지되어 있다. 평판의 왼쪽 끝은 스프링 상수 $k = 500\,\text{N/m}$인 스프링에 연결되어 있으며, 오른쪽 끝에 $F = 100\,\text{N}$의 힘이 오른쪽 방향으로 일정하게 작용하고 있다. 최초 스프링은 자유 길이 상태이며, 평판은 정지 상태이다. 평판이 오른 쪽으로 0.1 m 이동한 후 평판의 속도는 얼마인가? 단, 모든 마찰은 무시한다.

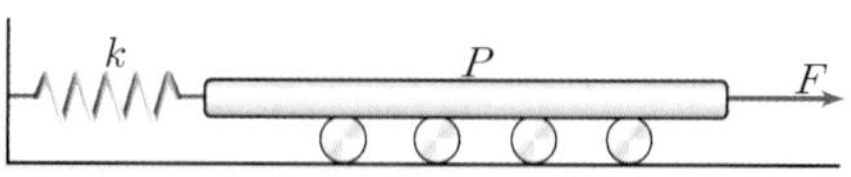

8.8 (예제 8.4의 연습 2/2)

길이가 1 m이고 질량이 10 kg인 막대가 양 끝에 있는 안내 홈을 따라 움직인다. 최초 막대는 $\theta = 0°$인 위치에서 정지해 있다. 물체 B에 수평력 $P = 100\,\text{N}$이 일정하게 작용하여 $\theta = 45°$되는 순간에 봉의 각속도를 구하라. 단, 물체 A와 B의 질량은 무시할 만하며, 안내면과의 마찰도 무시할 만하다.

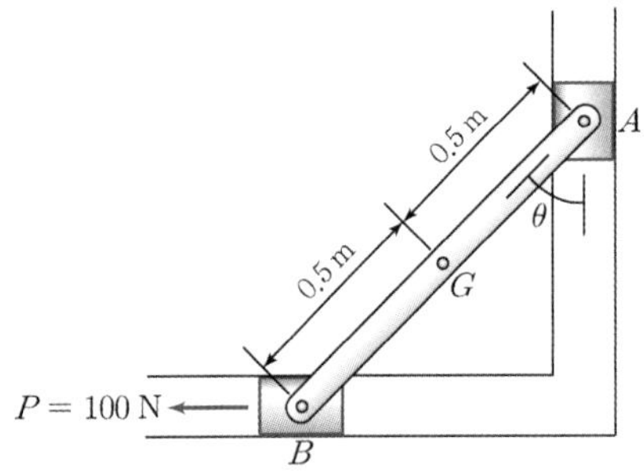

8.9 (예제 8.5의 연습 1/2)

마찰손실이 없는 기어 $A(m_A = 18\ \mathrm{kg}$, $R_A = 0.36\ \mathrm{m}$, 회전반경 $0.25\ \mathrm{m}$)와 기어 B $(m_B = 6\ \mathrm{kg}$, $R_B = 0.12\ \mathrm{m}$, 회전반경 $0.08\ \mathrm{m}$)가 맞물려 있다. 최초 정지상태에 있었으며, 그림과 같은 구동토크 $M = 10\ \mathrm{Nm}$가 일정하게 기어 B에 가해졌다. 다음을 구하라.

(a) 기어 B가 3회전하고 난 후에 기어 B가 갖는 각속도

(b) 기어 B가 기어 A를 구동하는 접선력

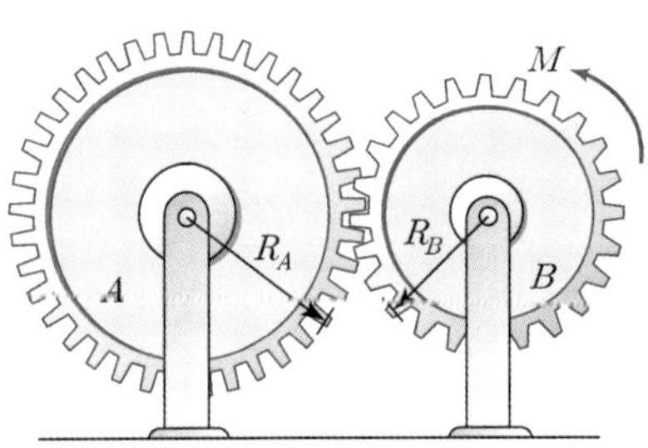

8.10 (예제 8.5의 연습 2/2)

그림과 같이 불균일한 질량분포를 갖는 원통에서 질량중심 G은 기하중심 O로부터 $0.02\ \mathrm{m}$ 떨어진 위치에 있다. 원통의 질량은 $5\ \mathrm{kg}$이고, 기하중심 O에 대한 회전반경은 $k_O = 0.25\ \mathrm{m}$이다. 원통에 힘 $10\ \mathrm{N}$이 수평 방향으로 작용하고, 회전모멘트 $M = 2\ \mathrm{Nm}$가 반시계방향으로 작용하고 있다. 최초 원통은 정지상태로부터 놓여져 있으며, 원통이 $90°$ 회전한 후 각속도는 얼마인가? 단, 원통은 미끄러지지 않고 구른다고 가정한다.

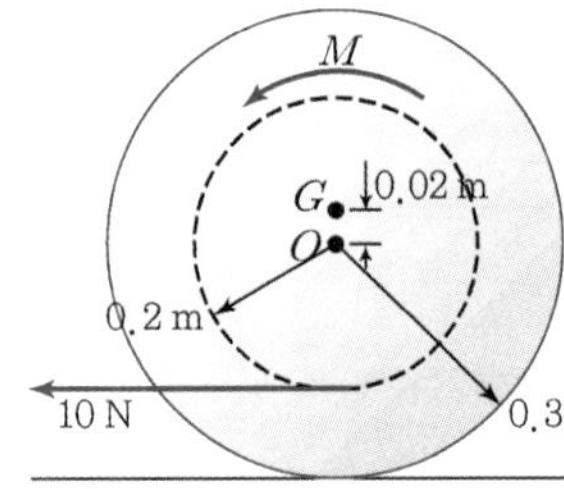

8.11 (예제 8.6의 연습)

질량이 $80\ \mathrm{kg}$이고 반경이 $0.3\ \mathrm{m}$인 공과 질량이 $20\ \mathrm{kg}$이고 길이가 $2.0\ \mathrm{m}$인 막대로 구성된 진자계가 점 O을 중심으로 회전하고 있다. 그림의 위치$(\theta = 60°)$에서 진자가 각속도 $\omega = 2\ \mathrm{rad/s}$로 시계방향으로 회전할 때 $\theta = 0°$의 위치에서 진자의 각속도를 구하라.

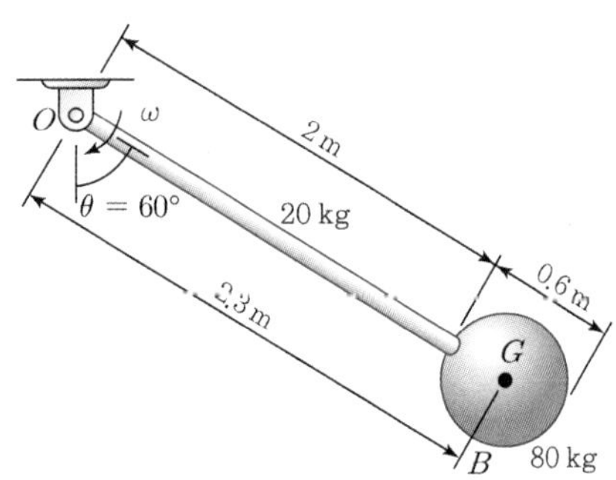

8.12 (예제 8.7의 연습 1/2)

그림과 같이 실패에 감겨진 가벼운 줄이 도르래를 지나 $20\ \mathrm{kg}$의 상자 A에 연결되어 있다. 실패의 질량은 $10\ \mathrm{kg}$이고, 실패 C는 $0.3\ \mathrm{m}$의 회전반경을 갖는다. 계가 최초 정지 상태로부터 놓아진 후 상자가 $2\ \mathrm{m}$ 낙하하였을 때 실패의 중심속도 $\mathbf{v}_C$와 각속도 $\boldsymbol{\omega}_C$ 및

상자의 속도 $\mathbf{v}_A$를 구하라. 단, 도르래에서 마찰손실은 없으며, 실패는 미끄러짐없이 구른다고 가정한다.

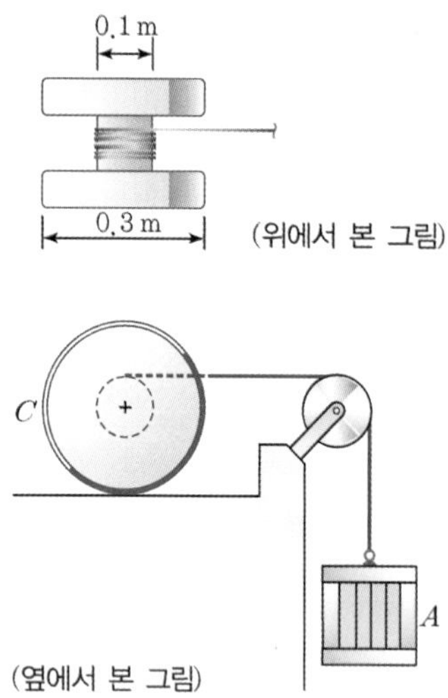

8.13 (예제 8.7의 연습 2/2)

그림에 나타낸 바와 같이 이중으로 구성되어 실패 C에서 큰 원판에 감겨져 있는 줄에는 스프링이 연결되고, 작은 원판에 연결되어 있는 줄은 도르래 B를 지나 상자 A에 연결되어 있다. 스프링 상수는 $k = 40$ N/m이며, 실패 C의 질량은 2 kg, 회전반경은 0.5 m이며, 큰 원반의 직경은 0.3 m, 작은 원반의 직경은 0.1 m이다. 도르래 B의 직경은 0.15 m, 질량은 4 kg, 회전반경은 0.15 m이고, 나무상자 A의 질량은 15 kg이다.

주어진 위치에서 스프링은 0.1 m 늘어나 있으며, 상자는 아래쪽으로 1.2 m/s의 속도로 내려가고 있다. 상자가 주어진 위치로부터 추가로 내려갈 수 있는 최대 거리를 구하라. 단, 실패는 미끄러짐없이 구른다고 가정한다.

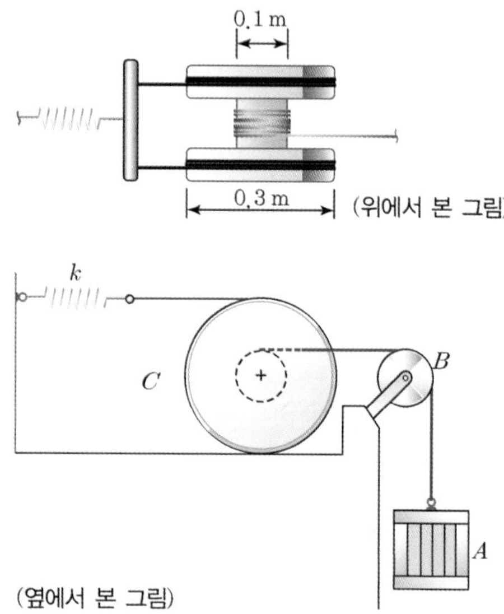

8.14 (예제 8.8의 연습)

바퀴를 제외한 자동차와 운전자의 전체 질량은 1000 kg이고, 또한 각 바퀴의 반경은 0.3 m, 질량은 23 kg, 그리고 회전반경은 $k_0 = 0.25$ m이다. 기어가 중립에 위치한 자동차가 경사면을 따라 정지상태로부터 8 m만큼 움직인 직후 자동차의 속도를 구하라. 단, 바퀴는 미끄러짐없이 구름운동을 하며 마찰에 의한 영향은 모두 무시한다.

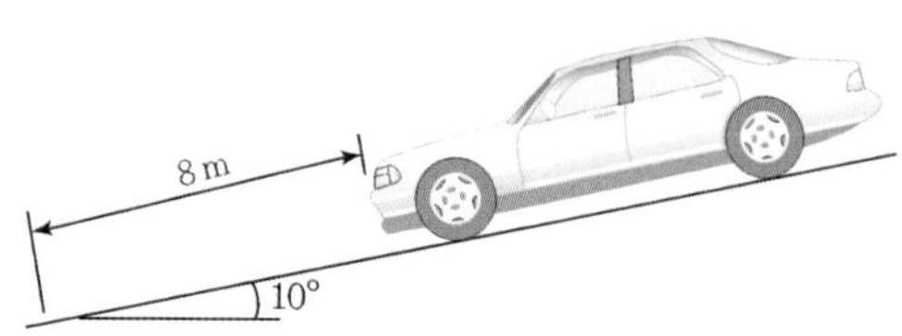

8.15 (예제 8.9의 연습 1/2)

그림과 같이 질량 5 kg인 원판(질량관성모멘트 계산시 원판을 질점으로 취급한다.)은 길이 3 m이고 질량 7 kg인 가늘고 균일한 막대 끝에 부착되어 점 A를 중심으로 회전하고있다. 최초 막대 AB는 수직 위치에서 시계방향으로 2 rad/s의 일정한 각속도로 회전한다. 스프링의 자유길이는 $l_0 = 0.2\,\text{m}$이다. 막대가 수평위치에 도달하였을 때 막대 AB의 각속도가 0(영)이 되기 위한 스프링 상수 k를 구하라.

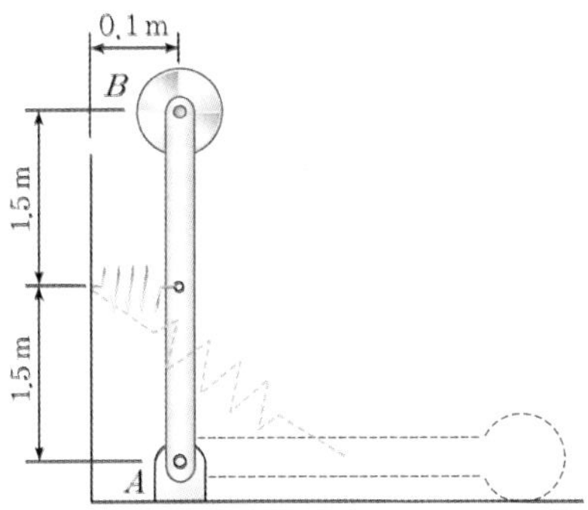

8.16 (예제 8.9의 연습 2/2)

고정점 O를 중심으로 회전하고 있는 막대 AB의 아랫 쪽 끝점 B은 스프링으로 연결되어 있고, 윗 쪽 끝점 A은 끈으로 연결되어 질량을 무시할 수 있는 도르래를 지나 물체 C에 연결되어 있다. 균일한 가는 막대 AB의 질량은 10 kg이고, 물체 C의 질량은 40 kg이며, 막대 끝 B에 연결되어 있는 스프링의 자유 길이는 0.2 m이다. 그림에 주어진 위치에서 막대의 각속도는 반시계방향으로 2.0 rad/s이고, 막대가 수평에 도달하였을 때 각속도는 8.0 rad/s로 측정되었다. 스프링 상수는 얼마로 추정할 수 있는가? 단, 도르래의 질량은 무시한다.

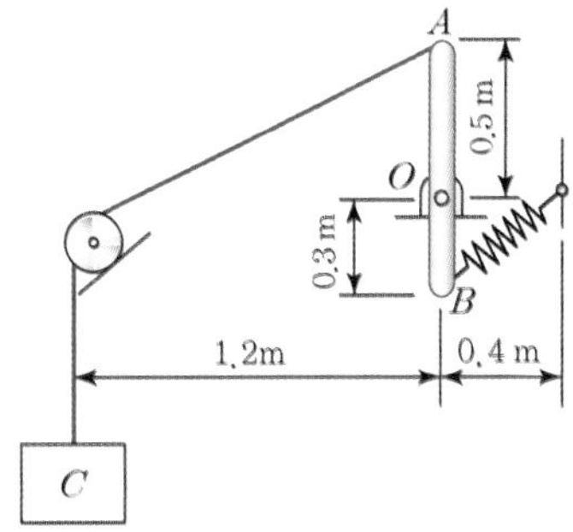

8.17 (예제 8.10의 연습 1/3)

그림에서 보는 바와 같이 5 kg의 가는 막대는 2.5 kg의 실린더 A와 6 kg의 원판 B에 연결되어 있다. 이 계가 $\theta = 60°$에서 정지상태로부터 놓여진다면, $\theta = 45°$인 위치에 도달할 때 막대의 각속도를 구하라. 단, 실린더와 안내면 사이, 그리고 원판과 바닥면 사이의 마찰력은 무시한다.

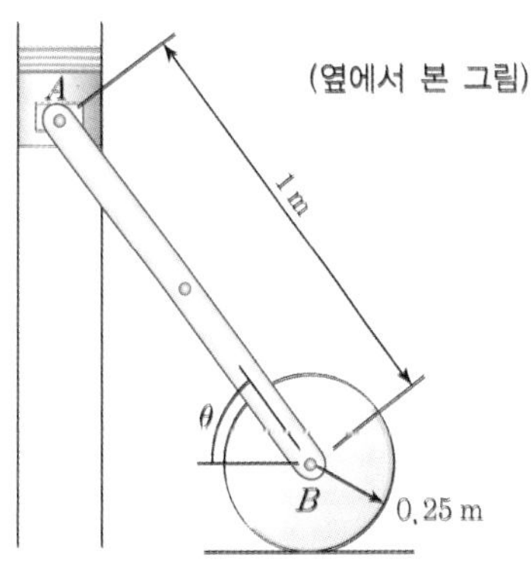

8.18 (예제 8.10의 연습 2/3)

그림에서 보는 바와 같이 막대 AB는 수평 및 수직 안내면을 따라 움직이고 있다. 막대의 위쪽 끝점 B는 스프링에 연결되어 있다. 질량분포가 균일하지 않는 막대 AB의 질량은 8 kg이고, 질량중심 G에 대한 회전반경은 1.5 m이다. 아래 그림의 위치에서 막대는 시계방향으로 4 rad/s의 각속도로 회전하고 있으며, 스프링은 2 m 만큼 압축되어 있다. 막대가 아래쪽으로 내려와 수평방향이 되었을 때 막대의 각속도가 시계방향으로 3 rad/s이였다면, 스프링 상수는 얼마인가? 단, 안내 물체 A, B의 질량은 무시할 만하며, 안내면과의 마찰도 무시할만하다.

(옆에서 본 그림)

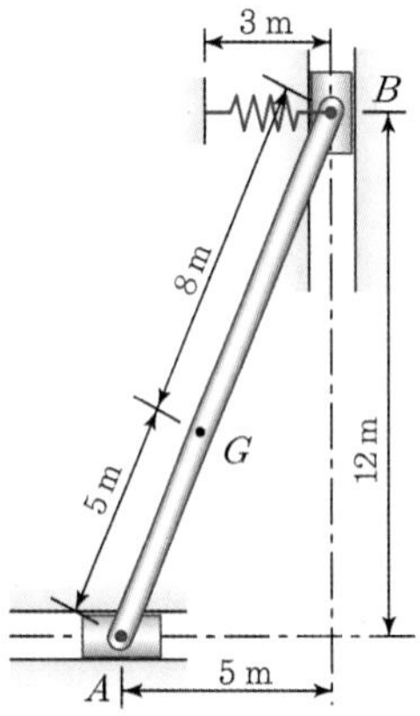

8.19 (예제 8.10의 연습 3/3)

질량중심이 B에 있고 길이 1.0 m, 질량 25 kg인 가는 막대 AD를 각도 $\theta = 0°$인 위치(수직 위치)에서 정지상태로부터 놓았다. 막대 AD에 부착되어 있는 물체 B는 수직 안내면을, 물체 A는 수평 안내면을 따라 움직이며, 안내면과의 마찰은 무시할 만하다. 물체 A가 최초 위치에서 왼쪽으로 0.4 m 만큼 이동하여 위치 C에 닿는다.

(a) $\theta = 30°$인 위치를 지날 때 막대의 각속도

(b) 물체 A가 위치 C에 닿는 순간의 속도

(옆에서 본 그림)

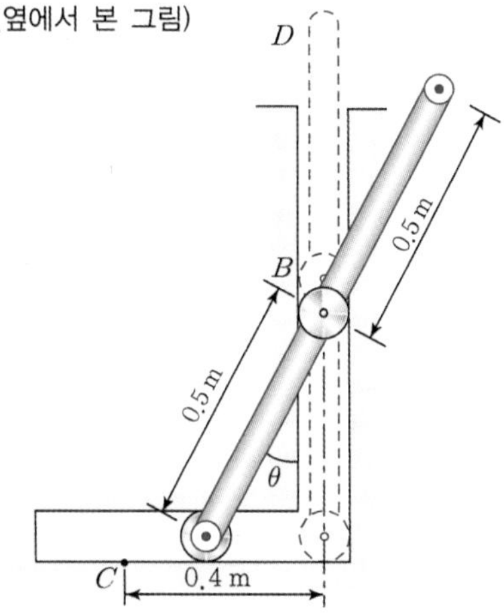

8.20 (예제 8.11의 연습)

질량이 6 kg, 길이가 1 m인 막대 OA와 막대 AB가 그림과 같이 연결되어 있다. 수직으로 설치된 막대는 움직이지 않도록 설치된 고정막대이다. 최초 위치 $\theta = 60°$에서 정지상태로부터 놓여진다면, 최종 위치 $\theta = 0°$에 도달하였을 때 막대 OA의 각속도를 구하라.

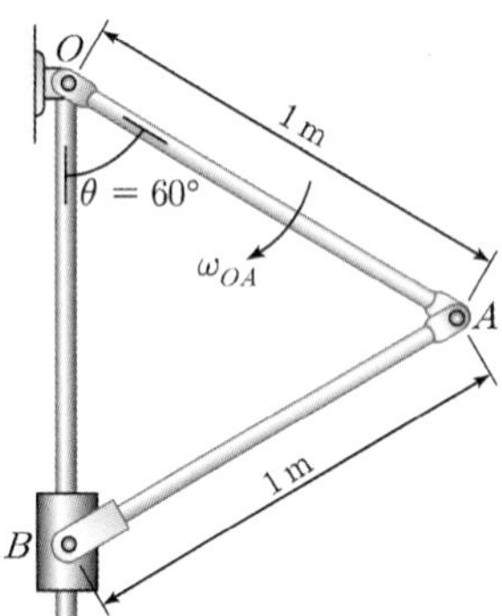

(옆에서 본 그림)

연습문제 해답

8.1 $\theta = 27.7°$

8.2 $v = 2.09\,\text{m/s}$

8.3 $\mathbf{v}_A = 4.475\,\text{m/s}$ ↓

$\mathbf{v}_B = 2.797\,\text{m/s}$ ↑

8.4 $\boldsymbol{\omega} = 9.744\,\text{rad/s}$ ↻

8.5 (a) 원통: $v_G = \sqrt{\frac{4}{3}gL\sin\theta}$

(b) 구: $v_G = \sqrt{\frac{10}{7}gL\sin\theta}$

8.6 $\mathbf{v}_C = 1.745\,\text{m/s}$ ↓

8.7 $\mathbf{v}_2 = 0.695\,\text{m/s}$ →

8.8 $\boldsymbol{\omega} = 7.145\,\text{rad/s}$ ↻

8.9 $\boldsymbol{\omega}_B = 48.0\,\text{rad/s}$ ↺

$\mathbf{F} = 63.8\,\text{N}$ ↑

8.10 $\boldsymbol{\omega}' = 3.698\,\text{rad/s}$ ↺

8.11 $\boldsymbol{\omega}_2 = 2.92\,\text{rad/s}$ ↻

8.12 $\boldsymbol{\omega}_{C2} = 20.19\,\text{rad/s}$ ↻

$\mathbf{v}_{A2} = 4.04\,\text{m/s}$ ↓

$\mathbf{v}_{C2} = 3.03\,\text{m/s}$ →

8.13 $h = 3.35\,\text{m}$

8.14 $\mathbf{v} = 5.07\,\text{m/s}$ 10° ←

8.15 $k = 159.2\,\text{N/m}$

8.16 $k = 1843\,\text{N/m}$

8.17 $\boldsymbol{\omega} = 1.45\,\text{rad/s}$ ↺

8.18 $k = 81.7\,\text{N/m}$

8.19 (a) $\boldsymbol{\omega}_2 = 3.002\,\text{rad/s}$ ↻

(b) $\mathbf{v}_A = 1.205\,\text{m/s}$ ←

8.20 $\boldsymbol{\omega}_{OA} = 5.42\,\text{rad/s}$ ↻

09 chapter 강체의 운동역학 III (각운동량과 각충격량)

9.1 개요

앞에서 강체에 작용하는 힘과 모멘트를 강체의 가속도와 각가속도에 연관시켜 강체의 평면운동을 해석하였다. 이 해석 방법을 사용하는 경우 문제에서 주어지거나 요구하는 것이 가속도가 아니고 시간이나 속도에 관련된 경우 다소 번거로운 계산과정을 거치게 된다. 우선 가속도 벡터를 구한 후에 가속도, 속도, 변위의 관계식을 순차적으로 시간에 대하여 적분하여 강체의 임의점에 대한 속도 및 변위 벡터를 구할 수 있다.

그런데, 주어진 자료나 구하는 자료가 힘, 속도와 작용시간의 형태이거나 모멘트, 각속도와 작용시간의 형태인 경우 7장에서 사용한 식을 미리 변형시켜 놓고 변형된 식을 적용하여 해석한다면 이와 같이 번거로운 계산과정을 거치지 않고 간단히 해석을 할 수 있을 것이다.

따라서, 힘과 작용시간이 주어지거나 또는 모멘트와 작용시간이 주어진 강체의 운동해석에서는 선형 운동량과 선형 충격량 식 또는 각운동량과 각충격량 식은 적용하는 것이 편리하다.

이 장에서는 강체의 운동은 xy평면에 대한 평면운동으로 한정한다. 그리고 기준평면(xy평면)에 대하여 대칭인 물체만을 취급한다.

9.2 평면운동을 하는 강체의 각운동량과 각충격량

9.2.1 선형 운동량(linear momentum)과 선형 충격량(linear impulse)

하나의 질점의 운동에 대한 선형 운동량과 선형 충격량의 원리는 5장에서 다루었으며, 이 원리는 여러 개의 질점이 포함된 계에도 적용할 수 있다.

$$\Sigma m_i(\mathbf{v}_i)_1 + \Sigma\int_{t_1}^{t_2}\mathbf{F}_i dt = \Sigma m_i(\mathbf{v}_i)_2 \tag{9.1}$$

여기서 m_i와 $\mathbf{v}_i$는 각각 i번째 질점의 질량과 속도이며, 첨자 1은 충격 전이고 첨자 2는 충격 후를 의미한다. 그리고 $\Sigma\int_{t_1}^{t_2}\mathbf{F}_i dt$는 시간 t_1에서 t_2 사이에 질점에 작용하는 외력에 의하여 발생하는 총 선형 충격량이다.

강체를 구성하는 질점들 사이의 거리가 일정하게 유지되고 질량중심에 질량이 집중된 질점계로 취급하면 윗 식을 아래 식들과 같이 변형할 수 있다. 강체의 선형 운동량은 강체를 구성하는 모든 질점의 선형 운동량을 합한 것으로 벡터식이다. 윗 식 중 각 질점의 운동량에 대한 것을 적분 형태로 표시하면 다음의 결과를 얻을 수 있다.

$$\mathbf{L} = \Sigma m_i(\mathbf{v}_i) = \int_m (dm)\mathbf{v} = \mathbf{v}_G\int_m dm$$

다시 쓰면

$$\mathbf{L} = m\mathbf{v}_G \tag{9.2}$$

위의 결과로부터 강체에 대한 선형 운동량과 선형 충격량 식을 얻을 수 있다.

$$m(\mathbf{v}_G)_1 + \Sigma\int_{t_1}^{t_2}\mathbf{F}dt = m(\mathbf{v}_G)_2 \tag{9.3}$$

여기서 m은 강체의 질량으로 $m = \Sigma m_i$이고 $\mathbf{v}_G$는 강체의 질량중심 속도이다.

강체의 선형 운동량 $\mathbf{L} = m\mathbf{v}_G$로 표시하면 윗 식은 다음과 같이 쓸 수 있다.

$$\mathbf{L}_1 + \Sigma \int_{t_1}^{t_2} \mathbf{F} dt = \mathbf{L}_2 \tag{9.4}$$

이 식에서 보는 바와 같이 강체의 최종 선형 운동량은 최초의 선형 운동량과 시간 t_1부터 t_2까지의 동안에 외력의 작용으로 발생하는 선형 충격량의 벡터 합과 같다.

평면운동을 하는 강체에 대한 선형 운동량과 선형 충격량의 식 (9.3)을 직각 좌표계로 표시하면 다음과 같은 스칼라 식을 얻을 수 있다.

$$m(v_{Gx})_1 + \Sigma \int_{t_1}^{t_2} F_x \, dt = m(v_{Gx})_2 \tag{9.5a}$$

$$m(v_{Gy})_1 + \Sigma \int_{t_1}^{t_2} F_y \, dt = m(v_{Gy})_2 \tag{9.5b}$$

9.2.2 각운동량(angular momentum)과 각충격량(angular impulse)

(1) 질량중심 G에 대한 강체의 각운동량

n개의 질점으로 구성된 질점계의 i번째 질점은 질량중심 G에 대해 다음과 같은 각운동량을 갖는다.

$$(\mathbf{H}_G)_i = \mathbf{r}_{i/G} \times m_i \mathbf{v}_i$$

이 식을 계의 모든 질점에 대입한 후 합하면 질점계의 각운동량이 된다. 강체를 질점들 사이의 상대위치가 일정한 미소질량들의 모임이라고 해석하면 이 식을 강체에도 적용할 수 있다.

$$\mathbf{H}_G = \sum_{i=1}^{n} (\mathbf{H}_G)_i = \sum_{i=1}^{n} [\mathbf{r}_{i/G} \times m_i (\mathbf{v}_G + \mathbf{v}_{i/G})]$$

질량중심 G를 각운동량 계산의 기준점으로 하였기 때문에 $\mathbf{v}_G = 0$로 취급한다.

$$\mathbf{H}_G = \sum_{i=1}^{n} (\mathbf{H}_G)_i = \sum_{i=1}^{n} (\mathbf{r}_{i/G} \times m_i \mathbf{v}_{i/G}) \tag{9.6}$$

위의 방정식을 시간에 대해 미분하면 다음과 같다.

$$\frac{d}{dt}(\mathbf{H}_G) = \sum_{i=1}^{n} (\dot{\mathbf{r}}_{i/G} \times m_i \mathbf{v}_{i/G}) + \sum_{i=1}^{n} (\mathbf{r}_{i/G} \times m_i \dot{\mathbf{v}}_{i/G})$$

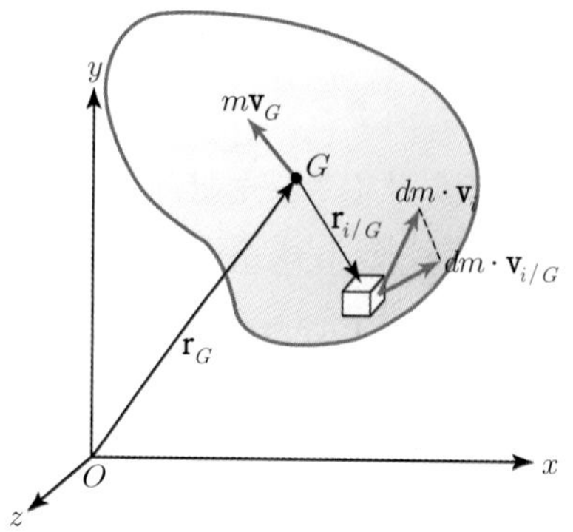

$$\mathbf{H}_G = \int_m \mathbf{r}_{i/G} \times \mathbf{v}_{i/G} dm = I_G \boldsymbol{\omega}$$

$$\mathbf{v}_{i/G} = \boldsymbol{\omega} \times \mathbf{v}_{i/G}$$

그림 9.1 질량중심 G에 대한 강체의 각운동량

또는

$$\dot{\mathbf{H}}_G = \Sigma m_i(\mathbf{v}_{i/G} \times \mathbf{v}_{i/G}) + \Sigma(\mathbf{r}_{i/G} \times m_i\mathbf{a}_{i/G})$$

여기서 같은 벡터끼리의 외적 $\mathbf{v}_{i/G} \times \mathbf{v}_{i/G} = 0$이므로 우변의 첫 번째 항은 0이 되어 다음과 같이 된다.

$$\dot{\mathbf{H}}_G = \Sigma(\mathbf{r}_{i/G} \times m_i\mathbf{a}_{i/G})$$

윗 식에 뉴튼의 제2법칙 $\mathbf{F}_i = m_i\,\mathbf{a}_{i/G}$를 적용하면 다음과 같다.

$$\dot{\mathbf{H}}_G = \Sigma(\mathbf{r}_{i/G} \times \mathbf{F}_i) = \Sigma\mathbf{M}_G$$

이 식을 다시 쓰면 다음과 같다.

$$\Sigma\mathbf{M}_G = \dot{\mathbf{H}}_G \tag{9.7}$$

식 (9.7)은 질량중심 G에 대한 모멘트와 각운동량의 시간변화율에 관한 식이다. 이 식은 강체에 작용하는 외력들의 임의의 고정점에 대한 모멘트는 계의 각운동량의 시간 변화율과 같음을 보여준다. 식 (9.7)을 시간에 대해 적분하면 다음과 같다.

$$\int_{t_1}^{t_2} \mathbf{M}_G\, dt = (\mathbf{H}_G)_2 - (\mathbf{H}_G)_1 \tag{9.8}$$

이를 다시 정리하면 다음과 같다.

$$(\mathbf{H}_G)_1 + \int_{t_1}^{t_2} \mathbf{M}_G \, dt = (\mathbf{H}_G)_2 \tag{9.9}$$

식 (9.9)는 질량중심 G에 대한 각운동량과 각충격량에 관한 식이다. 이 식에서 보는 바와 같이 질량중심 G에 대한 계의 최종 각운동량은 계의 초기 각운동량에 일정 시간 동안 계에 가해진 각충격량을 합한 것과 같다.

한편 질점계에서 질량중심 G에 대한 각운동량 $\mathbf{H}_G$는 다음과 같이 정의되었다.

$$\mathbf{H}_G = \sum_{i=1}^{n} (\mathbf{r}_{i/G} \times m_i \mathbf{v}_i) \tag{9.6}$$

윗 식을 적분의 형태로 나타내면 다음과 같다.

$$\mathbf{H}_G = \int_m (\mathbf{r}_{i/G} \times \mathbf{v}_{i/G}) \, dm$$

윗 식에서 $\mathbf{v}_{i/G} = \boldsymbol{\omega} \times \mathbf{r}_{i/G}$이므로 다음과 같이 변형된다.

$$\mathbf{H}_G = \int_m [\mathbf{r}_{i/G} \times (\boldsymbol{\omega} \times \mathbf{r}_{i/G})] \, dm$$

평면 운동인 경우, 위 식에서 $\mathbf{r}_{i/G} \times (\boldsymbol{\omega} \times \mathbf{r}_{i/G}) = r_{i/G}^2 \boldsymbol{\omega}$ 이므로 다음과 같이 적분형태로 나타낼 수 있다.

$$\mathbf{H}_G = \boldsymbol{\omega} \int_m r_{i/G}^2 \, dm = I_G \boldsymbol{\omega}$$

다시 쓰면 다음과 같다.

$$\mathbf{H}_G = I_G \boldsymbol{\omega} \tag{9.10}$$

식 (9.10)을 식 (9.8)과 식 (9.9)에 대입하면 질량중심 G에 대한 강체의 각운동량과 각충격량에 대한 식을 다음과 같이 다시 쓸 수 있다.

$$\Sigma \int_{t_1}^{t_2} \mathbf{M}_G \, dt = (I_G \boldsymbol{\omega})_2 - (I_G \boldsymbol{\omega})_1 \tag{9.11}$$

또는

$$(I_G \boldsymbol{\omega})_1 + \Sigma \int_{t_1}^{t_2} \mathbf{M}_G \, dt = (I_G \boldsymbol{\omega})_2 \tag{9.12}$$

윗 식은 평면운동을 하는 강체에 적용할 수 있는 각운동량과 각충격량 식으로서 z방향 회전에 대한 벡터 식이므로 다음과 같이 스칼라 식으로도 표시할 수 있다.

$$(I_G \omega)_1 + \Sigma \int_{t_1}^{t_2} M_G \, dt = (I_G \omega)_2 \tag{9.13}$$

(2) 고정점 O에 대한 강체의 각운동량

n개의 질점으로 구성된 질점계의 i번째 질점은 고정점 O에 대한 각운동량은 다음과 같다.

$$(\mathbf{H}_O)_i = \mathbf{r}_i \times m_i \mathbf{v}_i$$

이 식을 계의 모든 질점에 대입한 후 합하면 질점계의 각운동량이 된다. 강체를 질점들 간의 거리가 변화하지 않는 미소질량들의 모임이라고 해석하면 이 식을 강체에도 적용할 수 있다.

$$\mathbf{H}_O = \sum_{i=1}^{n} (\mathbf{H}_O)_i = \sum_{i=1}^{n} (\mathbf{r}_i \times m_i \mathbf{v}_i) \tag{9.14}$$

위의 방정식을 시간에 대해 미분하면 다음과 같다.

$$\frac{d}{dt}(\mathbf{H}_O) = \Sigma (\dot{\mathbf{r}}_i \times m_i \mathbf{v}_i) + \Sigma (\mathbf{r}_i \times m_i \dot{\mathbf{v}}_i)$$

또는

$$\dot{\mathbf{H}}_O = \Sigma m_i (\mathbf{v}_i \times \mathbf{v}_i) + \Sigma (\mathbf{r}_i \times m_i \mathbf{a}_i)$$

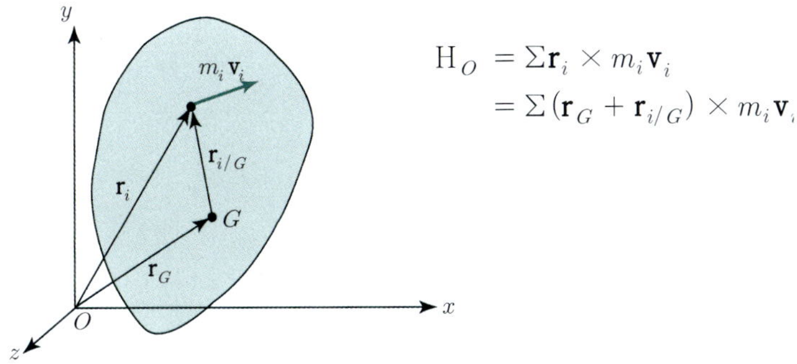

그림 9.2 고정점에 대한 강체의 각운동량 H_O

여기서 같은 벡터끼리의 외적 $\mathbf{v}_i \times \mathbf{v}_i = 0$ 이므로 우변의 첫 번째 항은 0이 되어 다음과 같이 된다.

$$\dot{\mathrm{H}}_O = \Sigma(\mathbf{r}_i \times m_i \mathbf{a}_i)$$

윗 식에 뉴튼의 제2법칙 $\mathbf{F}_i = m_i \mathbf{a}_i$를 적용하면 다음과 같다.

$$\dot{\mathrm{H}}_O = \Sigma(\mathbf{r}_i \times \mathbf{F}_i) = \Sigma \mathbf{M}_O$$

이 식을 다시 쓰면 다음과 같다.

$$\Sigma \mathbf{M}_O = \dot{\mathrm{H}}_O \tag{9.15}$$

식 (9.15)는 고정점 O에 대한 모멘트와 각운동량에 관한 식이다. 이 식은 임의의 고정점에 대한 강체에 작용하는 외부 모멘트는 계의 각운동량의 시간 변화율과 같음을 보여준다. 식 (9.15)를 시간에 대해 적분하면 다음과 같다.

$$\int_{t_1}^{t_2} \mathbf{M}_O \, dt = (\mathrm{H}_O)_2 - (\mathrm{H}_O)_1 \tag{9.16}$$

이를 다시 정리하면 다음과 같다.

$$(\mathrm{H}_O)_1 + \int_{t_1}^{t_2} \mathbf{M}_O \, dt = (\mathrm{H}_O)_2 \tag{9.17}$$

식 (9.17)은 고정점 O에 대한 각운동량과 각충격량에 관한 식이다. 이 식에서 보는 바와 같이 임의의 고정점 O에 대한 질점계의 최종 각운동량은 계의 초기 각운동량에 일정 시간 동안 계에 가해진 각충격량을 합한 것과 같다.

한편 질점계에서 임의의 고정점 O에 대한 각운동량 $\mathbf{H}_O$는 다음과 같이 정의되었다. 고정점을 원점으로 취급한다.

$$\mathbf{H}_O = \sum_{i=1}^{n} (\mathbf{r}_i \times m_i \mathbf{v}_i) \tag{9.14}$$

윗 식에서 $\mathbf{r}_i = \mathbf{r}_G + \mathbf{r}_{i/G}$의 관계를 이용하면 다음과 같이 쓸 수 있다.

$$\mathbf{H}_O = \sum_{i=1}^{n} [(\mathbf{r}_G + \mathbf{r}_{i/G}) \times m_i \mathbf{v}_i]$$

다시 쓰면 다음과 같다.

$$\mathbf{H}_O = \sum_{i=1}^{n} (\mathbf{r}_G \times m_i \mathbf{v}_i) + \sum_{i=1}^{n} (\mathbf{r}_{i/G} \times m_i \mathbf{v}_i)$$

윗 식에서 $\Sigma m_i \mathbf{v}_i = m\mathbf{v}_G$이고 $\mathbf{H}_G$의 정의에 따라 다음과 같이 쓸 수 있다.

$$\mathbf{H}_O = \mathbf{r}_G \times m\mathbf{v}_G + \mathbf{H}_G \tag{9.18}$$

윗 식에서 $\mathbf{v}_G = \boldsymbol{\omega} \times \mathbf{r}_G$이므로 다음과 같다.

$$\mathbf{H}_O = \mathbf{r}_G \times m\,(\boldsymbol{\omega} \times \mathbf{r}_G) + I_G \boldsymbol{\omega}$$

$$\mathbf{H}_O = (m r_G^2 + I_G)\boldsymbol{\omega}$$

여기서 평행축 정리에 의하면 임의의 고정점 O에 대한 질량관성모멘트는 $I_O = I_G + m r_G^2$이므로 다음과 같이 간단해진다.

$$\mathbf{H}_O = I_O \boldsymbol{\omega} \tag{9.19}$$

식 (9.19)를 식 (9.16)과 식 (9.17)에 대입하면 임의의 고정점 O에 대한 강체의 각운동량과 각충격량에 대한 식을 얻을 수 있다.

$$\Sigma \int_{t_1}^{t_2} \mathbf{M}_O \, dt = (I_O \boldsymbol{\omega})_2 - (I_O \boldsymbol{\omega})_1 \tag{9.20}$$

또는

$$(I_O\boldsymbol{\omega})_1 + \Sigma \int_{t_1}^{t_2} \mathbf{M}_O\, dt = (I_O\boldsymbol{\omega})_2 \tag{9.21}$$

윗 식은 평면운동을 하는 강체에 적용할 수 있는 각운동량과 각충격량 식으로서 z 방향 회전에 대한 벡터식이므로 다음과 같이 스칼라 식으로도 표시할 수 있다.

$$(I_O\omega)_1 + \Sigma \int_{t_1}^{t_2} M_O\, dt = (I_O\omega)_2 \tag{9.22}$$

표 9.1 각운동량과 각충격량 식의 적용

운동의 종류	관계식	비고
순수 병진운동	$\dot{\mathbf{H}}_G = 0$ (즉, $\Sigma\mathbf{M}_G = 0$)	$\boldsymbol{\omega}_1 = \boldsymbol{\omega}_2 = 0$
순수 회전운동	$(\mathbf{H}_O)_1 + \Sigma \int_{t_1}^{t_2} \mathbf{M}_O dt = (\mathbf{H}_O)_2$	회전중심 O
일반적인 평면운동	$(\mathbf{H}_G)_1 + \Sigma \int_{t_1}^{t_2} \mathbf{M}_G dt = (\mathbf{H}_G)_2$	질량중심 G

주1) $\mathbf{H}_O = (\mathbf{r}_{G/O} \times m\mathbf{v}_G) + \mathbf{H}_G$, $\mathbf{H}_O = I_O\boldsymbol{\omega}$, $\mathbf{H}_G = I_G\boldsymbol{\omega}$

주2) 공간운동에서 각충격량의 항 $\Sigma \int_{t_1}^{t_2} \mathbf{M}_O dt$는 영(zero)이 아닐지라도, 3가지 직각좌표계의 식 중 어떤 한 방향으로만 영(zero)일 수도 있다. 이 경우에는 그 방향으로만 각운동량 보존이 성립하며 전체적인 각운동량 $\mathbf{H}_O$ 보존은 성립하지 않게 된다.

예제 9.1

반지름이 0.3 m인 톱니바퀴 A와 반지름이 0.1 m인 톱니바퀴 B의 질량은 각각 12 kg, 3 kg이고 회전반경(k_o)은 각각 0.2 m, 0.1 m이다. 정지하고 있는 계에 크기가 7 Nm로 일정한 모멘트 M을 톱니바퀴 B에 가했다. 마찰을 무시할 때, 다음을 구하라.

(a) 톱니바퀴 B의 각속도가 500 rpm이 될 때까지 걸리는 시간
(b) 톱니바퀴 A에 작용하는 접선력

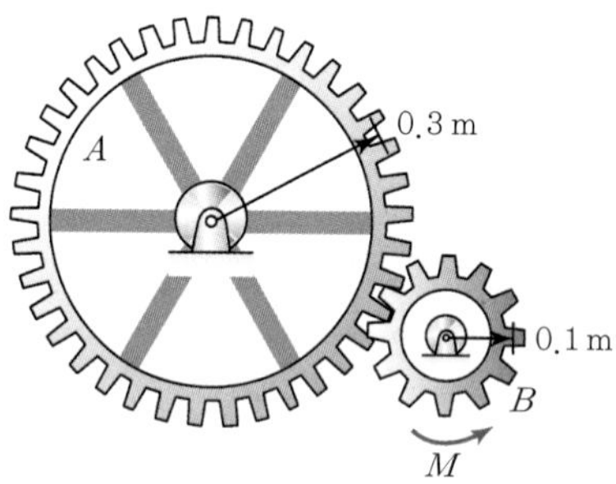

적용원리

- rpm 단위를 rad/s 단위로 환산한다.
- 두 바퀴의 접촉점에서 원주방향 속도의 크기는 동일하며 방향이 반대이다.
- 두 바퀴의 접촉점에서 크기가 같고 방향이 반대인 힘이 각각의 바퀴에 작용한다.
- 각각의 바퀴에 대하여 각운동량과 각충격량 식을 적용한다.

풀이

[운동학]

초기에는 정지하고 있으므로,

$$\omega_{A1} = 0, \quad \omega_{B1} = 0$$

바퀴 B의 각속도를 환산하고, 모멘트 M에 의해 반시계 방향으로 회전하자.

$$\omega_{B2} = 500(\text{rev/min}) \cdot \frac{2\pi(\text{rad/rev})}{60(\text{s/min})} = 52.36 \text{ rad/s}$$

$$\therefore \ \boldsymbol{\omega}_{B2} = 52.36 \text{ rad/s} \circlearrowleft$$

두 바퀴의 접촉점에서 원주속도의 크기는 같고 회전 방향은 반대이다.

$$\omega_{A2} r_A = \omega_{B2} r_B$$

$$\omega_{A2} \cdot 0.3 = 52.36 \cdot 0.1, \qquad \therefore \ \omega_{A2} = 17.45 \text{ rad/s}$$

바퀴 A와 바퀴 B의 질량관성모멘트는 각각

$$I_A = m_A k_A^2 = 12 \cdot 0.2^2 = 0.48 \text{ kg m}^2$$

$$I_B = m_B k_B^2 = 3 \cdot 0.1^2 = 0.03 \text{ kg m}^2$$

[운동역학]

모멘트 M이 반시계 방향으로 가해짐에 따라, 접선력 F가 시계 방향으로 작용된다.
또한, 바퀴 B의 각가속도는 반시계 방향으로 작용된다. ($\boldsymbol{\alpha}_B = \alpha_B \mathbf{k}$)
바퀴 B에 대하여

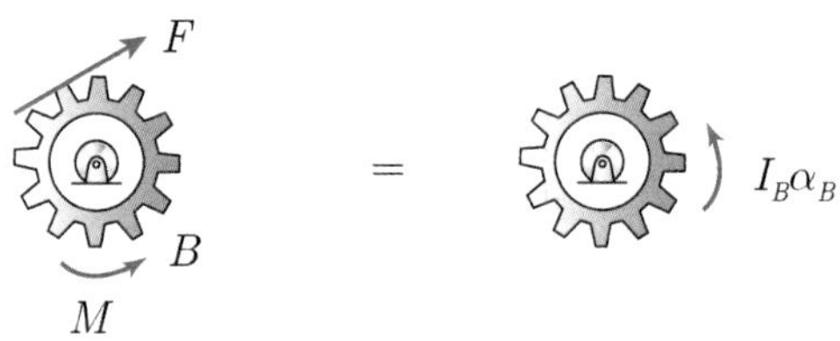

모멘트 식은

$$\circlearrowleft + : \ M - r_B F = I_B \alpha_B$$

윗 식에 각가속도 $\alpha_B = \dfrac{\omega_{B2} - \omega_{B1}}{\Delta t}$를 대입한 후 양변에 Δt를 곱하여 정리하면, 다음의 각운동량과 각충격량 식이 유도된다.

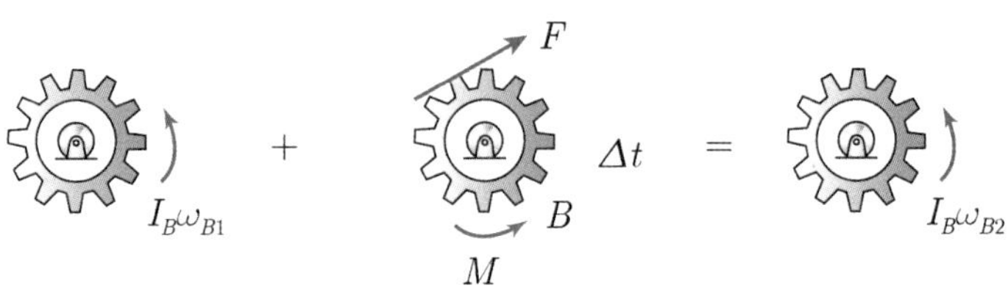

$$\circlearrowleft +_B : \ I_B \omega_{B1} + (M - r_B F)\Delta t = I_B \omega_{B2}$$

$$0 + (7 - 0.1 F)\Delta t = 0.03 \cdot 52.36 \qquad ①$$

바퀴 A에 접선력 F가 시계 방향으로 작용된다. 또한, 두 바퀴의 접촉점에서 원주가속도의 크기는 같고 회전 방향은 반대이므로, 바퀴 A의 각가속도는 시계 방향으로 작용된다. $(\boldsymbol{\alpha}_A = -\alpha_A \mathbf{k})$

바퀴 A에 대하여

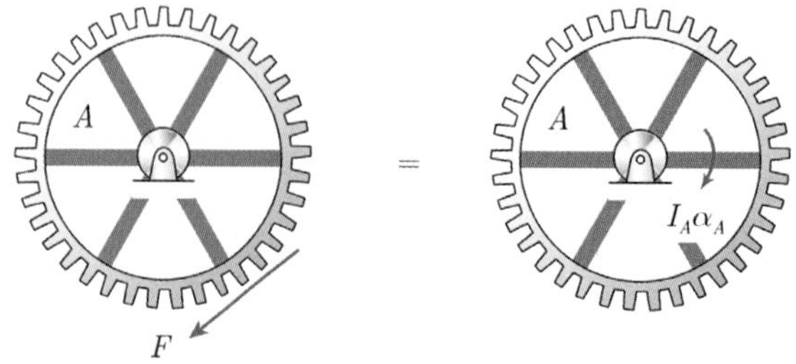

모멘트 식은

$$\circlearrowright + : r_A F = I_A \alpha_A$$

윗 식에 각가속도 $\alpha_A = \dfrac{\omega_{A2} - \omega_{A1}}{\Delta t}$를 대입한 후 양변에 Δt를 곱하여 정리하면, 다음과 같은 각운동량과 각충격량 식이 유도된다.

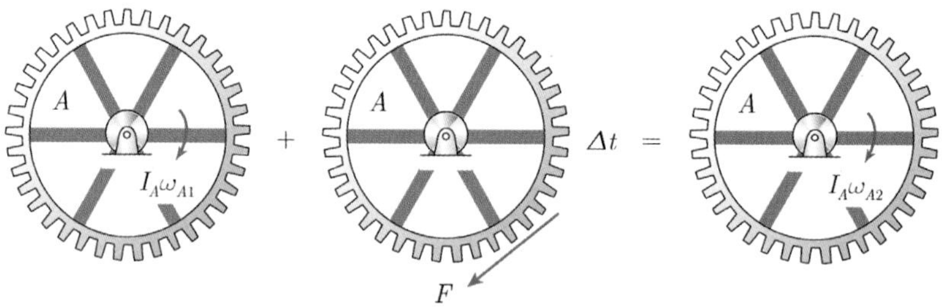

$$\circlearrowright +_A : I_A \omega_{A1} + r_A F\Delta t = I_A \omega_{A2}$$

$$0 + 0.3 \cdot F\Delta t = 0.48 \cdot 17.45,$$

$$\therefore \ F\Delta t = 27.92 \text{ N s} \qquad ②$$

식 ①과 식 ②로부터

$$\Delta t = 0.623 \text{ s}, \ F = 44.8 \text{ N}$$

답 $\Delta t = 0.623$ s, $F = 44.8$ N

예제 9.2

질량이 1.5 kg이고 반경이 1 m이며, 회전반경(k_O)이 0.9 m인 원통 A의 둘레에 줄이 감겨, 0.5 kg의 물체 B에 연결되어 있다. 최초 물체 B는 1 m/s의 속도로 내려가고 있으며, 2초 후에 물체 B의 속도를 구하라. 단, 줄의 질량을 무시한다.

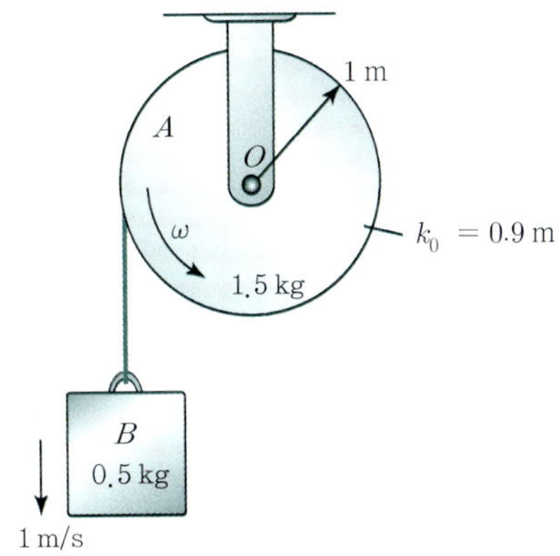

적용원리

- 물체 B의 속도는 원통 A의 원주방향 속도와 같다.
- 원통 A에는 각운동량과 각충격량 식을 적용한다.
- 물체 B에는 선형 운동량과 선형 충격량 식을 적용한다.

풀이

[운동학]

물체 B의 속도는 물체 A의 원주속도와 같다.

물체 B의 초기속도는

$$v_1 = r\omega_1$$

$$1 = 1 \cdot \omega_1, \qquad \therefore \ \omega_1 = 1 \text{ rad/s}$$

물체 B의 2초 후 속도는

$$v_2 = r\omega_2 = 1 \cdot \omega_2 \qquad ①$$

원통 A의 질량관성모멘트는

$$I_A = m_A k_O^2 = 1.5 \cdot 0.9^2 = 1.215 \text{ kg m}^2$$

[운동역학]

줄의 장력을 T라 놓자.

또한, 원통 A의 각가속도는 반시계 방향으로 작용된다.($\boldsymbol{\alpha}_A = \alpha_A \mathbf{k}$)

원통 A에 대하여

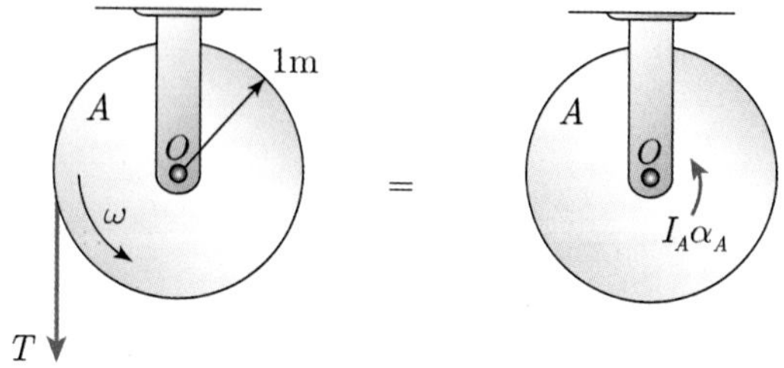

모멘트 식은

$$\circlearrowleft + : r\,T = I_A\,\alpha_A$$

윗 식에 각가속도 $\alpha_A = \dfrac{\omega_2 - \omega_1}{\Delta t}$를 대입한 후 양변에 Δt를 곱하여 정리하면, 다음과 같은 각운동량과 각충격량 식이 유도된다.

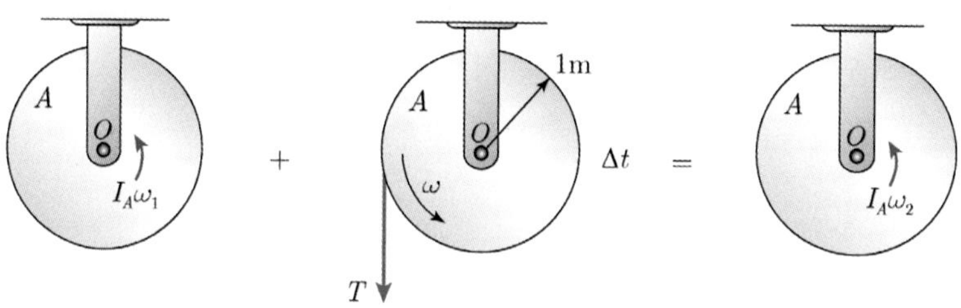

$$\circlearrowleft +_A \ : I_A\,\omega_1 + r\,T\Delta t = I_A\,\omega_2$$

$$1.215 \cdot 1 + 1 \cdot T \cdot 2 = 1.215\,\omega_2 \qquad ②$$

원통 A가 반시계 방향으로 회전함에 따라 물체 B는 아랫 방향으로 운동한다.

물체 B에 대하여

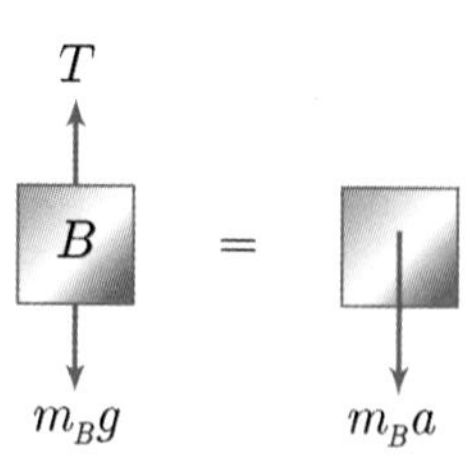

아랫 방향의 운동방정식은

$$+\downarrow : \; m_B g - T = m_B a$$

윗 식에 가속도 $a = \dfrac{v_2 - v_1}{\Delta t}$ 를 대입한 후 양변에 Δt를 곱하여 정리하면, 다음과 같은 각운동량과 각충격량 식이 유도된다.

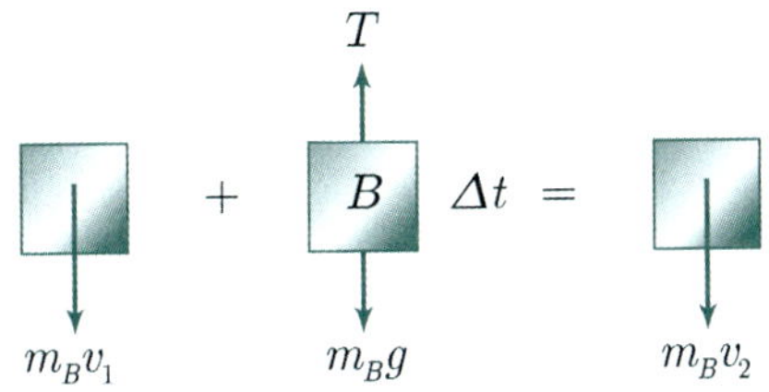

$$+\downarrow : \; m_B v_1 + (m_B g - T)\Delta t \; = m_B v_2$$

$$0.5 \cdot 1 + (0.5 \cdot 9.81 - T) \cdot 2 \; = 0.5 \cdot v_2 \qquad ③$$

식 ①, ②, ③으로부터

$$\omega_2 = 6.73\,\text{rad/s}, \;\; v_2 = 6.73\,\text{m/s}, \;\; T = 3.48\,\text{N}$$

답 $\boldsymbol{\omega}_2 = 6.73\,\text{rad/s}$ ↺, $\mathbf{v}_2 = 6.73\,\text{m/s} \downarrow$

예제 9.3

질량이 20 kg인 이중 풀리(회전반경 0.25 m, 작은 반경 0.3 m, 큰 반경 0.5 m)에 가변력 $F = t^2 + 10\,(\mathrm{N})$이 작용하며 여기서 t의 단위는 s이다. 최초 순간($t = 0$일 때)에 풀리의 중심속도는 아랫 방향으로 1.5 m/s이었다. 다음을 구하라.

(a) 초기 3초 동안 장력이 가하는 충격량
(b) $\Delta t = 3$ s 후 풀리의 각속도

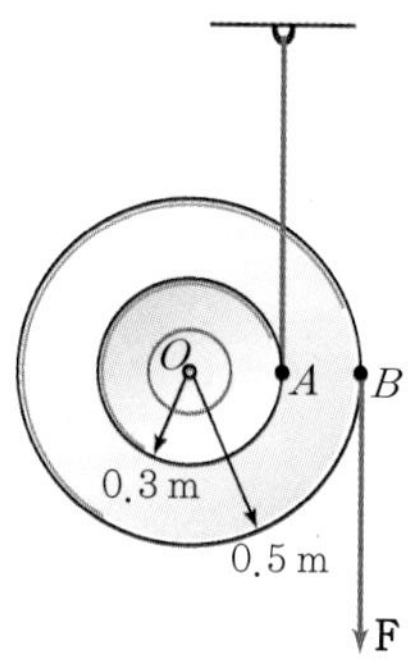

적용원리

- 원통은 상하운동만 하며 좌우운동은 하지 않는다고 가정한다.
- 순간중심은 점 A이다.
- 순간중심에 대한 각운동량과 각충격량 식을 적용한다.

풀이

[운동학]

질량중심의 속도는 아랫 방향이고 순간중심 A에 대한 풀리의 회전 방향을 고려하면 풀리는 반시계 방향으로 회전함을 알 수 있다.

풀리의 초기 속도는

$$v_1 = \omega_1 r$$

$$1.5 = \omega_1 \cdot 0.3, \qquad \therefore\ \omega_1 = 5\ \mathrm{rad/s}$$

풀리의 $t = 3$ s 후 속도는

$$v_2 = \omega_2 r = 0.3\,\omega_2 \qquad ①$$

질량중심 G에 대한 풀리의 질량관성모멘트는

$$I_G = mk^2 = 20 \cdot 0.25^2 = 1.25\ \text{kg m}^2$$

순간중심 A에 대한 풀리의 질량관성모멘트는

$$\begin{aligned} I_A &= I_G + mr^2 \\ &= 1.25 + 20 \cdot 0.3^2 = 3.05\ \text{kg m}^2 \end{aligned}$$

[운동역학]

줄의 장력을 T라 놓고, 이중풀리가 반시계 방향으로 회전한다고 가정한다.($\boldsymbol{\alpha} = \alpha\,\mathbf{k}$)

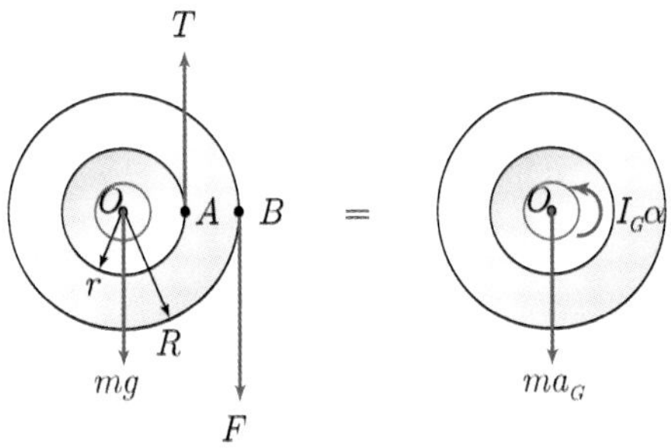

아랫 방향의 운동방정식은

$$+\downarrow\ :\ mg + F - T = ma_G$$

윗 식에 가속도 $a_G = \dfrac{v_2 - v_1}{\Delta t}$를 대입한 후 양변에 Δt를 곱하여 정리하면, 다음과 같은 운동량과 충격량 식이 유도된다.

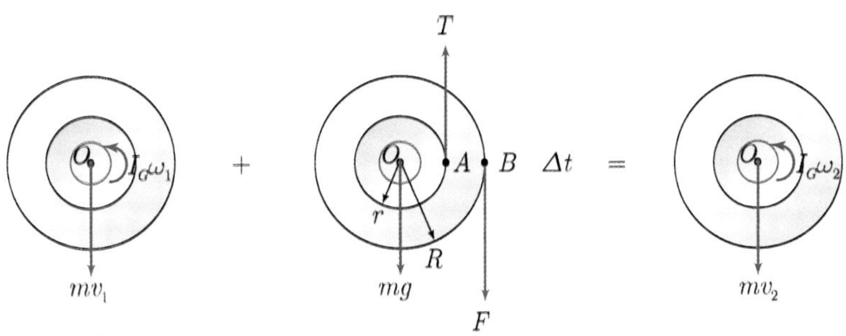

$$+\downarrow\ :\ mv_1 + \int_0^{\Delta t} (mg + F - T)\,dt = mv_2$$

숫자를 대입하면

$$20 \cdot 1.5 + (20 \cdot 9.81) \cdot 3 + \int_0^3 (t^2 + 10)\,dt - \int_0^3 T dt = 20 v_2$$

$$657.6 - \int_0^3 T dt = 20 v_2 \qquad ②$$

질량중심 G에 대한 풀리의 모멘트 식은

$$\circlearrowleft + _G : rT - RF = I_G \alpha$$

윗 식에 각가속도 $\alpha = \dfrac{\omega_2 - \omega_1}{\Delta t}$를 대입한 후 양변에 Δt를 곱하여 정리하면, 다음과 같은 각운동량과 각충격량 식이 유도된다.

$$\circlearrowleft + _G : I_G \omega_1 + \int_0^{\Delta t} (rT - RF)\,dt = I_G \omega_2$$

숫자를 대입하면

$$1.25 \cdot 5 + 0.3 \int_0^3 T dt - 0.5 \int_0^3 (t^2 + 10)\,dt = 1.25\,\omega_2$$

$$-13.25 + 0.3 \int_0^3 T dt = 1.25\,\omega_2 \qquad ③$$

식 ①, ②, ③으로부터

$$\omega_2 = 60.3 \text{ rad/s}, \ v_2 = 18.1 \text{ m/s}, \ \int_0^3 T dt = 296 \text{ N s}$$

답 $\int_0^3 T dt = 296 \text{ N s}, \ \boldsymbol{\omega}_2 = 60.3 \text{ rad/s} \circlearrowleft$

별해

순간중심 A에 대한 풀리의 모멘트 식을 적용해보자.

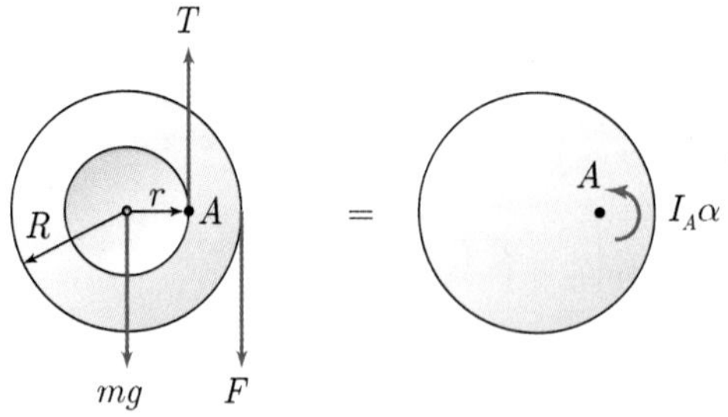

순간중심 A에 대한 풀리의 모멘트 식은

$$\circlearrowleft\!\!+_A \ : \ r \cdot mg - (R-r) \cdot T = I_A \alpha$$

윗 식에 각가속도 $\alpha = \dfrac{\omega_2 - \omega_1}{\Delta t}$를 대입한 후 양변에 Δt를 곱하여 정리하면, 다음과 같은 각운동량과 각충격량 식이 유도된다.

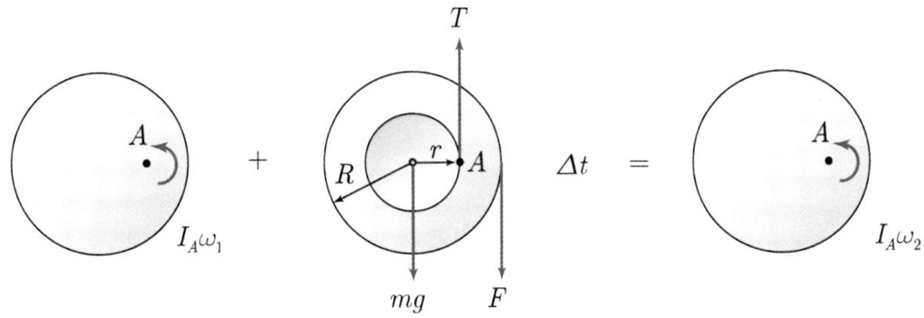

$$\circlearrowleft\!\!+_A \ : \ I_A \omega_1 + \int_0^{\Delta t} \{rmg - (R-r)F\}\, dt = I_A \omega_2$$

숫자를 대입하면

$$3.05 \cdot 5 + (0.3 \cdot 20 \cdot 9.81) \cdot 3 - 0.2 \int_0^3 (t^2 + 10) dt = 3.05\,\omega_2$$

$$\therefore \ \ \omega_2 = 60.3 \text{ rad/s}$$

따라서 식 ①, ②으로부터 같은 결과를 얻는다.

답 $\int_0^3 T dt = 296$ N s, $\boldsymbol{\omega}_2 = 60.3$ rad/s ↺

예제 9.4

정지하고 있던 길이가 1.0 m이고 20 kg인 균일한 막대 OA의 끝에 $P = 2000$ N의 충격력이 0.004 s 동안 가해졌다. 충격이 가해진 직후 막대의 각속도 및 핀 O에 작용하는 수평 방향의 반력을 구하라.

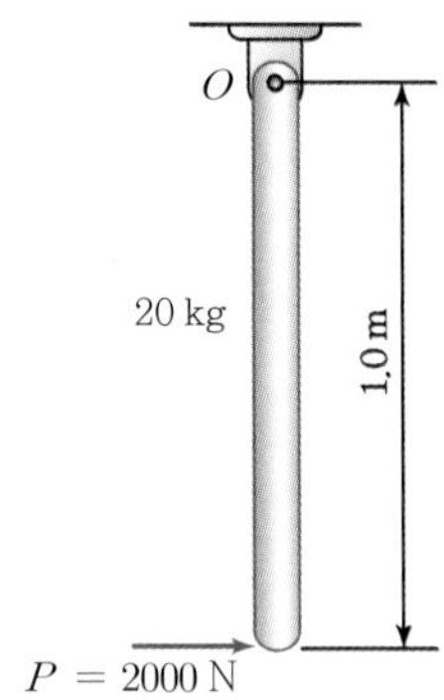

적용원리

- 질량중심에 대하여 선형 운동량과 선형 충격량 식을 적용한다.
- 질량중심 또는 회전중심에 대하여 각운동량과 각충격량 식을 적용한다.

풀이

[운동학]

최초 정지하고 있었으므로, 막대의 질량중심 속도 v_1가 0이며 각속도 ω_1도 0이다.

$$v_1 = 0$$

$$\omega_1 = 0$$

충돌후 막대의 질량중심 속도 v_2와 각속도 ω_2의 관계는

$$v_2 = \frac{l}{2}\omega_2 = 0.5\,\omega_2 \qquad ①$$

질량중심 G에 대한 막대의 질량관성모멘트는

$$I_G = \frac{1}{12}ml^2 = \frac{1}{12}\cdot 20 \cdot 1^2 = 1.667\ \text{kg m}^2$$

회전중심 O에 대한 막대의 질량관성모멘트는

$$I_O = \frac{1}{3}ml^2 = \frac{1}{3}\cdot 20\cdot 1^2 = 6.667\ \mathrm{kg\ m^2}$$

[운동역학]

막대가 반시계 방향으로 회전한다고 하자. ($\boldsymbol{\alpha} = \alpha\,\mathbf{k}$)

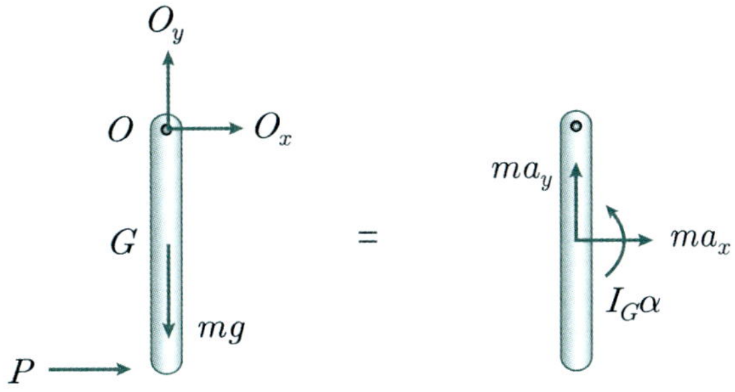

수평 방향의 운동방정식은

$$\xrightarrow{+}\ :\ P + O_x = m\,a_x$$

윗 식에 가속도 $a_x = \dfrac{v_2 - v_1}{\Delta t}$를 대입한 후 양변에 Δt를 곱하여 정리하면, 다음과 같은 운동량과 충격량 식이 유도된다.

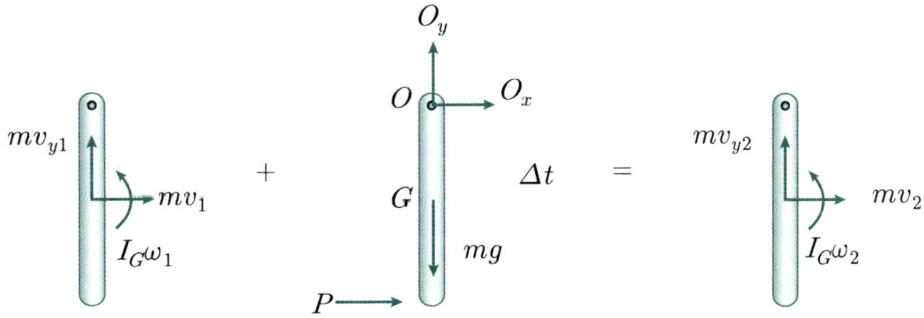

$$\xrightarrow{+}\ :\ m\,v_1 + \int_0^{\Delta t}(P + O_x)\,dt = m\,v_2$$

숫자를 대입하면

$$0 + \int_0^{0.004}(2000 + O_x)\,dt = 20\,v_2$$

$$8 + 0.004\,O_x = 20\,v_2 \qquad ②$$

질량중심 G에 대한 막대의 모멘트 식은

$$\circlearrowleft\!\!+_G \;:\; \frac{l}{2}P - \frac{l}{2}O_x = I_G\alpha$$

윗 식에 각가속도 $\alpha = \dfrac{\omega_2 - \omega_1}{\Delta t}$를 대입한 후 양변에 Δt를 곱하여 정리하면, 다음과 같은 각운동량과 각충격량 식이 유도된다.

$$\circlearrowleft\!\!+_G \;:\; I_G\omega_1 + \int_0^{\Delta t}\left(\frac{l}{2}P - \frac{l}{2}O_x\right)dt = I_G\omega_2$$

숫자를 대입하면

$$0 + (0.5 \cdot 2000 - 0.5\,O_x) \cdot 0.004 = 1.667\,\omega_2$$

$$4 - 0.002\,O_x = 1.667\,\omega_2 \qquad ③$$

식 ①, ②, ③으로부터

$$\omega_2 = 1.20\ \text{rad/s},\ \ v_2 = 0.60\ \text{m/s},\ \ O_x = 1000\ \text{N}$$

답 $\boldsymbol{\omega}_2 = 1.20\ \text{rad/s}\circlearrowleft$, $\mathbf{O}_x = 1000\ \text{N} \rightarrow$

별해 회전중심 O에 대하여

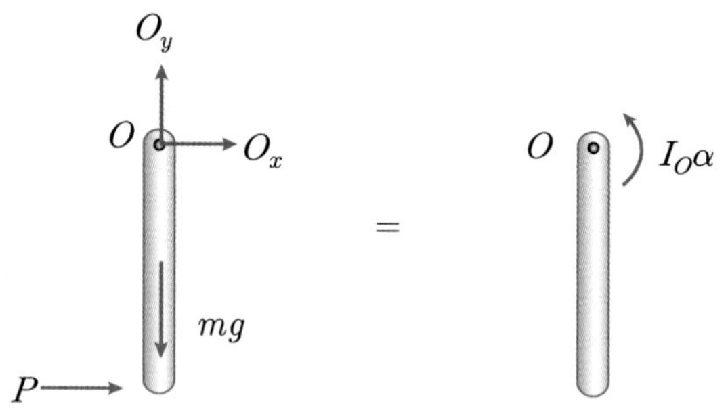

회전중심 O에 대한 막대의 모멘트 식은

$$\circlearrowleft\!\!+_O \;:\; lP = I_A\alpha$$

윗 식에 각가속도 $\alpha = \dfrac{\omega_2 - \omega_1}{\Delta t}$를 대입한 후 양변에 Δt를 곱하여 정리하면, 다음과 같은 각운동량과 각충격량 식이 유도된다.

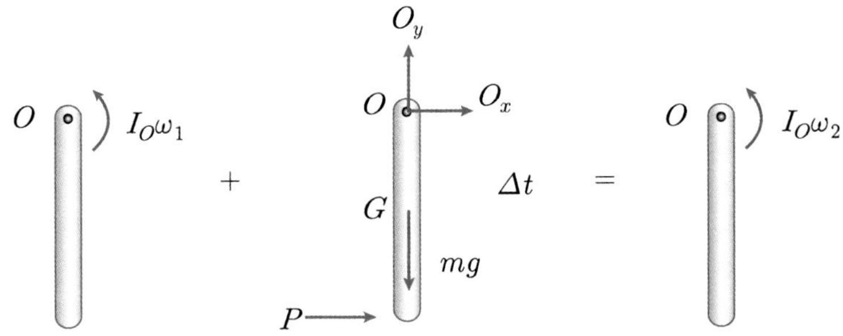

$$\circlearrowleft\!+_O : \; I_O\omega_1 + \int_0^{\Delta t} (l\,P)\,dt = I_O\omega_2$$

숫자를 대입하면

$$0 + (1 \cdot 2000) \cdot 0.004 = 6.667\,\omega_2$$

$$\therefore \;\; \omega_2 = 1.20 \text{ rad/s}$$

식 ①, ②로부터

$$v_2 = 0.60 \text{ m/s}, \;\; O_x = 1000 \text{ N}$$

답 $\boldsymbol{\omega}_2 = 1.20 \text{ rad/s}$ ↺, $\mathbf{O}_x = 1000 \text{ N} \rightarrow$

예제 9.5

질량이 m이고 반경이 r인 균일한 원통이 선형속도 $\mathbf{v}_1$으로 각속도없이(회전하지 않고) 거친 수평면에 떨어진다. 원통과 평면 사이의 동마찰계수가 μ_k일 때, 다음을 구하라.

(a) 원통이 미끄러짐없이 구르기 시작할 때까지 걸리는 시간 Δt

(b) 원통이 미끄러짐없이 구르기 시작하는 시간 t_2에서 속도와 각속도

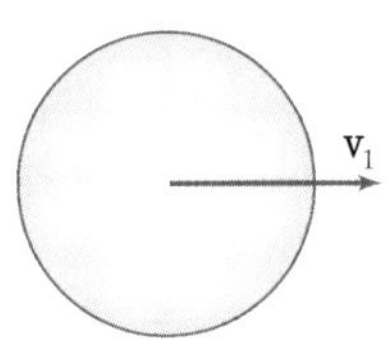

적용원리

- 원통이 초기에는 미끄러지면서 구르고, 나중에는 미끄러짐없이 구른다.

미끄러지는 동안 $F = \mu_k N$이 성립하며, 구르기 시작하면 $v_2 = r\omega_2$이 성립한다.

- 수평 방향에 대하여 선형 운동량과 선형 충격량의 식을 적용한다.
- 질량중심에 대하여 각운동량과 각충격량의 식을 적용한다.

풀이

미끄러짐 조건과 구르는 조건이 동시에 성립하는 시점에 대한 문제이다.

[운동학]

수평면에 떨어진 순간의 원통의 속도는 v_1이며, 각속도 $\omega_1 = 0$.

수평면에 떨어진 이후, 원통은 오른쪽으로 이동하고, 시계 방향으로 회전하게 된다.

미끄러짐없이 구르게 되면, 원통 중심의 속도와 각속도의 관계는

$$v_2 = r\omega_2 \quad ①$$

질량중심 G에 대한 원통의 질량관성모멘트는

$$I_G = \frac{1}{2}mr^2$$

[운동역학]

수직반력을 N, 마찰력을 F라 하고, 가속도의 방향을 오른쪽 방향, 각가속도의 방향을 시계 방향으로 놓는다면,($\boldsymbol{\alpha} = -\alpha\mathbf{k}$) 원통의 자유물체도는

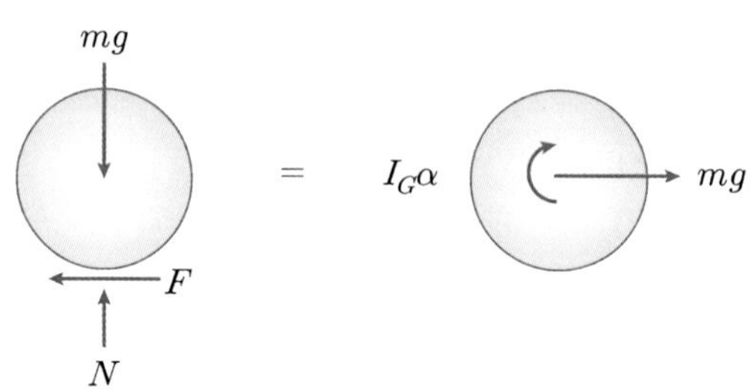

수직 방향의 운동방정식은

$$+\uparrow \ : N - mg = 0, \qquad \therefore \ N = mg$$

수평 방향의 운동방정식은

$$\overset{+}{\rightarrow} \ : -F = ma$$

윗 식에 $a = \dfrac{v_2 - v_1}{\Delta t}$ 을 대입한 후 양변에 Δt를 곱하여 정리하면, 다음과 같은 운동량–충격량 식이 된다.

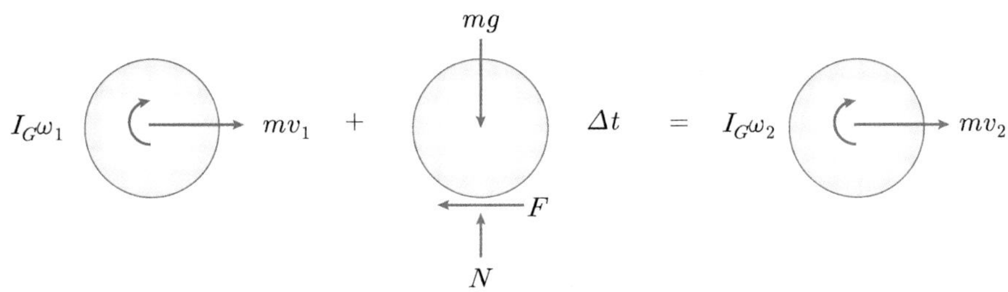

$I_G\omega_1$ mv_1 mg Δt FN mv_2 $I_G\omega_2$

$$\xrightarrow{+} : \ m v_1 - \int_0^{\Delta t} F dt = m v_2$$

미끄러지는 경우의 마찰력 $F = \mu_k N = \mu_k mg$을 대입하면

$$m v_1 - \mu_k mg \Delta t = m v_2 \qquad ②$$

질량중심 G에 대한 시계 방향의 모멘트 식은

$$\circlearrowright_{+}\ _G : \ rF = I_G \alpha$$

윗 식에 각가속도 $\alpha = \dfrac{\omega_2 - \omega_1}{\Delta t}$을 대입한 후 양변에 Δt를 곱하여 정리하면, 다음과 같은 각운동량–각충격량 식이 된다.

$$\circlearrowright_{+} : \ I_G \omega_1 + \int_0^{\Delta t} rF dt = I_G \omega_2$$

$$I_G \omega_1 + r\mu_k mg \Delta t = I_G \omega_2$$

$$0 + r\mu_k mg \Delta t = \left(\frac{1}{2} m r^2\right)\omega_2 \qquad ③$$

식 ①, ②, ③으로부터

$$\omega_2 = \frac{2 v_1}{3 r}, \quad \Delta t = \frac{v_1}{3 \mu_k g}, \quad v_2 = \frac{2}{3} v_1$$

답 (a) $\Delta t = \dfrac{v_1}{3 \mu_k g}$, (b) $\mathbf{v}_2 = \dfrac{2}{3} v_1 \rightarrow$, $\boldsymbol{\omega}_2 = \dfrac{2 v_1}{3 r} \circlearrowright$

예제 9.6

시계 방향으로 200 rpm으로 회전하는 5 kg의 원통 B는 질량을 무시할 수 있는 가벼운 제동 막대 끝 C에 15 N의 힘이 가해져 정지되었다. 점 O에서의 베어링 마찰로 인한 저항 토크는 0.5 N m로 지속적으로 작용한다. 원통 B와 제동막대가 만나는 점 A에서의 마찰계수는 0.30이다.

(a) 원통이 정지하는 데까지 걸린 시간을 구하라.

(b) 일정한 각가속도로 제동되는 동안 원통 B는 몇 바퀴나 돌겠는가?

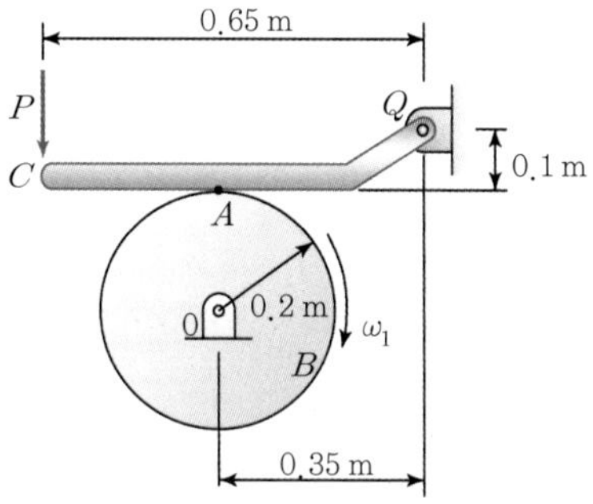

적용원리

- 회전각속도 단위는 rad/s를 적용한다.
- 마찰력의 방향은 접촉하는 위치에서 운동을 방해하는 방향으로 작용한다.
- 제동 막대의 회전중심에 대한 모멘트 식을 적용한다.
- 원통에 대하여 점 O에 대한 각운동량과 각충격량 식을 적용한다.

풀이

[운동학]

시계 방향으로 회전하는 원통의 초기 각속도는

$$\omega_1 = 200(\text{rev/min}) \cdot \frac{2\pi(\text{rad/rev})}{60(\text{s/min})} = 20.94\,\text{rad/s}$$

원통의 최종 각속도는

$$\omega_2 = 0$$

원통의 질량관성모멘트

$$I_O = \frac{1}{2}mr^2 = \frac{1}{2} \cdot 5 \cdot 0.2^2 = 0.1\,\text{kg m}^2$$

[운동역학]

(a)

마찰력은 원통을 정지시키는 방향으로 작용한다. 작용과 반작용의 법칙에 따라 막대에서의 마찰력은 원통에서의 마찰력과 반대 방향으로 작용한다.

수직반력을 N, 마찰력을 μN라 하고, 회전중심 Q에서의 반력을 Q_x, Q_y라 놓자.

막대에 대하여

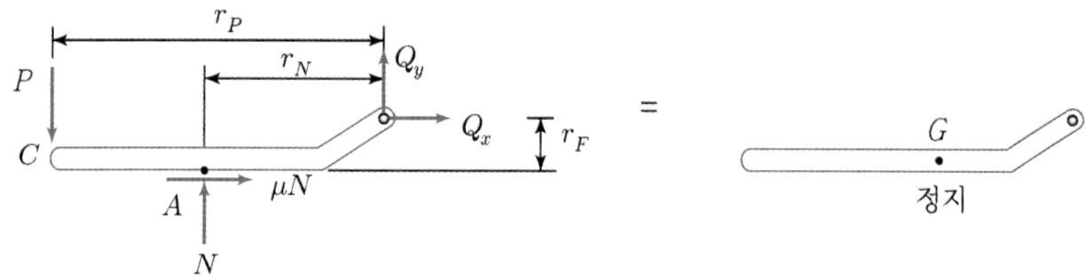

막대의 회전중심 Q에 대한 모멘트 식은

$$\circlearrowleft +_Q : r_P P - r_N N + r_F \mu N = 0$$

$$0.65 \cdot 15 - 0.35N + 0.1 \cdot 0.3N = 0, \qquad \therefore\ N = 30.47\ \mathrm{N}$$

원통의 회전중심 O에서의 반력을 O_x, O_y라 놓자.

원통의 각가속도의 방향을 반시계 방향으로 놓는다면,($\boldsymbol{\alpha} = \alpha\mathbf{k}$) 원통에 대하여

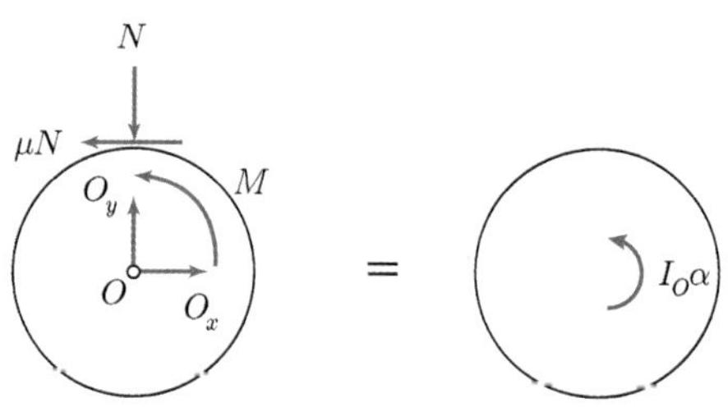

원통의 회전중심 O에 대한 모멘트 식은

$$\circlearrowleft +_O : M + r\mu N = I_O\alpha \qquad ①$$

$$0.5 + 0.2 \cdot 0.3 \cdot 30.47 = 0.1\alpha, \qquad \therefore\ \alpha = 23.24\ \mathrm{rad/s^2}$$

각가속도는

$$\alpha = \frac{\omega_2 - \omega_1}{\Delta t}$$

$$23.24 = \frac{0-(-20.94)}{\Delta t} \qquad \therefore\ \Delta t = 0.90\ \mathrm{s}$$

별해

모멘트 식 ①에 $\alpha = \dfrac{\omega_2 - \omega_1}{\Delta t}$ 을 대입한 후, 양변에 Δt를 곱하여 정리하면, 다음과 같은 회전중심 O에 대한 각운동량-각충격량 식이 된다.

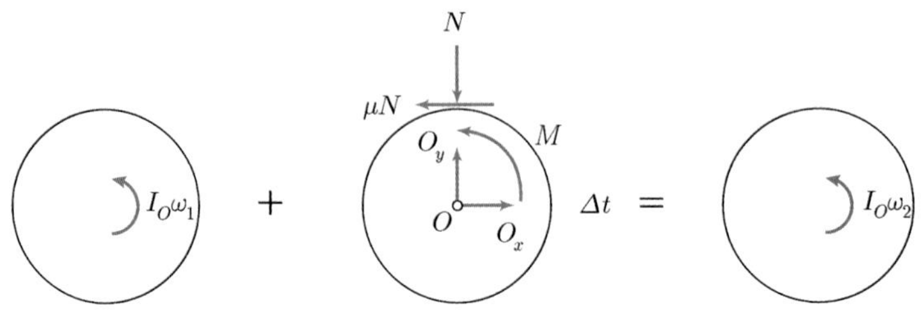

$$\circlearrowleft^{+}_{O} : \quad I_O\,\omega_1 + (r\,\mu\,N + M)\Delta t = I_O\,\omega_2 \qquad ②$$

$$0.1\cdot(-20.94) + (0.2\cdot 0.3\cdot 30.47 + 0.5)\Delta t = 0, \qquad \therefore\ \Delta t = 0.90\ \mathrm{s}$$

답 $\Delta t = 0.90$ s

(b) 일정한 각가속도로 제동된다면 원통 B가 회전한 바퀴수는

$$\theta = \left|\frac{\omega_1 + \omega_2}{2}\right|\Delta t$$

$$\theta = \left|\frac{(-20.94)+0}{2}\right|\cdot 0.90 = 9.42\ \mathrm{rad}$$

$$= \frac{9.42(\mathrm{rad})}{2\pi(\mathrm{rad/rev})} = 1.50\ \mathrm{rev}$$

답 1.50 바퀴

9.3 운동량의 보존

9.3.1 선형 운동량의 보존(conservation of linear momentum)

선형 운동량 및 선형 충격량 식 (9.3)에서 충격량의 항 $\Sigma\int_{t_1}^{t_2}\mathbf{F}\,dt = 0$인 경우 강체의 최초의 선형 운동량과 최종의 선형 운동량과 같다. 이 경우를 선형 운동량 보존이 성립한다고 하며 다음과 같이 정리된다.

$$(m\mathbf{v}_G)_1 = (m\mathbf{v}_G)_2 \tag{9.23}$$

식 (9.3)의 벡터식을 스칼라 형식으로 표현한 식 (9.5)에서 x방향의 선형 충격량은 없고, y방향의 선형 충격량만 있는 경우 임의의 한 방향만으로는 선형 운동량이 보존($\Sigma\int_{t_1}^{t_2}F_x\,dt = 0$)되고 다른 방향으로는 선형 운동량이 보존되지 않을 수도 있음 ($\Sigma\int_{t_1}^{t_2}F_y\,dt \neq 0$)에 유의해야 한다.

참고

(1) 선형 운동량과 선형 충격량 식은 운동의 종류와 관계없이 적용할 수 있다. 그리고 에너지 보존법칙의 성립 여부와는 상관없이 성립한다.

$$m(\mathbf{v}_G)_1 + \Sigma\int_{t_1}^{t_2}\mathbf{F}dt = m(\mathbf{v}_G)_2$$

만약 외부 선형 충격량이 없어 선형 운동량이 보존되면 다음의 관계가 성립한다.

$$m(\mathbf{v}_G)_1 = m(\mathbf{v}_G)_2$$

$$\Sigma\int_{t_1}^{t_2}\mathbf{F}dt = 0$$

(2) 반발계수 e는 충돌의 종류에 관계없이 적용된다. e값은 부딪히는 물체의 특성에 따라 달라진다.

9.3.2 각운동량의 보존(conversation of angular momentum)

일정시간 동안 강체에 작용하는 외력이 발생시킨 각충격량의 총합이 영(zero)인 경우 강체의 최초 각운동량과 최종 각운동량은 같게 된다. 만약 고정점 O에 대한 각 충격량의 총합이 $\Sigma\int_{t_1}^{t_2}\mathbf{M}_O\,dt = 0$이면 고정점 O에 대한 강체의 각운동량 보존이 성립한다고 하며 다음과 같이 정리된다.

$$(I_O\,\boldsymbol{\omega})_1 = (I_O\,\boldsymbol{\omega})_2 \tag{9.24}$$

여기서 첨자 1과 2는 각속도 뿐만 아니라 질량관성모멘트에도 적용된다.

일반적으로 모멘트를 계산하는 기준점이 바뀌면 모멘트 값이 달라진다. 이 원리는 각운동량 계산에도 적용된다.

각운동량 보존의 원리가 고정점 O에 대하여 성립한다고 해서 반드시 강체의 질량중심 G에 대하여 성립하는 것은 아니다. 즉, $\Sigma\int_{t_1}^{t_2}\mathbf{M}_O\,dt = 0$이 성립한다고 반드시 $\Sigma\int_{t_1}^{t_2}\mathbf{M}_G\,dt = 0$가 성립하지는 않는다. 그것의 역도 또한 같다. 각운동량 보존식은 각충격량이 0(영)이 되는 곳에서 성립한다.

$$\Sigma\int_{t_1}^{t_2}\mathbf{M}_G dt = 0\text{일 때, } (I_G\,\boldsymbol{\omega})_1 = (I_G\,\boldsymbol{\omega})_2 \tag{9.25a}$$

$$\Sigma\int_{t_1}^{t_2}\mathbf{M}_O dt = 0\text{일 때, } (I_O\,\boldsymbol{\omega})_1 = (I_O\,\boldsymbol{\omega})_2 \tag{9.25b}$$

예제 9.7

질량이 150 kg이고 중심 O를 통과하는 z축에 대해 회전반경 $k_z = 2.0$ m인 수평 원형판이 있다. 원판은 z축을 중심으로 자유롭게 회전하며 처음에는 정지상태로 있었다. 75 kg인 사람이 반경 3 m의 원형 둘레를 따라 달리기 시작한다. 사람이 위치 A에 도달하였을 때 원형판에 대한 상대속도 1.2 m/s에 도달하였다고 한다면, 그 때의 원형판의 각속도를 구하라. 단, 마찰은 무시한다.

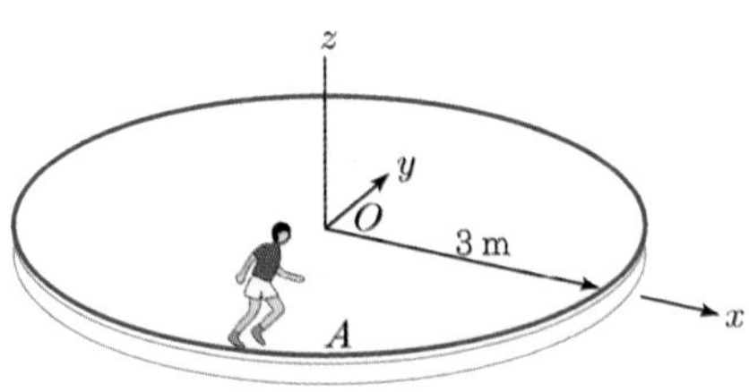

적용원리

- 외력이 가해지지 않는 계에서 각충격량이 없으므로 각운동량은 보존된다.

$$\Sigma \mathbf{H}_1 = \Sigma \mathbf{H}_2$$

풀이

[운동학]

원판의 초기 각속도는

$$\omega_1 = 0$$

사람의 초기 속도는

$$v_{M1} = 0$$

점 A에 도달하여 원형판에 대한 상대속도 1.2 m/s에 도달한 순간, 원판의 각속도를 ω_2라 놓자.($\boldsymbol{\omega}_2 = \omega_2 \mathbf{k}$) 원판 위에서 내려본 그림에서 점 O를 기준으로 점 A의 위치는 $-3\mathbf{j}$가 된다.

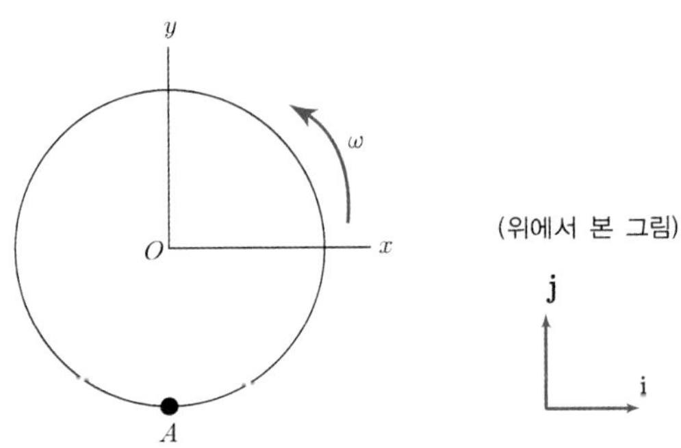

점 A에 도달한 사람의 절대속도는

$$\mathbf{v}_{M2} = \mathbf{v}_A + \mathbf{v}_{M/A}$$

$$\mathbf{v}_{M2} = \omega_2 \mathbf{k} \times (-3\mathbf{j}) + 1.2\mathbf{i} = (3\omega_2 + 1.2)\mathbf{i}$$

$$\xrightarrow{+} : v_{M2} = 3\omega_2 + 1.2 \qquad ①$$

원판의 질량관성모멘트는

$$I_O = m k_z^2 = 150 \cdot 2^2 = 600 \text{ kg m}^2$$

[운동역학]

각운동량 보존식은

$$\Sigma \mathbf{H}_1 = \Sigma \mathbf{H}_2$$

$$I_O \omega_1 \mathbf{k} + (-r\mathbf{j}) \times m_M (v_{M1} \mathbf{i}) = I_O \omega_2 \mathbf{k} + (-r\mathbf{j}) \times m_M (v_{M2} \mathbf{i}),$$

$$\circlearrowleft^{+}_O : 0 + 0 = I_O \omega_2 + r m_M v_{M2}$$

$$0 = 600\, \omega_2 + 3 \cdot 75 \cdot v_{M2} \qquad ②$$

식 ①, ②에서

$$\omega_2 = -0.212\,\text{rad/s}, \quad v_{M2} = 0.564\,\text{m/s}$$

답 $\boldsymbol{\omega}_2 = 0.212\,\text{rad/s}$ ↻

9.4 편심충돌

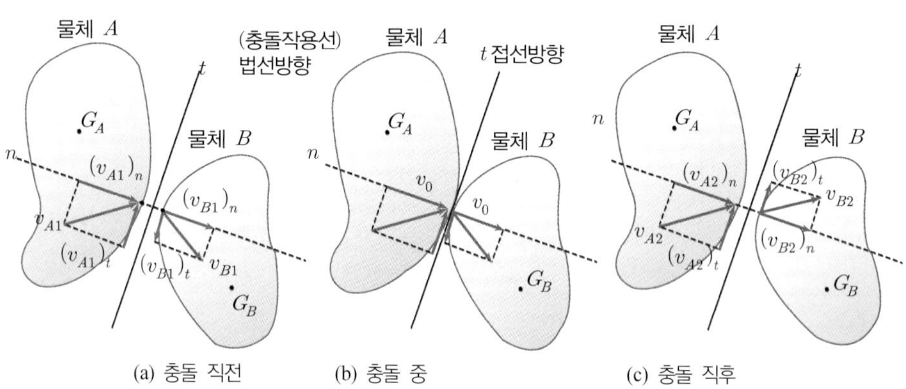

그림 9.3 편심충돌

편심충돌이란 충돌 순간 두 물체의 질량중심이 충돌작용선 상에 존재하지 않는 경우이다. 5.5절에서 두 개의 물체 간의 중심충돌(central impact)문제는 선형 운동량과 선형 충격량 방법으로 해석하였다. 하지만 편심충돌(eccentric impact)의 경우에는 각운동량과 각충격량의 원리가 적용된다.

그림 9.3과 같이 충돌하는 두 개의 물체 A과 B를 생각해 보자.

두 물체가 충돌하기 직전의 속도의 크기는 각각 v_{A1}와 v_{B1}이고, 충돌 직후 속도의 크기는 각각

v_{A2}와 v_{B2}이다.

충돌기간은 두 기간으로 두 물체가 부딪히기 시작하면서부터 최대로 변형될 때까지를 변형기(deformation period)라 하고 최대로 변형된 때부터 서로 떨어지는 순간까지를 복원기(restitution period)라고 한다. 충돌로 인하여 물체가 최대로 변형하는 순간($t = t_0$)에 충돌작용선을 따라 나타나는 두 물체의 속도 성분은 같다($v_A = v_B = v_0$). 충돌이 발생한 이후 각 물체가 갖는 새로운 운동량의 크기와 방향은 물체의 초기 운동량과 충돌하는 동안 발생한 충격량으로부터 결정할 수 있다.

각 물체에 대하여 변형기($0 \sim t_0$)과 복원기(또는 반발기)($t_0 \sim t$)의 선형 운동량과 선형 충격량 식을 얻을 수 있다. 물체 A(부딪히는 물체)에 대한 충돌작용선 방향의 선형 운동량과 선형 충격량 식은 식 (9.3)으로부터 다음과 같이 적용된다.

$$\text{변형기 : } m_A (v_G)_1 - \int_0^{t_0} F_a\, dt = m_A (v_G)_0 \tag{9.26a}$$

$$\text{복원기 : } m_A (v_G)_0 - \int_{t_0}^{t} F_r\, dt = m_A (v_G)_2 \tag{9.26b}$$

여기서 $\mathbf{F}_a$는 변형기 동안에 물체 A에 부과되는 충격력이고, $\mathbf{F}_r$은 복원기 동안에 물체 A에 부과되는 충격력이다. 이것의 부호가 음인 이유는 부딪히는 물체의 운동량을 줄이려는 방향으로 충격력이 작용하기 때문이다. 그리고 첨자 1는 충돌 직전의 상태를 나타내고, 첨자 2는 충돌 직후의 상태를 나타내며, 첨자 0은 충돌하는 동안 최대 변형이 발생하는 상태를 나타낸다.

다음으로 충돌하는 동안 물체의 질량관성모멘트가 변하지 않는다고 가정하면, 물체 A에 대하여 변형기 및 복원기 동안 각운동량과 각충격량 식은 식 (9.2)로부터 다음과 같이 적용된다.

$$\text{변형기 : } I_{GA}\,\boldsymbol{\omega}_1 + \int_0^{t_0} (\mathbf{M}_G)_a\, dt = I_{GA}\,\boldsymbol{\omega}_0 \tag{9.27a}$$

$$\text{복원기 : } I_{GA}\,\boldsymbol{\omega}_0 + \int_{t_0}^{t} (\mathbf{M}_G)_r\, dt = I_{GA}\,\boldsymbol{\omega}_2 \tag{9.27b}$$

여기서 $(\mathbf{M}_G)_a$와 $(\mathbf{M}_G)_r$은 변형 및 복원기간 동안 물체 A에 작용하는 충격력에 의한 질량중심 G_A에서의 모멘트를 각각 나타낸다. 따라서 식 (9.27a)와 (9.27b)는 물체가 매끄럽다(smooth)는 가정 하에 다음과 같이 표현할 수 있다.

$$I_{GA}\omega_1 - r\int_0^{t_0} F_a dt = I_{GA}\omega_0 \tag{9.28a}$$

$$I_{GA}\omega_0 - r\int_{t_0}^{t} F_r dt = I_{GA}\omega_2 \tag{9.28b}$$

여기서 r은 물체 A의 질량중심으로부터 충돌작용선까지의 수직거리이다.

반발계수 e는 5장의 식 (5.15)에 의해 정의한 바와 같다.

$$e = \frac{\int_{t_0}^{t} F_r\, dt}{\int_0^{t_0} F_a\, dt} \tag{9.29}$$

식 (9.26a)와 (9.26b)에서 $\int_0^{t_0} F_a\, dt$와 $\int_{t_0}^{t} F_r\, dt$를 풀어 윗 식에 대입하면 다음과 같다.

$$e = \frac{(v_G)_0 - (v_G)_2}{(v_G)_1 - (v_G)_0} \tag{9.30}$$

또한 식 (9.29)에 식 (9.28a)와 (9.28b)를 대입하면 다음과 같다.

$$e = \frac{\omega_0 - \omega_2}{\omega_1 - \omega_0} \tag{9.31}$$

분수식의 정리 $\frac{b}{a} = \frac{d}{c} = \frac{b+rd}{a+rc}$ (단, $a \neq 0$, $c \neq 0$)에 식 (9.30)과 식 (9.31)을 적용하면 다음과 같다.

$$\frac{(v_G)_0 - (v_G)_2}{(v_G)_1 - (v_G)_0} = \frac{\omega_0 - \omega_2}{\omega_1 - \omega_0} = \frac{(v_G + rw)_0 - (v_G + rw)_2}{(v_G + rw)_1 - (v_G + rw)_0}$$

여기서 r은 질량중심 G에서 접촉점 A까지의 거리이다.

윗 식을 접촉점의 속도에 대하여 다시 쓰면 다음과 같다.

$$e = \frac{v_{A0} - v_{A2}}{v_{A1} - v_{A0}} \tag{9.32}$$

여기서 v_A는 접촉점의 속도이다.

물체 B에 대하여도 위와 같은 해석을 수행하면 다음과 같다.

$$e = \frac{v_{B0} - v_{B2}}{v_{B1} - v_{B0}} \tag{9.33}$$

충돌하는 두 물체의 충돌선에 대한 속도성분은 변형기간의 끝 즉, $t = t_0$에서 $(v_A)_0 = (v_B)_0$로 같다.

분수식의 정리 $\frac{b}{a} = \frac{d}{c} = \frac{b-d}{a-c}$ (단, $a \neq 0$, $c \neq 0$)에 식 (9.32)와 식 (9.33)을 적용하면 다음과 같다.

$$e = \frac{v_{A0} - v_{A2}}{v_{A1} - v_{A0}} = \frac{v_{B0} - v_{B2}}{v_{B1} - v_{B0}} = \frac{v_{B2} - v_{A2}}{v_{A1} - v_{B1}}$$

따라서 반발계수 e는 다음과 같이 정리된다.

$$e = -\frac{v_{A2} - v_{B2}}{v_{A1} - v_{B1}} \tag{9.34}$$

편심충돌인 경우에 대하여 유도한 식 (9.34)는 중심충돌에서 유도한 식 (5.18)과 동일하다. 그러나 편심충돌의 경우 반발계수는 충돌 직전에 접촉점으로 접근할 때 두 물체 간의 상대속도에 대한 충돌 직후 접촉점으로부터 분리될 때 두 물체 간의 상대속도의 비로써 나타낸다. 이 때 접촉점의 속도는 충돌작용선 상의 속도성분이다. 두 물체 간의 접선 평면에서 미끄럼이 없다면 접선 방향의 속도는 그대로 유지된다. 반발계수를 문장으로 표현하면 다음과 같다.

$$e = \frac{|\text{두 물체가 분리될 때 접촉점에서 두 물체 간의 상대속도}|}{|\text{두 물체가 접근할 때 접촉점에서 두 물체 간의 상대속도}|}$$

참고 동역학 문제를 접할 때 문장중에 숨겨진 뜻을 알아야 한다.

(1) 정지하고 있는 강체를 매달고 있는 끈(또는 줄)이 끊어진 직후(immediately after wire has been cut) 강체의 각속도는? $\boldsymbol{\omega}_0 = 0$

(2) 정지하고 있는 강체를 지지하는 핀을 갑자기 제거(pin is suddenly removed)하였을 때 강체의 각속도는? $\boldsymbol{\omega}_0 = 0$

예제 9.8

12 kg이고, 길이가 0.9 m인 균일한 막대가 점 A에서 마찰없는 핀에 부착되어 있다. 막대는 수직위치의 정지상태로부터 떨어져서 범퍼 C에 부딪치고, 다시 위로 튀어 오른다. 막대와 범퍼 사이의 반발계수가 0.6일 때 다음을 구하라.

(a) 충돌기간 0.01초 동안 핀 A에서 발생한 평균반력
(b) 충돌하는 동안 손실 에너지의 양
(c) 충돌 후 막대가 다시 튀어 올라가서 수평면과 이룰 수 있는 최대 각

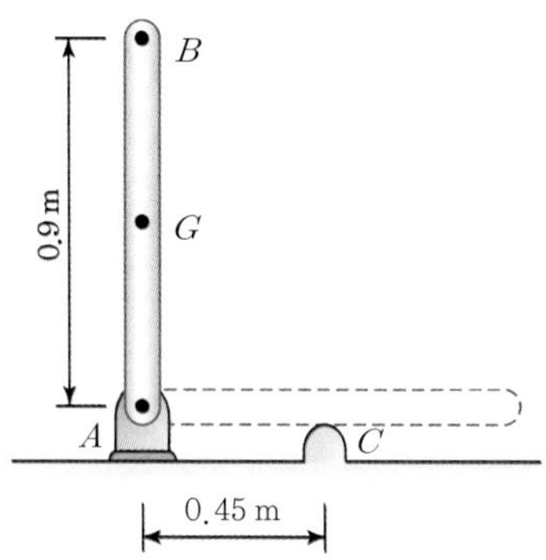

적용원리

- 막대가 최초 정지상태로부터 충돌 직전까지의 과정에는 역학적 에너지 보존식이 성립한다.
- 막대가 범퍼에 충돌하기 직전과 충돌한 직후의 충돌과정에는 반발계수식, 선형 운동량과 선형 충격량 식, 각운동량과 각충격량 식이 성립한다. 충돌과정에서 발생한 손실에너지를 구할 때는 에너지 식 $T_1 + V_1 - E_{\text{loss}} = T_2 + V_2$을 적용한다.
- 막대가 범퍼에 충돌한 직후부터 튀어올라 최대로 올라간 순간(내려오기 직전)까지의 과정에는 역학적 에너지 보존식이 성립한다.

풀이

[운동학]

질량중심 G에 대한 막대의 질량관성모멘트는

$$I_G = \frac{1}{12}ml^2 = \frac{1}{12}\cdot 12\cdot 0.9^2 = 0.81\ \text{kg m}^2$$

회전중심 A에 대한 막대의 질량관성모멘트는

$$I_A = \frac{1}{3}ml^2 = \frac{1}{3}\cdot 12\cdot 0.9^2 = 3.24\text{ kg m}^2$$

(a)

[운동역학]

(i) 정지 상태(첨자 0)의 막대가 회전하여 범퍼에 부딪히기 직전(첨자 1)까지

역학적 에너지 보존식에서

$$T_0 + V_0 = T_1 + V_1$$

$$\frac{1}{2}I_A\omega_0^2 + mgh_0 = \frac{1}{2}I_A\omega_1^2 + mgh_1$$

계는 최초 정지 상태에 있었고($\omega_0 = 0$), 부딪히기 직전의 높이를 기준($h_1 = 0$)으로 하면 최초 상태의 막대 질량중심의 높이는 $h_0 = \frac{l}{2} = 0.45$ m이 된다.

$$0 + 12\cdot 9.81\cdot 0.45 = \frac{1}{2}\cdot 3.24\,\omega_1^2 + 0, \qquad \therefore\ \omega_1 = 5.718\text{ rad/s}^2$$

$$\boldsymbol{\omega}_1 = 5.718\text{ rad/s}^2 \circlearrowright$$

충돌 직전 막대의 질량중심 G의 속도에서

$$\mathbf{v}_1 = \boldsymbol{\omega}\times\mathbf{r}$$

$$\mathbf{v}_1 = (-5.718\mathbf{k})\times(0.45\,\mathbf{i}) = -2.573\,\mathbf{j}$$

$$\mathbf{v}_1 = 2.573\text{ m/s} \downarrow$$

(ii) 충돌하기 직전(첨자 1)부터 충돌한 직후(첨자 2)까시

충돌 전후 막대의 질량중심의 속도를 각각 v_1, v_2라 놓자.

반발계수 식에서

$$e = -\frac{v_2 - v_{C2}}{v_1 - v_{C1}}$$

$$+\uparrow:\ 0.6 = -\frac{v_2 - 0}{(-2.573) - 0}, \qquad \therefore\ v_2 = 1.544\text{ m/s}$$

$$\mathbf{v}_2 = 1.544\text{ m/s} \uparrow$$

충돌 직후 막대의 질량중심 G의 속도에서

$$v_2 = \frac{l}{2}\omega_2$$

$$1.544 = 0.45\omega_2, \qquad \therefore\ \omega_2 = 3.431\ \text{rad/s}$$

$$\boldsymbol{\omega}_2 = 3.431\ \text{rad/s} \circlearrowleft$$

충돌순간, 회전중심 G에서의 반발력을 각각 A_x, A_y, 충돌점 C에서의 반발력 C_y라 놓자.

막대에 대하여

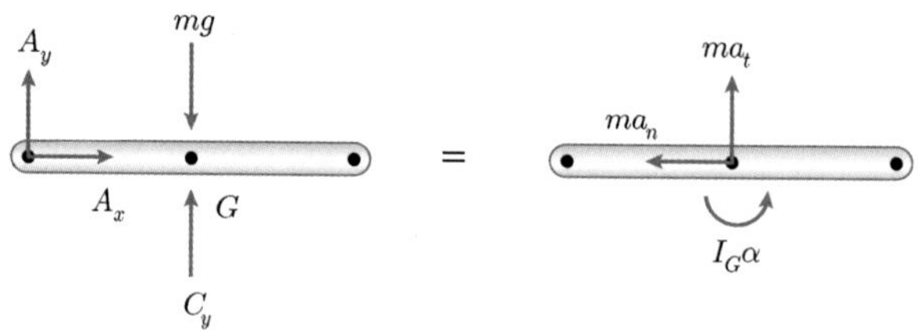

수직 방향의 운동방정식은

$$+\uparrow : A_y + C_y - mg = ma_t$$

윗 식에 가속도 $a_t = \dfrac{v_2 - v_1}{\Delta t}$를 대입한 후 양변에 Δt를 곱하여 정리하면, 다음과 같은 운동량-충격량 식이 유도된다.

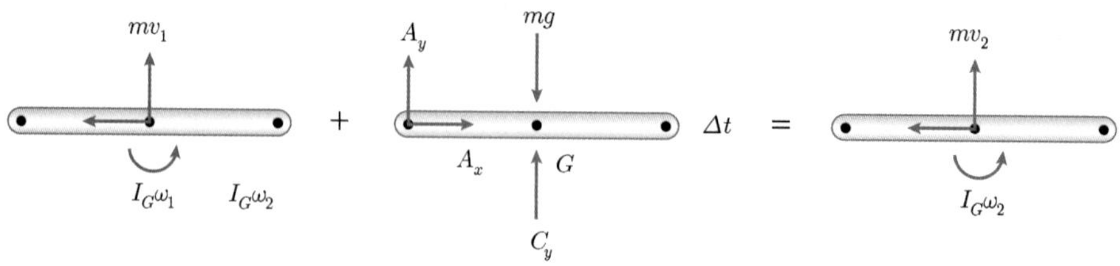

$$+\uparrow : mv_1 + (A_y + C_y - mg)\Delta t = mv_2$$

$$12 \cdot (-2.573) + (A_y + C_y - 12 \cdot 9.81) \cdot 0.01 = 12 \cdot 1.544$$

$$A_y + C_y = 5058\ \text{N} \qquad ①$$

질량중심 G에 대한 모멘트 식은

$$\circlearrowleft^{+}_{G} : -\frac{l}{2}A_y = I_G\alpha$$

윗 식에 각가속도 $\alpha = \dfrac{\omega_2 - \omega_1}{\Delta t}$를 대입한 후 양변에 Δt를 곱하여 정리하면, 다음과 같은 각운동량–각충격량 식이 유도된다.

$$\circlearrowleft + : I_G \omega_1 + \left(-\frac{l}{2} A_y\right)\Delta t = I_G \omega_2$$

$$0.81 \cdot (-5.718) + (-0.45 \cdot A_y) \cdot 0.01 = 0.81 \cdot 3.431$$

$$\therefore \ A_y = -1647 \text{ N}$$

답 $\mathbf{A}_y = 1647 \text{ N} \ \downarrow$

별해

회전중심 A에 대한 각운동량–각충격량 식에서

$$\circlearrowleft +_A : I_A \omega_1 + \frac{l}{2}(C_y - mg)\Delta t = I_A \omega_2$$

$$3.24 \cdot (-5.718) + 0.45(C_y - 12 \cdot 9.81) \cdot 0.01 = 3.24 \cdot 3.431$$

$$\therefore \ C_y = 6705 \text{ N}$$

식 ①로부터

$$\therefore \ A_y = -1647 \text{ N}$$

답 $\mathbf{A}_y = 1647 \text{ N} \ \downarrow$

(b) 충돌 전후 막대의 높이 변화가 없으므로($h_1 = h_2$) 위치에너지의 변화는 없다.
손실 에너지의 량은 운동에너지의 변화로 볼 수 있다.
에너지 식에서

$$T_1 + V_1 - E_{\text{loss}} = T_2 + V_2$$

$$\frac{1}{2} I_A \omega_1^2 + m_A g h_1 - E_{\text{loss}} = \frac{1}{2} I_A \omega_2^2 + m_A g h_2$$

$$\frac{1}{2} \cdot 3.24 \cdot (-5.718)^2 + 0 - E_{\text{loss}} = \frac{1}{2} \cdot 3.24 \cdot (3.431)^2 + 0$$

$$\therefore \ E_{\text{loss}} = 33.9 \text{ J}$$

답 $E_{\text{loss}} = 33.9 \text{ J}$

(c) 막대가 충돌한 직후(첨자 2)부터 다시 튀어올라 최대로 올라가 내려오기 직전(첨자 3)까지 충돌하는 순간 막대의 높이를 기준으로 $h_2 = 0$으로 하면 최대로 올라간 순간의 높이는

$h_3 = \dfrac{l}{2}\sin\theta_3$이며, 최대로 올라간 순간에는 막대가 순간적으로 정지한다.

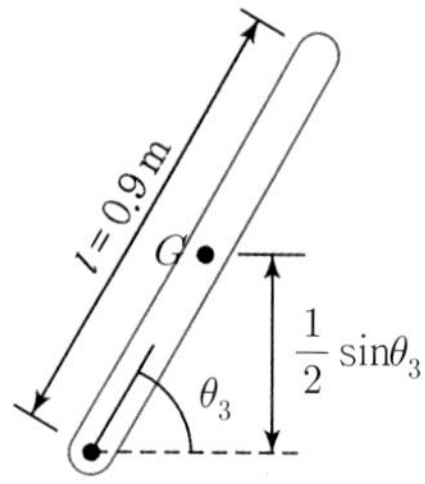

역학적 에너지 보존식에서

$$T_2 + V_2 = T_3 + V_3$$

$$\frac{1}{2}I_A\omega_2^2 + mgh_2 = \frac{1}{2}I_A\omega_3^2 + mgh_3$$

숫자를 대입하면

$$\frac{1}{2}\cdot 3.24\cdot 3.431^2 + 12\cdot 9.81\cdot 0 = 0 + 12\cdot 9.81\cdot(0.45\sin\theta_3)$$

$$\therefore\ \sin\theta_3 = 0.36$$

답 $\theta_3 = 21.1°$

예제 9.9

질량 9 kg, 반지름 0.15 m, 질량관성모멘트 $I_G = 0.25\ \text{kg m}^2$인 바퀴가 있다. 바퀴가 미끄러지거나 튀어 올라가지 않는다고 가정하고 위치 A에 있는 장애물을 굴러 넘어갈 수 있는 최소 속도 v_{G1}를 계산하라.

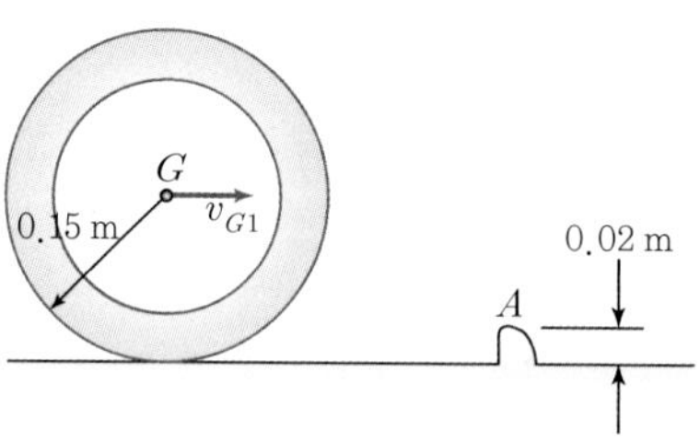

적용원리

- 충돌점 A에 충격력이 존재하고 충격력에 의한 각충격량은 서로 상쇄되므로, 점 A에 대한 각운동량은 보존된다.
- 장애물에 충돌하기 전후에 대하여 각운동량 보존법칙을 적용하고, 충돌 직후부터 바퀴가 장애물의 꼭대기에 올라간 시점까지 역학적 에너지 보존법칙이 적용한다.

풀이

[운동학]

i) 충돌 직전(첨자 1)부터 충돌 직후(첨자 2)의 시점까지

비퀴의 각속도를 각각 $\boldsymbol{\omega}_1 = -\omega_1 \mathbf{k}$, $\boldsymbol{\omega}_2 = -\omega_2 \mathbf{k}$라 놓자.

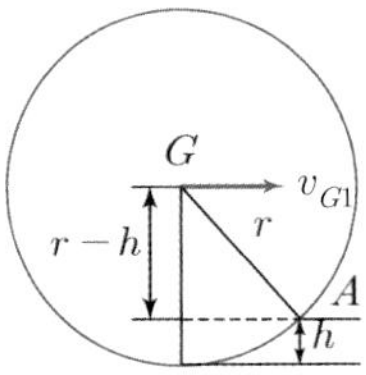

(충돌 직전)

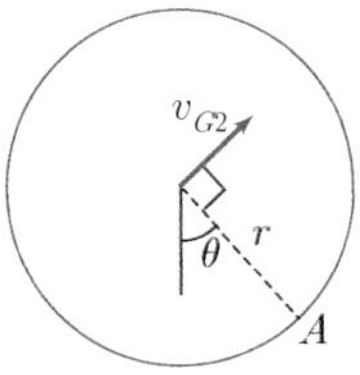

(충돌 직후)

충돌 직전까지 구르고 있으므로 바퀴과 바닥면 사이의 접촉점은 순간중심이 되고, 질량중심의 속도는

$$\mathbf{v}_{G1} = \boldsymbol{\omega}_1 \times \mathbf{r}$$

$$v_{G1}\mathbf{i} = (-\omega_1 \mathbf{k}) \times (r\mathbf{j})$$

$$\xrightarrow{+} : v_{G1} = 0.15\,\omega_1 \qquad ①$$

같은 방법으로 충돌 직후에는 순간중심 A에 대하여 질량중심의 속도와 각속도와의 관계는

$$\nearrow^{+} : v_{G2} = 0.15\,\omega_2 \qquad ②$$

충돌점 A에 대한 질량관성모멘트는

$$I_A = I_G + mr^2 = 0.25 + 9 \cdot 0.15^2 = 0.453 \text{ kg m}^2$$

[운동역학]

바퀴와 장애물을 하나의 계로 취급하자.

충돌점 A에 충격력이 존재하고 충격력에 의한 각충격량은 서로 상쇄되므로, 점 A에 대한 각운동량은 보존된다.

점 A에 대한 각운동량 보존법칙은

$$(\mathbf{H}_A)_1 = (\mathbf{H}_A)_2, \qquad \text{where } H_A = \mathbf{r}_G \times (m\mathbf{v}_G) + I_G\boldsymbol{\omega}$$

$$\{(r-h)\mathbf{j}\} \times (mv_{G1}\mathbf{i}) + I_G(-\omega_1\mathbf{k})$$

$$= r(-\sin\theta\mathbf{i} + \cos\theta\mathbf{j}) \times mv_{G2}(\cos\theta\mathbf{i} + \sin\theta\mathbf{j}) + I_G(-\omega_2\mathbf{k})$$

반시계 방향 성분으로 정리하면

$$\circlearrowleft^{+}_A : (r-h)mv_{G1} + I_G\omega_1 = rmv_{G2} + I_G\omega_2$$

$$(0.15-0.02)\cdot 9\cdot v_{G1} + 0.25\omega_1 = 0.15\cdot 9\cdot v_{G2} + 0.25\omega_2 \qquad ③$$

ii) 바퀴가 충돌한 직후(첨자 2)부터 장애물의 꼭대기에 올라간 시점(첨자 3)까지 역학적 에너지 보존식에서

$$T_2 + V_2 = T_3 + V_3$$

$$\frac{1}{2}I_A\omega_2^2 + mgh_2 = \frac{1}{2}I_A\omega_3^2 + mgh_3$$

바닥면을 높이의 기준으로 정하고, 바퀴가 장애물의 꼭대기에 올라간 시점에서 각속도 ω_3를 정지상태로 하여 숫자를 대입하면

$$\frac{1}{2}\cdot 0.453\cdot\omega_2^2 + 0 = 0 + 9\cdot 9.81\cdot 0.02,$$

$$\therefore\ w_2 = 2.79\text{ rad/s}$$

식 ①, ②, ③으로부터

$$w_1 = 2.97\text{ rad/s},\ v_{G1} = 0.446\text{ m/s}$$

답 $\mathbf{v}_{G1} = 0.446\text{ m/s}\rightarrow$

예제 9.10

3 kg의 구가 4 m/s로 수평하게 오른쪽으로 날아와 정지해 있는 12 kg의 단단한 막대 AB의 아래쪽 끝에 부딪쳤다. 막대와 구 사이의 반발계수가 0.60이라면 충돌한 직후 막대의 각속도와 구의 속도를 구하라.

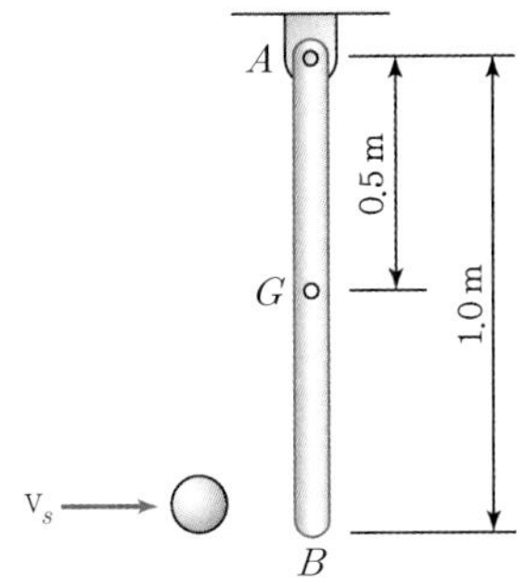

적용원리

- 점 A에 대한 각운동량과 각충격량 식을 적용한다.
- 정면충돌시 충돌 위치에 대한 반발계수 식을 적용한다.

풀이

[운동학]

충돌전 공의 속도는

$$\mathbf{v}_{s1} = 4\ \mathrm{m/s} \rightarrow$$

막대의 각속도와 속도는 각각

$$\omega_1 = 0,\ \ v_1 = 0$$

충돌후 공의 속도를 $\mathbf{v}_{s2} = v_{s2}\mathbf{i}$와 막대의 각속도를 $\boldsymbol{\omega}_2 = \omega_2\mathbf{k}$라 놓자.

막대 끝 B의 속도는

$$\mathbf{v}_2 = \boldsymbol{\omega}_2 \times \mathbf{r}_{B/A}$$

$$= \omega_2\mathbf{k} \times (-1\mathbf{j}) = \omega_2\mathbf{i} \quad ①$$

회전중심 A에 대한 막대의 질량관성모멘트는

$$I_A = \frac{1}{3}m_{AB}l^2 = \frac{1}{3}\cdot 12\cdot 1^2 = 4\ \text{kg m}^2$$

[운동역학]

막대와 공을 하나의 계로 취급하자.

회전중심 A에 충격력이 존재하고 막대와 공 사이의 충격력에 의한 각충격량은 서로 상쇄되므로, 회전중심 A에 대한 각운동량은 보존된다.

점 A에 대한 각운동량 보존식은

$$(\mathbf{H}_O)_1 = (\mathbf{H}_O)_2$$

$$(\mathbf{r}_s \times m_s\mathbf{v}_s)_1 + \mathrm{I}_A\boldsymbol{\omega}_1 = (\mathbf{r}_s \times m_s\mathbf{v}_s)_2 + \mathrm{I}_A\boldsymbol{\omega}_2$$

$$(-1.0\mathbf{j})\times(3\cdot 4\mathbf{i}) + 0 = (-1.0\mathbf{j})\times(3\cdot v_{s2}\mathbf{i}) + 4\cdot(\omega_2\mathbf{k})$$

반시계 방향 성분에 대하여 정리하면

$$\circlearrowleft^{+}_A : \ 12 = 3.0\,v_{s2} + 4\,\omega_2 \qquad ②$$

반발계수 식은

$$\xrightarrow{+} : \ e = -\frac{v_{s2} - v_2}{v_{s1} - v_1}$$

$$0.6 = -\frac{v_{s2} - v_2}{4 - 0} \qquad ③$$

식 ①, ②, ③으로부터

$$\omega_2 = 2.743\ \text{rad/s},\ v_2 = 2.743\ \text{m/s},\ v_{s2} = 0.343\ \text{m/s}$$

답 $\boldsymbol{\omega}_2 = 2.743\ \text{rad/s} \circlearrowleft$, $\mathbf{v}_{s2} = 0.343\ \text{m/s} \rightarrow$

예제 9.11

질량이 20 kg이고 길이가 1.2 m인 가는 막대가 수직 위치에서 핀 O를 중심으로 시계 방향으로 3 rad/s로 회전하고 있다. 이 위치에서 2 kg의 공 B가 그림의 방향으로 30 m/s의 속도로 막대에 부딪힐 때 충돌 직후에 갖는 공의 속도와 막대의 각속도를 각각 구하라. 단, 막대와 공 사이의 반발계수는 0.8이다.

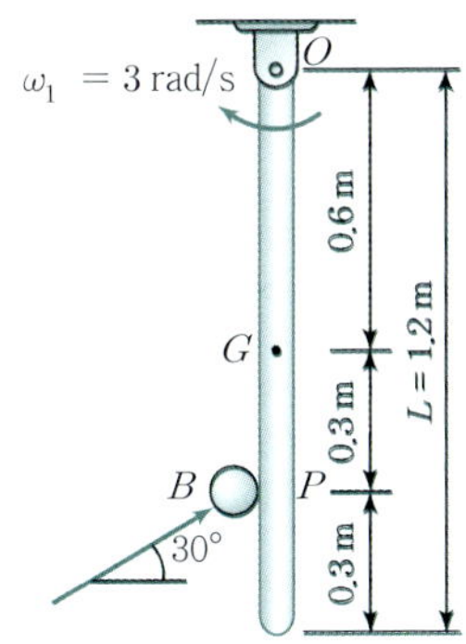

적용원리

- 각운동량 보존법칙을 적용한다.
- 충돌작용선 방향으로 반발계수 식을 적용한다.
- 충돌시 충격작용선 방향에 수직 방향으로 선형 운동량 보존법칙이 적용된다.

풀이

[운동학]

충돌전 막대의 각속도 $\boldsymbol{\omega}_1 = -3\mathbf{k}$이므로, 막대의 점 P에서의 속도는

$$\begin{aligned}\mathbf{v}_{P1} &= \boldsymbol{\omega}_1 \times \mathbf{r}_{P/O} \\ &= (-3\mathbf{k}) \times (-0.9\mathbf{j}) = -2.7\,\mathbf{i}\end{aligned}$$

공 B의 속도는

$$\mathbf{v}_{B1} = 30(\cos 30^\circ\,\mathbf{i} + \sin 30^\circ\mathbf{j}) = 26.0\,\mathbf{i} + 15\,\mathbf{j}$$

충돌후 막대의 각속도 $\boldsymbol{\omega}_2 = \omega_2\mathbf{k}$라 놓으면, 막대의 점 P에서의 속도는

$$\begin{aligned}\mathbf{v}_{P2} &= \boldsymbol{\omega}_2 \times \mathbf{r}_{P/O} \\ &= (\omega_2\mathbf{k}) \times (-0.9\mathbf{j}) = 0.9\,\omega_2\,\mathbf{i} \qquad ①\end{aligned}$$

공 B의 속도 $\mathbf{v}_{B2}$를 x 방향과 y 방향으로 분리한다.

$$\mathbf{v}_{B2} = v_{Bx}\mathbf{i} + v_{By}\mathbf{j}$$

핀 O를 기준으로 한 막대의 질량관성모멘트는

$$I_O = \frac{1}{3}ml^2 = \frac{1}{3}\cdot 20\cdot 1.2^2 = 9.6\text{ kg m}^2$$

[운동역학]

막대와 공을 하나의 계로 취급하자.

핀 O에 충격력이 존재하고 막대와 공 사이의 충격력에 의한 각충격량은 서로 상쇄되므로, 핀 O에 대한 각운동량은 보존된다.

따라서, 핀 O에 대한 각운동량 보존식은

$$(\mathbf{H}_O)_1 = (\mathbf{H}_O)_2$$

$$\mathbf{r}_{P/O} \times (m_B\mathbf{v}_B)_1 + I_O\boldsymbol{\omega}_1 = \mathbf{r}_{P/O} \times (m_B\mathbf{v}_B)_2 + I_O\boldsymbol{\omega}_2$$

$$(-0.9\mathbf{j})\times 2\cdot(26.0\mathbf{i} + 15\mathbf{j}) + 9.6(-3\mathbf{k}) = (-0.9\mathbf{j})\times 2\,(v_{Bx}\mathbf{i} + v_{By}\mathbf{j}) + 9.6\,(\omega_2\mathbf{k})$$

반시계 방향에 대하여 정리하면

$$\circlearrowleft{+}_O : 1.8v_{Bx} + 9.6\omega_2 = 17.97 \qquad ①$$

반발계수 식은

$$e = -\frac{(v_{Bx})_2 - (v_{Px})_2}{(v_{Bx})_1 - (v_{Px})_1}$$

$$\xrightarrow{+} : 0.8 = -\frac{v_{Bx} - 0.9\omega_2}{26.0 - (-2.7)}$$

$$v_{Bx} - 0.9\omega_2 = -22.94 \qquad ②$$

식 ①, ②으로부터

$$\omega_2 = 5.282\text{ rad/s}, \qquad v_{Bx} = -18.19\text{ m/s}$$

충돌시 충돌작용선에 수직하는 방향(접선 방향)으로 운동량은 보존되므로, 접선 방향의 속도는 그대로 유지된다.

$$v_{By} = 15\text{ m/s}$$

따라서 점 B의 속도는

답 $(\mathbf{v}_B)_2 = 23.6\ \mathrm{m/s}$ 39.5° ↘, $\boldsymbol{\omega}_2 = 5.282\ \mathrm{rad/s}$ ↺

예제 9.12

25 g의 총알 B가 수평속도 500 m/s로 날아와 핀 C에 매달려 있는 질량 12 kg의 정사각형 평판 측면에 박힌다. 평판이 처음에 정지해 있었다면, 다음을 구하라.

(a) 총알이 박힌 직후 평판의 각속도

(b) 총알이 0.5 ms 동안에 박힌다고 할 때, 점 C에서의 충격에 의하여 추가되는 수평반력

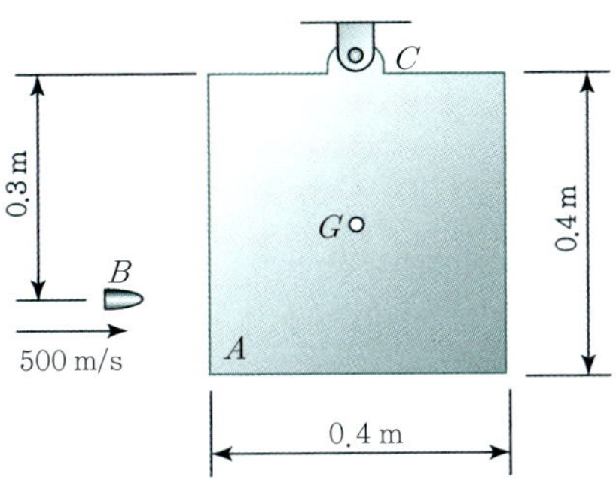

적용원리

- 가로 a, 세로 b인 평판에서 질량중심에 대한 질량관성모멘트는

$$I_G = \frac{1}{12}m(a^2 + b^2)$$

- 충돌 전후의 과정에서 각운동량과 각충격량 식을 적용한다.
- 선형 운동량과 선형 충격량 식을 적용한다.

풀이

(a)

[운동학]

충돌전 평판의 각속도는

$$\omega_1 = 0$$

충돌후 평판의 각속도를 $\boldsymbol{\omega}_2 = \omega_2 \mathbf{k}$라 놓으면, 평판의 중심의 속도는

$$v_{A2} = r_{G/C}\,\omega_2 = 0.2\omega_2$$

충돌 후 총알의 속도는

$$v_{B2} = r_{P/C}\,\omega_2 = 0.3\omega_2$$

핀 C를 기준으로 한 평판 A의 질량관성모멘트는

$$I_C = \frac{1}{12}m(a^2 + a^2) + md^2$$

$$= 12 \cdot \left\{\frac{1}{12}(0.4^2 + 0.4^2) + 0.2^2\right\} = 0.8 \text{ kg m}^2$$

충돌 후 총알질량은 평판 질량에 비해 작으므로 질량관성모멘트 계산에서 무시한다. 즉, $I_B = 0$

[운동역학]

총알과 판을 하나의 계로 취급하자.

회전중심 C에 충격력이 존재하고 총알과 판 사이의 충격력에 의한 각충격량은 서로 상쇄되므로, 회전중심 C에 대한 각운동량은 보존된다.

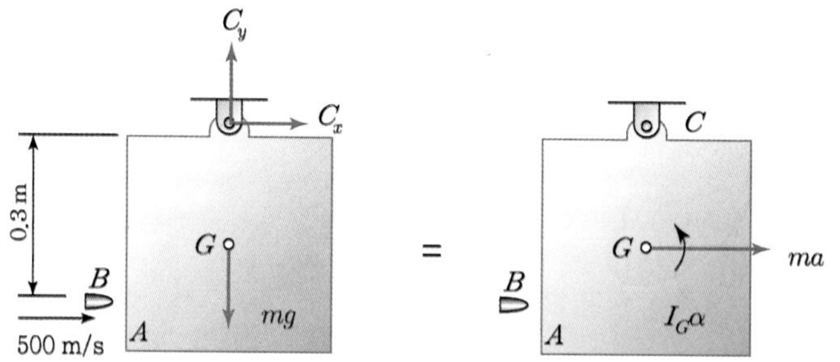

$$(\mathbf{H}_C)_1 + \int (\Sigma \mathbf{M}_C)\,dt = (\mathbf{H}_C)_2$$

$$I_C\boldsymbol{\omega}_1 + \mathbf{r}_B \times (m_B \mathbf{v}_B) = (I_C + I_B)\boldsymbol{\omega}_2$$

$$(0.8)\cdot(0\mathbf{k}) + (-0.3\mathbf{j}) \times (0.025 \cdot 500\mathbf{i}) = (0.8 + 0)\cdot \omega_2 \mathbf{k}$$

회전중심 C에 대한 각운동량을 반시계 방향 성분으로 정리하면

$$\circlearrowleft^{+}_{C} : 0.3 \cdot 0.025 \cdot 500 = 0.8\,\omega_2, \qquad \therefore\ \omega_2 = 4.69 \text{ rad/s}$$

답 $\boldsymbol{\omega}_2 = 4.69$ rad/s ↺

(b) 선형 운동량과 선형 충격량에서 수평 방향 성분은

$$\Sigma(mv_x)_1 + \int \Sigma F_x\, dt = \Sigma(m\, v_x)_2$$

$$\xrightarrow{+} : m_A(v_{Ax})_1 + m_B(v_{Bx})_1 + C_x \Delta t = m_A(v_{Ax})_2 + m_B(v_{Bx})_2$$

(즉, 판재에 총알이 박히기 전과 박힌 후의 질량중심의 변화가 발생한다.)

숫자를 대입하면

$$0 + 0.025 \cdot 500 + C_x \cdot (0.5 \times 10^{-3}) = 12 \cdot (0.2 \cdot 4.69) + 0.025 \cdot (0.3 \cdot 4.69)$$

$$\therefore\ C_x = -2420\ \text{N}$$

답 $\mathbf{C}_x = 2420\ \text{N} \leftarrow$

9.5 요약

이 장에서 학습 내용을 요약하면 다음과 같다.

1. 선형 운동량과 선형 충격량 식은 다음과 같다.

$$\mathbf{L}_1 + \Sigma \int_{t_1}^{t_2} \mathbf{F}\, dt = \mathbf{L}_2 \tag{9.4}$$

여기서 $\mathbf{L} = m\mathbf{v}_G$는 질량중심의 속도가 $\mathbf{v}_G$인 강체의 선운동량이다.

2. 질량중심 G에 대한 각운동량과 각충격량 식은 다음과 같다.

$$(I_G \boldsymbol{\omega})_1 + \Sigma \int_{t_1}^{t_2} \mathbf{M}_G\, dt = (I_G \boldsymbol{\omega})_2 \tag{9.12}$$

여기서 I_G는 강체의 질량중심점 G에 대한 질량관성모멘트이다.

3. 임의의 고정점 O에 대한 각운동량과 각충격량 식은 다음과 같다.

$$(I_O \boldsymbol{\omega})_1 + \Sigma \int_{t_1}^{t_2} \mathbf{M}_O \, dt = (I_O \boldsymbol{\omega})_2 \tag{9.21}$$

여기서 I_O는 임의의 고정점 O에 대한 강체의 질량관성모멘트이고, $\boldsymbol{\omega}$는 강체의 각속도이다.

4. 강체에 작용하는 충격량이 한 방향 또는 그 이상의 방향으로 0(영)이 되도록 작용할 때 강체의 선형 운동량은 그 방향으로 보존되며 다음과 같다.

$$m(\mathbf{v}_G)_1 = m(\mathbf{v}_G)_2 \tag{9.23}$$

5. 각충격량이 0(영)이 되도록 작용할 때 그 방향으로 강체의 각운동량은 보존되며, 다음과 같다.

$$(I_O \boldsymbol{\omega})_1 = (I_O \boldsymbol{\omega})_2 \quad \text{또는} \quad (I_G \boldsymbol{\omega})_1 = (I_G \boldsymbol{\omega})_2 \tag{9.25}$$

6. 편심충돌에 대한 반발계수 e는 충돌직전의 접촉점이 갖는 상대적인 접근속도에 대한 충돌직후의 접촉점이 갖는 상대적인 분리속도의 비이다. (여기에서 속도라고 함은 접촉점에서 충돌선 상의 속도성분을 의미한다.)

$$e = \frac{|\text{두 물체가 분리될 때 접촉점에서 상대속도}|}{|\text{두 물체가 접근할 때 접촉점에서 상대속도}|}$$

연습문제

9.1 (예제 9.1의 연습)

그림에서 보는 바와 같이 질량을 무시할 만하고 길이의 변화가 없는 줄이 대칭인 풀리 A와 균일한 원통 B를 감고 있다. 풀리 A의 질량은 6 kg이고, 점 O에 대한 회전반경은 0.2 m이다. 원통 B의 질량은 15 kg이다. 이 계가 정지상태로부터 움직이기 시작하여 원통 B의 질량중심이 아랫방향으로 10 m/s의 속도로 되는 시간을 구하라. 또한 그 순간 풀리 A와 원통 B의 각속도를 각각 구하라.

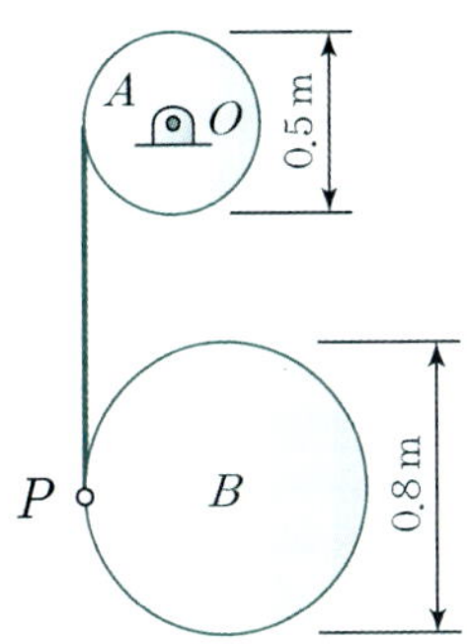

9.2 (예제 9.2의 연습 1/2)

그림과 같은 20 kg의 풀리(회전반경 k_0 = 0.2 m)가 수평력 P = 100 N의 작용으로 정지상태로부터 미끄러짐없이 구르기 시작한다. 5초 후 풀리의 각속도를 구하라.

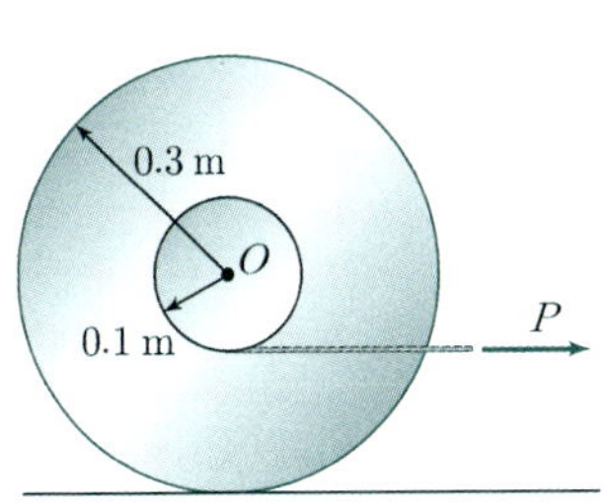

9.3 (예제 9.2의 연습 2/2)

질량은 50 kg이고, 회전반경은 0.4 m인 이중풀리 양쪽에 물체 A와 물체 B가 서로 다른 줄로서 연결되어 있다. 물체 A의 질량은 30 kg이고, 물체 B의 질량은 60 kg이다. 최초 정지상태에 있는 이중풀리에 일정한 크기의 토크 M을 작용시켜 3초 후에 물체 A가 위쪽으로 3 m/s의 속도가 되도록 하고자 한다. 토크 M은 얼마인가?

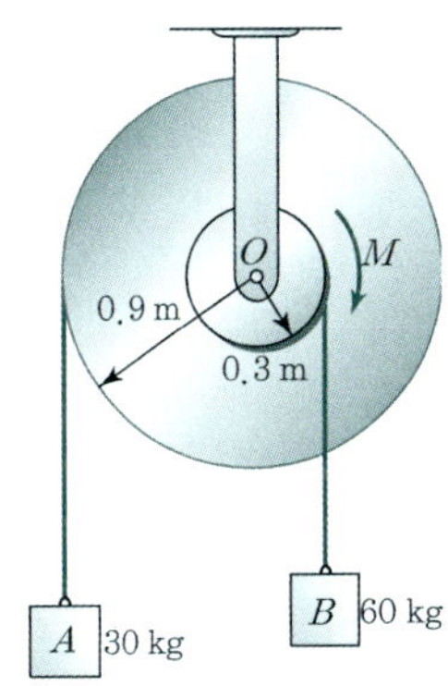

9.4 (예제 9.3의 연습 1/4)

스풀(spool)의 질량이 80 kg이고 회전반경 $k_G = 0.4$ m이다. 스풀의 중앙 원통 주위에 감긴 줄에 $P = t + 5$ (N)의 수평력이 작용하고 있다. 여기서 t의 단위는 초이다. 스풀이 처음 정지상태로부터 움직이기 시작한다면 8초 후의 각속도 ω_2를 구하라. 단, 스풀은 미끄러지지 않고 구른다고 가정한다.

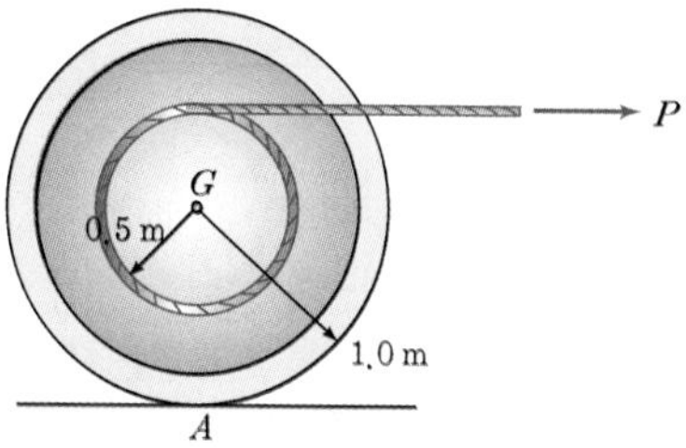

9.5 **(예제 9.3의 연습 2/4)**

그림에 보여진 바와 같은 계에서 질량이 50 kg이고, 회전중심에 대하여 대칭인 이중원통 A의 회전중심에 대한 회전반경은 0.15 m이다. 원통에 작용하는 힘 P는 시간(t)에 따라 $P = 40t^3 + 30t^2$과 같이 변한다. 여기서 힘의 단위는 N이고 시간의 단위는 s이다. 질량이 25 kg인 물체 B와 바닥면 사이의 마찰계수는 0.4이다. $t = 0$일 때 드럼 A의 각속도는 반시계 방향으로 16 rad/s이다. $t = 3$일 때 물체 B의 속도를 구하라.

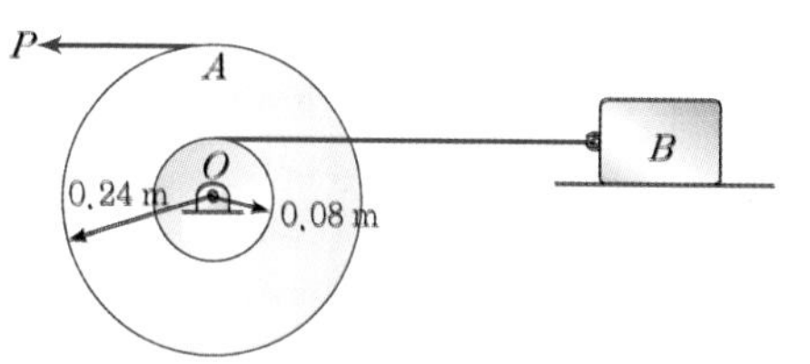

9.6 **(예제 9.3의 연습 3/4)**

질량이 100 kg인 균일한 실린더 A는 질량을 무시할 수 있는 줄 B와 줄 C로 연결되어 있다. 줄 C에 작용하는 힘의 크기는 $P = 60t + 200$ (N)이며 시간에 따라 변화한다. 여기서 힘의 단위는 N이고, t의 단위는 s이다. 최초 $t = 0$에서 정지상태로부터 움직이기 시작하여 실린더 중심의 속도가 오른쪽으로 4 m/s가 될 때까지 걸리는 시간을 구하라. 단, 실린더와 바닥 사이의 마찰계수는 0.3이다.

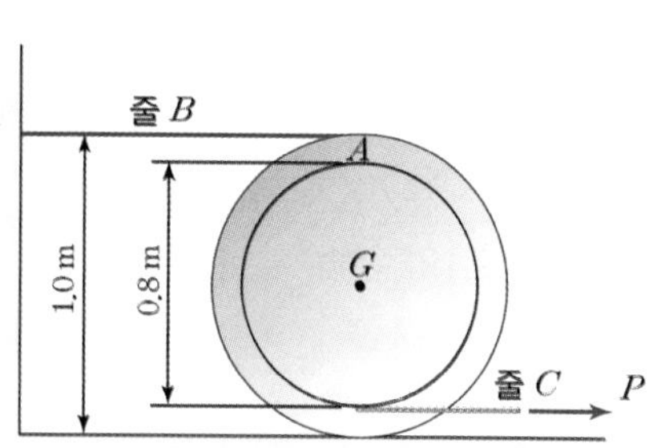

9.7 **(예제 9.3의 연습 4/4)**

질량이 10 kg이고, 중심에 대한 회전반경이 0.06 m인 물체 A가 미끄러짐없이 구르고 있다. 물체 A에 모멘트가 $M = 0.02t^2$ (N m) (t의 단위는 초)가 가해진다. 물체 A는 $t = 0$일 때 시계 방향으로 20 rad/s의 각속도로 회전하며, $t = 9$ s일 때 반시계 방향으로 10 rad/s로 각속도로 회전한다. 물체 B의 질량을 구하라.

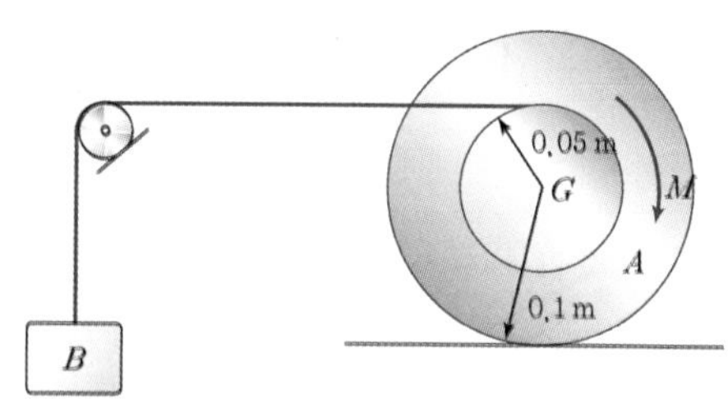

9.8 **(예제 9.4의 연습)**

그림에서 보는 바와 같이 점 O에 대해서 회전하는 물체의 질량은 50 kg이며, 회전축에 대한 회전반경은 0.8 m이다. 물체는 최초 시계 방향으로 5.0 rad/s의 각속도로 회전하고 있었는데 그림에 나타낸 위치에서 물체의 왼쪽 끝부분에 타격을 가하여 충격을 주었다. 충격을 받은 직후 물체는 반시계 방향으로 3.0 rad/s의 각속도로 회전하였다. 이 때 다음을 구하라.

(a) 타격에 의한 선형 충격량

(b) 타격에 의하여 핀에게 반력이 발생하는데 점 O의 핀에서 수평성분의 반력성분에 의한 선형 충격량

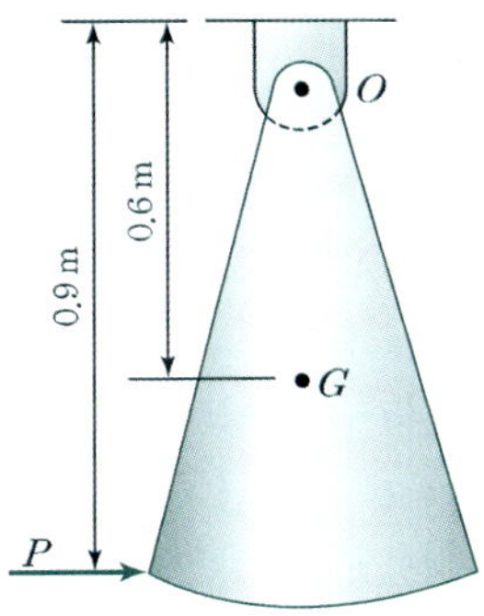

9.9 **(예제 9.5의 연습 1/5)**

리듬체조 선수가 반경이 0.3 m이고 질량이 2 kg인 굴렁쇠를 반시계 방향으로 회전시키면서 굴렁쇠 중심의 선형속도가 2 m/s가 되도록 우측으로 가만히 던졌다. 이 때 굴렁쇠는 미끄러지며 구르다가 다시 제자리에 돌아오게 된다. 어떤 크기의 초기 각속도로 회전시키며 굴렁쇠를 던져야 굴렁쇠가 가장 우측으로 움직여진 순간과 굴렁쇠가 미끄러짐없이 구르는 순간이 일치하겠는가? (다만, 굴렁쇠와 바닥 사이의 마찰계수는 0.1이다) [2003년 제39회 기술고등고시]

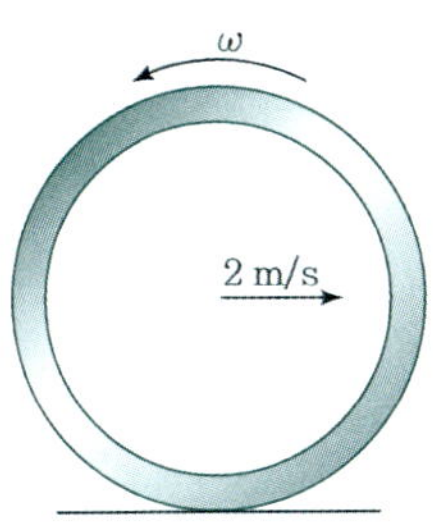

9.10 **(예제 9.5의 연습 2/5)**

반경 R인 원통이 정지하고 있는 평 벨트 위에 놓여 있다. 벨트와 원통이 서로 미끄러질 정도로 충분히 큰 힘 P를 벨트에 가한다고 할 때, 원통이 거리 S 만큼 떨어진 점선 위치에 도달하는데 필요한 시간 t를 구하라. 또 그 지점에 도달하였을 때, 원통의 각속도 ω를 구하라. 단 원통과 벨트 사이의 마찰계수는 μ_k이다.

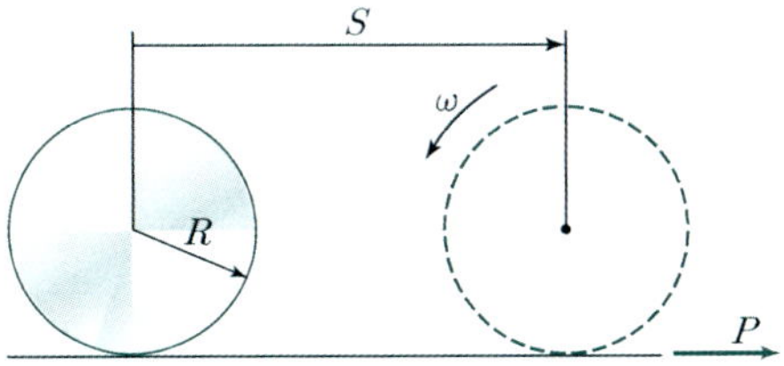

9.11 **(예제 9.5의 연습 3/5)**

반경이 1.0 m, 질량이 20 kg인 원통이 정지 상태로부터 경사면을 따라 굴러 내려간다. 원판과 경사면 사이의 정지마찰계수가 0.2일 때 원판이 미끄러짐없이 구를 수 있는 최대각 θ를 구하라.

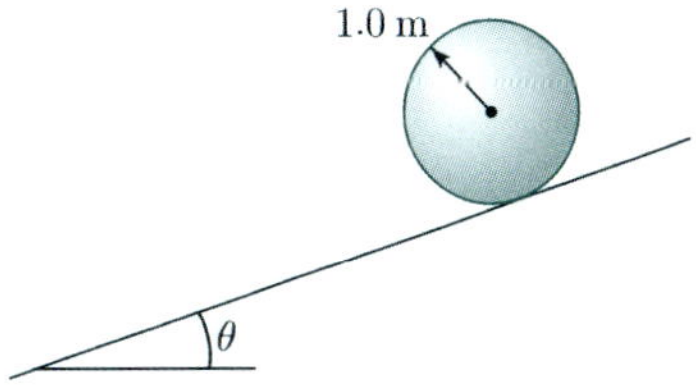

9.12 **(예제 9.5의 연습 4/5)**

질량이 1 kg이고 반지름이 0.5 m인 균일한 원통이 경사각 30°의 경사면에서 미끄러지면서 굴러 내려오고 있다. 최초의 원통 중심 속도는 2 m/s로 아랫 방향이었고 각속도는 반시계 방향으로 312 rad/s이다. 원통과 경사면

사이의 마찰계수는 0.2이다. 바퀴가 미끄러지지 않고 구르기 전까지 경과한 시간을 구하라.

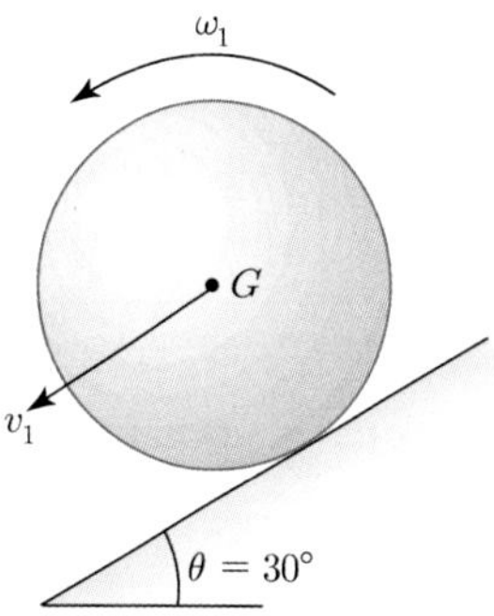

9.13 (예제 9.5의 연습 5/5)

경사면에 접하는 바퀴단의 반지름이 0.08 m인 이중 원통이 30° 경사진 궤도를 따라 반시계 방향으로 12 rad/s의 각속도로 미끄러짐없이 굴러 올라가고 있다. 8초 지난 후의 각속도를 구하라. 단 바퀴의 중심에 대한 회전반경은 0.1 m이다.

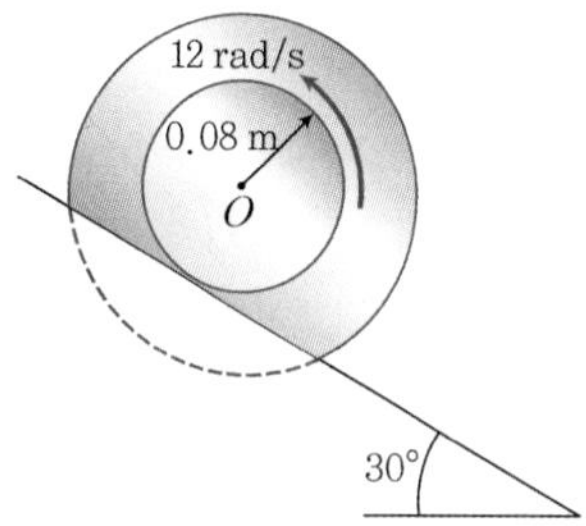

9.14 (예제 9.6의 연습)

바퀴 E의 질량은 300 kg이고 회전축에 대한 바퀴 E의 회전반경은 0.6 m이다. 물체 D의 질량은 50 kg이다. 바퀴 E와 브레이크 사이의 마찰계수는 0.5이다. 브레이크의 질량은 무시할 만하다. 물체 D는 최초 아랫 방향으로 6 m/s의 속도로 내려가다 브레이크의 작용으로 멈춘다. 멈추는데 걸리는 시간을 구하라.

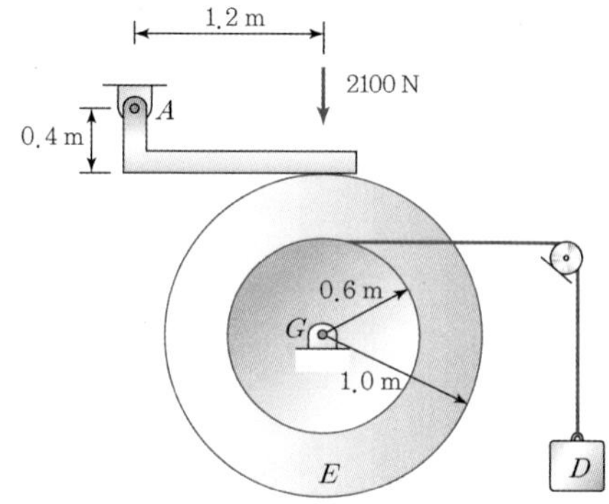

9.15 (예제 9.7의 연습 1/2)

질량이 2.0 kg이고 반경이 0.05 m인 두 개의 단단한 구가 수평 막대에 끼워져 A와 B 위치에 있다. 수평 막대는 수직축 y에 관해 양의 방향으로 5 rad/s의 각속도로 회전하고 있다. 이 위치에서 구 A와 구 B를 연결된 줄(cord)이 갑자기 끊어졌다. 질량중심(y축)에 대한 막대와 추축(pivot)의 질량관성모멘트가 $I_R = 0.40 \text{ kg m}^2$일 때, 다음을 구하라.

(a) 공이 위치 A'와 B'에 각각 왔을 때 각속도

(b) 공들과 멈춤장치 A'와 B'가 소성충돌(plastic impact)을 하였다면 이로 인해서 소실된 에너지 (단, 공의 질량관성모멘트의 계산시 수평 막대 부위의 공의 파여짐은 무시한다.)

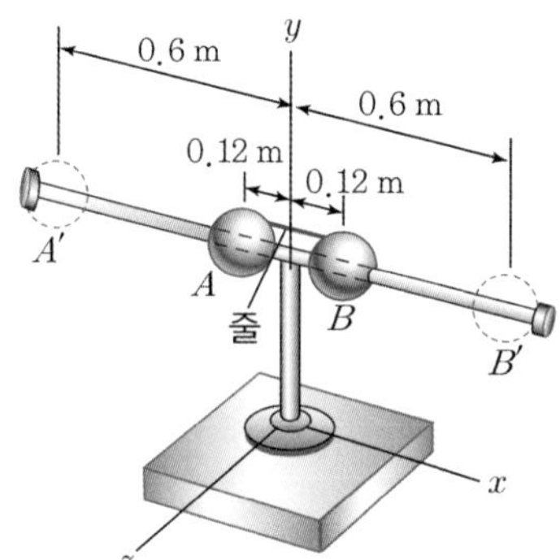

9.16 (예제 9.7의 연습 2/2)

질량이 100 kg의 균일한 공 A와 50 kg의 평판 B가 정지하고 있다. 400 N의 힘이 평판 B에 작용하기 시작하고, 0.4초 후의 공 중심의 속도를 구하라. 공 A는 평판 B 위에서 미끄러지지 않고 구르며, 평판 B와 평평한 바닥과의 마찰력은 무시할 만하다고 가정한다.

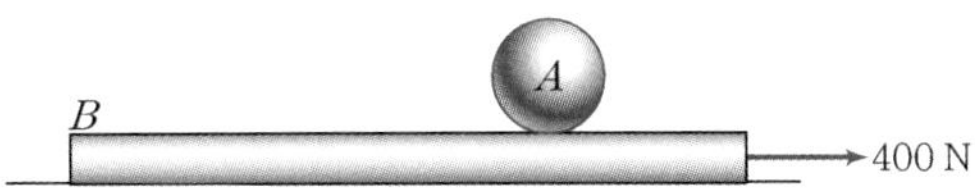

9.17 (예제 9.8의 연습 1/3)

질량이 20 kg이고 길이가 3 m인 균일한 막대 AB가 힌지 점 A를 중심으로 수직위치에서 정지했다가 회전하여 범퍼 C에 충돌한 후 다시 튀어 오른다. 충돌의 반발계수가 0.5일 때, 다음 물음에 답하시오. (단, 운동시 발생하는 마찰은 무시한다)[2007년 행정고등고시(기술직)]

(a) 질량 m, 길이 L인 막대 AB에 대하여 점 A를 회전중심으로 한 질량관성모멘트를 유도하라.

(b) 충돌 직후 막대의 각속도를 구하라.

(c) 충돌 후 막대가 반발 상승하여 수평면과 이루는 최대각을 구하라.

(d) 충돌 과정에서 소멸되는 역학적 에너지를 구하라.

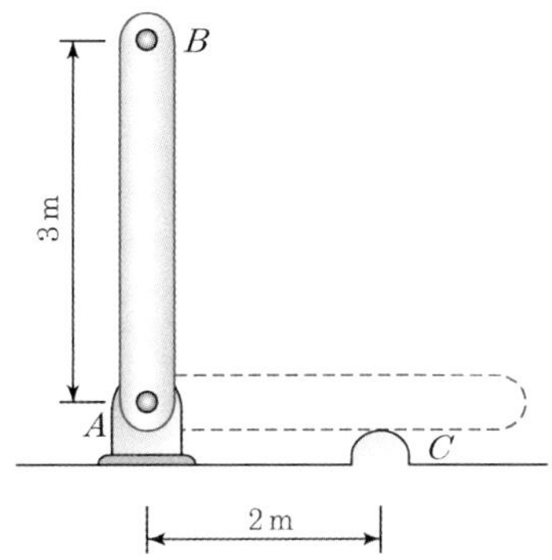

9.18 (예제 9.8의 연습 2/3)

8 kg의 쇠공과 3 kg의 막대로 구성된 진자가 있다. 만일 $\theta = 90°$일 때 정지 상태로부터 움직인다면, 공이 벽을 치고 되튀어 올라가 순간적으로 정지하는 점에서 각 θ를 구하라. 단, 반발계수는 $e = 0.8$로 한다.

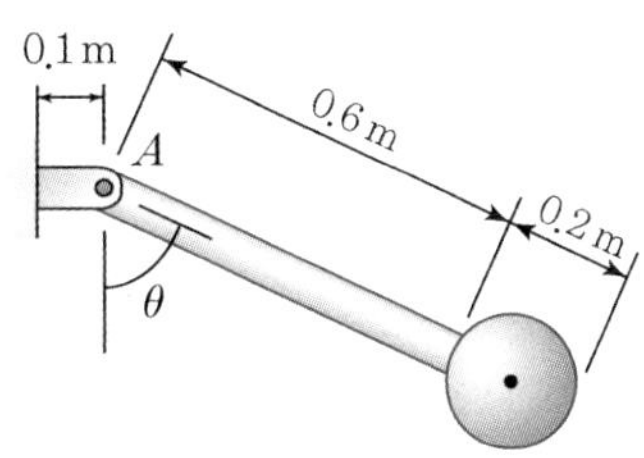

9.19 (예제 9.8의 연습 3/3)

질량이 4 kg이고 길이가 1.1 m인 균일한 가는 막대 CD가 점 E에서 마찰이 없는 핀에 의해 지지되고, 점 F에서 단순지지된다. 1 kg의 공 A가 4 m 높이에서 떨어져 막대의 왼쪽 끝을 때리고 있다. 반발계수 $e = 0.6$이라 하고, 다음을 구하라.

(a) 충돌 직후 공의 속도와 막대 CD의 각속도

(b) 충돌시간 0.002 s 동안 점 E에서 충돌에 의하여 추가로 발생한 반력의 평균값

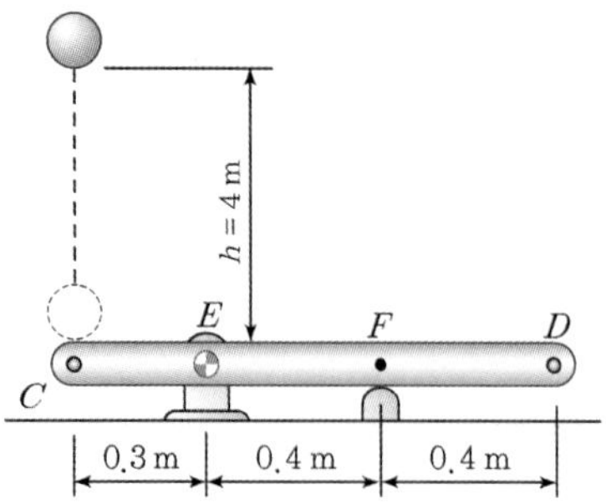

9.20 (예제 9.9의 연습)

v_G의 속도로 수평면을 굴러가는 구가 높이 H의 턱에 부딪쳤다. 구가 넘어갈 수 있는 최대 높이 $H_{\max}$는 얼마인가? 구가 구석점 A에 부딪치는 동안의 반발계수는 0(영)이라고 가정한다.

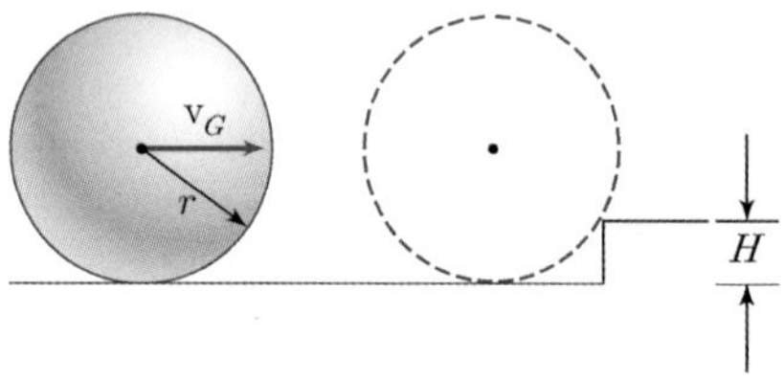

9.21 (예제 9.10의 연습 1/2)

끝부분에 공이 달린 막대가 수평 방향의 위치에서 정지상태로부터 아래로 내려와서 가장 낮은 지점(수직 방향)에서 상자와 부딪친다. 부딪히는 순간 공의 중심과 상자의 중심은 같은 높이에 있다. 공과 상자 사이의 반발계수는 $e = 0.6$이다. 막대는 길이 1 m, 질량 2 kg이며, 구는 반지름 0.2 m, 질량 8 kg이며, 상자는 $b = 0.4$ m, $H = 0.5$ m, 질량 3 kg이다. 상자와 바닥 사이의 마찰계수는 0.2이다. 정지 상태에 있었던 상자는 충돌 후 얼마나 멀리 미끄러지겠는가? 단, 공과 상자는 한번만 부딪친다고 가정하자.

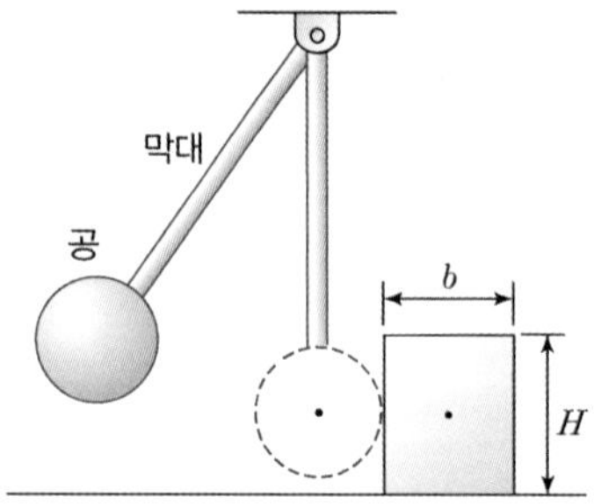

9.22 (예제 9.10의 연습 2/2)

공의 질량은 0.1 kg이고, 막대가 수평인 위치로부터 내려와 수직인 위치로 되었을 때, 막대에 부착된 공이 정지상태에 있던 물체를 친다. 막대의 질량은 무시할 수 있으며, 물체의 질량은 0.5 kg이다. 반발계수는 $e = 0.6$이다. 충격을 받은 물체가 움직여 스프링에 부딪힐 때 스프링의 최대 변형량을 구하라. 충돌 순간 공의 중심과 물체의 중심의 높이는 같다. 공은 처음의 충돌이 있은 직후 즉시 제거된다.

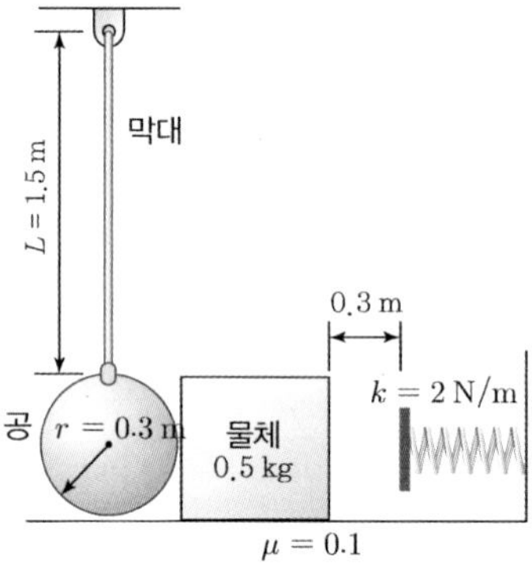

9.23 (예제 9.11의 연습)

핀으로 연결되어 수직 상태에서 정지하고 있는 24 kg의 균일한 막대기에 3 kg의 물체 A가 15 m/s 속도로 부딪쳤다. 반발계수가 0.8이라고 할 때, 충돌 직후의 막대의 각속도를 구하라.

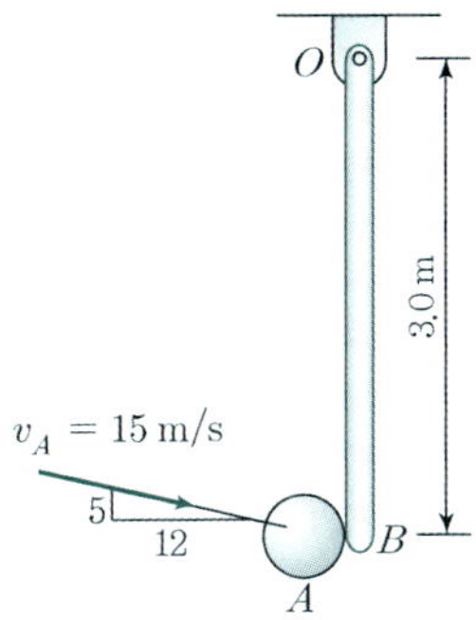

9.24 (예제 9.12의 연습 1/4)

마찰이 없는 핀에 의해 축에 수직으로 매달려 있는 질량이 3 kg이고 길이가 0.8 m인 가늘고 균일한 막대 AB에 2 g의 탄알이 날아와 박힌다. 충돌 직전 탄알의 속력이 350 m/s일 때 다음을 구하라.

(a) 충돌 직후 막대의 각속도와 질량중심의 속도

(b) 충돌시간 $\Delta t = 0.001$ s 동안 막대와 탄알 사이의 평균 접촉력

(c) 충돌시간 $\Delta t = 0.001$ s 동안 핀 A에 의해서 막대에 작용된 힘의 평균 크기

(d) 충돌동안 계의 손실 에너지

(e) 충돌 후 막대가 놀아가는 최대 각

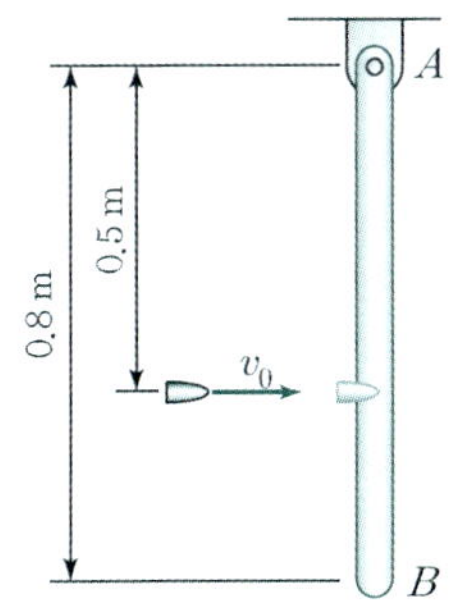

9.25 (예제 9.12의 연습 2/4)

최초 4 kg의 가는 막대가 위치 O에 핀으로 연결되어 있고 정지상태에 있다. 3 g의 총알이 그림과 같이 500 m/s의 속도로 날라와 정지해있던 막대에 박힌다. 총알이 박힌 직후의 봉의 각속도를 구하라.

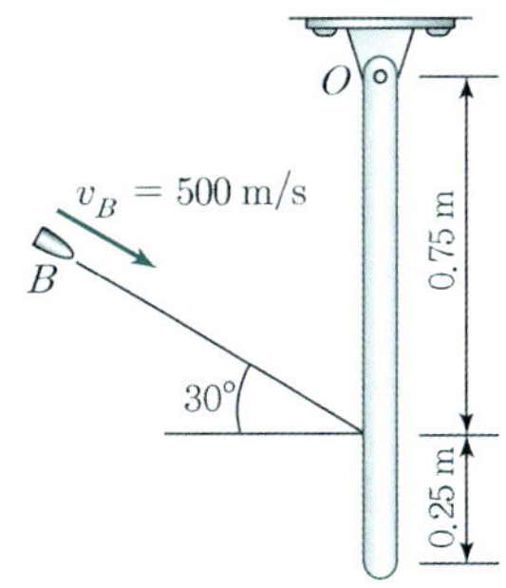

9.26 (예제 9.12의 연습 3/4)

30 g의 총알 B가 500 m/s의 속도로 그림과 같이 핀 A에 정지상태로 매달려 있는 4 kg의 정사각형 판의 질량중심 G를 향하여 발사된다. 총알이 판에 박히는 데 1.2 ms가 걸렸다고 가정할 때, 다음을 구하라.

(a) 총알이 박힌 직후 판의 각속도

(b) 핀 A에서 발생하는 충격력

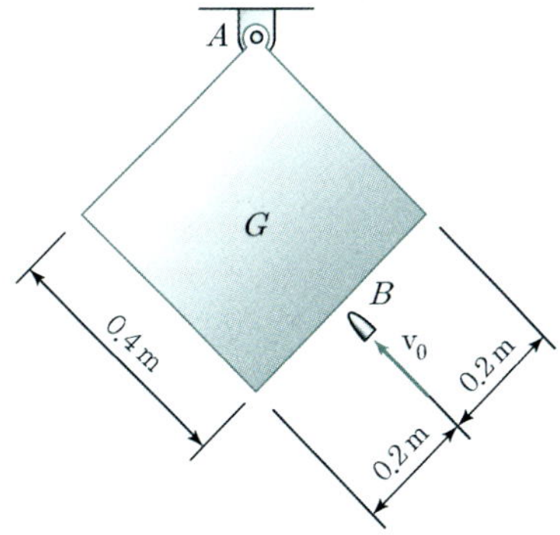

9.27 (예제 9.12의 연습 4/4)

질량이 5 kg이고 길이가 1.2 m인 가늘고 균일한 막대 AB가 그림과 같이 질량중심에 설치된 마찰없는 핀을 중심으로 반시계 방향으로 10 rad/s으로 회전하고 있다. 막대가 수평위치로 되었을 때, 높이 1.5 m에서 떨어진 4 kg의 조각이 떨어져 막대 끝에 붙었다. 다음을 구하라.

(a) 충돌 후 막대의 회전 각속도와 조각의 속도

(b) 충돌시간 $\Delta t = 0.005$ s 동안 막대와 조각 사이의 평균 접촉력

(c) 충돌시간 $\Delta t = 0.005$ s 동안 막대에 대한 핀의 평균 반력의 크기

(d) 충돌하는 동안 계에서 손실된 에너지

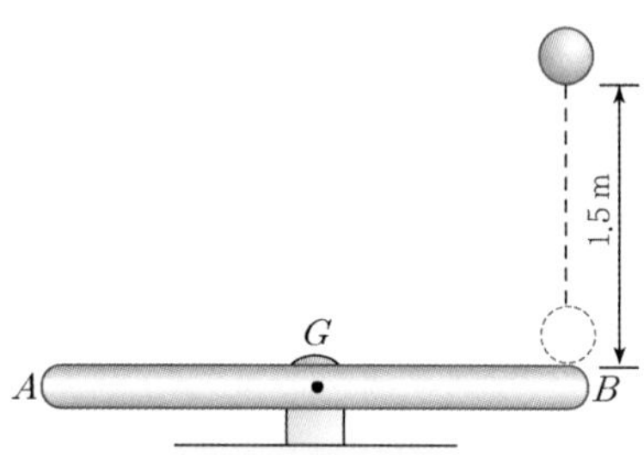

연습문제 해답

9.1 $\Delta t = 1.19$ s

$\boldsymbol{\omega}_{A2} = 26.5$ rad/s ↺

$\boldsymbol{\omega}_{B2} = 8.46$ rad/s ↻

9.2 $\boldsymbol{\omega}_2 = 38.5$ rad/s ↻

9.3 $\mathbf{M} = 130$ Nm ↻

9.4 $\boldsymbol{\omega}_2 = 1.16$ rad/s ↺

9.5 $\mathbf{v}_B = 15.95$ m/s ←

9.6 $t = 5.45$ s

9.7 $m_B = 0.368$ kg

9.8 (a) $\mathbf{P}\Delta t = 284.4$ N·s →

(b) $\mathbf{O}_x \Delta t = 44.4$ N·s ←

9.9 $\boldsymbol{\omega}_1 = 6.67$ rad/s ↺

9.10 $t = \sqrt{\dfrac{2S}{\mu_k g}}$

$\boldsymbol{\omega} = \dfrac{2}{r}\sqrt{2\mu_k g S}$ ↺

9.11 $\theta = 31.0°$

9.12 $\Delta t = 0.40$ s

9.13 $\boldsymbol{\omega}_2 = 179$ rad/s ↻

9.14 $\Delta t = 2.08$ s

9.15 (a) $\boldsymbol{\omega}_2 = 1.25$ rad/s ↻

(b) $E_{\text{loss}} = 4.32$ J

9.16 $\mathbf{v}_{A2} = 0.582$ m/s →

9.17 (b) $\boldsymbol{\omega}_2 = 1.566$ rad/s ↺

(c) $\theta_3 = 14.5°$

(d) $E_{loss} = 220.7$ J

9.18 $\theta = 68.9°$

9.19 (a) $\mathbf{v}_{A2} = 3.599$ m/s ↑

$\boldsymbol{\omega}_2 = 5.720$ rad/s ↺

(b) $\mathbf{R}_E = 4432$ N ↑

9.20 $H_{\max} = \dfrac{7r}{5}\left\{\dfrac{gr}{v_G^2} + 1 - \sqrt{\left(\dfrac{gr}{v_G^2} + 1\right)^2 - 1}\right\}$

9.21 $\Delta x = 4.421$ m

9.22 $x = 0.227$ m

9.23 $\boldsymbol{\omega}' = 2.266$ rad/s ↺

9.24 (a) $\boldsymbol{\omega}' = 0.546$ rad/s ↺

$\mathbf{v}_G{}' = 0.273$ m/s →

(b) $F = 699.5$ N

(c) $\mathbf{A} = 54.2$ N 32.9°

(d) $\Delta E_{loss} = 122.4$ J

(e) $\theta = 7.3°$

9.25 $\boldsymbol{\omega}_2 = 0.272$ rad/s ↺

9.26 $\mathbf{A} = 9099$ N 76.3°

9.27 (a) $\boldsymbol{\omega}' = 3.441$ rad/s ↻

$\mathbf{v}' = 2.065$ m/s ↓

(b) $\mathbf{F} = 2688$ N ↑

(c) $\mathbf{R} = 1085$ N ↑

(d) $\Delta E_{loss} = 76.8$ J

부록

A 질량관성모멘트와 질량관성적

[1] 강체의 질량관성모멘트(mass moment of inertia)

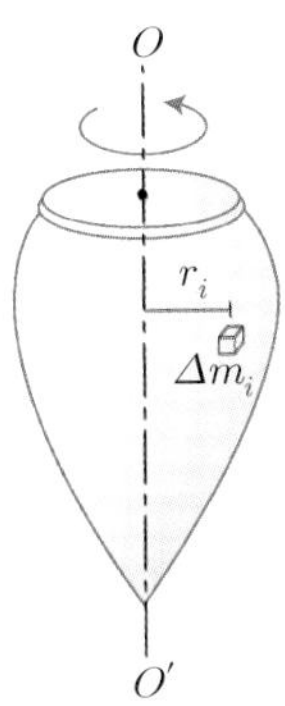

그림 A.1 질량중심축에 대하여 대칭인 물체의 회전

질량관성모멘트의 개념을 이해하기 위하여 질량중심축에 대하여 대칭인 강체에 작용하는 모멘트가 어떤 영향을 미치는가에 대하여 생각하여 보자.

질량중심축 $O-O'$를 중심으로 하여 각가속도 $\boldsymbol{\alpha}$로 회전하는 강체를 회전시키는데 필요한 모멘트를 생각해보자. 회전하는 중심축으로부터 $\mathbf{r}_i$만큼 떨어진 지점에 있는 미소요소(element of mass) Δm_i에 $\mathbf{F}_i$의 힘이 가해진다고 가정하자.

뉴튼의 제 2법칙에 의하여 다음 식이 성립한다.

$$\mathbf{F}_i = \Delta m_i(\mathbf{a}_i)$$

그리고 중심축에 대하여 회전하므로 다음 식도 성립한다.

$$\mathbf{r}_i \times \mathbf{F}_i = \mathbf{r}_i \times \Delta m_i(\mathbf{a}_i) \tag{A.1}$$

여기서 $\mathbf{r}_i$와 $\mathbf{a}_i$는 회전 중심축 $O-O'$에 대한 값으로서 $\mathbf{r}_{i/O}$와 $\mathbf{a}_{i/O}$와 같다.

제 i번째 미소요소의 가속도는 다음과 같이 표현된다. 따라서 강체를 구성하는 미소요소들 사이에는 일정한 거리가 항상 유지되므로 강체 내에서 미소요소들의 각속도 $\boldsymbol{\omega}$와 각가속도 $\boldsymbol{\alpha}$는 위치에 상관없이 일정하게 유지된다.

$$\mathbf{a}_i = \boldsymbol{\alpha} \times \mathbf{r}_{i/O} - \mathbf{r}_{i/O}\,\omega^2 \tag{A.2}$$

식 (A.1)의 우변에서 $\mathbf{r}_i$에 가속도 $\mathbf{a}_i$가 곱하여지는데 식 (A.2)의 두 번째 항은 $\mathbf{r}_i$에 평행하므로 곱한 값이 0이 된다. 즉, $\mathbf{r}_i \times \mathbf{r}_i = 0$이다. 따라서, 회전력에 의하여 반경방향의 가속도는 발생하지 않고 원주 방향의 가속도만 발생한다. 식 (A.1)은 다음과 같이 다시 쓸 수 있다.

$$\mathbf{r}_i \times \mathbf{F}_i = \mathbf{r}_i \times \Delta m_i(\boldsymbol{\alpha} \times \mathbf{r}_i) \tag{A.3}$$

윗 식을 강체 전체에 대하여 적용하면 다음과 같다.

$$\Sigma\mathbf{r}_i \times \mathbf{F}_i = \Sigma(r_i^2\,\Delta m_i\,\boldsymbol{\alpha}) \tag{A.4}$$

윗 식을 적분 형태로 나타내면 다음과 같다.

$$\Sigma\mathbf{M} = \int r^2\,dm\,\boldsymbol{\alpha}$$

여기서 r은 회전중심축으로부터 미소요소의 질량 dm에 이르는 최단거리이다.

즉,

$$\Sigma\mathbf{M} = I\boldsymbol{\alpha} \tag{A.5}$$

여기서 강체의 질량관성모멘트 I는 다음과 같이 정의한다.

$$I = \int_m r^2\,dm \tag{A.6}$$

구체적으로 각 축에 대한 질량관성모멘트는 다음과 같다.

i) x축에 대한 질량관성모멘트

$$I_x = \int_m r_x^2\,dm = \int_m (y^2 + z^2)\,dm \tag{A.6a}$$

표 A.1 질량중심에 대한 질량관성모멘트 (mass moment of inertia for mass center)

형상	질량관성모멘트	형상	질량관성모멘트
Slender bar 가는 막대 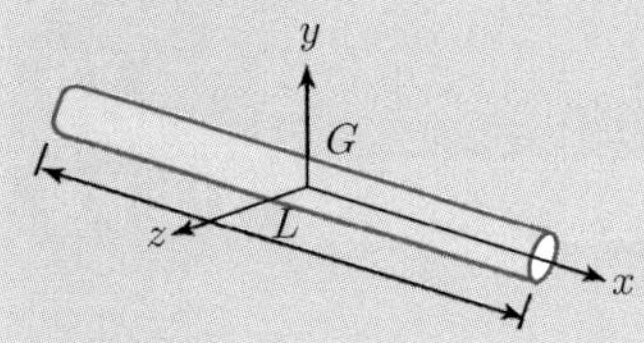	$I_x = 0$ $I_y = I_z = \frac{1}{12}mL^2$	Thin disk 얇은 원형판 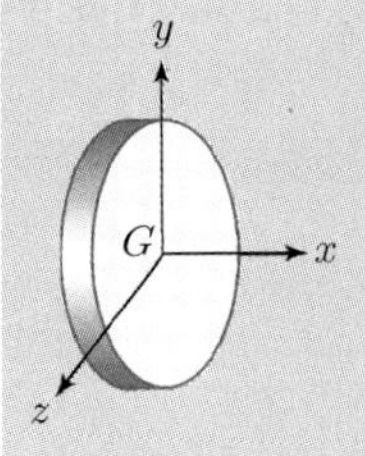	$I_x = \frac{1}{2}mR^2$ $I_y = I_z$ $= \frac{1}{4}mR^2$
Circular cylinder 원형실린더 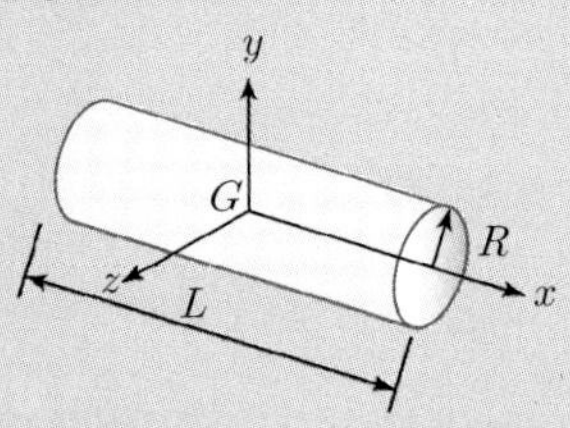	$I_x = \frac{1}{2}mR^2$ $I_y = I_z$ $= \frac{m}{12}(3R^2 + L^2)$	Sphere 공 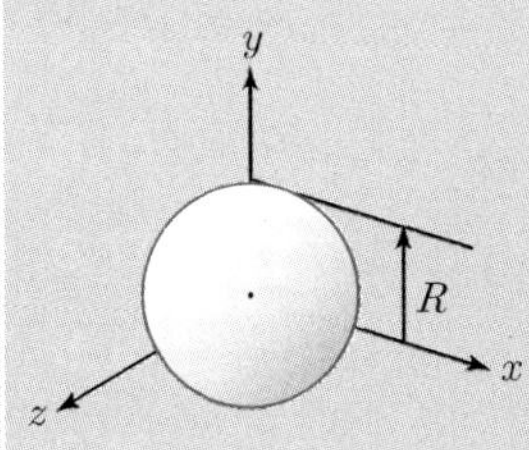	$I_x = I_y = I_z$ $= \frac{2}{5}mR^2$
Thin rectangular plate 얇은 판 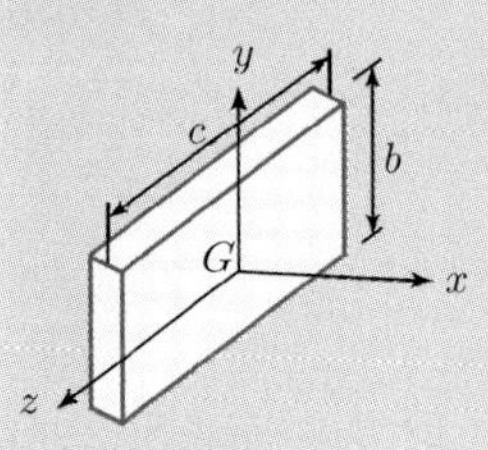	$I_x = \frac{m}{12}(b^2 + c^2)$ $I_y = \frac{m}{12}c^2$ $I_z = \frac{m}{12}b^2$	Rectangular prism 직육면체 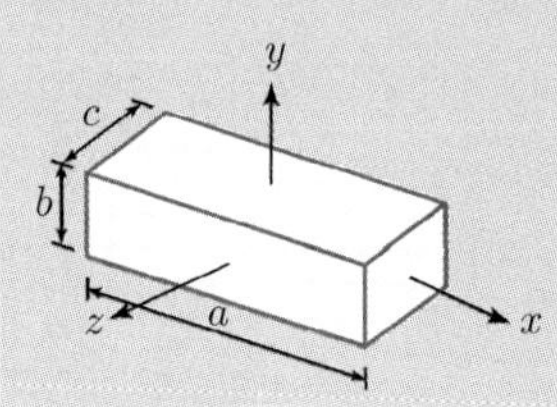	$I_x = \frac{m}{12}(b^2+c^2)$ $I_y = \frac{m}{12}(c^2+a^2)$ $I_z = \frac{m}{12}(a^2+b^2)$

(주) 얇은 평판은 실린더 또는 직육면체의 길이 방향을 무시한 경우로 볼 수 있으며, 가는 막대는 실린더 또는 직육면체의 양 두께를 무시한 경우로 볼 수 있다.

ii) y축에 대한 질량관성모멘트

$$I_y = \int_m r_y^2 dm = \int_m (z^2 + x^2) dm \tag{A.6b}$$

iii) z축에 대한 질량관성모멘트

$$I_z = \int_m r_z^2 dm = \int_m (x^2 + y^2) dm \tag{A.6c}$$

[2] 회전반경 (radius of gyration)

회전반경 k는 다음과 같이 정의한다. 회전체의 반경 r과 전혀 다른 의미를 가지며, 질량과 질량관성모멘트와의 관계를 나타낸다.

$$k = \sqrt{\frac{I_O}{m}} \tag{A.7}$$

여기서 I_O는 회전중심점 O에 대한 질량관성모멘트, m은 질량이다.

윗 식을 질량관성모멘트로 정리하면 다음과 같다.

$$I_O = k^2 m \tag{A.8}$$

[3] 질량관성적(곱) (product of inertia)

질량관성적(곱)는 강체가 어떤 평면에 대하여 비대칭일 때 물체의 회전에 따른 모멘트를 계산할 때 고려하는 것으로서 다음과 같이 정의한다.

$$I_{xy} = \int_m xy\, dm \tag{A.9}$$

$$I_{yz} = \int_m yz\, dm \tag{A.10}$$

$$I_{zx} = \int_m zx\, dm \tag{A.11}$$

만약 물체가 xy 평면에 대해 대칭이면 $I_{xy(G)} = 0$이고, 만약 물체가 yz 평면에 대해 대칭이면 $I_{yz(G)} = 0$이며, 만약 물체가 zx 평면에 대해 대칭이면 $I_{zx(G)} = 0$이다.

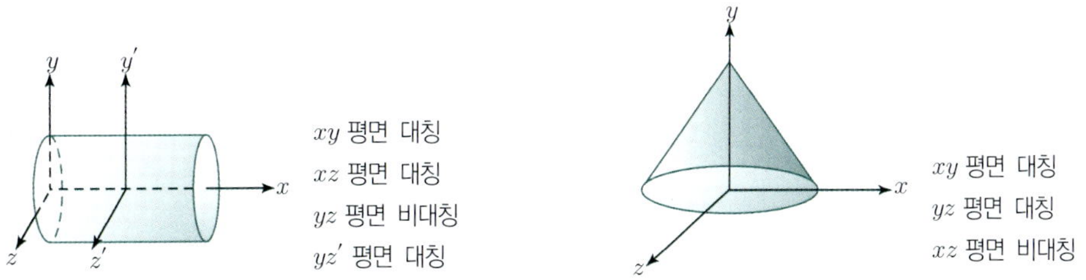

(a) xy 평면에 대칭인 물체

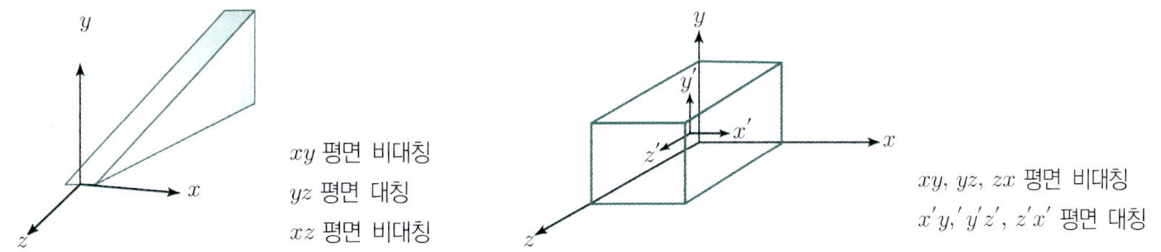

(b) xy 평면에 대하여 비대칭인 물체

그림 A.2 xy 평면에 대칭인 물체와 비대칭인 물체

[4] 평행축 정리(parallel-axes theorem)

같은 물체라도 물체의 어느 부분을 축으로 회전하느냐에 따라 물체의 질량관성모멘트와 질량관성적은 달라진다. 그 때마다 새롭게 물체의 질량관성모멘트와 질량관성적을 계산하는 것보다 어느 기준점(일반적으로 질량중심점)에 대한 값을 계산하고 회전축이 변경되면 그 값이 어떻게 달라지는가를 알아볼 필요가 있다.

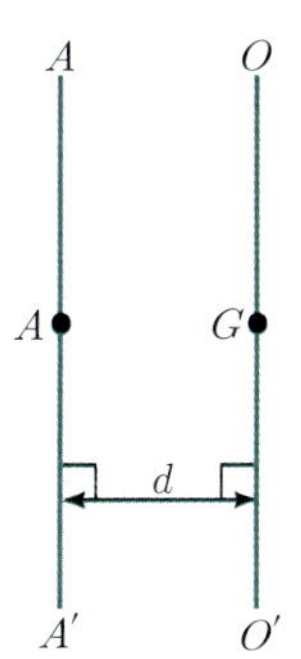

그림 A.3 평행축 정리

(1) 질량관성모멘트에 대한 평행축 정리의 적용

질량관성모멘트 값이 질량중심에서 가장 작다. 회전축을 질량중심 축 $O - O'$으로부터 d 만큼 이동하였을 때 새로운 축 $A - A'$에 대한 질량관성모멘트는 다음과 같다.

$$I_A = I_G + m d^2 \tag{A.12}$$

여기서 I_G는 질량중심에서 질량관성모멘트의 값,

I_A는 질량중심에서 d만큼 이동하였을 때 질량관성모멘트의 값,

d는 질량중심축 $O - O'$과 새로운 축 $A - A'$과의 최단 거리이다.

윗 식을 구체적으로 쓰면 다음과 같다.

$$I_{xxA} = I_{xxG} + m(\bar{y}^2 + \bar{z}^2) \tag{A.12a}$$

$$I_{yyA} = I_{yyG} + m(\bar{z}^2 + \bar{x}^2) \tag{A.12b}$$

$$I_{zzA} = I_{zzG} + m(\bar{x}^2 + \bar{y}^2) \tag{A.12c}$$

여기서 $\bar{x}$, $\bar{y}$, $\bar{z}$는 질량중심축으로부터 회전축까지 좌표축상의 거리로서 양의 수이다.

(2) 질량관성적에 대한 평행축 정리의 적용

질량관성적의 값도 질량중심에서 가장 작다. 회전축을 질량중심 축 $O - O'$으로부터 $\bar{x}$, $\bar{y}$, $\bar{z}$ 만큼 이동하였을 때 새로운 축 $A - A'$에 대한 질량관성적은 다음과 같다.

$$I_{xyA} = I_{xyG} + m\bar{x}\,\bar{y} \tag{A.13a}$$

$$I_{yzA} = I_{yzG} + m\bar{y}\,\bar{z} \tag{A.13b}$$

$$I_{zxA} = I_{zxG} + m\bar{z}\,\bar{x} \tag{A.13c}$$

여기서 I_G는 질량중심점 G에서 질량 관성적의 값, I_A는 질량중심에서 $\bar{x}$, $\bar{y}$, $\bar{z}$ 만큼 이동하였을 때 질량관성적의 값이다.

[5] 질량관성모멘트와 질량관성적의 계산 예

보기 A.1 질량 m, 길이 L인 가는 막대의 질량중심 G에 대한 질량관성모멘트 $I_{z(G)}$을 구하라.

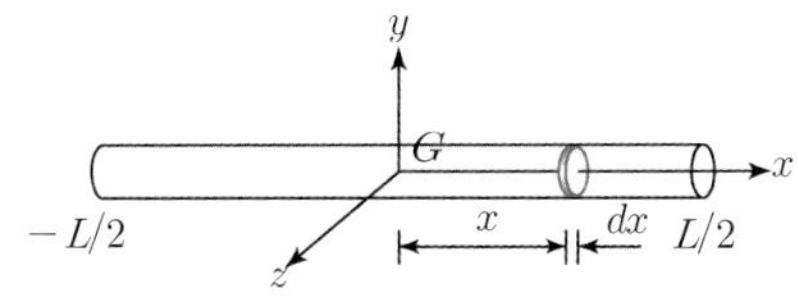

풀이

i) 질량중심점 G에 대한 질량관성모멘트

$dm = \rho\, dx$, 여기서 ρ은 선밀도 $(= m/L)$이다.

$$I_{z(G)} = \int x^2\, dm$$

$$= \int_{-\frac{L}{2}}^{\frac{L}{2}} x^2 (\rho\, dx) = \frac{1}{12} m L^2$$

ii) 막대 끝점 A에 대한 질량관성모멘트

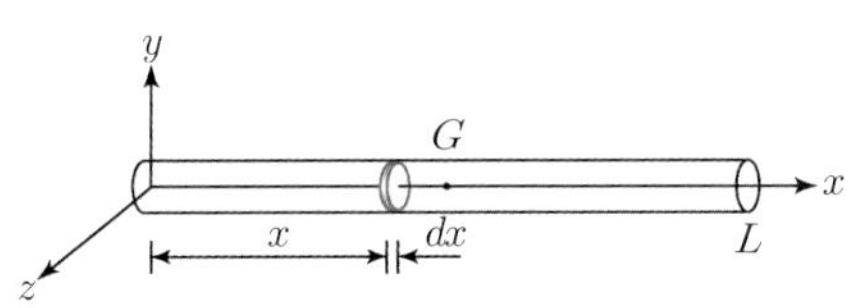

앞에서 구한 질량중심 G에 대한 질량관성모멘트에 평형축 정리를 적용하여 구할 수 있다.

$$I_{z(A)} = I_{z(G)} + md^2$$

$$= \frac{1}{12} m L^2 + m\left(\frac{L}{2}\right)^2 = \frac{1}{3} m L^2$$

또한 i)에서 구한 방법으로 막대 끝점 A에 대한 질량관성모멘트를 구해보자.

$$I_{z(A)} = \int_0^L x^2 (\rho\, dx) = \frac{1}{3} m L^2$$

보기 A.2 질량 m, 반경 R인 얇은 원형판의 질량중심 G에 대한 질량관성모멘트 I_x, I_y,I_z와 질량관성적 I_{xy}, I_{yz}, I_{zx}을 구하라.

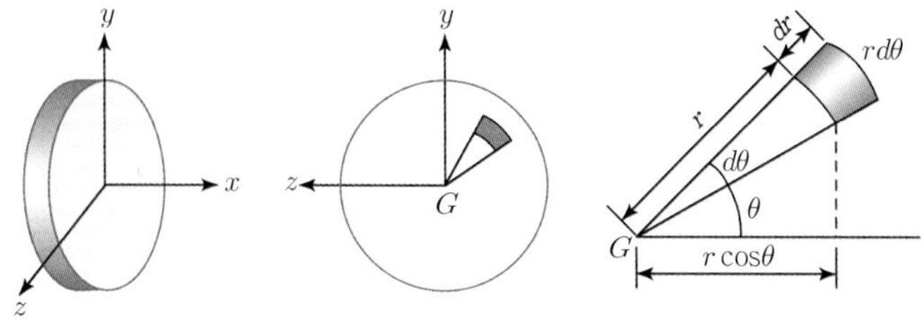

풀이

i) 질량관성모멘트

미소요소의 질량은 $dm = \rho r\, d\theta\, dr$

여기서 ρ는 면밀도 $(= m/\pi R^2)$이다.

$$I_{x(G)} = \int_m r^2\, dm$$

$$= \int_0^R \int_0^{2\pi} r^2 \rho r\, d\theta\, dr = \frac{1}{2} m R^2$$

$$I_{y(G)} = I_{z(G)} = \int_m (r\cos\theta)^2\, dm$$

$$= \int_0^R \int_0^{2\pi} (r^2 \cos^2\theta) \rho r\, d\theta\, dr = \frac{1}{4} m R^2$$

ii) 질량관성적

또한, 평면 xy, yz, zx에 대하여 각각 대칭이므로 질량관성적 $I_{xy(G)}$, $I_{yz(G)}$, $I_{zx(G)}$는 각각 0이다.

참고

유한 적분

$$\int_0^{\pi/2} \sin^{2m} x\, dx = \int_0^{\pi/2} \cos^{2m} x\, dx = \frac{2m-1}{2m} \cdot \frac{2m-3}{2m-2} \cdots \frac{3}{4} \cdot \frac{1}{2} \cdot \frac{\pi}{2}$$

$(m = 1, 2, 3, \cdots)$

$$\int_0^{\pi/2} \sin^{2m+1} x\, dx = \int_0^{\pi/2} \cos^{2m+1} x\, dx = \frac{2m}{2m+1} \cdot \frac{2m-2}{2m-1} \cdots \frac{4}{5} \cdot \frac{2}{3}$$

$(m = 1, 2, 3, \cdots)$

계산예)

$$\int_0^{2\pi} \cos^2 x\, dx = 4\int_0^{\pi/2} \cos^2 x\, dx = 4 \cdot \left[\frac{1}{2} \cdot \frac{\pi}{2}\right] = \pi$$

$$\int_0^{\pi/2} \cos^4 x\, dx = \frac{3}{4} \cdot \frac{1}{2} \cdot \frac{\pi}{2} = \frac{3}{16}\pi$$

보기 A.3 질량 m, 가로 a, 세로 b인 얇은 사각형판의 질량중심 G에 대한 질량관성모멘트 I_G를 구하라.

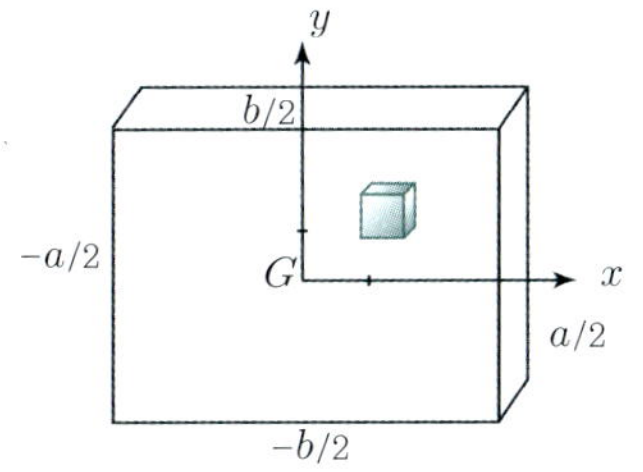

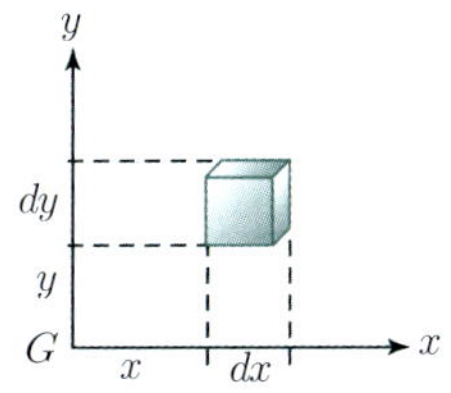

풀이

미소요소의 질량 $dm = \rho\, dx\, dy$

여기서 ρ는 면밀도 $(= m/ab)$이다.

$$I_{z(G)} = \int (x^2 + y^2)\, dm$$

$$= \int_{-b/2}^{b/2} \int_{-a/2}^{a/2} (x^2 + y^2)\, \rho\, dx\, dy = \frac{1}{12} m(a^2 + b^2)$$

$$I_{x(G)} = \int y^2 dm$$

$$= \int_{-b/2}^{b/2} \int_{-a/2}^{a/2} y^2 \rho\, dx\, dy = \frac{1}{12} m b^2$$

같은 방법으로 $I_{y(G)} = \int x^2 dm = \frac{1}{12} m a^2$이다.

또한, 평면 xy, yz, zx에 대하여 각각 대칭이므로 질량관성적 $I_{xy(G)}$, $I_{yz(G)}$, $I_{yz(G)}$는 각각 0이다.

보기 A.4 질량 m, 각 변의 길이가 각각 a, b, c인 직육면체의 꼭지점 A에 대한 질량관성모멘트와 질량관성적을 구하라.

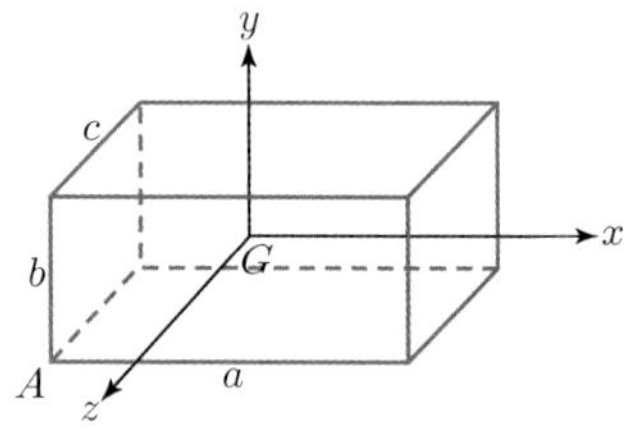

풀이

(보기 A.3)에서 구한 결과를 이용해 질량중심 G에 대한 질량관성모멘트와 질량관성적을 다음과 같이 구할 수 있다.

$$I_{x(G)} = \frac{1}{12} m (b^2 + c^2)$$

$$I_{y(G)} = \frac{1}{12} m (c^2 + a^2)$$

$$I_{z(G)} = \frac{1}{12} m (a^2 + b^2)$$

또한, 평면 xy, yz, zx에 대하여 각각 대칭이므로, 질량관성적 $I_{xy(G)}$, $I_{yz(G)}$, $I_{yz(G)}$는 각각 0이다.

이제 질량중심 G로부터 꼭지점 A까지의 이동거리가 $a/2$, $b/2$, $c/2$이므로 평행축 정리를 적용하여 꼭지점 A에 대한 질량관성모멘트와 질량관성적을 구해보자.

$$I_{x(A)} = I_{x(G)} + m\left[(\frac{b}{2})^2 + (\frac{c}{2})^2\right] = \frac{1}{3} m (b^2 + c^2)$$

$$I_{y(A)} = I_{y(G)} + m\left[(\frac{c}{2})^2 + (\frac{a}{2})^2\right] = \frac{1}{3} m (c^2 + a^2)$$

$$I_{z(A)} = I_{z(A)} + m\left[(\frac{a}{2})^2 + (\frac{b}{2})^2\right] = \frac{1}{3} m (a^2 + b^2)$$

$$I_{xy(A)} = I_{xy(G)} + m\frac{a}{2}\frac{b}{2} = \frac{1}{4}mab$$

$$I_{yz(A)} = I_{yz(G)} + m\frac{b}{2}\frac{c}{2} = \frac{1}{4}mbc$$

$$I_{zx(A)} = I_{zx(A)} + m\frac{c}{2}\frac{a}{2} = \frac{1}{4}mca$$

보기 A.5 질량 m, 길이 L, 반경 R인 원형실린더의 질량중심 G에 대한 질량관성모멘트와 질량관성적을 구하라.

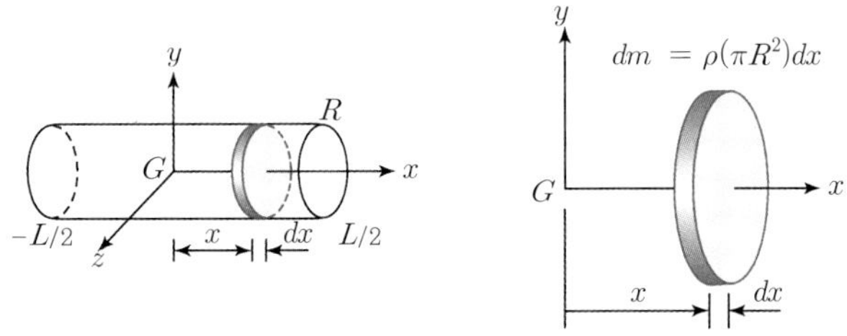

풀이

원형실린더의 x축에 대한 질량관성모멘트를 구하는 방법은 얇은 평판의 질량관성모멘트 유도와 같다. (보기 A.2 참조)

$$I_{x(G)} = \int r^2 dm = \frac{1}{2}mR^2$$

원형실린더의 y축에 대한 질량관성모멘트는 아래와 같이 두 항으로 분리되어, 앞의 항은 얇은 평판의 y축에 대한 질량관성모멘트 결과와 같다. (보기 A.2 참조)

$$I_{y(G)} = \int (z^2 + x^2)dm = \int z^2 dm + \int x^2 dm$$

미소요소의 질량은 $dm = \rho(\pi R^2)dx$이다.

$$I_{y(G)} = \frac{1}{4}mR^2 + \int_{-\frac{L}{2}}^{\frac{L}{2}} x^2 (\rho\pi R^2 dx)$$

여기서 ρ는 밀도 $(= m/\pi R^2 L)$이다.
윗 식을 계산하면

$$I_{y(G)} = \frac{1}{12}m(3R^2 + L^2)$$

같은 방법으로 $I_{z(G)} = \frac{1}{12}m(3R^2 + L^2)$이다.

또한, 평면 xy, yz, zx에 대하여 각각 대칭이므로 질량관성적 $I_{xy(G)}$, $I_{yz(G)}$, $I_{zx(G)}$는 각각 0이다.

보기 A.4 질량 m, 반경 R인 구의 질량중심 G에 대한 질량관성모멘트와 질량관성적을 구하라.

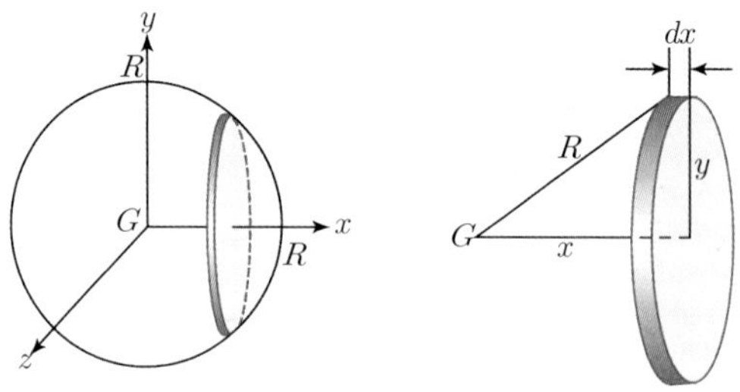

풀이

중심으로부터 x만큼 떨어진 미소평판의 반경 y는

$$y = \sqrt{R^2 - x^2}$$

미소평판의 질량은 $dm = \rho(\pi y^2)dx$에서

$$m = \int dm = \int \rho\pi y^2 dx = \int_{-R}^{R} \rho\pi(R^2 - x^2)dx = \rho\frac{4}{3}\pi R^3$$

미소평판의 질량관성모멘트를 구하면 다음과 같다.

$$dI_x = \frac{1}{2}y^2 dm = \frac{1}{2}\rho\pi y^4 dx = \frac{1}{2}\rho\pi(R^2 - x^2)^2 dx$$

따라서 구의 질량관성모멘트는 다음과 같이 유도된다.

$$I_x = \int dI_x = \int_{-R}^{R} \frac{1}{2}\rho\pi(R^2 - x^2)^2 dx$$

$$= \int_0^R \rho\pi(R^4 - 2R^2x^2 + x^4)dx = \frac{2}{5}mR^2$$

같은 방법으로 $I_y = I_z = \dfrac{2}{5}mR^2$이다.

또한, 평면 xy, yz, zx에 대하여 각각 대칭이므로 질량관성적 $I_{xy(G)}$, $I_{yz(G)}$, $I_{zx(G)}$는 각각 0이다.

B 평면운동을 하는 강체에 적용하는 식

xy 평면에 대하여 일반적인 평면운동(general plane motion)을 하는 강체(rigid body)는 2차원 운동을 말하며 다음의 조건을 만족하는 운동을 뜻한다.

x 축에 대하여 : $\omega_x = 0$; a_x

y 축에 대하여 : $\omega_y = 0$; a_y

z 축에 대하여 : ω_z, α

즉, 0으로 단정하지 않는 것들은 다음과 같다.

$$a_x,\ a_y,\ \omega_z,\ \alpha_z$$

그림 B.1에서 임의의 점 A로부터 미소질량 m_i까지의 거리는 다음과 같다.

$$\mathbf{r}_i = \mathbf{r}_{G/A} + \boldsymbol{\rho}_i$$

여기서 $\boldsymbol{\rho}_i$는 질량중심 G에서 i번째 미소질량까지의 변위이다.

미소질량 m_i가 움직이는 가속도는 다음과 같다.

$$\mathbf{a}_i = \mathbf{a}_G + \mathbf{a}_{i/G}$$

즉

$$\mathbf{a}_i = \mathbf{a}_G + \boldsymbol{\alpha} \times \boldsymbol{\rho}_i + \boldsymbol{\omega} \times (\boldsymbol{\omega} \times \boldsymbol{\rho}_i) \tag{B.1}$$

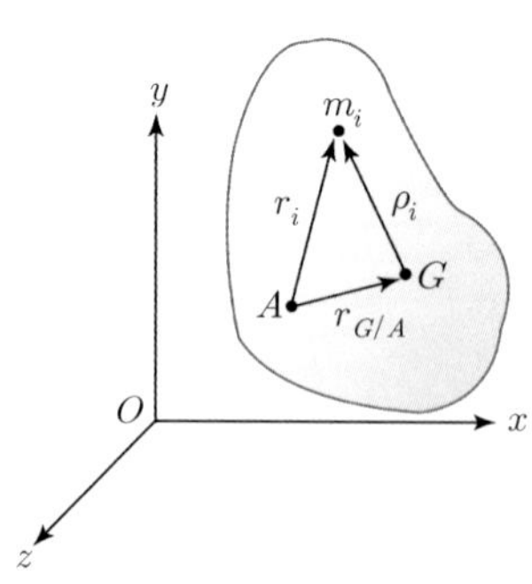

그림 B.1 강체의 운동 표기

여기서 질량중심 G로부터 미소 질량 m_i까지의 변위 $\boldsymbol{\rho}_i$를 직각좌표계로 나타내면 다음과 같다.

$$\boldsymbol{\rho}_i = x_i\mathbf{i} + y_i\mathbf{j} + z_i\mathbf{k}$$

미소질량 m_i에 작용하는 미소 힘 $\mathbf{F}_i$를 점 A에 대한 모멘트로 나타내면 다음과 같다.

$$\mathbf{M}_{i/A} = \mathbf{r}_{i/A} \times \mathbf{F}_i = \mathbf{r}_{i/A} \times m_i \mathbf{a}_i \tag{B.2}$$

식 (B.1)을 식 (B.2)에 대입하여 정리하면 임의의 점 A에 대한 모멘트에 관련된 식을 얻는다.

$$\begin{aligned}\Sigma\mathbf{M}_A &= (\mathbf{r}_{G/A} \times \mathbf{a}_A)m + (\omega^2 I_{yz(A)} - \alpha I_{xz(A)})\mathbf{i} \\ &\quad - (\omega^2 I_{xz(A)} + \alpha I_{yz(A)})\mathbf{j} + I_{z(A)}\alpha\mathbf{k}\end{aligned} \tag{B.3}$$

그리고 임의의 점 A와 질량중심 G에 대한 다음의 관계식이 성립한다.

$$\mathbf{a}_A = \mathbf{a}_G + \mathbf{a}_{A/G} \tag{B.4}$$

$$I_{z(A)} = I_{z(G)} + {r_{G/A}}^2 m \tag{B.5}$$

식 (B.4)와 식 (B.5)를 식 (B.3)에 대입하면 질량중심에 대한 질량관성모멘트와 질량관성적으로 다시 표현할 수 있다. 이것이 강체의 평면운동에 대한 일반식이다.

$$\begin{aligned}\Sigma\mathbf{M}_A &= (\mathbf{r}_{G/A} \times \mathbf{a}_G)m + (\omega^2 I_{yz(G)} - \alpha I_{xz(G)})\mathbf{i} \\ &\quad - (\omega^2 I_{xz(G)} + \alpha I_{yz(G)})\mathbf{j} + I_{z(G)}\alpha\mathbf{k}\end{aligned} \tag{B.6}$$

물체가 xy 평면에 대하여 대칭이면 $I_{xz} = 0$이고, $I_{yz} = 0$이 되어 식 (B.3)은 다음과 같이 간단하게 된다.

$$\Sigma\mathbf{M}_A = (\mathbf{r}_{G/A} \times \mathbf{a}_G)m + I_{z(A)}\boldsymbol{\alpha} \tag{B.7}$$

식 (B.7)은 xy 평면에 대하여 대칭인 강체의 병진운동이나 회전운동 모두에 적용할 수 있는 식이다.

특히 식 (B.7)의 우변 첫째항이 0이 되는 경우가 있다. 즉, $\mathbf{r}_{G/A} \times \mathbf{a}_G = 0$인 경우가 있으며 다음의 3가지이다.

① 점 A와 질량중심 G가 일치한 경우($A \equiv G$)에는 $\mathbf{r}_{G/A} = 0$이 성립하여 모멘트관계식은 다음과 같다.

$$\Sigma \mathbf{M}_G = I_{z(G)} \boldsymbol{\alpha} \tag{B.7a}$$

② 점 A가 회전중심 O이나 회전축 O인 경우에는 $\mathbf{a}_G = \boldsymbol{\alpha} \times \mathbf{r}_{G/O} - w^2 \mathbf{r}_{G/O}$이 성립하여 모멘트관계식은 다음과 같다.

$$\Sigma \mathbf{M}_O = I_{z(O)} \boldsymbol{\alpha} \tag{B.7b}$$

③ 그리고 강체의 병진운동의 경우 회전을 하지 않으므로 관계식은 다음과 같다.

$$\Sigma \mathbf{M}_A = (\mathbf{r}_{G/A} \times \mathbf{a}_G) m \tag{B.7c}$$

$$\text{또는 } \Sigma \mathbf{M}_G = 0 \tag{B.7d}$$

C 공간운동을 하는 강체의 운동 관계식

[1] 운동방정식

(1) 힘의 평형

3차원 운동을 하는 강체에 대한 힘의 운동방정식은 다음과 같다.

$$\Sigma \mathbf{F} = m\mathbf{a}_G \tag{C.1}$$

여기서 $\mathbf{a}_G$는 강체의 질량중심 G의 가속도이다.

윗 식을 직각좌표계로 표시하면 다음과 같다.

$$\begin{aligned} \Sigma F_x &= m(a_G)_x \\ \Sigma F_y &= m(a_G)_y \\ \Sigma F_z &= m(a_G)_z \end{aligned} \tag{C.1a}$$

(2) 모멘트의 평형

3차원 운동을 하는 강체의 모멘트 식은 다음과 같다.

$$\Sigma \mathbf{M}_G = \mathbf{M}_G = (\dot{\mathbf{H}}_G)_{xyz} + \mathbf{\Omega} \times \mathbf{H}_G \tag{C.2}$$

여기서 $\mathbf{H}_G$는 강체의 질량중심에 대한 각운동량이다. 그리고 좌표계 xyz는 강체의 질량중심 G에 부착되어 고정좌표계 XYZ에 대하여 $\mathbf{\Omega}$의 각속도로 회전한다.

윗 식을 직각좌표계로 표시하면 다음과 같다.

$$\begin{aligned} (\Sigma M_G)_x &= I_x\dot{\omega}_x - I_y\Omega_z\omega_y + I_z\Omega_y\omega_z \\ (\Sigma M_G)_y &= I_y\dot{\omega}_y - I_z\Omega_x\omega_z + I_x\Omega_z\omega_x \\ (\Sigma M_G)_z &= I_z\dot{\omega}_z - I_x\Omega_y\omega_x + I_y\Omega_x\omega_y \end{aligned} \tag{C.2a}$$

[2] 운동량과 충격량

(1) 선형 운동량

공간운동을 하는 강체의 선형 운동량 $\mathbf{L}$은 다음과 같다.

$$\mathbf{L} = m\mathbf{v}_G \tag{C.3}$$

여기서 m은 강체의 총 질량이고, $\mathbf{v}_G$는 고정좌표계 XYZ에서 측정한 질량중심에 대한 속도이다.

(2) 선형 운동량과 선형 충격량

선형 운동량과 선형 충격량 식은 다음과 같다.

$$\mathbf{L}_1 + \Sigma \int_{t_1}^{t_2} \mathbf{F}\, dt = \mathbf{L}_2 \tag{C.4}$$

여기서 $\mathbf{L}_1$과 $\mathbf{L}_2$는 각각 강체의 최초 및 최종 선형 운동량이고 적분항은 t_1에서 t_2까지 강체에 작용하는 모든 외력들에 의한 총 선형 충격량이다.

이 때 강체에 작용하는 힘의 합 혹은 선형 충격량 $\Sigma \mathbf{F}\, dt$가 0일 때는 선형 운동량이 보존된다.

$$\mathbf{L}_1 = \mathbf{L}_2 \tag{C.4a}$$

(3) 각운동량

① 공간운동을 하는 강체의 임의의 점 A에 대한 각운동량 $\mathbf{H}_A$는 다음과 같다.

$$\mathbf{H}_A = m\mathbf{r}_{G/A} \times \mathbf{v}_A + \int_m \mathbf{r}_{P/A} \times (\boldsymbol{\omega} \times \mathbf{r}_{P/G})\, dm \tag{C.5}$$

여기서 $\mathbf{r}_{G/A}$와 $\mathbf{r}_{P/A}$는 강체의 점 A에 부착된 회전하지 않는(일정한 방향을 유지하는) 기준 좌표계 xyz에서 측정할 때의 질량중심 G에 대한 변위 벡터 및 강체의 임의의 점 P에 대한 변위 벡터를 각각 나타낸다. 그리고 속도 $\mathbf{v}_A$는 고정좌표계 XYZ에서 측정된 속도이다.

② 지금부터 위 식에 대한 두 가지의 특별한 경우를 고려하기로 한다.

(i) 임의의 점 A를 강체의 질량중심 G로 정하면 $\mathbf{r}_{G/A} = \mathbf{0}$이 되어 다음과 같이 축약된 다.

$$\mathbf{H}_G = \int_m \mathbf{r}_{P/G} \times (\boldsymbol{\omega} \times \mathbf{r}_{P/G})\, dm \tag{C.6}$$

각운동량 벡터 H_G의 직각좌표 성분으로 나타내면 다음과 같다.

$$\begin{Bmatrix} (H_G)_x \\ (H_G)_y \\ (H_G)_z \end{Bmatrix} = \begin{bmatrix} I_x & -I_{xy} & -I_{xz} \\ -I_{yx} & I_y & -I_{yz} \\ -I_{zx} & -I_z & I_z \end{bmatrix} \begin{Bmatrix} \omega_x \\ \omega_y \\ \omega_z \end{Bmatrix} \tag{C.6a}$$

즉, $\mathrm{H}_G = [I_G]\boldsymbol{\omega}$

여기서 I_x, I_y 그리고 I_z는 강체의 질량중심 G에 대한 질량관성모멘트이고, I_{xy}, I_{xz} 및 I_{yz}는 강체의 질량중심 G에 대한 질량관성적으로서 이동좌표계인 xyz에 대하여 측정된다.

(ii) 강체가 회전중심 O를 포함하고, 이때 임의의 점 A를 회전중심 O로 잡으면 $\mathbf{v}_A = \mathbf{0}$이 되어 다음과 같이 간단하게 된다.

$$\mathrm{H}_O = \int_m \mathbf{r}_{P/O} \times (\boldsymbol{\omega} \times \mathbf{r}_{P/O})\, dm \tag{C.7}$$

각운동량 벡터 H_O의 직각좌표 성분으로 나타내면 다음과 같다.

$$\begin{Bmatrix} (H_O)_{x'} \\ (H_O)_{y'} \\ (H_O)_{z'} \end{Bmatrix} = \begin{bmatrix} I_{x'} & -I_{x'y'} & -I_{x'z'} \\ -I_{y'x'} & I_{y'} & -I_{y'z'} \\ -I_{z'x'} & -I_{z'} & I_{z'} \end{bmatrix} \begin{Bmatrix} \omega_{x'} \\ \omega_{y'} \\ \omega_{z'} \end{Bmatrix}$$

즉, $\mathrm{H}_O = [I_O]\boldsymbol{\omega}$

여기서 $x'y'z'$ 좌표계를 기준으로 한 강체의 회전중심 O에 대한 질량관성모멘트($I_{x'}$, $I_{y'}$, $I_{z'}$)와 강체의 회전중심 O에 대한 질량관성적($I_{x'y'}$, $I_{x'z'}$, $I_{y'z'}$)을 써야 된다.

③ 임의의 점 A가 강체의 질량중심도 아니고 회전중심도 아닌 경우에 대한 강체의 각운동량 H_A과 H_G 사이의 관계식은 다음과 같다.

$$\mathrm{H}_A = \mathbf{r}_{G/A} \times m\boldsymbol{v}_{\boldsymbol{G}} + \mathrm{H}_G \tag{C.8}$$

여기서 $\mathbf{v}_G = \dot{\mathbf{r}}_{G/A}$이다.

(4) 각운동량과 각충격량

강체의 질량중심 G에 대한 각운동량과 각충격량 식은 다음과 같다.

$$(\mathbf{H}_G)_1 + \Sigma \int_{t_1}^{t_2} \mathbf{M}_G dt = (\mathbf{H}_G)_2 \qquad \text{(C.9)}$$

여기서 $(\mathbf{H}_G)_1$과 $(\mathbf{H}_G)_2$는 각각 질량중심 G에 대한 강체의 최초 및 최종 각운동량이고 $\Sigma\mathbf{M}_G$는 강체에 작용하는 모든 외력과 모멘트의 질량중심 G에 대한 모멘트의 합이다.

이 때, 강체에 작용하는 외력과 모멘트의 합인 $\Sigma\mathbf{M}_G$ 또는 $\Sigma\mathbf{M}_O$가 0이거나 혹은 각충격량이 0인 경우에는 각운동량이 보존된다.

$$(\mathbf{H}_G)_1 = (\mathbf{H}_G)_2 \qquad \text{(C.9a)}$$

[4] 운동에너지

(1) 공간운동을 하는 3차원 강체의 운동에너지 T는 다음과 같다.

$$T = \frac{1}{2}mv_G^2 + \frac{1}{2}\boldsymbol{\omega}\cdot\mathbf{H}_G \qquad \text{(C.10)}$$

여기서 $\boldsymbol{\omega}$는 강체의 회전운동을 나타내는 각속도 벡터이다.

윗 식에서 $\boldsymbol{\omega}$와 $\mathbf{H}_G$를 직각 성분의 항으로 대입하면 다음과 같다.

$$T = \frac{1}{2}mv_G^2 + \frac{1}{2}[I_x\omega_x^2 + I_y\omega_y^2 + I_z\omega_z^2 - 2I_{xy}\omega_x\omega_y - 2I_{yz}\omega_y\omega_z - 2I_{zx}\omega_z\omega_x] \qquad \text{(C.10a)}$$

① 기준좌표계를 강체의 주축(principal axes)과 일치하도록 선정하면 다음과 같다.

$$T = \frac{1}{2}mv_G^2 + \frac{1}{2}[\overline{I}_x\omega_x^2 + \overline{I}_y\omega_y^2 + \overline{I}_z\omega_z^2] \qquad \text{(C.10b)}$$

여기서 $\overline{I}_x$, $\overline{I}_y$, $\overline{I}_z$은 주축을 기준으로 한 질량관성모멘트이다.

② 강체가 회전중심점 O에 대하여 회전하는 특별한 경우의 운동에너지는 다음과 같다.

$$T = \frac{1}{2}(\boldsymbol{\omega}\cdot\mathbf{H}_O) \qquad \text{(C.10c)}$$

(2) 일과 운동에너지 식은 다음과 같다.

$$T_1 + \Sigma U_{1\to 2} = T_2 \tag{C.11}$$

여기서 T_1과 T_2는 각각 공간운동을 하는 강체의 최초 및 최종 운동에너지이고 $\Sigma U_{1\to 2}$는 강체에 작용하는 모든 외력과 모멘트가 한 일의 대수적인 합이다. 이 때, 강체에 작용하는 외력들이 모두 보존력(conservative forces)이면 역학적 에너지(mechanical energy)가 보존된다. 즉,

$$T_1 + V_1 = T_2 + V_2 \tag{C.11a}$$

여기서 V_1과 V_2는 각각 강체의 최초 및 최종 위치에너지이다.

D 동역학 계산에 자주 쓰이는 단위 환산

표 D.1 길이 및 질량관성모멘트의 단위 환산

항목	SI 단위	환산	미영 단위	비고
길이	mm	←× 25.4 →÷ 25.4	in	속도, 가속도도 같은 환산 값을 갖는다.
	1 m = 1000 mm 1 cm = 10 mm 1 km = 1000 m		1 ft = 12 in 1 yard = 3 ft	
질량	kg	←× 0.4536 →× 2.205	lb_m	
	kg	←× 14.594 →÷ 14.594	slug	
	1 kg = 1000 g SI 단위에서 1 ton = 1000 kg		1 slug = 32.2 lb_m 1 lbm = 16 oz 1 ton = 2000 lb_m(미) 1 ton = 2240 lb_m (영)	
질량관성 모멘트	kg m^2	←× 0.04214 →÷ 0.04214	$lb_m ft^2$	
	kg m^2	←× 1.356 →÷ 1.356	lb_f ft sec^2 (= slug ft^2)	
	kg m^2	←× 0.2923×10^{-3} →÷ 0.2923×10^{-3}	lb_m in^2	
	kg m^2	←× 0.1129 →÷ 0.1129	lb_f in sec^2 (= slug in^2)	

표 D.2 힘의 단위 환산

항목	SI 단위	환산	미영 단위	비고
중력가속도 g	9.80665 [m/s^2] 9806.65 [mm/s^2]		32.1740 [ft/s^2] 386.088 [in/s^2]	
힘, 무게	N	←× 4.4482(약4.5) →× 0.2248	lb_f	$\mathbf{F} = m\mathbf{a}$
	1 N = 1 kg · m/s^2 1 kg_f = 9.81 N		1 lb_f = 1 slug ft/s^2 1 lb_f = 32.2 lb_m ft/s^2	
선형운동량, 선형충격량	N s (= kg m/s)	←× 4.4482(약4.5) →× 0.2248	lb_f s (= slug ft/s)	힘 환산 값과 동일 $\mathbf{F}\Delta t$, $\mathbf{L} = m\mathbf{v}$
스프링계수	N/m	←× 175.1 →÷ 175.1	lb_f/in	$k = \dfrac{F}{x}$
		←× 14.59 →÷ 14.59	lb_f/ft	
댐핑 계수	N s/m	←× 175.1 →÷ 175.1	lb_f s/in	스프링계수 환산 값과 동일
		←× 14.59 →÷ 14.59	lb_f s/ft	

표 D.3 모멘트 및 일의 단위 환산

항목	SI 단위	환산	미영 단위	비고
모멘트, 일, 에너지	J	←× 1.3558 →÷ 1.3558	lb_f ft	$\mathbf{M} = \mathbf{r} \times \mathbf{F}$ $W = F\Delta s$ $E_k = \dfrac{1}{2} m\, v^2$ $E_k = \dfrac{1}{2} I w^2$
	J	←× 0.1130 →÷ 0.1130	lb_f in	
	1 J = 1 N m = 1 kg m^2/s^2 1 cal = 4.2 J 1 J = 0.24 cal		1 lb_f ft = 1 slug ft^2/s^2	
각운동량 각충격량	J s	←× 1.3558 →÷ 1.3558	lb_f ft s	$\mathbf{H} = \mathbf{r} \times m\mathbf{v}, M\Delta t$ 모멘트 환산값과 동일
	J s	←× 0.1130 →÷ 0.1130	lb_f in s	
	1 J s = 1 N s m = 1 kg m^2/s		1lb_f ft s = 1 slug ft^2/s	

항목	SI 단위	환산	미영 단위	비고
일률	W	←× 1.3558 →÷ 1.3558	lb_f ft/s	$P=\dfrac{dU}{dt}$ 모멘트 환산값과 동일
	1 W = J/s = N m/s (독,프 마력) 1 PS ≡ 75 kg_f m/s = 735.5 W		(미,영 마력) 1 hp = 550 lb_f ft/s = 746 W	

[2] SI 접두어

표 D.4 SI 접두어

배 수	기 호	접두어 명칭	배 수	기 호	접두어 명칭
10^{18}	E	엑사(exa)	10^{-1}	d	데시(deci)
10^{15}	P	페타(peta)	10^{-2}	c	센티(centi)
10^{12}	T	테라(tera)	10^{-3}	m	밀리(milli)
10^{9}	G	기가(giga)	10^{-6}	μ	마이크로(micro)
10^{6}	M	메가(mega)	10^{-9}	n	나노(nano)
10^{3}	k	킬로(kilo)	10^{-12}	p	피코(pico)
10^{2}	h	헥토(hecto)	10^{-15}	f	펨토(femto)
10^{1}	da	데카(deka)	10^{-18}	a	아토(atto)

E 수학공식

[1] 테일러 급수(Taylor series)

$$(1+x)^n = 1 + nx + \frac{n(n-1)}{2!}x^2 + \cdots$$

$$e^x = 1 + x + \frac{x^2}{2!} + \frac{x^3}{3!} + \frac{x^4}{4!} + \cdots$$

$$\ln(1+x) = \frac{x}{1} - \frac{x^2}{2!} + \frac{x^3}{3!} - \frac{x^4}{4!} + \cdots$$

$$\sin x = x - \frac{x^3}{3!} + \frac{x^5}{5!} - \cdots$$

$$\cos x = 1 - \frac{x^2}{2!} + \frac{x^4}{4!} - \cdots$$

$$\tan x = x + \frac{x^3}{3} + \frac{2x^5}{15} + \cdots$$

$$\sinh x = \frac{e^x - e^{-x}}{2} = x + \frac{x^3}{3!} + \frac{x^5}{5!} + \cdots$$

$$\cosh x = \frac{e^x + e^{-x}}{2} = 1 + \frac{x^2}{2!} + \frac{x^4}{4!} + \cdots$$

$$\frac{1}{1+x} = 1 - x + x^2 - x^3 + \cdots$$

$$\sqrt{1+x} = 1 + \frac{x}{2} - \frac{x^2}{8} + \frac{x^3}{16} - \cdots$$

$$\frac{1}{\sqrt{1+x}} = 1 - \frac{x}{2} + \frac{3x^2}{8} - \frac{5x^3}{16} + \cdots$$

[2] 삼각함수 등

삼각형

$$\frac{a}{\sin A} = \frac{b}{\sin B} = \frac{c}{\sin C}$$

$$c^2 = a^2 + b^2 - 2ab\cos C$$

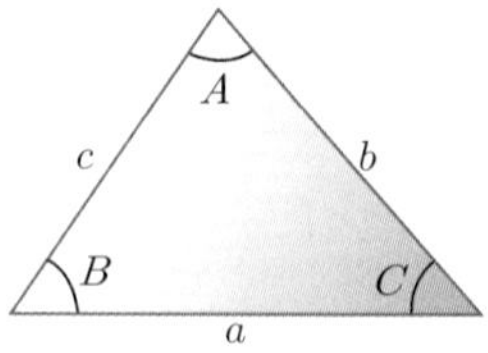

삼각함수

$$\sin A + \sin B = 2\sin\left(\frac{A+B}{2}\right)\cos\left(\frac{A-B}{2}\right)$$

$$\sin A - \sin B = 2\cos\left(\frac{A+B}{2}\right)\sin\left(\frac{A-B}{2}\right)$$

$$\cos A + \cos B = 2\cos\left(\frac{A+B}{2}\right)\cos\left(\frac{A-B}{2}\right)$$

$$\cos A - \cos B = -2\sin\left(\frac{A+B}{2}\right)\sin\left(\frac{A-B}{2}\right)$$

$$\sin A\cos B = \frac{1}{2}\{\sin(A+B) + \sin(A-B)\}$$

$$\cos A\cos B = \frac{1}{2}\{\cos(A+B) + \cos(A-B)\}$$

$$\sin A\sin B = -\frac{1}{2}\{\cos(A+B) - \cos(A-B)\}$$

$\sin(90° \pm A) = \cos A$ $\quad$ $\sin(180° \pm A) = \mp\sin A$

$\cos(90° \pm A) = \mp\sin A$ $\quad$ $\cos(180° \pm A) = -\cos A$

$\tan(90° \pm A) = \mp\cot A$ $\quad$ $\tan(180° \pm A) = \pm\tan A$

$$\cos^2 A + \sin^2 A = 1$$

$$\sin(A \pm B) = \sin A\cos B \pm \cos A\sin B$$

$$\cos(A \pm B) = \cos A\cos B \mp \sin A\sin B$$

$$\tan(A \pm B) = \frac{\tan A \pm \tan B}{1 \mp \tan A\tan B}$$

$$\sin 2A = 2\sin A\cos A$$

$$\cos 2A = \cos^2 A - \sin^2 A = 2\cos^2 A - 1 = 1 - 2\sin^2 A$$

[3] 미적분 공식

(1) 미분공식

곱의 미분

$$[f(x)g(x)]' = f'(x)g(x) + f(x)g'(x)$$

$$[f(x)g(x)h(x)]' = f'(x)g(x)h(x) + f(x)g'(x)h(x) + f(x)g(x)h'(x)$$

분수의 미분

$$\left\{\frac{f(x)}{g(x)}\right\} = \frac{f'(x)g(x) - f(x)g'(x)}{\{g(x)\}^2}$$

음함수의 미분

$\frac{d}{dx}y^n = n\,y^{n-1}\frac{dy}{dx}$ 또는 $(xy)' = x'y + xy'$를 이용

함수 $f(x)$와 $g(x)$가 미분가능일 때 미분의 일반적인 공식

$$\frac{d}{dx}(cf(x)) = c\frac{df(x)}{dx}$$

$$\frac{d}{dx}(f(x) \pm g(x)) = \frac{d}{dx}f(x) \pm \frac{d}{dx}g(x)$$

$$\frac{d}{dx}[f(x)\,g(x)] = g(x)\frac{d}{dx}f(x) \pm f(x)\frac{d}{dx}g(x)$$

$$\frac{d}{dx}\left[\frac{f(x)}{g(x)}\right] = \frac{g(x)\frac{d}{dx}f(x) - f(x)\frac{d}{dx}g(x)}{\{g(x)\}^2}$$

합성함수의 미분 (chain rule; 연쇄법칙)

$y = f(u)$와 $u = g(x)$가 미분가능이면 합성함수 $y = f(g(x))$는 x에 관하여 미분가능하다.

$$\frac{dy}{dx} = \frac{dy}{du}\frac{du}{dx}$$

$$= f'(u)g'(x)$$

역함수의 미분

$x = f(y)$가 미분가능이고, 역함수 $y = f^{-1}(x)$가 존재하면 $\dfrac{dx}{dy} \neq 0$인 점에서 $y = f^{-1}(x)$는 미분가능하며

$$\frac{dy}{dx} = \frac{1}{f'(y)} = \frac{1}{\dfrac{dx}{dy}}$$

매개변수 함수의 미분

$x = f(t)$와 $y = g(t)$가 미분가능하고, $x = f(t)$의 역함수 $t = f^{-1}(x)$가 존재할 때 $f'(t) \neq 0$이면

$$\frac{dy}{dx} = \frac{\dfrac{dy}{dt}}{\dfrac{dx}{dt}} = \frac{g'(t)}{f'(t)}$$

단순한 함수의 미분

$$\frac{d}{dx}x^n = n\,x^{n-1}$$

지수함수와 로그함수의 미분

$$\frac{d}{dx}e^x = e^x$$

$$\frac{d}{dx}a^x = a^x \ln a$$

$$\frac{d}{dx}(\ln x) = \frac{1}{x}$$

$$\frac{d}{dx}(\log_c x) = \frac{1}{x \ln c} \quad (\text{단, } c > 0,\ c \neq 1)$$

$$\{e^{f(x)}\}' = e^{f(x)} f'(x)$$

$$\{a^{f(x)}\}' = a^{f(x)} f'(x) \ln a$$

$$\{\ln|f(x)|\}' = \frac{f'(x)}{f(x)}$$

$$\{\log_a f(x)\}' = \frac{f'(x)}{f(x)\ln a}$$

삼각함수

$$\frac{d}{dx}\sin x = \cos x$$

$$\frac{d}{dx}\cos x = -\sin x$$

$$\frac{d}{dx}\tan x = \sec^2 x$$

$$\frac{d}{dx}\cot x = -\csc^2 x$$

$$\frac{d}{dx}\sec x = \sec x\tan x$$

$$\frac{d}{dx}\csc x = -\csc x\cot x$$

쌍곡선함수

$$\frac{d}{dx}\sinh x = \cosh x$$

$$\frac{d}{dx}\cosh x = \sinh x$$

$$\frac{d}{dx}\tanh x = \mathrm{sech}^2 x$$

$$\frac{d}{dx}\coth x = -\mathrm{csch}^2 x$$

$$\frac{d}{dx}\mathrm{sech}\, x = -\mathrm{sech}\, x\tanh x$$

$$\frac{d}{dx}\mathrm{csch}\, x = -\mathrm{csch}\, x\coth x$$

(2) 적분법

정적분의 정의

함수 $f(x)$가 구간 $[a,\ b]$에서 연속일 때

$$\int_a^b f(x)\,dx = \lim_{n\to\infty}\Sigma\, f(x_k)\,\Delta x = \lim_{n\to\infty}\sum_{k=1}^{n} f\left(a+\frac{b-a}{n}k\right)\cdot\frac{b-a}{n}$$

부분 적분법

$(f\,g)' = f'\,g + f\,g'$로부터

$$\int f(x)\,g'(x)\,dx = f(x)\,g(x) - \int f'(x)\,g(x)\,dx$$

일반적인 적분규칙

$$\int a\,f(x)dx = a\int f(x)dx \quad (a\text{는 일정한 상수})$$

$$\int [f(x) \pm g(x)]dx = \int f(x)dx \pm \int g(x)dx$$

$$\int [f(x)]^n f'(x)dx = \frac{[f(x)]^{n+1}}{n+1} + C \ (n \neq -1)$$

$$\int \frac{f'(x)}{f(x)}dx = \ln|f(x)| + C$$

유리 함수 적분

$$\int x^n dx = \frac{1}{n+1}x^{n+1} + C \ (n \neq -1)$$

$$\int \frac{1}{x}\,dx = \ln|x| + C$$

지수 함수 적분

$$\int e^x dx = e^x + C \ (a > 0,\ a \neq 1)$$

로그 함수 적분

$$\int \ln x\, dx = x\ln x - x + C$$

삼각 함수 적분

$$\int \sin x\, dx = -\cos x + C$$

$$\int \cos x\, dx = \sin x + C$$

$$\int \tan x\, dx = -\ln|\cos x| + C$$

$$\int \cot x\, dx = \ln|\sin x| + C$$

$$\int \sec x\, dx = \ln|\sec x + \tan x| + C$$

$$\int \csc x\, dx = \ln|\csc x - \cot x| + C$$

$$\int \sin^2 x\, dx = \frac{x}{2} - \frac{1}{2}\sin x\cos x + C$$

$$\int \cos^2 x\, dx = \frac{x}{2} + \frac{1}{2}\sin x\cos x + C$$

$$\int \tan^2 x\, dx = \tan x - x + C$$

$$\int \cot^2 x\, dx = -\cot x - x + C$$

$$\int \sec^2 x\, dx = \tan x + C$$

$$\int \csc^2 x\, dx = -\cot x + C$$

$$\int \sec x\tan x\, dx = \sec x + C$$

$$\int \csc x\cot x\, dx = -\csc x + C$$

$$\int \sin^n x\, dx = -\frac{\sin^{n-1}x\cos x}{n} + \frac{n-1}{n}\int \sin^{n-2}x\, dx + C$$

$$\int \cos^n x\, dx = \frac{\cos^{n-1}x\sin x}{n} + \frac{n-1}{n}\int \cos^{n-2}x\, dx + C$$

$$\int \sin(ax)\cos(ax)dx = \frac{\sin^2(ax)}{2a} + C$$

$$\int \sin(px)\cos(qx)dx = -\frac{\cos(p-q)x}{2(p-q)} - \frac{\cos(p+q)x}{2(p+q)} + C$$

(단, $p^2 - q^2 \neq 0$)

쌍곡 함수 적분

$$\int \sinh x\,dx = \cosh x + C$$

$$\int \cosh x\,dx = \sinh x + C$$

$$\int \tanh x\,dx = \ln(\cosh x) + C$$

$$\int \coth x\,dx = \ln|\sinh x| + C$$

$$\int \text{sech}\,x\,dx = 2\tan^{-1}(e^x) + C$$

$$\int \text{csch}\,x\,dx = \ln|\tanh(\frac{x}{2})| + C$$

삼각함수 관련 적분

$$\int x\sin(ax)dx = \frac{\sin(ax)}{a^2} - \frac{x\cos(ax)}{a} + C$$

$$\int x^2\sin(ax)dx = \frac{2x}{a^2}\sin(ax) + \left(\frac{2}{a^3} - \frac{x^2}{a}\right)\cos(ax) + C$$

$$\int x^m\sin(ax)dx = -\frac{x^m\cos(ax)}{a} + \frac{m}{a}\int x^{m-1}\cos(ax)dx + C$$

또는 $$\int x^m\sin(ax)dx = -\frac{x^m\cos(ax)}{a} + \frac{mx^{m-1}\sin(ax)}{a^2} - \frac{m(m-1)}{a^2}\int x^{m-2}\sin(ax)dx + C$$

$$\int x\cos(ax)dx = \frac{\cos(ax)}{a^2} + \frac{x\sin(ax)}{a} + C$$

$$\int x^2\cos(ax)dx = \frac{2x}{a^2}\cos(ax) - \left(\frac{2}{a^3} - \frac{x^2}{a}\right)\sin(ax) + C$$

$$\int x^m \cos(ax)dx = \frac{x^m \sin(ax)}{a} - \frac{m}{a}\int x^{m-1}\sin(ax)dx + C$$

또는 $$\int x^m \cos(ax)dx = \frac{x^m \sin(ax)}{a} + \frac{mx^{m-1}\cos(ax)}{a^2} - \frac{m(m-1)}{a^2}\int x^{m-2}\cos(ax)dx + C$$

지수함수관련 적분

$$\int x\, e^{ax}\, dx = \frac{e^{ax}}{a}\left(x - \frac{1}{a}\right) + C$$

$$\int x^n\, e^{ax}\, dx = \frac{x^n e^{ax}}{a} - \frac{n}{a}\int x^{n-1} e^{ax} dx + C$$ (n은 양수)

지수함수와 삼각함수 관련 적분

$$\int e^{ax}\sin(bx) = \frac{e^{ax}[a\sin(bx) - b\cos(bx)]}{a^2 + b^2} + C$$

$$\int e^{ax}\cos(bx) = \frac{e^{ax}[a\cos(bx) + b\sin(bx)]}{a^2 + b^2} + C$$

로그함수관련 적분

$$\int x \ln x\, dx = \frac{x^2}{2}(\ln x - \frac{1}{2}) + C$$

$$\int x^m \ln x\, dx = \frac{x^{m+1}}{m+1}(\ln x - \frac{1}{m+1}) + C \quad (m \neq -1)$$

$$\int \frac{\ln x}{x} dx = \frac{1}{2}\ln^2 x + c$$

F 그리스 문자

표 F-1 그리스 문자

순서	대	소	이름	순서	대	소	이름
1	A	α	Alpha	13	N	ν	Nu
2	B	β	Beta	14	Ξ	ξ	Xi
3	Γ	γ	Gamma	15	O	o	Omicron
4	Δ	δ	Delta	16	Π	π	Pi
5	E	ε	Epsilon	17	P	ρ	Rho
6	Z	ζ	Zeta	18	Σ	σ	Sigma
7	H	η	Eta	19	T	τ	Tau
8	Θ	θ	Theta	20	Υ	υ	Upsilon
9	I	ι	Iota	21	Φ	ϕ	Phi
10	K	κ	Kappa	22	X	χ	Chi
11	Λ	λ	Lamda	23	Ψ	ψ	Psi
12	M	μ	Mu	24	Ω	ω	Omega

G 유효숫자 계산법

[1] 유효숫자의 표기

근사값을 나타내는 숫자 중에서 믿을 수 있는 숫자를 그 근사값의 유효숫자라 한다. 유효숫자는 소수점위치를 표시하는데 필요한 0을 제외하고 정확한 수이다. 오차의 범위는 마지막 유효숫자의 절반 값에 ±부호를 붙인 값이다.

표 G-1 유효자리의 표기 예

숫 자	유효자리수	범 위	비 고
360 365	2 또는 3 3	결정불가 364.5~365.5	0이 유효숫자인지 모름 5는 유효숫자임
3.65 3.60 3.6 0.036 0.03600	3 3 2 2 4	3.645~3.655 3.595~3.605 3.55~3.65 0.0355~0.0365 0.035995~0.036005	유효자리수는 소수점 위치를 표시하는데 필요한 0을 제외하고 정확한 수의 숫자이다.
81×10^3 810×10^3 81.0×10^3	2 3 3	80500~81500 805000~815000 80950~81500	유효자리수는 지수와 별도로 표시한 수의 숫자이다.

[2] 유효숫자의 계산

먼저 계산을 수행한 후 계산된 결과에 대하여 유효숫자를 쓴다. 계산된 숫자의 유효자리수는 계산하는 숫자들의 유효자리수에 따라 달라진다. 유효숫자 처리과정에서 남는 숫자는 사사오입한다. 정리할 숫자가 5일 때 그 앞의 숫자가 짝수이면 절사하고 홀수이면 올림한다. 예를 들어 36.45는 36.4로 하고, 22.75는 22.8로 한다.

① 곱셈, 나눗셈, 제곱근으로 계산한 값의 처리는 유효숫자의 개수가 가장 작은 수의 유효자리 개수와 같게 한다.

② 덧셈, 뺄셈으로 계산한 값의 처리는 유효숫자의 끝자리가 가장 큰 수의 끝자리와 같게 한다.

표 G-2 유효숫자의 계산 예

구 분	수 식	계산결과	결과쓰기
곱셈 및 나눗셈	18.24 × 6.23	113.6352	114
	2.148 ÷ 0.042	51.14285...	51
	74.36 × 0.0010	0.07436	0.074
	$\sqrt[3]{6.5}$	6.0415	6.04
덧셈 및 뺄셈	8.16 + 2.7	10.86	10.9
	81.54 - 72(일반적으로 주어진 수라면)	9.54	10
	81.54 - 72(정확한 수라면)	9.54	9.54
	945,000 + 12,340	957,340	957,000

참고문헌

1. F. P. Beer and E. R. Johnston, Jr.
   Vector Mechanics for Engineers: Dynamics 7/E S/C
   McGraw Hill, 2003

2. R. C. Hibbeler
   Engineering Mechanics Dynamics 10/E
   Prentice Hall, 2003

3. J. L. Meriam and l. G. Kraige
   Engineering Mechanics Dynamics, 5/E
   Wiley, 2002

4. A. Higdon, W. B. Stiles, A. W. Davis, C. R. Evces, and J. A. Weese
   Engineering Mechanics (Volume II: Dynamics) 2/E
   Prentice Hall, 1980

5. D. J. McGill and W. W. King
   Engineering Mechanics, An Introduction to Dynamics, 3/E
   PWS Pub., 1999

6. A. Bedford and W. Fowler
   Dynamics, Engineering Mechanics
   Addison-Wesley Pub., 1994

7. W. F. Riley and l. D. Sturges
   Engineering Mechanics Dynamics, 2/E
   Wiley, 1996

8. B. D. Das, A. Kassimali, and S. Sami
   Engineering Mechanics Dynamics
   Irwin, 1994

찾아보기